U0839882

**图书在版编目（CIP）数据**

中国国家标准汇编：2007年修订.1/中国标准出版社编.—北京：中国标准出版社，2008
ISBN 978-7-5066-4974-2

Ⅰ.中…　Ⅱ.中…　Ⅲ.国家标准-汇编-中国-2007
Ⅳ.T-652.1

中国版本图书馆CIP数据核字（2008）第1048号

中国标准出版社出版发行
北京复兴门外三里河北街16号
邮政编码：100045
网址 www.spc.net.cn
电话：68523946　68517548
中国标准出版社秦皇岛印刷厂印刷
各地新华书店经销
*
开本 880×1230　1/16　印张 39.25　字数 1 180 千字
2008年8月第一版　2008年8月第一次印刷
*
定价 200.00 元

# 中国国家标准汇编

2007年修订-1

中国标准出版社 编

中国标准出版社

北京

# 出 版 说 明

1.《中国国家标准汇编》是一部大型综合性国家标准全集，自1983年起，按国家标准顺序号以精装本、平装本两种装帧形式陆续分册汇编出版。《汇编》在一定程度上反映了我国建国以来标准化事业发展的基本情况和主要成就，是各级标准化管理机构，工矿企事业单位，农林牧副渔系统，科研、设计、教学等部门必不可少的工具书。

2. 由于标准的动态性，每年有相当数量的国家标准被修订，这些国家标准的修订信息无法在已出版的《汇编》中得到反映。为此，自1995年起，新增出版在上一年度被修订的国家标准的汇编本。

3. 修订的国家标准汇编本的正书名、版本形式、装帧形式与《中国国家标准汇编》相同，视篇幅分设若干册，但不占总的分册号，仅在封面和书脊上注明“2007年修订-1，-2，-3，……”等字样，作为对《中国国家标准汇编》的补充。读者配套购买则可收齐前一年新制定和修订的全部国家标准。

4. 修订的国家标准汇编本的各分册中的标准，仍按顺序号由小到大排列(不连续)；如有遗漏的，均在当年最后一分册中补齐。

5. 2007年制修订国家标准1 410项，全部收入在《中国国家标准汇编》第352～367分册和2007年修订-1～修订-23分册中。本分册为“2007年修订-1”，收入新制修订的国家标准62项。

中国标准出版社

2008年6月

# 目　录

GB/T 77—2007　内六角平端紧定螺钉 …… 1
GB/T 78—2007　内六角锥端紧定螺钉 …… 7
GB/T 79—2007　内六角圆柱端紧定螺钉 …… 13
GB/T 80—2007　内六角凹端紧定螺钉 …… 19
GB/T 156—2007　标准电压 …… 25
GB 175—2007　通用硅酸盐水泥 …… 38
GB/T 211—2007　煤中全水分的测定方法 …… 47
GB/T 214—2007　煤中全硫的测定方法 …… 55
GB/T 223.40—2007　钢铁及合金　铌含量的测定　氯磺酚S分光光度法 …… 65
GB/T 223.79—2007　钢铁　多元素含量的测定　X-射线荧光光谱法(常规法) …… 71
GB/T 223.80—2007　钢铁及合金　铋和砷含量的测定　氢化物发生-原子荧光光谱法 …… 81
GB/T 223.81—2007　钢铁及合金　总铝和总硼含量的测定　微波消解-电感耦合等离子体质谱法 …… 89
GB/T 223.82—2007　钢铁　氢含量的测定　惰气脉冲熔融热导法 …… 101
GB/T 229—2007　金属材料　夏比摆锤冲击试验方法 …… 107
GB/T 241—2007　金属管　液压试验方法 …… 123
GB/T 242—2007　金属管　扩口试验方法 …… 129
GB/T 246—2007　金属管　压扁试验方法 …… 133
GB/T 283—2007　滚动轴承　圆柱滚子轴承　外形尺寸 …… 137
GB/T 292—2007　滚动轴承　角接触球轴承　外形尺寸 …… 161
GB/T 311.3—2007　绝缘配合　第3部分:高压直流换流站绝缘配合程序 …… 172
GB 326—2007　石油沥青纸胎油毡 …… 229
GB/T 328.1—2007　建筑防水卷材试验方法　第1部分:沥青和高分子防水卷材　抽样规则 …… 236
GB/T 328.2—2007　建筑防水卷材试验方法　第2部分:沥青防水卷材　外观 …… 242
GB/T 328.3—2007　建筑防水卷材试验方法　第3部分:高分子防水卷材　外观 …… 247
GB/T 328.4—2007　建筑防水卷材试验方法　第4部分:沥青防水卷材　厚度、单位面积质量 …… 253
GB/T 328.5—2007　建筑防水卷材试验方法　第5部分:高分子防水卷材　厚度、单位面积质量 …… 260
GB/T 328.6—2007　建筑防水卷材试验方法　第6部分:沥青防水卷材　长度、宽度和平直度 …… 266
GB/T 328.7—2007　建筑防水卷材试验方法　第7部分:高分子防水卷材　长度、宽度、平直度和平整度 …… 272
GB/T 328.8—2007　建筑防水卷材试验方法　第8部分:沥青防水卷材　拉伸性能 …… 278
GB/T 328.9—2007　建筑防水卷材试验方法　第9部分:高分子防水卷材　拉伸性能 …… 283
GB/T 328.10—2007　建筑防水卷材试验方法　第10部分:沥青和高分子防水卷材　不透水性 …… 291
GB/T 328.11—2007　建筑防水卷材试验方法　第11部分:沥青防水卷材　耐热性 …… 300
GB/T 328.12—2007　建筑防水卷材试验方法　第12部分:沥青防水卷材　尺寸稳定性 …… 309
GB/T 328.13—2007　建筑防水卷材试验方法　第13部分:高分子防水卷材　尺寸稳定性 …… 318

GB/T 328.14—2007　建筑防水卷材试验方法　第14部分:沥青防水卷材　低温柔性……………… 324
GB/T 328.15—2007　建筑防水卷材试验方法　第15部分:高分子防水卷材　低温弯折性……… 331
GB/T 328.16—2007　建筑防水卷材试验方法　第16部分:高分子防水卷材　耐化学液体(包括水)…………………………………………………………………………… 338
GB/T 328.17—2007　建筑防水卷材试验方法　第17部分:沥青防水卷材　矿物料粘附性……… 348
GB/T 328.18—2007　建筑防水卷材试验方法　第18部分:沥青防水卷材　撕裂性能(钉杆法)…………………………………………………………………………… 358
GB/T 328.19—2007　建筑防水卷材试验方法　第19部分:高分子防水卷材　撕裂性能……… 364
GB/T 328.20—2007　建筑防水卷材试验方法　第20部分:沥青防水卷材　接缝剥离性能……… 371
GB/T 328.21—2007　建筑防水卷材试验方法　第21部分:高分子防水卷材　接缝剥离性能…… 378
GB/T 328.22—2007　建筑防水卷材试验方法　第22部分:沥青防水卷材　接缝剪切性能……… 385
GB/T 328.23—2007　建筑防水卷材试验方法　第23部分:高分子防水卷材　接缝剪切性能…… 392
GB/T 328.24—2007　建筑防水卷材试验方法　第24部分:沥青和高分子防水卷材　抗冲击性能…………………………………………………………………………… 398
GB/T 328.25—2007　建筑防水卷材试验方法　第25部分:沥青和高分子防水卷材　抗静态荷载…………………………………………………………………………… 407
GB/T 328.26—2007　建筑防水卷材试验方法　第26部分:沥青防水卷材　可溶物含量(浸涂材料含量)…………………………………………………………………………… 415
GB/T 328.27—2007　建筑防水卷材试验方法　第27部分:沥青和高分子防水卷材　吸水性…… 422
GB/T 483—2007　煤炭分析试验方法一般规定 ……………………………………………… 427
GB 518—2007　摩托车轮胎 ……………………………………………………………… 449
GB/T 524—2007　平型传动带 ……………………………………………………………… 453
GB/T 613—2007　化学试剂　比旋光本领(比旋光度)测定通用方法 ………………………… 469
GB/T 625—2007　化学试剂　硫酸 …………………………………………………………… 473
GB/T 631—2007　化学试剂　氨水 …………………………………………………………… 481
GB/T 638—2007　化学试剂　二水合氯化亚锡(Ⅱ)(氯化亚锡) …………………………… 489
GB/T 665—2007　化学试剂　五水合硫酸铜(Ⅱ)(硫酸铜) ………………………………… 495
GB/T 670—2007　化学试剂　硝酸银 ………………………………………………………… 501
GB/T 676—2007　化学试剂　乙酸(冰醋酸) ………………………………………………… 507
GB/T 754—2007　发电用汽轮机参数系列 …………………………………………………… 514
GB/T 778.1—2007　封闭满管道中水流量的测量　饮用冷水水表和热水水表　第1部分:规范 ……………………………………………………………………………… 521
GB/T 778.2—2007　封闭满管道中水流量的测量　饮用冷水水表和热水水表　第2部分:安装要求 ……………………………………………………………………………… 557
GB/T 778.3—2007　封闭满管道中水流量的测量　饮用冷水水表和热水水表　第3部分:试验方法和试验设备 ……………………………………………………………………… 566

ICS 21.060.10
J 13

# 中华人民共和国国家标准

GB/T 77—2007
代替 GB/T 77—2000

# 内六角平端紧定螺钉

## Hexagon socket set screws with flat point

(ISO 4026:2003,MOD)

2007-07-02 发布　　2007-12-01 实施

中华人民共和国国家质量监督检验检疫总局
中国国家标准化管理委员会　发布

# 前　言

本标准是国家标准“内六角螺钉”产品(含量规)系列标准之一。该系列包括：

a) GB/T 70.1—2000　内六角圆柱头螺钉；

b) GB/T 70.2—2000　内六角平圆头螺钉；

c) GB/T 70.3—2000　内六角沉头螺钉；

d) GB/T 77—2007　内六角平端紧定螺钉；

e) GB/T 78—2007　内六角锥端紧定螺钉；

f) GB/T 79—2007　内六角圆柱端紧定螺钉；

g) GB/T 80—2007　内六角凹端紧定螺钉；

h) GB/T 5281—1985　内六角圆柱头轴肩螺钉。

本标准修改采用 ISO 4026:2003《内六角平端紧定螺钉》(英文版)，主要修改如下：

——在规范性引用文件中，用我国标准代替对应的国际标准；

——ISO 4026 对有色金属螺钉未给出具体的性能等级，本标准予以规定(见表 2)；

——ISO 4026 未规定包装技术要求，本标准予以规定(见表 2)；

——ISO 4026 未规定表面氧化处理，本标准予以规定(见表 2、5.2)；

——ISO 4026 未规定简化标记，本标准按 GB/T 1237 的简化原则给出简化的标记示例(见 5.2)。

本标准代替 GB/T 77—2000《内六角平端紧定螺钉》。

本标准与 GB/T 77—2000 相比主要变化如下：

——调整了 $s$ 和 $e$ 的数值(见表 1)；

——取消附录 A，引用 ISO 23429:2004《内六角量规》(见表 1)；

——增加了不锈钢的机械性能等级(见表 2)；

——增加非电解锌片涂层处理(见表 2)。

本标准由中国机械工业联合会提出。

本标准由全国紧固件标准化技术委员会(SAC/TC 85)归口。

本标准负责起草单位：中机生产力促进中心。

本标准参加起草单位：北京标准件工业集团公司、浙江高强度紧固件厂。

本标准所代替标准的历次版本发布情况为：

——GB 77—58、GB 77—66、GB 77—76、GB 77—85、GB/T 77—2000。

# 内六角平端紧定螺钉

## 1 范围

本标准规定了螺纹规格为 M1.6～M24，性能等级为 45H、A1-12H、A2-21H、A3-21H、A4-21H、A5-21H、CU2、CU3 和 AL4，产品等级为 A 级的内六角平端紧定螺钉。

如需其他技术要求，应从现行标准（如 GB/T 193、GB/T 3098.3、GB/T 3098.16、GB/T 9145 和 GB/T 3103.1）中选择。

## 2 规范性引用文件

下列文件中的条款通过本标准的引用而成为本标准的条款。凡是注日期的引用文件，其随后所有的修改单（不包括勘误的内容）或修订版均不适用于本标准，然而，鼓励根据本标准达成协议的各方研究是否可使用这些文件的最新版本。凡是不注日期的引用文件，其最新版本适用于本标准。

GB/T 90.1 紧固件 验收检查（GB/T 90.1—2002，idt ISO 3269:2000）

GB/T 90.2 紧固件 标志与包装

GB/T 193 普通螺纹 直径与螺距系列（GB/T 193—2003，ISO 261:1998，ISO general purpose metric screw threads—General plan，MOD）

GB/T 1237 紧固件标记方法（GB/T 1237—2000，eqv ISO 8991:1986）

GB/T 2516 普通螺纹 极限偏差（GB/T 2516—2003，ISO 965-3:1998，ISO general purpose metric screw threads—Tolerances—Part 3:Deviations for constructional screw threads，MOD）

GB/T 3098.3 紧固件机械性能 紧定螺钉（GB/T 3098.3—2000，idt ISO 898-5:1998）

GB/T 3098.10 紧固件机械性能 有色金属制造的螺栓、螺钉、螺柱和螺母（GB/T 3098.10—1993，eqv ISO 8839:1986）

GB/T 3098.16 紧固件机械性能 不锈钢紧定螺钉（GB/T 3098.16—2000，idt ISO 3506-3:1997）

GB/T 3103.1 紧固件公差 螺栓、螺钉、螺柱和螺母（GB/T 3103.1—2002，idt ISO 4759-1:2000）

GB/T 5267.1 紧固件 电镀层（GB/T 5267.1—2002，ISO 4042:1999，IDT）

GB/T 5267.2 紧固件 非电解锌片涂层（GB/T 5267.2—2002，ISO 10683:2000，IDT）

GB/T 5276 紧固件 螺栓、螺钉、螺柱及螺母 尺寸代号和标注（GB/T 5276—1985，eqv ISO 225:1983）

GB/T 5779.1 紧固件表面缺陷 螺栓、螺钉和螺柱 一般要求（GB/T 5779.1—2000，idt ISO 6157-1:1988）

GB/T 9145 普通螺纹 中等精度、优选系列的极限尺寸（GB/T 9145—2003，ISO 965-2:1998，ISO general purpose metric screw threads—Tolerances—Part 2:Limits of sizes for general purpose external and internal screw threads—Medium quality，MOD）

ISO 8992:1986 紧固件 螺栓、螺钉、螺柱和螺母 通用技术条件

ISO 23429:2004 内六角量规

## 3 尺寸

尺寸代号和标注均符合 GB/T 5276。

紧定螺钉的型式与尺寸见图 1 和表 1。

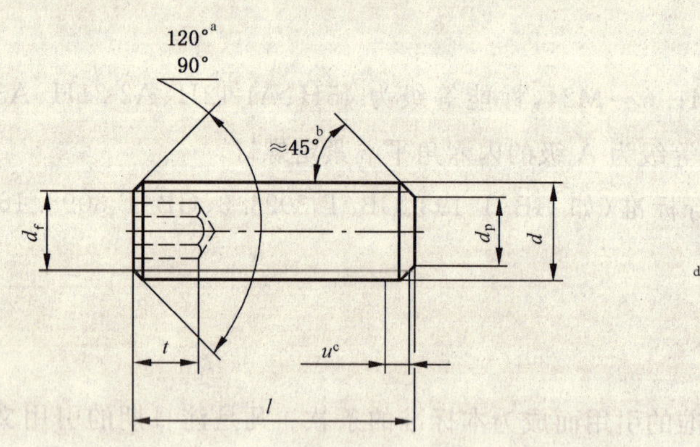


允许制造的内六角型式

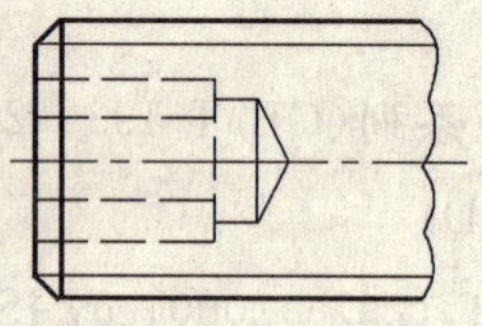

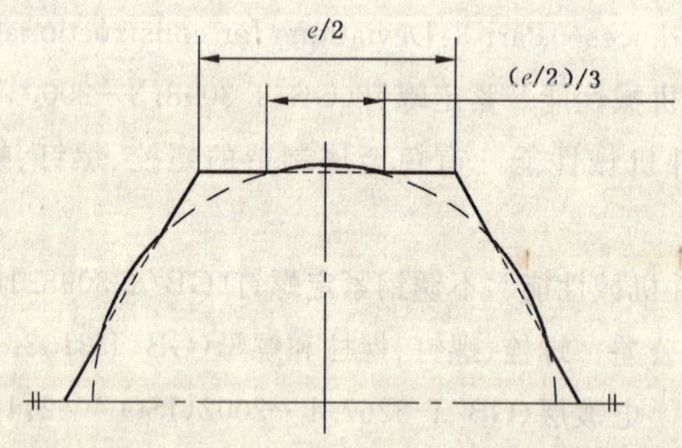


注：对切制内六角，当尺寸达到最大极限时，由钻孔造成的过切不应超过内六角任何一面长度($e/2$)的 1/3。

a 公称长度 $l$ 在表 1 阴影部分的短螺钉应制成 120°。

b 45°仅适用于螺纹小径以内的末端部分。

c 不完整螺纹的长度 $u \leqslant 2P$。

d 内六角口部允许稍许倒圆或沉孔。

图 1

**表 1 尺寸**

单位为毫米

| 螺纹规格 $d$ | | | M1.6 | M2 | M2.5 | M3 | M4 | M5 | M6 | M8 | M10 | M12 | M16 | M20 | M24 |
|---|---|---|---|---|---|---|---|---|---|---|---|---|---|---|---|
| $P$[a] | | | 0.35 | 0.4 | 0.45 | 0.5 | 0.7 | 0.8 | 1 | 1.25 | 1.5 | 1.75 | 2 | 2.5 | 3 |
| $d_p$ | | max | 0.80 | 1.00 | 1.50 | 2.00 | 2.50 | 3.50 | 4.00 | 5.50 | 7.00 | 8.50 | 12.0 | 15.0 | 18.0 |
| | | min | 0.55 | 0.75 | 1.25 | 1.75 | 2.25 | 3.20 | 3.70 | 5.20 | 6.64 | 8.14 | 11.57 | 14.57 | 17.57 |
| $d_f$ | | min | ≈螺纹小径 | | | | | | | | | | | | |
| $e$[b,c] | | min | 0.809 | 1.011 | 1.454 | 1.733 | 2.303 | 2.873 | 3.443 | 4.583 | 5.723 | 6.863 | 9.149 | 11.429 | 13.716 |
| $s$[c] | | 公称 | 0.7 | 0.9 | 1.3 | 1.5 | 2 | 2.5 | 3 | 4 | 5 | 6 | 8 | 10 | 12 |
| | | max | 0.724 | 0.913 | 1.300 | 1.58 | 2.08 | 2.58 | 3.08 | 4.095 | 5.14 | 6.14 | 8.175 | 10.175 | 12.212 |
| | | min | 0.710 | 0.887 | 1.275 | 1.52 | 2.02 | 2.52 | 3.02 | 4.02 | 5.02 | 6.02 | 8.025 | 10.025 | 12.032 |
| $t$ | | min[d] | 0.7 | 0.8 | 1.2 | 1.2 | 1.5 | 2 | 2 | 3 | 4 | 4.8 | 6.4 | 8 | 10 |
| | | min[e] | 1.5 | 1.7 | 2 | 2 | 2.5 | 3 | 3.5 | 5 | 6 | 8 | 10 | 12 | 15 |
| $l$ | | | 每 1 000 件钢螺钉的质量($\rho$=7.85 kg/dm³) ≈kg | | | | | | | | | | | | |
| 公称 | min | max | | | | | | | | | | | | | |
| 2 | 1.8 | 2.2 | 0.021 | 0.029 | | | | | | | | | | | |
| 2.5 | 2.3 | 2.7 | 0.025 | 0.037 | 0.063 | | | | | | | | | | |
| 3 | 2.8 | 3.2 | 0.029 | 0.044 | 0.075 | 0.1 | | | | | | | | | |
| 4 | 3.76 | 4.24 | 0.037 | 0.059 | 0.1 | 0.14 | 0.22 | | | | | | | | |
| 5 | 4.76 | 5.24 | 0.046 | 0.074 | 0.125 | 0.18 | 0.3 | 0.44 | | | | | | | |
| 6 | 5.76 | 6.24 | 0.054 | 0.089 | 0.15 | 0.22 | 0.38 | 0.56 | 0.76 | | | | | | |
| 8 | 7.71 | 8.29 | 0.07 | 0.119 | 0.199 | 0.3 | 0.54 | 0.8 | 1.11 | 1.89 | | | | | |
| 10 | 9.71 | 10.29 | | 0.148 | 0.249 | 0.38 | 0.7 | 1.04 | 1.46 | 2.52 | 3.78 | | | | |
| 12 | 11.65 | 12.35 | | | 0.299 | 0.46 | 0.86 | 1.28 | 1.81 | 3.15 | 4.78 | 6.8 | | | |
| 16 | 15.65 | 16.35 | | | | 0.62 | 1.18 | 1.76 | 2.51 | 4.41 | 6.78 | 9.6 | 16.3 | | |
| 20 | 19.58 | 20.42 | | | | | 1.49 | 2.24 | 3.21 | 5.67 | 8.76 | 12.4 | 21.5 | 32.3 | |
| 25 | 24.58 | 25.42 | | | | | | 2.84 | 4.09 | 7.25 | 11.2 | 15.9 | 28 | 42.6 | 57 |
| 30 | 29.58 | 30.42 | | | | | | | 4.97 | 8.82 | 13.7 | 19.4 | 34.6 | 52.9 | 72 |
| 35 | 34.5 | 35.5 | | | | | | | | 10.4 | 16.2 | 22.9 | 41.1 | 63.2 | 87 |
| 40 | 39.5 | 40.5 | | | | | | | | 12 | 18.7 | 26.4 | 47.7 | 73.5 | 102 |
| 45 | 44.5 | 45.5 | | | | | | | | | 21.2 | 29.9 | 54.2 | 83.8 | 117 |
| 50 | 49.5 | 50.5 | | | | | | | | | 23.7 | 33.4 | 60.7 | 94.1 | 132 |
| 55 | 54.4 | 55.6 | | | | | | | | | | 36.8 | 67.3 | 104 | 147 |
| 60 | 59.4 | 60.6 | | | | | | | | | | 40.3 | 73.7 | 115 | 162 |

注：阶梯实线间为商品长度规格。

a $P$——螺距。

b $e_{min}=1.14s_{min}$。

c 内六角尺寸 $e$ 和 $s$ 的综合测量见 ISO 23429:2004。

d 适用于公称长度处于阴影部分的螺钉。

e 适用于公称长度在阴影部分以下的螺钉。

## 4 技术条件和引用标准

技术条件和引用标准见表 2。

**表 2 技术条件和引用标准**

<table>
<tr><td colspan="2">材 料</td><td>钢</td><td>不锈钢</td><td>有色金属</td></tr>
<tr><td colspan="2">通用技术条件</td><td colspan="3">ISO 8992</td></tr>
<tr><td rowspan="2">螺 纹</td><td>公 差</td><td colspan="3">6g</td></tr>
<tr><td>标 准</td><td colspan="3">GB/T 193、GB/T 2516、GB/T 9145</td></tr>
<tr><td rowspan="2">机械性能</td><td>等 级</td><td>45H</td><td>A1-12H、A2-21H、A3-21H、A4-21H、A5-21H</td><td>CU2、CU3、AL4</td></tr>
<tr><td>标 准</td><td>GB/T 3098.3</td><td>GB/T 3098.16</td><td>GB/T 3098.10</td></tr>
<tr><td rowspan="2">公 差</td><td>产品等级</td><td colspan="3">A</td></tr>
<tr><td>标 准</td><td colspan="3">GB/T 3103.1</td></tr>
<tr><td colspan="2">表面处理</td><td>不经处理；<br>氧化；<br>电镀，技术要求按 GB/T 5267.1；<br>非电解锌片涂层，技术要求按 GB/T 5267.2</td><td>简单处理</td><td>简单处理；<br>电镀，技术要求按 GB/T 5267.1</td></tr>
<tr><td colspan="2">表面缺陷</td><td>GB/T 5779.1</td><td>—</td><td>—</td></tr>
<tr><td colspan="2">验收及包装</td><td colspan="3">GB/T 90.1、GB/T 90.2</td></tr>
</table>

## 5 标记

5.1 标记方法按 GB/T 1237 规定。

5.2 标记示例

螺纹规格为 M6、公称长度 $l$=12 mm、性能等级为 45H、表面氧化处理的 A 级内六角平端紧定螺钉的标记：

螺钉 GB/T 77 M6×12

ICS 21.060.10
J 13

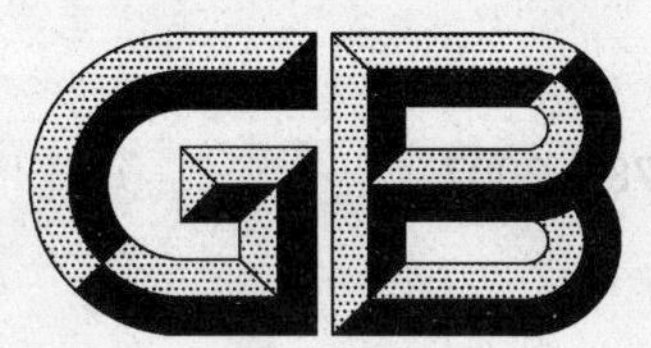

# 中华人民共和国国家标准

GB/T 78—2007
代替 GB/T 78—2000

# 内六角锥端紧定螺钉

## Hexagon socket set screws with cone point

(ISO 4027:2003,MOD)

2007-07-02 发布　　2007-12-01 实施

中华人民共和国国家质量监督检验检疫总局
中国国家标准化管理委员会　发布

# 前　言

本标准是国家标准“内六角螺钉”产品(含量规)系列标准之一。该系列包括：

a) GB/T 70.1—2000 内六角圆柱头螺钉；

b) GB/T 70.2—2000 内六角平圆头螺钉；

c) GB/T 70.3—2000 内六角沉头螺钉；

d) GB/T 77—2007 内六角平端紧定螺钉；

e) GB/T 78—2007 内六角锥端紧定螺钉；

f) GB/T 79—2007 内六角圆柱端紧定螺钉；

g) GB/T 80—2007 内六角凹端紧定螺钉；

h) GB/T 5281—1985 内六角圆柱头轴肩螺钉。

本标准修改采用 ISO 4027:2003《内六角锥端紧定螺钉》(英文版)，主要修改如下：

——在规范性引用文件中，用我国标准代替对应的国际标准；

——ISO 4027 对有色金属螺钉未给出具体的性能等级，本标准予以规定(见表 2)；

——ISO 4027 未规定包装技术要求，本标准予以规定(见表 2)；

——ISO 4027 未规定表面氧化处理，本标准予以规定(见表 2、5.2)；

——ISO 4027 未规定简化标记，本标准按 GB/T 1237 的简化原则给出简化的标记示例(见 5.2)。

本标准代替 GB/T 78—2000《内六角锥端紧定螺钉》。

本标准与 GB/T 78—2000 相比主要变化如下：

——调整了 $s$ 和 $e$ 的数值(见表 1)；

——取消附录 A，引用 ISO 23429:2004《内六角量规》(见表 1)；

——增加了不锈钢的机械性能等级(见表 2)；

——增加非电解锌片涂层处理(见表 2)。

本标准由中国机械工业联合会提出。

本标准由全国紧固件标准化技术委员会(SAC/TC 85)归口。

本标准负责起草单位：中机生产力促进中心。

本标准参加起草单位：北京标准件工业集团公司、浙江高强度紧固件厂。

本标准所代替标准的历次版本发布情况为：

——GB 78—58、GB 78—66、GB 78—76、GB 78—85、GB/T 78—2000。

# 内六角锥端紧定螺钉

## 1 范围

本标准规定了螺纹规格为 M1.6～M24,性能等级为 45H、A1-12H、A2-21H、A3-21H、A4-21H、A5-21H、CU2、CU3 和 AL4,产品等级为 A 级的内六角锥端紧定螺钉。

如需其他技术要求,应从现行标准(如 GB/T 193、GB/T 3098.3、GB/T 3098.16、GB/T 9145 和 GB/T 3103.1)中选择。

## 2 规范性引用文件

下列文件中的条款通过本标准的引用而成为本标准的条款。凡是注日期的引用文件,其随后所有的修改单(不包括勘误的内容)或修订版均不适用于本标准,然而,鼓励根据本标准达成协议的各方研究是否可使用这些文件的最新版本。凡是不注日期的引用文件,其最新版本适用于本标准。

GB/T 90.1 紧固件 验收检查(GB/T 90.1—2002,idt ISO 3269:2000)

GB/T 90.2 紧固件 标志与包装

GB/T 193 普通螺纹 直径与螺距系列(GB/T 193—2003,ISO 261:1998,ISO general purpose metric screw threads—General plan,MOD)

GB/T 1237 紧固件标记方法(GB/T 1237—2000,eqv ISO 8991:1986)

GB/T 2516 普通螺纹 极限偏差(GB/T 2516—2003,ISO 965-3:1998,ISO general purpose metric screw threads—Tolerances—Part 3:Deviations for constructional screw threads,MOD)

GB/T 3098.3 紧固件机械性能 紧定螺钉(GB/T 3098.3—2000,idt ISO 898-5:1998)

GB/T 3098.10 紧固件机械性能 有色金属制造的螺栓、螺钉、螺柱和螺母(GB/T 3098.10—1993,eqv ISO 8839:1986)

GB/T 3098.16 紧固件机械性能 不锈钢紧定螺钉(GB/T 3098.16—2000,idt ISO 3506-3:1997)

GB/T 3103.1 紧固件公差 螺栓、螺钉、螺柱和螺母(GB/T 3103.1—2002,idt ISO 4759-1:2000)

GB/T 5267.1 紧固件 电镀层(GB/T 5267.1—2002,ISO 4042:1999,IDT)

GB/T 5267.2 紧固件 非电解锌片涂层(GB/T 5267.2—2002,ISO 10683:2000,IDT)

GB/T 5276 紧固件 螺栓、螺钉、螺柱及螺母 尺寸代号和标注(GB/T 5276—1985,eqv ISO 225:1983)

GB/T 5779.1 紧固件表面缺陷 螺栓、螺钉和螺柱 一般要求(GB/T 5779.1—2000,idt ISO 6157-1:1988)

GB/T 9145 普通螺纹 中等精度、优选系列的极限尺寸(GB/T 9145—2003,ISO 965-2:1998,ISO general purpose metric screw threads—Tolerances—Part 2:Limits of sizes for general purpose external and internal screw threads—Medium quality,MOD)

ISO 8992:1986 紧固件 螺栓、螺钉、螺柱和螺母 通用技术条件

ISO 23429:2004 内六角量规

## 3 尺寸

尺寸代号和标注均符合 GB/T 5276。

紧定螺钉的型式与尺寸见图 1 和表 1。

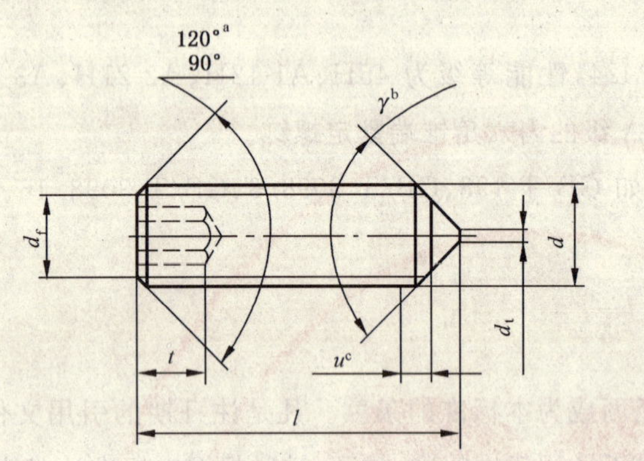


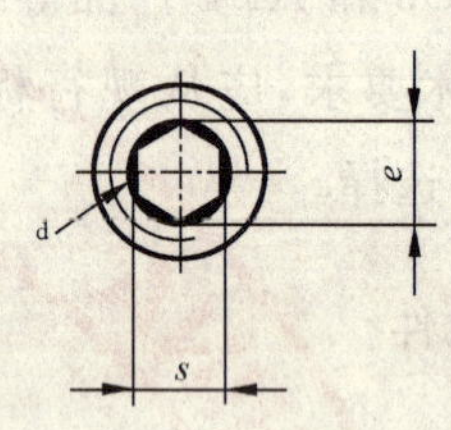


允许制造的内六角型式

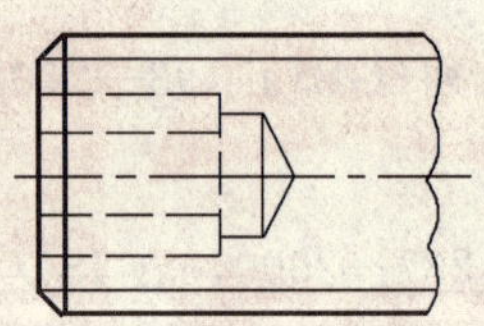

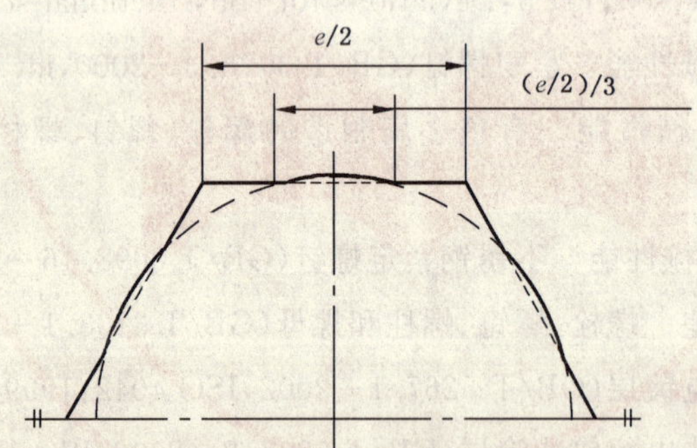


注：对切制内六角，当尺寸达到最大极限时，由钻孔造成的过切不应超过内六角任何一面长度($e/2$)的 1/3。

a 公称长度 $l$ 在表 1 阴影部分的短螺钉应制成 120°。

b $\gamma$ 角仅适用于螺纹小径以内的末端部分；$\gamma$=120°适用于在表 1 阴影部分的公称长度，而 $\gamma$=90°用于其余长度。

c 不完整螺纹的长度 $u \leqslant 2P$。

d 内六角口部允许稍许倒圆或沉孔。

图 1

**表 1 尺寸**

单位为毫米

| 螺纹规格 $d$ | | | M1.6 | M2 | M2.5 | M3 | M4 | M5 | M6 | M8 | M10 | M12 | M16 | M20 | M24 |
|---|---|---|---|---|---|---|---|---|---|---|---|---|---|---|---|
| $P$[a] | | | 0.35 | 0.4 | 0.45 | 0.5 | 0.7 | 0.8 | 1 | 1.25 | 1.5 | 1.75 | 2 | 2.5 | 3 |
| $d_t$ | | max | 0.4 | 0.5 | 0.65 | 0.75 | 1 | 1.25 | 1.5 | 2 | 2.5 | 3 | 4 | 5 | 6 |
| $d_f$ | | min | ≈螺纹小径 | | | | | | | | | | | | |
| $e$[b,c] | | min | 0.809 | 1.011 | 1.454 | 1.733 | 2.303 | 2.873 | 3.443 | 4.583 | 5.723 | 6.863 | 9.149 | 11.429 | 13.716 |
| $s$[c] | | 公称 | 0.7 | 0.9 | 1.3 | 1.5 | 2 | 2.5 | 3 | 4 | 5 | 6 | 8 | 10 | 12 |
| | | max | 0.724 | 0.913 | 1.300 | 1.58 | 2.08 | 2.58 | 3.08 | 4.095 | 5.14 | 6.14 | 8.175 | 10.175 | 12.212 |
| | | min | 0.710 | 0.887 | 1.275 | 1.52 | 2.02 | 2.52 | 3.02 | 4.02 | 5.02 | 6.02 | 8.025 | 10.025 | 12.032 |
| $t$ | | min[d] | 0.7 | 0.8 | 1.2 | 1.2 | 1.5 | 2 | 2 | 3 | 4 | 4.8 | 6.4 | 8 | 10 |
| | | min[e] | 1.5 | 1.7 | 2 | 2 | 2.5 | 3 | 3.5 | 5 | 6 | 8 | 10 | 12 | 15 |
| $l$ | | | 每 1 000 件钢螺钉的质量（$\rho$=7.85 kg/dm³） ≈kg | | | | | | | | | | | | |
| 公称 | min | max | | | | | | | | | | | | | |
| 2 | 1.8 | 2.2 | 0.021 | 0.029 | | | | | | | | | | | |
| 2.5 | 2.3 | 2.7 | 0.025 | 0.037 | 0.063 | | | | | | | | | | |
| 3 | 2.8 | 3.2 | 0.029 | 0.044 | 0.075 | 0.09 | | | | | | | | | |
| 4 | 3.76 | 4.24 | 0.037 | 0.059 | 0.1 | 0.13 | 0.18 | | | | | | | | |
| 5 | 4.76 | 5.24 | 0.046 | 0.074 | 0.125 | 0.17 | 0.26 | 0.37 | | | | | | | |
| 6 | 5.76 | 6.24 | 0.054 | 0.089 | 0.15 | 0.21 | 0.34 | 0.49 | 0.69 | | | | | | |
| 8 | 7.71 | 8.29 | 0.07 | 0.119 | 0.199 | 0.29 | 0.5 | 0.73 | 1.04 | 1.72 | | | | | |
| 10 | 9.71 | 10.29 | | 0.148 | 0.249 | 0.37 | 0.66 | 0.97 | 1.39 | 2.35 | 3.41 | | | | |
| 12 | 11.65 | 12.35 | | | 0.299 | 0.45 | 0.82 | 1.21 | 1.74 | 2.98 | 4.42 | 6.1 | | | |
| 16 | 15.65 | 16.35 | | | | 0.61 | 1.14 | 1.69 | 2.44 | 4.24 | 6.43 | 8.9 | 14.9 | | |
| 20 | 19.58 | 20.42 | | | | | 1.46 | 2.17 | 3.14 | 5.5 | 8.44 | 11.7 | 20.1 | 30.4 | |
| 25 | 24.58 | 25.42 | | | | | | 2.77 | 4.02 | 7.08 | 10.9 | 15.3 | 26.6 | 40.7 | 54.2 |
| 30 | 29.58 | 30.42 | | | | | | | 4.89 | 8.65 | 13.5 | 18.8 | 33.1 | 51 | 68.7 |
| 35 | 34.5 | 35.5 | | | | | | | | 10.2 | 16 | 22.3 | 39.6 | 61.3 | 83.2 |
| 40 | 39.5 | 40.5 | | | | | | | | 11.8 | 18.5 | 25.8 | 46.1 | 71.6 | 97.7 |
| 45 | 44.5 | 45.5 | | | | | | | | | 21 | 29.3 | 52.6 | 81.9 | 112 |
| 50 | 49.5 | 50.5 | | | | | | | | | 23.5 | 32.8 | 59.1 | 92.2 | 127 |
| 55 | 54.4 | 55.6 | | | | | | | | | | 36.3 | 65.6 | 103 | 141 |
| 60 | 59.4 | 60.6 | | | | | | | | | | 39.8 | 72.2 | 113 | 156 |

注：阶梯实线间为商品长度规格。

a $P$——螺距。

b $e_{min}=1.14s_{min}$。

c 内六角尺寸 $e$ 和 $s$ 的综合测量见 ISO 23429:2004。

d 适用于公称长度处于阴影部分的螺钉。

e 适用于公称长度在阴影部分以下的螺钉。

## 4 技术条件和引用标准

技术条件和引用标准见表 2。

**表 2 技术条件和引用标准**

<table>
<tr><td colspan="2">材　料</td><td>钢</td><td>不锈钢</td><td>有色金属</td></tr>
<tr><td colspan="2">通用技术条件</td><td colspan="3">ISO 8992</td></tr>
<tr><td rowspan="2">螺　纹</td><td>公　差</td><td colspan="3">6 g</td></tr>
<tr><td>标　准</td><td colspan="3">GB/T 193、GB/T 2516、GB/T 9145</td></tr>
<tr><td rowspan="2">机械性能</td><td>等　级</td><td>45H</td><td>A1-12H、A2-21H、A3-21H、A4-21H、A5-21H</td><td>CU2、CU3、AL4</td></tr>
<tr><td>标　准</td><td>GB/T 3098.3</td><td>GB/T 3098.16</td><td>GB/T 3098.10</td></tr>
<tr><td rowspan="2">公　差</td><td>产品等级</td><td colspan="3">A</td></tr>
<tr><td>标　准</td><td colspan="3">GB/T 3103.1</td></tr>
<tr><td colspan="2">表面处理</td><td>不经处理；<br>氧化；<br>电镀，技术要求按 GB/T 5267.1；<br>非电解锌片涂层，技术要求按 GB/T 5267.2</td><td>简单处理</td><td>简单处理；<br>电镀，技术要求按 GB/T 5267.1</td></tr>
<tr><td colspan="2">表面缺陷</td><td>GB/T 5779.1</td><td>—</td><td>—</td></tr>
<tr><td colspan="2">验收及包装</td><td colspan="3">GB/T 90.1、GB/T 90.2</td></tr>
</table>

## 5 标记

5.1 标记方法按 GB/T 1237 规定。

5.2 标记示例

螺纹规格为 M6、公称长度 $l=12$ mm、性能等级为 45H、表面氧化处理的 A 级内六角锥端紧定螺钉的标记：

螺钉 GB/T 78 M6×12

ICS 21.060.10
J 13

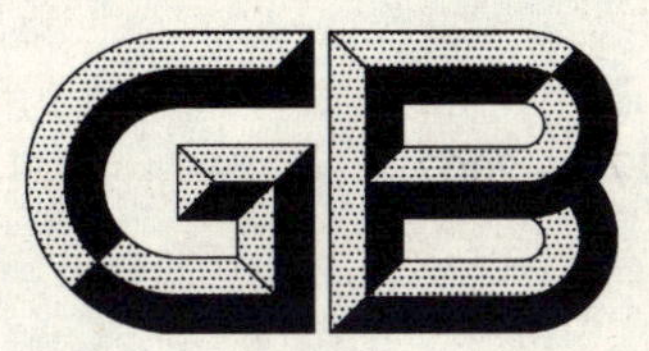

# 中华人民共和国国家标准

GB/T 79—2007
代替 GB/T 79—2000

# 内六角圆柱端紧定螺钉

## Hexagon socket set screws with dog point

(ISO 4028:2003,MOD)

2007-07-02 发布 2007-12-01 实施

中华人民共和国国家质量监督检验检疫总局
中国国家标准化管理委员会 发布

# 前言

本标准是国家标准“内六角螺钉”产品(含量规)系列标准之一。该系列包括:

a) GB/T 70.1—2000 内六角圆柱头螺钉;

b) GB/T 70.2—2000 内六角平圆头螺钉;

c) GB/T 70.3—2000 内六角沉头螺钉;

d) GB/T 77—2007 内六角平端紧定螺钉;

e) GB/T 78—2007 内六角锥端紧定螺钉;

f) GB/T 79—2007 内六角圆柱端紧定螺钉;

g) GB/T 80—2007 内六角凹端紧定螺钉;

h) GB/T 5281—1985 内六角圆柱头轴肩螺钉。

本标准修改采用 ISO 4028:2003《内六角圆柱端紧定螺钉》(英文版),主要修改如下:

——在规范性引用文件中,用我国标准代替对应的国际标准;

——ISO 4028 对有色金属螺钉未给出具体的性能等级,本标准予以规定(见表 2);

——ISO 4028 未规定包装技术要求,本标准予以规定(见表 2);

——ISO 4028 未规定表面氧化处理,本标准予以规定(见表 2、5.2);

——ISO 4028 未规定简化标记,本标准按 GB/T 1237 的简化原则给出简化的标记示例(见 5.2)。

本标准代替 GB/T 79—2000《内六角圆柱端紧定螺钉》。

本标准与 GB/T 79—2000 相比主要变化如下:

——调整了 $s$ 和 $e$ 的数值(见表 1);

——取消附录 A,引用 ISO 23429:2004《内六角量规》(见表 1);

——增加了不锈钢的机械性能等级(见表 2);

——增加非电解锌片涂层处理(见表 2)。

本标准由中国机械工业联合会提出。

本标准由全国紧固件标准化技术委员会(SAC/TC 85)归口。

本标准负责起草单位:中机生产力促进中心。

本标准参加起草单位:浙江高强度紧固件厂、北京标准件工业集团公司。

本标准所代替标准的历次版本发布情况为:

——GB 79—58、GB 79—66、GB 79—76、GB 79—85、GB/T 79—2000。

# 内六角圆柱端紧定螺钉

## 1 范围

本标准规定了螺纹规格为 M1.6～M24,性能等级为 45H、A1-12H、A2-21H、A3-21H、A4-21H、A5-21H、CU2、CU3 和 AL4,产品等级为 A 级的内六角圆柱端紧定螺钉。

如需其他技术要求,应从现行标准(如 GB/T 193、GB/T 3098.3、GB/T 3098.16、GB/T 9145 和 GB/T 3103.1)中选择。

## 2 规范性引用文件

下列文件中的条款通过本标准的引用而成为本标准的条款。凡是注日期的引用文件,其随后所有的修改单(不包括勘误的内容)或修订版均不适用于本标准,然而,鼓励根据本标准达成协议的各方研究是否可使用这些文件的最新版本。凡是不注日期的引用文件,其最新版本适用于本标准。

GB/T 90.1 紧固件 验收检查(GB/T 90.1—2002,idt ISO 3269:2000)

GB/T 90.2 紧固件 标志与包装

GB/T 193 普通螺纹 直径与螺距系列(GB/T 193—2003,ISO 261:1998,ISO general purpose metric screw threads—General plan,MOD)

GB/T 1237 紧固件标记方法(GB/T 1237—2000,eqv ISO 8991:1986)

GB/T 2516 普通螺纹 极限偏差(GB/T 2516—2003,ISO 965-3:1998,ISO general purpose metric screw threads—Tolerances—Part 3:Deviations for constructional screw threads,MOD)

GB/T 3098.3 紧固件机械性能 紧定螺钉(GB/T 3098.3—2000,idt ISO 898-5:1998)

GB/T 3098.10 紧固件机械性能 有色金属制造的螺栓、螺钉、螺柱和螺母(GB/T 3098.10—1993,eqv ISO 8839:1986)

GB/T 3098.16 紧固件机械性能 不锈钢紧定螺钉(GB/T 3098.16—2000,idt ISO 3506-3:1997)

GB/T 3103.1 紧固件公差 螺栓、螺钉、螺柱和螺母(GB/T 3103.1—2002,idt ISO 4759-1:2000)

GB/T 5267.1 紧固件 电镀层(GB/T 5267.1—2002,ISO 4042:1999,IDT)

GB/T 5267.2 紧固件 非电解锌片涂层(GB/T 5267.2—2002,ISO 10683:2000,IDT)

GB/T 5276 紧固件 螺栓、螺钉、螺柱及螺母 尺寸代号和标注(GB/T 5276—1985,eqv ISO 225:1983)

GB/T 5779.1 紧固件表面缺陷 螺栓、螺钉和螺柱 一般要求(GB/T 5779.1—2000,idt ISO 6157-1:1988)

GB/T 9145 普通螺纹 中等精度、优选系列的极限尺寸(GB/T 9145—2003,ISO 965-2:1998,ISO general purpose metric screw threads—Tolerances—Part 2:Limits of sizes for general purpose external and internal screw threads—Medium quality,MOD)

ISO 8992:1986 紧固件 螺栓、螺钉、螺柱和螺母 通用技术条件

ISO 23429:2004 内六角量规

## 3 尺寸

尺寸代号和标注均符合 GB/T 5276。

紧定螺钉的型式与尺寸见图 1 和表 1。

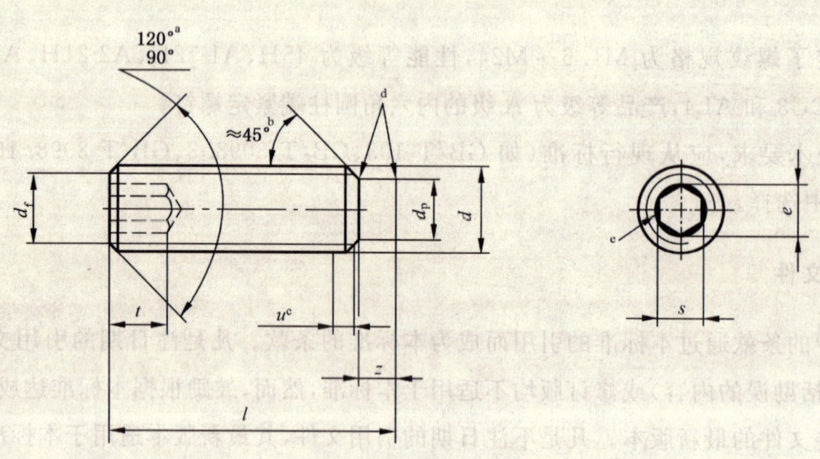


允许制造的内六角型式

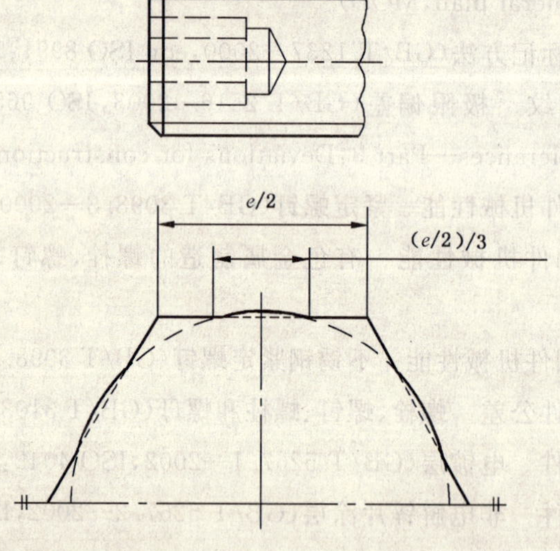


注：对切制内六角，当尺寸达到最大极限时，由钻孔造成的过切不应超过内六角任何一面长度($e/2$)的 1/3。

a 公称长度 $l$ 在表 1 阴影部分的短螺钉应制成 120°。

b 45°仅适用于螺纹小径以内的末端部分。

c 不完整螺纹的长度 $u \leqslant 2P$。

d 稍许倒圆。

e 内六角口部允许稍许倒圆或沉孔。

图 1

**表 1　尺寸**

单位为毫米

| 螺纹规格 $d$ | | | M1.6 | M2 | M2.5 | M3 | M4 | M5 | M6 | M8 | M10 | M12 | M16 | M20 | M24 |
|---|---|---|---|---|---|---|---|---|---|---|---|---|---|---|---|
| $P$[a] | | | 0.35 | 0.4 | 0.45 | 0.5 | 0.7 | 0.8 | 1 | 1.25 | 1.5 | 1.75 | 2 | 2.5 | 3 |
| $d_p$ | | max | 0.80 | 1.00 | 1.50 | 2.00 | 2.50 | 3.5 | 4.0 | 5.5 | 7.0 | 8.5 | 12.0 | 15.0 | 18.0 |
| | | min | 0.55 | 0.75 | 1.25 | 1.75 | 2.25 | 3.2 | 3.7 | 5.2 | 6.64 | 8.14 | 11.57 | 14.57 | 17.57 |
| $d_f$ | | min | ≈螺纹小径 | | | | | | | | | | | | |
| $e$[b,c] | | min | 0.809 | 1.011 | 1.454 | 1.733 | 2.303 | 2.873 | 3.443 | 4.583 | 5.723 | 6.863 | 9.149 | 11.429 | 13.716 |
| $s$[c] | | 公称 | 0.7 | 0.9 | 1.3 | 1.5 | 2 | 2.5 | 3 | 4 | 5 | 6 | 8 | 10 | 12 |
| | | max | 0.724 | 0.913 | 1.300 | 1.58 | 2.08 | 2.58 | 3.08 | 4.095 | 5.14 | 6.14 | 8.175 | 10.175 | 12.212 |
| | | min | 0.710 | 0.887 | 1.275 | 1.52 | 2.02 | 2.52 | 3.02 | 4.02 | 5.02 | 6.02 | 8.025 | 10.025 | 12.032 |
| $t$ | | min[d] | 0.7 | 0.8 | 1.2 | 1.2 | 1.5 | 2 | 2 | 3 | 4 | 4.8 | 6.4 | 8 | 10 |
| | | min[e] | 1.5 | 1.7 | 2 | 2 | 2.5 | 3 | 3.5 | 5 | 6 | 8 | 10 | 12 | 15 |
| $z$ | 短圆柱端[d] | max | 0.65 | 0.75 | 0.88 | 1.00 | 1.25 | 1.50 | 1.75 | 2.25 | 2.75 | 3.25 | 4.3 | 5.3 | 6.3 |
| | | min | 0.40 | 0.50 | 0.63 | 0.75 | 1.00 | 1.25 | 1.50 | 2.00 | 2.50 | 3.0 | 4.0 | 5.0 | 6.0 |
| | 长圆柱端[e] | max | 1.05 | 1.25 | 1.50 | 1.75 | 2.25 | 2.75 | 3.25 | 4.3 | 5.3 | 6.3 | 8.36 | 10.36 | 12.43 |
| | | min | 0.80 | 1.00 | 1.25 | 1.50 | 2.00 | 2.50 | 3.0 | 4.0 | 5.0 | 6.0 | 8.0 | 10.0 | 12.0 |
| $l$ | | | 每 1 000 件钢螺钉的质量($\rho$=7.85 kg/dm³)　≈kg | | | | | | | | | | | | |
| 公称 | min | max | | | | | | | | | | | | | |
| 2 | 1.8 | 2.2 | 0.024 | | | | | | | | | | | | |
| 2.5 | 2.3 | 2.7 | 0.028 | 0.046 | | | | | | | | | | | |
| 3 | 2.8 | 3.2 | 0.029 | 0.053 | 0.085 | | | | | | | | | | |
| 4 | 3.76 | 4.24 | 0.037 | 0.059 | 0.11 | 0.12 | | | | | | | | | |
| 5 | 4.76 | 5.24 | 0.046 | 0.074 | 0.125 | 0.161 | 0.239 | | | | | | | | |
| 6 | 5.76 | 6.24 | 0.054 | 0.089 | 0.15 | 0.186 | 0.319 | 0.528 | | | | | | | |
| 8 | 7.71 | 8.29 | 0.07 | 0.119 | 0.199 | 0.266 | 0.442 | 0.708 | 1.07 | 1.68 | | | | | |
| 10 | 9.71 | 10.29 | | 0.148 | 0.249 | 0.346 | 0.602 | 0.948 | 1.29 | 2.31 | 3.6 | | | | |
| 12 | 11.65 | 12.35 | | | 0.299 | 0.427 | 0.763 | 1.19 | 1.63 | 2.68 | 4.78 | 6.06 | | | |
| 16 | 15.65 | 16.35 | | | | 0.586 | 1.08 | 1.67 | 2.31 | 3.94 | 6.05 | 8.94 | 15 | | |
| 20 | 19.58 | 20.42 | | | | | 1.4 | 2.15 | 2.99 | 5.2 | 8.02 | 11 | 20.3 | 28.3 | |
| 25 | 24.58 | 25.42 | | | | | | 2.75 | 3.84 | 6.78 | 10.5 | 14.6 | 25.1 | 38.6 | 55.4 |
| 30 | 29.58 | 30.42 | | | | | | | 4.69 | 8.35 | 13 | 18.2 | 31.7 | 45.5 | 69.9 |
| 35 | 34.5 | 35.5 | | | | | | | | 9.93 | 15.5 | 21.8 | 38.3 | 55.8 | 78.4 |
| 40 | 39.5 | 40.5 | | | | | | | | 11.5 | 18 | 25.4 | 44.9 | 66.1 | 92.9 |
| 45 | 44.5 | 45.5 | | | | | | | | | 20.5 | 29 | 51.5 | 76.4 | 107 |
| 50 | 49.5 | 50.5 | | | | | | | | | 23 | 32.6 | 58.1 | 86.7 | 122 |
| 55 | 54.4 | 55.6 | | | | | | | | | | 36.2 | 64.7 | 97 | 136 |
| 60 | 59.4 | 60.6 | | | | | | | | | | 39.8 | 71.3 | 107 | 151 |

注：阶梯实线间为商品长度规格。

a　$P$——螺距。

b　$e_{min}=1.14s_{min}$。

c　内六角尺寸 $e$ 和 $s$ 的综合测量见 ISO 23429:2004。

d　适用于公称长度处于阴影部分的螺钉。

e　适用于公称长度在阴影部分以下的螺钉。

## 4 技术条件和引用标准

技术条件和引用标准见表 2。

**表 2 技术条件和引用标准**

<table>
<tr><td colspan="2">材　料</td><td>钢</td><td>不锈钢</td><td>有色金属</td></tr>
<tr><td colspan="2">通用技术条件</td><td colspan="3">ISO 8992</td></tr>
<tr><td rowspan="2">螺　纹</td><td>公　差</td><td colspan="3">6 g</td></tr>
<tr><td>标　准</td><td colspan="3">GB/T 193、GB/T 2516、GB/T 9145</td></tr>
<tr><td rowspan="2">机械性能</td><td>等　级</td><td>45H</td><td>A1-12H、A2-21H、A3-21H、A4-21H、A5-21H</td><td>CU2、CU3、AL4</td></tr>
<tr><td>标　准</td><td>GB/T 3098.3</td><td>GB/T 3098.16</td><td>GB/T 3098.10</td></tr>
<tr><td rowspan="2">公　差</td><td>产品等级</td><td colspan="3">A</td></tr>
<tr><td>标　准</td><td colspan="3">GB/T 3103.1</td></tr>
<tr><td colspan="2">表面处理</td><td>不经处理；<br>氧化；<br>电镀，技术要求按 GB/T 5267.1；<br>非电解锌片涂层，技术要求按 GB/T 5267.2</td><td>简单处理</td><td>简单处理；<br>电镀，技术要求按 GB/T 5267.1</td></tr>
<tr><td colspan="2">表面缺陷</td><td>GB/T 5779.1</td><td>—</td><td>—</td></tr>
<tr><td colspan="2">验收及包装</td><td colspan="3">GB/T 90.1、GB/T 90.2</td></tr>
</table>

## 5 标记

5.1 标记方法按 GB/T 1237 规定。

5.2 标记示例

螺纹规格为 M6、公称长度 $l=12$ mm、性能等级为 45H、表面氧化处理的 A 级内六角圆柱端紧定螺钉的标记：

螺钉 GB/T 79 M6×12

ICS 21.060.10
J 13

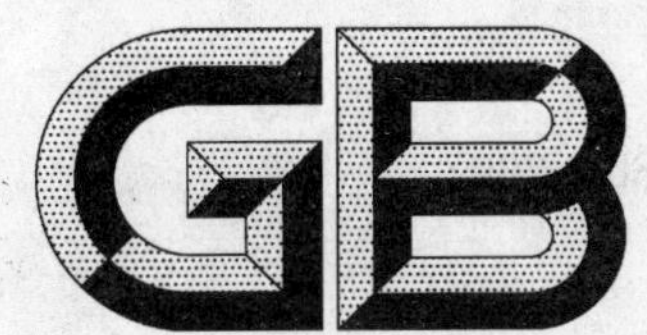

# 中华人民共和国国家标准

GB/T 80—2007
代替 GB/T 80—2000

# 内六角凹端紧定螺钉

## Hexagon socket set screws with cup point

(ISO 4029:2003,MOD)

2007-07-02 发布　　2007-12-01 实施

中华人民共和国国家质量监督检验检疫总局
中国国家标准化管理委员会　发布

# 前　言

本标准是国家标准“内六角螺钉”产品(含量规)系列标准之一。该系列包括：

a) GB/T 70.1—2000　内六角圆柱头螺钉；

b) GB/T 70.2—2000　内六角平圆头螺钉；

c) GB/T 70.3—2000　内六角沉头螺钉；

d) GB/T 77—2007　内六角平端紧定螺钉；

e) GB/T 78—2007　内六角锥端紧定螺钉；

f) GB/T 79—2007　内六角圆柱端紧定螺钉；

g) GB/T 80—2007　内六角凹端紧定螺钉；

h) GB/T 5281—1985　内六角圆柱头轴肩螺钉。

本标准修改采用 ISO 4029:2003《内六角凹端紧定螺钉》(英文版),主要修改如下：

——在规范性引用文件中,用我国标准代替对应的国际标准；

——ISO 4029 对有色金属螺钉未给出具体的性能等级,本标准予以规定(见表 2)；

——ISO 4029 未规定包装技术要求,本标准予以规定(见表 2)；

——ISO 4029 未规定表面氧化处理,本标准予以规定(见表 2、5.2)；

——ISO 4029 未规定简化标记,本标准按 GB/T 1237 的简化原则给出简化的标记示例(见 5.2)。

本标准代替 GB/T 80—2000《内六角凹端紧定螺钉》。

本标准与 GB/T 80—2000 相比主要变化如下：

——调整了 $s$ 和 $e$ 的数值(见表 1)；

——取消附录 A,引用 ISO 23429:2004《内六角量规》(见表 1)；

——增加了不锈钢的机械性能等级(见表 2)；

——增加非电解锌片涂层处理(见表 2)。

本标准由中国机械工业联合会提出。

本标准由全国紧固件标准化技术委员会(SAC/TC 85)归口。

本标准负责起草单位:中机生产力促进中心。

本标准参加起草单位:浙江高强度紧固件厂、北京标准件工业集团公司。

本标准所代替标准的历次版本发布情况为：

——GB 80—58、GB 80—66、GB 80—76、GB 80—85、GB/T 80—2000。

# 内六角凹端紧定螺钉

## 1 范围

本标准规定了螺纹规格为 M1.6～M24，性能等级为 45H、A1-12H、A2-21H、A3-21H、A4-21H、A5-21H、CU2、CU3 和 AL4，产品等级为 A 级的内六角凹端紧定螺钉。

如需其他技术要求，应从现行标准(如 GB/T 193、GB/T 3098.3、GB/T 9145、GB/T 3098.16 和 GB/T 3103.1)中选择。

## 2 规范性引用文件

下列文件中的条款通过本标准的引用而成为本标准的条款。凡是注日期的引用文件，其随后所有的修改单(不包括勘误的内容)或修订版均不适用于本标准，然而，鼓励根据本标准达成协议的各方研究是否可使用这些文件的最新版本。凡是不注日期的引用文件，其最新版本适用于本标准。

GB/T 90.1　紧固件　验收检查(GB/T 90.1—2002，idt ISO 3269:2000)

GB/T 90.2　紧固件　标志与包装

GB/T 193　普通螺纹　直径与螺距系列(GB/T 193—2003，ISO 261:1998，ISO general purpose metric screw threads—General plan，MOD)

GB/T 1237　紧固件标记方法(GB/T 1237—2000，eqv ISO 8991:1986)

GB/T 2516　普通螺纹　极限偏差(GB/T 2516—2003，ISO 965-3:1998，ISO general purpose metric screw threads—Tolerances—Part 3:Deviations for constructional screw threads，MOD)

GB/T 3098.3　紧固件机械性能　紧定螺钉(GB/T 3098.3—2000，idt ISO 898-5:1998)

GB/T 3098.10　紧固件机械性能　有色金属制造的螺栓、螺钉、螺柱和螺母(GB/T 3098.10—1993，eqv ISO 8839:1986)

GB/T 3098.16　紧固件机械性能　不锈钢紧定螺钉(GB/T 3098.16—2000，idt ISO 3506-3:1997)

GB/T 3103.1　紧固件公差　螺栓、螺钉、螺柱和螺母(GB/T 3103.1—2002，idt ISO 4759-1:2000)

GB/T 5267.1　紧固件　电镀层(GB/T 5267.1—2002，ISO 4042:1999，IDT)

GB/T 5267.2　紧固件　非电解锌片涂层(GB/T 5267.2—2002，ISO 10683:2000，IDT)

GB/T 5276　紧固件　螺栓、螺钉、螺柱及螺母　尺寸代号和标注(GB/T 5276—1985，eqv ISO 225:1983)

GB/T 5779.1　紧固件表面缺陷　螺栓、螺钉和螺柱　一般要求(GB/T 5779.1—2000，idt ISO 6157-1:1988)

GB/T 9145　普通螺纹　中等精度、优选系列的极限尺寸(GB/T 9145—2003，ISO 965-2:1998，ISO general purpose metric screw threads—Tolerances—Part 2:Limits of sizes for general purpose external and internal screw threads—Medium quality，MOD)

ISO 8992:1986　紧固件　螺栓、螺钉、螺柱和螺母　通用技术条件

ISO 23429:2004　内六角量规

## 3 尺寸

尺寸代号和标注均符合 GB/T 5276。

紧定螺钉的型式与尺寸见图 1 和表 1。

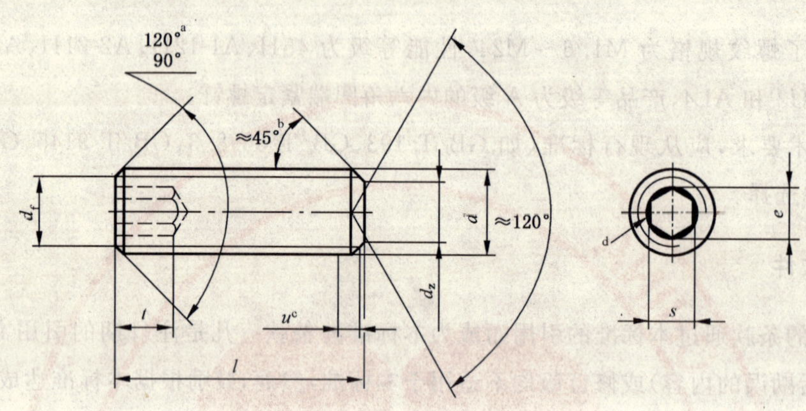


允许制造的内六角型式

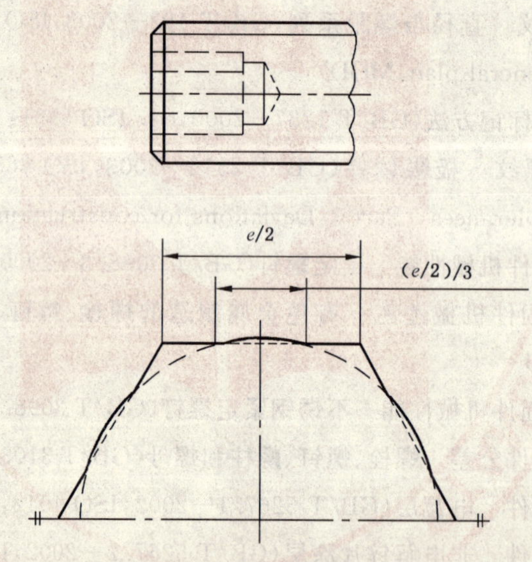


注：对切制内六角，当尺寸达到最大极限时，由钻孔造成的过切不应超过内六角任何一面长度($e/2$)的 1/3。

a 公称长度 $l$ 在表 1 阴影部分的短螺钉应制成 120°。

b 45°仅适用于螺纹小径以内的末端部分。

c 不完整螺纹的长度 $u \leqslant 2P$。

d 内六角口部允许稍许倒圆或沉孔。

图 1

**表 1　尺寸**

单位为毫米

| 螺纹规格 $d$ | | | M1.6 | M2 | M2.5 | M3 | M4 | M5 | M6 | M8 | M10 | M12 | M16 | M20 | M24 |
|---|---|---|---|---|---|---|---|---|---|---|---|---|---|---|---|
| $P$[a] | | | 0.35 | 0.4 | 0.45 | 0.5 | 0.7 | 0.8 | 1 | 1.25 | 1.5 | 1.75 | 2 | 2.5 | 3 |
| $d_z$ | | max | 0.80 | 1.00 | 1.20 | 1.40 | 2.00 | 2.50 | 3.0 | 5.0 | 6.0 | 8.0 | 10.0 | 14.0 | 16.0 |
| | | min | 0.55 | 0.75 | 0.95 | 1.15 | 1.75 | 2.25 | 2.75 | 4.7 | 5.7 | 7.64 | 9.64 | 13.57 | 15.57 |
| $d_f$ | | min | ≈螺纹小径 | | | | | | | | | | | | |
| $e$[b,c] | | min | 0.809 | 1.011 | 1.454 | 1.733 | 2.303 | 2.873 | 3.443 | 4.583 | 5.723 | 6.863 | 9.149 | 11.429 | 13.716 |
| $s$[c] | | 公称 | 0.7 | 0.9 | 1.3 | 1.5 | 2 | 2.5 | 3 | 4 | 5 | 6 | 8 | 10 | 12 |
| | | max | 0.724 | 0.913 | 1.300 | 1.58 | 2.08 | 2.58 | 3.08 | 4.095 | 5.14 | 6.14 | 8.175 | 10.175 | 12.212 |
| | | min | 0.710 | 0.887 | 1.275 | 1.52 | 2.02 | 2.52 | 3.02 | 4.02 | 5.02 | 6.02 | 8.025 | 10.025 | 12.032 |
| $t$ | | min[d] | 0.7 | 0.8 | 1.2 | 1.2 | 1.5 | 2 | 2 | 3 | 4 | 4.8 | 6.4 | 8 | 10 |
| | | min[e] | 1.5 | 1.7 | 2 | 2 | 2.5 | 3 | 3.5 | 5 | 6 | 8 | 10 | 12 | 15 |
| $l$ | | | 每 1 000 件钢螺钉的质量($\rho$=7.85 kg/dm³)　≈kg | | | | | | | | | | | | |
| 公称 | min | max | | | | | | | | | | | | | |
| 2 | 1.8 | 2.2 | 0.019 | 0.029 | | | | | | | | | | | |
| 2.5 | 2.3 | 2.7 | 0.025 | 0.037 | 0.063 | | | | | | | | | | |
| 3 | 2.8 | 3.2 | 0.029 | 0.044 | 0.075 | 0.1 | | | | | | | | | |
| 4 | 3.76 | 4.24 | 0.037 | 0.059 | 0.1 | 0.14 | 0.23 | | | | | | | | |
| 5 | 4.76 | 5.24 | 0.046 | 0.074 | 0.125 | 0.18 | 0.305 | 0.42 | | | | | | | |
| 6 | 5.76 | 6.24 | 0.054 | 0.089 | 0.15 | 0.22 | 0.38 | 0.54 | 0.74 | | | | | | |
| 8 | 7.71 | 8.29 | 0.07 | 0.119 | 0.199 | 0.3 | 0.53 | 0.78 | 1.09 | 1.88 | | | | | |
| 10 | 9.71 | 10.29 | | 0.148 | 0.249 | 0.38 | 0.68 | 1.02 | 1.44 | 2.51 | 3.72 | | | | |
| 12 | 11.65 | 12.35 | | | 0.299 | 0.46 | 0.83 | 1.26 | 1.79 | 3.14 | 4.73 | 6.7 | | | |
| 16 | 15.65 | 16.35 | | | | 0.62 | 1.13 | 1.74 | 2.49 | 4.4 | 6.73 | 9.5 | 15.7 | | |
| 20 | 19.58 | 20.42 | | | | | 1.4 | 2.22 | 3.19 | 5.66 | 8.72 | 12.3 | 20.9 | 31.1 | |
| 25 | 24.58 | 25.42 | | | | | | 2.82 | 4.07 | 7.24 | 11.2 | 15.8 | 27.4 | 41.4 | 55.4 |
| 30 | 29.58 | 30.42 | | | | | | | 4.94 | 8.81 | 13.7 | 19.3 | 33.9 | 51.7 | 70.3 |
| 35 | 34.5 | 35.5 | | | | | | | | 10.4 | 16.2 | 22.7 | 40.4 | 62 | 85.3 |
| 40 | 39.5 | 40.5 | | | | | | | | 12 | 18.7 | 26.2 | 46.9 | 72.3 | 100 |
| 45 | 44.5 | 45.5 | | | | | | | | | 21.2 | 29.7 | 53.3 | 82.6 | 115 |
| 50 | 49.5 | 50.5 | | | | | | | | | 23.6 | 33.2 | 59.8 | 92.6 | 130 |
| 55 | 54.4 | 55.6 | | | | | | | | | | 36.6 | 66.3 | 103 | 145 |
| 60 | 59.4 | 60.6 | | | | | | | | | | 40.1 | 72.8 | 114 | 160 |

注：阶梯实线间为商品长度规格。

a　$P$——螺距。

b　$e_{min}=1.14s_{min}$。

c　内六角尺寸 $e$ 和 $s$ 的综合测量见 ISO 23429:2004。

d　适用于公称长度处于阴影部分的螺钉。

e　适用于公称长度在阴影部分以下的螺钉。

## 4 技术条件和引用标准

技术条件和引用标准见表2。

**表2 技术条件和引用标准**

<table>
<tr><td colspan="2">材料</td><td>钢</td><td>不锈钢</td><td>有色金属</td></tr>
<tr><td colspan="2">通用技术条件</td><td colspan="3">ISO 8992</td></tr>
<tr><td rowspan="2">螺纹</td><td>公差</td><td colspan="3">6 g</td></tr>
<tr><td>标准</td><td colspan="3">GB/T 193、GB/T 2516、GB/T 9145</td></tr>
<tr><td rowspan="2">机械性能</td><td>等级</td><td>45H</td><td>A1-12H、A2-21H、A3-21H、A4-21H、A5-21H</td><td>CU2、CU3、AL4</td></tr>
<tr><td>标准</td><td>GB/T 3098.3</td><td>GB/T 3098.16</td><td>GB/T 3098.10</td></tr>
<tr><td rowspan="2">公差</td><td>产品等级</td><td colspan="3">A</td></tr>
<tr><td>标准</td><td colspan="3">GB/T 3103.1</td></tr>
<tr><td colspan="2">表面处理</td><td>不经处理；<br>氧化；<br>电镀，技术要求按GB/T 5267.1；<br>非电解锌片涂层，技术要求按GB/T 5267.2</td><td>简单处理</td><td>简单处理；<br>电镀，技术要求按GB/T 5267.1</td></tr>
<tr><td colspan="2">表面缺陷</td><td>GB/T 5779.1</td><td>—</td><td>—</td></tr>
<tr><td colspan="2">验收及包装</td><td colspan="3">GB/T 90.1、GB/T 90.2</td></tr>
</table>

## 5 标记

5.1 标记方法按GB/T 1237规定。

5.2 标记示例

螺纹规格为M6、公称长度$l$=12 mm、性能等级为45H、表面氧化处理的A级内六角凹端紧定螺钉的标记：

螺钉 GB/T 80 M6×12

ICS 29.020
K 04

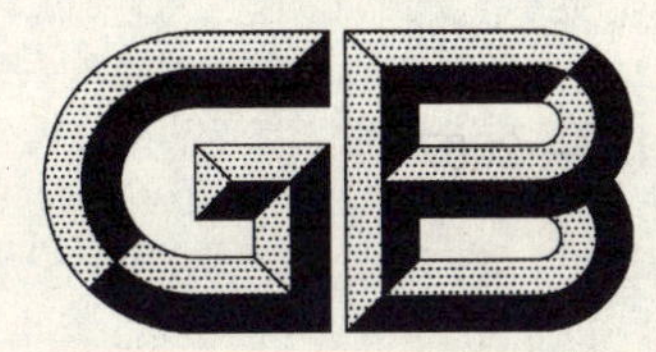

# 中华人民共和国国家标准

GB/T 156—2007
代替 GB 156—2003

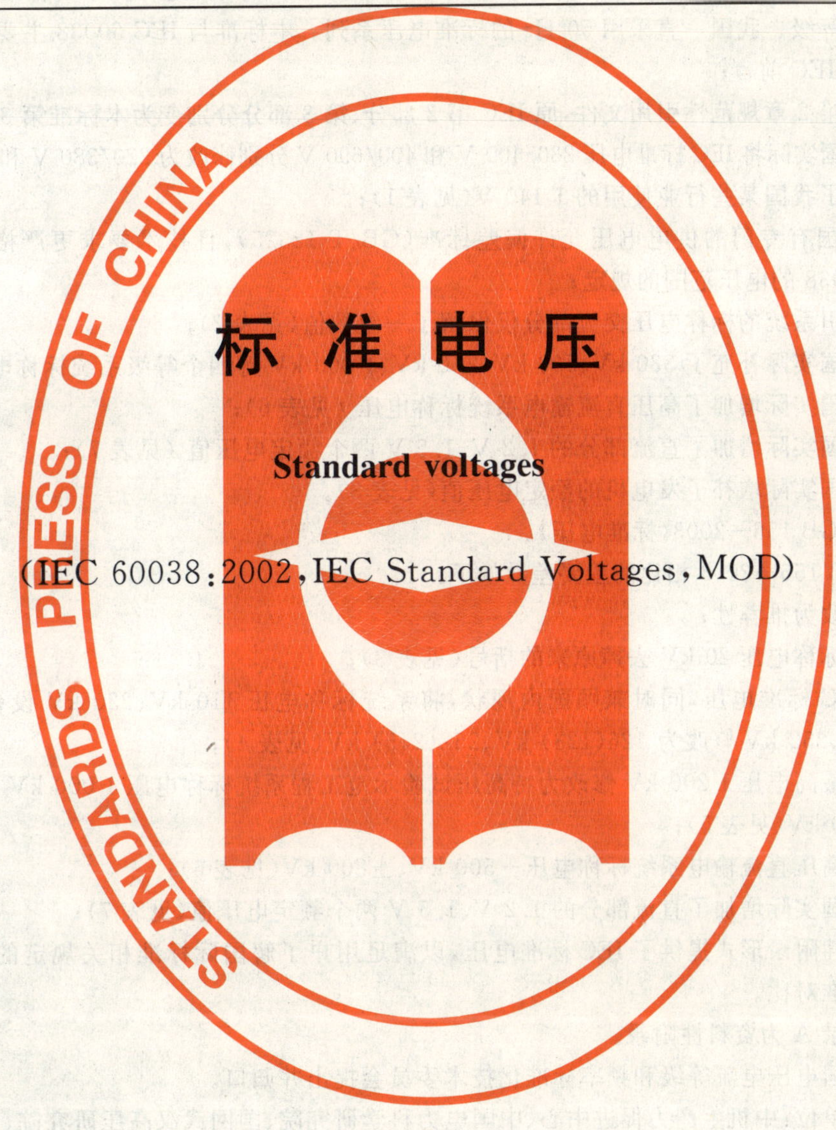


## 标准电压

**Standard voltages**

(IEC 60038:2002,IEC Standard Voltages,MOD)

2007-04-30 发布　　2008-03-01 实施

中华人民共和国国家质量监督检验检疫总局
中国国家标准化管理委员会
发布

# 前 言

本标准修改采用 IEC 60038:2002《IEC 标准电压》。IEC 60038 是一项较特殊的基础标准，它在尊重各国标准电压体系的前提下，通过协商提供了以 50 Hz 和 60 Hz 为基本参数的两个标准电压系列，并在每个系列中综合提供了该系列的基本电压等级。各国可根据本国情况选择其中的标准电压系列和该系列的基本电压等级。我国一直采用 50 Hz 的标准电压系列。本标准与 IEC 60038 主要差异如下：

——删掉了 IEC 前言；

——增加了第 2 章规范性引用文件，原 IEC 第 2 部分、第 3 部分分别变为本标准第 3 章、第 4 章。

——根据我国实际将 IEC 标准电压 230/400 V 和 400/690 V 分别修改为 220/380 V 和 380/660 V，同时增加了我国某些行业使用的 1 140 V(见表 1)；

——鉴于我国有专门的供电电压允许偏差标准(GB/T 12325)，且技术要求更严格，因此删去了 IEC 60038 的电压范围的规定；

——有关牵引系统的标称电压交流部分仅保留了一组数值(见表 2)；

——根据我国实际补充了 330 kV、500 kV、750 kV、1 000 kV 等四个等级系统标称电压(见表 5)；

——根据我国实际增加了高压直流输电系统标称电压 (见表 6)；

——根据我国实际增加了直流部分的 1.2 V、1.5 V 两个额定电压值 (见表 7)；

——根据我国实际增补了发电机的额定电压值(见表 8)。

本标准代替 GB 156—2003《标准电压》。

本标准与 GB 156—2003 相比的主要差异如下：

——本标准改为推荐性；

——将系统标称电压 20 kV 去掉原来的括号(见表 3)；

——引入 IEC 标准电压，同时兼顾国内现状，将系统标称电压 110 kV、220 kV 设备的最高电压 126 kV、252 kV 修改为 126(123) kV、252(245) kV(见表 4)；

——将设备最高电压 1 200 kV 修改为特高压试验示范工程系统标称电压 1 000 kV 和设备最高电压 1 100 kV(见表 5)；

——增加了高压直流输电系统标称电压±500 kV、±800 kV(见表 6)；

——根据我国实际增加了直流部分的 1.2 V、1.5 V 两个额定电压值(见表 7)；

——以资料性附录形式提供了 IEC 标准电压，以满足用户了解国际标准相关规定的需要，便于与国家标准对比。

本标准的附录 A 为资料性附录。

本标准由全国电压电流等级和频率标准化技术委员会提出并归口。

本标准起草单位：中机生产力促进中心、中国电力科学研究院、国网武汉高压研究院、中冶京诚工程技术有限公司、哈尔滨大电机研究所、上海电器科学研究所。

本标准主要起草人：康文祥、林海雪、李澍森、曾幼云、富立新、刘迅、李世林、季慧玉。

本标准参加起草人：刘亚芳、任丕德、焦莉、刘军成、张涛。

本标准所代替标准的历次版本发布情况为：GB 156—1980；GB 156—1993；GB 156—2003。

# 标 准 电 压

## 1 范围

本标准适用于：

——标称电压高于 100 V、标准频率为 50 Hz 的交流输电、配电、用电的系统及其设备；

——额定电压低于 120 V、标准频率为 50 Hz(但不绝对限制)的设备；

——直流电压低于 750 V 的设备；

——交流和直流牵引系统；

——高压直流输电系统；

——交流和直流电压不低于 100 V 的发电机。

本标准不适用于表示信号、传输信号和测量值的电压。

本标准不适用于那些用于电气装置内部的元件、部件或设备零件的标准电压。

注：本标准中的交流电压为方均根值，直流电压为无纹波直流电压值。

## 2 规范性引用文件

下列文件中的条款通过本标准的引用而成为本标准的条款。凡是注日期的引用文件，其随后所有的修改单(不包括勘误的内容)或修订版均不适用于本标准，然而，鼓励根据本标准达成协议的各方研究是否可使用这些文件的最新版本。凡是不注日期的引用文件，其最新版本适用于本标准。

GB 311.1—1997 高压输变电设备的绝缘配合(neq IEC 60071-1:1993)

GB/T 311.2—2002 绝缘配合 第 2 部分:高压输变电设备的绝缘配合使用导则(eqv IEC 60071-2:1996)

GB 1402 铁道干线电力牵引交流电压(GB 1402—1998,eqv IEC 60850:1988)

GB/T 2900.50—1998 电工术语 发电、输电及配电 通用术语(neq IEC 60050(601):1985)

GB 4706.1 家用和类似用途电器的安全 第 1 部分:通用要求(GB 4706.1—2005,IEC 60335-1:2001,IDT)

GB/T 12325 电能质量 供电电压允许偏差

## 3 术语和定义

下列术语和定义适用于本标准。

3.1

**系统标称电压 nominal system voltage**

用以标志或识别系统电压的给定值。

[GB/T 2900.50—1998,定义 2.1.21]

3.2

**系统最高和最低电压(瞬时或异常工况除外) highest and lowest voltages of a system (excluding transient or abnormal conditions)**

3.2.1

**系统最高电压 highest voltage of a system**

在正常运行条件下，在系统的任何时间和任何点上出现的电压的最高值。

不包括瞬变电压，比如，由于系统的开关操作及暂态的电压波动所出现的电压值。

3.2.2

**系统最低电压　lowest voltage of a system**

在正常运行条件下，在系统的任何时间和任何点上出现的电压的最低值。

不包括瞬变电压，比如，由于系统的开关操作及暂态的电压波动所出现的电压值。

3.3

**供电点　supply terminals**

供电部门配电系统与用户电气系统的联结点。

3.4

**供电电压　supply voltage**

供电点处的线电压或相电压。

3.5

**供电电压范围　supply voltage range**

供电点处的电压范围。

3.6

**用电电压　utilization voltage**

设备受电端上的线电压或相电压。

3.7

**用电电压范围　utilization voltage range**

设备受电端上的电压范围。

3.8

**(设备的)额定电压　rated voltage (of equipment)**

通常由制造厂家确定，用以规定元件、器件或设备的额定工作条件的电压。

3.9

**设备最高电压　highest voltage for equipment**

规定设备的最高电压是用以表示：

a)　绝缘；

b)　在相关设备性能中可以依据这个最高电压的其他特性。

设备的最高电压就是该设备可以应用的“系统最高电压”(见3.2.1)的最大值。

注1：设备最高电压仅指高于1 000 V的系统标称电压。须知，对某些系统标称电压，不能保证那些对电压具有敏感特性(如电容器的损耗、变压器励磁电流等)的设备在最高电压下正常运行。

在这些情况下，相关的性能必须规定能够保证该设备正常运行的电压限值。

注2：对用于标称电压不超过1 000 V系统的设备，运行和绝缘仅依据系统标称电压作具体规定。

注3：应提请注意的是，在某些设备标准(例如GB 4706.1《家用和类似用途电器的安全　第1部分：通用要求》和GB 311.1《高压输变电设备的绝缘配合》)中，“电压范围”术语有不同含义。

## 4　标准电压

4.1～4.8给出了不同系统和设备的标准电压值。供电电压的允许偏差见GB/T 12325。

### 4.1　标称电压220 V～1 000 V之间的交流系统及相关设备的标准电压(见表1)

表1　标称电压220 V～1 000 V之间的交流系统及相关设备的标准电压　　单位为伏(V)

| 三相四线或三相三线系统的标称电压 |
| --- |
| 220/380 |
| 380/660 |
| 1 000(1 140) |
| 注：1 140 V仅限于某些行业内部系统使用。 |

表1中是三相四线或三相三线交流系统及相关设备的标称电压。

表1中同一组数据中较低的数值是相电压，较高的数值是线电压；只有一个数值者是指三相三线系统的线电压。

## 4.2 交流和直流牵引系统的标准电压(见表2)

表2 交流和直流牵引系统的标准电压

单位为伏(V)

| | 系统最低电压 | 系统标称电压 | 系统最高电压 |
|---|---|---|---|
| 直流系统 | (400)<br>500<br>1 000<br>2 000 | (600)<br>750<br>1 500<br>3 000 | (720)<br>900<br>1 800<br>3 600 |
| 交流单相系统 | 19 000 | 25 000 | 27 500 |

注1：圆括号中给出的是非优选数值。建议在未来新建系统中不采用这些数值。

注2：表中给出的数值均得到电气牵引设备国际联合委员会(C. M. T)和IEC/TC 9电气牵引设备技术委员会认可。

注3：铁道干线电力牵引交流电压的其他要求见GB 1402。

注4：其他的交流和直流牵引系统电压参见相关专业标准。

## 4.3 标称电压1 kV以上至35 kV的交流三相系统及相关设备的标准电压(见表3)

表3 标称电压1 kV以上至35 kV的交流三相系统及相关设备的标准电压

单位为千伏(kV)

| 设备最高电压 | 系统标称电压 |
|---|---|
| 3.6 | 3(3.3) |
| 7.2 | 6 |
| 12 | 10 |
| 24 | 20 |
| 40.5 | 35 |

注1：表中数值为线电压。

注2：圆括号中的数值为用户有要求时使用。

注3：表中前两组数值不得用于公共配电系统。

## 4.4 标称电压35 kV以上至220 kV的交流三相系统及相关设备的标准电压(见表4)

表4 标称电压35 kV以上至220 kV的交流三相系统及相关设备的标准电压

单位为千伏(kV)

| 设备最高电压 | 系统标称电压 |
|---|---|
| 72.5 | 66 |
| 126(123) | 110 |
| 252(245) | 220 |

注1：表中数值为线电压。

注2：圆括号中的数值为用户有要求时使用。

4.5 标称电压 220 kV 以上的交流三相系统及相关设备的标准电压(见表 5)

表 5 标称电压 220 kV 以上的交流三相系统及相关设备的标准电压

单位为千伏(kV)

| 设备最高电压 | 系统标称电压 |
|---|---|
| 363 | 330 |
| 550 | 500 |
| 800 | 750 |
| 1 100 | 1 000 |
| 注：表中数值为线电压。 | |

4.6 高压直流输电系统的系统标称电压(见表 6)

表 6 高压直流输电系统的系统标称电压

单位为千伏(kV)

| 系统标称电压 |
|---|
| ±500 |
| ±800 |
| 注：低于上表中的系统标称电压正在考虑中。 |

4.7 交流低于 120 V 或直流低于 750 V 的设备额定电压(见表 7)

表 7 交流低于 120 V 或直流低于 750 V 的设备额定电压

单位为伏(V)

| 直流额定电压 | | 交流额定电压 | |
|---|---|---|---|
| 优选值 | 增补值 | 优选值 | 增补值 |
| 1.2 | | | |
| 1.5 | | | |
| | 2.4 | | |
| | 3 | | |
| | 4 | | |
| | 4.5 | | |
| | 5 | | 5 |
| 6 | | 6 | |
| | 7.5 | | |
| | 9 | | |
| 12 | | 12 | |
| | 15 | | 15 |
| 24 | | 24 | |
| | 30 | | |
| 36 | | | 36 |
| | 40 | | 42 |
| 48 | | 48 | |
| 60 | | | 60 |
| 72 | | | |

**表 7（续）** 单位为伏（V）

| 直流额定电压 | | 交流额定电压 | |
|---|---|---|---|
| 优选值 | 增补值 | 优选值 | 增补值 |
| | 80 | | |
| 96 | | | |
| | | | 100 |
| 110 | | 110 | |
| | 125 | | |
| 220 | | | |
| | 250 | | |
| 440 | | | |
| | 600 | | |

注：应认识到，出于技术和经济方面的理由，对某些特殊场合的应用，可能需要另外的电压。

## 4.8 发电机的额定电压（见表 8）

**表 8 发电机的额定电压** 单位为伏（V）

| 交流发电机额定电压 | 直流发电机额定电压 |
|---|---|
| 115 | 115 |
| 230 | 230 |
| 400 | 460 |
| 690 | — |
| 3 150 | — |
| 6 300 | — |
| 10 500 | — |
| 13 800 | — |
| 15 750 | — |
| 18 000 | — |
| 20 000 | — |
| 22 000 | — |
| 24 000 | — |
| 26 000 | — |

注 1：与发电机出线端配套的电气设备额定电压可采用发电机的额定电压，并应在产品标准中加以具体规定。

注 2：引进国外机组的额定电压不受上表规定的限制。

# 附 录 A
# （资料性附录）
# IEC 标准电压

## A.1 范围

本标准适用于：

——标称电压高于 100 V、标准频率为 50 Hz 和 60 Hz 的交流输电、配电及用电系统及其设备；

——交流和直流牵引系统；

——标称电压交流低于 120 V 或直流低于 750 V 的设备。交流电压意指采用 50 Hz 和 60 Hz（但不排它）的频率。这样的设备包括电池（原电池或蓄电池）、其他的交流或直流电源装置、电气设备（包括工业的和通讯的）和仪表。

本标准不适用于表示信号、传输信号和测量值的电压。

本标准不适用于那些用于电气装置内部的元件、部件或设备零件的标准电压。

## A.2 术语和定义

下列术语和定义适用于本标准。

A.2.1

**系统标称电压 nominal system voltage**

系统设计选定的电压。

A.2.2

**系统最高和最低电压（瞬时或异常工况除外） highest and lowest voltages of a system (excluding transient or abnormal conditions)**

A.2.2.1

**系统最高电压 highest voltage of a system**

在正常运行条件下，在系统的任何时间和任何点上出现的电压的最高值。

它不包括电压瞬变，比如，由于系统的开关操作及暂态的电压波动所出现的电压值。

A.2.2.2

**系统最低电压 lowest voltage of a system**

在正常运行条件下，在系统的任何时间和任何点上出现的电压的最低值。

它不包括电压瞬变，比如，由于系统的开关操作及暂态的电压波动所出现的电压值。

A.2.3

**供电点 supply terminals**

供电部门配电系统与用户电气系统的联结点。

A.2.4

**供电电压 supply voltage**

供电点处相对相或相对中性导体的电压。

A.2.5

**供电电压范围 supply voltage range**

供电点处的电压范围。

A.2.6

**用电电压　utilization voltage**

在设备的电源插座上或端子上的线电压或相电压。

A.2.7

**用电电压范围　utilization voltage range**

在设备的电源插座上或端子上的电压范围。

A.2.8

**(设备的)额定电压　rated voltage (of equipment)**

通常由制造厂家确定,用以规定元件、器件或设备的工作条件的电压。

A.2.9

**设备最高电压　highest voltage for equipment**

规定设备的最高电压是用以表示:

a)　绝缘;

b)　在相关设备性能中可以依据这个最高电压的其他特性。

设备的最高电压就是该设备可以应用的"系统最高电压"(见A.2.2.1)的最大值。

注1:设备最高电压仅指高于1 000 V的标称系统电压。须知,对某些标称系统电压,不能保证那些对电压具有敏感特性(如电容器的损耗、变压器励磁电流等)的设备在最高电压下正常运行。

在这些情况下,相关的性能必须规定能够保证该设备正常运行的电压限值。

注2:对用于标称电压不超过1 000 V系统的设备,运行和绝缘仅依据系统标称电压作具体规定。

注3:应提请注意的是,在某些设备标准(例如IEC 60335-1和IEC 60071)中,"电压范围"术语有不同含义。

## A.3　标准电压

### A.3.1　标称电压100 V与1 000 V之间的交流系统及其相关设备(见表A.1)

表A.1中的三相四线和单相三线系统,包括连接到这些系统中的单相电路(扩充电路、业务通信电路等)。

在第一栏和第二栏中较低的数值是相电压,较高的数值是线电压。只有一个数值者是指三线系统的线电压。第三栏中较低数值是指相电压,较高数值是表示线电压。

超过230/400 V的电压,仅适于重型工业应用和大型商业建筑中。

**表A.1　标称电压100 V与1 000 V之间的交流系统及其相关设备**　单位为伏(V)

| 三相四线或三相三线系统 | | 单相三线系统 |
|---|---|---|
| 标称电压 | | 标称电压 |
| 50 Hz | 60 Hz | 60 Hz |
| — | 120/208 | 120/240 |
| — | 240 | — |
| 230/400[a] | 277/480 | — |
| 400/690[a] | 480 | — |
| — | 347/600 | — |
| 1 000 | 600 | — |

a　现有的220/380 V和240/415 V标称电压的系统,应逐步归向推荐值230/400 V,过渡时期要尽可能的短,并应不超过2003年。在此期间,作为第一步,采用220/380 V系统的国家供电部门应在230/400 V等级内使该电压能达到+6%、−10%的容许偏差范围;采用240/415 V系统的那些国家,要在230/400 V等级内使该电压能达到+10%、−6%的容许偏差范围。过渡时期结束,230/400 V就实现了±10%的容许偏差范围,此后,就要考虑缩减这个范围。所有上述考虑,同样也适用于正在使用的380/660 V向推荐值400/690 V的过渡。

关于供电电压范围，在正常运行条件下供电端电压对标称电压的偏差建议不要大于±10%。

关于用电电压范围，除在供电端的电压变化外，用户的电气装置内还会出现电压降。对低压装置而言，这个电压降被限制到4%，因此，用电电压范围是+10%、−14%。过渡期结束时，将考虑压缩这个范围的问题。产品委员会应该考虑这个用电范围。

**A.3.2 直流和交流牵引系统**(见表 A.2)

**表 A.2 直流和交流牵引系统**[a]

| | 电压/V | | | 交流系统额定频率/Hz |
|---|---|---|---|---|
| | 最低 | 标称 | 最高 | |
| 直流系统 | (400)<br>500<br>1 000<br>2 000 | (600)<br>750<br>1 500<br>3 000 | (720)<br>900<br>1 800<br>3 600[b] | |
| 交流单相系统 | (4 750)<br>12 000<br>19 000 | (6 250)<br>15 000<br>25 000 | (6 900)<br>17 250<br>27 500 | 50 或 60<br>16 2/3<br>50 或 60 |

a 圆括号中给出的是非优选数值。建议在未来的新建系统中不采用这些数值。特别是对于交流单相系统，只有在当地条件不能采用标称电压 25 000 V 时，其标称值才应采用 6 250 V。

上表给出的数值都得到电气牵引设备国际联合委员会(C.M.T)和 IEC/TC 9 电气牵引设备技术委员会认可。

b 在某些欧洲国家，这个电压可能达到 4 000 V。在这些国家间运行的车辆中的电气设备，应能在 5 min 这样的短时间内承受这个最大绝对电压值。

**A.3.3 标称电压 1 kV 以上至 35 kV 的交流三相系统及其相关设备**(见表 A.3)

表 A.3 给出的是设备最高电压的两个系列，一个是 50 Hz 和 60 Hz 系统(系列Ⅰ)，另一个是 60 Hz 系统(系列Ⅱ:适用于北美洲)，建议任何国家仅采用两系列之一，且只有系列Ⅰ可应用于任何国家。

**表 A.3 标称电压 1 kV 以上至 35 kV 的交流三相系统及其相关设备** 单位为千伏(kV)

| 系列Ⅰ | | | 系列Ⅱ | |
|---|---|---|---|---|
| 设备最高电压 | 系统标称电压 | | 设备最高电压 | 系统标称电压 |
| 3.6[a] | 3.3[a] | 3[a] | 4.40[a] | 4.16[a] |
| 7.2[a] | 6.6[a] | 6[a] | — | — |
| 12 | 11 | 10 | — | — |
| — | — | — | 13.2[b] | 12.47[b] |
| — | — | — | 13.97[b] | 13.2[b] |
| — | — | — | 14.52[a] | 13.8[a] |
| (17.5) | — | (15) | — | — |
| 24 | 22 | 20 | — | — |
| — | — | — | 26.4[b] | 24.94[b] |
| 36[c] | 33[c] | — | — | — |
| — | — | — | 36.5[b] | 34.5[b] |
| 40.5[b] | — | 35[c] | — | — |

表 A.3（续）

单位为千伏(kV)

| 系列Ⅰ | | 系列Ⅱ | |
|---|---|---|---|
| 设备最高电压 | 系统标称电压 | 设备最高电压 | 系统标称电压 |

注1：建议任何一个国家的两个相邻标称电压的比率不应小于2。

注2：在系列Ⅰ的正常电压系统中，最高电压和最低电压对系统标称电压的偏差不能大于±10%。在系列Ⅱ的正常电压系统中，最高电压对系统标称电压的偏差不能大于+5%，而最低电压对系统标称电压的偏差，不能大于−10%。

注3：除另有说明外，这些系统一般指三线系统。所给数值是线电压。

圆括号中给出的是非优选数值。建议在未来的新建系统中不采用这些数值。

a 这些数值不得用于公共配电系统。

b 这些系统通常是四线系统。

c 这些数值的统一在考虑中。

**A.3.4 标称电压35 kV以上至230 kV的交流三相系统及其相关设备**(见表A.4)

表A.4给出的是两个系统标称电压系列，建议任何国家仅用两系列其中之一。

建议任何国家仅应取下列每组数值中之一用作设备的最高电压：

123 kV—145 kV

245 kV—300 kV(见表A.5)—362 kV(见表A.5)。

**表A.4 标称电压35 kV以上至230 kV的交流三相系统及其相关设备**

单位为千伏(kV)

| 设备最高电压 | 系统标称电压 | |
|---|---|---|
| (52) | (45) | — |
| 72.5 | 66 | 69 |
| 123 | 110 | 115 |
| 145 | 132 | 138 |
| (170) | (150) | — |
| 245 | 220 | 230 |

注：圆括号中给出的数值是非优选数值。这些数值建议不要用于未来的新建系统中。上述数值都是线电压。

**A.3.5 245 kV以上的交流三相系统的设备最高电压**(见表A.5)

建议任何地区仅在下列一组数据中选择一个作为设备的最高电压：

245 kV(见表A.4)—300 kV—362 kV；

362 kV—420 kV；

420 kV—550 kV。

**表A.5 245 kV以上的交流三相系统的设备最高电压**[a]

单位为伏(V)

| 设备最高电压 |
|---|
| (300) |
| 362 |
| 420 |
| 550[b] |
| 800[c,e] |
| 1 050[d] |
| 1 200[e] |

表 A.5（续）

单位为伏(V)

| 设备最高电压 |
|---|
| 注：在本表中，“地区”这一术语，可指单一的国家、同意采用相同电压等级的若干国家构成的国家集团或一个大国的一个部分。 |
| a 圆括号中给出的是非优选数值，在未来的新建系统中建议不采用这些数值。上述数值都是线电压。<br>b 525 kV 这个数值也有使用的。<br>c 765 kV 这个数值也有使用的；设备的试验值应与 IEC 对 765 kV 所定义的数值相同。<br>d 1 100 kV 这个数值也有使用的。<br>e 采用数值 1 050 kV 的任何地区，都不应采用 800 kV 和 1 200 kV 两个数值。 |

### A.3.6 交流低于 120 V 或直流低于 750 V 的设备标称电压（见表 A.6）

表 A.6 交流低于 120 V 或直流低于 750 V 的设备标称电压

单位为伏(V)

| 标称值(D.C) | | 标称值(A.C) | |
|---|---|---|---|
| 优选值 | 增补值 | 优选值 | 增补值 |
| | 2.4 | | |
| | 3 | | |
| | 4 | | |
| | 4.5 | | |
| | 5 | | 5 |
| 6 | | 6 | |
| | 7.5 | | |
| | 9 | | |
| 12 | | 12 | |
| | 15 | | 15 |
| 24 | | 24 | |
| | 30 | | |
| 36 | | | 36 |
| | 40 | | |
| 48 | | 48 | |
| 60 | | | 60 |
| 72 | | | |
| | 80 | | |
| 96 | | | |
| | | | 100 |
| 110 | | 110 | |
| | 125 | | |
| 220 | | | |
| | 250 | | |

表 A.6（续） 单位为伏（V）

| 标称值(D.C) | | 标称值(A.C) | |
|---|---|---|---|
| 优选值 | 增补值 | 优选值 | 增补值 |
| 440 | | | |
| | 600 | | |

注1：因为原电池和蓄电池的电压均低于 2.4 V，而且按用途选择电池类型的依据是特性而不是电压，因此这些电压未包括在表中。对于特殊用途的电池类型和额定电压由相关 IEC 技术委员会规定。

注2：应认识到，出于技术和经济方面的理由，对某些特殊场合的应用，可能需要另外的电压。

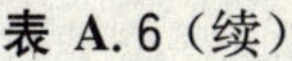

ICS 91.100.10
Q 11

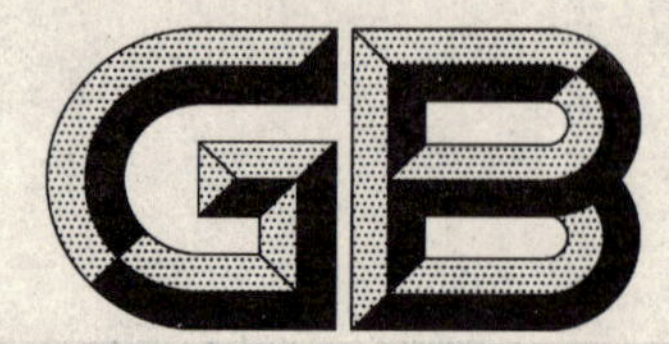

# 中华人民共和国国家标准

GB 175—2007
代替 GB 175—1999,GB 1344—1999,GB 12958—1999

# 通用硅酸盐水泥

**Common portland cement**

2007-11-09 发布　　　　2008-06-01 实施

中华人民共和国国家质量监督检验检疫总局
中国国家标准化管理委员会　发布

# 前　言

本标准第 7.1、7.3.1、7.3.2、7.3.3、9.4 为强制性条款，其余为推荐性条款。

本标准与欧洲水泥标准 EN 197-1:2000《通用波特兰水泥》的一致性程度为非等效。

本标准自实施之日起代替 GB 175—1999《硅酸盐水泥、普通硅酸盐水泥》、GB 1344—1999《矿渣硅酸盐水泥、火山灰质硅酸盐水泥、粉煤灰硅酸盐水泥》、GB 12958—1999《复合硅酸盐水泥》三个标准。

与 GB 175—1999、GB 1344—1999、GB 12958—1999 相比，本标准主要变化如下：

——全文强制改为条文强制(本版前言)；

——增加了通用硅酸盐水泥的定义(本版第 3 章)；

——将各品种水泥的定义取消(原版 GB 175—1999、GB 1344—1999、GB 12958—1999 第 3 章)；

——将组分与材料合并为一章(原版 GB 175—1999、GB 1344—1999、GB 12958—1999 第 4 章，本版第 5 章)；

——普通硅酸盐水泥中"掺活性混合材料时，最大掺量不超过 15%，其中允许用不超过水泥质量 5%的窑灰或不超过水泥质量 10%的非活性混合材料来代替"改为"活性混合材料掺加量为＞5%且≤20%，其中允许用不超过水泥质量 8%且符合本标准第 5.2.4 条的非活性混合材料或不超过水泥质量 5%且符合本标准第 5.2.5 条的窑灰代替"(原版 GB 175—1999 中第 3.2 条，本版第 5.1 条)；

——将矿渣硅酸盐水泥中矿渣掺加量由"20%～70%"改为"＞20%且≤70%"，并分为 A 型和B 型。A 型矿渣掺量＞20%且≤50%，代号 P·S·A；B 型矿渣掺量＞50%且≤70%，代号 P·S·B (原版 GB 1344—1999 中第 3.1 条，本版第 5.1 条)；

——将火山灰质硅酸盐水泥中火山灰质混合材料掺量由"20%～50%"改为"＞20%且≤40%"(原版GB 1344—1999 中第 3.2 条，本版第 5.1 条)；

——将复合硅酸盐水泥中混合材料总掺加量由"应大于 15%，但不超过 50%"改为"＞20%且≤50%"(原版 GB 12958—1999 中第 3 章，本版第 5.1 条)；

——材料中增加了粒化高炉矿渣粉(本版第 5.2.3、5.2.4 条)；

——取消了复合硅酸盐水泥中允许掺加粒化精炼铬铁渣、粒化增钙液态渣、粒化碳素铬铁渣、粒化高炉钛矿渣等混合材料以及符合附录 A 新开辟的混合材料，并将附录 A 取消(原版 GB 12958—1999 中第 4.2、4.3 条和附录 A)；

——增加了 M 类混合石膏，取消了 A 类硬石膏(原版 GB 175—1999、GB 1344—1999 和 GB 12958—1999 中第 3 章，本版第 5.2.1.1 条)；

——助磨剂允许掺量由"不超过水泥质量的 1%"改为"不超过水泥质量的 0.5%"(原版 GB 175—1999、GB 1344—1999 和 GB 12958—1999 中第 4.5 条，本版第 5.2.6 条)；

——普通水泥强度等级中取消了 32.5 和 32.5R(原版 GB 175—1999 中第 5 章，本版第 6 章)；

——将矿渣硅酸盐水泥、火山灰质硅酸盐水泥、粉煤灰硅酸盐水泥和复合硅酸盐水泥中"熟料中的氧化镁含量"改为"水泥中的氧化镁含量"，其中要求 P·S·A 型、P·P 型、P·F 型、P·C 型水泥中的氧化镁含量不大于 6.0%，并加注 b 说明'如果水泥中氧化镁含量大于 6.0%时，应进行水泥压蒸试验并合格'；P·S·B 型无要求。(原版 GB 1344—1999 和 GB 12958—1999 中第 6.1 条，本版第 7.1 条)；

——增加了氯离子限量的要求，即水泥中氯离子含量不大于 0.06%(本版第 7.1 条)；

——将各强度等级的普通硅酸盐水泥的强度指标改为和硅酸盐水泥一致，将各强度等级复合硅酸盐水泥的强度指标改为和矿渣硅酸盐水泥、火山灰质硅酸盐水泥、粉煤灰硅酸盐水泥一致(原版 GB 12958—1999 中第 6.6 条,本版第 7.3.3 条);

——增加了 45 μm 方孔筛筛余不大于 30%作为选择性指标(本版第 7.3.4 条);

——增加了选择水泥组分试验方法的原则和定期校核要求(本版第 8.1 条);

——将“按 0.50 水灰比和胶砂流动度不小于 180 mm 来确定用水量”的规定的适用水泥品种扩大为火山灰质硅酸盐水泥、粉煤灰硅酸盐水泥、复合硅酸盐水泥和掺火山灰质混合材料的普通硅酸盐水泥(原版 GB 1344—1999 第 7.5 条,本版第 8.5 条);

——编号与取样中增加了年生产能力“$200\times10^4$ t 以上”的级别,即:$200\times10^4$ t 以上,不超过 4 000 t 为一个编号;将“120 万吨以上,不超过 1 200 吨为一个编号”改为“$120\times10^4$ t～$200\times10^4$ t,不超过 2 400 t 为一个编号”(原版 GB 175—1999、GB 1344—1999、GB 12958—1999 中第 8.1 条,本版第 9.1 条);

——将“出厂水泥应保证出厂强度等级,其余技术要求应符合本标准有关要求”改为“经确认水泥各项技术指标及包装质量符合要求时方可出厂”(原版 GB 175—1999、GB 1344—1999、GB 12958—1999 中第 8.2 条,本版第 9.2 条);

——增加了出厂检验项目(本版第 9.3 条);

——取消了废品判定(原版 GB 175—1999、GB 1344—1999、GB 12958—1999 中第 8.3 条);

——不合格品判定中取消了细度和混合材料掺加量的规定,将判定规则改为“检验结果符合本标准 7.1、7.3.1、7.3.2、7.3.3 条技术要求为合格品。检验结果不符合本标准 7.1、7.3.1、7.3.2、7.3.3 条中任何一项技术要求为不合格品。(原版 GB 175—1999、GB 1344—1999、GB 12958—1999 中第 8.3.2 条,本版第 9.4.1、9.4.2 条);

——检验报告中增加了“合同约定的其他技术要求”(原版 GB 175—1999、GB 1344—1999、GB 12958—1999 中第 8.4 条,本版第 9.5 条);

——交货与验收中增加了“安定性仲裁检验时,应在取样之日起 10 d 以内完成”(本版第 9.6.2 条);

——包装标志中将“且应不少于标志质量的 98%”改为“且应不少于标志质量的 99%”(原版 GB 175—1999、GB 1344—1999、GB 12958—1999 中第 9.1 条,本版第 10.1 条);

——包装标志中将“火山灰质硅酸盐水泥、粉煤灰硅酸盐水泥和复合硅酸盐水泥包装袋的两侧印刷采用黑色”改为“火山灰质硅酸盐水泥、粉煤灰硅酸盐水泥和复合硅酸盐水泥包装袋的两侧印刷采用黑色或蓝色”(原版 GB 1344—1999、GB 12958—1999 中第 9.2 条,本版第 10.2 条)。

本标准由中国建筑材料工业协会提出。

本标准由全国水泥标准化技术委员会(SAC/TC 184)归口。

本标准主要起草单位:中国建筑材料科学研究总院。

本标准参加起草单位:唐山冀东水泥股份有限公司、福建水泥股份有限公司、山东丛林集团、都江堰拉法基水泥有限公司、云南国资水泥红河有限公司、云南国资水泥昆明有限公司、合肥水泥设计院、广东省建筑科学研究院、山东省水泥质量监督检验站、上海市建筑科学研究院有限公司、建筑材料工业技术情报研究所、冠鲁集团山东万利水泥有限公司、唐山隆丰水泥有限公司。

本标准主要起草人:颜碧兰、江丽珍、肖忠明、刘晨、张秋英、陈萍、霍春明、席劲松、宋立春、王昕、郭俊萍。

本标准所代替标准的历次版本情况为:

——GB 175—1956、GB 175—1962、GB 175—1977、GB 175—1985、GB 175—1992、GB 175—1999;

——GB 1344—1956、GB 1344—1962、GB 1344—1977、GB 1344—1985、GB 1344—1992、GB 1344—1999;

——GB 12958—1981、GB 12958—1991、GB 12958—1999。

# 通用硅酸盐水泥

## 1 范围

本标准规定了通用硅酸盐水泥的术语和定义、分类、组分与材料、强度等级、技术要求、试验方法、检验规则和包装、标志、运输与贮存等。

本标准适用于通用硅酸盐水泥。

## 2 规范性引用文件

下列文件中的条款通过本标准的引用而成为本标准的条款。凡是注日期的引用文件，其随后所有的修改单(不包括勘误的内容)或修订版均不适用于本标准，然而，鼓励根据本标准达成协议的各方研究是否可使用这些文件的最新版本。凡是不注日期的引用文件，其最新版本适用于本标准。

GB/T 176 水泥化学分析方法(GB/T 176—1996，eqv ISO 680:1990)

GB/T 203 用于水泥中的粒化高炉矿渣

GB/T 750 水泥压蒸安定性试验方法

GB/T 1345 水泥细度检验方法 筛析法

GB/T 1346 水泥标准稠度用水量、凝结时间、安定性检验方法(GB/T 1346—2001，eqv ISO 9597:1989)

GB/T 1596 用于水泥和混凝土中的粉煤灰

GB/T 2419 水泥胶砂流动度测定方法

GB/T 2847 用于水泥中的火山灰质混合材料

GB/T 5483 石膏和硬石膏

GB/T 8074 水泥比表面积测定方法 勃氏法

GB 9774 水泥包装袋

GB 12573 水泥取样方法

GB/T 12960 水泥组分的定量测定

GB/T 17671 水泥胶砂强度检验方法(ISO法)(GB/T 17671—1999，idt ISO 679:1989)

GB/T 18046 用于水泥和混凝土中的粒化高炉矿渣粉

JC/T 420 水泥原料中氯离子的化学分析方法

JC/T 667 水泥助磨剂

JC/T 742 掺入水泥中的回转窑窑灰

## 3 术语和定义

下列术语和定义适用于本标准。

**通用硅酸盐水泥 common portland cement**

以硅酸盐水泥熟料和适量的石膏，及规定的混合材料制成的水硬性胶凝材料。

## 4 分类

本标准规定的通用硅酸盐水泥按混合材料的品种和掺量分为硅酸盐水泥、普通硅酸盐水泥、矿渣硅酸盐水泥、火山灰质硅酸盐水泥、粉煤灰硅酸盐水泥和复合硅酸盐水泥。各品种的组分和代号应符合5.1的规定。

## 5　组分与材料

### 5.1　组分

通用硅酸盐水泥的组分应符合表1的规定。

表 1　　%

| 品种 | 代号 | 组分(质量分数) | | | | |
|---|---|---|---|---|---|---|
| | | 熟料＋石膏 | 粒化高炉矿渣 | 火山灰质混合材料 | 粉煤灰 | 石灰石 |
| 硅酸盐水泥 | P·Ⅰ | 100 | — | — | — | — |
| | P·Ⅱ | ≥95 | ≤5 | — | — | — |
| | | ≥95 | — | — | — | ≤5 |
| 普通硅酸盐水泥 | P·O | ≥80 且＜95 | ＞5 且≤20[a] | | | — |
| 矿渣硅酸盐水泥 | P·S·A | ≥50 且＜80 | ＞20 且≤50[b] | — | — | — |
| | P·S·B | ≥30 且＜50 | ＞50 且≤70[b] | — | — | — |
| 火山灰质硅酸盐水泥 | P·P | ≥60 且＜80 | — | ＞20 且≤40[c] | — | — |
| 粉煤灰硅酸盐水泥 | P·F | ≥60 且＜80 | — | — | ＞20 且≤40[d] | — |
| 复合硅酸盐水泥 | P·C | ≥50 且＜80 | ＞20 且≤50[e] | | | |

a　本组分材料为符合本标准5.2.3的活性混合材料，其中允许用不超过水泥质量8%且符合本标准5.2.4的非活性混合材料或不超过水泥质量5%且符合本标准5.2.5的窑灰代替。

b　本组分材料为符合GB/T 203或GB/T 18046的活性混合材料，其中允许用不超过水泥质量8%且符合本标准第5.2.3条的活性混合材料或符合本标准第5.2.4条的非活性混合材料或符合本标准第5.2.5条的窑灰中的任一种材料代替。

c　本组分材料为符合GB/T 2847的活性混合材料。

d　本组分材料为符合GB/T 1596的活性混合材料。

e　本组分材料为由两种(含)以上符合本标准第5.2.3条的活性混合材料或/和符合本标准第5.2.4条的非活性混合材料组成，其中允许用不超过水泥质量8%且符合本标准第5.2.5条的窑灰代替。掺矿渣时混合材料掺量不得与矿渣硅酸盐水泥重复。

### 5.2　材料

#### 5.2.1　硅酸盐水泥熟料

由主要含$CaO$、$SiO_2$、$Al_2O_3$、$Fe_2O_3$的原料，按适当比例磨成细粉烧至部分熔融所得以硅酸钙为主要矿物成分的水硬性胶凝物质。其中硅酸钙矿物含量(质量分数)不小于66%，氧化钙和氧化硅质量比不小于2.0。

#### 5.2.2　石膏

5.2.2.1　天然石膏：应符合GB/T 5483中规定的G类或M类二级(含)以上的石膏或混合石膏。

5.2.2.2　工业副产石膏：以硫酸钙为主要成分的工业副产物。采用前应经过试验证明对水泥性能无害。

#### 5.2.3　活性混合材料

应符合GB/T 203、GB/T 18046、GB/T 1596、GB/T 2847标准要求的粒化高炉矿渣、粒化高炉矿渣粉、粉煤灰、火山灰质混合材料。

#### 5.2.4　非活性混合材料

活性指标分别低于GB/T 203、GB/T 18046、GB/T 1596、GB/T 2847标准要求的粒化高炉矿渣、粒化高炉矿渣粉、粉煤灰、火山灰质混合材料；石灰石和砂岩，其中石灰石中的三氧化二铝含量(质量分数)应不大于2.5%。

5.2.5 窑灰

应符合JC/T 742的规定。

5.2.6 助磨剂

水泥粉磨时允许加入助磨剂，其加入量应不大于水泥质量的0.5%，助磨剂应符合JC/T 667的规定。

## 6 强度等级

6.1 硅酸盐水泥的强度等级分为42.5、42.5R、52.5、52.5R、62.5、62.5R六个等级。

6.2 普通硅酸盐水泥的强度等级分为42.5、42.5R、52.5、52.5R四个等级。

6.3 矿渣硅酸盐水泥、火山灰质硅酸盐水泥、粉煤灰硅酸盐水泥、复合硅酸盐水泥的强度等级分为32.5、32.5R、42.5、42.5R、52.5、52.5R六个等级。

## 7 技术要求

### 7.1 化学指标

通用硅酸盐水泥化学指标应符合表2的规定。

表2

%

<table>
<tr><th>品种</th><th>代号</th><th>不溶物<br>(质量分数)</th><th>烧失量<br>(质量分数)</th><th>三氧化硫<br>(质量分数)</th><th>氧化镁<br>(质量分数)</th><th>氯离子<br>(质量分数)</th></tr>
<tr><td rowspan="2">硅酸盐水泥</td><td>P·Ⅰ</td><td>≤0.75</td><td>≤3.0</td><td rowspan="3">≤3.5</td><td rowspan="3">≤5.0[a]</td><td rowspan="8">≤0.06[c]</td></tr>
<tr><td>P·Ⅱ</td><td>≤1.50</td><td>≤3.5</td></tr>
<tr><td>普通硅酸盐水泥</td><td>P·O</td><td>—</td><td>≤5.0</td></tr>
<tr><td rowspan="2">矿渣硅酸盐水泥</td><td>P·S·A</td><td>—</td><td>—</td><td rowspan="2">≤4.0</td><td>≤6.0[b]</td></tr>
<tr><td>P·S·B</td><td>—</td><td>—</td><td>—</td></tr>
<tr><td>火山灰质硅酸盐水泥</td><td>P·P</td><td>—</td><td>—</td><td rowspan="3">≤3.5</td><td rowspan="3">≤6.0[b]</td></tr>
<tr><td>粉煤灰硅酸盐水泥</td><td>P·F</td><td>—</td><td>—</td></tr>
<tr><td>复合硅酸盐水泥</td><td>P·C</td><td>—</td><td>—</td></tr>
</table>

a 如果水泥压蒸试验合格，则水泥中氧化镁的含量(质量分数)允许放宽至6.0%。

b 如果水泥中氧化镁的含量(质量分数)大于6.0%时，需进行水泥压蒸安定性试验并合格。

c 当有更低要求时，该指标由买卖双方确定。

### 7.2 碱含量(选择性指标)

水泥中碱含量按$Na_2O$+0.658$K_2O$计算值表示。若使用活性骨料，用户要求提供低碱水泥时，水泥中的碱含量应不大于0.60%或由买卖双方协商确定。

### 7.3 物理指标

7.3.1 凝结时间

硅酸盐水泥初凝时间不小于45 min，终凝时间不大于390 min。

普通硅酸盐水泥、矿渣硅酸盐水泥、火山灰质硅酸盐水泥、粉煤灰硅酸盐水泥和复合硅酸盐水泥初凝不小于45 min，终凝不大于600 min。

7.3.2 安定性

沸煮法合格。

7.3.3 **强度**

不同品种不同强度等级的通用硅酸盐水泥，其不同龄期的强度应符合表3的规定。

**表 3**

单位为兆帕

| 品　种 | 强度等级 | 抗压强度 | | 抗折强度 | |
|---|---|---|---|---|---|
| | | 3 d | 28 d | 3 d | 28 d |
| 硅酸盐水泥 | 42.5 | ≥17.0 | ≥42.5 | ≥3.5 | ≥6.5 |
| | 42.5R | ≥22.0 | | ≥4.0 | |
| | 52.5 | ≥23.0 | ≥52.5 | ≥4.0 | ≥7.0 |
| | 52.5R | ≥27.0 | | ≥5.0 | |
| | 62.5 | ≥28.0 | ≥62.5 | ≥5.0 | ≥8.0 |
| | 62.5R | ≥32.0 | | ≥5.5 | |
| 普通硅酸盐水泥 | 42.5 | ≥17.0 | ≥42.5 | ≥3.5 | ≥6.5 |
| | 42.5R | ≥22.0 | | ≥4.0 | |
| | 52.5 | ≥23.0 | ≥52.5 | ≥4.0 | ≥7.0 |
| | 52.5R | ≥27.0 | | ≥5.0 | |
| 矿渣硅酸盐水泥<br>火山灰硅酸盐水泥<br>粉煤灰硅酸盐水泥<br>复合硅酸盐水泥 | 32.5 | ≥10.0 | ≥32.5 | ≥2.5 | ≥5.5 |
| | 32.5R | ≥15.0 | | ≥3.5 | |
| | 42.5 | ≥15.0 | ≥42.5 | ≥3.5 | ≥6.5 |
| | 42.5R | ≥19.0 | | ≥4.0 | |
| | 52.5 | ≥21.0 | ≥52.5 | ≥4.0 | ≥7.0 |
| | 52.5R | ≥23.0 | | ≥4.5 | |

7.3.4 **细度(选择性指标)**

硅酸盐水泥和普通硅酸盐水泥的细度以比表面积表示，其比表面积不小于300 $m^2/kg$；矿渣硅酸盐水泥、火山灰质硅酸盐水泥、粉煤灰硅酸盐水泥和复合硅酸盐水泥的细度以筛余表示，其80 $\mu m$方孔筛筛余不大于10%或45 $\mu m$方孔筛筛余不大于30%。

## 8 试验方法

### 8.1 组分

由生产者按GB/T 12960或选择准确度更高的方法进行。在正常生产情况下，生产者应至少每月对水泥组分进行校核，年平均值应符合5.1的规定，单次检验值应不超过本标准规定最大限量的2%。

为保证组分测定结果的准确性，生产者应采用适当的生产程序和适宜的方法对所选方法的可靠性进行验证，并将经验证的方法形成文件。

### 8.2 不溶物、烧失量、氧化镁、三氧化硫和碱含量

按GB/T 176进行试验。

### 8.3 压蒸安定性

按GB/T 750进行试验。

### 8.4 氯离子

按JC/T 420进行试验。

### 8.5 标准稠度用水量、凝结时间和安定性

按GB/T 1346进行试验。

8.6 强度

按 GB/T 17671 进行试验。火山灰质硅酸盐水泥、粉煤灰硅酸盐水泥、复合硅酸盐水泥和掺火山灰质混合材料的普通硅酸盐水泥在进行胶砂强度检验时，其用水量按 0.50 水灰比和胶砂流动度不小于 180 mm 来确定。当流动度小于 180 mm 时，应以 0.01 的整倍数递增的方法将水灰比调整至胶砂流动度不小于 180 mm。

胶砂流动度试验按 GB/T 2419 进行，其中胶砂制备按 GB/T 17671 规定进行。

8.7 比表面积

按 GB/T 8074 进行试验。

8.8 80 μm 和 45 μm 筛余

按 GB/T 1345 进行试验。

## 9 检验规则

9.1 编号及取样

水泥出厂前按同品种、同强度等级编号和取样。袋装水泥和散装水泥应分别进行编号和取样。每一编号为一取样单位。水泥出厂编号按年生产能力规定为：

$200\times10^4$ t 以上，不超过 4 000 t 为一编号；

$120\times10^4$ t～$200\times10^4$ t，不超过 2 400 t 为一编号；

$60\times10^4$ t～$120\times10^4$ t，不超过 1 000 t 为一编号；

$30\times10^4$ t～$60\times10^4$ t，不超过 600 t 为一编号；

$10\times10^4$ t～$30\times10^4$ t，不超过 400 t 为一编号；

$10\times10^4$ t 以下，不超过 200 t 为一编号。

取样方法按 GB 12573 进行。可连续取，亦可从 20 个以上不同部位取等量样品，总量至少 12 kg。当散装水泥运输工具的容量超过该厂规定出厂编号吨数时，允许该编号的数量超过取样规定吨数。

9.2 水泥出厂

经确认水泥各项技术指标及包装质量符合要求时方可出厂。

9.3 出厂检验

出厂检验项目为 7.1、7.3.1、7.3.2、7.3.3 条。

9.4 判定规则

9.4.1 检验结果符合 7.1、7.3.1、7.3.2、7.3.3 的规定为合格品。

9.4.2 检验结果不符合 7.1、7.3.1、7.3.2、7.3.3 中的任何一项技术要求为不合格品。

9.5 检验报告

检验报告内容应包括出厂检验项目、细度、混合材料品种和掺加量、石膏和助磨剂的品种及掺加量、属旋窑或立窑生产及合同约定的其他技术要求。当用户需要时，生产者应在水泥发出之日起 7 d 内寄发除 28 d 强度以外的各项检验结果，32 d 内补报 28 d 强度的检验结果。

9.6 交货与验收

9.6.1 交货时水泥的质量验收可抽取实物试样以其检验结果为依据，也可以生产者同编号水泥的检验报告为依据。采取何种方法验收由买卖双方商定，并在合同或协议中注明。卖方有告知买方验收方法的责任。当无书面合同或协议，或未在合同、协议中注明验收方法的，卖方应在发货票上注明“以本厂同编号水泥的检验报告为验收依据”字样。

9.6.2 以抽取实物试样的检验结果为验收依据时，买卖双方应在发货前或交货地共同取样和签封。取样方法按 GB 12573 进行，取样数量为 20 kg，缩分为二等份。一份由卖方保存 40 d，一份由买方按本标准规定的项目和方法进行检验。

在 40 d 以内，买方检验认为产品质量不符合本标准要求，而卖方又有异议时，则双方应将卖方保存的另一份试样送省级或省级以上国家认可的水泥质量监督检验机构进行仲裁检验。水泥安定性仲裁检验时，应在取样之日起 10 d 以内完成。

9.6.3 以生产者同编号水泥的检验报告为验收依据时，在发货前或交货时买方在同编号水泥中取样，双方共同签封后由卖方保存 90 d，或认可卖方自行取样、签封并保存 90 d 的同编号水泥的封存样。

在 90 d 内，买方对水泥质量有疑问时，则买卖双方应将共同认可的试样送省级或省级以上国家认可的水泥质量监督检验机构进行仲裁检验。

## 10 包装、标志、运输与贮存

### 10.1 包装

水泥可以散装或袋装，袋装水泥每袋净含量为 50 kg，且应不少于标志质量的 99%；随机抽取 20 袋总质量(含包装袋)应不少于 1 000 kg。其它包装形式由供需双方协商确定，但有关袋装质量要求，应符合上述规定。水泥包装袋应符合 GB 9774 的规定。

### 10.2 标志

水泥包装袋上应清楚标明：执行标准、水泥品种、代号、强度等级、生产者名称、生产许可证标志(QS)及编号、出厂编号、包装日期、净含量。包装袋两侧应根据水泥的品种采用不同的颜色印刷水泥名称和强度等级，硅酸盐水泥和普通硅酸盐水泥采用红色，矿渣硅酸盐水泥采用绿色；火山灰质硅酸盐水泥、粉煤灰硅酸盐水泥和复合硅酸盐水泥采用黑色或蓝色。

散装发运时应提交与袋装标志相同内容的卡片。

### 10.3 运输与贮存

水泥在运输与贮存时不得受潮和混入杂物，不同品种和强度等级的水泥在贮运中避免混杂。

---

ICS 73.040
D 21

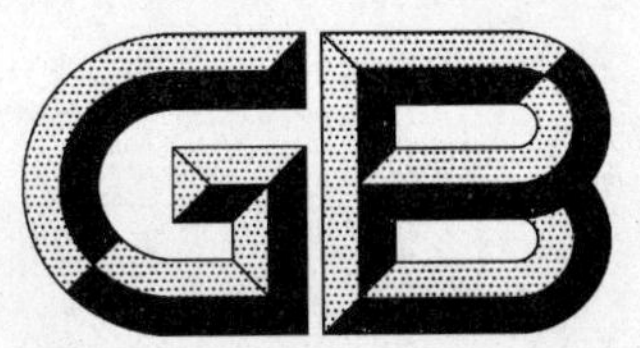

# 中华人民共和国国家标准

GB/T 211—2007
代替 GB/T 211—1996

# 煤中全水分的测定方法

**Determination of total moisture in coal**

(ISO 589:2003, Hard coal—Determination of total moisture, NEQ)

2007-11-01 发布　　　　2008-06-01 实施

中华人民共和国国家质量监督检验检疫总局
中国国家标准化管理委员会　发布

# 前　言

本标准对应于 ISO 589:2003《硬煤——全水分测定》。本标准与 ISO 589:2003 的一致性程度为非等效。其主要差异如下：

——根据中国实际，用近似的粒度 13 mm 和 3 mm 代替 ISO 标准的 11.2 mm 和 2.8 mm；

——增加在特定条件下用<6 mm 煤样测定全水分的内容；

——增加微波加热法测定全水分的内容；

——适用范围中增加了褐煤。

本标准代替 GB/T 211—1996《煤中全水分的测定方法》。

本标准与 GB/T 211—1996 相比，主要变化如下：

——增加了前言部分；

——标准结构做了调整，使其与 ISO 589:2003 基本一致；

——<13 mm 煤样量改为 3 kg，<6 mm 煤样量改为 1.25 kg(原版 3.1，本版 6.1)；

——两步法中增加氮气流下测定内在水分的内容(本版 7.1.2)；

——两步法中内在水分测定的样品粒度由<6 mm 改为<3 mm(原版 7.3.2.2，本版 7.1.2.1)。

本标准的附录 A 为规范性附录。

本标准由中国煤炭工业协会提出。

本标准由全国煤炭标准化技术委员会归口。

本标准起草单位：煤炭科学研究总院煤炭分析实验室。

本标准主要起草人：李宏图、孙刚。

本标准所代替标准的历次版本发布情况为：

——GB 211—1963、GB 211—1984、GB/T 211—1996。

# 煤中全水分的测定方法

## 1 范围

本标准规定了测定煤中全水分的试剂、仪器设备、操作步骤、结果计算及精密度。

在氮气流中干燥的方式(方法 A1 和方法 B1)适用于所有煤种;在空气流中干燥的方式(方法 A2 和方法 B2)适用于烟煤和无烟煤;微波干燥法(方法 C)适用于烟煤和褐煤。

以方法 A1 作为仲裁方法。

## 2 规范性引用文件

下列文件中的条款通过本标准的引用而成为本标准的条款。凡是注日期的引用文件,其随后所有的修改单(不包括勘误的内容)或修订版均不适用于本标准,然而,鼓励根据本标准达成协议的各方研究是否可使用这些文件的最新版本。凡是不注日期的引用文件,其最新版本适用于本标准。

GB 474 煤样的制备方法

GB/T 19494.2 煤炭机械化采样 第 2 部分:煤样的制备(GB/T 19494.2—2004,ISO 13909-4:2001,NEQ)

GB/T 212 煤的工业分析方法(GB/T 212—2001,eqv ISO 11722:1999,eqv ISO 1171:1997,eqv ISO 562:1998)

## 3 方法提要

### 3.1 方法 A(两步法)

#### 3.1.1 方法 A1:在氮气流中干燥

一定量的粒度<13 mm 的煤样,在温度不高于 40℃的环境下干燥到质量恒定,再将煤样破碎到粒度<3 mm,于(105~110)℃下,在氮气流中干燥到质量恒定。根据煤样两步干燥后的质量损失计算出全水分。

#### 3.1.2 方法 A2:在空气流中干燥

一定量的粒度<13 mm 的煤样,在温度不高于 40℃的环境下干燥到质量恒定,再将煤样破碎到粒度<3 mm,于(105~110)℃下,在空气流中干燥到质量恒定。根据煤样两步干燥后的质量损失计算出全水分。

### 3.2 方法 B(一步法)

#### 3.2.1 方法 B1:在氮气流中干燥

称取一定量的粒度<6 mm 的煤样,于(105~110)℃下,在氮气流中干燥到质量恒定。根据煤样干燥后的质量损失计算出全水分。

#### 3.2.2 方法 B2:在空气流中干燥

称取一定量的粒度<13 mm(或<6 mm)的煤样,于(105~110)℃下,在空气流中干燥到质量恒定。根据煤样干燥后的质量损失计算出全水分。

### 3.3 方法 C(微波干燥法)

称取一定量的粒度<6 mm 的煤样,置于微波炉内。煤中水分子在微波发生器的交变电场作用下,高速振动产生摩擦热,使水分迅速蒸发。根据煤样干燥后的质量损失计算出全水分(见附录 A)。

## 4 试剂

4.1 氮气(GB/T 8979):纯度 99.9%,含氧量小于 0.01%。

4.2 无水氯化钙(HGB 3208):化学纯,粒状。

4.3 变色硅胶(GB/T 7822):工业用品。

## 5 仪器设备(方法 A 和方法 B)

5.1 空气干燥箱:带有自动控温和鼓风装置,能控制温度在(30～40)℃和(105～110)℃范围内,有气体进、出口,有足够的换气量,如每小时可换气 5 次以上。

5.2 通氮干燥箱:带自动控温装置,能保持温度在(105～110)℃范围内,可容纳适量的称量瓶,且具有较小的自由空间,有氮气进、出口,每小时可换气 15 次以上。

5.3 浅盘:由镀锌铁板或铝板等耐热、耐腐蚀材料制成,其规格应能容纳 500 g 煤样,且单位面积负荷不超过 1 $g/cm^2$。

5.4 玻璃称量瓶:直径 70 mm,高(35～40) mm,并带有严密的磨口盖。

5.5 分析天平:感量 0.001 g。

5.6 工业天平:感量 0.1 g。

5.7 干燥器:内装变色硅胶或粒状无水氯化钙。

5.8 流量计:量程(100～1 000)mL/min。

5.9 干燥塔:容量 250 mL,内装变色硅胶或粒状无水氯化钙。

## 6 样品

### 6.1 煤样

粒度＜13 mm 的全水分煤样,煤样不少于 3 kg;粒度＜6 mm 的煤样,煤样不少于 1.25 kg。

### 6.2 煤样的制备

6.2.1 粒度＜13 mm 的全水分煤样按照 GB 474 或 GB/T 19494.2 的规定制备。

6.2.2 粒度＜6 mm 的全水分煤样,用破碎过程中水分无明显损失[1)]的破碎机将全水分煤样一次破碎到粒度＜6 mm,用二分器迅速缩分出不少于 1.25 kg 煤样,装入密封容器中。

6.3 在测定全水分之前,应首先检查煤样容器的密封情况。然后将其表面擦拭干净,用工业天平称准到总质量的 0.1%,并与容器标签所注明的总质量进行核对。如果称出的总质量小于标签上所注明的总质量(不超过 1%),并且能确定煤样在运送过程中没有损失时,应将减少的质量作为煤样在运送过程中的水分损失量,计算水分损失百分率,并按 7.3 所述进行水分损失补正。

6.4 称取煤样之前,应将密封容器中的煤样充分混合至少 1 min。

## 7 测定步骤

### 7.1 方法 A(两步法)

#### 7.1.1 外在水分(方法 A1 和 A2,空气干燥)

在预先干燥和已称量过的浅盘内迅速称取＜13 mm 的煤样(500±10)g(称准至 0.1 g),平摊在浅盘中,于环境温度或不高于 40℃的空气干燥箱中干燥到质量恒定(连续干燥 1 h,质量变化不超过 0.5 g),记录恒定后的质量(称准至 0.1 g)。对于使用空气干燥箱干燥的情况,称量前需使煤样在试验室环境中重新达到湿度平衡。

按式(1)计算外在水分:

$$M_f = \frac{m_1}{m} \times 100 \quad \cdots\cdots(1)$$

1) “水分无明显损失”是指破碎后的煤样全水分测定结果与破碎前的测定结果比较,经 t 检验无显著性差异,或虽有差异,但置信范围很小。

式中：

$M_f$——煤样的外在水分，用质量分数表示，%；

$m$——称取的<13 mm 煤样质量，单位为克(g)；

$m_1$——煤样干燥后的质量损失，单位为克(g)。

**7.1.2 内在水分(方法 A1，通氮干燥)**

7.1.2.1 立即将测定外在水分后的煤样破碎到粒度<3 mm，在预先干燥和已称量过的称量瓶内迅速称取(10±1)g 煤样(称准至 0.001 g)，平摊在称量瓶中。

7.1.2.2 打开称量瓶盖，放入预先通入干燥氮气并已加热到(105～110)℃的通氮干燥箱(5.2)中，氮气每小时换气 15 次以上。烟煤干燥 1.5 h，褐煤和无烟煤干燥 2 h。

7.1.2.3 从干燥箱中取出称量瓶，立即盖上盖，在空气中放置约 5 min，然后放入干燥器中，冷却到室温(约 20 min)，称量(称准至 0.001 g)。

7.1.2.4 进行检查性干燥，每次 30 min，直到连续两次干燥煤样的质量减少不超过 0.01 g 或质量增加时为止。在后一种情况下，采用质量增加前一次的质量作为计算依据。内在水分在 2%以下时，不必进行检查性干燥。

7.1.2.5 按式(2)计算内在水分：

$$M_{inh} = \frac{m_3}{m_2} \times 100 \qquad \cdots\cdots (2)$$

式中：

$M_{inh}$——煤样的内在水分，用质量分数表示，%；

$m_2$——称取的煤样质量，单位为克(g)；

$m_3$——煤样干燥后的质量损失，单位为克(g)。

**7.1.3 内在水分(方法 A2，空气干燥)**

除将通氮干燥箱改为空气干燥箱外，其他操作步骤同 7.1.2。

**7.1.4 结果计算**

按式(3)计算煤中全水分：

$$M_t = M_f + \frac{100 - M_f}{100} \times M_{inh} \qquad \cdots\cdots (3)$$

式中：

$M_t$——煤样的全水分，用质量分数表示，%；

$M_f$——煤样的外在水分，用质量分数表示，%；

$M_{inh}$——煤样的内在水分，用质量分数表示，%。

如试验证明，按 GB/T 212 测定的一般分析试验煤样水分($M_{ad}$)与按本标准测定的内在水分($M_{inh}$)相同，则可用前者代替后者；而对某些特殊煤种，按本标准测定的全水分会低于按 GB/T 212 测定的一般分析试验煤样水分，此时应用两步法测定全水分并用一般分析试验煤样水分代替内在水分。

**7.2 方法 B(一步法)：**

**7.2.1 方法 B1(通氮干燥)**

7.2.1.1 在预先干燥和已称量过的称量瓶内迅速称取粒度<6 mm 的煤样(10～12)g(称准至 0.001 g)，平摊在称量瓶中。

7.2.1.2 打开称量瓶盖，放入预先通入干燥氮气并已加热到(105～110)℃的通氮干燥箱(5.2)中，烟煤干燥 2 h，褐煤和无烟煤干燥 3 h。

7.2.1.3 从干燥箱中取出称量瓶，立即盖上盖，在空气中放置约 5 min，然后放入干燥器中，冷却到室温(约 20 min)，称量(称准至 0.001 g)。

7.2.1.4 进行检查性干燥，每次 30 min，直到连续两次干燥煤样的质量减少不超过 0.01 g 或质量增加时为止。在后一种情况下，采用质量增加前一次的质量作为计算依据。

**7.2.2 方法 B2（空气干燥）**

7.2.2.1 粒度＜13 mm 煤样的全水分测定

7.2.2.1.1 在预先干燥和已称量过的浅盘内迅速称取粒度＜13 mm 的煤样(500±10)g，（称准至 0.1 g），平摊在浅盘中。

7.2.2.1.2 将浅盘放入预先加热到(105～110)℃的空气干燥箱中，在鼓风条件下，烟煤干燥 2 h，无烟煤干燥 3 h。

7.2.2.1.3 将浅盘取出，趁热称量(称准至 0.1 g)。

7.2.2.1.4 进行检查性干燥，每次 30 min，直到连续两次干燥煤样的质量减少不超过 0.5 g 或质量增加时为止。在后一种情况下，采用质量增加前一次的质量作为计算依据。

7.2.2.2 粒度＜6 mm 煤样的全水分测定

除将通氮干燥箱改为空气干燥箱外，其他操作步骤同 7.2.1。

**7.2.3 结果计算：**

按式(4)计算煤中全水分：

$$M_t = \frac{m_1}{m} \times 100 \quad \cdots\cdots\cdots\cdots (4)$$

式中：

$M_t$——煤样的全水分，用质量分数表示，%；

$m$——称取的煤样质量，单位为克(g)；

$m_1$——煤样干燥后的质量损失，单位为克(g)。

## 7.3 水分损失补正

如果在运送过程中煤样的水分有损失，则按式(5)求出补正后的全水分值。

$$M_t' = M_1 + \frac{100 - M_1}{100} \times M_t \quad \cdots\cdots\cdots\cdots (5)$$

式中：

$M_t'$——煤样的全水分，用质量分数表示，%；

$M_1$——煤样在运送过程中的水分损失百分率，%；

$M_t$——不考虑煤样在运送过程中的水分损失时测得的水分，用质量分数表示，%。

当 $M_1$ 大于 1%时，表明煤样在运送过程中可能受到意外损失，则不可补正，但测得的水分可作为试验室收到煤样的全水分。在报告结果时，应注明“未经水分损失补正”，并将容器标签和密封情况一并报告。

## 8 方法的精密度

全水分测定的重复性限如表 1 规定。

**表 1 煤中全水分测定结果的精密度**

| 全水分($M_t$)/% | 重复性限/% |
|---|---|
| ＜10 | 0.4 |
| ≥10 | 0.5 |

## 9 试验报告

试验报告应包含下列信息：

a) 试样编号；

b） 依据标准；

c） 结果计算；

d） 与标准的偏离；

e） 试验中观察到的异常现象；

f） 试验日期。

# 附　录　A
## （规范性附录）
## 方法 C（微波干燥法）测定煤中全水分

### A.1　仪器设备

A.1.1　微波干燥水分测定仪：微波辐射时间可控，煤样放置区微波辐射均匀，经试验证明测定结果与方法 B 中＜6 mm 煤样的测定结果一致。

A.1.2　玻璃称量瓶：同 5.4。

A.1.3　干燥器：同 5.7。

A.1.4　分析天平：同 5.5。

### A.2　试验步骤

A.2.1　按微波干燥水分测定仪说明书进行准备和调节。

A.2.2　在预先干燥和已称量过的称量瓶内迅速称取粒度＜6 mm 的煤样（10～12）g（称准至 0.001 g），平摊在称量瓶中。

A.2.3　打开称量瓶盖，放入测定仪的旋转盘的规定区内。

A.2.4　关上门，接通电源，仪器按预先设定的程序工作，直到工作程序结束。

A.2.5　打开门，取出称量瓶，立即盖上盖，在空气中放置约 5 min，然后放入干燥器中，冷却到室温（约 20 min），称量（称准至 0.001 g）。如果仪器有自动称量装置，则不必取出称量。

### A.3　结果计算

同 7.2.3，或从仪器的显示器上直接读取全水分值。

---

ICS 75.160.10
D 21

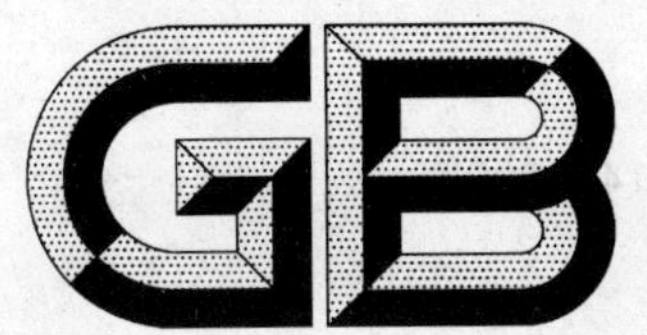

# 中华人民共和国国家标准

GB/T 214—2007
代替 GB/T 214—1996,GB/T 18856.8—2002

# 煤中全硫的测定方法

## Determination of total sulfur in coal

(ISO 334:1992,Solid mineral fuels—Determination of total sulfur—
Eschka method,NEQ;ISO 351:1996,Solid mineral fuels—
Determination of total sulfur—
High temperature combustion method,NEQ)

2007-11-01 发布　　2008-06-01 实施

中华人民共和国国家质量监督检验检疫总局
中国国家标准化管理委员会　发布

# 前 言

本标准对应于下列国际标准，一致性程度为非等效：ISO 334:1992《固体矿物燃料——全硫测定——艾士卡法》，ISO 351:1996《固体矿物燃料——全硫测定——高温燃烧法》。

本标准与国际标准相比主要差异如下：

——增加了库仑滴定法；

——对艾士卡法作了如下修改：

将灼烧物用浓盐酸处理改为用热水处理；

将加入沉淀剂后在沸水中保持 30 min 改为微沸下保温 2 h；

将精密度(重复性限 0.05%，再现性临界差 0.1%)改为按全硫含量分级表示(本版中 3.6)；

——对高温燃烧中和法作了如下修改：

将添加物 $Al_2O_3$ 改为 $WO_3$；

将燃烧温度 1 350℃改为(1 200±10)℃；

将标准溶液 $Na_2B_4O_7$ 改为 NaOH；

将精密度(重复性限 0.05%，再现性临界差 0.1%)改为按全硫含量分级表示(本版中 5.6)；

本标准代替 GB/T 214—1996《煤中全硫测定方法》和 GB/T 18856.8—2002《水煤浆质量试验方法 第 8 部分：水煤浆全硫测定方法》。

本标准与 GB/T 214—1996 相比主要变化如下：

——适用范围中增加了焦炭；

——增加了“规范性引用文件”条款；

——对艾士卡法进行了如下修改和补充：

对高硫煤的称样量进行了修改和补充(1996 年版 2.4.1 中“注”，本版 3.4.1 中“注”)；

修改了甲基橙指示剂浓度；

——对库仑滴定法进行了如下修改和补充：

修改了管式高温炉高温恒温带的温度范围和长度(1996 年版 3.3.1，本版 4.3.1)；

修改了高温燃烧中和法结果计算公式中的错误(硫的摩尔质量值，1996 年版 4.5.1，本版 5.5.1)；

修改了方法的精密度(1996 年版的 3.6，本版的 5.6)；

增加了仪器标定和标定有效性核验(本版 4.4.2 和 4.4.4)；

——对高温燃烧中和法进行了如下修改和补充：

修改了管式高温炉的高温恒温带长度(1996 年版 4.3.1，本版 5.3.1)；

纠正了计算公式中的错误(硫的摩尔质量值，1996 年版 4.5.1，本版 5.5.1)；

增加了碳酸钠纯度标准物质(本版 5.2.11)及硫酸标准溶液的配制和标定(本版 5.2.12)。

本标准由中国煤炭工业协会提出。

本标准由全国煤炭标准化技术委员会归口。

本标准起草单位：煤炭科学研究总院煤炭分析实验室。

本标准主要起草人：皮中原、贾延、段云龙。

本标准所代替标准的历次版本发布情况为：

——GB 214—1964、GB 214—1983、GB/T 214—1996；

——GB/T 18856.8—2002。

# 煤中全硫的测定方法

## 1 范围

标准规定了测定煤中全硫的艾士卡法、库仑法、高温燃烧中和法的方法原理、试剂和材料、仪器设备、试验步骤、结果计算及精密度等,在仲裁分析时,应采用艾士卡法。

本标准适用于褐煤、烟煤、无烟煤和焦炭,也适用于水煤浆干燥煤样。

## 2 规范性引用文件

下列文件中的条款通过本标准的引用而成为本标准的条款。凡是注日期的引用文件,其随后所有的修改单(不包括勘误的内容)或修订版均不适用于本标准,然而,鼓励根据本标准达成协议的各方研究是否可使用这些文件的最新版本。凡是不注日期的引用文件,其最新版本适用于本标准。

GB/T 212 煤的工业分析方法(GB/T 212—2001,eqv ISO 11722:1999;eqv ISO 1171:1997;eqv ISO 562:1998)

GB/T 483 煤炭分析试验方法一般规定

## 3 艾士卡法

### 3.1 原理

将煤样与艾士卡试剂混合灼烧,煤中硫生成硫酸盐,然后使硫酸根离子生成硫酸钡沉淀,根据硫酸钡的质量计算煤中全硫的含量。

### 3.2 试剂和材料

3.2.1 艾士卡试剂(以下简称艾氏剂):以2份质量的化学纯轻质氧化镁(GB/T 9857)与1份质量的化学纯无水碳酸钠(GB/T 639)混匀并研细至粒度小于0.2 mm后,保存在密闭容器中。

3.2.2 盐酸溶液:(1+1),1体积盐酸(GB/T 622)加1体积水混匀。

3.2.3 氯化钡溶液:100 g/L,10 g氯化钡(GB/T 652)溶于100 mL水中。

3.2.4 甲基橙溶液:2 g/L,0.2 g甲基橙溶于100 mL水中。

3.2.5 硝酸银溶液:10 g/L,1 g硝酸银(GB/T 670)溶于100 mL水中,加入几滴硝酸(GB/T 626),贮于深色瓶中。

3.2.6 瓷坩埚:容量为30 mL和(10~20)mL两种。

3.2.7 滤纸:中速定性滤纸和致密无灰定量滤纸(GB/T 1914)。

### 3.3 仪器设备

3.3.1 分析天平:感量0.1 mg。

3.3.2 马弗炉:带温度控制装置,能升温到900℃,温度可调并可通风。

### 3.4 试验步骤

3.4.1 在30 mL瓷坩埚内称取粒度小于0.2 mm的空气干燥煤样(1.00±0.01)g[1](称准至0.000 2 g)和艾氏剂(3.2.1)2 g(称准至0.1 g),仔细混合均匀,再用1 g(称准至0.1 g)艾氏剂覆盖在煤样上面。

3.4.2 将装有煤样的坩埚移入通风良好的马弗炉中,在(1~2)h内从室温逐渐加热到(800~850)℃,并在该温度下保持(1~2)h。

3.4.3 将坩埚从马弗炉中取出,冷却到室温。用玻璃棒将坩埚中的灼烧物仔细搅松、捣碎(如发现有未

1) 全硫含量5%~10%时称取0.5 g煤样,全硫含量大于10%时称取0.25 g煤样。

烧尽的煤粒,应继续灼烧 30 min),然后把灼烧物转移到 400 mL 烧杯中。用热水冲洗坩埚内壁,将洗液收入烧杯,再加入(100～150)mL 刚煮沸的蒸馏水,充分搅拌。如果此时尚有黑色煤粒漂浮在液面上,则本次测定作废。

3.4.4 用中速定性滤纸以倾泻法过滤,用热水冲洗 3 次,然后将残渣转移到滤纸中,用热水仔细清洗至少 10 次,洗液总体积约为(250～300)mL。

3.4.5 向滤液中滴入(2～3)滴甲基橙指示剂,用盐酸溶液中和并过量 2 mL,使溶液呈微酸性。将溶液加热到沸腾,在不断搅拌下缓慢滴加氯化钡溶液 10 mL,并在微沸状况下保持约 2 h,溶液最终体积约为 200 mL。

3.4.6 溶液冷却或静置过夜后用致密无灰定量滤纸过滤,并用热水洗至无氯离子为止(硝酸银溶液检验无浑浊)。

3.4.7 将带有沉淀的滤纸转移到已知质量的瓷坩埚中,低温灰化滤纸后,在温度为(800～850)℃的马弗炉内灼烧(20～40)min,取出坩埚,在空气中稍加冷却后放入干燥器中冷却到室温后称量。

3.4.8 每配制一批艾氏剂或更换其他任何一种试剂时,应进行 2 个以上空白试验(除不加煤样外,全部操作按本标准 3.4 进行),硫酸钡沉淀的质量极差不得大于 0.001 0 g,取算术平均值作为空白值。

### 3.5 结果计算

测定结果按式(1)计算:

$$S_{t,ad}=\frac{(m_1-m_2)\times 0.1374}{m}\times 100 \qquad (1)$$

式中:

$S_{t,ad}$——一般分析煤样中全硫质量分数,%;

$m_1$——硫酸钡质量,单位为克(g);

$m_2$——空白试验的硫酸钡质量,单位为克(g);

0.137 4——由硫酸钡换算为硫的系数;

$m$——煤样质量,单位为克(g)。

### 3.6 方法的精密度

艾士卡法全硫测定的重复性限和再现性临界差如表 1 规定。

**表 1 艾士卡法测定煤中全硫精密度**

| 全硫质量分数<br>$S_t$/% | 重复性限<br>$S_{t,ad}$/% | 再现性临界差<br>$S_{t,d}$/% |
|---|---|---|
| ≤1.50 | 0.05 | 0.10 |
| 1.50(不含)～4.00 | 0.10 | 0.20 |
| >4.00 | 0.20 | 0.30 |

## 4 库仑滴定法

### 4.1 原理

煤样在催化剂作用下,于空气流中燃烧分解,煤中硫生成硫氧化物,其中二氧化硫被碘化钾溶液吸收,以电解碘化钾溶液所产生的碘进行滴定,根据电解所消耗的电量计算煤中全硫的含量。

### 4.2 试剂和材料

4.2.1 三氧化钨(HG 10-1129)。

4.2.2 变色硅胶(HG/T 2765.4):工业品。

4.2.3 氢氧化钠(GB/T 629):化学纯。

4.2.4 电解液

称取碘化钾(GB/T 1272)、溴化钾(GB/T 649)各 5.0 g,溶于(250～300)mL 水中并在溶液中加入冰乙酸(GB/T 676)10mL。

4.2.5 燃烧舟:素瓷或刚玉制品,装样部分长约 60 mm,耐温 1 200℃以上。

### 4.3 仪器设备

库仑测硫仪:主要由下列各部分构成。

#### 4.3.1 管式高温炉

能加热到 1 200℃以上,并有至少 70 mm 长的(1 150±10)℃高温恒温带,带有铂铑-铂热电偶测温及控温装置,炉内装有耐温 1 300℃以上的异径燃烧管。

#### 4.3.2 电解池和电磁搅拌器

电解池高(120～180)mm,容量不少于 400 mL,内有面积约 150 $mm^2$ 的铂电解电极对和面积约 15 $mm^2$的铂指示电极对。指示电极响应时间应小于 1 s,电磁搅拌器转速约 500 r/min 且连续可调。

#### 4.3.3 库仑积分器

电解电流(0～350)mA 范围内积分线性误差应小于 0.1%,配有(4～6)位数字显示器或打印机。

#### 4.3.4 送样程序控制器

可按规定的程序灵活前进、后退。

#### 4.3.5 空气供应及净化装置

由电磁泵和净化管组成。供气量约 1 500 mL/min,抽气量约 1 000 mL/min,净化管内装氢氧化钠及变色硅胶。

### 4.4 试验步骤

#### 4.4.1 试验准备

4.4.1.1 将管式高温炉升温至 1 150℃,用另一组铂铑-铂热电偶高温计测定燃烧管中高温带的位置、长度及 500℃的位置。

4.4.1.2 调节送样程序控制器,使煤样预分解及高温分解的位置分别处于 500℃和 1 150℃处。

4.4.1.3 在燃烧管出口处充填洗净、干燥的玻璃纤维棉;在距出口端约(80～100)mm 处充填厚度约 3 mm的硅酸铝棉。

4.4.1.4 将程序控制器、管式高温炉、库仑积分器、电解池、电磁搅拌器和空气供应及净化装置组装在一起。燃烧管、活塞及电解池之间连接时应口对口紧接,并用硅橡胶管密封。

4.4.1.5 开动抽气和供气泵,将抽气流量调节到 1 000 mL/min,然后关闭电解池与燃烧管间的活塞,若抽气量能降到 300 mL/min 以下,则证明仪器各部件及各接口气密性良好,可以进行测定;否则检查仪器各个部件及其接口情况。

#### 4.4.2 仪器标定

4.4.2.1 标定方法:使用有证煤标准物质、按以下方法之一进行测硫仪标定。

4.4.2.1.1 多点标定法:用硫含量能覆盖被测样品硫含量范围的至少 3 个有证煤标准物质进行标定;

4.4.2.1.2 单点标定法:用与被测样品硫含量相近的标准物质进行标定。

4.4.2.2 标定程序

4.4.2.2.1 按 GB/T 212 测定煤标准物质的空气干燥基水分,计算其空气干燥基全硫 $S_{t,ad}$标准值。

4.4.2.2.2 按 4.4.3 步骤,用被标定仪器测定煤标准物质的硫含量。每一标准物质至少重复测定 3 次,以 3 次测定值的平均值为煤标准物质的硫测定值。

4.4.2.2.3 将煤标准物质的硫测定值和空气干燥基标准值输入测硫仪(或仪器自动读取),生成校正系数。

注:有些仪器可能需要人工计算校正系数,然后再输入仪器。

4.4.2.3 标定有效性核验

另外选取(1～2)个煤标准物质或者其他控制样品,用被标定的测硫仪按照 4.4.3 步骤测定其全硫含量。若测定值与标准值(控制值)之差在标准值(控制值)的不确定度范围(控制限)内,说明标定有效,否则应查明原因,重新标定。

4.4.3 测定步骤

4.4.3.1 将管式高温炉升温并控制在(1 150±10)℃。

4.4.3.2 开动供气泵和抽气泵并将抽气流量调节到 1 000 mL/min。在抽气下,将电解液加入电解池内,开动电磁搅拌器。

4.4.3.3 在瓷舟中放入少量非测定用的煤样,按 4.4.3.4 所述进行终点电位调整试验。如试验结束后库仑积分器的显示值为 0,应再次测定,直至显示值不为 0。

4.4.3.4 在瓷舟中称取粒度小于 0.2 mm 的空气干燥煤样(0.05±0.005)g(称准至 0.000 2 g),并在煤样上盖一薄层三氧化钨。将瓷舟放在送样的石英托盘上,开启送样程序控制器,煤样即自动送进炉内,库仑滴定随即开始。试验结束后,库仑积分器显示出硫的毫克数或质量分数,或由打印机打印。

4.4.4 标定检查

仪器测定期间应使用煤标准物质或者其他控制样品定期(建议每 10～15 次测定后)对测硫仪的稳定性和标定的有效性进行核查,如果煤标准物质或者其他控制样品的测定值超出标准值的不确定度范围(控制限),应按上述步骤重新标定仪器,并重新测定自上次检查以来的样品。

4.5 结果计算

当库仑积分器最终显示数为硫的毫克数时,全硫质量分数按式(2)计算:

$$S_{t,ad} = \frac{m_1}{m} \times 100 \qquad \cdots\cdots(2)$$

式中:

$S_{t,ad}$——一般分析煤样中全硫质量分数,%;

$m_1$——库仑积分器显示值,单位为毫克(mg);

$m$——煤样质量,单位为毫克(mg)。

4.6 方法的精密度

库仑滴定法全硫测定的重复性和再现性如表 2 规定。

表 2 库仑滴定法测定煤中全硫精密度

| 全硫质量分数 $S_t$/% | 重复性限 $S_{t,ad}$/% | 再现性临界差 $S_{t,d}$/% |
|---|---|---|
| ≤1.50 | 0.05 | 0.15 |
| 1.50(不含)～4.00 | 0.10 | 0.25 |
| >4.00 | 0.20 | 0.35 |

## 5 高温燃烧中和法

5.1 原理

煤样在催化剂作用下于氧气流中燃烧,煤中硫生成硫氧化物,被过氧化氢溶液吸收形成硫酸,用氢氧化钠溶液滴定,根据消耗的氢氧化钠标准溶液量,计算煤中全硫含量。

5.2 试剂和材料

5.2.1 氧气(GB/T 3863):99.5%。

5.2.2 碱石棉:化学纯,粒状。

5.2.3 三氧化钨(HG 10-1129)。

5.2.4 无水氯化钙(HG/T 2327):化学纯。

5.2.5 混合指示剂

将 0.125 g 甲基红(HG/T 3-958)溶于 100 mL 乙醇(GB/T 679)中;另将 0.083 g 亚甲基蓝(HGB 3364)溶于 100 mL 乙醇(GB/T 678)中,分别贮存于棕色瓶中,使用前按等体积混合。

5.2.6 邻苯二甲酸氢钾(GB 1257):优级纯。

5.2.7 酚酞溶液:1 g/L,0.1 g 酚酞(GB/T 10729)溶于 100 mL60%的乙醇溶液中。

5.2.8 过氧化氢溶液:体积分数为 3%

取 30 mL 质量分数为 30%的过氧化氢(GB/T 6684)加入 970 mL 水,加 2 滴混合指示剂,用稀硫酸(GB 625)溶液或稀氢氧化钠(GB/T 629)溶液中和至溶液呈钢灰色。此溶液应当天使用当天中和。

5.2.9 氢氧化钠标准溶液:$c(NaOH)=0.03$ mol/L。

5.2.9.1 氢氧化钠标准溶液的配制

称取优级纯氢氧化钠(GB/T 629)6.0 g,溶于 5 000 mL 经煮沸并冷却后的蒸馏水中,混合均匀,装入瓶内,用橡皮塞塞紧。

5.2.9.2 氢氧化钠标准溶液浓度的标定

称取预先在 120℃下干燥过 1 h 的邻苯二甲酸氢钾(0.2～0.3)g(称准至 0.000 2 g)于 250 mL 锥形瓶中,用 20 mL 左右水溶解,以酚酞作指示剂,用氢氧化钠标准溶液滴定至红色,按式(3)计算其浓度:

$$c=\frac{m}{0.2042V} \qquad (3)$$

式中:

$c$——氢氧化钠标准溶液的浓度,单位为摩尔每升(mol/L);

$m$——邻苯二甲酸氢钾的质量,单位为克(g);

$V$——氢氧化钠标准溶液的用量,单位为毫升(mL);

0.204 2——邻苯二甲酸氢钾的摩尔质量,单位为克每毫摩尔(g/mmol)。

5.2.9.3 氢氧化钠标准溶液滴定度的标定:

称取 0.2 g 左右煤标准物质(称准至 0.000 2 g),置于燃烧舟中,盖上一薄层三氧化钨。按 5.4 进行试验并记下滴定时氢氧化钠溶液的用量,按式(4)计算其滴定度:

$$T=\frac{m\times S'_{t,ad}}{100V} \qquad (4)$$

式中:

$T$——氢氧化钠标准溶液的滴定度,单位为克每毫升(g/mL);

$m$——煤标准物质的质量,单位为克(g);

$S'_{t,ad}$——煤标准物质的空气干燥基全硫质量分数(见 4.4.2.2.1),%;

$V$——氢氧化钠溶液的用量,单位为毫升(mL)。

5.2.10 羟基氰化汞溶液

称取 6.5 g 左右羟基氰化汞,溶于 500 mL 去离子水中,充分搅拌后,放置片刻,过滤。往滤液中加入(2～3)滴混合指示剂,用稀硫酸溶液中和,贮存于棕色瓶中。此溶液有效期为 7 d。

5.2.11 碳酸钠纯度标准物质:GBW 06101,使用方法见标准物质证书。

5.2.12 硫酸标准溶液:$c(1/2H_2SO_4)=0.03$ mol/L。

5.2.12.1 硫酸标准溶液的配制

于 1 000 mL 容量瓶中,加入约 40 mL 蒸馏水,用移液管吸取 0.7 mL 硫酸(GB/T 625)缓缓加入容量瓶中,加水稀释至刻度,充分混匀。

5.2.12.2 硫酸标准溶液的标定

于锥形瓶中称取 0.05 g 碳酸钠纯度标准物质(称准至 0.000 2 g),加入(50～60)mL 蒸馏水使之溶解,然后加入(2～3)滴甲基橙,用硫酸标准溶液滴定到由黄色变为橙色。煮沸,赶出二氧化碳,冷却后,继续滴定到橙色。

硫酸浓度按式(5)计算：

$$c=\frac{m}{0.053V} \quad \cdots\cdots\cdots\cdots(5)$$

式中：

$c$——硫酸标准溶液的浓度，单位为摩尔每升(mol/L)；

$m$——碳酸钠纯度标准物质的质量，单位为克(g)；

$V$——硫酸标准溶液的用量，单位为毫升(mL)；

0.053——碳酸钠的摩尔质量，单位为克每毫摩尔(g/mmol)。

**5.3 仪器设备**

5.3.1 管式高温炉：能加热到 1 250℃，并有 80 mm 长的(1 200±10)℃高温恒温带，附有铂铑-铂热电偶测温和控温装置。

5.3.2 异径燃烧管：耐温 1 300℃以上，总长约 750 mm；一端外径约 22 mm，内径约 19 mm，长约 690 mm；另一端外径约 10 mm，内径约 7 mm，长约 60 mm。

5.3.3 氧气流量计：测量范围(0～600)mL/min。

5.3.4 吸收瓶：250 mL 或 300 mL 锥形瓶。

5.3.5 气体过滤器：用 G1～G3 型玻璃熔板制成。

5.3.6 干燥塔：容积 250 mL，下部(2/3)装碱石棉，上部(1/3)装无水氯化钙。

5.3.7 贮气桶：容量为(30～50)L。

注：用氧气钢瓶正压供气时可不配备贮气桶。

5.3.8 酸滴定管：25 mL 和 10 mL 两种。

5.3.9 碱滴定管：25 mL 和 10 mL 两种。

5.3.10 镍铬丝钩：用直径约 2 mm 的镍铬丝制成，长约 700 mm，一端弯成小钩。

5.3.11 带橡皮塞的 T 形管(见图 1)。

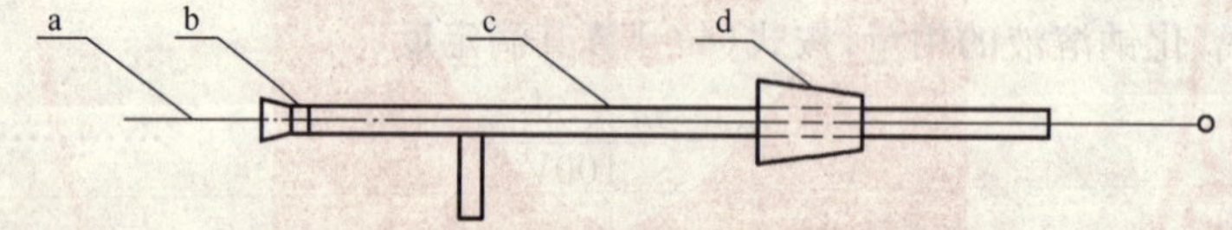


a——镍铬丝推棒，直径约 2 mm，长约 700 mm，一端卷成直径约 10 mm 的圆环；

b——翻胶帽；

c——T 形玻璃管：外径为 7 mm，长约 60 mm，垂直支管长约 30 mm；

d——橡皮塞。

**图 1 带橡皮塞的 T 形管**

5.3.12 洗耳球。

5.3.13 燃烧舟：瓷或刚玉制品，耐温 1 300℃以上，长约 77 mm，上宽约 12 mm，高约 8 mm。

**5.4 试验步骤**

**5.4.1 试验准备**

5.4.1.1 把燃烧管插入高温炉，使细径管端伸出炉口 100 mm，并接上一段长约 30 mm 的硅橡胶管。

5.4.1.2 将高温炉加热并稳定在(1 200±10)℃，测定燃烧管内高温恒温带及 500℃温度带部位和长度。

5.4.1.3 将干燥塔，氧气流量计、高温炉的燃烧管和吸收瓶连接好，并检查装置的气密性。

**5.4.2 测定手续**

5.4.2.1 将高温炉加热并控制在(1 200±10)℃。

5.4.2.2 用量筒分别量取 100 mL 已中和的过氧化氢溶液，倒入 2 个吸收瓶中，塞上带有气体过滤器的瓶塞并连接到燃烧管的细径端，再次检查其气密性。

5.4.2.3 称取粒度小于 0.2 mm 的空气干燥煤样(0.20±0.01)g(称准至 0.000 2 g)于燃烧舟中,并盖上一薄层三氧化钨。

5.4.2.4 将盛有煤样的燃烧舟放在燃烧管入口端,随即用带橡皮塞的T形管塞紧,然后以350 mL/min的流量通入氧气。用镍铬丝推棒将燃烧舟推到500℃温度区并保持 5 min,再将舟推到高温区,立即撤回推棒,使煤样在该区燃烧 10 min。

5.4.2.5 停止通入氧气,先取下靠近燃烧管的吸收瓶,再取下另一个吸收瓶。

5.4.2.6 取下带橡皮塞的 T 形管,用镍铬丝钩取出燃烧舟。

5.4.2.7 取下吸收瓶塞,用蒸馏水清洗气体过滤器(2~3)次。清洗时,用洗耳球加压,排出洗液。

5.4.2.8 分别向 2 个吸收瓶内加入(3~4)滴混合指示剂,用氢氧化钠标准溶液滴定至溶液由桃红色变为钢灰色,记下氢氧化钠溶液的用量。

**5.4.3 空白测定**

在燃烧舟内放一薄层三氧化钨(不加煤样),按上述步骤测定空白值。

**5.5 结果计算**

**5.5.1 煤中全硫含量的计算**

5.5.1.1 用氢氧化钠标准溶液的浓度计算,见式(6):

$$S_{t,ad} = \frac{(V - V_0) \times c \times 0.016 \times f}{m} \times 100 \quad \cdots\cdots(6)$$

式中:

$S_{t,ad}$——一般分析煤样中全硫质量分数,%;

$V$——煤样测定时,氢氧化钠标准溶液的用量,单位为毫升(mL);

$V_0$——空白测定时,氢氧化钠标准溶液的用量,单位为毫升(mL);

$c$——氢氧化钠标准溶液的浓度,单位为摩尔每升(mol/L);

0.016——硫的摩尔质量,单位为克每毫摩尔(g/mmoL);

$f$——校正系数,当 $S_{t,ad}<1\%$时,$f=0.95$;$S_{t,ad}$为 1%~4%时,$f=1.00$;$S_{t,ad}>4\%$时,$f=1.05$;

$m$——煤样质量;单位为克(g)。

5.5.1.2 用氢氧化钠标准溶液的滴定度计算,见式(7):

$$S_{t,ad} = \frac{(V_1 - V_0) \times T}{m} \times 100 \quad \cdots\cdots(7)$$

式中:

$S_{t,ad}$——一般分析煤样中全硫质量分数,%;

$V_1$——煤样测定时,氢氧化钠标准溶液的用量,单位为毫升(mL);

$V_0$——空白测定时,氢氧化钠标准溶液的用量,单位为毫升(mL);

$T$——氢氧化钠标准溶液的滴定度,单位为克每毫升(g/mL);

$m$——煤样质量,单位为克(g)。

**5.5.2 氯的校正**

氯含量高于 0.02%的煤或用氯化锌减灰的精煤应按以下方法进行氯的校正:

在氢氧化钠标准溶液滴定到终点的试液中加入 10 mL 羟基氰化汞溶液,用硫酸标准溶液滴定到溶液由绿色变钢灰色,记下硫酸标准溶液的用量,按式(8)计算全硫含量:

$$S_{t,ad} = S^{n}_{t,ad} - \frac{c \times V_2 \times 0.016}{m} \times 100 \quad \cdots\cdots(8)$$

式中:

$S_{t,ad}$——一般分析煤样中全硫质量分数,%

$S^{n}_{t,ad}$——按式(6)或式(7)计算的全硫质量分数,%;

$c$——硫酸标准溶液的浓度,单位为摩尔每升(mol/L);

$V_2$——硫酸标准溶液的用量，单位为毫升(mL)；

0.016——硫的摩尔质量，单位为克每毫摩尔(g/mmoL)；

$m$——煤样质量，单位为克(g)。

## 5.6 方法的精密度

高温燃烧中和法全硫测定的重复性和再现性如表 2 规定。

# 6 试验报告

试验报告至少应包括以下信息：

a） 试样标识；

b） 依据标准；

c） 使用的方法；

d） 试验结果；

e） 与标准的任何偏离；

f） 试验中出现的异常现象；

g） 试验日期。

ICS 77.040.30
H 11

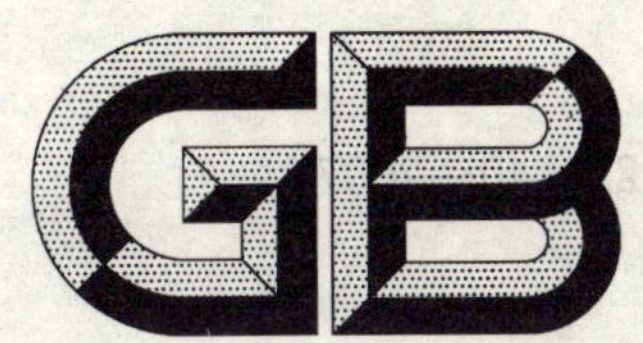

# 中华人民共和国国家标准

GB/T 223.40—2007

代替 GB/T 223.39—1994 和 GB/T 223.40—1985

# 钢铁及合金　铌含量的测定　氯磺酚 S 分光光度法

**Iron, steel and alloy—Determination of niobium content by the sulphochlorophenol S spectrophotometric method**

2007-03-09 发布　　　　2007-10-01 实施

中华人民共和国国家质量监督检验检疫总局
中国国家标准化管理委员会　发布

# 前　言

GB/T 223的本部分是对GB/T 223.39—1994《钢铁及合金化学分析方法　氯磺酚S光度法测定铌量》和GB/T 223.40—1985《钢铁及合金化学分析方法　离子交换分离-氯磺酚S光度法测定铌量》的整合修订。

本部分自实施之日起，代替GB/T 223.39—1994《钢铁及合金化学分析方法　氯磺酚S光度法测定铌量》和GB/T 223.40—1985《钢铁及合金化学分析方法　离子交换分离-氯磺酚S光度法测定铌量》。

本部分此次修订，名称改为《钢铁及合金　铌含量的测定　氯磺酚S分光光度法》。由于GB/T 223.40—1985《钢铁及合金化学分析　离子交换分离-氯磺酚S光度法测定铌含量》很少使用，经分委员会讨论决定，将其取消，仅对GB/T 223.39—1994《钢铁及合金化学分析　氯磺酚S光度法测定铌含量》进行了修订。修订中，增加了“2 规范性引用文件”、“5 仪器”、“6 取制样”、“10 试验报告”等章节及内容，并对下列条文进行了修改：

——原1，现为1(修改本章名称)；

——原2，现为3(修改本章名称)；

——原3，现为4(增加了分析中对试剂和水的说明内容并修改溶液浓度的表示方法)；

——原4，现为7(修改称取试料量的表示并增加了“7.2 空白试验”一条)；

——原5，现为8(修改本章名称、结果计算式及式中量的单位)；

——原6，现为9(规范精密度函数式的说明)。

本部分的附录A是资料性附录。

本部分由国家标准化管理委员会提出。

本部分由全国钢标准化技术委员会归口。

本部分负责起草单位：中国钢研科技集团公司。

本部分参加起草单位：成都无缝钢管厂。

本部分主要起草人：唐本玲、戴任致。

本部分1985年首次发布，1994年第一次修订。

# 钢铁及合金 铌含量的测定 氯磺酚S分光光度法

## 1 范围

GB/T 223 的本部分规定了用氯磺酚 S 分光光度法测定铌含量。

本部分适用于碳钢、低合金钢中质量分数为 0.010%～0.50%铌含量的测定。

## 2 规范性引用文件

下列文件中的条款通过 GB/T 223 的本部分的引用而成为本部分的条款。凡是注日期的引用标准，其随后所有的修改单（不包括勘误的内容）或修改版均不适用于本标准，然而，鼓励根据本部分达成协议的各方研究是否可使用这些标准的最新版本。凡是不注日期的引用标准，其最新版本适用于本部分。

GB/T 6379.1 测量方法与结果的准确度（正确度与精密度） 第 1 部分：总则与定义

GB/T 6379.2 测量方法与结果的准确度（正确度与精密度） 第 2 部分：确定标准测量方法重复性与再现性的基本方法

GB/T 20066 钢和铁 化学成分测定用试样的取样和制样方法

## 3 原理

试样经酸溶解后，经酒石酸煮沸络合钨、钼、钽、铌等。在盐酸介质中加入氯磺酚 S 与铌形成蓝色络合物，以氢氟酸褪色后的溶液作参比，于波长 660 nm 处测量吸光度。

显色液中有 25 μg 以上的钼量时有干扰。

## 4 试剂

分析中，除另有说明外，仅使用认可的分析纯试剂和蒸馏水或与其纯度相当的水。

4.1 乙醇，分析纯。

4.2 硝酸，ρ 约 1.42 g/mL。

4.3 盐酸，1+1，以 ρ 约 1.19 g/mL 的盐酸稀释。

4.4 氢氟酸，1+3，以 ρ 约 1.15 g/mL 的氢氟酸稀释。

4.5 硫酸-磷酸混合酸

将 160 mL 硫酸（ρ 约 1.84 g/mL）小心地倒入 760 mL 水中，稍冷。加入 80 mL 磷酸（ρ 约 1.70 g/mL），混匀。

4.6 酒石酸溶液，300 g/L。

4.7 乙二胺四乙酸二钠（EDTA）溶液，10 g/L。

4.8 氯磺酚 S 溶液，0.5 g/L。

4.9 铌标准溶液，100.0 μg/mL

称取 0.143 1 g 预先于 950℃高温炉中灼烧 30 min 以上并在干燥器中冷却至室温的五氧化二铌（质量分数为 99.5%以上），置于 50 mL 瓷坩埚中，加 5～7 g 焦硫酸钾，放入高温炉中，在 650℃熔融至透明，冷却。置于 300 mL 烧杯中，用 70 mL 酒石酸溶液（4.6）浸取熔块，煮沸至熔块全部溶解。稍冷。加 100 mL 硫酸（1+1），冷却后移入 1 000 mL 容量瓶中，用水稀释至刻度，混匀。

此溶液 1 mL 含 100.0 μg 铌。

## 5 仪器

分光光度计。

## 6 取制样

按照 GB/T 20066 或适当的国家标准取制样。

## 7 分析步骤

### 7.1 试料量

根据铌含量按表 1 称取试样量，精确至 0.000 1 g。

表 1 试料量

| 铌含量(质量分数)/% | 试料量/g |
| --- | --- |
| 0.010～0.10 | 0.500 |
| ≥0.10～0.50 | 0.200 |

### 7.2 空白试验

随同试料做空白试验。

### 7.3 测定

7.3.1 将试料(7.1)置于 150 mL 烧杯中，加入 25 mL 硫酸-磷酸混合酸(4.5)，盖上表面皿，加热使试料溶解，小心滴加硝酸(4.2)至激烈反应停止，继续加热至冒烟约 30 s。取下，稍冷。

7.3.2 沿杯壁加入 20 mL 酒石酸溶液(4.6)，加热煮沸至盐类全部溶解。取下，冷却。移入 100 mL 容量瓶中，用水稀释至刻度。混匀。

7.3.3 移取 5.00 mL 试液(7.3.2)，置于 50 mL 容量瓶中，加入 5 mL EDTA 溶液(4.7)、20 mL 盐酸(4.3)、5 mL 乙醇(4.1)、3.0 mL 氯磺酚 S 溶液(4.8)，用水稀释至刻度，混匀。在高于 20℃室温时放置 40 min(若室温低于 20℃时，可置于 40℃水浴中保温 10 min)。将部分溶液移入 2～3 cm 吸收皿中，此为比色液。

7.3.4 在剩余的显色液中(7.3.3)(剩余溶液体积应控制一致，约 30 mL)，用塑料管滴加 0.5 mL(约 10 滴)氢氟酸(4.4)，充分混匀，至蓝色络合物褪色后，移入另一 2～3 cm 吸收皿，此为参比液。

7.3.5 以参比液为参比，于分光光度计波长 660 nm 处测量吸光度。从工作曲线上查出相应的铌量。

### 7.4 工作曲线的绘制

7.4.1 称取与试料量(7.1)相同不含铌、钼的纯铁数份，分别置于 150 mL 烧杯中，以下按 7.3.1 进行。

7.4.2 铌含量(质量分数)小于 0.1%时，分别加入铌标准溶液(4.9)0、0.50、1.00、2.00、3.00、4.00、5.00 mL；铌含量(质量分数)大于或等于 0.1%时，分别加入铌标准溶液(4.9)0、2.00、4.00、6.00、8.00、10.00 mL。以下按 7.3.2 至 7.3.5 进行。以铌的质量(μg)为横坐标，吸光度值为纵坐标，绘制工作曲线。

## 8 结果计算

铌含量以质量分数 $w(\mathrm{Nb})$ 计，数值以%表示，按下列公式计算：

$$w(\mathrm{Nb}) = \frac{m_1 \times V \times 10^{-6}}{m \times V_1} \times 100$$

式中：

$V_1$——分取试液体积，单位为毫升(mL)；

$V$——试液总体积，单位为毫升(mL)；

$m_1$——从工作曲线上查得的铌量，单位为微克(μg)；

$m$——称取试料的质量，单位为克(g)。

## 9 精密度

本标准的精密度试验是在1992年由8个实验室，对7个水平的铌含量进行测定；每个实验室对每个水平的铌含量在GB/T 6379.1规定的重复性条件下测定3次。

各实验室报出的原始数据(测定结果)见附录A(资料性附录)。

根据GB/T 6379.2，对得到的测定结果进行统计分析，精密度见表2。

**表2 精密度结果**

| 铌的质量分数/% | 重复性限 $r$ | 再现性限 $R$ |
|---|---|---|
| 0.010～0.46 | $\lg r=-1.6316+0.6276\lg m$ | $R=0.002196+0.06853m$ |
| 式中：$m$ 是两个测定值的平均值，单位为%。 | | |

重复性限($r$)、再现性限($R$)按表2给出的方程求得。

在重复性条件下，获得的两次独立测试结果的绝对差值不大于重复性限($r$)，大于重复性限($r$)的情况以不超过5%为前提；

在再现性条件下，获得的两次独立测试结果的绝对差值不大于再现性限($R$)，大于再现性限($R$)的情况以不超过5%为前提。

## 10 试验报告

试验报告应包括下列内容：

a) 识别被测样品所需的全部资料；

b) 使用的标准；

c) 试验结果，包括各单次试验结果和它们的平均值；

d) 在试验中观察到的异常现象；

e) 试验日期。

# 附 录 A
（资料性附录）
共同精密度试验附加资料

A.1 氯磺酚S光度法测定铌含量精密度试验原始数据见表A.1。

表 A.1

| 实验室 | 铌含量(质量分数)/% | | | | | | |
|---|---|---|---|---|---|---|---|
| | Nb-1 | Nb-2 | Nb-3 | Nb-4 | Nb-5 | Nb-6 | Nb-7 |
| 1 | 0.011 7 | 0.024 6 | 0.054 0 | 0.114 | 0.176 | 0.265 | 0.467 |
| | 0.011 8 | 0.025 4 | 0.054 8 | 0.114 | 0.169 | 0.268 | 0.473 |
| | 0.011 9 | 0.026 0 | 0.055 4 | 0.108 | 0.165 | 0.264 | 0.471 |
| 2 | 0.011 8 | 0.024 1 | 0.052 7 | 0.112 | 0.180 | 0.268 | 0.464 |
| | 0.011 2 | 0.023 9 | 0.052 8 | 0.112 | 0.179 | 0.265 | 0.466 |
| | 0.012 5 | 0.024 7 | 0.053 1 | 0.110 | 0.179 | 0.266 | 0.465 |
| 3 | 0.013 5 | 0.023 0 | 0.054 4 | 0.110 | 0.175 | 0.250 | 0.454 |
| | 0.018 0 | 0.028 0 | 0.055 0 | 0.117 | 0.180 | 0.257 | 0.460 |
| | 0.018 4 | 0.029 0 | 0.055 6 | 0.125 | 0.185 | 0.265 | 0.465 |
| 4 | 0.013 4 | 0.026 4 | 0.055 6 | 0.110 | 0.175 | 0.255 | 0.455 |
| | 0.012 8 | 0.025 2 | 0.053 0 | 0.111 | 0.178 | 0.255 | 0.457 |
| | 0.011 6 | 0.024 8 | 0.051 0 | 0.112 | 0.172 | 0.252 | 0.462 |
| 5 | 0.014 4 | 0.026 8 | 0.052 8 | 0.110 | 0.164 | 0.250 | 0.445 |
| | 0.014 0 | 0.026 0 | 0.052 8 | 0.106 | 0.160 | 0.254 | 0.444 |
| | 0.014 0 | 0.025 6 | 0.052 0 | 0.110 | 0.170 | 0.254 | 0.445 |
| 6 | 0.012 5 | 0.025 0 | 0.055 2 | 0.108 | 0.174 | 0.258 | 0.458 |
| | 0.012 2 | 0.025 7 | 0.054 5 | 0.108 | 0.175 | 0.259 | 0.459 |
| | 0.012 0 | 0.025 7 | 0.054 5 | 0.105 | 0.175 | 0.260 | 0.462 |
| 7 | 0.014 8 | 0.024 9 | 0.055 7 | 0.113 | 0.164 | 0.248 | 0.458 |
| | 0.015 4 | 0.023 7 | 0.056 0 | 0.107 | 0.165 | 0.240 | 0.455 |
| | 0.015 4 | 0.025 4 | 0.056 8 | 0.108 | 0.171 | 0.253 | 0.459 |
| 8 | 0.011 0 | 0.024 4 | 0.054 4 | 0.109 | 0.176 | 0.254 | 0.463 |
| | 0.012 0 | 0.024 7 | 0.051 2 | 0.100 | 0.176 | 0.266 | 0.460 |
| | 0.012 5 | 0.025 0 | 0.052 6 | 0.104 | 0.174 | 0.262 | 0.460 |

ICS 77.080.01
H 11

# 中华人民共和国国家标准

GB/T 223.79—2007

# 钢铁 多元素含量的测定 X-射线荧光光谱法 (常规法)

**Iron and steel—Determination of multi-element contents—X-ray fluorescence spectrometry (Routine method)**

2007-09-11 发布 2008-02-01 实施

中华人民共和国国家质量监督检验检疫总局
中国国家标准化管理委员会 发布

# 前 言

GB/T 223 的本部分的附录 A 和附录 B 为规范性附录。

本部分由中国钢铁工业协会提出。

本部分由全国钢标准化技术委员会归口。

本部分主要起草单位:武汉钢铁(集团)公司。

本部分主要起草人:沈克、刘翔、李小杰、郭芳。

# 钢铁　多元素含量的测定
# X-射线荧光光谱法
# (常规法)

## 1　范围

GB/T 223 的本部分规定了用 X-射线荧光光谱法测定硅、锰、磷、硫、铜、铝、镍、铬、钼、钒、钛、钨和铌的含量。

本部分适用于铸铁、生铁、非合金钢、低合金钢,各元素测定范围见表 1。

表 1　元素及测定范围

| 分析元素 | 测定范围(质量分数)/% |
|---|---|
| Si | 0.002～4.00 |
| Mn | 0.002～4.00 |
| P | 0.001～0.70 |
| S | 0.001～0.20 |
| Cu | 0.002～2.00 |
| Al | 0.002～1.00 |
| Ni | 0.003～5.00 |
| Cr | 0.002～5.00 |
| Mo | 0.002～5.00 |
| V | 0.002～2.00 |
| Ti | 0.001～1.00 |
| W | 0.003～2.00 |
| Nb | 0.002～1.00 |

## 2　规范性引用文件

下列文件中的条款通过 GB/T 223 的本部分的引用而成为本部分的条款。凡是注日期的引用标准,其随后所有的修改单(不包括勘误的内容)或修改版均不适用于本部分,然而,鼓励根据本部分达成协议的各方研究是否可使用这些文件的最新版本。凡是不注日期的引用文件,其最新版本适用于本部分。

GB/T 6379.1　测试方法与结果的准确度(正确度和精密度)　第 1 部分　总则与定义(GB/T 6379.1—2004,ISO 5725-1:1994,IDT)

GB/T 6379.2　测试方法与结果的准确度(正确度和精密度)　第 2 部分　确定标准测量方法的重复性和再现性的基本方法(GB/T 6379.2—2004,ISO 5725-2:1994,IDT)

GB/T 16597　冶金产品分析方法　X-射线荧光光谱法通则

GB/T 20066　钢和铁　化学成分测定用试样的取样和制样方法(GB/T 20066—2006,ISO 14284:1996,IDT)

## 3　原理

X-射线管产生的初级 X-射线照射到平整、光洁的样品表面上时,产生的特征 X-射线经晶体分光后,探测器在选择的特征波长相对应的 $2\theta$ 角处测量 X-射线荧光强度。根据校准曲线和测量的 X-射线荧光强度，计算出样品中硅、锰、磷、硫、铜、铝、镍、铬、钼、钒、钛、钨和铌的质量分数。

## 4 试剂与材料

4.1 P10 气体(90%的氩和 10%的甲烷的混合气体)用于流气正比计数器。

4.2 有证标准样品/标准物质

有证标准样品/标准物质用于日常分析绘制校准曲线时，所选系列有证标准样品/标准物质中各分析元素含量应覆盖分析范围且有适当的梯度；用于对仪器进行漂移校正时，所选有证标准样品/标准物质应有良好的均匀性，且接近校准曲线的上限和下限。

## 5 仪器与设备

### 5.1 制样设备

切割设备采用砂轮切割机，抛光试样表面的设备采用砂轮机或砂带研磨机。供选用的磨料有氧化铝、氧化锆和碳化硅，应考虑磨料对试样的污染。根据分析对象选用合适的磨料和粒度，粒度一般小于 0.5 mm。抛光设备也可使用磨床、铣床或车床。

### 5.2 X-射线荧光光谱仪

同时或顺序式波长色散光谱仪的分析精度和稳定性应达到附录 B 要求。

#### 5.2.1 X-射线管

高纯元素靶的 X-射线管，推荐使用铑靶。

#### 5.2.2 分析晶体

能覆盖方法中的所有元素，可使用平面或弯曲面的晶体。

#### 5.2.3 准直器

对于顺序型仪器，应选择合适的准直系统。

#### 5.2.4 探测器

闪烁计数器，用于重元素分析；流气正比计数器，用于轻元素分析。

也可以使用密封正比计数器。

#### 5.2.5 真空系统

测量过程中，真空系统压强一般在 30 Pa 以下并保持恒定，对于轻元素应低于 20 Pa。

#### 5.2.6 测量系统

计算机系统有合适的软件，能够根据测量强度计算出各元素的含量。

## 6 取样和样品制备

### 6.1 取样

成品试样按 GB/T 20066 规定进行取样。

采取熔铸样品时，可将取样器浸入钢液或铁水中提取固定形状的样品，也可以用样勺接取一定数量的钢液或铁水，浇注在样模中。所取试样应具有代表性。取样器具应洁净，以保证所取样品不受污染。取样时使用不含待测元素的脱氧剂，且加入量不应对其他元素的分析结果构成影响。在采取碳化物、氮化物、氧化物含量高的样品时，应使用冷却速率高的取样器或样模，以保证样品的均匀性。

采取的样品不应出现空洞、夹渣、疏松、裂纹或其他缺陷。

试样的大小取决于试样盒的几何尺寸，分析表面应能全部遮盖试样盒面罩。

### 6.2 试样的制备

根据不同种类试样可以用下述方法制样：

成品样：可用磨样机、磨床、铣床或车床制取分析表面。热焰切割所形成的热影响区不能作为分析面。

熔铸样：盘针状或蘑菇状试样可用磨样机研磨；柱状试样可用切割机将其切断，再用磨样机研磨。

凡需去掉表皮的试样，去皮厚度应大于 1 mm。

试样表面需研磨成平整、光洁的分析面。

如果试样暴露于空气中一天以上，测量前应重新研磨表面。

### 6.3 有证标准样品/标准物质的前处理

用合适粒度和材质的研磨材料研磨绘制校准曲线的有证标准样品/标准物质，研磨后应及时测量；标准化样品可研磨加工，也可抛光成镜面并存放于干燥器中，抛光样品测量前应使用无水乙醇清洁试样表面。

## 7 仪器的准备

### 7.1 仪器工作环境

仪器的工作环境应满足 GB/T 16597 冶金产品分析方法　X-射线荧光光谱法通则。

### 7.2 仪器工作条件

X-射线光谱仪在测量之前应按仪器制造商的要求使工作条件得到最优化，并在测量前至少预热1 h 或直到仪器稳定。

## 8 分析步骤

### 8.1 测量条件

根据所使用仪器的类型、试样的种类、分析元素、共存元素及其含量变化范围，选择适合的测量条件：

(1) 分析元素的计数时间取决于定量元素的含量及所要达到的分析精密度，一般为 5 s～60 s；

(2) 计数率一般不超过 $4\times10^5$ 计数；

(3) 光管电压、电流的选择应考虑测定谱线最低激发电压和光管的额定功率；

(4) 使用多个试样盒时，样盒面罩不应对分析结果构成明显的影响，样盒面罩直径一般为 20 mm～35 mm；

(5) 推荐使用样品盒旋转工作方式；

(6) 使用的分析线、推荐使用的分光晶体、$2\theta$ 角、光管电压电流及可能的干扰元素列入表 2。

**表 2　分析线及推荐使用的分光晶体、光管电压电流、可能干扰元素**

| 元素 | 谱线 | 晶体 | $2\theta$ 角 | 光管电压电流 | 可能的干扰元素 |
|---|---|---|---|---|---|
| Si | Si $K\alpha_{1,2}$ | PET | 108.88 | 40 kV～50 mA | W |
| Mn | Mn $K\alpha_{1,2}$ | LiF (200) | 62.97 | 40 kV～50 mA | Cr, Fe |
| P | P $K\alpha_{1,2}$ | Ge (111) | 141.03 | 40 kV～50 mA | Mo, Cu, W |
| S | S $K\alpha_{1,2}$ | Ge (111) | 110.69 | 40 kV～50 mA | Mo, Nb |
| Cu | Cu $K\alpha_{1,2}$ | LiF (200) | 45.03 | 40 kV～50 mA | Ni, Ta, W |
| Al | Al $K\alpha_{1,2}$ | PET | 145.12 | 30 kV～80 mA | Cr, Ti |
| Ni | Ni $K\alpha_{1,2}$ | LiF (200) | 48.67 | 40 kV～50 mA | Co, Cu |
| Cr | Cr $K\alpha_{1,2}$ | LiF (200) | 69.36 | 40 kV～50 mA | V |
| Mo | Mo $K\alpha_{1,2}$ | LiF (200) | 20.33 | 50 kV～50 mA | Zr, Nb |
| V | V $K\alpha_{1,2}$ | LiF (200) | 76.94 | 40 kV～50 mA | Ti |
| Ti | Ti $K\alpha_{1,2}$ | LiF (200) | 86.14 | 40 kV～50 mA | — |
| W | W $L\alpha_1$ | LiF (200) | 43.02 | 50 kV～50 mA | Ni, Cu, Ta |
| Nb | Nb $K\alpha_{1,2}$ | LiF (200) | 21.40 | 50 kV～50 mA | Zr, Mo |

8.2 校准曲线的绘制与确认

8.2.1 校准曲线的绘制

在选定的工作条件下，用 X-射线荧光光谱仪测量一系列的与试样冶炼过程相似且化学成分相近的有证标准样品/标准物质，每个样品应至少测量 2 次。用仪器所配的软件，以有证标准样品/标准物质中该元素的含量值和测量的荧光强度平均值计算出校准曲线参数、综合吸收校正系数(或 $\alpha$ 系数)和谱线重叠干扰校正系数，分别得到综合吸收校正模式和理论 $\alpha$ 系数校正模式(1)和式(2)计算：

$$w_i = (aI_i^2 + bI_i + c) \times (1 + \sum d_j w_j) - \sum l_j w_j \quad (i \neq j) \qquad \cdots\cdots(1)$$

$$w_i = (bI_i + c) \times (1 + \sum \alpha_j w_j) - \sum l_j w_j \quad (i \neq j) \qquad \cdots\cdots(2)$$

式中：

$w_i$——有证标准样品/标准物质中分析元素 $i$ 的参考值，用质量分数计，以(%)表示；

$d_j$——综合吸收校正系数；

$\alpha_j$——理论 $\alpha$ 系数；

$l_j$——光谱重叠校正系数；

$w_j$——有证标准样品/标准物质中共存元素的含量，用质量分数计，以(%)表示；

$I_i$——分析元素 $i$ 的 X-射线荧光强度；

$a$、$b$、$c$——校准曲线常数。

8.2.2 校准曲线准确度的确认

按照选定的分析条件，用 X 射线荧光仪测量与试样冶炼过程相似和化学成分相近的有证标准样品/标准物质，所得分析元素分析值与认证值或参考值 Ac 之间在统计上应无显著差异，按式(3)判断是否存在显著性差异：

$$|\mu_c - \mathrm{Ac}| \leqslant 2 \times \sqrt{\sigma_L^2 + \frac{\sigma_d^2}{n} + \frac{S^2}{N}} \qquad \cdots\cdots(3)$$

对于仅有一个实验室定值的有证标准样品/标准物质，则按式(4)判断是否存在显著性差异：

$$|\mu_c - \mathrm{Ac}| \leqslant 2 \times \sqrt{2\sigma_L^2 + \frac{\sigma_d^2}{n}} \qquad \cdots\cdots(4)$$

式中：

$\mu_c$——有证标准样品/标准物质中待测元素的最终分析结果；

$\sigma_L$——共同试验所确定的实验室间的标准偏差；

$\sigma_d$——共同试验所确定的实验室内的标准偏差；

Ac——有证标准样品/标准物质中分析元素的参考值，%(质量分数)；

$N$——标样定值实验室个数；

$n$——有证标准样品/标准物质的重复测定次数；

$S$——有证标准样品/标准物质中分析元素定值的标准偏差。

如果(3)或(4)式成立，则 $|\mu_c - \mathrm{Ac}|$ 在统计上无显著差异(95%置信水平)，有证标准样品/标准物质中待测元素的分析结果通过准确度确认；反之有显著性差异，应查找原因，重新校准并确认。

8.3 未知试样的分析

8.3.1 仪器的标准化

定期进行标准化样品的确认分析，当仪器出现漂移时，通过测量标准化样品的 X 射线荧光强度对仪器进行漂移校正。

按下列公式计算：

$$I_i = \alpha \times I'_i + \beta \quad \cdots\cdots (5)$$

$$\alpha = \frac{I_h - I_l}{I'_h - I'_l} \quad \cdots\cdots (6)$$

$$\beta = I_h - \alpha \times I'_h \quad \cdots\cdots (7)$$

式中：

$I_i$——分析元素 $i$ 的校正强度；

$I'_i$——分析元素 $i$ 的测量强度；

$I'_h$——高含量标准化样品的测量强度；

$I'_l$——低含量标准化样品的测量强度；

$I_h$——高含量标准化样品的初始强度；

$I_l$——低含量标准化样品的初始强度；

$\alpha$、$\beta$——漂移校正系数。

**8.3.2 标准化的确认**

漂移校正后分析有证标准样品/标准物质，确认分析值应符合 8.2.2 的规定或在实验室的认可范围内。

**8.3.3 未知试样的测量**

按照 8.1 选定的工作条件，用 X-射线荧光光谱仪测量未知试样中分析元素的荧光强度，每个样品应至少测量 2 次。

## 9 结果计算

根据未知试样的荧光强度测量值，从校准曲线计算出分析元素的含量，按式(8)或式(9)式计算：

$$w_i = (aI_i^2 + bI_i + c) \times (1 + \Sigma d_j w_j) - \Sigma l_j w_j \quad \cdots\cdots (8)$$

$$w_i = (bI_i + c) \times (1 + \Sigma \alpha_j w_j) - \Sigma l_j w_j \quad \cdots\cdots (9)$$

式中：

$w_i$——未知样品中分析元素 $i$ 的含量，用质量分数计，数值以%表示；

$w_j$——未知样品中共存元素 $j$ 的含量，用质量分数计，数值以%表示；

$I_i$——分析元素 $i$ 的 X-射线荧光强度；

$l_j$——光谱重叠校正系数；

$\alpha_j$——理论 $\alpha$ 系数；

$d_j$——综合吸收校正系数；

$a$、$b$、$c$——分析元素校准曲线常数。

当未知试样的二次分析值之差未超过表 3 所列重复性 $r$ 时，取二者平均值为最终分析结果，若超过 $r$ 值，则应按附录 A 中的流程来处理。

一般情况下，计算结果中分析含量高于 1%时，保留小数点后 2 位数字。低于 1%时保留小数点后 3 位数字。

## 10 精密度

本标准的精密度是在 8 个实验室进行共同试验并按 GB/T 6379.1 和 GB/T 6379.2 所确定的，结果见表 3。

**表 3 重复性与再现性**

| 元素 | 水平范围/% | 重复性 $r$ | 再现性 $R$ | 实验室内标准偏差 $\sigma_d$ | 实验室间标准偏差 $\sigma_L$ |
|---|---|---|---|---|---|
| Si | 0.031～3.20 | $r=0.019\ 06m+0.004\ 736$ | $R=0.031\ 03m+0.009\ 799$ | $\sigma_d=0.006\ 806m+0.001\ 691$ | $\sigma_L=0.011\ 082m+0.003\ 500$ |
| Mn | 0.058～4.62 | $r=0.014\ 90m+0.002\ 867$ | $R=0.024\ 35m+0.015\ 97$ | $\sigma_d=0.005\ 323m+0.001\ 024$ | $\sigma_L=0.008\ 695\ m+0.005\ 703$ |
| P | 0.003 2～0.71 | $\lg r=0.693\ 0\ \lg m-1.681\ 8$ | $R=0.093\ 72m+0.001\ 219$ | $\lg\sigma_d=0.693\ 0\lg m-2.129\ 0$ | $\sigma_L=0.033\ 47m+0.000\ 435\ 3$ |
| S | 0.002 6～0.10 | $r=0.071\ 62m+0.001\ 203$ | $R=0.127\ 5m+0.002\ 135$ | $\sigma_d=0.025\ 58m+0.000\ 429\ 7$ | $\sigma_L=0.045\ 54m+0.000\ 762\ 6$ |
| Cu | 0.063～2.161 | $r=0.017\ 88m+0.002\ 159$ | $\lg R=0.830\ 0\lg m-1.202\ 6$ | $\sigma_d=0.006\ 385m+0.000\ 771\ 0$ | $\lg\sigma_L=0.830\ 0\lg m-1.649\ 8$ |
| Al | 0.020～1.103 | $r=0.04\ 492m+0.002\ 498$ | $\lg R=0.761\ 0\lg m-1.102\ 8$ | $\sigma_d=0.016\ 04m+0.000\ 892\ 0$ | $\lg\sigma_L=0.761\ 0\lg m-1.550\ 0$ |
| Ni | 0.025～3.93 | $\lg r=0.579\ 2\ \lg m-1.784\ 5$ | $R=0.032\ 36m+0.008\ 435$ | $\lg\sigma_d=0.579\ 2\ \lg m-2.231\ 7$ | $\sigma_L=0.0115\ 6m+0.003\ 013$ |
| Cr | 0.063～4.36 | $r=0.0132\ 7m+0.002\ 821$ | $R=0.028\ 02m+0.008\ 671$ | $\sigma_d=0.004\ 740m+0.001\ 008$ | $\sigma_L=0.0100\ 1m+0.003\ 097$ |
| Mo | 0.013～5.59 | $r=0.023\ 68m+0.001\ 579$ | $R=0.044\ 84m+0.004\ 505$ | $\sigma_d=0.008\ 456m+0.000\ 564\ 1$ | $\sigma_L=0.016\ 01m+0.001\ 609$ |
| V | 0.031～1.92 | $r=0.028\ 30m+0.001\ 428$ | $\lg R=0.571\ 4\lg m-1.323\ 5$ | $\sigma_d=0.0101\ 1m+0.000\ 509\ 8$ | $\lg\sigma_L=0.571\ 4\ \lg m-1.770\ 6$ |
| Ti | 0.012～0.46 | $r=0.038\ 05m+0.001\ 172$ | $R=0.070\ 49m+0.004\ 377$ | $\sigma_d=0.013\ 59m+0.000\ 418\ 6$ | $\sigma_L=0.025\ 17m+0.001\ 563$ |
| W | 0.029～0.46 | $r=0.0511\ 7m+0.002\ 066$ | $\lg R=0.712\ 1\lg m-1.178\ 7$ | $\sigma_d=0.018\ 27m+0.000\ 738\ 0$ | $\lg\sigma_L=0.712\ 1\lg m-1.625\ 8$ |
| Nb | 0.004 5～1.06 | $r=0.037\ 26m+0.001\ 177$ | $\lg R=0.559\ 1\ \lg m-1.300\ 1$ | $\sigma_d=0.013\ 31m+0.000\ 420\ 4$ | $\lg\sigma_L=0.559\ 1\ \lg m-1.747\ 2$ |

重复性限($r$)、再现性限($R$)按以上表 3 给出的方程求得。

式中 $m$ 是分析元素的含量，用质量分数计，以%表示。

在重复性条件下，获得的两次独立测试结果的绝对差值不大于重复性限($r$)，大于重复性限($r$)的情况以不超过 5%为前提；

在再现性条件下，获得的两次独立测试结果的绝对差值不大于再现性限($R$)，大于再现性限($R$)的情况以不超过 5%为前提。

## 11 试验报告

试验报告应包括下列内容

a) 识别被测样品所需的全部资料；

b) 使用的标准；

c) 试验结果，包括各单次试验结果和它们的平均值；

d) 在试验中观察到的异常现象；

e) 试验日期。

# 附　录　A
（规范性附录）
# 试样分析值验收流程图

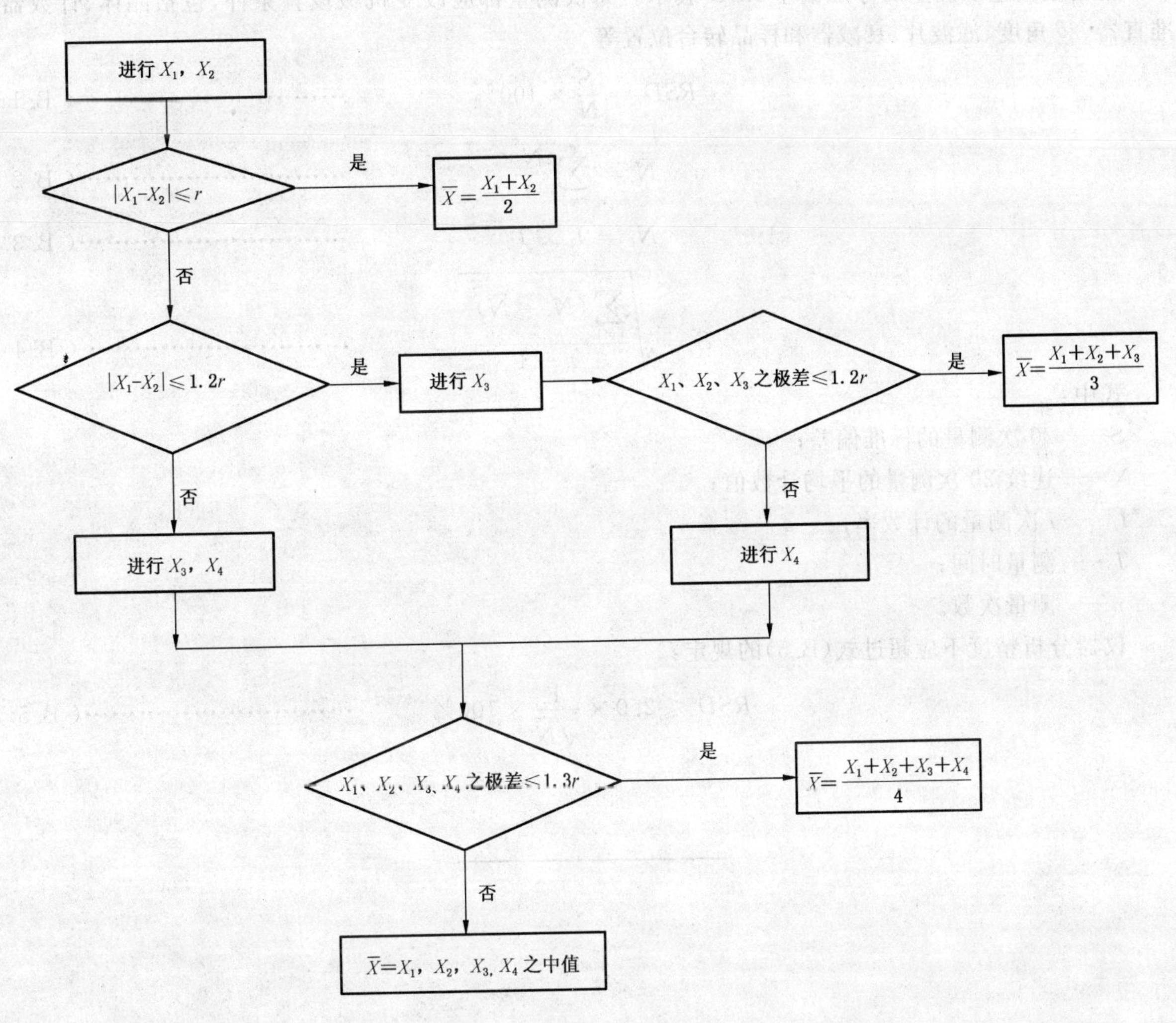


图 A.1

# 附 录 B
（规范性附录）
仪器精度试验

精密度测量以测量的标准偏差 $RSD$ 表示。每次测量都应改变机械设置条件，包括晶体、计数器、准直器、$2\theta$ 角度、滤波片、衰减器和样品转台位置等。

$$RSD = \frac{S}{\overline{N}} \times 100\% \qquad \text{(B.1)}$$

$$\overline{N} = \sum_{i=1}^{n} \frac{N_i}{n} \qquad \text{(B.2)}$$

$$N_i = I_i \times T \qquad \text{(B.3)}$$

$$S = \sqrt{\frac{\sum_{i=1}^{n}(N_i - \overline{N})^2}{n-1}} \qquad \text{(B.4)}$$

式中：

$S$——20 次测量的标准偏差；

$\overline{N}$——连续 20 次测量的平均计数值；

$I_i$——$i$ 次测量的计数率；

$T$——测量时间；

$n$——测量次数。

仪器分析精度不应超过式(B.5)的规定：

$$RSD \leqslant 2.0 \times \frac{1}{\sqrt{\overline{N}}} \times 100\% \qquad \text{(B.5)}$$

ICS 77.080.01
H 11

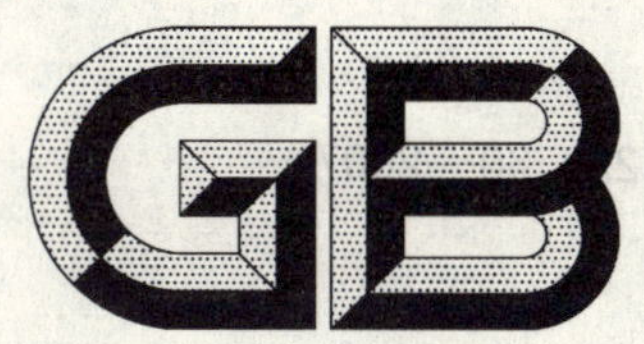

# 中华人民共和国国家标准

GB/T 223.80—2007

# 钢铁及合金 铋和砷含量的测定 氢化物发生-原子荧光光谱法

**Iron, steel and alloy—Determination of trace bismuth and arsenic contents—Hydride generation-atomic fluorescence spectrometric method**

2007-09-11 发布 2008-02-01 实施

中华人民共和国国家质量监督检验检疫总局
中国国家标准化管理委员会 发布

# 前　言

GB/T 223 的本部分的附录 A 是资料性附录。

本部分由中国钢铁工业协会提出。

本部分由全国钢标准化技术委员会归口。

本部分负责起草单位：钢铁研究总院。

本部分主要起草人：王明海、刘正。

# 钢铁及合金 铋和砷含量的测定 氢化物发生-原子荧光光谱法

## 1 范围

GB/T 223 的本部分规定了用氢化物发生-原子荧光光谱法测定钢铁及合金中铋和砷含量的方法。

本方法适用于钢铁及镍基合金中铋和砷含量的测定。铋测定质量分数范围:0.000 05%～0.01%;砷测定质量分数范围:0.000 05%～0.01%。

## 2 规范性引用文件

下列文件中的条款通过 GB/T 223 的本部分的引用而成为本部分的条款。凡是注日期的引用文件,其随后所有的修改单(不包括勘误的内容)或修订版均不适用于本部分,然而,鼓励根据本部分达成协议的各方研究是否可使用这些文件的最新版本。凡是不注日期的引用文件,其最新版本适用于本部分。

GB/T 6379.1 测量方法与结果的准确度(正确度与精密度) 第 1 部分:总则与定义(GB/T 6379.1—2004,ISO 5725-1:1994,IDT)

GB/T 6379.2 测量方法与结果的准确度(正确度与精密度) 第 2 部分:确定标准测量方法重复性与再现性的基本方法(GB/T 6379.2—2004,ISO 5725-2:1994,IDT)

GB/T 20066 钢和铁 化学成分测定用试样取样和制样方法(GB/T 20066—2006,ISO 14284:1996,IDT)

## 3 原理

试料用盐酸、硝酸溶解,加入硫代氨基脲抑制基体元素的干扰,用磷酸络合钨等易水解元素,用抗坏血酸溶液将砷(Ⅴ)还原为砷(Ⅲ)。用硼氢化钾作为还原剂,还原生成铋、砷的氢化物,由载气(氩气)带入石英原子化器中原子化,在专用铋、砷空心阴极灯的发射光激发下产生原子荧光,测定其原子荧光强度。

## 4 试剂与材料

除非另有说明,在分析中仅使用确认为优级纯的试剂和二次蒸馏水或相当纯度的水。

4.1 盐酸,$\rho$约 1.19 g/mL。

4.2 硝酸,$\rho$约 1.42 g/mL。

4.3 硫酸,$\rho$约 1.84 g/mL。

4.4 磷酸,$\rho$约 1.69 g/mL。

4.5 氢溴酸,$\rho$约 1.49 g/mL。

4.6 硫酸-磷酸混合酸,硫酸+磷酸+水=1+1+2。

于 300 mL 烧杯中加 20 mL 水,边搅拌边加入 120 mL 硫酸(4.3)及 120 mL 磷酸(4.4),冷却至室温,边搅拌边加入 20 mL 氢溴酸(4.5),加热蒸发至冒硫酸白烟,取下,冷却至室温,重复上述操作(2～3)次。用少量水吹洗表皿及杯壁,加热蒸发至冒硫酸白烟,重复(2～3)次,除去残存的氢溴酸。于 1 000 mL烧杯中加 200 mL 水,边搅拌边加入 200 mL 上述提纯的硫酸磷酸混合酸,冷却至室温,移入塑料瓶中备用。

4.7 硫代氨基脲-抗坏血酸混合溶液

分别称取 25 g 硫代氨基脲及 25 g 抗坏血酸，溶于 500 mL 盐酸(1+4)中，当日配制。

4.8 硼氢化钾溶液，15 g/L

称取 7.5 g 硼氢化钾，溶于 500 mL 氢氧化钾溶液(5 g/L)中，当日配制。

4.9 载流溶液，5+95 盐酸

移取 25 mL 盐酸(4.1)于 500 mL 容量瓶中，用水稀释至刻度，混匀。

4.10 铋、砷标准溶液

4.10.1 铋储备液 A，100.0 μg/mL

称取 0.100 0 g 纯铋(质量分数大于 99.99%)，置于 100 mL 烧杯中加 10 mL 硝酸(4.2)，加热溶解，煮沸驱除氮的氧化物，取下，冷却到室温，转移至 1 000 mL 容量瓶中，用硝酸(1+9)稀释至刻度，混匀。

此溶液 1 mL 含 100.0 μg 铋。

4.10.2 砷储备液 A，100.0 μg/mL

称取 0.132 0 g 预先在 105℃ 干燥 1 h 的三氧化二砷(质量分数为 99.99%以上)，置于 300 mL 烧杯中，加 20 mL 盐酸(4.1)硝酸(4.2)混合酸(3+1)，加热溶解，蒸发至近干，加 100 mL 盐酸(4.1)，低温加热溶解盐类，冷却，移入 1 000 mL 容量瓶中，用水稀释至刻度，混匀。

此溶液 1 mL 含 100.0 μg 砷。

4.10.3 铋、砷混合标准溶液 A，10.00 μg/mL

移取 10.00 mL 铋储备液 A(4.10.1)、砷储备液 A(4.10.2)，置于 100 mL 容量瓶中，用的盐酸(1+9)稀释至刻度，混匀。

此溶液 1 mL 分别含 10.00 μg 铋和 10.00 μg 砷。

4.10.4 铋、砷混合标准溶液 B，1.00 μg/mL

移取 10.00 mL 铋、砷混合标准溶液液 A(4.10.3)，置于 100 mL 容量瓶中，用的盐酸(1+9)稀释至刻度，混匀。

此溶液 1 mL 分别含 1.00 μg 铋和 1.00 μg 砷。

4.11 铁溶液，20.0 mg/mL

称取 2.00 g 高纯铁(质量分数不小于 99.98%)置于 100 mL 烧杯中加 20 mL 盐酸(3+1)，加热溶清后冷却至室温，转移至 100 mL 容量瓶中，定容，混匀。

此溶液 1 mL 含 20 mg 铁。

4.12 镍溶液，20.0 mg/mL

称取 2.00 g 高纯镍(质量分数不小于 99.98%)置于 100 mL 烧杯中加 20 mL 硝酸(3+1)，加热溶清后冷却至室温，转移至 100 mL 容量瓶中，定容，混匀。

此溶液 1 mL 含 20 mg 镍。

## 5 仪器

原子荧光光谱仪，备有氢化物发生器及进样装置，专用铋、砷空心阴极灯。所用原子荧光光谱仪应达到下列指标：

——稳定性：仪器稳定后，30 min 内零漂≤5%；

——检出限：≤0.1 μg/L(空白溶液测量 11 次，3 δ)；

——校准曲线的线性：校准曲线在 0～0.1 μg/mL 范围内，线性相关系数应≥0.997；

——烧杯：所用烧杯中砷含量应很低或不含有砷，以免造成低砷测量污染，或者使用全氟塑料烧杯。

## 6 取制样

按 GB/T 20066 进行取制样。

## 7 分析步骤

### 7.1 试料

按表1称取试料，精确至0.000 1 g。

表1 称样量

| 铋、砷的质量分数/% | 试料量/g |
|---|---|
| 0.000 050～0.001 | 0.200 |
| >0.001～0.010 | 0.100 |

### 7.2 空白试验

随同试料做空白试验。

### 7.3 测定

#### 7.3.1 试料处理

将试料置于100 mL烧杯中，加10 mL适当比例的盐酸(4.1)、硝酸(4.2)混和酸，于低温电炉上加热溶解。待试料溶解完全后取下稍冷，加入5 mL硫酸-磷酸混合酸(4.6)，加热蒸发至冒硫酸白烟约5 min。取下冷却至室温，吹少量水，低温加热溶解盐类。

#### 7.3.2 试液分取及试剂的加入

##### 7.3.2.1 铋、砷含量小于0.003%

将试液(7.3.1)用水转移至50 mL容量瓶中，加入5 mL盐酸(4.1)，25 mL硫代氨基脲-抗坏血酸混合溶液(4.7)，混匀[若加硫代氨基脲-抗坏血酸混合溶液(4.7)后有沉淀产生，要振荡(1～2)min，放置待溶液澄清后，测量上层清液]。室温放置30 min[室温小于15℃时，置于30℃水浴中保温30 min]，用水稀释至刻度，混匀。

##### 7.3.2.2 铋、砷含量大于0.003%

将试液(7.3.1)用水转移至50 mL容量瓶中，加入5 mL盐酸(4.1)，冷却置室温，用水稀释至刻度，混匀。分取10.00 mL试液置于50 mL容量瓶中，加4 mL盐酸(4.1)，混匀，4 mL硫酸-磷酸混合酸(4.6)，混匀，加25 mL硫代氨基脲-抗坏血酸混合溶液(4.7)，混匀[若加硫代氨基脲-抗坏血酸混合溶液(4.7)后有沉淀产生，要振荡1 min～2 min，放置待溶液澄清后，测量上层清液]。室温放置30 min[室温小于15℃时，置于30℃水浴中保温30 min]，用水稀释至刻度，混匀。

#### 7.3.3 测量

开机，设定灯电流及负高压，在测量前至少预热20 min，按照仪器说明使仪器最优化。按照仪器使用说明书准备好还原剂(4.8)、载流溶液(4.9)和试液(7.3.2.1或者7.3.2.2)。按照设定的程序测量试液中铋、砷的原子荧光强度，减去随同试料空白试验的铋、砷的原子荧光强度，由校准曲线上查出相应的铋、砷质量或通过校准曲线的方程式计算出铋、砷质量。

### 7.4 校准曲线的绘制

分别移取铁溶液(4.11)、镍溶液(4.12)1.0 mL置于6个100 mL烧杯中，分别加入铋砷混和标准溶液B(4.10.4)0、0.10 mL、0.50 mL、1.00 mL、2.00 mL、3.00 mL，分别加入5 mL硫酸-磷酸混合酸(4.6)，加热蒸发至冒硫酸白烟。取下稍冷，吹少量水，低温加热溶解盐类。分别加入5 mL盐酸(4.1)，用水转移至50 mL容量瓶中，分别加入25 mL硫代氨基脲-抗坏血酸混合溶液(4.7)，混匀[若加硫代氨基脲-抗坏血酸混合溶液后有沉淀产生，要振荡(1～2)min，放置待溶液澄清后，测量上层清液]，室温放置30 min[室温小于15℃时，置于30℃水浴中保温30 min]，用水稀释至刻度，混匀。

按7.3.3款由低浓度到高浓度的顺序测量校准溶液中铋、砷的原子荧光强度，分别减去零校准溶液的铋、砷的原子荧光强度得净原子荧光强度。以铋、砷的质量(μg)为横坐标，净原子荧光强度为纵坐标，绘制校准曲线或计算出校准曲线方程式。

## 8 结果计算

铋、砷含量以质量分数 $w_M$ 计，数值以%表示，按式(1)计算：

$$w_M = \frac{m_1 \times f \times 10^{-6}}{m} \times 100 \quad \cdots\cdots(1)$$

式中：

$m_1$——由校准曲线查得或校准曲线方程式计算得到的铋或砷质量的数值，单位为微克($\mu$g)；

$m$——称取试料质量的数值，单位为克(g)；

$f$——稀释倍数。

## 9 精密度

本方法的共同精密度试验由8个实验室对铋和砷元素的7个含量水平进行测定，每个实验室对每个元素的各含量水平在GB/T 6379.1规定的重复性条件下测定3次。各实验室报出的原始数据(测定值)见附录A(资料性附录)。原始数据按照GB/T 6379.2进行统计分析，精密度见表2。

**表2 精密度结果**

| 元素 | 水平范围/% | 重复性限 $r$ | 再现性限 $R$ |
|---|---|---|---|
| 铋 | 0.000 05～0.010 | $\lg r=-1.566\,9+0.709\,2\lg m$ | $\lg R=-1.465\,1+0.689\,8\lg m$ |
| 砷 | 0.000 05～0.010 | $\lg r=-1.828\,2+0.652\,4\lg m$ | $\lg R=-1.099\,2+0.816\,6\lg m$ |

重复性限($r$)、再现性限($R$)按以上表1给出的方程求得。

式中 $m$ 是两个测定值的平均值，单位为%(质量分数)。

在重复性条件下，获得的两次独立测试结果的绝对差值不大于重复性限($r$)，大于重复性限($r$)的情况以不超过5%为前提；

在再现性条件下，获得的两次独立测试结果的绝对差值不大于再现性限($R$)，大于再现性限($R$)的情况以不超过5%为前提。

## 10 试验报告

试验报告应包括以下内容：

a) 所有辨别样品、实验室及分析数据所需的内容；

b) 引用本部分所用的方法；

c) 结果及表达形式；

d) 测量过程中观察到的异常现象；

e) 任何本部分中未规定的操作或任何可能影响结果的操作；

f) 试验日期。

# 附 录 A
## (资料性附录)
## 氢化物原子发生-荧光光谱法测定铋和砷的原始数据

表 A.1

| 实验室 | 铋含量(质量分数)/% | | | | | | |
|---|---|---|---|---|---|---|---|
| | 水平 1 | 水平 2 | 水平 3 | 水平 4 | 水平 5 | 水平 6 | 水平 7 |
| 1 | 0.000 05<br>0.000 05<br>0.000 06 | 0.000 09<br>0.000 08<br>0.000 10 | 0.000 37<br>0.000 36<br>0.000 35 | 0.000 90<br>0.001 2<br>0.001 0 | 0.002 5<br>0.002 5<br>0.002 7 | 0.006 5<br>0.006 4<br>0.006 7 | 0.010 0<br>0.010 3<br>0.009 9 |
| 2 | 0.000 05<br>0.000 05<br>0.000 04 | 0.000 15<br>0.000 15<br>0.000 13 | 0.000 37<br>0.000 36<br>0.000 31 | 0.000 62<br>0.000 61<br>0.000 78 | 0.003 5<br>0.003 5<br>0.003 4 | 0.003 8<br>0.004 7<br>0.004 7 | 0.008 9<br>0.009 7<br>0.009 5 |
| 3 | 0.000 05<br>0.000 05<br>0.000 04 | 0.000 10<br>0.000 10<br>0.000 09 | 0.000 40<br>0.000 40<br>0.000 39 | 0.000 95<br>0.000 98<br>0.000 97 | 0.002 4<br>0.002 4<br>0.002 3 | 0.006 3<br>0.006 6<br>0.006 7 | 0.009 6<br>0.009 5<br>0.009 8 |
| 4 | 0.000 05<br>0.000 05<br>0.000 07 | 0.000 15<br>0.000 16<br>0.000 13 | 0.000 48<br>0.000 53<br>0.000 49 | 0.001 2<br>0.000 90<br>0.0010 | 0.002 3<br>0.002 4<br>0.002 4 | 0.006 8<br>0.006 9<br>0.006 5 | 0.009 8<br>0.011 0<br>0.009 9 |
| 5 | 0.000 05<br>0.000 05<br>0.000 06 | 0.000 13<br>0.000 14<br>0.000 10 | 0.000 42<br>0.000 40<br>0.000 43 | 0.001 2<br>0.001 1<br>0.001 3 | 0.002 4<br>0.002 3<br>0.002 3 | 0.006 3<br>0.006 5<br>0.006 6 | 0.005 4<br>0.004 9<br>0.004 9 |
| 6 | 0.000 07<br>0.000 04<br>0.000 06 | 0.000 11<br>0.000 12<br>0.000 14 | 0.000 44<br>0.000 47<br>0.000 45 | 0.001 3<br>0.001 2<br>0.001 5 | 0.002 5<br>0.002 0<br>0.002 6 | 0.006 7<br>0.006 4<br>0.006 5 | 0.009 8<br>0.009 6<br>0.009 5 |
| 7 | 0.000 05<br>0.000 04<br>0.000 03 | 0.000 09<br>0.000 10<br>0.000 11 | 0.000 38<br>0.000 42<br>0.000 40 | 0.001 1<br>0.001 2<br>0.001 3 | 0.002 2<br>0.002 4<br>0.002 0 | 0.006 2<br>0.006 5<br>0.006 7 | 0.009 7<br>0.010 2<br>0.009 6 |
| 8 | 0.000 06<br>0.000 05<br>0.000 07 | 0.000 07<br>0.000 12<br>0.000 13 | 0.000 39<br>0.000 40<br>0.000 42 | 0.000 90<br>0.001 2<br>0.001 1 | 0.001 9<br>0.002 5<br>0.002 2 | 0.005 9<br>0.006 3<br>0.006 4 | 0.008 8<br>0.008 9<br>0.009 2 |

表 A.2

| 实验室 | 砷含量(质量分数)/% | | | | | | |
|---|---|---|---|---|---|---|---|
| | 水平 1 | 水平 2 | 水平 3 | 水平 4 | 水平 5 | 水平 6 | 水平 7 |
| 1 | 0.000 05<br>0.000 06<br>0.000 07 | 0.000 12<br>0.000 09<br>0.000 11 | 0.000 68<br>0.000 70<br>0.000 63 | 0.001 2<br>0.001 1<br>0.001 0 | 0.004 7<br>0.005 2<br>0.004 9 | 0.007 5<br>0.007 3<br>0.007 | 0.009 8<br>0.009 7<br>0.009 6 |
| 2 | 0.000 07<br>0.000 07<br>0.000 07 | 0.000 12<br>0.000 11<br>0.000 11 | 0.000 60<br>0.000 60<br>0.000 61 | 0.002 3<br>0.002 1<br>0.002 2 | 0.004 0<br>0.004 8<br>0.004 6 | 0.004 9<br>0.004 8<br>0.004 9 | 0.009 4<br>0.009 0<br>0.009 6 |

表 A.2（续）

| 实验室 | 砷含量(质量分数)/% | | | | | | |
|---|---|---|---|---|---|---|---|
| | 水平 1 | 水平 2 | 水平 3 | 水平 4 | 水平 5 | 水平 6 | 水平 7 |
| 3 | 0.000 07 | 0.000 07 | 0.000 66 | 0.002 2 | 0.004 2 | 0.007 6 | 0.009 5 |
| | 0.000 06 | 0.000 07 | 0.000 67 | 0.002 3 | 0.004 2 | 0.007 3 | 0.009 4 |
| | 0.000 07 | 0.000 06 | 0.000 64 | 0.002 6 | 0.004 0 | 0.007 2 | 0.009 5 |
| 4 | 0.000 05 | 0.000 08 | 0.000 58 | 0.002 5 | 0.003 5 | 0.008 5 | 0.009 9 |
| | 0.000 05 | 0.000 09 | 0.000 56 | 0.002 7 | 0.003 5 | 0.008 6 | 0.009 9 |
| | 0.000 05 | 0.000 12 | 0.000 57 | 0.002 4 | 0.003 5 | 0.008 6 | 0.009 9 |
| 5 | 0.000 05 | 0.000 09 | 0.000 71 | 0.002 5 | 0.004 7 | 0.007 3 | 0.009 7 |
| | 0.000 05 | 0.000 11 | 0.000 72 | 0.002 1 | 0.004 3 | 0.007 2 | 0.009 0 |
| | 0.000 07 | 0.000 10 | 0.000 70 | 0.002 0 | 0.004 0 | 0.007 3 | 0.009 6 |
| 6 | 0.000 07 | 0.000 12 | 0.000 65 | 0.002 3 | 0.004 3 | 0.000 7 | 0.009 8 |
| | 0.000 06 | 0.000 10 | 0.000 67 | 0.002 2 | 0.004 1 | 0.007 2 | 0.009 6 |
| | 0.000 05 | 0.000 08 | 0.000 62 | 0.002 4 | 0.004 2 | 0.007 2 | 0.009 7 |
| 7 | 0.000 04 | 0.000 10 | 0.000 68 | 0.002 5 | 0.004 6 | 0.007 0 | 0.008 9 |
| | 0.000 08 | 0.000 13 | 0.000 64 | 0.002 3 | 0.004 6 | 0.007 3 | 0.009 5 |
| | 0.000 06 | 0.000 11 | 0.000 62 | 0.002 6 | 0.004 5 | 0.007 2 | 0.009 6 |
| 8 | 0.000 07 | 0.000 12 | 0.000 65 | 0.002 1 | 0.004 6 | 0.005 6 | 0.009 9 |
| | 0.000 06 | 0.000 10 | 0.000 58 | 0.002 4 | 0.004 4 | 0.005 7 | 0.010 3 |
| | 0.000 07 | 0.000 10 | 0.000 44 | 0.002 3 | 0.004 6 | 0.006 2 | 0.009 6 |

ICS 77.080.01
H 11

# 中华人民共和国国家标准

GB/T 223.81—2007

# 钢铁及合金　总铝和总硼含量的测定　微波消解-电感耦合等离子体质谱法

**Iron, steel and alloy—Determination of total aluminum and total boron contents—Microwave digestion-inductively coupled plasma mass spectrometric method**

2007-09-11 发布　　2008-02-01 实施

中华人民共和国国家质量监督检验检疫总局
中国国家标准化管理委员会　发布

# 前 言

GB/T 223 的本部分的附录 A、附录 B、附录 C 和附录 D 是资料性附录。

本部分由中国钢铁工业协会提出。

本部分由全国钢标准化技术委员会归口。

本部分主要起草单位：钢铁研究总院、首都师范大学。

本部分主要起草人：刘正、王明海、张翠敏、罗倩华、王艳泽、张华、陈玉红。

# 钢铁及合金　总铝和总硼含量的测定 微波消解-电感耦合等离子体质谱法

## 1　范围

GB/T 223 的本部分规定了用微波消解-电感耦合等离子体质谱法测定钢铁及合金中的总铝和总硼含量。

本方法适用于钢铁及合金中总铝和总硼含量的测定，总铝测定质量分数范围：0.000 5%～0.10%；总硼测定质量分数范围：0.000 2%～0.10%。

## 2　规范性引用文件

下列文件中的条款通过在 GB/T 223 的本部分中引用而构成为本部分的条款。凡是注日期的引用文件，其随后所有的修改单（不包括勘误的内容）或修订版均不适应于本部分，然而，鼓励根据本部分达成协议的各方研究是否可使用这些文件的最新版本。凡是不注日期的引用文件，其最新版本适用于本部分。

GB/T 6379.1　测试方法与结果的准确度（正确度和精密度）　第 1 部分：总则与定义（GB/T 6379.1—2004，ISO 5725-1:1994，IDT）

GB/T 6379.2　测试方法与结果的准确度（正确度和精密度）　第 2 部分：确定标准测量方法的重复性和再现性的基本方法（GB/T 6379.2—2004，ISO 5725-2:1994，IDT）

GB/T 20066　钢和铁　化学成分测定用试样的取样和制样方法（GB/T 20066—2006，ISO 14284:1996，IDT）

ISO 8655-2:2002　柱塞式容量仪器——柱塞取液器

## 3　原理

借助微波消解炉，试料以盐酸、硝酸和氢氟酸混合酸分解，试液导入电感耦合等离子体质谱仪。测量各元素同位素的质谱信号强度。校准空白和校准溶液以被测样品主体元素和样品分解酸进行基体匹配，以铍和钪为内标校正仪器灵敏度漂移和基体效应。

## 4　试剂

除非另有说明，在分析中仅使用认可的高纯试剂和二次蒸馏水或相当纯度的水。

4.1　盐酸，$\rho$ 约 1.19 g/mL，铝、硼含量应小于 20 ng/mL。

4.2　硝酸，$\rho$ 约 1.42 g/mL，铝、硼含量应小于 20 ng/mL。

4.3　氢氟酸，1+1，铝、硼含量应小于 20 ng/mL，如大于 20 ng/mL，可采用等温扩散等方法提纯。等温扩散提纯方法可参见资料性附录 A。

4.4　铝标准溶液，1 000 μg/mL

称取 0.250 0 g 纯铝（质量分数不小于 99.9%），用 25 mL 盐酸（1+1）加热溶解，转移至 250 mL 容量瓶中，用水稀释至刻度，混匀。此标准溶液保存于聚乙烯瓶中。

此溶液 1 mL 含 1 000 μg 铝。

4.5　硼标准溶液，1 000 μg/mL

称取 0.572 0 g 在干燥器中预先干燥 24 h 后的硼酸（$H_3BO_3$ 质量分数不小于 99.9%），用 30 mL 水溶解，转移至100 mL容量瓶中，用水稀释至刻度，混匀。此标准溶液保存于聚乙烯瓶中。

此溶液1 mL含1 000 μg硼。

4.6 铝硼混合标准溶液

4.6.1 铝硼混合标准溶液A，100.0 μg/mL铝，100.0 μg/mL硼

分别移取10.00 mL铝标准溶液(4.4)和10.00 mL硼标准溶液(4.5)至100 mL容量瓶中，加入5 mL盐酸(4.1)，用水稀释至刻度，混匀。此标准溶液保存于聚乙烯瓶中。

此溶液1 mL含100.0 μg铝和100.0 μg硼。

4.6.2 铝硼混合标准溶液B，10.00 μg/mL铝，10.00 μg/mL硼

移取10.00 mL铝硼混合标准溶液A(4.6.1)至100 mL容量瓶中，加入5 mL盐酸(4.1)，用水稀释至刻度，混匀。此标准溶液保存于聚乙烯瓶中。

此溶液1 mL含10.00 μg铝和10.00 μg硼。

4.6.3 铝硼混合标准溶液C，1.00 μg/mL铝，1.00 μg/mL硼

移取10.00 mL铝硼混合标准溶液B(4.6.2)至100 mL容量瓶中，加入5 mL盐酸(4.1)，用水稀释至刻度，混匀。此标准溶液保存于聚乙烯瓶中。

此溶液1 mL含1.00 μg铝和1.00 μg硼。

4.7 铍标准溶液，100.0 μg/mL

称取0.100 0 g纯铍(质量分数不小于99.9%)，用5 mL硝酸(4.2)溶解，加95 mL硝酸(4.2)后转移到1 000 mL容量瓶中，用水稀释至刻度，混匀。此标准溶液保存于聚乙烯瓶中。

此溶液1 mL含100.0 μg铍。

4.8 钪标准溶液，100.0 μg/mL

称取0.100 0 g纯钪(质量分数不小于99.9%)，用5 mL硝酸(4.2)溶解，加95 mL硝酸(4.2)后转移到1 000 mL容量瓶中，用水稀释至刻度，混匀。此标准溶液保存于聚乙烯瓶中。

此溶液1 mL含100.0 μg钪。

4.9 铍钪混合标准溶液

4.9.1 铍钪混合标准溶液A，10.00 μg/mL铍和10.00 μg/mL钪

分别移取10.00 mL铍标准溶液(4.7)和10.00 mL钪标准溶液(4.8)至100 mL容量瓶中，加入10 mL硝酸(4.2)，用水稀释至刻度，混匀。此标准溶液保存于聚乙烯瓶中。

此溶液1 mL含10.00 μg铍和10.00 μg钪。

4.9.2 铍钪混合标准溶液B，2.00 μg/mL铍和2.00 μg/mL钪

移取20.00 mL铍钪混合标准溶液A(4.9.1)至100 mL容量瓶中，加入5 mL硝酸(4.2)，用水稀释至刻度，混匀。此标准溶液保存于聚乙烯瓶中。

此溶液1 mL含2.00 μg铍和2.00 μg钪。

4.10 铁基体溶液，50.0 mg/mL

称取5.00 g高纯铁(质量分数不小于99.95%，铝和硼质量分数小于0.000 5%)，加入30 mL水，分多次少量加入共25 mL盐酸(4.1)，低温加热，溶解完全后转移至100 mL容量瓶中，用水稀释至刻度，混匀。此溶液保存于聚乙烯瓶中。

## 5 仪器与设备

### 5.1 玻璃仪器和塑料仪器

试验用塑料容量瓶、表面皿、石英烧杯或聚四氟乙烯烧杯、聚乙烯瓶、聚乙烯吸液管等。所有玻璃器皿和塑料容器应用盐酸(1+4)清洗，然后再用水洗净。酸洗后的玻璃器皿和塑料容器中的铝硼浓度可以通过测量注入其中的盐酸-氢氟酸混合酸(3+1+20)溶出铝硼浓度来进行检查。如果铝硼浓度大于4 ng/mL，则玻璃器皿和塑料容器不宜使用，并需更换。

### 5.2 取液器

取液器量程 10 μL～100 μL，100 μL～1 000 μL 和 1 mL～10 mL，应符合 ISO 8655-2:2002 要求。

### 5.3 微波消解系统

微波消解系统包括微波炉、氟塑料(如 PTFE，PFA，TFM 等)高压消解罐(容积不小于 50 mL)及夹持装置。微波消解系统必须有可编程温度/压力-时间控制功能，可以在消解过程中监测压力或/和温度。微波炉必须有合格的安全保护装置和卸压装置。

### 5.4 电感耦合等离子体质谱仪

电感耦合等离子体质谱仪，配备耐氢氟酸溶液雾化进样系统。

电感耦合等离子体质谱仪可以是四极杆质谱仪、磁扇质谱仪(高分辨质谱仪)和飞行时间质谱仪三类仪器的任何一类。所有这三类仪器都需要使用氩气作为工作气体，在分析前先点燃等离子体预热 30 min～60 min 以稳定仪器，其间用水清洗进样系统和炬管。具体预热时间依仪器类型不同而定。

溶液进样系统可以自动进样，也可以手动进样。

在仪器分析之前，根据仪器说明书设置仪器参数诸如输出功率、冷却气流量、辅助气流量、载气流量、样品提升速度、样品提升时间、冲洗时间、数据采集模式、数据采集参数和重复次数等。将仪器说明书推荐的标准溶液导入等离子体，调节仪器的离子传输系统和检测器参数，使仪器的适于测量。

先对仪器进行质量校准、检测器校准和响应校准。校准溶液必须含有能覆盖所测量的质量数范围，通常含有 Li、Sc、Co、Rh、La、Pb、Bi、U 等元素，也可以是别的元素。待仪器稳定后进行测量。

仪器经优化后必须符合以下条件：

#### 5.4.1 短时精密度应好于 5%

测量 10 次与样品溶液相同基体的 10 ng/mL 硼和铝溶液的硼和铝质谱信号强度，其相对标准偏差应小于 5%。

#### 5.4.2 检出限应小于 0.7 ng/mL

检出限为浓度接近空白的溶液测量 11 次，测量浓度结果的标准差的 3 倍(3σ)。

#### 5.4.3 测定下限应小于 2 ng/mL

测定下限为浓度接近空白的溶液测量 11 次，测量浓度结果的标准差的 10 倍(10σ)。

## 6 取制样

按 GB/T 20066 或其他有关标准的规定取制样。

## 7 操作步骤

### 7.1 试料

称取约 0.100 g 试样，精确至 0.000 1 g。

### 7.2 空白试验

随同试料做空白试验。

### 7.3 测定

#### 7.3.1 试液的制备

将试料置于氟塑料高压消解罐中，加入 3 mL 盐酸(4.1)、1 mL 硝酸(4.2)，盖上盖子在常压下放置，待样品剧烈反应后，再加入 1 mL 氢氟酸(4.3)，加盖，置于夹持装置中，放入微波炉中，运行预先设定的消解程序。消解程序结束后，冷却至室温后打开氟塑料高压消解罐，将溶液转移入 100 mL 塑料容量瓶中，用水洗涤氟塑料高压消解罐和盖子内壁(3～4)次，合并至塑料容量瓶中，加入 5.00 mL 铍钪混合标准溶液 B(4.9.2)，用水稀释至刻度，混匀。

#### 7.3.2 测量

电感耦合等离子体质谱仪按照 5.4 优化后，依据仪器说明书建立分析程序，按浓度由低到高顺序，溶液由蠕动泵导入、雾化器雾化后进入等离子体中，运行分析程序，同时测量$^{10}B$或$^{11}B$、$^{27}Al$、$^{9}Be$和$^{45}Sc$的同位素信号强度，以铍和钪为内标校正仪器测量灵敏度漂移和基体效应。试液和空白溶液中铝硼的内标校正信号强度值之差为该试液的净信号强度。以此净信号强度从校准曲线上查得的浓度即为试液中铝和硼的浓度。

注1：在Al、B的ICP-MS测量中，B无质谱重叠干扰；Al对于低分辨ICP-MS测量而言受多原子复合离子微弱干扰和氮双原子离子峰展宽微弱干扰，对于高分辨质谱测量而言则无质谱干扰。多原子离子对Al的干扰可以通过优化仪器进样系统和功率或采用屏蔽炬技术来降低，氮双原子离子峰展宽对Al的干扰可以通过调高分辨率降低。在低分辨ICP-MS分析中，采用以上几种手段可以降低至不影响Al的测定。

### 7.3.3 校准曲线绘制

#### 7.3.3.1 校准系列溶液配制

分别移取0、0.100 mL、0.200 mL、0.500 mL、1.00 mL、10.00 mL铝硼混合标准溶液C(4.6.3)和5.00 mL铝硼混合标准溶液B(4.6.2)、10.00 mL铝硼混合标准溶液B(4.6.2)于8个100 mL塑料容量瓶中，各加入2.00 mL铁基体溶液(4.10)，各加入5.00 mL铍钪混合标准溶液B(4.9.2)，加入3 mL盐酸(4.1)、1 mL硝酸(4.2)和1 mL氢氟酸(4.3)，用水稀释至刻度，混匀。其中未加铝硼混合标准溶液的溶液为校准空白溶液。

#### 7.3.3.2 校准系列溶液测量

按浓度由低到高的顺序测量校准系列溶液的$^{10}B$或$^{11}B$、$^{27}Al$、$^{9}Be$和$^{45}Sc$的同位素信号强度，测量操作如7.3.2。校准溶液和校准空白溶液中铝硼的内标校正信号强度值之差为该校准溶液的净信号强度。

#### 7.3.3.3 绘制校准曲线

以校准溶液的浓度为横坐标，以其净信号强度为纵坐标绘制校准曲线。

注2：电感耦合等离子体质谱仪有很宽的适应范围，线性浓度范围达$10^7$以上量级，可以配制单一校准曲线。

## 8 结果计算

被测元素含量以质量分数$w_M$计，数值以%表示，按式(1)计算：

$$w_M = \frac{c \times V \times 10^{-9}}{m} \times 100 \quad \cdots\cdots(1)$$

式中：

$c$——在校准曲线上查得试液中被测元素质量浓度的数值，单位为纳克/毫升(ng/mL)；

$V$——试液体积的数值，单位为毫升(mL)；

$m$——试料质量的数值，单位为克(g)。

## 9 精密度

本方法的共同精密度试验由7个协作单位的8个实验室对硼元素的8个含量水平和铝元素的7个含量水平进行测定，每个实验室对每个元素的各含量水平在GB/T 6379.1规定的重复性条件下测定3次。各实验室报出的原始数据(测定值)见附录D(资料性附录)。原始数据按照GB/T 6379.2进行统计分析，精密度见下表1。

表1 重复性限 *r* 和再现性限 *R*

| 元素 | 水平范围/% | 重复性限 $r$ | 再现性限 $R$ |
|---|---|---|---|
| 铝 | 0.000 5～0.10 | $r$=0.000 257+0.110 192 $m$ | $R$=0.000 347+0.199 338 $m$ |
| 硼 | 0.000 2～0.10 | lg $r$=−1.548 19+0.672 343 lg $m$ | lg $R$=−1.613 24+0.537 779 lg $m$ |

重复性限($r$)、再现性限($R$)按以上表1给出的方程求得。

式中$m$是两个测定值的平均值，单位为%(质量分数)。

在重复性条件下，获得的两次独立测试结果的绝对差值不大于重复性限($r$)，大于重复性限($r$)的情况以不超过5%为前提；

在再现性条件下，获得的两次独立测试结果的绝对差值不大于再现性限($R$)，大于再现性限($R$)的情况以不超过5%为前提。

## 10 试验报告

试验报告应包括以下内容：

a) 所有辨别样品、实验室及分析数据所需的内容；

b) 引用本部分所用的方法；

c) 结果及表达形式；

d) 测量过程中观察到的异常现象；

e) 任何本部分中未规定的操作或任何可能影响结果的操作；

f) 试验日期。

# 附 录 A
## （资料性附录）
## 等温扩散法提纯氢氟酸

氢氟酸提纯方法可用等温扩散方法进行，氢氟酸提纯装置示意如图 A.1。装置中所有部件均采用聚乙烯塑料。在内杯中定量加入水，将内杯置于支撑座上，在外杯中定量加入粗氢氟酸，盖上盖子，室温下放置 48 h 以上（时间与室温有关）即可得到提纯的氢氟酸，浓度与粗氢氟酸和水的比例相关，如果二者体积比为 1∶1，则得到（1＋1）氢氟酸。

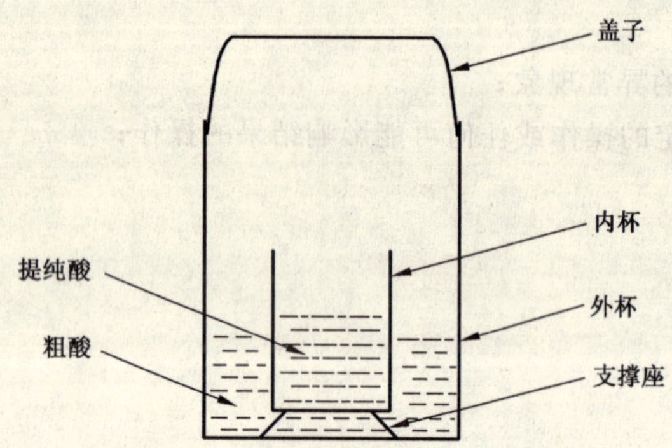


图 A.1　氢氟酸提纯装置示意

# 附 录 B
(资料性附录)
## 微波炉消解程序

微波炉消解样品为高压作业，为安全起见，请严格遵守厂商提供仪器说明书使用规定，最高消解使用温度和压强不得超过说明书规定范围。微波炉消解程序可参照表 B.1，具体消解程序以厂商提供说明书推荐并经实验验证优化为宜。在消解样品前，请先用厂商推荐的酸清洗氟塑料（如 PTFE，PFA，TFM 等）高压罐。

由于各厂商提供的产品不同，具体微波消解程序会有差异，请优先选用厂商提供消解程序。表 B.1 消解程序仅供参考。

**表 B.1 微波炉消解程序**

| 低温低压反应 | | | 中温中压反应 | | | 高温高压反应 | | |
|---|---|---|---|---|---|---|---|---|
| 压强 | 温度 | 保持时间 | 压强 | 温度 | 保持时间 | 压强 | 温度 | 保持时间 |
| <0.1 MPa | <50℃ | (10～30)min | 约 0.3 MPa | 约 120℃ | 约 15 min | (1.3～2.0)MPa | (180～220)℃ | ≥30 min |

# 附 录 C
（资料性附录）
ICP-MS 测定痕量硼和铝的干扰

| 同位素 | 干扰 |
| --- | --- |
| $^{10}B$ | — |
| $^{11}B$ | — |
| $^{27}Al$ | $^{12}C\,^{15}N^{+}$，$^{13}C\,^{14}N^{+}$，$^{1}H\,^{12}C\,^{14}N^{+}$，$^{14}N_2{}^{+}$扩展峰 |

# 附 录 D
# （资料性附录）
# 微波消解-电感耦合等离子体质谱法测定总铝和总硼的原始数据

表 D.1

| 实验室 | 铝含量(质量分数)/% | | | | | | |
|---|---|---|---|---|---|---|---|
| | 水平-1 | 水平-2 | 水平-3 | 水平-4 | 水平-5 | 水平-6 | 水平-7 |
| 1 | 0.000 34<br>0.000 62<br>0.000 49 | 0.001 40<br>0.001 29<br>0.001 31 | 0.007 10<br>0.006 62<br>0.006 25 | 0.014 5<br>0.015 9<br>0.013 7 | 0.025 9<br>0.026 5<br>0.022 6 | 0.048 6<br>0.048 2<br>0.049 3 | 0.093 5<br>0.098 9<br>0.099 6 |
| 2 | 0.000 29<br>0.000 42<br>0.000 48 | 0.001 62<br>0.001 55<br>0.001 61 | 0.005 46<br>0.005 42<br>0.005 56 | 0.015 9<br>0.015 7<br>0.015 5 | 0.024 8<br>0.024 7<br>0.024 8 | 0.048 3<br>0.047 8<br>0.048 0 | 0.099 8<br>0.0994<br>0.099 7 |
| 3 | 0.000 41<br>0.000 26<br>0.000 39 | 0.001 19<br>0.001 35<br>0.001 49 | 0.006 51<br>0.007 04<br>0.005 93 | 0.014 5<br>0.015 2<br>0.015 6 | 0.024 1<br>0.025 7<br>0.027 0 | 0.048 1<br>0.050 9<br>0.050 3 | 0.098 2<br>0.101 8<br>0.099 3 |
| 4 | 0.000 62<br>0.000 74<br>0.000 63 | 0.001 48<br>0.001 44<br>0.001 99 | 0.006 38<br>0.006 82<br>0.006 68 | 0.015 2<br>0.015 2<br>0.015 6 | 0.028 6<br>0.024 8<br>0.025 9 | 0.051 4<br>0.051 8<br>0.050 4 | 0.104 7<br>0.103 0<br>0.101 4 |
| 5 | 0.000 24<br>0.000 26<br>0.000 24 | 0.001 38<br>0.001 29<br>0.001 49 | 0.006 83<br>0.006 49<br>0.006 78 | 0.017 7<br>0.017 8<br>0.018 3 | 0.027 7<br>0.026 6<br>0.028 3 | 0.052 4<br>0.053 1<br>0.052 8 | 0.096 2<br>0.111 1<br>0.107 9 |
| 6 | 0.000 50<br>0.000 29<br>0.000 31 | 0.001 46<br>0.001 21<br>0.001 59 | 0.007 30<br>0.006 80<br>0.006 95 | 0.015 0<br>0.016 1<br>0.016 2 | 0.026 4<br>0.023 9<br>0.025 3 | 0.046 9<br>0.047 7<br>0.051 4 | 0.097 8<br>0.096 8<br>0.098 6 |
| 7 | 0.000 40<br>0.000 40<br>0.000 69 | 0.001 39<br>0.001 32<br>0.001 18 | 0.005 40<br>0.005 81<br>0.005 06 | 0.015 0<br>0.016 2<br>0.014 5 | 0.025 8<br>0.024 2<br>0.022 0 | 0.046 1<br>0.049 4<br>0.045 4 | 0.092 7<br>0.102 4<br>0.097 1 |
| 8 | 0.000 52<br>0.000 45<br>0.000 53 | 0.001 1<br>0.001 2<br>0.001 0 | 0.005 2<br>0.006 0<br>0.005 7 | 0.015 4<br>0.016 1<br>0.016 9 | 0.019 3<br>0.020 4<br>0.022 9 | 0.041 0<br>0.038 7<br>0.041 0 | 0.094 0<br>0.095 8<br>0.094 4 |

表 D.2

| 实验室 | 硼含量(质量分数)/% | | | | | | | |
|---|---|---|---|---|---|---|---|---|
| | 水平-1 | 水平-2 | 水平-3 | 水平-4 | 水平-5 | 水平-6 | 水平-7 | 水平-8 |
| 1 | 0.000 39<br>0.000 29<br>0.000 32 | 0.000 84<br>0.000 62<br>0.000 75 | 0.001 08<br>0.000 98<br>0.001 09 | 0.003 22<br>0.003 00<br>0.003 36 | 0.004 78<br>0.004 86<br>0.005 04 | 0.011 6<br>0.010 6<br>0.010 8 | 0.023 9<br>0.025 1<br>0.023 2 | 0.100 3<br>0.098 8<br>0.097 5 |
| 2 | 0.000 15<br>0.000 14<br>0.000 17 | 0.000 61<br>0.000 51<br>0.000 51 | 0.000 72<br>0.000 70<br>0.000 72 | 0.002 88<br>0.002 89<br>0.002 66 | 0.004 25<br>0.004 54<br>0.005 05 | 0.009 33<br>0.009 39<br>0.010 20 | 0.020 9<br>0.020 3<br>0.022 6 | 0.108 0<br>0.098 1<br>0.103 0 |

**表 D.2(续)**

| 实验室 | 硼含量(质量分数)/% | | | | | | | |
|---|---|---|---|---|---|---|---|---|
| | 水平-1 | 水平-2 | 水平-3 | 水平-4 | 水平-5 | 水平-6 | 水平-7 | 水平-8 |
| 3 | 0.000 19<br>0.000 26<br>0.000 38 | 0.000 68<br>0.000 57<br>0.000 73 | 0.000 69<br>0.000 82<br>0.000 70 | 0.003 28<br>0.003 19<br>0.003 37 | 0.004 88<br>0.005 01<br>0.004 90 | 0.009 65<br>0.009 88<br>0.009 84 | 0.021 9<br>0.024 7<br>0.020 3 | 0.099 4<br>0.100 4<br>0.098 6 |
| 4 | 0.000 62<br>0.000 81<br>0.000 56 | 0.000 91<br>0.000 90<br>0.000 84 | — | 0.002 78<br>0.002 85<br>0.002 81 | 0.004 53<br>0.004 60<br>0.004 67 | 0.010 54<br>0.011 07<br>0.011 96 | 0.019 9<br>0.019 7<br>0.020 3 | 0.099 4<br>0.098 1<br>0.098 7 |
| 5 | 0.000 41<br>0.000 30<br>0.000 33 | 0.000 44<br>0.000 53<br>0.000 46 | 0.000 79<br>0.000 85<br>0.000 60 | 0.002 98<br>0.002 79<br>0.003 05 | 0.004 80<br>0.005 01<br>0.005 12 | 0.010 1<br>0.010 4<br>0.010 8 | 0.020 1<br>0.019 7<br>0.022 0 | 0.098 4<br>0.099 3<br>0.101 0 |
| 6 | 0.000 22<br>0.000 19<br>0.000 20 | 0.000 45<br>0.000 55<br>0.000 58 | 0.000 96<br>0.000 97<br>0.000 97 | 0.003 45<br>0.003 57<br>0.003 54 | 0.004 2<br>0.004 58<br>0.004 51 | 0.009 99<br>0.011 2<br>0.010 4 | 0.020 0<br>0.019 9<br>0.020 1 | 0.096 4<br>0.104 0<br>0.103 0 |
| 7 | 0.000 10<br>0.000 12<br>0.000 36 | 0.000 59<br>0.000 53<br>0.000 57 | 0.000 89<br>0.000 98<br>0.000 97 | 0.003 44<br>0.002 99<br>0.003 31 | 0.004 75<br>0.004 79<br>0.005 06 | 0.010 7<br>0.011 2<br>0.011 2 | 0.024 1<br>0.024 0<br>0.024 0 | 0.099 2<br>0.102 7<br>0.099 8 |
| 8 | 0.000 07<br>0.000 06<br>0.000 05 | 0.000 43<br>0.000 46<br>0.000 52 | 0.000 94<br>0.000 85<br>0.000 89 | 0.002 78<br>0.002 71<br>0.002 74 | 0.004 26<br>0.004 33<br>0.004 22 | 0.010 2<br>0.010 0<br>0.009 9 | 0.022 9<br>0.022 5<br>0.023 0 | — |

ICS 77.080.01
H 11

# 中华人民共和国国家标准

GB/T 223.82—2007

# 钢铁 氢含量的测定 惰气脉冲熔融热导法

**Steel and iron—Determination of hydrogen content—Inert gas impulse fusion heat conductivity method**

2007-09-11 发布　　　　2008-02-01 实施

中华人民共和国国家质量监督检验检疫总局
中国国家标准化管理委员会　发布

# 前 言

GB/T 223 的本部分的附录 A 是资料性附录。

本部分由中国钢铁工业协会提出。

本部分由全国钢标准化技术委员会归口。

本部分主要起草单位：中国科学院金属研究所。

本部分主要起草人：朱跃进、姜志民、李素娟。

# 钢铁 氢含量的测定 惰气脉冲熔融热导法

## 1 范围

GB/T 223 的本部分规定了用惰气脉冲熔融热导法测定钢铁中的氢含量的方法。

本方法适用于钢铁中质量分数为 0.20 μg/g～30.0 μg/g 氢含量的测定。

## 2 规范性引用文件

下列文件中的条款通过在 GB/T 223 的本部分中引用而构成为本部分的条款。凡是注日期的引用文件，其随后所有的修改单(不包括勘误的内容)或修订版均不适应于本部分，然而，鼓励根据本部分达成协议的各方研究是否可使用这些文件的最新版本。凡是不注日期的引用文件，其最新版本适用于本部分。

GB/T 6379.1 测试方法与结果的准确度(正确度和精密度) 第 1 部分：总则与定义(GB/T 6379.1—2004，ISO 5725-1：1994，IDT)

GB/T 6379.2 测试方法与结果的准确度(正确度和精密度) 第 2 部分：确定标准测量方法的重复性和再现性的基本方法(GB/T 6379.2—2004，ISO 5725-2：1994，IDT)

GB/T 14265 金属材料中氢、氧、氮、碳和硫分析方法通则

GB/T 20066 钢和铁 化学成分测定用试样的取样和制样方法(GB/T 20066—2006，ISO 14284：1996，IDT)

## 3 原理

将制备好的试料置于加样口内，投入经脱气的石墨坩埚中，在流动惰气中高温熔融，析出的氢气与其他气体分离，通过热导池检测；根据热导率变化，计算出氢含量。

## 4 试剂与材料

4.1 高纯载气(99.99%)，可以是氩气或氮气，根据仪器制造商推荐而定。

4.2 动力气，氮气、氩气或压缩空气，油和水含量小于 0.5%；禁用可燃气体。

4.3 丙酮、乙醚或四氯化碳(分析纯)。

4.4 无水高氯酸镁，颗粒试剂。

4.5 分子筛，其性能满足测试要求。

4.6 Schutze 试剂。

4.7 石墨坩埚，一次性使用，由高纯石墨制成。

## 5 仪器

### 5.1 仪器性能

测氢仪包括电极炉、热导池测量系统、分析气流杂质去除装置以及辅助净化系统。仪器的灵敏度要求在±0.01 μg/g 或更高，精确度在±0.1 μg/g 或±2%读数值或更精确。

### 5.2 仪器准备

5.2.1 按仪器制造厂家提供的说明书要求开机，确认仪器上流量计和压力表等指示在指定位置。检查

仪器的杂质去除装置和辅助净化系统过滤器和试剂是否有效,若失效需清洗或更换。

5.2.2 必要时,在电源连接和水冷系统开启的情况下,对仪器进行漏气检查。

5.2.3 设置仪器参数,预热稳定仪器。若长时间关机,开机后必须有足够的时间进行预热使仪器稳定。更换过滤器、净化试剂后仪器处于非作业状态,需通过(2～3)次空烧稳定仪器。

5.2.4 系统空白必须相对稳定,对低含量<1 μg/g 样品空白必须降到所测定含量的50%以下。如果仪器有自动空白扣除功能,调零后测量空白读数,待仪器稳定,最后三次测量值相差<10%时,输入最后三次空白的平均值,进行自动扣除。

## 6 取样与制样

钢铁材料中氢在取制样过程中极易损失和污染,在取样、保存和制样过程中必须避免氢损失和被环境粘污。氢损和样品温度、环境氢分压、样品存放时间等有很大关系。

6.1 炉前取样是一项专业技术,必须使用特制的取样装置。一种新的炉前取样方法或新取样装置应用实施前,必须对其可靠性和有效性进行评估,并出据评估报告备案。炉前取得的样品若需较长时间保存(不超过24小时),可存放于干冰或液氮中,短时间可保存于干燥器中,在操作时使用镊子并避免水汽在样品表面凝结。取样方法按照 GB/T 20066。

6.2 锭或型材上取样时,必须防止发热,试样加工温度应低于50℃。

6.3 制备试样时,可用车床加工,边车边用无水乙醇冷却。也可缓慢打磨试样表面,去掉粘污层,截取合适尺寸的长条状样品,质量为0.5 g～2.5 g之间。氢含量越低,要求样品量越大。用四氯化碳、乙醚或丙酮清洗,自然风干或冷风吹干备用。

6.4 类似于充氢试样等制备好的现成样品仅用四氯化碳、乙醚或丙酮清洗、风干或冷风吹干后即可直接使用。

## 7 校准

### 7.1 要求

使用的仪器必须是经过定期校验和校准的,出现以下任何一种非正常情况时,必须对仪器进行重新校准,以确保测量的可靠性和有效性:

1) 仪器中毒被污染,做任何试样和标样均拖长尾,清理污染后校准;
2) 对分析结果有影响的突发故障,故障排除后必须校准;
3) 主要参数被更改后必须校准。

### 7.2 校准步骤

准备至少四个平行的尺寸合适、质量在0.5 g～2.5 g之间的钢中氢标准物质/标准样品,其氢含量接近或略大于未知样品氢含量。按照测量(8)对每个标准样品至少测量两次,以其平均值校准仪器。用第3或第4个标准样品检验校准情况。若两次测定结果不超差,则认定校准有效。否则重新校准仪器。

## 8 测量

### 8.1 分析步骤

设置仪器进入作业状态;按照6制取样品,质量在0.5 g～2.5 g之间,称量,输入样品品量,将样品放入仪器装样器中。按照仪器使用说明书开启分析循环,完成每一个完整的分析过程。

### 8.2 分析条件(推荐)

1) 脱气功率3 000 W或电流850 A;
2) 分析功率2 500 W或电流700 A;
3) 分析时间90 s。

## 9 结果计算

氢含量以质量分数 μg/g 计。

## 10 精密度

本方法的精密度试验由 9 个协作单位 9 个实验室对氢元素的 5 个含量水平进行测定，每个实验室对每个元素的各含量水平在 GB/T 6379.1 规定的重复性条件下测定 3 次。各实验室报出的原始数据（测定值）见附录 A（资料性附录）。原始数据按照 GB/T 6379.2 进行统计分析，精密度见表 1。

**表 1 重复性限 $r$ 和再现性限 $R$**

| 元素 | 水平范围/(μg/g) | 重复性限 $r$ | 再现性限 $R$ |
|---|---|---|---|
| 氢 | 0.20～30.0 | $\lg r = -0.6862 + 0.5549 \lg m$ | $R = 0.08152 + 0.1521 m$ |

重复性限（$r$）、再现性限（$R$）按以上表 1 给出的方程求得。

式中 $m$ 是两个测定值的平均值，单位为 μg/g。

在重复性条件下，获得的两次独立测试结果的绝对差值不大于重复性限（$r$），大于重复性限（$r$）的情况以不超过 5% 为前提；

在再现性条件下，获得的两次独立测试结果的绝对差值不大于再现性限（$R$），大于再现性限（$R$）的情况以不超过 5% 为前提。

## 11 试验报告

试验报告应包括以下内容：

a) 所有辨别样品、实验室及分析数据所需的内容；

b) 引用本部分所用的方法；

c) 结果及表达形式；

d) 测量过程中观察到的异常现象；

e) 任何本部分中未规定的操作或任何可能影响结果的操作；

f) 试验所用的仪器和试验日期。

# 附 录 A
## （资料性附录）
## 惰气脉冲熔融热导法测定钢铁中氢含量精密度试验原始数据

表 A.1

| 实验室 | 氢含量(质量分数)/(μg/g) | | | | |
|---|---|---|---|---|---|
| | 水平-1 | 水平-2 | 水平-3 | 水平-4 | 水平-5 |
| 1 | 0.29 | 1.9 | 4.3 | 5.3 | 28.4 |
| | 0.25 | 1.7 | 4.5 | 5.3 | 28.7 |
| | 0.24 | 1.9 | 4.2 | 5.5 | 29.2 |
| 2 | 0.15 | 2.1 | 5.0 | 5.6 | 29.8 |
| | 0.28 | 2.1 | 5.0 | 5.5 | 30.1 |
| | 0.15 | 1.8 | 5.1 | 5.6 | 31.0 |
| 3 | 0.24 | 1.8 | 4.6 | 5.6 | 27.5 |
| | 0.23 | 1.8 | 4.7 | 5.9 | 27.1 |
| | 0.24 | 1.9 | 4.7 | 6.1 | 27.3 |
| 4 | 0.26 | 1.8 | 4.8 | 5.9 | 30.2 |
| | 0.20 | 1.8 | 4.9 | 6.0 | 30.2 |
| | 0.27 | 1.7 | 4.9 | 6.0 | 29.5 |
| 5 | 0.24 | 1.7 | 5.0 | 5.4 | 26.6 |
| | 0.20 | 1.8 | 4.7 | 5.4 | 26.3 |
| | 0.23 | 2.1 | 4.7 | 5.4 | 27.8 |
| 6 | 0.27 | 1.9 | 5.0 | 5.8 | 27.5 |
| | 0.24 | 2.0 | 4.7 | 6.2 | 28.0 |
| | 0.22 | 1.9 | 4.5 | 6.1 | 29.3 |
| 7 | 0.28 | 1.8 | 4.7 | 5.8 | 27.0 |
| | 0.28 | 1.7 | 4.7 | 5.6 | 29.3 |
| | 0.22 | 1.7 | 4.7 | 5.5 | 28.4 |
| 8 | 0.21 | 1.5 | 4.8 | 6.0 | 28.5 |
| | 0.26 | 1.8 | 4.8 | 6.1 | 28.8 |
| | 0.26 | 1.7 | 4.9 | 5.9 | 28.7 |
| 9 | 0.27 | 1.6 | 4.8 | 5.8 | 24.6 |
| | 0.27 | 1.8 | 4.9 | 6.1 | 24.8 |
| | 0.34 | 1.5 | 4.8 | 6.1 | 24.0 |

ICS 77.040.10
H 22

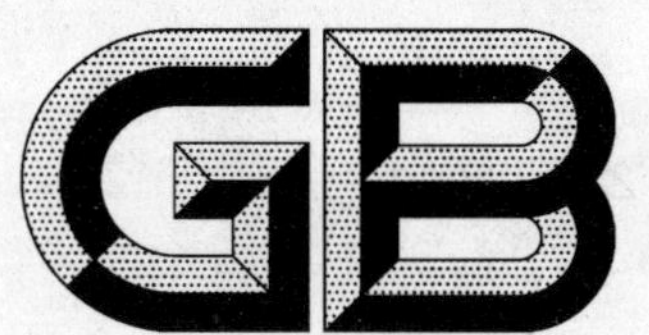

# 中华人民共和国国家标准

GB/T 229—2007
代替 GB/T 229—1994

# 金属材料　夏比摆锤冲击试验方法

**Metallic materials—Charpy pendulum impact test method**

(ISO 148-1:2006,Metallic materials—Charpy pendulum impact test—Part 1:Test method,MOD)

2007-11-23 发布　　2008-06-01 实施

中华人民共和国国家质量监督检验检疫总局
中国国家标准化管理委员会　发布

# 前言

本标准修改采用国际标准 ISO 148-1:2006《金属材料　夏比摆锤冲击试验　第1部分:试验方法》(英文版)。本标准对国际标准在以下内容进行了修改:

——在规范性引用文件中,增加了 GB/T 2975 钢及钢产品力学性能试验取样位置及试样制备、GB/T 8170 数值修约规则和 JJG 145 摆锤式冲击试验机检定规程;删去了 ISO 286-1 标准;

——在 6.2 中增加了深度 2 mm 的 U 型缺口试样,并在表 2 中增加了宽度为 7.5 mm 和 5 mm 的 U 型缺口试样;

——在 7.2 增加了 JJG 145 标准;

——在 8.1 中增加了"试验前应检查摆锤空打时的回零差或空载能耗。试验前应检查砧座跨距,砧座跨距应保证在 $40^{+0.2}$ mm 以内。"

——在 8.2.2 中增加了"当使用气体介质冷却试样时,试样距低温装置内表面以及试样与试样之间应保持足够的距离,试样应在规定温度下保持至少 20 min。"

——在 8.4 中增加了试验机的能力下限;

——在 8.5 中增加了"由于试验机打击能量不足使试样未完全断开,吸收能量不能确定,试验报告应注明用×J 的试验机试验,试样未断开。"

——增加了 8.8 试验结果;

——删去了附录 B 中的图 B.3;

——增加了附录 E。

本标准代替 GB/T 229—1994《金属夏比缺口冲击试验方法》。

本标准此次修订对下列技术内容进行了较大修改和补充:

——引用标准;

——试样类型;

——对心夹钳;

——侧膨胀值;

——断口形貌;

——冲击吸收能量-温度曲线及转变温度;

——性能测定结果数值修约;

——高低温环境下的冲击试验。

本标准的附录 A、附录 B、附录 C、附录 D 和附录 E 为资料性附录。

本标准由中国钢铁工业协会提出。

本标准由全国钢标准化技术委员会归口。

本标准起草单位:钢铁研究总院、首钢总公司、时代试金集团公司、大连希望设备公司、深圳市新三思材料检测有限公司、北京纳克分析仪器有限公司、冶金工业信息标准研究院、上海材料所、武昌造船厂。

本标准起草人:朱林茂、高怡斐、刘卫平、刘娟、殷建军、安建平、张庄、王萍、董莉、王滨、杨小敏。

本标准所代替标准的历次版本发布情况为:

——GB/T 229—1984,GB/T 229—1994。

# 金属材料　夏比摆锤冲击试验方法

## 1　范围

本标准规定了测定金属材料在夏比冲击试验中吸收能量的方法(V型和U型缺口试样)。

本标准不包括仪器化冲击试验方法,这部分内容在GB/T 19748—2005《金属材料仪器化夏比冲击试验方法》中规定。

## 2　规范性引用文件

下列文件中的条款通过本标准的引用而成为本标准的条款。凡是注日期的引用文件,其随后所有的修改单(不包括勘误的内容)或修订版均不适用于本标准,然而,鼓励根据本标准达成协议的各方研究是否可使用这些文件的最新版本。凡是不注日期的引用文件,其最新版本适用于本标准。

GB/T 3808　摆锤式冲击试验机的检验(GB/T 3808—2002,ISO 148-2:1998,MOD)

GB/T 2975　钢及钢产品力学性能试验取样位置及试样制备(GB/T 2975—1998,eqv ISO 377:1997)

GB/T 8170　数值修约规则

JJG 145　摆锤式冲击试验机检定规程

## 3　术语和定义

下列术语和定义适用于本标准。

### 3.1　能量

3.1.1

**实际初始势能(势能)　actual initial potential energy(potential energy)**

$K_p$

对试验机直接检验测定的值。

3.1.2

**吸收能量　absorbed energy**

$K$

由指针或其他指示装置示出的能量值。

注:用字母 $V$ 和 $U$ 表示缺口几何形状,用下标数字2或8表示摆锤刀刃半径,例如 $KV_2$。

### 3.2　试样

根据试样在试验机支座上的试验位置,使用下列的术语(见图1):

3.2.1

**高度　height**

$h$

开缺口面与其相对面之间的距离。

3.2.2

**宽度　width**

$w$

与缺口轴线平行且垂直于高度方向的尺寸。

3.2.3

**长度 length**

*l*

与缺口方向垂直的最大尺寸。

注：缺口方向即缺口深度方向。

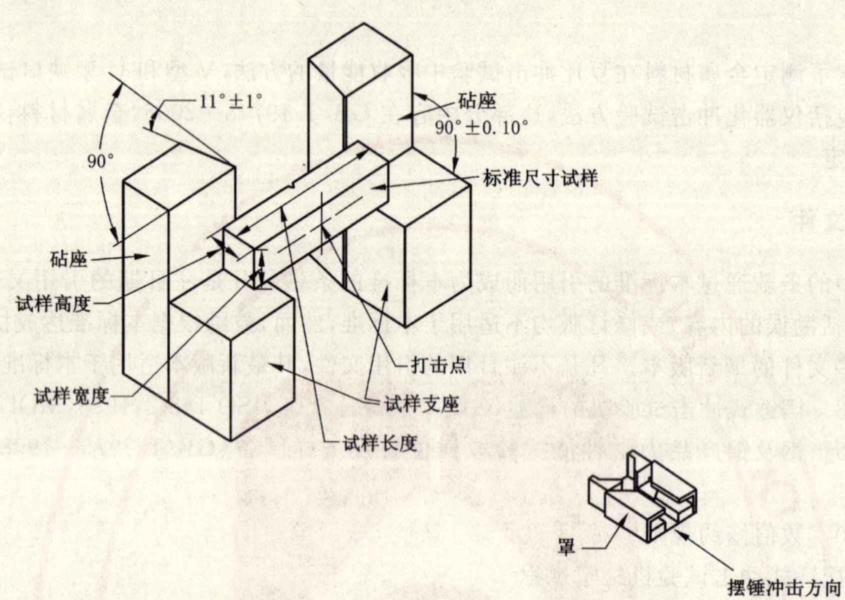


图 1 试样与摆锤冲击试验机支座及砧座相对位置示意图

## 4 符号

本标准使用的符号见表 1 及图 2。

表 1 符号、名称及单位

| 符号 | 单位 | 名称 |
|---|---|---|
| $K_p$ | J | 实际初始势能(势能) |
| $FA$ | % | 剪切断面率 |
| $h$ | mm | 试样高度 |
| $KU_2$ | J | U 型缺口试样在 2 mm 摆锤刀刃下的冲击吸收能量 |
| $KU_8$ | J | U 型缺口试样在 8 mm 摆锤刀刃下的冲击吸收能量 |
| $KV_2$ | J | V 型缺口试样在 2 mm 摆锤刀刃下的冲击吸收能量 |
| $KV_8$ | J | V 型缺口试样在 8 mm 摆锤刀刃下的冲击吸收能量 |
| $LE$ | mm | 侧膨胀值 |
| $l$ | mm | 试样长度 |
| $T_t$ | ℃ | 转变温度 |
| $w$ | mm | 试样宽度 |

## 5 原理

将规定几何形状的缺口试样置于试验机两支座之间，缺口背向打击面放置，用摆锤一次打击试样，测定试样的吸收能量。

由于大多数材料冲击值随温度变化，因此试验应在规定温度下进行。当不在室温下试验时，试样必须在规定条件下加热或冷却，以保持规定的温度。

## 6 试样

### 6.1 一般要求

标准尺寸冲击试样长度为 55 mm，横截面为 10 mm×10 mm 方形截面。在试样长度中间有 V 型或 U 型缺口，见 6.2.1 和 6.2.2 规定。

如试料不够制备标准尺寸试样，可使用宽度 7.5 mm、5 mm 或 2.5 mm 的小尺寸试样（见图 2 和表 2）。

注：对于低能量的冲击试验，因为摆锤要吸收额外能量，因此垫片的使用非常重要。对于高能量的冲击试验并不十分重要。应在支座上放置适当厚度的垫片，以使试样打击中心的高度为 5 mm（相当于宽度 10 mm 标准试样打击中心的高度）。

试样表面粗糙度 $Ra$ 应优于 5 μm，端部除外。

对于需热处理的试验材料，应在最后精加工前进行热处理，除非已知两者顺序改变不导致性能的差别。

### 6.2 缺口几何形状

对缺口的制备应仔细，以保证缺口根部处没有影响吸收能的加工痕迹。

缺口对称面应垂直于试样纵向轴线（见图 2）。

#### 6.2.1 V 型缺口

V 型缺口应有 45°夹角，其深度为 2 mm，底部曲率半径为 0.25 mm［见图 2a）和表 2］。

#### 6.2.2 U 型缺口

U 型缺口深度应为 2 mm 或 5 mm（除非另有规定），底部曲率半径为 1 mm［见图 2b）和表 2］。

### 6.3 试样尺寸及偏差

规定的试样及缺口尺寸与偏差在图 2 和表 2 中示出。

### 6.4 试样的制备

试样样坯的切取应按相关产品标准或 GB/T 2975 的规定执行，试样制备过程应使由于过热或冷加工硬化而改变材料冲击性能的影响减至最小。

### 6.5 试样的标记

试样标记应远离缺口，不应标在与支座、砧座或摆锤刀刃接触的面上。试样标记应避免塑性变形和表面不连续性对冲击吸收能量的影响。

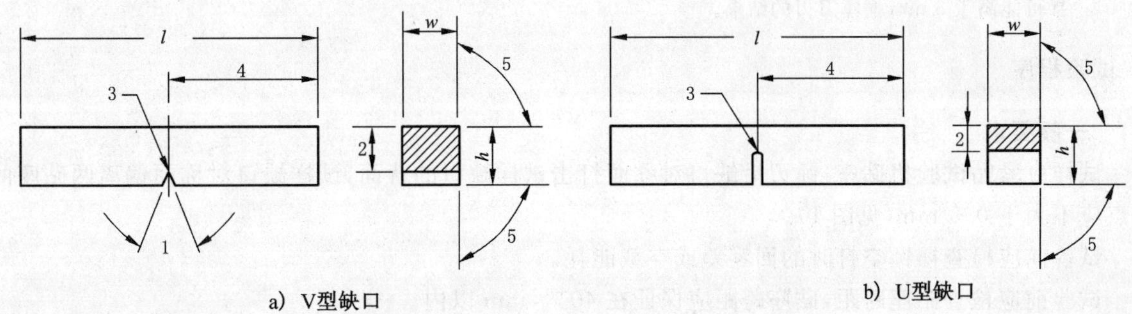


注：符号 $l$、$h$、$w$ 和数字 1～5 的尺寸见表 2。

图 2 夏比冲击试样

表 2 试样的尺寸与偏差

| 名 称 | 符号及序号 | V型缺口试样 | | U型缺口试样 | |
|---|---|---|---|---|---|
| | | 公称尺寸 | 机加工偏差 | 公称尺寸 | 机加工偏差 |
| 长度 | *l* | 55 mm | ±0.60 mm | 55 mm | ±0.60 mm |
| 高度[a] | *h* | 10 mm | ±0.075 mm | 10 mm | ±0.11 mm |
| 宽度[a] | *w* | | | | |
| ——标准试样 | | 10 mm | ±0.11 mm | 10 mm | ±0.11 mm |
| ——小试样 | | 7.5 mm | ±0.11 mm | 7.5 mm | ±0.11 mm |
| ——小试样 | | 5 mm | ±0.06 mm | 5 mm | ±0.06 mm |
| ——小试样 | | 2.5 mm | ±0.04 mm | — | — |
| 缺口角度 | 1 | 45° | ±2° | — | — |
| 缺口底部高度 | 2 | 8 mm | ±0.075 mm | 8 mm[b]<br>5 mm[b] | ±0.09 mm<br>±0.09 mm |
| 缺口根部半径 | 3 | 0.25 mm | ±0.025 mm | 1 mm | ±0.07 mm |
| 缺口对称面-端部距离[a] | 4 | 27.5 mm | ±0.42 mm[c] | 27.5 mm | ±0.42 mm[c] |
| 缺口对称面-试样纵轴角度 | — | 90° | ±2° | 90° | ±2° |
| 试样纵向面间夹角 | 5 | 90° | ±2° | 90° | ±2° |

[a] 除端部外,试样表面粗糙度应优于 $Ra$ 5 μm。

[b] 如规定其他高度,应规定相应偏差。

[c] 对自动定位试样的试验机,建议偏差用±0.165 mm 代替±0.42 mm。

## 7 试验设备

### 7.1 一般要求

所有测量仪器均应溯源至国家或国际标准。这些仪器应在合适的周期内进行校准。

### 7.2 安装及检验

试验机应按 GB/T 3808 或 JJG 145 进行安装及检验。

### 7.3 摆锤刀刃

摆锤刀刃半径应为 2 mm 和 8 mm 两种。用符号的下标数字表示：$KV_2$ 或 $KV_8$。摆锤刀刃半径的选择应参考相关产品标准。

注：对于低能量的冲击试验,一些材料用 2 mm 和 8 mm 摆锤刀刃试验测定的结果有明显不同,2 mm 摆锤刀刃的结果可能高于 8 mm 摆锤刀刃的结果。

## 8 试验程序

### 8.1 一般要求

试样应紧贴试验机砧座,锤刃沿缺口对称面打击试样缺口的背面,试样缺口对称面偏离两砧座间的中点应不大于 0.5 mm(见图 1)。

试验前应检查摆锤空打时的回零差或空载能耗。

试验前应检查砧座跨距,砧座跨距应保证在 $40^{+0.2}_{\ 0}$ mm 以内。

### 8.2 试验温度

8.2.1 对于试验温度有规定的,应在规定温度±2℃范围内进行。如果没有规定,室温冲击试验应在 23℃±5℃范围进行。

8.2.2 当使用液体介质冷却试样时,试样应放置于一容器中的网栅上,网栅至少高于容器底部25 mm,液体浸过试样的高度至少 25 mm,试样距容器侧壁至少 10 mm。应连续均匀搅拌介质以使温度均匀。

测定介质温度的仪器推荐置于一组试样中间处。介质温度应在规定温度±1℃以内,保持至少5 min。当使用气体介质冷却试样时,试样距低温装置内表面以及试样与试样之间应保持足够的距离,试样应在规定温度下保持至少 20 min。

注:当液体介质接近其沸点时,从液体介质中移出试样至打击的时间间隔中,介质蒸发冷却会明显降低试样温度。

8.2.3 对于试验温度不超过 200℃的高温试验,试样应在规定温度±2℃的液池中保持至少 10 min。对于试验温度超过 200℃的试验,试样应在规定温度±5℃以内的高温装置内保持至少 20 min。

### 8.3 试样的转移

当试验不在室温进行时,试样从高温或低温装置中移出至打断的时间应不大于 5 s。

转移装置的设计和使用应能使试样温度保持在允许的温度范围内。转移装置与试样接触部分应与试样一起加热或冷却。应采取措施确保试样对中装置不引起低能量高强度试样断裂后回弹到摆锤上而引起不正确的能量偏高指示。现已表明,试样端部和对中装置的间隙或定位部件的间隙应大于13 mm,否则,在断裂过程中,试样端部可能回弹至摆锤上。

注 1:对于试样从高温或低温装置中移出至打击时间在 3 s～5 s 的试验,可考虑采用过冷或过热试样的方法补偿温度损失,过冷度或过热度参见附录 E。对于高温试样应充分考虑过热对材料性能的影响。

注 2:类似于附录 A 示出的 V 型缺口自动对中夹钳一般用于将试样从控温介质中移至适当的试验位置。此类夹钳消除了由于断样和固定的对中装置之间相互影响带来的潜在间隙问题。

### 8.4 试验机能力范围

试样吸收能量 $K$ 不应超过实际初始势能 $K_p$ 的 80%,如果试样吸收能超过此值,在试验报告中应报告为近似值并注明超过试验机能力的 80%。建议试样吸收能量 $K$ 的下限应不低于试验机最小分辨力的 25 倍。

注:理想的冲击试验应在恒定的冲击速度下进行。在摆锤式冲击试验中,冲击速度随断裂进程降低,对于冲击吸收能量接近摆锤打击能力的试样,打击期间摆锤速度已下降至不再能准确获得冲击能量。

### 8.5 试样未完全断裂

对于试样试验后没有完全断裂,可以报出冲击吸收能量,或与完全断裂试样结果平均后报出。

由于试验机打击能量不足,试样未完全断开,吸收能量不能确定,试验报告应注明用×J 的试验机试验,试样未断开。

### 8.6 试样卡锤

如果试样卡在试验机上,试验结果无效,应彻底检查试验机,否则试验机的损伤会影响测量的准确性。

### 8.7 断口检查

如断裂后检查显示出试样标记是在明显的变形部位,试验结果可能不代表材料的性能,应在试验报告中注明。

### 8.8 试验结果

读取每个试样的冲击吸收能量,应至少估读到 0.5 J 或 0.5 个标度单位(取两者之间较小值)。试验结果至少应保留两位有效数字,修约方法按 GB/T 8170 执行。

## 9 试验报告

试验报告应包括以下内容:

### 9.1 必要的内容

a) 本国家标准编号;

b) 试样相关资料(例如钢种、炉号等);

c) 缺口类型(缺口深度);

d) 与标准尺寸不同的试样尺寸;

e) 试验温度；

f) 吸收能量 $KV_2$、$KV_8$、$KU_2$、$KU_8$；

g) 可能影响试验的异常情况。

**9.2 可选的内容**

a) 试样的取向；

b) 试验机的标称能量,J；

c) 侧膨胀值 $LE$（见附录 B）；

d) 断口形貌与剪切断面率(见附录 C)；

e) 吸收能量-温度曲线(见附录 D 中 D.1)；

f) 转变温度,判定标准(见附录 D 中 D.2)；

g) 没有完全断裂的试样数。

# 附 录 A
## （资料性附录）
## 对中夹钳

图 A.1 所示的夹钳一般用于从介质中取出试样放置于试验机上。

单位为毫米

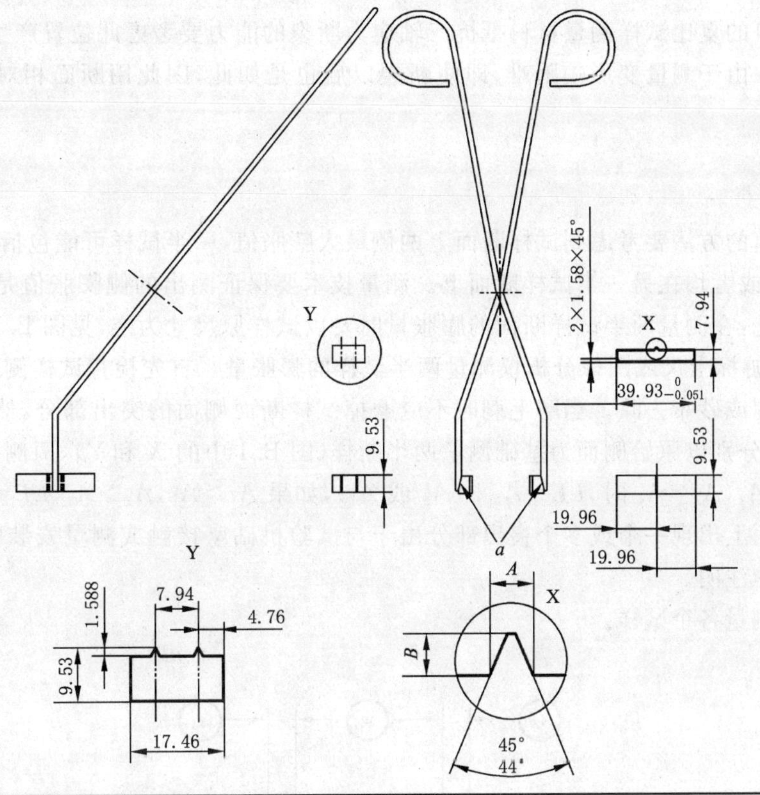


| 试样宽度/mm | 缺口宽度 $A$/mm | 高度 $B$/mm |
|---|---|---|
| 10 | 1.60～1.70 | 1.52～1.65 |
| 5 | 0.74～0.80 | 0.69～0.81 |
| 3 | 0.45～0.51 | 0.36～0.48 |

**图 A.1 V 型缺口夏比冲击试样对中夹钳**

# 附　录　B
## （资料性附录）
## 侧膨胀值

### B.1　一般要求

用根部开缺口的夏比试样测量材料抵抗三轴应力断裂的能力要考虑此位置产生的变形量。此处的变形是压缩变形。由于测量变形较困难，即使断裂以后也是如此，因此用断面相对侧的膨胀量代表压缩量。

### B.2　测定方法

测量侧膨胀值的方法要考虑到试样断面上两侧最大膨胀值，一半试样可能包括两侧最大膨胀量，也可能出现在一侧，或者均在另一半试样断面上。测量技术要保证测出的侧膨胀值是两个断面两侧最大膨胀量之和。为此，在测量两半试样断面的膨胀量时要以试样原尺寸为准，见图 B.1。可采用类似于图 B.2 示出的仪器、游标卡尺或图像分析仪测量两半试样的膨胀量。首先检查试样侧边是否出现毛刺，如果有毛刺要用毛刷或砂布去除。当磨毛刺时不应磨掉试样断面侧面的突出部分，然后放置两半断样使其原始侧面对齐，分别以原始侧面为基础测量两半断样（图 B.1 中的 $X$ 和 $Y$），两侧的突出量，取两侧最大值。例如 $A_1 > A_2$，$A_3 = A_4$ 时，$LE = A_1 + (A_3$ 或 $A_4)$，如果 $A_1 > A_2$，$A_3 > A_4$，$LE = A_1 + A_3$。

如果试样侧面上出现一个或多个突出部分由于与试验机砧座接触或测量安装时已被损坏，则不能测量并应在报告中注明。

侧膨胀值要测量各个试样。

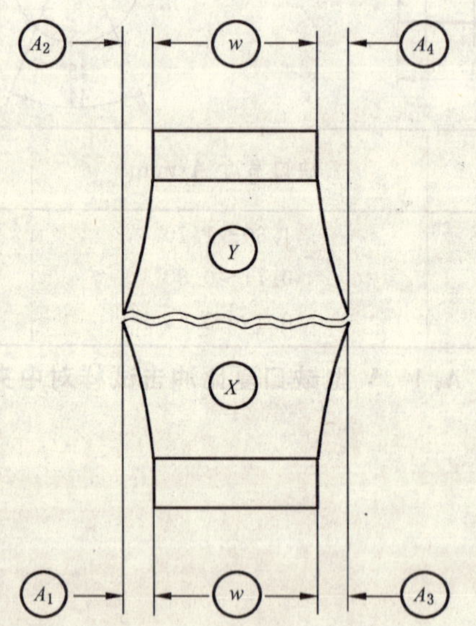


**图 B.1　夏比冲击试样断后两截试样的侧膨胀值 $A_1$、$A_2$、$A_3$、$A_4$ 和原始宽度 $w$**

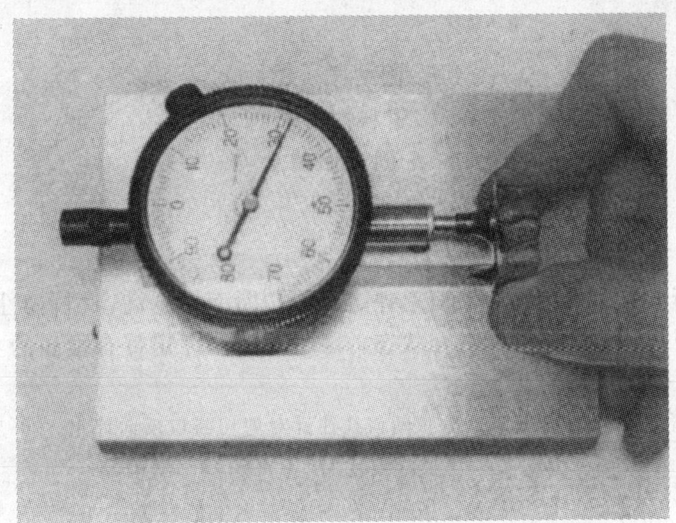

图 B.2　测量夏比冲击试样侧膨胀值用的装置

# 附　录　C
（资料性附录）
断口形貌

## C.1　概述

夏比冲击试样的断口表面常用剪切断面率评定。剪切断面率越高，材料韧性越好。大多数夏比冲击试样的断口形貌为剪切和解理断裂的混合状态。由于对断口评定带有很高的主观性，因此建议不作为技术规范使用。

注：剪切断口常称为纤维断口，解理断口或晶状断口往往针对剪切断口反向评定。0%剪切断口就是100%解理断口。

## C.2　测定方法

通常使用以下方法测定剪切断面率：

a)　测量断口解理断裂部分（即“闪亮”部分）的长度和宽度，如图C.1，按表C.1计算剪切断面率；

b)　使用图C.2所示的标准断口形貌图与试样断口的形貌进行比较；

c)　将断口放大，并与预先制好的对比图进行比较，或用求积仪测量剪切断面率（用100%减去解理断面率）；

d)　断口拍成放大照片用求积仪测量剪切断面率（100%－解理断面率）；

e)　用图像分析技术测量剪切断面率。

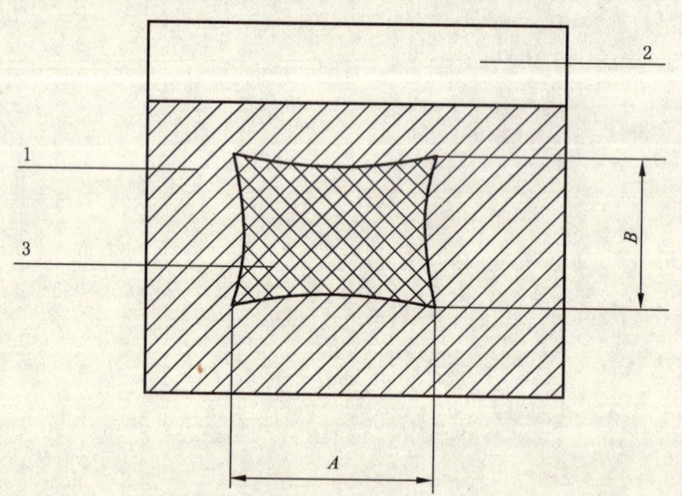


1——剪切面积；

2——缺口；

3——解理面积。

注1：测量 $A$ 和 $B$ 的平均尺寸应精确至0.5 mm。

注2：用表C.1确定剪切断面率。

图C.1　剪切断面率百分比的尺寸

**表 C.1　剪切断面率百分比**

| $B$/mm | $A$/mm | | | | | | | | | | | | | | | | | | |
|---|---|---|---|---|---|---|---|---|---|---|---|---|---|---|---|---|---|---|---|
| | 1.0 | 1.5 | 2.0 | 2.5 | 3.0 | 3.5 | 4.0 | 4.5 | 5.0 | 5.5 | 6.0 | 6.5 | 7.0 | 7.5 | 8.0 | 8.5 | 9.0 | 9.5 | 10 |
| 1.0 | 99 | 98 | 98 | 97 | 96 | 96 | 95 | 94 | 94 | 93 | 92 | 92 | 91 | 91 | 90 | 89 | 89 | 88 | 88 |
| 1.5 | 98 | 97 | 96 | 95 | 94 | 93 | 92 | 92 | 91 | 90 | 89 | 88 | 87 | 86 | 85 | 84 | 83 | 82 | 81 |
| 2.0 | 98 | 96 | 95 | 94 | 92 | 91 | 90 | 89 | 88 | 86 | 85 | 84 | 82 | 81 | 80 | 79 | 77 | 76 | 75 |
| 2.5 | 97 | 95 | 94 | 92 | 91 | 89 | 88 | 86 | 84 | 83 | 81 | 80 | 78 | 77 | 75 | 73 | 72 | 70 | 69 |
| 3.0 | 96 | 94 | 92 | 91 | 89 | 87 | 85 | 83 | 81 | 79 | 77 | 76 | 74 | 72 | 70 | 68 | 66 | 64 | 62 |
| 3.5 | 96 | 93 | 91 | 89 | 87 | 85 | 82 | 80 | 78 | 76 | 74 | 72 | 69 | 67 | 65 | 63 | 61 | 58 | 56 |
| 4.0 | 95 | 92 | 90 | 88 | 85 | 82 | 80 | 77 | 75 | 72 | 70 | 67 | 65 | 62 | 60 | 57 | 55 | 52 | 50 |
| 4.5 | 94 | 92 | 89 | 86 | 83 | 80 | 77 | 75 | 72 | 69 | 66 | 63 | 61 | 58 | 55 | 52 | 49 | 46 | 44 |
| 5.0 | 94 | 91 | 88 | 85 | 81 | 78 | 75 | 72 | 69 | 66 | 62 | 59 | 56 | 53 | 50 | 47 | 44 | 41 | 37 |
| 5.5 | 93 | 90 | 86 | 83 | 79 | 76 | 72 | 69 | 66 | 62 | 59 | 55 | 52 | 48 | 45 | 42 | 38 | 35 | 31 |
| 6.0 | 92 | 89 | 85 | 81 | 77 | 74 | 70 | 65 | 62 | 59 | 55 | 51 | 47 | 44 | 40 | 36 | 33 | 29 | 25 |
| 6.5 | 92 | 88 | 84 | 80 | 76 | 72 | 67 | 63 | 59 | 55 | 51 | 47 | 43 | 39 | 35 | 31 | 27 | 23 | 19 |
| 7.0 | 91 | 87 | 82 | 78 | 74 | 69 | 65 | 61 | 56 | 52 | 47 | 43 | 39 | 34 | 30 | 26 | 21 | 17 | 12 |
| 7.5 | 91 | 86 | 81 | 77 | 72 | 67 | 62 | 58 | 53 | 48 | 44 | 39 | 34 | 30 | 25 | 20 | 16 | 11 | 6 |
| 8.0 | 90 | 85 | 80 | 75 | 70 | 65 | 60 | 55 | 50 | 45 | 40 | 35 | 30 | 25 | 20 | 15 | 10 | 5 | 0 |

注：当 $A$ 或 $B$ 是零时，为 100%剪切外观。

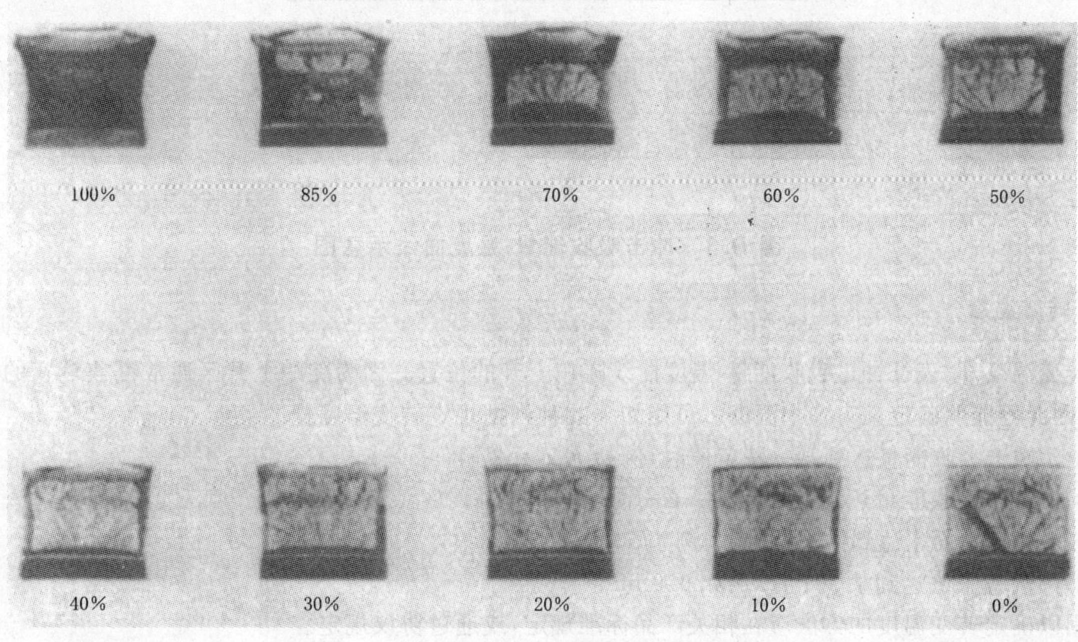


a) 断口形貌和剪切断面率对照

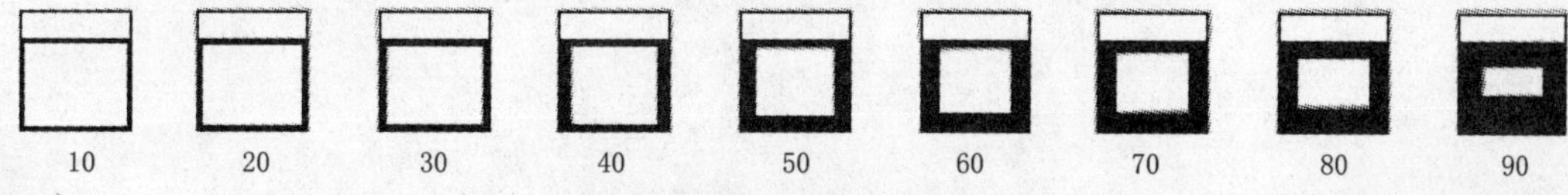


b) 估计断口形貌用指南

**图 C.2　断口外观**

# 附 录 D
（资料性附录）
冲击吸收能量-温度曲线和转变温度

## D.1 冲击吸收能量与温度曲线

冲击吸收能量-温度曲线（*K*-*T* 曲线）表明，对于给定形状的试样，冲击吸收能量是试验温度的函数，如图 D.1 所示。通常曲线是通过拟合单独的试验点得到的。曲线的形状和试验结果的分散程度依赖于材料、试样形状和冲击速度。出现转变区的曲线，具有上平台（1）、转变区（2）和下平台（3）。

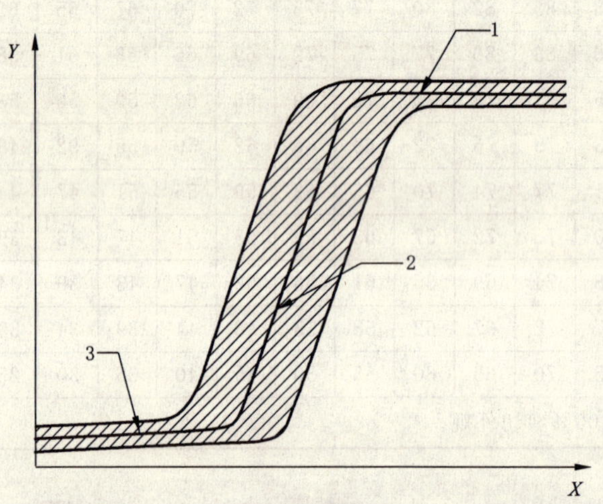


X——温度；
Y——冲击吸收能量；
1——上平台区；
2——转变区；
3——下平台区。

图 D.1 冲击吸收能量-温度曲线示意图

## D.2 转变温度

转变温度 $T_t$ 表征冲击吸收能量-温度曲线陡峭上升的位置。因为陡峭上升区通常覆盖较宽的温度范围，因此不能明确定义为一个温度。可用如下几种判据规定转变温度：

a） 冲击吸收能量达到某一特定值时，例如 $KV_8$＝27 J；

b） 冲击吸收能量达到上平台某一百分数，例如 50％；

c） 剪切断面率达到某一百分数，例如 50％；

d） 侧膨胀值达到某一个量，例如 0.9 mm；

用以确定转变温度的方法应在相关产品标准规定，或通过协议规定。

# 附　录　E
（资料性附录）
## 试样从高温或低温装置中移出在 3 s～5 s 内打断的温度补偿值

表 E.1　过冷温度补偿值

| 试验温度/℃ | 过冷温度补偿值/℃ |
|---|---|
| −192～<−100 | 3～<4 |
| −100～<−60 | 2～<3 |
| −60～<0 | 1～<2 |

表 E.2　过热温度补偿值

| 试验温度/℃ | 过热温度补偿值/℃ |
|---|---|
| 35～<200 | 1～<5 |
| 200～<400 | 5～<10 |
| 400～<500 | 10～<15 |
| 500～<600 | 15～<20 |
| 600～<700 | 20～<25 |
| 700～<800 | 25～<30 |
| 800～<900 | 30～<40 |
| 900～<1 000 | 40～<50 |

ICS 77.040.10
H 23

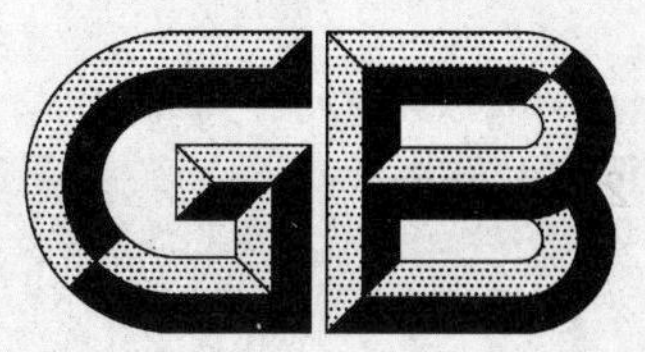

# 中华人民共和国国家标准

GB/T 241—2007
代替 GB/T 241—1990

# 金属管　液压试验方法

Metal materials—Tube—Hydrostatic pressure test

2007-07-18 发布　　2008-02-01 实施

中华人民共和国国家质量监督检验检疫总局
中国国家标准化管理委员会　发布

# 前　言

本标准代替 GB/T 241—1990《金属管液压试验方法》。

本标准对原标准在以下方面的技术内容进行了较大修改和补充：

——增加了前言；

——对试验原理进行了修改；

——对术语定义进行了修改和补充；

——对试验设备和仪器进行了补充；

——将试验方法拆分为试样和试验条件，对原内容进行了修改和补充；

——增加了附录 A、附录 B。

本标准附录 A、附录 B 为资料性附录。

本标准由中国钢铁工业协会提出。

本标准由全国钢标准化技术委员会归口。

本标准起草单位：天津钢管集团有限公司。

本标准主要起草人：苏英群、孙宇。

本标准所代替标准的历次版本发布情况为：

——GB 241—1982、GB/T 241—1990。

# 金属管　液压试验方法

## 1　范围

本标准规定了金属管液压试验方法的试验原理、术语和定义、试验设备和仪器、试样、试验要求、试验结果评定及试验报告。

本标准适用于钢、铸铁及有色金属管在室温下的液压试验，用于检验金属管的质量。

## 2　试验原理

金属管在规定的试验压力、加压速度和压力传递介质的条件下，稳压一定时间，检查金属管基体金属和焊缝的强度及渗漏。

## 3　术语和定义

下列术语和定义适用于本标准。

3.1

**最大试验压力　maximum testing pressure**

在试验的稳压时间内压力计所示的由有关产品标准、协议或附录 A 规定的压力。

3.2

**试验稳压时间　testing hold time**

在最大试验压力作用下的一段时间。

3.3

**压力传递介质　pressure transfer medium**

指液体，通常是水、油、乳状液。

3.4

**加压速度　load rate**

压力传递介质充入金属管过程中单位时间内压力的变化。

3.5

**卸压速度　unload rate**

压力传递介质从金属管内排除过程中单位时间内压力的变化。

3.6

**渗漏　leakage**

在试验压力作用下，金属管基体的外表面或焊缝有压力传递介质出现的现象。

3.7

**破坏性试验　destroy testing**

不断增加试验压力，直至使金属管出现渗漏或爆裂的试验。

## 4　试验设备和仪器

4.1　液压试验应使用能保证按本标准要求试验的任何类型液压试验装置。

4.2　试验装置应配备能确保规定试验压力的仪表，并能满足稳压的时间要求。

4.3　试验压力的测量仪表准确度等级不低于 1 级。

4.4　试验压力的测量仪表使用前须采用与直接加荷等效的方法进行校准，校准周期为 1 年。

注：如果有关产品标准或协议中对校准周期另有严格要求，应以它的要求为准。

## 5 试样

经外观检查合格的任意整根金属管。

## 6 试验要求

6.1 试验时，金属管两端应与压力计的有关部件紧密连接。

6.2 用规定的压力传递介质充入金属管中以排除空气。

6.3 加压时应均匀地增至规定的最大试验压力，不得有液压冲击现象。可在试件内放填充棒，以减少压力传递介质的用量。填充棒与内壁之间要留有间隙。

6.4 最大试验压力、加压速度和试验稳压时间以及卸压速度应在有关产品标准或协议中规定。若无规定，最大试验压力可参照附录 A 的规定；加压、卸压速度不应大于 34 MPa/min。试验室试验稳压时间一般不少于 15 min。

6.5 对所有规格的铸铁管，外径大于 219 mm 的焊接管，在试验稳压时间内，应用质量约 0.5 kg 的软质锤沿金属管长度或两端处轻轻敲打。根据供需双方协议可不进行敲打。

6.6 试验期间如出现渗漏或爆裂，应停止加压。

6.7 破坏性试验

根据供需双方协议，可参照附录 B(资料性附录)的方法进行破坏性试验。

## 7 试验结果评定

在最大试验压力作用下，试验稳压时间内，用目视检查金属管基体的外表面或焊缝是否有渗漏，如无渗漏，试验后金属管是否产生永久变形。如果试验中未发现金属管基体的外表面或焊缝渗漏，也没发现试验后金属管产生永久变形，则认为该管液压试验合格。

## 8 试验报告

试验报告应包括以下内容：

a) 本标准号；

b) 试样标识；

c) 金属管材料牌号、尺寸；

d) 最大试验压力、压力传递介质及试验稳压时间；

e) 试验结果；

f) 试验者、试验日期。

# 附 录 A
（资料性附录）
# 最大试验压力计算

**A.1** 单金属焊接圆管、无缝圆管的最大试验压力按式(A.1)计算：

$$P = 2SR/D \quad \cdots\cdots(A.1)$$

式中：

$P$——最大试验压力，单位为兆帕(MPa)；

$R$——许用应力，单位为兆帕(MPa)；

$S$——金属管公称壁厚，单位为毫米(mm)；

$D$——金属管公称外径，单位为毫米(mm)。

# 附 录 B
（资料性附录）
破坏性试验要求

**B.1** 试验机和试验场所必须配备安全装置，确保设备安全和人身安全。

**B.2** 试样最小长度为金属管外径的 10 倍，但不超过 12 m。

**B.3** 试验时，金属管两端应与压力计的有关部件紧密连接。

**B.4** 用规定的压力传递介质充入金属管中以排除空气。

**B.5** 应以不大于 34 MPa/min 的加压速度均匀加压，不得有液压冲击现象。

**B.6** 试验期间如出现渗漏或爆裂，应立即停止加压。

**B.7** 记录试样的泄漏压力或破坏压力。

ICS 77.040.10
H 23

# 中华人民共和国国家标准

GB/T 242—2007/ISO 8493:1998
代替 GB/T 242—1997

# 金属管 扩口试验方法

Metal materials—Tube—Drift-expending test

(ISO 8493:1998,IDT)

2007-07-18 发布

2008-02-01 实施

中华人民共和国国家质量监督检验检疫总局
中国国家标准化管理委员会
发布

# 前言

本标准等同采用 ISO 8493:1998(E)《金属管　扩口试验方法》。

本标准等同翻译 ISO 8493:1998(E)《金属管　扩口试验方法》。

本标准做了下列编排性修改：

a) “本国际标准”一词改为“本标准”；

b) 用小数点“.”代替作为小数点的“,”；

c) 删除了国际标准的前言，增加了本标准前言；

d) 将原标准第 7 章 a)“参考本国际标准，例如：ISO 8493”改为“本标准号”；

e) 在第 6 章第 6.2 条以附加信息的方式补充了扩口率计算公式。

本标准代替 GB/T 242—1997《金属管　扩口试验方法》，对原标准做了如下修改：

1) 对适用范围做了补充；

2) 重新规定了对试样的要求；

3) 对试验步骤和试验条件进行了更详细规定。

本标准由中国钢铁工业协会提出。

本标准由全国钢标准化技术委员会归口。

本标准起草单位：天津钢管集团有限公司、冶金工业信息标准研究院、攀钢集团成都钢铁有限公司。

本标准主要起草人：苏英群、孙宇、董莉、张新蓉。

本标准所代替标准的历次版本发布情况为：

——GB 242—1963、GB 242—1982、GB/T 242—1997。

# 金属管　扩口试验方法

## 1　范围

本标准规定了测定圆形横截面金属管塑性变形能力的扩口试验方法。

本标准适用于外径不超过150 mm(有色金属管外径不超过100 mm)、管壁厚度不超过10 mm的金属管。本标准适用金属管的外径和壁厚范围可以在相关的产品标准中做更详细的规定。

## 2　符号、名称和单位

本标准使用的符号、名称和单位在表1和图1中规定。

表1

| 符号 | 名　称 | 单位 |
|---|---|---|
| $a$[a] | 管壁厚度 | mm |
| $D$ | 金属管原始外径 | mm |
| $D_u$ | 试验后金属管最大外径 | mm |
| $L$ | 试验前的金属管长度 | mm |
| $\beta$ | 顶芯角度 | (°) |

a　在钢管标准中也用符号 $T$ 表示此参数。

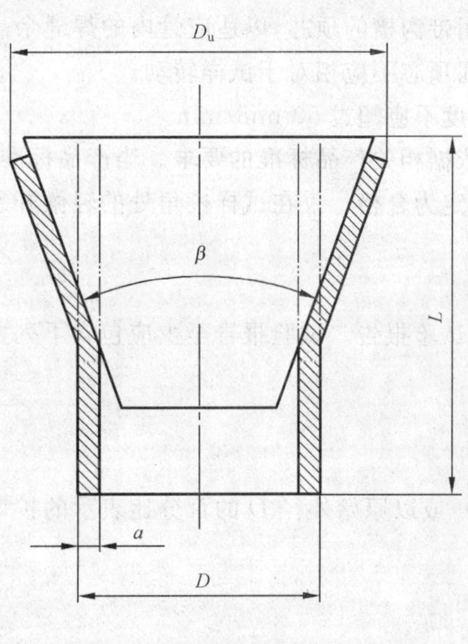


图1

## 3　原理

用圆锥形顶芯扩大管段试样的一端，直至扩大端的最大外径达到相关产品标准所规定的值(见图1)。

## 4 试验设备

4.1 可调速的压力机或万能试验机。

4.2 圆锥形顶芯应具有相关产品标准所规定的角度，其工作表面应磨光并具有足够的硬度。推荐采用的顶芯角度为30°、45°和60°。

## 5 试样

5.1 试样长度取决于顶芯的角度。当顶芯角度等于或小于30°时，试样长度 $L$ 应近似为 $2D$；当顶芯角度大于30°时，试样长度 $L$ 应近似为 $1.5D$。如果在扩口试验后剩余的圆柱部分长度不小于 $0.5D$ 时，可以使用较短的试样。

5.2 试样的两端面应垂直于管子轴线。试验端的棱边允许用锉或其他方法将其倒圆或倒角。

注：如果试验结果满足试验要求，可以不对试样的棱边倒圆或倒角。

5.3 试验焊接管时，可以去除管内的焊缝余高。

## 6 试验程序

6.1 试验一般应在10℃～35℃的室温范围内进行。对要求在控制条件下进行的试验，试验温度应为23℃±5℃。

6.2 平稳地对圆锥形顶芯施加力使其压入试样端部进行扩口，直至达到所要求的外径。扩口期间圆锥形顶芯的轴线应与试样的轴线一致。

试样扩口后的最大外径 $D_u$ 或以原始外径 $D$ 的百分比表示的扩口率应在相关产品标准中规定。顶芯角度 $\beta$ 也应在相关产品标准中规定。

注：扩口率($X_d$)计算公式：$X_d(\%)=\frac{D_u-D}{D}\times 100$。

当试验纵向焊管时，允许使用带沟槽的顶芯，以适应管内的焊缝余高。

6.3 允许润滑顶芯。在试验期间顶芯不应相对于试样转动。

6.4 出现争议时，压板的移动速度不应超过50 mm/min。

6.5 对扩口试验结果的评定应依据相关产品标准的要求。当产品标准中没做规定时，在不使用放大镜的情况下，如果无可见裂纹，应评定为合格。仅在试样棱角处的轻微开裂不应判废。

## 7 试验报告

应根据产品标准的要求提供试验报告。试验报告至少应包含下列内容：

a) 本标准号；

b) 试样标识；

c) 试样尺寸；

d) 试样扩口的最大外径 $D_u$ 或以原始外径 $D$ 的百分比表示的扩口率；

e) 顶芯角度；

f) 试验结果。

---

ICS 77.040.10
H 23

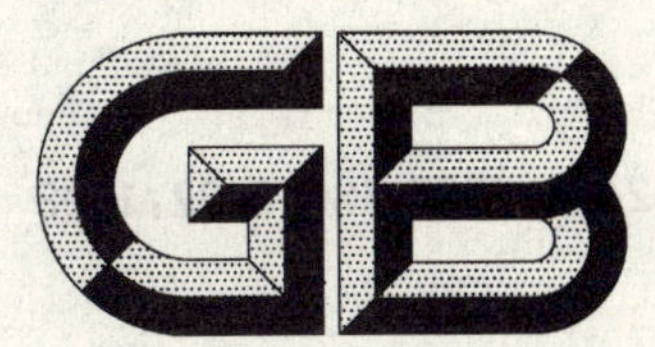

# 中华人民共和国国家标准

GB/T 246—2007/ISO 8492:1998
代替 GB/T 246—1997

## 金属管　压扁试验方法

## Metal materials—Tube—Flattening test

(ISO 8492:1998,IDT)

2007-07-18 发布　　　　2008-02-01 实施

中华人民共和国国家质量监督检验检疫总局
中国国家标准化管理委员会　发布

# 前　言

本标准等同采用 ISO 8492:1998(E)《金属管　压扁试验方法》。

本标准等同翻译 ISO 8492:1998(E)《金属管　压扁试验方法》。

本标准做了下列编排性修改：

a) “本国际标准”一词改为“本标准”；

b) 用小数点“.”代替作为小数点的“,”；

c) 删除了国际标准的前言，增加了本标准前言；

d) 将原标准第 7 章 a)“参考本国际标准，例如：ISO 8492”改为“本标准号”。

本标准代替 GB/T 246—1997《金属管　压扁试验方法》，对原标准做了如下修改：

1) 扩大了适用范围；

2) 删掉了原标准中“通常，试样长度为 40 mm”的规定；

3) 删除了原标准中对试样焊缝试验时位置的规定。

本标准由中国钢铁工业协会提出。

本标准由全国钢标准化技术委员会归口。

本标准起草单位：天津钢管集团有限公司、首钢总公司、冶金工业信息标准研究院。

本标准主要起草人：苏英群、孙宇、王萍、董莉。

本标准所代替标准的历次版本发布情况为：

——GB 246—1963、GB 246—1982、GB/T 246—1997。

# 金属管　压扁试验方法

## 1　范围

本标准规定了测定圆形横截面金属管塑性变形能力的压扁试验方法，包括显示其缺陷。

本标准适用于外径不超过 600 mm，壁厚不超过外径的 15%的金属管。本标准适用的金属管外径和壁厚范围可以在相关的产品标准中做更详细的规定。

## 2　符号、名称和单位

本标准使用的符号、名称和单位在表 1 和图 1 中规定。

表 1

| 符　　号 | 名　　称 | 单　　位 |
|---|---|---|
| $a$[a] | 管壁厚度 | mm |
| $b$ | 压扁后试样的内宽度 | mm |
| $D$ | 金属管外径 | mm |
| $H$ | 力作用下两压板之间的距离 | mm |
| $L$ | 试样长度 | mm |
| [a] 在钢管标准中也用符号 $T$ 表示此参数。 | | |

## 3　原理

垂直于金属管纵轴线方向对规定长度的试样或金属管端部施加力进行压扁，直至在力的作用下两压板之间的距离达到相关产品标准所规定的值[见图 1a)和图 1b)]。

如为闭合压扁，试样内表面接触的宽度应至少为标准试样压扁后其内宽度 $b$ 的 1/2[见图 1c)]。

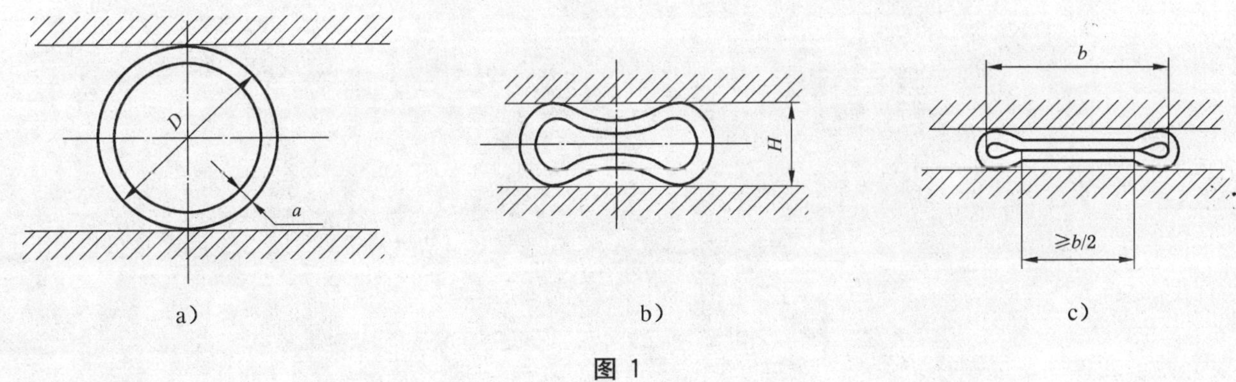


图 1

## 4　试验设备

4.1　试验机应能将试样压扁至规定的两平行压板之间的距离。压板应具有足够刚度。

压板的宽度应超过压扁后的试样宽度，即至少为 1.6$D$。压板的长度应不小于试样的长度。

## 5　试样

5.1　试样长度应不小于 10 mm，但不超过 100 mm。试样的棱边允许用锉或其他方法将其倒圆或倒角。

注：如果试验结果满足试验要求，可以不对试样的棱边倒圆或倒角。

5.2 如要在一根全长度管的管端进行试验时，应在距管端面为试样长度处垂直于管纵轴线切口，切割深度至少达外径的80%。

## 6 试验程序

6.1 试验一般应在10℃～35℃的室温范围内进行。对要求在控制条件下进行的试验，试验温度应为23℃±5℃。

6.2 试样置于两压板之间。

6.3 焊接管的焊缝应置于相关产品标准所规定的位置。

6.4 沿垂直于管子纵轴线方向移动压板进行压扁试验。

6.5 出现争议时，压板的移动速率不应超过25 mm/min。

6.6 对压扁试验结果的说明应依据相关产品标准的要求。当产品标准中没做规定时，在不使用放大镜的情况下，如果无可见裂纹，应评定为合格。仅在试样棱角处的轻微开裂不应判废。

## 7 试验报告

应根据产品标准的要求提供试验报告。试验报告至少应包含下列内容：

a) 本标准号；

b) 试样标识；

c) 试样尺寸；

d) 压板间距；

e) 如为焊接管，焊缝的位置；

f) 试验结果。

ICS 21.100.20
J 11

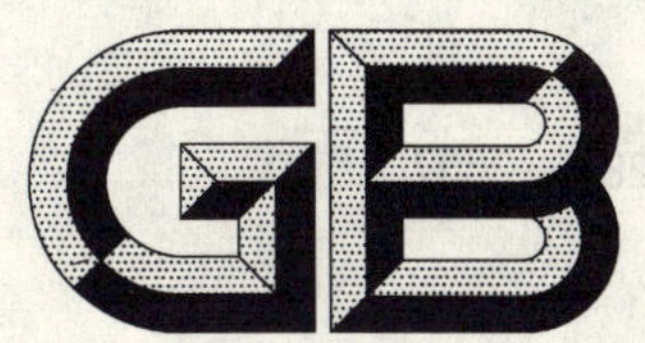

# 中华人民共和国国家标准

GB/T 283—2007
代替 GB/T 283—1994

## 滚动轴承　圆柱滚子轴承
## 外形尺寸

**Rolling bearings—Cylindrical roller bearings—Boundary dimensions**

2007-02-28 发布　　　　2007-10-01 实施

中华人民共和国国家质量监督检验检疫总局
中国国家标准化管理委员会　发布

# 前　言

本标准代替 GB/T 283—1994《滚动轴承　圆柱滚子轴承　外形尺寸》。

本标准与 GB/T 283—1994 相比主要变化如下：

——扩大了尺寸范围(1994 年版表 1～表 4，本版表 1～表 4 和表 A.2)；

——增加了表 2 和表 4“N”型结构的轴承型号和相关数据“$E_w$”(见本版表 2 和表 4)；

——修改了部分倒角尺寸(1994 年版表 3 和表 A3，本版表 3、表 A.2)；

——修改和删除了部分滚子组公称内、外径(1994 年版表 2～表 5、表 A1、表 A2、表 A4 和表 A5，本版表 2～表 5、表 A.1、表 A.2、表 A.4 和表 A.5)；

——修改了挡边宽度(1994 年版表 9，本版表 9)；

——删除了表 6～表 10 的 $d_{2max}$ 或 $D_{2max}$(1994 年版表 6～表 10、表 A6～表 A9，本版的表 6～表 10、表 A.6～表 A.9)；

——删除了“新旧轴承代号对照”(1994 年版附录 B)。

本标准的附录 A 为规范性附录。

本标准由中国机械工业联合会提出。

本标准由全国滚动轴承标准化技术委员会(SAC/TC 98)归口。

本标准起草单位：洛阳轴承研究所。

本标准主要起草人：郭宝霞。

本标准所代替标准的历次版本发布情况为：

——GB 283—1964、GB 283—1981、GB 283—1987、GB/T 283—1994。

——GB 284—1964、GB 284—1981、GB 284—1987。

# 滚动轴承 圆柱滚子轴承 外形尺寸

## 1 范围

本标准规定了外形尺寸符合 GB/T 273.3—1999 的圆柱滚子轴承、无内圈和无外圈圆柱滚子轴承的外形尺寸。

本标准适用于圆柱滚子轴承，供轴承制造厂设计和用户选型。

## 2 规范性引用文件

下列文件中的条款通过本标准的引用而成为本标准的条款。凡是注日期的引用文件，其随后所有的修改单(不包括勘误的内容)或修订版均不适用于本标准，然而，鼓励根据本标准达成协议的各方研究是否可使用这些文件的最新版本。凡是不注日期的引用文件，其最新版本适用于本标准。

GB/T 273.3—1999 滚动轴承 向心轴承 外形尺寸总方案(eqv ISO 15:1998)

GB/T 274—2000 滚动轴承 倒角尺寸最大值(idt ISO 582:1995)

GB/T 20060—2006 滚动轴承 圆柱滚子轴承 可分离斜挡圈 外形尺寸(ISO 246:1995,IDT)

## 3 符号

下列符号适用于本标准。

除另有说明外，图中所示符号(见图 1～图 8)和表中示值均表示公称尺寸。

$d$——轴承内径；

$D$——轴承外径；

$B$——轴承宽度；

$B_1$——斜挡圈超出内圈端面的宽度；

$r$——轴承内、外圈倒角尺寸；

$r_1$——轴承内、外圈(挡圈)窄端面倒角尺寸；

$r_{s\ min}$——$r$ 的最小单一尺寸；

$r_{1s\ min}$——$r_1$ 的最小单一尺寸；

$F_w$——滚子组内径；

$E_w$——滚子组外径；

$a$——挡边宽度。

## 4 外形尺寸

轴承的外形尺寸按表 1～表 10 的规定。如经供需双方同意，也可按附录 A 的规定。

斜挡圈外形尺寸按 GB/T 20060—2006 的规定。

注：圆柱滚子轴承还有许多变型结构。

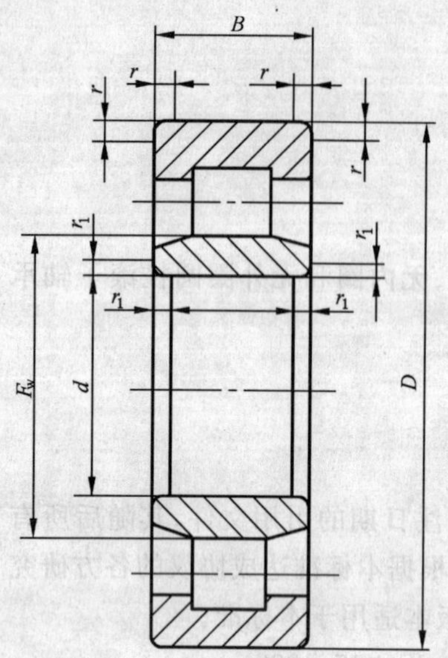


图 1 内圈无挡边圆柱滚子轴承 NU 型

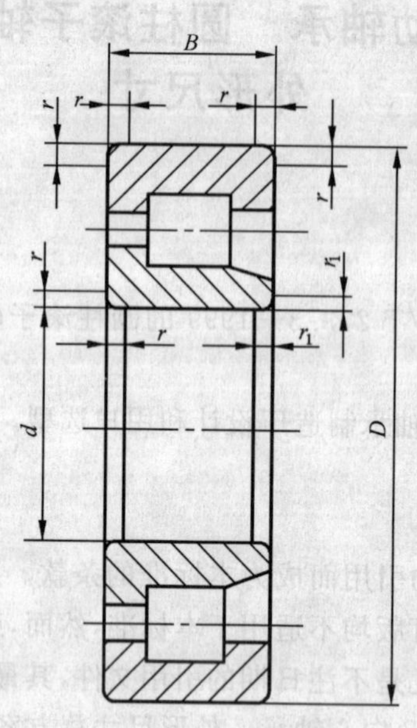


图 2 内圈单挡边圆柱滚子轴承 NJ 型

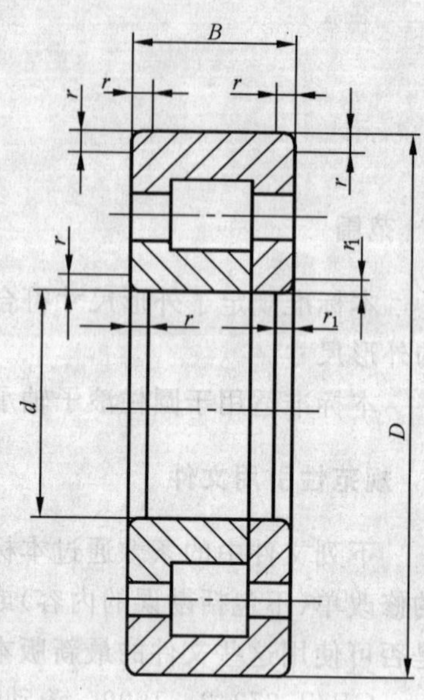


图 3 内圈单挡边、带平挡圈圆柱滚子轴承 NUP 型

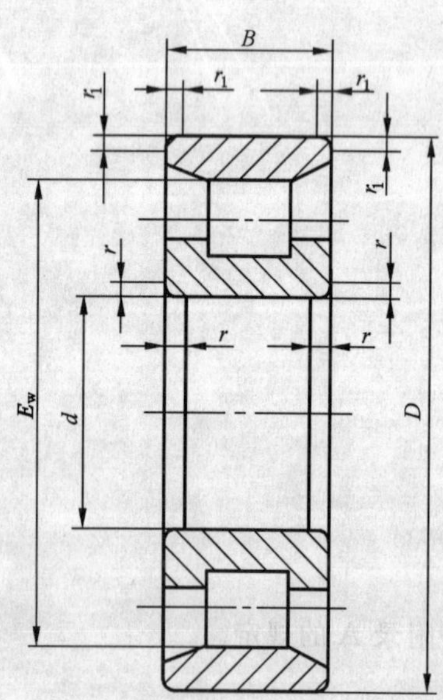


图 4 外圈无挡边圆柱滚子轴承 N 型

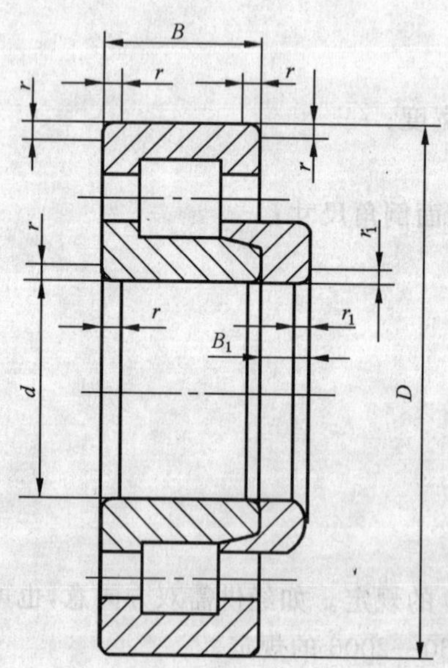


图 5 内圈单挡边、带斜挡圈圆柱滚子轴承 NH 型(NJ＋HJ)

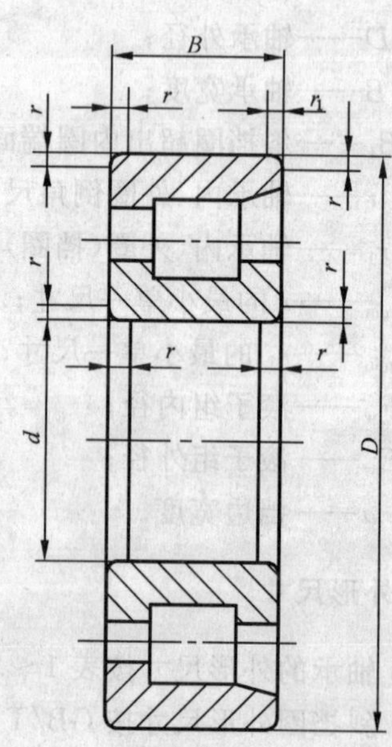


图 6 外圈单挡边圆柱滚子轴承 NF 型

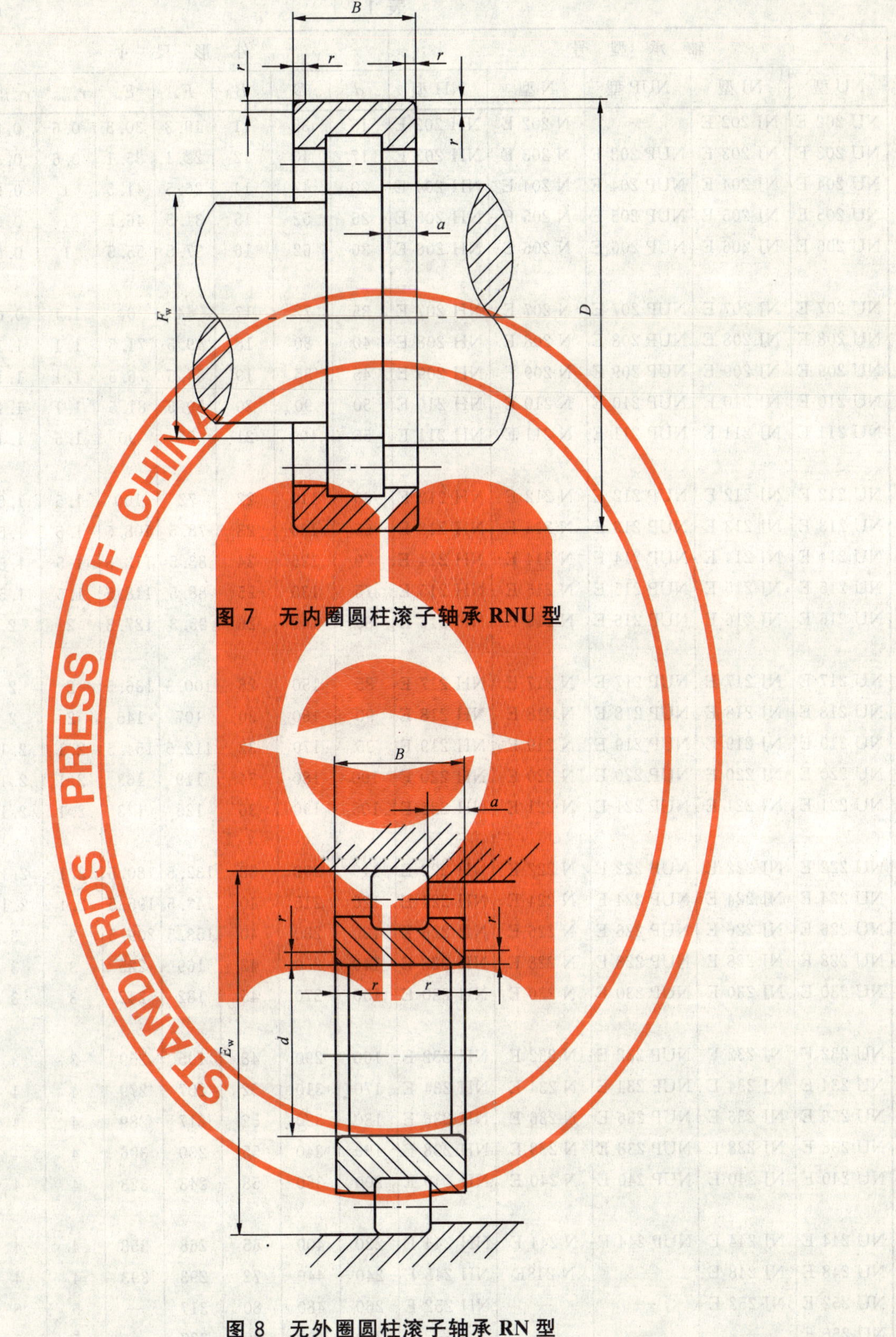


图 7 无内圈圆柱滚子轴承 RNU 型

图 8 无外圈圆柱滚子轴承 RN 型

表 1

单位为毫米

| 轴承型号 | | | | | 外形尺寸 | | | | | | | 斜挡圈型号 |
|---|---|---|---|---|---|---|---|---|---|---|---|---|
| NU 型 | NJ 型 | NUP 型 | N 型 | NH 型 | $d$ | $D$ | $B$ | $F_w$ | $E_w$ | $r_{s\ min}$[a] | $r_{1s\ min}$[a] | |
| NU 202 E | NJ 202 E | — | N 202 E | NH 202 E | 15 | 35 | 11 | 19.3 | 30.3 | 0.6 | 0.3 | HJ 202 E |
| NU 203 E | NJ 203 E | NUP 203 E | N 203 E | NH 203 E | 17 | 40 | 12 | 22.1 | 35.1 | 0.6 | 0.3 | HJ 203 E |
| NU 204 E | NJ 204 E | NUP 204 E | N 204 E | NH 204 E | 20 | 47 | 14 | 26.5 | 41.5 | 1 | 0.6 | HJ 204 E |
| NU 205 E | NJ 205 E | NUP 205 E | N 205 E | NH 205 E | 25 | 52 | 15 | 31.5 | 46.5 | 1 | 0.6 | HJ 205 E |
| NU 206 E | NJ 206 E | NUP 206 E | N 206 E | NH 206 E | 30 | 62 | 16 | 37.5 | 55.5 | 1 | 0.6 | HJ 206 E |
| NU 207 E | NJ 207 E | NUP 207 E | N 207 E | NH 207 E | 35 | 72 | 17 | 44 | 64 | 1.1 | 0.6 | HJ 207 E |
| NU 208 E | NJ 208 E | NUP 208 E | N 208 E | NH 208 E | 40 | 80 | 18 | 49.5 | 71.5 | 1.1 | 1.1 | HJ 208 E |
| NU 209 E | NJ 209 E | NUP 209 E | N 209 E | NH 209 E | 45 | 85 | 19 | 54.5 | 76.5 | 1.1 | 1.1 | HJ 209 E |
| NU 210 E | NJ 210 E | NUP 210 E | N 210 E | NH 210 E | 50 | 90 | 20 | 59.5 | 81.5 | 1.1 | 1.1 | HJ 210 E |
| NU 211 E | NJ 211 E | NUP 211 E | N 211 E | NH 211 E | 55 | 100 | 21 | 66 | 90 | 1.5 | 1.1 | HJ 211 E |
| NU 212 E | NJ 212 E | NUP 212 E | N 212 E | NH 212 E | 60 | 110 | 22 | 72 | 100 | 1.5 | 1.5 | HJ 212 E |
| NU 213 E | NJ 213 E | NUP 213 E | N 213 E | NH 213 E | 65 | 120 | 23 | 78.5 | 108.5 | 1.5 | 1.5 | HJ 213 E |
| NU 214 E | NJ 214 E | NUP 214 E | N 214 E | NH 214 E | 70 | 125 | 24 | 83.5 | 113.5 | 1.5 | 1.5 | HJ 214 E |
| NU 215 E | NJ 215 E | NUP 215 E | N 215 E | NH 215 E | 75 | 130 | 25 | 88.5 | 118.5 | 1.5 | 1.5 | HJ 215 E |
| NU 216 E | NJ 216 E | NUP 216 E | N 216 E | NH 216 E | 80 | 140 | 26 | 95.3 | 127.3 | 2 | 2 | HJ 216 E |
| NU 217 E | NJ 217 E | NUP 217 E | N 217 E | NH 217 E | 85 | 150 | 28 | 100.5 | 136.5 | 2 | 2 | HJ 217 E |
| NU 218 E | NJ 218 E | NUP 218 E | N 218 E | NH 218 E | 90 | 160 | 30 | 107 | 145 | 2 | 2 | HJ 218 E |
| NU 219 E | NJ 219 E | NUP 219 E | N 219 E | NH 219 E | 95 | 170 | 32 | 112.5 | 154.5 | 2.1 | 2.1 | HJ 219 E |
| NU 220 E | NJ 220 E | NUP 220 E | N 220 E | NH 220 E | 100 | 180 | 34 | 119 | 163 | 2.1 | 2.1 | HJ 220 E |
| NU 221 E | NJ 221 E | NUP 221 E | N 221 E | NH 221 E | 105 | 190 | 36 | 125 | 173 | 2.1 | 2.1 | HJ 221 E |
| NU 222 E | NJ 222 E | NUP 222 E | N 222 E | NH 222 E | 110 | 200 | 38 | 132.5 | 180.5 | 2.1 | 2.1 | HJ 222 E |
| NU 224 E | NJ 224 E | NUP 224 E | N 224 E | NH 224 E | 120 | 215 | 40 | 143.5 | 195.5 | 2.1 | 2.1 | HJ 224 E |
| NU 226 E | NJ 226 E | NUP 226 E | N 226 E | NH 226 E | 130 | 230 | 40 | 153.5 | 209.5 | 3 | 3 | HJ 226 E |
| NU 228 E | NJ 228 E | NUP 228 E | N 228 E | NH 228 E | 140 | 250 | 42 | 169 | 225 | 3 | 3 | HJ 228 E |
| NU 230 E | NJ 230 E | NUP 230 E | N 230 E | NH 230 E | 150 | 270 | 45 | 182 | 242 | 3 | 3 | HJ 230 E |
| NU 232 E | NJ 232 E | NUP 232 E | N 232 E | NH 232 E | 160 | 290 | 48 | 195 | 259 | 3 | 3 | HJ 232 E |
| NU 234 E | NJ 234 E | NUP 234 E | N 234 E | NH 234 E | 170 | 310 | 52 | 207 | 279 | 4 | 4 | HJ 234 E |
| NU 236 E | NJ 236 E | NUP 236 E | N 236 E | NH 236 E | 180 | 320 | 52 | 217 | 289 | 4 | 4 | HJ 236 E |
| NU 238 E | NJ 238 E | NUP 238 E | N 238 E | NH 238 E | 190 | 340 | 55 | 230 | 306 | 4 | 4 | HJ 238 E |
| NU 240 E | NJ 240 E | NUP 240 E | N 240 E | NH 240 E | 200 | 360 | 58 | 243 | 323 | 4 | 4 | HJ 240 E |
| NU 244 E | NJ 244 E | NUP 244 E | N 244 E | NH 244 E | 220 | 400 | 65 | 268 | 358 | 4 | 4 | HJ 244 E |
| NU 248 E | NJ 248 E | — | N 248E | NH 248 E | 240 | 440 | 72 | 293 | 393 | 4 | 4 | HJ 248 E |
| NU 252 E | NJ 252 E | — | — | NH 252 E | 260 | 480 | 80 | 317 | — | 5 | 5 | HJ 252 E |
| NU 256 E | — | — | — | — | 280 | 500 | 80 | 337 | — | 5 | 5 | — |
| NU 260 E | — | — | — | — | 300 | 540 | 85 | 364 | — | 5 | 5 | — |
| NU 264 E | — | — | — | — | 320 | 580 | 92 | 392 | — | 5 | 5 | — |

[a] 对应的最大倒角尺寸规定在 GB/T 274—2000 中。

表 2

单位为毫米

| 轴承型号 | | | | | 外形尺寸 | | | | | | | 斜挡圈型号 |
|---|---|---|---|---|---|---|---|---|---|---|---|---|
| NU 型 | NJ 型 | NUP 型 | N 型 | NH 型 | $d$ | $D$ | $B$ | $F_w$ | $E_w$ | $r_{s\,min}$ [a] | $r_{1s\,min}$ [a] | |
| NU 2203 E | NJ 2203 E | NUP 2203 E | N 2203 E | NH 2203 E | 17 | 40 | 16 | 22.1 | 35.1 | 0.6 | 0.6 | HJ 2203 E |
| NU 2204 E | NJ 2204 E | NUP 2204 E | N 2204 E | NH 2204 E | 20 | 47 | 18 | 26.5 | 41.5 | 1 | 0.6 | HJ 2204 E |
| NU 2205 E | NJ 2205 E | NUP 2205 E | N 2205 E | NH 2205 E | 25 | 52 | 18 | 31.5 | 46.5 | 1 | 0.6 | HJ 2205 E |
| NU 2206 E | NJ 2206 E | NUP 2206 E | N 2206 E | NH 2206 E | 30 | 62 | 20 | 37.5 | 55.5 | 1 | 0.6 | HJ 2206 E |
| NU 2207 E | NJ 2207 E | NUP 2207 E | N 2207 E | NH 2207 E | 35 | 72 | 23 | 44 | 64 | 1.1 | 0.6 | HJ 2207 E |
| NU 2208 E | NJ 2208 E | NUP 2208 E | N 2208 E | NH 2208 E | 40 | 80 | 23 | 49.5 | 71.5 | 1.1 | 1.1 | HJ 2208 E |
| NU 2209 E | NJ 2209 E | NUP 2209 E | N 2209 E | NH 2209 E | 45 | 85 | 23 | 54.5 | 76.5 | 1.1 | 1.1 | HJ 2209 E |
| NU 2210 E | NJ 2210 E | NUP 2210 E | N 2210 E | NH 2210 E | 50 | 90 | 23 | 59.5 | 81.5 | 1.1 | 1.1 | HJ 2210 E |
| NU 2211 E | NJ 2211 E | NUP 2211 E | N 2211 E | NH 2211 E | 55 | 100 | 25 | 66 | 90 | 1.5 | 1.1 | HJ 2211 E |
| NU 2212 E | NJ 2212 E | NUP 2212 E | N 2212 E | NH 2212 E | 60 | 110 | 28 | 72 | 100 | 1.5 | 1.5 | HJ 2212 E |
| NU 2213 E | NJ 2213 E | NUP 2213 E | N 2213 E | NH 2213 E | 65 | 120 | 31 | 78.5 | 108.5 | 1.5 | 1.5 | HJ 2213 E |
| NU 2214 E | NJ 2214 E | NUP 2214 E | N 2214 E | NH 2214 E | 70 | 125 | 31 | 83.5 | 113.5 | 1.5 | 1.5 | HJ 2214 E |
| NU 2215 E | NJ 2215 E | NUP 2215 E | N 2215 E | NH 2215 E | 75 | 130 | 31 | 88.5 | 118.5 | 1.5 | 1.5 | HJ 2215 E |
| NU 2216 E | NJ 2216 E | NUP 2216 E | N 2216 E | NH 2216 E | 80 | 140 | 33 | 95.3 | 127.3 | 2 | 2 | HJ 2216 E |
| NU 2217 E | NJ 2217 E | NUP 2217 E | N 2217 E | NH 2217 E | 85 | 150 | 36 | 100.5 | 136.5 | 2 | 2 | HJ 2217 E |
| NU 2218 E | NJ 2218 E | NUP 2218 E | N 2218 E | NH 2218 E | 90 | 160 | 40 | 107 | 145 | 2 | 2 | HJ 2218 E |
| NU 2219 E | NJ 2219 E | NUP 2219 E | N 2219 E | NH 2219 E | 95 | 170 | 43 | 112.5 | 154.5 | 2.1 | 2.1 | HJ 2219 E |
| NU 2220 E | NJ 2220 E | NUP 2220 E | N 2220 E | NH 2220 E | 100 | 180 | 46 | 119 | 163 | 2.1 | 2.1 | HJ 2220 E |
| NU 2222 E | NJ 2222 E | NUP 2222 E | N 2222 E | NH 2222 E | 110 | 200 | 53 | 132.5 | 180.5 | 2.1 | 2.1 | HJ 2222 E |
| NU 2224 E | NJ 2224 E | NUP 2224 E | N 2224 E | NH 2224 E | 120 | 215 | 58 | 143.5 | 195.5 | 2.1 | 2.1 | HJ 2224 E |
| NU 2226 E | NJ 2226 E | NUP 2226 E | N 2226 E | NH 2226 E | 130 | 230 | 64 | 153.5 | 209.5 | 3 | 3 | HJ 2226 E |
| NU 2228 E | NJ 2228 E | NUP 2228 E | N 2228 E | NH 2228 E | 140 | 250 | 68 | 169 | 225 | 3 | 3 | HJ 2228 E |
| NU 2230 E | NJ 2230 E | NUP 2230 E | N 2230 E | NH 2230 E | 150 | 270 | 73 | 182 | 242 | 3 | 3 | HJ 2230 E |
| NU 2232 E | NJ 2232 E | NUP 2232 E | N 2232 E | NH 2232 E | 160 | 290 | 80 | 193 | 259 | 3 | 3 | HJ 2232 E |
| NU 2234 E | NJ 2234 E | NUP 2234 E | N 2234 E | NH 2234 E | 170 | 310 | 86 | 205 | 279 | 4 | 4 | HJ 2234 E |
| NU 2236 E | NJ 2236 E | NUP 2236 E | N 2236 E | NH 2236 E | 180 | 320 | 86 | 215 | 289 | 4 | 4 | HJ 2236 E |
| NU 2238 E | NJ 2238 E | NUP 2238 E | N 2238 E | NH 2238 E | 190 | 340 | 92 | 228 | 306 | 4 | 4 | HJ 2238 E |
| NU 2240 E | NJ 2240 E | NUP 2240 E | N 2240 E | NH 2240 E | 200 | 360 | 98 | 241 | 323 | 4 | 4 | HJ 2240 E |
| NU 2244 E | — | NUP 2244 E | — | — | 220 | 400 | 108 | 259 | — | 4 | 4 | — |
| NU 2248 E | — | — | — | — | 240 | 440 | 120 | 287 | — | 4 | 4 | — |
| NU 2252 E | — | — | — | — | 260 | 480 | 130 | 313 | — | 5 | 5 | — |
| NU 2256 E | — | — | — | — | 280 | 500 | 130 | 333 | — | 5 | 5 | — |
| NU 2260 E | — | — | — | — | 300 | 540 | 140 | 355 | — | 5 | 5 | — |
| NU 2264 E | — | — | — | — | 320 | 580 | 150 | 380 | — | 5 | 5 | — |

a 对应的最大倒角尺寸规定在 GB/T 274—2000 中。

表 3

单位为毫米

| 轴承型号 | | | | | 外形尺寸 | | | | | | | 斜挡圈型号 |
|---|---|---|---|---|---|---|---|---|---|---|---|---|
| NU 型 | NJ 型 | NUP 型 | N 型 | NH 型 | $d$ | $D$ | $B$ | $F_w$ | $E_w$ | $r_{s\,min}$[a] | $r_{1s\,min}$[a] | |
| NU 303 E | NJ 303 E | NUP 303 E | N 303 E | NH 303 E | 17 | 47 | 14 | 24.2 | 40.2 | 1 | 0.6 | HJ 303 E |
| NU 304 E | NJ 304 E | NUP 304 E | N 304 E | NH 304 E | 20 | 52 | 15 | 27.5 | 45.5 | 1.1 | 0.6 | HJ 304 E |
| NU 305 E | NJ 305 E | NUP 305 E | N 305 E | NH 305 E | 25 | 62 | 17 | 34 | 54 | 1.1 | 1.1 | HJ 305 E |
| NU 306 E | NJ 306 E | NUP 306 E | N 306 E | NH 306 E | 30 | 72 | 19 | 40.5 | 62.5 | 1.1 | 1.1 | HJ 306 E |
| NU 307 E | NJ 307 E | NUP 307 E | N 307 E | NH 307 E | 35 | 80 | 21 | 46.2 | 70.2 | 1.5 | 1.1 | HJ 307 E |
| NU 308 E | NJ 308 E | NUP 308 E | N 308 E | NH 308 E | 40 | 90 | 23 | 52 | 80 | 1.5 | 1.5 | HJ 308 E |
| NU 309 E | NJ 309 E | NUP 309 E | N 309 E | NH 309 E | 45 | 100 | 25 | 58.5 | 88.5 | 1.5 | 1.5 | HJ 309 E |
| NU 310 E | NJ 310 E | NUP 310 E | N 310 E | NH 310 E | 50 | 110 | 27 | 65 | 97 | 2 | 2 | HJ 310 E |
| NU 311 E | NJ 311 E | NUP 311 E | N 311 E | NH 311 E | 55 | 120 | 29 | 70.5 | 106.5 | 2 | 2 | HJ 311 E |
| NU 312 E | NJ 312 E | NUP 312 E | N 312 E | NH 312 E | 60 | 130 | 31 | 77 | 115 | 2.1 | 2.1 | HJ 312 E |
| NU 313 E | NJ 313 E | NUP 313 E | N 313 E | NH 313 E | 65 | 140 | 33 | 82.5 | 124.5 | 2.1 | 2.1 | HJ 313 E |
| NU 314 E | NJ 314 E | NUP 314 E | N 314 E | NH 314 E | 70 | 150 | 35 | 89 | 133 | 2.1 | 2.1 | HJ 314 E |
| NU 315 E | NJ 315 E | NUP 315 E | N 315 E | NH 315 E | 75 | 160 | 37 | 95 | 143 | 2.1 | 2.1 | HJ 315 E |
| NU 316 E | NJ 316 E | NUP 316 E | N 316 E | NH 316 E | 80 | 170 | 39 | 101 | 151 | 2.1 | 2.1 | HJ 316 E |
| NU 317 E | NJ 317 E | NUP 317 E | N 317 E | NH 317 E | 85 | 180 | 41 | 108 | 160 | 3 | 3 | HJ 317 E |
| NU 318 E | NJ 318 E | NUP 318 E | N 318 E | NH 318 E | 90 | 190 | 43 | 113.5 | 169.5 | 3 | 3 | HJ 318 E |
| NU 319 E | NJ 319 E | NUP 319 E | N 319 E | NH 319 E | 95 | 200 | 45 | 121.5 | 177.5 | 3 | 3 | HJ 319 E |
| NU 320 E | NJ 320 E | NUP 320 E | N 320 E | NH 320 E | 100 | 215 | 47 | 127.5 | 191.5 | 3 | 3 | HJ 320 E |
| NU 321 E | NJ 321 E | NUP 321 E | N 321 E | NH 321 E | 105 | 225 | 49 | 133 | 201 | 3 | 3 | HJ 321 E |
| NU 322 E | NJ 322 E | NUP 322 E | N 322 E | NH 322 E | 110 | 240 | 50 | 143 | 211 | 3 | 3 | HJ 322 E |
| NU 324 E | NJ 324 E | NUP 324 E | N 324 E | NH 324 E | 120 | 260 | 55 | 154 | 230 | 3 | 3 | HJ 324 E |
| NU 326 E | NJ 326 E | NUP 326 E | N 326 E | NH 326 E | 130 | 280 | 58 | 167 | 247 | 4 | 4 | HJ 326 E |
| NU 328 E | NJ 328 E | NUP 328 E | N 328 E | NH 328 E | 140 | 300 | 62 | 180 | 260 | 4 | 4 | HJ 328 E |
| NU 330 E | NJ 330 E | NUP 330 E | N 330 E | NH 330 E | 150 | 320 | 65 | 193 | 283 | 4 | 4 | HJ 330 E |
| NU 332 E | NJ 332 E | NUP 332 E | N 332 E | NH 332 E | 160 | 340 | 68 | 204 | 300 | 4 | 4 | HJ 332 E |
| NU 334 E | NJ 334 E | — | N 334 E | NH 334 E | 170 | 360 | 72 | 218 | 318 | 4 | 4 | HJ 334 E |
| NU 336 E | NJ 336 E | — | — | NH 336 E | 180 | 380 | 75 | 231 | — | 4 | 4 | HJ 336 E |
| NU 338 E | — | — | — | — | 190 | 400 | 78 | 245 | — | 5 | 5 | — |
| NU 340 E | NJ 340 E | — | — | — | 200 | 420 | 80 | 258 | — | 5 | 5 | — |
| NU 344 E | — | — | — | — | 220 | 460 | 88 | 282 | — | 5 | 5 | — |
| NU 348 E | NJ 348 E | — | — | — | 240 | 500 | 95 | 306 | — | 5 | 5 | — |
| NU 352 E | — | — | — | — | 260 | 540 | 102 | 337 | — | 6 | 6 | — |
| NU 356 E | NJ 356 E | — | — | — | 280 | 580 | 108 | 362 | — | 6 | 6 | — |

[a] 对应的最大倒角尺寸规定在 GB/T 274—2000 中。

表 4

单位为毫米

| 轴承型号 | | | | | 外形尺寸 | | | | | | | 斜挡圈型号 |
|---|---|---|---|---|---|---|---|---|---|---|---|---|
| NU 型 | NJ 型 | NUP 型 | N 型 | NH 型 | $d$ | $D$ | $B$ | $F_w$ | $E_w$ | $r_{s\ min}$[a] | $r_{1s\ min}$[a] | |
| NU 2304 E | NJ 2304 E | NUP 2304 E | N 2304 E | NH 2304 E | 20 | 52 | 21 | 27.5 | 45.5 | 1.1 | 0.6 | HJ 2304 E |
| NU 2305 E | NJ 2305 E | NUP 2305 E | N 2305 E | NH 2305 E | 25 | 62 | 24 | 34 | 54 | 1.1 | 1.1 | HJ 2305 E |
| NU 2306 E | NJ 2306 E | NUP 2306 E | N 2306 E | NH 2306 E | 30 | 72 | 27 | 40.5 | 62.5 | 1.1 | 1.1 | HJ 2306 E |
| NU 2307 E | NJ 2307 E | NUP 2307 E | N 2307 E | NH 2307 E | 35 | 80 | 31 | 46.2 | 70.2 | 1.5 | 1.1 | HJ 2307 E |
| NU 2308 E | NJ 2308 E | NUP 2308 E | N 2308 E | NH 2308 E | 40 | 90 | 33 | 52 | 80 | 1.5 | 1.5 | HJ 2308 E |
| NU 2309 E | NJ 2309 E | NUP 2309 E | N 2309 E | NH 2309 E | 45 | 100 | 36 | 58.5 | 88.5 | 1.5 | 1.5 | HJ 2309 E |
| NU 2310 E | NJ 2310 E | NUP 2310 E | N 2310 E | NH 2310 E | 50 | 110 | 40 | 65 | 97 | 2 | 2 | HJ 2310 E |
| NU 2311 E | NJ 2311 E | NUP 2311 E | N 2311 E | NH 2311 E | 55 | 120 | 43 | 70.5 | 106.5 | 2 | 2 | HJ 2311 E |
| NU 2312 E | NJ 2312 E | NUP 2312 E | N 2312 E | NH 2312 E | 60 | 130 | 46 | 77 | 115 | 2.1 | 2.1 | HJ 2312 E |
| NU 2313 E | NJ 2313 E | NUP 2313 E | N 2313 E | NH 2313 E | 65 | 140 | 48 | 82.5 | 124.5 | 2.1 | 2.1 | HJ 2313 E |
| NU 2314 E | NJ 2314 E | NUP 2314 E | N 2314 E | NH 2314 E | 70 | 150 | 51 | 89 | 133 | 2.1 | 2.1 | HJ 2314 E |
| NU 2315 E | NJ 2315 E | NUP 2315 E | N 2315 E | NH 2315 E | 75 | 160 | 55 | 95 | 143 | 2.1 | 2.1 | HJ 2315 E |
| NU 2316 E | NJ 2316 E | NUP 2316 E | N 2316 E | NH 2316 E | 80 | 170 | 58 | 101 | 151 | 2.1 | 2.1 | HJ 2316 E |
| NU 2317 E | NJ 2317 E | NUP 2317 E | N 2317 E | NH 2317 E | 85 | 180 | 60 | 108 | 160 | 3 | 3 | HJ 2317 E |
| NU 2318 E | NJ 2318 E | NUP 2318 E | N 2318 E | NH 2318 E | 90 | 190 | 64 | 113.5 | 169.5 | 3 | 3 | HJ 2318 E |
| NU 2319 E | NJ 2319 E | NUP 2319 E | N 2319 E | NH 2319 E | 95 | 200 | 67 | 121.5 | 177.5 | 3 | 3 | HJ 2319 E |
| NU 2320 E | NJ 2320 E | NUP 2320 E | N 2320 E | NH 2320 E | 100 | 215 | 73 | 127.5 | 191.5 | 3 | 3 | HJ 2320 E |
| NU 2322 E | NJ 2322 E | NUP 2322 E | N 2322 E | NH 2322 E | 110 | 240 | 80 | 143 | 211 | 3 | 3 | HJ 2322 E |
| NU 2324 E | NJ 2324 E | NUP 2324 E | N 2324 E | NH 2324 E | 120 | 260 | 86 | 154 | 230 | 3 | 3 | HJ 2324 E |
| NU 2326 E | NJ 2326 E | NUP 2326 E | N 2326 E | NH 2326 E | 130 | 280 | 93 | 167 | 247 | 4 | 4 | HJ 2326 E |
| NU 2328 E | NJ 2328 E | NUP 2328 E | N 2328 E | NH 2328 E | 140 | 300 | 102 | 180 | 260 | 4 | 4 | HJ 2328 E |
| NU 2330 E | NJ 2330 E | NUP 2330 E | N 2330 E | NH 2330 E | 150 | 320 | 108 | 193 | 283 | 4 | 4 | HJ 2330 E |
| NU 2332 E | NJ 2332 E | NUP 2332 E | N 2332 E | NH 2332 E | 160 | 340 | 114 | 204 | 300 | 4 | 4 | HJ 2332 E |
| NU 2334 E | NJ 2334 E | — | — | — | 170 | 360 | 120 | 216 | — | 4 | 4 | — |
| NU 2336 E | NJ 2336 E | — | — | — | 180 | 380 | 126 | 227 | — | 4 | 4 | — |
| NU 2338 E | NJ 2338 E | — | — | — | 190 | 400 | 132 | 240 | — | 5 | 5 | — |
| NU 2340 E | NJ 2340 E | — | — | — | 200 | 420 | 138 | 253 | — | 5 | 5 | — |
| NU 2344 E | — | — | — | — | 220 | 460 | 145 | 277 | — | 5 | 5 | — |
| NU 2348 E | — | — | — | — | 240 | 500 | 155 | 303 | — | 5 | 5 | — |
| NU 2352 E | — | — | — | — | 260 | 540 | 165 | 324 | — | 6 | 6 | — |
| NU 2356 E | — | — | — | — | 280 | 580 | 175 | 351 | — | 6 | 6 | — |

[a] 对应的最大倒角尺寸规定在 GB/T 274—2000 中。

**表 5**

单位为毫米

| 轴承型号 | | 外形尺寸 | | | | | | |
|---|---|---|---|---|---|---|---|---|
| NU型 | N型 | $d$ | $D$ | $B$ | $F_w$ | $E_w$ | $r_{s\ min}$[a] | $r_{1s\ min}$[a] |
| NU 1005 | N 1005 | 25 | 47 | 12 | 30.5 | 41.5 | 1 | 0.3 |
| NU 1006 | N 1006 | 30 | 55 | 13 | 36.5 | 48.5 | 1 | 0.6 |
| NU 1007 | N 1007 | 35 | 62 | 14 | 42 | 55 | 1 | 0.6 |
| NU 1008 | N 1008 | 40 | 68 | 15 | 47 | 61 | 1 | 0.6 |
| NU 1009 | N 1009 | 45 | 75 | 16 | 52.5 | 67.5 | 1 | 0.6 |
| NU 1010 | N 1010 | 50 | 80 | 16 | 57.5 | 72.5 | 1 | 0.6 |
| NU 1011 | N 1011 | 55 | 90 | 18 | 64.5 | 80.5 | 1.1 | 1 |
| NU 1012 | N 1012 | 60 | 95 | 18 | 69.5 | 85.5 | 1.1 | 1 |
| NU 1013 | N 1013 | 65 | 100 | 18 | 74.5 | 90.5 | 1.1 | 1 |
| NU 1014 | N 1014 | 70 | 110 | 20 | 80 | 100 | 1.1 | 1 |
| NU 1015 | N 1015 | 75 | 115 | 20 | 85 | 105 | 1.1 | 1 |
| NU 1016 | N 1016 | 80 | 125 | 22 | 91.5 | 113.5 | 1.1 | 1 |
| NU 1017 | N 1017 | 85 | 130 | 22 | 96.5 | 118.5 | 1.1 | 1 |
| NU 1018 | N 1018 | 90 | 140 | 24 | 103 | 127 | 1.5 | 1.1 |
| NU 1019 | N 1019 | 95 | 145 | 24 | 108 | 132 | 1.5 | 1.1 |
| NU 1020 | N 1020 | 100 | 150 | 24 | 113 | 137 | 1.5 | 1.1 |
| NU 1021 | N 1021 | 105 | 160 | 26 | 119.5 | 145.5 | 2 | 1.1 |
| NU 1022 | N 1022 | 110 | 170 | 28 | 125 | 155 | 2 | 1.1 |
| NU 1024 | N 1024 | 120 | 180 | 28 | 135 | 165 | 2 | 1.1 |
| NU 1026 | N 1026 | 130 | 200 | 33 | 148 | 182 | 2 | 1.1 |
| NU 1028 | N 1028 | 140 | 210 | 33 | 158 | 192 | 2 | 1.1 |
| NU 1030 | N 1030 | 150 | 225 | 35 | 169.5 | 205.5 | 2.1 | 1.5 |
| NU 1032 | N 1032 | 160 | 240 | 38 | 180 | 220 | 2.1 | 1.5 |
| NU 1034 | N 1034 | 170 | 260 | 42 | 193 | 237 | 2.1 | 2.1 |
| NU 1036 | N 1036 | 180 | 280 | 46 | 205 | 255 | 2.1 | 2.1 |
| NU 1038 | N 1038 | 190 | 290 | 46 | 215 | 265 | 2.1 | 2.1 |
| NU 1040 | N 1040 | 200 | 310 | 51 | 229 | 281 | 2.1 | 2.1 |
| NU 1044 | N 1044 | 220 | 340 | 56 | 250 | 310 | 3 | 3 |
| NU 1048 | N 1048 | 240 | 360 | 56 | 270 | 330 | 3 | 3 |
| NU 1052 | N 1052 | 260 | 400 | 65 | 296 | 364 | 4 | 4 |
| NU 1056 | N 1056 | 280 | 420 | 65 | 316 | 384 | 4 | 4 |
| NU 1060 | N 1060 | 300 | 460 | 74 | 340 | 420 | 4 | 4 |
| NU 1064 | N 1064 | 320 | 480 | 74 | 360 | 440 | 4 | 4 |
| NU 1068 | N 1068 | 340 | 520 | 82 | 385 | 475 | 5 | 5 |
| NU 1072 | N 1072 | 360 | 540 | 82 | 405 | 495 | 5 | 5 |
| NU 1076 | N 1076 | 380 | 560 | 82 | 425 | 515 | 5 | 5 |
| NU 1080 | — | 400 | 600 | 90 | 450 | — | 5 | 5 |
| NU 1084 | — | 420 | 620 | 90 | 470 | — | 5 | 5 |

表 5(续)

单位为毫米

| 轴承型号 | | 外形尺寸 | | | | | | |
|---|---|---|---|---|---|---|---|---|
| NU 型 | N 型 | $d$ | $D$ | $B$ | $F_w$ | $E_w$ | $r_{s\ min}$[a] | $r_{1s\ min}$[a] |
| NU 1088 | — | 440 | 650 | 94 | 493 | — | 6 | 6 |
| NU 1092 | — | 460 | 680 | 100 | 516 | — | 6 | 6 |
| NU 1096 | — | 480 | 700 | 100 | 536 | — | 6 | 6 |
| NU 10/500 | — | 500 | 720 | 100 | 556 | — | 6 | 6 |
| NU 10/530 | — | 530 | 780 | 112 | 593 | — | 6 | 6 |
| NU 10/560 | — | 560 | 820 | 115 | 626 | — | 6 | 6 |
| NU 10/600 | — | 600 | 870 | 118 | 667 | — | 6 | 6 |

a 对应的最大倒角尺寸规定在 GB/T 274—2000 中。

表 6

单位为毫米

| 轴承型号 | 外形尺寸 | | | | | |
|---|---|---|---|---|---|---|
| | $F_w$ | | $D$ | $B$ | $r_{s\ min}$[b] | $a$ |
| | 公称尺寸 | 公差[a] | | | | |
| RNU 202 E | 19.3 | +0.010<br>0 | 35 | 11 | 0.6 | — |
| RNU 203 E | 22.1 | | 40 | 12 | 0.6 | — |
| RNU 204 E | 26.5 | | 47 | 14 | 1 | 2.5 |
| RNU 205 E | 31.5 | +0.015<br>0 | 52 | 15 | 1 | 3 |
| RNU 206 E | 37.5 | | 62 | 16 | 1 | 3 |
| RNU 207 E | 44 | | 72 | 17 | 1.1 | 3 |
| RNU 208 E | 49.5 | | 80 | 18 | 1.1 | 3.5 |
| RNU 209 E | 54.5 | | 85 | 19 | 1.1 | 3.5 |
| RNU 210 E | 59.5 | | 90 | 20 | 1.1 | 4 |
| RNU 211 E | 66 | +0.020<br>0 | 100 | 21 | 1.5 | 3.5 |
| RNU 212 E | 72 | | 110 | 22 | 1.5 | 4 |
| RNU 213 E | 78.5 | | 120 | 23 | 1.5 | 4 |
| RNU 214 E | 83.5 | | 125 | 24 | 1.5 | 4 |
| RNU 215 E | 88.5 | | 130 | 25 | 1.5 | 4 |
| RNU 216 E | 95.3 | | 140 | 26 | 2 | 4.5 |
| RNU 217 E | 100.5 | | 150 | 28 | 2 | 4.5 |
| RNU 218 E | 107 | | 160 | 30 | 2 | 5 |
| RNU 219 E | 112.5 | | 170 | 32 | 2.1 | 5 |
| RNU 220 E | 119 | | 180 | 34 | 2.1 | 5 |
| RNU 221 E | 125 | | 190 | 36 | 2.1 | — |
| RNU 222 E | 132.5 | | 200 | 38 | 2.1 | 6 |
| RNU 224 E | 143.5 | | 215 | 40 | 2.1 | 6 |

a 当订户有特殊要求时,可另行规定。

b 对应的最大倒角尺寸规定在 GB/T 274—2000 中。

表 7

单位为毫米

| 轴承型号 | 外形尺寸 | | | | | |
|---|---|---|---|---|---|---|
| | $F_w$ | | $D$ | $B$ | $r_{s\ min}$[b] | $a$ |
| | 公称尺寸 | 公差[a] | | | | |
| RNU 304 E | 27.5 | +0.010<br>0 | 52 | 15 | 1.1 | 2.5 |
| RNU 305 E | 34 | +0.015<br>0 | 62 | 17 | 1.1 | 3 |
| RNU 306 E | 40.5 | | 72 | 19 | 1.1 | 3.5 |
| RNU 307 E | 46.2 | | 80 | 21 | 1.5 | 3.5 |
| RNU 308 E | 52 | | 90 | 23 | 1.5 | 4 |
| RNU 309 E | 58.5 | | 100 | 25 | 1.5 | 4.5 |
| RNU 310 E | 65 | | 110 | 27 | 2 | 5 |
| RNU 311 E | 70.5 | +0.020<br>0 | 120 | 29 | 2 | 5 |
| RNU 312 E | 77 | | 130 | 31 | 2.1 | 5.5 |
| RNU 313 E | 82.5 | | 140 | 33 | 2.1 | 5.5 |
| RNU 314 E | 89 | | 150 | 35 | 2.1 | 5.5 |
| RNU 315 E | 95 | | 160 | 37 | 2.1 | 5.5 |
| RNU 316 E | 101 | | 170 | 39 | 2.1 | 6 |
| RNU 317 E | 108 | | 180 | 41 | 3 | 6.5 |
| RNU 318 E | 113.5 | | 190 | 43 | 3 | 6.5 |
| RNU 319 E | 121.5 | | 200 | 45 | 3 | 7.5 |
| RNU 320 E | 127.5 | | 215 | 47 | 3 | 7.5 |

a 当订户有特殊要求时,可另行规定。

b 对应的最大倒角尺寸规定在 GB/T 274—2000 中。

表 8

单位为毫米

| 轴承型号 | 外形尺寸 | | | | | |
|---|---|---|---|---|---|---|
| | $E_w$ | | $d$ | $B$ | $r_{s\ min}$[b] | $a$ |
| | 公称尺寸 | 公差[a] | | | | |
| RN 202 E | 30.3 | 0<br>−0.010 | 15 | 11 | 0.6 | — |
| RN 203 E | 35.1 | | 17 | 12 | 0.6 | — |
| RN 204 E | 41.5 | | 20 | 14 | 1 | 2.5 |
| RN 205 E | 46.5 | 0<br>−0.015 | 25 | 15 | 1 | 3 |
| RN 206 E | 55.5 | | 30 | 16 | 1 | 3 |
| RN 207 E | 64 | | 35 | 17 | 1.1 | 3 |
| RN 208 E | 71.5 | | 40 | 18 | 1.1 | 3.5 |
| RN 209 E | 76.5 | | 45 | 19 | 1.1 | 3.5 |
| RN 210 E | 81.5 | | 50 | 20 | 1.1 | 4 |

表 8（续）

单位为毫米

| 轴承型号 | 外形尺寸 | | | | | |
|---|---|---|---|---|---|---|
| | $E_w$ | | $d$ | $B$ | $r_{s\ min}$[b] | $a$ |
| | 公称尺寸 | 公差[a] | | | | |
| RN 211 E | 90 | 0<br>−0.020 | 55 | 21 | 1.5 | 3.5 |
| RN 212 E | 100 | | 60 | 22 | 1.5 | 4 |
| RN 213 E | 108.5 | | 65 | 23 | 1.5 | 4 |
| RN 214 E | 113.5 | | 70 | 24 | 1.5 | 4 |
| RN 215 E | 118.5 | | 75 | 25 | 1.5 | 4 |
| RN 216 E | 127.3 | | 80 | 26 | 2 | 4.5 |
| RN 217 E | 136.5 | | 85 | 28 | 2 | 4.5 |
| RN 218 E | 145 | | 90 | 30 | 2 | 5 |
| RN 219 E | 154.5 | | 95 | 32 | 2.1 | 5 |
| RN 220 E | 163 | | 100 | 34 | 2.1 | 5 |
| RN 221 E | 173 | | 105 | 36 | 2.1 | — |
| RN 222 E | 180.5 | | 110 | 38 | 2.1 | 6 |
| RN 224 E | 195.5 | | 120 | 40 | 2.1 | 6 |

a 当订户有特殊要求时，可另行规定。

b 对应的最大倒角尺寸规定在 GB/T 274—2000 中。

表 9

单位为毫米

| 轴承型号 | 外形尺寸 | | | | | |
|---|---|---|---|---|---|---|
| | $E_w$ | | $d$ | $B$ | $r_{s\ min}$[b] | $a$ |
| | 公称尺寸 | 公差[a] | | | | |
| RN 304 E | 45.5 | 0<br>−0.010 | 20 | 15 | 1.1 | 2.5 |
| RN 305 E | 54 | 0<br>−0.015 | 25 | 17 | 1.1 | 3 |
| RN 306 E | 62.5 | | 30 | 19 | 1.1 | 3.5 |
| RN 307 E | 70.2 | | 35 | 21 | 1.5 | 3.5 |
| RN 308 E | 80 | | 40 | 23 | 1.5 | 4 |
| RN 309 E | 88.5 | | 45 | 25 | 1.5 | 4.5 |
| RN 310 E | 97 | | 50 | 27 | 2 | 5 |
| RN 311 E | 106.5 | | 55 | 29 | 2 | 5 |
| RN 312 E | 115 | 0<br>−0.020 | 60 | 31 | 2.1 | 5.5 |
| RN 313 E | 124.5 | | 65 | 33 | 2.1 | 5.5 |
| RN 314 E | 133 | | 70 | 35 | 2.1 | 5.5 |
| RN 315 E | 143 | | 75 | 37 | 2.1 | 5.5 |
| RN 316 E | 151 | | 80 | 39 | 2.1 | 6 |
| RN 317 E | 160 | | 85 | 41 | 3 | 6.5 |
| RN 318 E | 169.5 | | 90 | 43 | 3 | 6.5 |
| RN 319 E | 177.5 | | 95 | 45 | 3 | 7.5 |
| RN 320 E | 191.5 | | 100 | 47 | 3 | 7.5 |

a 当订户有特殊要求时，可另行规定。

b 对应的最大倒角尺寸规定在 GB/T 274—2000 中。

表 10

单位为毫米

| 轴承型号 | 外形尺寸 | | | | | |
|---|---|---|---|---|---|---|
| | $F_w$ | | $D$ | $B$ | $r_{s\,min}$[b] | $a$ |
| | 公称尺寸 | 公差[a] | | | | |
| RNU 1005 | 30.5 | +0.015<br>0 | 47 | 12 | 0.6 | 3.25 |
| RNU 1006 | 36.5 | | 55 | 13 | 1 | 3.5 |
| RNU 1007 | 42 | | 62 | 14 | 1 | 3.75 |
| RNU 1008 | 47 | | 68 | 15 | 1 | 4 |
| RNU 1009 | 52.5 | | 75 | 16 | 1 | 4.25 |
| RNU 1010 | 57.5 | | 80 | 16 | 1 | 4.25 |
| RNU 1011 | 64.5 | +0.020<br>0 | 90 | 18 | 1.1 | 5 |
| RNU 1012 | 69.5 | | 95 | 18 | 1.1 | 5 |
| RNU 1013 | 74.5 | | 100 | 18 | 1.1 | 5 |
| RNU 1014 | 80 | | 110 | 20 | 1.1 | 5 |
| RNU 1015 | 85 | | 115 | 20 | 1.1 | 5 |
| RNU 1016 | 91.5 | | 125 | 22 | 1.1 | 5.5 |
| RNU 1017 | 96.5 | | 130 | 22 | 1.1 | 5.5 |
| RNU 1018 | 103 | | 140 | 24 | 1.5 | 6 |
| RNU 1019 | 108 | | 145 | 24 | 1.5 | 6 |
| RNU 1020 | 113 | | 150 | 24 | 1.5 | 6 |
| RNU 1021 | 119.5 | | 160 | 26 | 2 | 6.5 |
| RNU 1022 | 125 | | 170 | 28 | 2 | 6.5 |
| RNU 1024 | 135 | | 180 | 28 | 2 | 6.5 |
| RNU 1026 | 148 | +0.025<br>0 | 200 | 33 | 2 | 8 |
| RNU 1028 | 158 | | 210 | 33 | 2 | 8 |
| RNU 1030 | 169.5 | | 225 | 35 | 2.1 | 8.5 |
| RNU 1032 | 180 | | 240 | 38 | 2.1 | 9 |
| RNU 1034 | 193 | | 260 | 42 | 2.1 | 10 |
| RNU 1036 | 205 | | 280 | 46 | 2.1 | 10.5 |
| RNU 1038 | 215 | | 290 | 46 | 2.1 | 10.5 |
| RNU 1040 | 229 | | 310 | 51 | 2.1 | 12.5 |
| RNU 1044 | 250 | +0.030<br>0 | 340 | 56 | 3 | 13 |
| RNU 1048 | 270 | | 360 | 56 | 3 | 13 |
| RNU 1052 | 296 | +0.035<br>0 | 400 | 65 | 4 | 15.5 |
| RNU 1056 | 316 | | 420 | 65 | 4 | 15.5 |
| RNU 1060 | 340 | | 460 | 74 | 4 | 17 |
| RNU 1064 | 360 | +0.040<br>0 | 480 | 74 | 4 | 17 |
| RNU 1068 | 385 | | 520 | 82 | 5 | 18.5 |
| RNU 1072 | 405 | | 540 | 82 | 5 | 18.5 |
| RNU 1076 | 425 | | 560 | 82 | 5 | 18.5 |
| RNU 1080 | 450 | | 600 | 90 | 5 | 20 |

[a] 当订户有特殊要求时，可另行规定。

[b] 对应的最大倒角尺寸规定在 GB/T 274—2000 中。

## 5 标记示例

滚动轴承　NUP 208 E　GB/T 283—2007

## 附 录 A
## （规范性附录）
## 非加强型圆柱滚子轴承外形尺寸

非加强型圆柱滚子轴承的外形尺寸按表 A.1～表 A.9 的规定。

**表 A.1**

单位为毫米

| 轴承型号 | | | | | | 外形尺寸 | | | | | | | | 斜挡圈 |
|---|---|---|---|---|---|---|---|---|---|---|---|---|---|---|
| NU 型 | NJ 型 | NUP 型 | N 型 | NF 型 | NH 型 | $d$ | $D$ | $B$ | $B_1$ | $F_w$ | $E_w$ | $r_{s\,min}$[a] | $r_{1s\,min}$[a] | 型号 |
| NU 202 | NJ 202 | — | N 202 | NF 202 | — | 15 | 35 | 11 | — | 20 | 30 | 0.6 | 0.3 | — |
| NU 203 | NJ 203 | NUP 203 | N 203 | NF 203 | — | 17 | 40 | 12 | — | 22.9 | 33.9 | 0.6 | 0.3 | — |
| NU 204 | NJ 204 | NUP 204 | N 204 | NF 204 | NH 204 | 20 | 47 | 14 | 3 | 27 | 40 | 1 | 0.6 | HJ 204 |
| NU 205 | NJ 205 | NUP 205 | N 205 | NF 205 | NH 205 | 25 | 52 | 15 | 3 | 32 | 45 | 1 | 0.6 | HJ 205 |
| NU 206 | NJ 206 | NUP 206 | N 206 | NF 206 | NH 206 | 30 | 62 | 16 | 4 | 38.5 | 53.5 | 1 | 0.6 | HJ 206 |
| NU 207 | NJ 207 | NUP 207 | N 207 | NF 207 | NH 207 | 35 | 72 | 17 | 4 | 43.8 | 61.8 | 1.1 | 0.6 | HJ 207 |
| NU 208 | NJ 208 | NUP 208 | N 208 | NF 208 | NH 208 | 40 | 80 | 18 | 5 | 50 | 70 | 1.1 | 1.1 | HJ 208 |
| NU 209 | NJ 209 | NUP 209 | N 209 | NF 209 | NH 209 | 45 | 85 | 19 | 5 | 55 | 75 | 1.1 | 1.1 | HJ 209 |
| NU 210 | NJ 210 | NUP 210 | N 210 | NF 210 | NH 210 | 50 | 90 | 20 | 5 | 60.4 | 80.4 | 1.1 | 1.1 | HJ 210 |
| NU 211 | NJ 211 | NUP 211 | N 211 | NF 211 | NH 211 | 55 | 100 | 21 | 6 | 66.5 | 88.5 | 1.5 | 1.1 | HJ 211 |
| NU 212 | NJ 212 | NUP 212 | N 212 | NF 212 | NH 212 | 60 | 110 | 22 | 6 | 73.5 | 97.5 | 1.5 | 1.5 | HJ 212 |
| NU 213 | NJ 213 | NUP 213 | N 213 | NF 213 | NH 213 | 65 | 120 | 23 | 6 | 79.6 | 105.6 | 1.5 | 1.5 | HJ 213 |
| NU 214 | NJ 214 | NUP 214 | N 214 | NF 214 | NH 214 | 70 | 125 | 24 | 7 | 84.5 | 110.5 | 1.5 | 1.5 | HJ 214 |
| NU 215 | NJ 215 | NUP 215 | N 215 | NF 215 | NH 215 | 75 | 130 | 25 | 7 | 88.5 | 116.5 | 1.5 | 1.5 | HJ 215 |
| NU 216 | NJ 216 | NUP 216 | N 216 | NF 216 | NH 216 | 80 | 140 | 26 | 8 | 95.3 | 125.3 | 2 | 2 | HJ 216 |
| NU 217 | NJ 217 | NUP 217 | N 217 | NF 217 | NH 217 | 85 | 150 | 28 | 8 | 101.8 | 133.8 | 2 | 2 | HJ 217 |
| NU 218 | NJ 218 | NUP 218 | N 218 | NF 218 | NH 218 | 90 | 160 | 30 | 9 | 107 | 143 | 2 | 2 | HJ 218 |
| NU 219 | NJ 219 | NUP 219 | N 219 | NF 219 | NH 219 | 95 | 170 | 32 | 9 | 113.5 | 151.5 | 2.1 | 2.1 | HJ 219 |
| NU 220 | NJ 220 | NUP 220 | N 220 | NF 220 | NH 220 | 100 | 180 | 34 | 10 | 120 | 160 | 2.1 | 2.1 | HJ 220 |
| NU 221 | NJ 221 | NUP 221 | N 221 | NF 221 | NH 221 | 105 | 190 | 36 | 10 | 126.8 | 168.8 | 2.1 | 2.1 | HJ 221 |
| NU 222 | NJ 222 | NUP 222 | N 222 | NF 222 | NH 222 | 110 | 200 | 38 | 11 | 132.5 | 178.5 | 2.1 | 2.1 | HJ 222 |
| NU 224 | NJ 224 | NUP 224 | N 224 | NF 224 | NH 224 | 120 | 215 | 40 | 11 | 143.5 | 191.5 | 2.1 | 2.1 | HJ 224 |
| NU 226 | NJ 226 | NUP 226 | N 226 | NF 226 | NH 226 | 130 | 230 | 40 | 11 | 156 | 204 | 3 | 3 | HJ 226 |
| NU 228 | NJ 228 | NUP 228 | N 228 | NF 228 | NH 228 | 140 | 250 | 42 | 11 | 169 | 221 | 3 | 3 | HJ 228 |
| NU 230 | NJ 230 | NUP 230 | N 230 | NF 230 | NH 230 | 150 | 270 | 45 | 12 | 182 | 238 | 3 | 3 | HJ 230 |
| NU 232 | NJ 232 | NUP 232 | N 232 | NF 232 | NH 232 | 160 | 290 | 48 | 12 | 195 | 255 | 3 | 3 | HJ 232 |
| NU 234 | NJ 234 | NUP 234 | N 234 | NF 234 | NH 234 | 170 | 310 | 52 | 12 | 208 | 272 | 4 | 4 | HJ 234 |
| NU 236 | NJ 236 | NUP 236 | N 236 | NF 236 | NH 236 | 180 | 320 | 52 | 12 | 218 | 282 | 4 | 4 | HJ 236 |
| NU 238 | NJ 238 | NUP 238 | N 238 | NF 238 | NH 238 | 190 | 340 | 55 | 13 | 231 | 299 | 4 | 4 | HJ 238 |
| NU 240 | NJ 240 | NUP 240 | N 240 | NF 240 | NH 240 | 200 | 360 | 58 | 14 | 244 | 316 | 4 | 4 | HJ 240 |
| NU 244 | NJ 244 | NUP 244 | N 244 | NF 244 | NH 244 | 220 | 400 | 65 | 15 | 270 | 350 | 4 | 4 | HJ 244 |
| NU 248 | NJ 248 | NUP 248 | N 248 | NF 248 | NH 248 | 240 | 440 | 72 | 16 | 295 | 385 | 4 | 4 | HJ 248 |
| NU 252 | NJ 252 | NUP 252 | N 252 | NF 252 | NH 252 | 260 | 480 | 80 | 18 | 320 | 420 | 5 | 5 | HJ 252 |
| NU 256 | NJ 256 | — | N 256 | NF 256 | NH 256 | 280 | 500 | 80 | 18 | 340 | 440 | 5 | 5 | HJ 256 |
| NU 260 | NJ 260 | — | N 260 | NF 260 | NH 260 | 300 | 540 | 85 | 20 | 364 | 476 | 5 | 5 | HJ 260 |
| NU 264 | NJ 264 | — | N 264 | NF 264 | NH 264 | 320 | 580 | 92 | 21 | 390 | 510 | 5 | 5 | HJ 264 |

a 对应的最大倒角尺寸规定在 GB/T 274—2000 中。

表 A.2

单位为毫米

| 轴承型号 | | | | | 外形尺寸 | | | | | | | | 斜挡圈型号 |
|---|---|---|---|---|---|---|---|---|---|---|---|---|---|
| NU型 | NJ型 | NUP型 | N型 | NH型 | $d$ | $D$ | $B$ | $B_1$ | $F_w$ | $E_w$ | $r_{s\,min}$[a] | $r_{1s\,min}$[a] | |
| NU 2204 | NJ 2204 | NUP 2204 | N 2204 | NH 2204 | 20 | 47 | 18 | 3 | 27 | 40 | — | — | HJ 2204 |
| NU 2205 | NJ 2205 | NUP 2205 | N 2205 | NH 2205 | 25 | 52 | 18 | 3 | 32 | 45 | 1 | 0.6 | HJ 2205 |
| NU 2206 | NJ 2206 | NUP 2206 | N 2206 | NH 2206 | 30 | 62 | 20 | 4 | 38.5 | 53.5 | 1 | 0.6 | HJ 2206 |
| NU 2207 | NJ 2207 | NUP 2207 | N 2207 | NH 2207 | 35 | 72 | 23 | 4 | 43.8 | 61.8 | 1.1 | 0.6 | HJ 2207 |
| NU 2208 | NJ 2208 | NUP 2208 | N 2208 | NH 2208 | 40 | 80 | 23 | 5 | 50 | 70 | 1.1 | 1.1 | HJ 2208 |
| NU 2209 | NJ 2209 | NUP 2209 | N 2209 | NH 2209 | 45 | 85 | 23 | 5 | 55 | 75 | 1.1 | 1.1 | HJ 2209 |
| NU 2210 | NJ 2210 | NUP 2210 | N 2210 | NH 2210 | 50 | 90 | 23 | 5 | 60.4 | 80.4 | 1.1 | 1.1 | HJ 2210 |
| NU 2211 | NJ 2211 | NUP 2211 | N 2211 | NH 2211 | 55 | 100 | 25 | 6 | 66.5 | 88.5 | 1.5 | 1.1 | HJ 2211 |
| NU 2212 | NJ 2212 | NUP 2212 | N 2212 | NH 2212 | 60 | 110 | 28 | 6 | 73.5 | 97.5 | 1.5 | 1.5 | HJ 2212 |
| NU 2213 | NJ 2213 | NUP 2213 | N 2213 | NH 2213 | 65 | 120 | 31 | 6 | 79.6 | 105.6 | 1.5 | 1.5 | HJ 2213 |
| NU 2214 | NJ 2214 | NUP 2214 | N 2214 | NH 2214 | 70 | 125 | 31 | 7 | 84.5 | 110.5 | 1.5 | 1.5 | HJ 2214 |
| NU 2215 | NJ 2215 | NUP 2215 | N 2215 | NH 2215 | 75 | 130 | 31 | 7 | 88.5 | 116.5 | 1.5 | 1.5 | HJ 2215 |
| NU 2216 | NJ 2216 | NUP 2216 | N 2216 | NH 2216 | 80 | 140 | 33 | 8 | 95.3 | 125.3 | 2 | 2 | HJ 2216 |
| NU 2217 | NJ 2217 | NUP 2217 | N 2217 | NH 2217 | 85 | 150 | 36 | 8 | 101.8 | 133.8 | 2 | 2 | HJ 2217 |
| NU 2218 | NJ 2218 | NUP 2218 | N 2218 | NH 2218 | 90 | 160 | 40 | 9 | 107 | 143 | 2 | 2 | HJ 2218 |
| NU 2219 | NJ 2219 | NUP 2219 | N 2219 | NH 2219 | 95 | 170 | 43 | 9 | 113.5 | 151.5 | 2.1 | 2.1 | HJ 2219 |
| NU 2220 | NJ 2220 | NUP 2220 | N 2220 | NH 2220 | 100 | 180 | 46 | 10 | 120 | 160 | 2.1 | 2.1 | HJ 2220 |
| NU 2221 | NJ 2221 | NUP 2221 | N 2221 | NH 2221 | 105 | 190 | 50 | 10 | 126.8 | 168.8 | 2.1 | 2.1 | HJ 2221 |
| NU 2222 | NJ 2222 | NUP 2222 | N 2222 | NH 2222 | 110 | 200 | 53 | 11 | 132.5 | 178.5 | 2.1 | 2.1 | HJ 2222 |
| NU 2224 | NJ 2224 | NUP 2224 | N 2224 | NH 2224 | 120 | 215 | 58 | 11 | 143.5 | 191.5 | 2.1 | 2.1 | HJ 2224 |
| NU 2226 | NJ 2226 | NUP 2226 | N 2226 | NH 2226 | 130 | 230 | 64 | 11 | 156 | 204 | 3 | 3 | HJ 2226 |
| NU 2228 | NJ 2228 | NUP 2228 | N 2228 | NH 2228 | 140 | 250 | 68 | 11 | 169 | 221 | 3 | 3 | HJ 2228 |
| NU 2230 | NJ 2230 | NUP 2230 | N 2230 | NH 2230 | 150 | 270 | 73 | 12 | 182 | 238 | 3 | 3 | HJ 2230 |
| NU 2232 | NJ 2232 | NUP 2232 | N 2232 | NH 2232 | 160 | 290 | 80 | 12 | 195 | 255 | 3 | 3 | HJ 2232 |
| NU 2234 | NJ 2234 | NUP 2234 | N 2234 | NH 2234 | 170 | 310 | 86 | 12 | 208 | 272 | 4 | 4 | HJ 2234 |
| NU 2236 | NJ 2236 | NUP 2236 | N 2236 | NH 2236 | 180 | 320 | 86 | 12 | 218 | 282 | 4 | 4 | HJ 2236 |
| NU 2238 | NJ 2238 | NUP 2238 | N 2238 | NH 2238 | 190 | 340 | 92 | 13 | 231 | 299 | 4 | 4 | HJ 2238 |
| NU 2240 | NJ 2240 | NUP 2240 | N 2240 | NH 2240 | 200 | 360 | 98 | 14 | 244 | 316 | 4 | 4 | HJ 2240 |
| NU 2244 | NJ 2244 | NUP 2244 | N 2244 | — | 220 | 400 | 108 | — | 270 | 350 | 4 | 4 | — |
| NU 2248 | — | — | — | — | 240 | 440 | 120 | — | 295 | — | 4 | 4 | — |
| NU 2252 | — | — | — | — | 260 | 480 | 130 | — | 320 | — | 5 | 5 | — |
| NU 2256 | — | — | — | — | 280 | 500 | 130 | — | 340 | — | 5 | 5 | — |
| NU 2260 | — | — | — | — | 300 | 540 | 140 | — | 364 | — | 5 | 5 | — |
| NU 2264 | — | — | — | — | 320 | 580 | 150 | — | 390 | — | 5 | 5 | — |
| NU 2268 | — | — | — | — | 340 | 620 | 165 | — | 416 | — | 6 | 6 | — |
| NU 2272 | — | — | — | — | 360 | 650 | 170 | — | 437 | — | 6 | 6 | — |
| NU 2276 | — | — | — | — | 380 | 680 | 175 | — | 462 | — | 6 | 6 | — |

[a] 对应的最大倒角尺寸规定在 GB/T 274—2000 中。

**表 A.3**

单位为毫米

| 轴承型号 | | | | | | 外形尺寸 | | | | | | | | 斜挡圈型号 |
|---|---|---|---|---|---|---|---|---|---|---|---|---|---|---|
| NU 型 | NJ 型 | NUP 型 | N 型 | NF 型 | NH 型 | $d$ | $D$ | $B$ | $B_1$ | $F_w$ | $E_w$ | $r_{s\,min}$[a] | $r_{1s\,min}$[a] | |
| NU 304 | NJ 304 | NUP 304 | N 304 | NF 304 | NH 304 | 20 | 52 | 15 | 4 | 28.5 | 44.5 | 1.1 | 0.6 | HJ 304 |
| NU 305 | NJ 305 | NUP 305 | N 305 | NF 305 | NH 305 | 25 | 62 | 17 | 4 | 35 | 53 | 1.1 | 1.1 | HJ 305 |
| NU 306 | NJ 306 | NUP 306 | N 306 | NF 306 | NH 306 | 30 | 72 | 19 | 5 | 42 | 62 | 1.1 | 1.1 | HJ 306 |
| NU 307 | NJ 307 | NUP 307 | N 307 | NF 307 | NH 307 | 35 | 80 | 21 | 6 | 46.2 | 68.2 | 1.5 | 1.1 | HJ 307 |
| NU 308 | NJ 308 | NUP 308 | N 308 | NF 308 | NH 308 | 40 | 90 | 23 | 7 | 53.5 | 77.5 | 1.5 | 1.5 | HJ 308 |
| NU 309 | NJ 309 | NUP 309 | N 309 | NF 309 | NH 309 | 45 | 100 | 25 | 7 | 58.5 | 86.5 | 1.5 | 1.5 | HJ 309 |
| NU 310 | NJ 310 | NUP 310 | N 310 | NF 310 | NH 310 | 50 | 110 | 27 | 8 | 65 | 95 | 2 | 2 | HJ 310 |
| NU 311 | NJ 311 | NUP 311 | N 311 | NF 311 | NH 311 | 55 | 120 | 29 | 9 | 70.5 | 104.5 | 2 | 2 | HJ 311 |
| NU 312 | NJ 312 | NUP 312 | N 312 | NF 312 | NH 312 | 60 | 130 | 31 | 9 | 77 | 113 | 2.1 | 2.1 | HJ 312 |
| NU 313 | NJ 313 | NUP 313 | N 313 | NF 313 | NH 313 | 65 | 140 | 33 | 10 | 83.5 | 121.5 | 2.1 | 2.1 | HJ 313 |
| NU 314 | NJ 314 | NUP 314 | N 314 | NF 314 | NH 314 | 70 | 150 | 35 | 10 | 90 | 130 | 2.1 | 2.1 | HJ 314 |
| NU 315 | NJ 315 | NUP 315 | N 315 | NF 315 | NH 315 | 75 | 160 | 37 | 11 | 95.5 | 139.5 | 2.1 | 2.1 | HJ 315 |
| NU 316 | NJ 316 | NUP 316 | N 316 | NF 316 | NH 316 | 80 | 170 | 39 | 11 | 103 | 147 | 2.1 | 2.1 | HJ 316 |
| NU 317 | NJ 317 | NUP 317 | N 317 | NF 317 | NH 317 | 85 | 180 | 41 | 12 | 108 | 156 | 3 | 3 | HJ 317 |
| NU 318 | NJ 318 | NUP 318 | N 318 | NF 318 | NH 318 | 90 | 190 | 43 | 12 | 115 | 165 | 3 | 3 | HJ 318 |
| NU 319 | NJ 319 | NUP 319 | N 319 | NF 319 | NH 319 | 95 | 200 | 45 | 13 | 121.5 | 173.5 | 3 | 3 | HJ 319 |
| NU 320 | NJ 320 | NUP 320 | N 320 | NF 320 | NH 320 | 100 | 215 | 47 | 13 | 129.5 | 185.5 | 3 | 3 | HJ 320 |
| NU 321 | NJ 321 | NUP 321 | N 321 | NF 321 | NH 321 | 105 | 225 | 49 | 13 | 135 | 195 | 3 | 3 | HJ 321 |
| NU 322 | NJ 322 | NUP 322 | N 322 | NF 322 | NH 322 | 110 | 240 | 50 | 14 | 143 | 207 | 3 | 3 | HJ 322 |
| NU 324 | NJ 324 | NUP 324 | N 324 | NF 324 | NH 324 | 120 | 260 | 55 | 14 | 154 | 226 | 3 | 3 | HJ 324 |
| NU 326 | NJ 326 | NUP 326 | N 326 | NF 326 | NH 326 | 130 | 280 | 58 | 14 | 167 | 243 | 4 | 4 | HJ 326 |
| NU 328 | NJ 328 | NUP 328 | N 328 | NF 328 | NH 328 | 140 | 300 | 62 | 15 | 180 | 260 | 4 | 4 | HJ 328 |
| NU 330 | NJ 330 | NUP 330 | N 330 | NF 330 | NH 330 | 150 | 320 | 65 | 15 | 193 | 277 | 4 | 4 | HJ 330 |
| NU 332 | NJ 332 | NUP 332 | N 332 | NF 332 | NH 332 | 160 | 340 | 68 | 15 | 208 | 292 | 4 | 4 | HJ 332 |
| NU 334 | NJ 334 | NUP 334 | N 334 | NF 334 | NH 334 | 170 | 360 | 72 | 16 | 220 | 310 | 4 | 4 | HJ 334 |
| NU 336 | NJ 336 | NUP 336 | N 336 | NF 336 | NH 336 | 180 | 380 | 75 | 17 | 232 | 328 | 4 | 4 | HJ 336 |
| NU 338 | NJ 338 | NUP 338 | N 338 | NF 338 | NH 338 | 190 | 400 | 78 | 18 | 245 | 345 | 5 | 5 | HJ 338 |
| NU 340 | NJ 340 | NUP 340 | N 340 | NF 340 | NH 340 | 200 | 420 | 80 | 18 | 260 | 360 | 5 | 5 | HJ 340 |
| NU 344 | NJ 344 | — | N 344 | NF 344 | NH 344 | 220 | 460 | 88 | 20 | 284 | 396 | 5 | 5 | HJ 344 |
| NU 348 | NJ 348 | — | N 348 | NF 348 | NH 348 | 240 | 500 | 95 | 22 | 310 | 430 | 5 | 5 | HJ 348 |
| NU 352 | NJ 352 | — | N 352 | NF 352 | NH 352 | 260 | 540 | 102 | 24 | 336 | 464 | 6 | 6 | HJ 352 |

[a] 对应的最大倒角尺寸规定在 GB/T 274—2000 中。

**表 A.4**

单位为毫米

| 轴承型号 | | | | | | 外形尺寸 | | | | | | | | 斜挡圈型号 |
|---|---|---|---|---|---|---|---|---|---|---|---|---|---|---|
| NU 型 | NJ 型 | NUP 型 | N 型 | NF 型 | NH 型 | $d$ | $D$ | $B$ | $B_1$ | $F_w$ | $E_w$ | $r_{s\,min}$[a] | $r_{1s\,min}$[a] | |
| NU 2304 | NJ 2304 | NUP 2304 | N 2304 | — | NH 2304 | 20 | 52 | 21 | 4 | 28.5 | 44.5 | 1.1 | 0.6 | HJ 2304 |
| NU 2305 | NJ 2305 | NUP 2305 | N 2305 | NF 2305 | NH 2305 | 25 | 62 | 24 | 4 | 35 | 53 | 1.1 | 1.1 | HJ 2305 |
| NU 2306 | NJ 2306 | NUP 2306 | N 2306 | NF 2306 | NH 2306 | 30 | 72 | 27 | 5 | 42 | 62 | 1.1 | 1.1 | HJ 2306 |
| NU 2307 | NJ 2307 | NUP 2307 | N 2307 | NF 2307 | NH 2307 | 35 | 80 | 31 | 6 | 46.2 | 68.2 | 1.5 | 1.1 | HJ 2307 |
| NU 2308 | NJ 2308 | NUP 2308 | N 2308 | NF 2308 | NH 2308 | 40 | 90 | 33 | 7 | 53.5 | 77.5 | 1.5 | 1.5 | HJ 2308 |
| NU 2309 | NJ 2309 | NUP 2309 | N 2309 | NF 2309 | NH 2309 | 45 | 100 | 36 | 7 | 58.5 | 86.5 | 1.5 | 1.5 | HJ 2309 |
| NU 2310 | NJ 2310 | NUP 2310 | N 2310 | NF 2310 | NH 2310 | 50 | 110 | 40 | 8 | 65 | 95 | 2 | 2 | HJ 2310 |
| NU 2311 | NJ 2311 | NUP 2311 | N 2311 | NF 2311 | NH 2311 | 55 | 120 | 43 | 9 | 70.5 | 104.5 | 2 | 2 | HJ 2311 |
| NU 2312 | NJ 2312 | NUP 2312 | N 2312 | NF 2312 | NH 2312 | 60 | 130 | 46 | 9 | 77 | 113 | 2.1 | 2.1 | HJ 2312 |
| NU 2313 | NJ 2313 | NUP 2313 | N 2313 | NF 2313 | NH 2313 | 65 | 140 | 48 | 10 | 83.5 | 121.5 | 2.1 | 2.1 | HJ 2313 |
| NU 2314 | NJ 2314 | NUP 2314 | N 2314 | NF 2314 | NH 2314 | 70 | 150 | 51 | 10 | 90 | 130 | 2.1 | 2.1 | HJ 2314 |
| NU 2315 | NJ 2315 | NUP 2315 | N 2315 | NF 2315 | NH 2315 | 75 | 160 | 55 | 11 | 95.5 | 139.5 | 2.1 | 2.1 | HJ 2315 |
| NU 2316 | NJ 2316 | NUP 2316 | N 2316 | NF 2316 | NH 2316 | 80 | 170 | 58 | 11 | 103 | 147 | 2.1 | 2.1 | HJ 2316 |
| NU 2317 | NJ 2317 | NUP 2317 | N 2317 | NF 2317 | NH 2317 | 85 | 180 | 60 | 12 | 108 | 156 | 3 | 3 | HJ 2317 |
| NU 2318 | NJ 2318 | NUP 2318 | N 2318 | NF 2318 | NH 2318 | 90 | 190 | 64 | 12 | 115 | 165 | 3 | 3 | HJ 2318 |
| NU 2319 | NJ 2319 | NUP 2319 | N 2319 | NF 2319 | NH 2319 | 95 | 200 | 67 | 13 | 121.5 | 173.5 | 3 | 3 | HJ 2319 |
| NU 2320 | NJ 2320 | NUP 2320 | N 2320 | NF 2320 | NH 2320 | 100 | 215 | 73 | 13 | 129.5 | 185.5 | 3 | 3 | HJ 2320 |
| NU 2322 | NJ 2322 | NUP 2322 | N 2322 | NF 2322 | NH 2322 | 110 | 240 | 80 | 14 | 143 | 207 | 3 | 3 | HJ 2322 |
| NU 2324 | NJ 2324 | NUP 2324 | N 2324 | NF 2324 | NH 2324 | 120 | 260 | 86 | 14 | 154 | 226 | 3 | 3 | HJ 2324 |
| NU 2326 | NJ 2326 | NUP 2326 | N 2326 | NF 2326 | NH 2326 | 130 | 280 | 93 | 14 | 167 | 243 | 4 | 4 | HJ 2326 |
| NU 2328 | NJ 2328 | NUP 2328 | N 2328 | NF 2328 | NH 2328 | 140 | 300 | 102 | 15 | 180 | 260 | 4 | 4 | HJ 2328 |
| NU 2330 | NJ 2330 | NUP 2330 | N 2330 | NF 2330 | NH 2330 | 150 | 320 | 108 | 15 | 193 | 277 | 4 | 4 | HJ 2330 |
| NU 2332 | NJ 2332 | NUP 2332 | N 2332 | NF 2332 | — | 160 | 340 | 114 | 15 | 208 | 292 | 4 | 4 | — |
| NU 2334 | NJ 2334 | NUP 2334 | N 2334 | NF 2334 | — | 170 | 360 | 120 | 16 | 220 | 310 | 4 | 4 | — |
| NU 2336 | NJ 2336 | NUP 2336 | N 2336 | NF 2336 | — | 180 | 380 | 126 | 17 | 232 | 328 | 4 | 4 | — |
| NU 2338 | NJ 2338 | — | N 2338 | — | — | 190 | 400 | 132 | 18 | 245 | 345 | 5 | 5 | — |
| NU 2340 | NJ 2340 | — | N 2340 | — | — | 200 | 420 | 138 | 18 | 260 | 360 | 5 | 5 | — |
| NU 2344 | — | — | — | — | — | 220 | 460 | 145 | — | 284 | — | 5 | 5 | — |
| NU 2348 | — | — | — | — | — | 240 | 500 | 155 | — | 310 | — | 5 | 5 | — |
| NU 2352 | — | — | — | — | — | 260 | 540 | 165 | — | 336 | — | 6 | 6 | — |
| NU 2356 | — | — | — | — | — | 280 | 580 | 175 | — | 362 | — | 6 | 6 | — |

a 对应的最大倒角尺寸规定在 GB/T 274—2000 中。

**表 A.5**

单位为毫米

| 轴承型号 | | | | | 外形尺寸 | | | | | | | | 斜挡圈型号 |
|---|---|---|---|---|---|---|---|---|---|---|---|---|---|
| NU 型 | NJ 型 | NUP 型 | N 型 | NH 型 | $d$ | $D$ | $B$ | $B_1$ | $F_w$ | $E_w$ | $r_{s\,min}$[a] | $r_{1s\,min}$[a] | |
| NU 406 | NJ 406 | NUP 406 | N 406 | NH 406 | 30 | 90 | 23 | 7 | 45 | 73 | 1.5 | 1.5 | HJ 406 |
| NU 407 | NJ 407 | NUP 407 | N 407 | NH 407 | 35 | 100 | 25 | 8 | 53 | 83 | 1.5 | 1.5 | HJ 407 |
| NU 408 | NJ 408 | NUP 408 | N 408 | NH 408 | 40 | 110 | 27 | 8 | 58 | 92 | 2 | 2 | HJ 408 |
| NU 409 | NJ 409 | NUP 409 | N 409 | NH 409 | 45 | 120 | 29 | 8 | 64.5 | 100.5 | 2 | 2 | HJ 409 |
| NU 410 | NJ 410 | NUP 410 | N 410 | NH 410 | 50 | 130 | 31 | 9 | 70.8 | 110.8 | 2.1 | 2.1 | HJ 410 |
| NU 411 | NJ 411 | NUP 411 | N 411 | NH 411 | 55 | 140 | 33 | 10 | 77.2 | 117.2 | 2.1 | 2.1 | HJ 411 |
| NU 412 | NJ 412 | NUP 412 | N 412 | NH 412 | 60 | 150 | 35 | 10 | 83 | 127 | 2.1 | 2.1 | HJ 412 |
| NU 413 | NJ 413 | NUP 413 | N 413 | NH 413 | 65 | 160 | 37 | 11 | 89.3 | 135.3 | 2.1 | 2.1 | HJ 413 |
| NU 414 | NJ 414 | NUP 414 | N 414 | NH 414 | 70 | 180 | 42 | 12 | 100 | 152 | 3 | 3 | HJ 414 |
| NU 415 | NJ 415 | NUP 415 | N 415 | NH 415 | 75 | 190 | 45 | 13 | 104.5 | 160.5 | 3 | 3 | HJ 415 |
| NU 416 | NJ 416 | NUP 416 | N 416 | NH 416 | 80 | 200 | 48 | 13 | 110 | 170 | 3 | 3 | HJ 416 |
| NU 417 | NJ 417 | NUP 417 | N 417 | NH 417 | 85 | 210 | 52 | 14 | 113 | 177 | 4 | 4 | HJ 417 |
| NU 418 | NJ 418 | NUP 418 | N 418 | NH 418 | 90 | 225 | 54 | 14 | 123.5 | 191.5 | 4 | 4 | HJ 418 |
| NU 419 | NJ 419 | NUP 419 | N 419 | NH 419 | 95 | 240 | 55 | 15 | 133.5 | 201.5 | 4 | 4 | HJ 419 |
| NU 420 | NJ 420 | NUP 420 | N 420 | NH 420 | 100 | 250 | 58 | 16 | 139 | 211 | 4 | 4 | HJ 420 |
| NU 421 | NJ 421 | NUP 421 | N 421 | NH 421 | 105 | 260 | 60 | 16 | 144.5 | 220.5 | 4 | 4 | HJ 421 |
| NU 422 | NJ 422 | NUP 422 | N 422 | NH 422 | 110 | 280 | 65 | 17 | 155 | 235 | 4 | 4 | HJ 422 |
| NU 424 | NJ 424 | NUP 424 | N 424 | NH 424 | 120 | 310 | 72 | 17 | 170 | 260 | 5 | 5 | HJ 424 |
| NU 426 | NJ 426 | NUP 426 | N 426 | NH 426 | 130 | 340 | 78 | 18 | 185 | 285 | 5 | 5 | HJ 426 |
| NU 428 | NJ 428 | NUP 428 | N 428 | NH 428 | 140 | 360 | 82 | 18 | 198 | 302 | 5 | 5 | HJ 428 |
| NU 430 | NJ 430 | NUP 430 | N 430 | NH 430 | 150 | 380 | 85 | 20 | 213 | 317 | 5 | 5 | IIJ 430 |
| NU 432 | — | — | — | — | 160 | 400 | 88 | — | — | — | 5 | 5 | — |
| NU 434 | — | — | — | — | 170 | 420 | 92 | — | — | — | 5 | 5 | — |

[a] 对应的最大倒角尺寸规定在 GB/T 274—2000 中。

**表 A.6**

单位为毫米

| 轴承型号 | 外形尺寸 | | | | | |
|---|---|---|---|---|---|---|
| | $F_w$ | | $D$ | $B$ | $r_{s\,min}$[b] | $a$ |
| | 公称尺寸 | 公差[a] | | | | |
| RNU 202 | 20 | $^{+0.010}_{0}$ | 35 | 11 | 0.6 | 3 |
| RNU 203 | 22.9 | | 40 | 12 | 0.6 | 3.25 |
| RNU 204 | 27 | | 47 | 14 | 1 | 3.75 |
| RNU 205 | 32 | $^{+0.015}_{0}$ | 52 | 15 | 1 | 4.25 |
| RNU 206 | 38.5 | | 62 | 16 | 1 | 4.25 |
| RNU 207 | 43.8 | | 72 | 17 | 1.1 | 4 |
| RNU 208 | 50 | | 80 | 18 | 1.1 | 4 |
| RNU 209 | 55 | | 85 | 19 | 1.1 | 4.5 |
| RNU 210 | 60.4 | | 90 | 20 | 1.1 | 5 |

表 A.6（续）

单位为毫米

| 轴承型号 | 外形尺寸 | | | | | |
|---|---|---|---|---|---|---|
| | $F_w$ | | $D$ | $B$ | $r_{s\ min}$ [b] | $a$ |
| | 公称尺寸 | 公差[a] | | | | |
| RNU 211 | 66.5 | +0.020<br>0 | 100 | 21 | 1.5 | 5 |
| RNU 212 | 73.5 | | 110 | 22 | 1.5 | 5 |
| RNU 213 | 79.6 | | 120 | 23 | 1.5 | 5 |
| RNU 214 | 84.5 | | 125 | 24 | 1.5 | 5.5 |
| RNU 215 | 88.5 | | 130 | 25 | 1.5 | 5.5 |
| RNU 216 | 95.3 | | 140 | 26 | 2 | 5.5 |
| RNU 217 | 101.8 | | 150 | 28 | 2 | 6 |
| RNU 218 | 107 | | 160 | 30 | 2 | 6 |
| RNU 219 | 113.5 | | 170 | 32 | 2.1 | 6.5 |
| RNU 220 | 120 | | 180 | 34 | 2.1 | 7 |
| RNU 221 | 126.8 | | 190 | 36 | 2.1 | 7.5 |
| RNU 222 | 132.5 | | 200 | 38 | 2.1 | 7.5 |
| RNU 224 | 143.5 | | 215 | 40 | 2.1 | 8 |
| RNU 226 | 156 | +0.025<br>0 | 230 | 40 | 3 | 8 |
| RNU 228 | 169 | | 250 | 42 | 3 | 8 |
| RNU 230 | 182 | | 270 | 45 | 3 | 8.5 |
| RNU 232 | 195 | | 290 | 48 | 3 | 9 |
| RNU 234 | 208 | | 310 | 52 | 4 | 10 |
| RNU 236 | 218 | | 320 | 52 | 4 | 10 |
| RNU 238 | 231 | | 340 | 55 | 4 | 10.5 |
| RNU 240 | 244 | | 360 | 58 | 4 | 11 |
| RNU 244 | 270 | +0.030<br>0 | 400 | 65 | 4 | 12.5 |

a 当订户有特殊要求时，可另行规定。

b 对应的最大倒角尺寸规定在 GB/T 274—2000 中。

表 A.7

单位为毫米

| 轴承型号 | 外形尺寸 | | | | | |
|---|---|---|---|---|---|---|
| | $F_w$ | | $D$ | $B$ | $r_{s\ min}$ [b] | $a$ |
| | 公称尺寸 | 公差[a] | | | | |
| RNU 304 | 28.5 | +0.010<br>0 | 52 | 15 | 1.1 | 3.5 |
| RNU 305 | 35 | +0.015<br>0 | 62 | 17 | 1.1 | 4 |
| RNU 306 | 42 | | 72 | 19 | 1.1 | 4.5 |
| RNU 307 | 46.2 | | 80 | 21 | 1.5 | 5 |
| RNU 308 | 53.5 | | 90 | 23 | 1.5 | 5.5 |
| RNU 309 | 58.5 | | 100 | 25 | 1.5 | 5.5 |
| RNU 310 | 65 | | 110 | 27 | 2 | 6 |

表 A.7（续）

单位为毫米

| 轴承型号 | 外形尺寸 | | | | | |
|---|---|---|---|---|---|---|
| | $F_w$ | | $D$ | $B$ | $r_{s\ min}$[b] | $a$ |
| | 公称尺寸 | 公差[a] | | | | |
| RNU 311 | 70.5 | +0.020<br>0 | 120 | 29 | 2 | 6 |
| RNU 312 | 77 | | 130 | 31 | 2.1 | 6.5 |
| RNU 313 | 83.5 | | 140 | 33 | 2.1 | 7 |
| RNU 314 | 90 | | 150 | 35 | 2.1 | 7.5 |
| RNU 315 | 95.5 | | 160 | 37 | 2.1 | 7.5 |
| RNU 316 | 103 | | 170 | 39 | 2.1 | 8.5 |
| RNU 317 | 108 | | 180 | 41 | 3 | 8.5 |
| RNU 318 | 115 | | 190 | 43 | 3 | 9 |
| RNU 319 | 121.5 | | 200 | 45 | 3 | 9.5 |
| RNU 320 | 129.5 | | 215 | 47 | 3 | 9.5 |
| RNU 321 | 135 | | 225 | 49 | 3 | 9.5 |
| RNU 322 | 143 | | 240 | 50 | 3 | 9 |
| RNU 324 | 154 | | 260 | 55 | 3 | 9.5 |
| RNU 326 | 167 | +0.025<br>0 | 280 | 58 | 4 | 10 |
| RNU 328 | 180 | | 300 | 62 | 4 | 11 |
| RNU 330 | 193 | | 320 | 65 | 4 | 11.5 |
| RNU 332 | 208 | | 340 | 68 | 4 | 13 |
| RNU 334 | 220 | | 360 | 72 | 4 | 13.5 |
| RNU 336 | 232 | | 380 | 75 | 4 | 13.5 |
| RNU 338 | 245 | | 400 | 78 | 5 | 14 |
| RNU 340 | 260 | | 420 | 80 | 5 | 15 |

a 当订户有特殊要求时，可另行规定。

b 对应的最大倒角尺寸规定在 GB/T 274—2000 中。

表 A.8

单位为毫米

| 轴承型号 | 外形尺寸 | | | | | |
|---|---|---|---|---|---|---|
| | $E_w$ | | $d$ | $B$ | $r_{s\ min}$[b] | $a$ |
| | 公称尺寸 | 公差[a] | | | | |
| RN 202 | 30 | 0<br>−0.010 | 15 | 11 | 0.6 | 3 |
| RN 203 | 33.9 | | 17 | 12 | 0.6 | 3.25 |
| RN 204 | 40 | | 20 | 14 | 1 | 3.75 |
| RN 205 | 45 | 0<br>−0.015 | 25 | 15 | 1 | 4.25 |
| RN 206 | 53.5 | | 30 | 16 | 1 | 4.25 |
| RN 207 | 61.8 | | 35 | 17 | 1.1 | 4 |
| RN 208 | 70 | | 40 | 18 | 1.1 | 4 |
| RN 209 | 75 | | 45 | 19 | 1.1 | 4.5 |
| RN 210 | 80.4 | | 50 | 20 | 1.1 | 5 |
| RN 211 | 88.5 | 0<br>−0.020 | 55 | 21 | 1.5 | 5 |
| RN 212 | 97.5 | | 60 | 22 | 1.5 | 5 |
| RN 213 | 105.6 | | 65 | 23 | 1.5 | 5 |

表 A.8（续）

单位为毫米

| 轴承型号 | 外形尺寸 | | | | | |
|---|---|---|---|---|---|---|
| | $E_w$ | | $d$ | $B$ | $r_{s\ min}$[b] | $a$ |
| | 公称尺寸 | 公差[a] | | | | |
| RN 214 | 110.5 | 0<br>−0.020 | 70 | 24 | 1.5 | 5.5 |
| RN 215 | 116.5 | | 75 | 25 | 1.5 | 5.5 |
| RN 216 | 125.3 | | 80 | 26 | 2 | 5.5 |
| RN 217 | 133.8 | | 85 | 28 | 2 | 6 |
| RN 218 | 143 | | 90 | 30 | 2 | 6 |
| RN 219 | 151.5 | | 95 | 32 | 2.1 | 6.5 |
| RN 220 | 160 | | 100 | 34 | 2.1 | 7 |
| RN 221 | 168.8 | | 105 | 36 | 2.1 | 7.5 |
| RN 222 | 178.5 | | 110 | 38 | 2.1 | 7.5 |
| RN 224 | 191.5 | | 120 | 40 | 2.1 | 8 |
| RN 226 | 204 | 0<br>−0.025 | 130 | 40 | 3 | 8 |
| RN 228 | 221 | | 140 | 42 | 3 | 8 |
| RN 230 | 238 | | 150 | 45 | 3 | 8.5 |
| RN 232 | 255 | | 160 | 48 | 3 | 9 |
| RN 234 | 272 | | 170 | 52 | 4 | 10 |
| RN 236 | 282 | | 180 | 52 | 4 | 10 |
| RN 238 | 299 | | 190 | 55 | 4 | 10.5 |
| RN 240 | 316 | | 200 | 58 | 4 | 11 |
| RN 244 | 350 | 0<br>−0.030 | 220 | 65 | 4 | 12.5 |

a 当订户有特殊要求时，可另行规定。

b 对应的最大倒角尺寸规定在 GB/T 274—2000 中。

表 A.9

单位为毫米

| 轴承型号 | 外形尺寸 | | | | | |
|---|---|---|---|---|---|---|
| | $E_w$ | | $d$ | $B$ | $r_{s\ min}$[b] | $a$ |
| | 公称尺寸 | 公差[a] | | | | |
| RN 304 | 44.5 | 0<br>−0.010 | 20 | 15 | 1.1 | 3.5 |
| RN 305 | 53 | 0<br>−0.015 | 25 | 17 | 1.1 | 4 |
| RN 306 | 62 | | 30 | 19 | 1.1 | 4.5 |
| RN 307 | 68.2 | | 35 | 21 | 1.5 | 5 |
| RN 308 | 77.5 | | 40 | 23 | 1.5 | 5.5 |
| RN 309 | 86.5 | | 45 | 25 | 1.5 | 5.5 |
| RN 310 | 95 | | 50 | 27 | 2 | 6 |
| RN 311 | 104.5 | 0<br>−0.020 | 55 | 29 | 2 | 6 |
| RN 312 | 113 | | 60 | 31 | 2.1 | 6.5 |
| RN 313 | 121.5 | | 65 | 33 | 2.1 | 7 |
| RN 314 | 130 | | 70 | 35 | 2.1 | 7.5 |

表 A.9（续）

单位为毫米

| 轴承型号 | 外形尺寸 | | | | | |
|---|---|---|---|---|---|---|
| | $E_w$ | | d | B | $r_{s\ min}$[b] | a |
| | 公称尺寸 | 公差[a] | | | | |
| RN 315 | 139.5 | 0<br>−0.020 | 75 | 37 | 2.1 | 7.5 |
| RN 316 | 147 | | 80 | 39 | 2.1 | 8.5 |
| RN 317 | 156 | | 85 | 41 | 3 | 8.5 |
| RN 318 | 165 | | 90 | 43 | 3 | 9 |
| RN 319 | 173.5 | | 95 | 45 | 3 | 9.5 |
| RN 320 | 185.5 | | 100 | 47 | 3 | 9.5 |
| RN 321 | 195 | | 105 | 49 | 3 | 9.5 |
| RN 322 | 207 | | 110 | 50 | 3 | 9 |
| RN 324 | 226 | | 120 | 55 | 3 | 9.5 |
| RN 326 | 243 | 0<br>−0.025 | 130 | 58 | 4 | 10 |
| RN 328 | 260 | | 140 | 62 | 4 | 11 |
| RN 330 | 277 | | 150 | 65 | 4 | 11.5 |
| RN 332 | 292 | | 160 | 68 | 4 | 13 |
| RN 334 | 310 | | 170 | 72 | 4 | 13.5 |
| RN 336 | 328 | | 180 | 75 | 4 | 13.5 |
| RN 338 | 345 | | 190 | 78 | 5 | 14 |
| RN 340 | 360 | | 200 | 80 | 5 | 15 |

[a] 当订户有特殊要求时，可另行规定。

[b] 对应的最大倒角尺寸规定在 GB/T 274—2000 中。

ICS 21.100.20
J 11

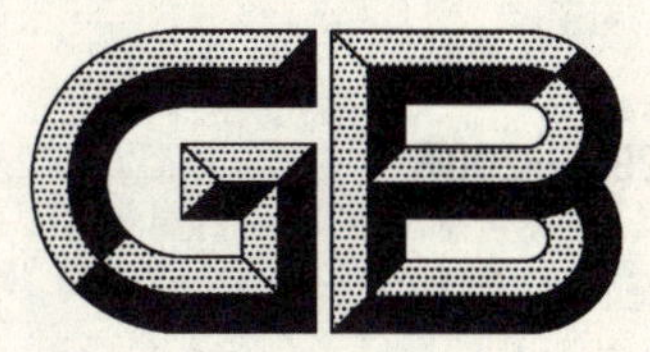

# 中华人民共和国国家标准

GB/T 292—2007
代替 GB/T 292—1994

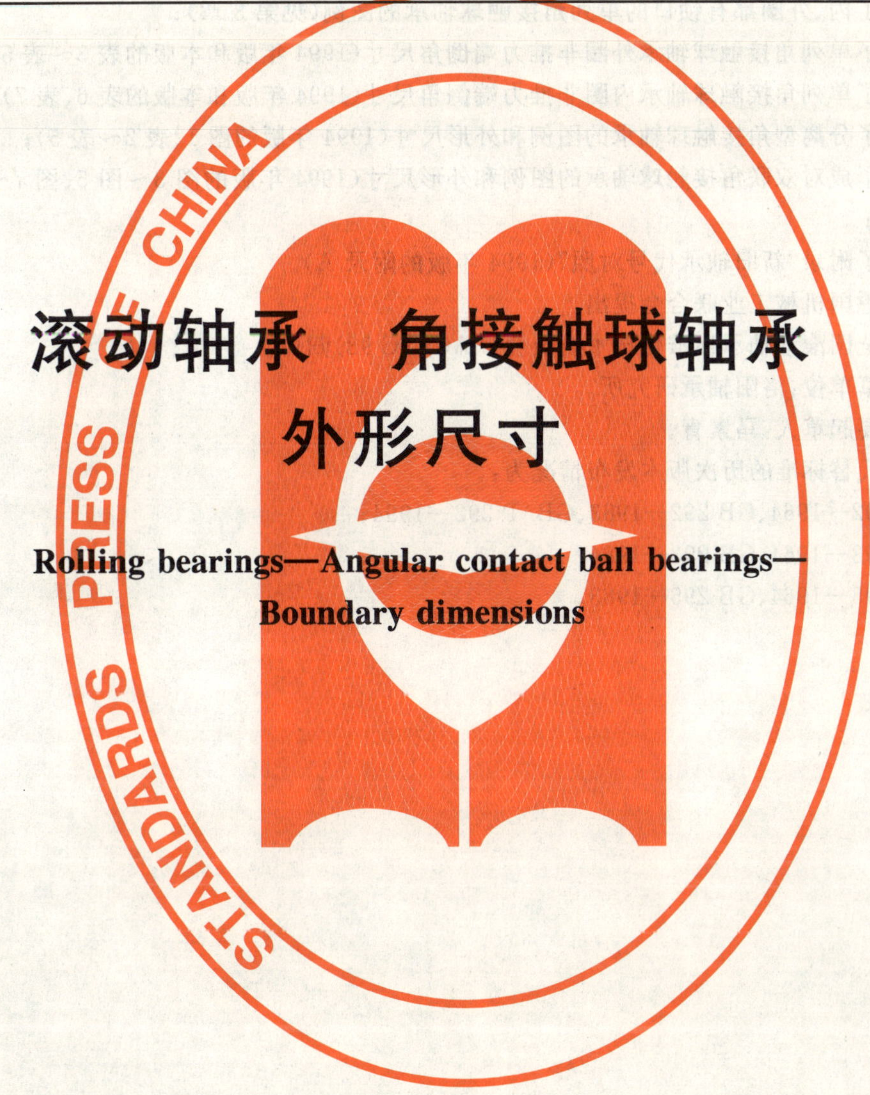


# 滚动轴承 角接触球轴承 外形尺寸

**Rolling bearings—Angular contact ball bearings—Boundary dimensions**

2007-02-28 发布 2007-10-01 实施

中华人民共和国国家质量监督检验检疫总局
中国国家标准化管理委员会 发布

# 前　言

本标准代替 GB/T 292—1994《滚动轴承　角接触球轴承　外形尺寸》。

本标准与 GB/T 292—1994 相比主要变化如下：

——增加了内、外圈都有锁口的单列角接触球轴承的图例(见第 3 章)；

——修改了单列角接触球轴承外圈非推力端倒角尺寸(1994 年版和本版的表 3～表 5)；

——修改了单列角接触球轴承内圈非推力端倒角尺寸(1994 年版和本版的表 6、表 7)；

——删除了分离型角接触球轴承的图例和外形尺寸(1994 年版的图 1、表 2～表 5)；

——删除了成对双联角接触球轴承的图例和外形尺寸(1994 年版的图 3～图 5、图 7～图 9、表 1～表 7)；

——删除了附录“新旧轴承代号对照”(1994 年版的附录 A)。

本标准由中国机械工业联合会提出。

本标准由全国滚动轴承标准化技术委员会(SAC/TC 98)归口。

本标准起草单位：洛阳轴承研究所。

本标准主要起草人：马素青。

本标准所代替标准的历次版本发布情况为：

——GB 292—1964、GB 292—1983、GB/T 292—1994；

——GB 293—1964、GB 293—1984；

——GB 295—1964、GB 295—1983。

# 滚动轴承　角接触球轴承
# 外形尺寸

## 1　范围

本标准规定了外形尺寸符合 GB/T 273.3—1999 的不可分离型单列角接触球轴承的外形尺寸。

本标准适用于公称接触角为 15°、25°和 40°的角接触球轴承，供轴承制造厂设计和用户选型。其他公称接触角（$10° \leqslant \alpha \leqslant 45°$）的单列角接触球轴承和分离型单列角接触球轴承的外形尺寸可参照本标准的规定。

## 2　规范性引用文件

下列文件中的条款通过本标准的引用而成为本标准的条款。凡是注日期的引用文件，其随后所有的修改单（不包括勘误的内容）或修订版均不适用于本标准，然而，鼓励根据本标准达成协议的各方研究是否可使用这些文件的最新版本。凡是不注日期的引用文件，其最新版本适用于本标准。

GB/T 273.3—1999　滚动轴承　向心轴承　外形尺寸　总方案（eqv ISO 15:1998）

GB/T 274—2000　滚动轴承　倒角尺寸最大值（idt ISO 582:1995）

## 3　符号

下列符号适用于本标准。

除另有说明外，图中所示符号（见图 1～图 3）和表中示值均表示公称尺寸。

$B$——内、外圈宽度；

$D$——外径；

$d$——内径；

$r$——倒角尺寸；

$r_1$——套圈窄端面倒角尺寸；

$r_{s\,min}$——$r$ 的最小单一倒角尺寸；

$r_{1s\,min}$——$r_1$ 的最小单一倒角尺寸；

$\alpha$——接触角。

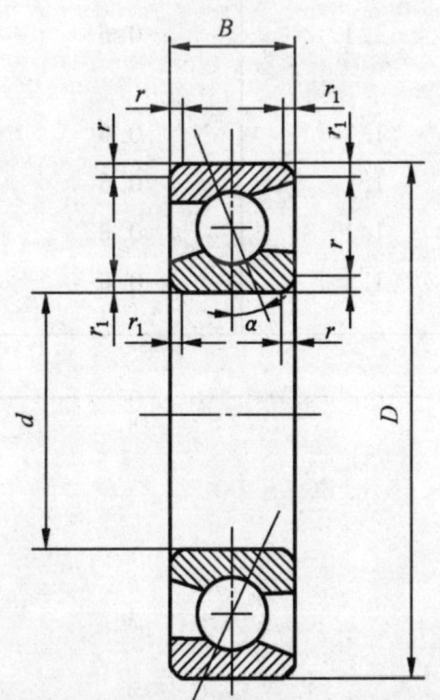


图 1　锁口内圈和锁口外圈型角接触球轴承

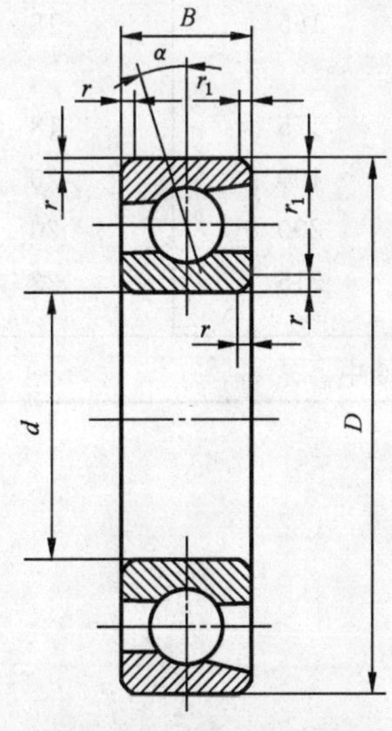


图 2　锁口外圈型角接触球轴承

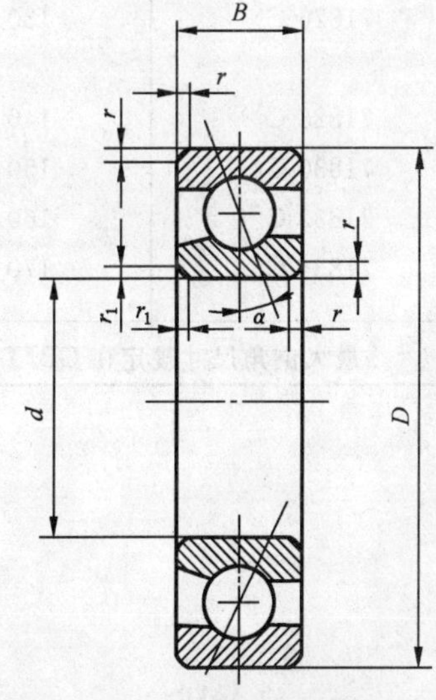


图 3　锁口内圈型角接触球轴承

## 4 外形尺寸

4.1 锁口内圈和锁口外圈型以及锁口外圈型角接触球轴承的外形尺寸按表1～表5的规定。

表 1

单位为毫米

| 轴承型号 | 外形尺寸 | | | | |
|---|---|---|---|---|---|
| $\alpha=15°$ | $d$ | $D$ | $B$ | $r_{s\ min}$[a] | $r_{1s\ min}$[a] |
| 71805 C | 25 | 37 | 7 | 0.3 | 0.15 |
| 71806 C | 30 | 42 | 7 | 0.3 | 0.15 |
| 71807 C | 35 | 47 | 7 | 0.3 | 0.15 |
| 71808 C | 40 | 52 | 7 | 0.3 | 0.15 |
| 71809 C | 45 | 58 | 7 | 0.3 | 0.15 |
| 71810 C | 50 | 65 | 7 | 0.3 | 0.15 |
| 71811 C | 55 | 72 | 9 | 0.3 | 0.15 |
| 71812 C | 60 | 78 | 10 | 0.3 | 0.15 |
| 71813 C | 65 | 85 | 10 | 0.6 | 0.15 |
| 71814 C | 70 | 90 | 10 | 0.6 | 0.15 |
| 71815 C | 75 | 95 | 10 | 0.6 | 0.15 |
| 71816 C | 80 | 100 | 10 | 0.6 | 0.15 |
| 71817 C | 85 | 110 | 13 | 1 | 0.3 |
| 71818 C | 90 | 115 | 13 | 1 | 0.3 |
| 71819 C | 95 | 120 | 13 | 1 | 0.3 |
| 71820 C | 100 | 125 | 13 | 1 | 0.3 |
| 71821 C | 105 | 130 | 13 | 1 | 0.3 |
| 71822 C | 110 | 140 | 16 | 1 | 0.3 |
| 71824 C | 120 | 150 | 16 | 1 | 0.3 |
| 71826 C | 130 | 165 | 18 | 1.1 | 0.6 |
| 71828 C | 140 | 175 | 18 | 1.1 | 0.6 |
| 71830 C | 150 | 190 | 20 | 1.1 | 0.6 |
| 71832 C | 160 | 200 | 20 | 1.1 | 0.6 |
| 71834 C | 170 | 215 | 22 | 1.1 | 0.6 |

a 最大倒角尺寸规定在 GB/T 274—2000 中。

表 2

单位为毫米

| 轴承型号 | | 外形尺寸 | | | | |
|---|---|---|---|---|---|---|
| $\alpha=15°$ | $\alpha=25°$ | $d$ | $D$ | $B$ | $r_{s\ min}$[a] | $r_{1s\ min}$[a] |
| 719/7 C | — | 7 | 17 | 5 | 0.3 | 0.1 |
| 719/8 C | — | 8 | 19 | 6 | 0.3 | 0.1 |
| 719/9 C | — | 9 | 20 | 6 | 0.3 | 0.1 |
| 71900 C | 71900 AC | 10 | 22 | 6 | 0.3 | 0.1 |
| 71901 C | 71901 AC | 12 | 24 | 6 | 0.3 | 0.1 |
| 71902 C | 71902 AC | 15 | 28 | 7 | 0.3 | 0.1 |
| 71903 C | 71903 AC | 17 | 30 | 7 | 0.3 | 0.1 |
| 71904 C | 71904 AC | 20 | 37 | 9 | 0.3 | 0.15 |
| 71905 C | 71905 AC | 25 | 42 | 9 | 0.3 | 0.15 |
| 71906 C | 71906 AC | 30 | 47 | 9 | 0.3 | 0.15 |
| 71907 C | 71907 AC | 35 | 55 | 10 | 0.6 | 0.15 |
| 71908 C | 71908 AC | 40 | 62 | 12 | 0.6 | 0.15 |
| 71909 C | 71909 AC | 45 | 68 | 12 | 0.6 | 0.15 |
| 71910 C | 71910 AC | 50 | 72 | 12 | 0.6 | 0.15 |
| 71911 C | 71911 AC | 55 | 80 | 13 | 1 | 0.3 |
| 71912 C | 71912 AC | 60 | 85 | 13 | 1 | 0.3 |
| 71913 C | 71913 AC | 65 | 90 | 13 | 1 | 0.3 |
| 71914 C | 71914 AC | 70 | 100 | 16 | 1 | 0.3 |
| 71915 C | 71915 AC | 75 | 105 | 16 | 1 | 0.3 |
| 71916 C | 71916 AC | 80 | 110 | 16 | 1 | 0.3 |
| 71917 C | 71917 AC | 85 | 120 | 18 | 1.1 | 0.6 |
| 71918 C | 71918 AC | 90 | 125 | 18 | 1.1 | 0.6 |
| 71919 C | 71919 AC | 95 | 130 | 18 | 1.1 | 0.6 |
| 71920 C | 71920 AC | 100 | 140 | 20 | 1.1 | 0.6 |
| 71921 C | 71921 AC | 105 | 145 | 20 | 1.1 | 0.6 |
| 71922 C | 71922 AC | 110 | 150 | 20 | 1.1 | 0.6 |
| 71924 C | 71924 AC | 120 | 165 | 22 | 1.1 | 0.6 |
| 71926 C | 71926 AC | 130 | 180 | 24 | 1.5 | 0.6 |
| 71928 C | 71928 AC | 140 | 190 | 24 | 1.5 | 0.6 |
| 71930 C | 71930 AC | 150 | 210 | 28 | 2 | 1 |
| 71932 C | 71932 AC | 160 | 220 | 28 | 2 | 1 |
| 71934 C | 71934 AC | 170 | 230 | 28 | 2 | 1 |
| 71936 C | 71936 AC | 180 | 250 | 33 | 2 | 1 |
| 71938 C | 71938 AC | 190 | 260 | 33 | 2 | 1 |
| 71940 C | 71940 AC | 200 | 280 | 38 | 2 | 1 |
| 71944 C | 71944 AC | 220 | 300 | 38 | 2 | 1 |

a 最大倒角尺寸规定在 GB/T 274—2000 中。

表 3

单位为毫米

| 轴承型号 | | 外形尺寸 | | | | |
|---|---|---|---|---|---|---|
| $\alpha=15°$ | $\alpha=25°$ | $d$ | $D$ | $B$ | $r_{s\,min}$ [a] | $r_{1s\,min}$ [a] |
| 705 C | 705 AC | 5 | 14 | 5 | 0.2 | 0.1 |
| 706 C | 706 AC | 6 | 17 | 6 | 0.3 | 0.1 |
| 707 C | 707 AC | 7 | 19 | 6 | 0.3 | 0.1 |
| 708 C | 708 AC | 8 | 22 | 7 | 0.3 | 0.1 |
| 709 C | 709 AC | 9 | 24 | 7 | 0.3 | 0.1 |
| 7000 C | 7000 AC | 10 | 26 | 8 | 0.3 | 0.1 |
| 7001 C | 7001 AC | 12 | 28 | 8 | 0.3 | 0.1 |
| 7002 C | 7002 AC | 15 | 32 | 9 | 0.3 | 0.1 |
| 7003 C | 7003 AC | 17 | 35 | 10 | 0.3 | 0.1 |
| 7004 C | 7004 AC | 20 | 42 | 12 | 0.6 | 0.3 |
| 7005 C | 7005 AC | 25 | 47 | 12 | 0.6 | 0.3 |
| 7006 C | 7006 AC | 30 | 55 | 13 | 1 | 0.3 |
| 7007 C | 7007 AC | 35 | 62 | 14 | 1 | 0.3 |
| 7008 C | 7008 AC | 40 | 68 | 15 | 1 | 0.3 |
| 7009 C | 7009 AC | 45 | 75 | 16 | 1 | 0.3 |
| 7010 C | 7010 AC | 50 | 80 | 16 | 1 | 0.3 |
| 7011 C | 7011 AC | 55 | 90 | 18 | 1.1 | 0.6 |
| 7012 C | 7012 AC | 60 | 95 | 18 | 1.1 | 0.6 |
| 7013 C | 7013 AC | 65 | 100 | 18 | 1.1 | 0.6 |
| 7014 C | 7014 AC | 70 | 110 | 20 | 1.1 | 0.6 |
| 7015 C | 7015 AC | 75 | 115 | 20 | 1.1 | 0.6 |
| 7016 C | 7016 AC | 80 | 125 | 22 | 1.1 | 0.6 |
| 7017 C | 7017 AC | 85 | 130 | 22 | 1.1 | 0.6 |
| 7018 C | 7018 AC | 90 | 140 | 24 | 1.5 | 0.6 |
| 7019 C | 7019 AC | 95 | 145 | 24 | 1.5 | 0.6 |
| 7020 C | 7020 AC | 100 | 150 | 24 | 1.5 | 0.6 |
| 7021 C | 7021 AC | 105 | 160 | 26 | 2 | 1 |
| 7022 C | 7022 AC | 110 | 170 | 28 | 2 | 1 |
| 7024 C | 7024 AC | 120 | 180 | 28 | 2 | 1 |
| 7026 C | 7026 AC | 130 | 200 | 33 | 2 | 1 |
| 7028 C | 7028 AC | 140 | 210 | 33 | 2 | 1 |
| 7030 C | 7030 AC | 150 | 225 | 35 | 2.1 | 1 |
| 7032 C | 7032 AC | 160 | 240 | 38 | 2.1 | 1 |
| 7034 C | 7034 AC | 170 | 260 | 42 | 2.1 | 1.1 |
| 7036 C | 7036 AC | 180 | 280 | 46 | 2.1 | 1.1 |
| 7038 C | 7038 AC | 190 | 290 | 46 | 2.1 | 1.1 |
| 7040 C | 7040 AC | 200 | 310 | 51 | 2.1 | 1.1 |
| 7044 C | 7044 AC | 220 | 340 | 56 | 3 | 1.1 |

[a] 最大倒角尺寸规定在 GB/T 274—2000 中。

**表 4**

单位为毫米

| 轴承型号 | | | 外形尺寸 | | | | | |
|---|---|---|---|---|---|---|---|---|
| $\alpha=15°$ | $\alpha=25°$ | $\alpha=40°$ | $d$ | $D$ | $B$ | $r_{s\,min}$[a] | $r_{1s\,min}$[a] $\alpha\leqslant30°$ | $r_{1s\,min}$[a] $\alpha>30°$ |
| 723 C | 723 AC | — | 3 | 10 | 4 | 0.15 | 0.08 | 0.08 |
| 724 C | 724 AC | — | 4 | 13 | 5 | 0.2 | 0.1 | 0.1 |
| 725 C | 725 AC | — | 5 | 16 | 5 | 0.3 | 0.15 | 0.15 |
| 726 C | 726 AC | — | 6 | 19 | 6 | 0.3 | 0.15 | 0.15 |
| 727 C | 727 AC | — | 7 | 22 | 7 | 0.3 | 0.15 | 0.15 |
| 728 C | 728 AC | — | 8 | 24 | 8 | 0.3 | 0.15 | 0.15 |
| 729 C | 729 AC | — | 9 | 26 | 8 | 0.3 | 0.15 | 0.15 |
| 7200 C | 7200 AC | 7200 B | 10 | 30 | 9 | 0.6 | 0.3 | 0.3 |
| 7201 C | 7201 AC | 7201 B | 12 | 32 | 10 | 0.6 | 0.3 | 0.3 |
| 7202 C | 7202 AC | 7202 B | 15 | 35 | 11 | 0.6 | 0.3 | 0.3 |
| 7203 C | 7203 AC | 7203 B | 17 | 40 | 12 | 0.6 | 0.3 | 0.6 |
| 7204 C | 7204 AC | 7204 B | 20 | 47 | 14 | 1 | 0.3 | 0.6 |
| 7205 C | 7205 AC | 7205 B | 25 | 52 | 15 | 1 | 0.3 | 0.6 |
| 7206 C | 7206 AC | 7206 B | 30 | 62 | 16 | 1 | 0.3 | 0.6 |
| 7207 C | 7207 AC | 7207 B | 35 | 72 | 17 | 1.1 | 0.3 | 0.6 |
| 7208 C | 7208 AC | 7208 B | 40 | 80 | 18 | 1.1 | 0.6 | 0.6 |
| 7209 C | 7209 AC | 7209 B | 45 | 85 | 19 | 1.1 | 0.6 | 0.6 |
| 7210 C | 7210 AC | 7210 B | 50 | 90 | 20 | 1.1 | 0.6 | 0.6 |
| 7211 C | 7211 AC | 7211 B | 55 | 100 | 21 | 1.5 | 0.6 | 1 |
| 7212 C | 7212 AC | 7212 B | 60 | 110 | 22 | 1.5 | 0.6 | 1 |
| 7213 C | 7213 AC | 7213 B | 65 | 120 | 23 | 1.5 | 0.6 | 1 |
| 7214 C | 7214 AC | 7214 B | 70 | 125 | 24 | 1.5 | 0.6 | 1 |
| 7215 C | 7215 AC | 7215 B | 75 | 130 | 25 | 1.5 | 0.6 | 1 |
| 7216 C | 7216 AC | 7216 B | 80 | 140 | 26 | 2 | 1 | 1 |
| 7217 C | 7217 AC | 7217 B | 85 | 150 | 28 | 2 | 1 | 1 |
| 7218 C | 7218 AC | 7218 B | 90 | 160 | 30 | 2 | 1 | 1 |
| 7219 C | 7219 AC | 7219 B | 95 | 170 | 32 | 2.1 | 1.1 | 1.1 |
| 7220 C | 7220 AC | 7220 B | 100 | 180 | 34 | 2.1 | 1.1 | 1.1 |
| 7221 C | 7221 AC | 7221 B | 105 | 190 | 36 | 2.1 | 1.1 | 1.1 |
| 7222 C | 7222 AC | 7222 B | 110 | 200 | 38 | 2.1 | 1.1 | 1.1 |
| 7224 C | 7224 AC | 7224 B | 120 | 215 | 40 | 2.1 | 1.1 | 1.1 |
| 7226 C | 7226 AC | 7226 B | 130 | 230 | 40 | 3 | 1.1 | 1.1 |
| 7228 C | 7228 AC | 7228 B | 140 | 250 | 42 | 3 | 1.1 | 1.1 |
| 7230 C | 7230 AC | 7230 B | 150 | 270 | 45 | 3 | 1.1 | 1.1 |
| 7232 C | 7232 AC | 7232 B | 160 | 290 | 48 | 3 | 1.1 | 1.1 |
| 7234 C | 7234 AC | 7234 B | 170 | 310 | 52 | 4 | 1.5 | 1.5 |
| 7236 C | 7236 AC | 7236 B | 180 | 320 | 52 | 4 | 1.5 | 1.5 |
| 7238 C | 7238 AC | 7238 B | 190 | 340 | 55 | 4 | 1.5 | 1.5 |
| 7240 C | 7240 AC | 7240 B | 200 | 360 | 58 | 4 | 1.5 | 1.5 |
| 7244 C | 7244 AC | — | 220 | 400 | 65 | 4 | 1.5 | 1.5 |

[a] 最大倒角尺寸规定在 GB/T 274—2000 中。

表 5

单位为毫米

| 轴承型号 | | | 外形尺寸 | | | | | |
|---|---|---|---|---|---|---|---|---|
| $\alpha=15°$ | $\alpha=25°$ | $\alpha=40°$ | $d$ | $D$ | $B$ | $r_{s\,min}$[a] | $r_{1s\,min}$[a] $\alpha\leqslant30°$ | $r_{1s\,min}$[a] $\alpha>30°$ |
| 7300 C | 7300 AC | 7300 B | 10 | 35 | 11 | 0.6 | 0.3 | 0.3 |
| 7301 C | 7301 AC | 7301 B | 12 | 37 | 12 | 1 | 0.3 | 0.6 |
| 7302 C | 7302 AC | 7302 B | 15 | 42 | 13 | 1 | 0.3 | 0.6 |
| 7303 C | 7303 AC | 7303 B | 17 | 47 | 14 | 1 | 0.3 | 0.6 |
| 7304 C | 7304 AC | 7304 B | 20 | 52 | 15 | 1.1 | 0.6 | 0.6 |
| 7305 C | 7305 AC | 7305 B | 25 | 62 | 17 | 1.1 | 0.6 | 0.6 |
| 7306 C | 7306 AC | 7306 B | 30 | 72 | 19 | 1.1 | 0.6 | 0.6 |
| 7307 C | 7307 AC | 7307 B | 35 | 80 | 21 | 1.5 | 0.6 | 1 |
| 7308 C | 7308 AC | 7308 B | 40 | 90 | 23 | 1.5 | 0.6 | 1 |
| 7309 C | 7309 AC | 7309 B | 45 | 100 | 25 | 1.5 | 0.6 | 1 |
| 7310 C | 7310 AC | 7310 B | 50 | 110 | 27 | 2 | 1 | 1 |
| 7311 C | 7311 AC | 7311 B | 55 | 120 | 29 | 2 | 1 | 1 |
| 7312 C | 7312 AC | 7312 B | 60 | 130 | 31 | 2.1 | 1.1 | 1.1 |
| 7313 C | 7313 AC | 7313 B | 65 | 140 | 33 | 2.1 | 1.1 | 1.1 |
| 7314 C | 7314 AC | 7314 B | 70 | 150 | 35 | 2.1 | 1.1 | 1.1 |
| 7315 C | 7315 AC | 7315 B | 75 | 160 | 37 | 2.1 | 1.1 | 1.1 |
| 7316 C | 7316 AC | 7316 B | 80 | 170 | 39 | 2.1 | 1.1 | 1.1 |
| 7317 C | 7317 AC | 7317 B | 85 | 180 | 41 | 3 | 1.1 | 1.1 |
| 7318 C | 7318 AC | 7318 B | 90 | 190 | 43 | 3 | 1.1 | 1.1 |
| 7319 C | 7319 AC | 7319 B | 95 | 200 | 45 | 3 | 1.1 | 1.1 |
| 7320 C | 7320 AC | 7320 B | 100 | 215 | 47 | 3 | 1.1 | 1.1 |
| 7321 C | 7321 AC | 7321 B | 105 | 225 | 49 | 3 | 1.1 | 1.1 |
| 7322 C | 7322 AC | 7322 B | 110 | 240 | 50 | 3 | 1.1 | 1.1 |
| 7324 C | 7324 AC | 7324 B | 120 | 260 | 55 | 3 | 1.1 | 1.1 |
| 7326 C | 7326 AC | 7326 B | 130 | 280 | 58 | 4 | 1.5 | 1.5 |
| 7328 C | 7328 AC | 7328 B | 140 | 300 | 62 | 4 | 1.5 | 1.5 |
| 7330 C | 7330 AC | 7330 B | 150 | 320 | 65 | 4 | 1.5 | 1.5 |
| 7332 C | 7332 AC | 7332 B | 160 | 340 | 68 | 4 | 1.5 | 1.5 |
| 7334 C | 7334 AC | 7334 B | 170 | 360 | 72 | 4 | 1.5 | 1.5 |
| 7336 C | 7336 AC | 7336 B | 180 | 380 | 75 | 4 | 1.5 | 2 |
| 7338 C | 7338 AC | 7338 B | 190 | 400 | 78 | 5 | 2 | 2 |
| 7340 C | 7340 AC | 7340 B | 200 | 420 | 80 | 5 | 2 | 2 |

[a] 最大倒角尺寸规定在 GB/T 274—2000 中。

4.2 锁口内圈型角接触球轴承的外形尺寸按表6和表7的规定。

表6

单位为毫米

| 轴承型号 | | 外形尺寸 | | | | |
|---|---|---|---|---|---|---|
| $\alpha=15°$ | $\alpha=25°$ | $d$ | $D$ | $B$ | $r_{s\ min}$[a] | $r_{1s\ min}$[a] |
| B705 C | B705 AC | 5 | 14 | 5 | 0.2 | 0.1 |
| B706 C | B706 AC | 6 | 17 | 6 | 0.3 | 0.1 |
| B707 C | B707 AC | 7 | 19 | 6 | 0.3 | 0.1 |
| B708 C | B708 AC | 8 | 22 | 7 | 0.3 | 0.1 |
| B709 C | B709 AC | 9 | 24 | 7 | 0.3 | 0.1 |
| B7000 C | B7000 AC | 10 | 26 | 8 | 0.3 | 0.1 |
| B7001 C | B7001 AC | 12 | 28 | 8 | 0.3 | 0.1 |
| B7002 C | B7002 AC | 15 | 32 | 9 | 0.3 | 0.1 |
| B7003 C | B7003 AC | 17 | 35 | 10 | 0.3 | 0.1 |
| B7004 C | B7004 AC | 20 | 42 | 12 | 0.6 | 0.3 |
| B7005 C | B7005 AC | 25 | 47 | 12 | 0.6 | 0.3 |
| B7006 C | B7006 AC | 30 | 55 | 13 | 1 | 0.3 |
| B7007 C | B7007 AC | 35 | 62 | 14 | 1 | 0.3 |
| B7008 C | B7008 AC | 40 | 68 | 15 | 1 | 0.3 |
| B7009 C | B7009 AC | 45 | 75 | 16 | 1 | 0.3 |
| B7010 C | B7010 AC | 50 | 80 | 16 | 1 | 0.3 |
| B7011 C | B7011 AC | 55 | 90 | 18 | 1.1 | 0.6 |
| B7012 C | B7012 AC | 60 | 95 | 18 | 1.1 | 0.6 |
| — | B7013 AC | 65 | 100 | 18 | 1.1 | 0.6 |
| — | B7014 AC | 70 | 110 | 20 | 1.1 | 0.6 |
| — | B7015 AC | 75 | 115 | 20 | 1.1 | 0.6 |
| — | B7016 AC | 80 | 125 | 22 | 1.1 | 0.6 |
| — | B7017 AC | 85 | 130 | 22 | 1.1 | 0.6 |
| — | B7018 AC | 90 | 140 | 24 | 1.5 | 0.6 |
| — | B7019 AC | 95 | 145 | 24 | 1.5 | 0.6 |
| — | B7020 AC | 100 | 150 | 24 | 1.5 | 0.6 |
| — | B7021 AC | 105 | 160 | 26 | 2 | 1 |
| — | B7022 AC | 110 | 170 | 28 | 2 | 1 |
| — | B7024 AC | 120 | 180 | 28 | 2 | 1 |

a 最大倒角尺寸规定在GB/T 274—2000中。

**表 7** 单位为毫米

| 轴承型号 | | 外形尺寸 | | | | |
|---|---|---|---|---|---|---|
| $\alpha=15°$ | $\alpha=25°$ | $d$ | $D$ | $B$ | $r_{s\,min}$ [a] | $r_{1s\,min}$ [a] |
| B723 C | B723 AC | 3 | 10 | 4 | 0.15 | 0.15 |
| B724 C | B724 AC | 4 | 13 | 5 | 0.2 | 0.2 |
| B725 C | B725 AC | 5 | 16 | 5 | 0.3 | 0.2 |
| B726 C | B726 AC | 6 | 19 | 6 | 0.3 | 0.2 |
| B727 C | B727 AC | 7 | 22 | 7 | 0.3 | 0.2 |
| B728 C | B728 AC | 8 | 24 | 8 | 0.3 | 0.2 |
| B729 C | B729 AC | 9 | 26 | 8 | 0.3 | 0.2 |
| B7200 C | B7200 AC | 10 | 30 | 9 | 0.6 | 0.3 |
| B7201 C | B7201 AC | 12 | 32 | 10 | 0.6 | 0.3 |
| B7202 C | B7202 AC | 15 | 35 | 11 | 0.6 | 0.3 |
| B7203 C | B7203 AC | 17 | 40 | 12 | 0.6 | 0.3 |
| B7204 C | B7204 AC | 20 | 47 | 14 | 1 | 0.3 |
| B7205 C | B7205 AC | 25 | 52 | 15 | 1 | 0.3 |
| B7206 C | B7206 AC | 30 | 62 | 16 | 1 | 0.3 |
| B7207 C | B7207 AC | 35 | 72 | 17 | 1.1 | 0.3 |
| B7208 C | B7208 AC | 40 | 80 | 18 | 1.1 | 0.6 |
| B7209 C | B7209 AC | 45 | 85 | 19 | 1.1 | 0.6 |
| B7210 C | B7210 AC | 50 | 90 | 20 | 1.1 | 0.6 |
| B7211 C | B7211 AC | 55 | 100 | 21 | 1.5 | 0.6 |
| B7212 C | B7212 AC | 60 | 110 | 22 | 1.5 | 0.6 |
| B7213 C | B7213 AC | 65 | 120 | 23 | 1.5 | 0.6 |
| B7214 C | B7214 AC | 70 | 125 | 24 | 1.5 | 0.6 |
| B7215 C | B7215 AC | 75 | 130 | 25 | 1.5 | 0.6 |
| B7216 C | B7216 AC | 80 | 140 | 26 | 2 | 1 |
| B7217 C | B7217 AC | 85 | 150 | 28 | 2 | 1 |
| B7218 C | B7218 AC | 90 | 160 | 30 | 2 | 1 |
| B7219 C | B7219 AC | 95 | 170 | 32 | 2.1 | 1.1 |
| B7220 C | B7220 AC | 100 | 180 | 34 | 2.1 | 1.1 |
| B7221 C | B7221 AC | 105 | 190 | 36 | 2.1 | 1.1 |
| B7222 C | B7222 AC | 110 | 200 | 38 | 2.1 | 1.1 |
| B7224 C | B7224 AC | 120 | 215 | 40 | 2.1 | 1.1 |

[a] 最大倒角尺寸规定在 GB/T 274—2000 中。

## 5 标记示例

滚动轴承 7205 C GB/T 292—2007

ICS 29.080
K 40

# 中华人民共和国国家标准

GB/T 311.3—2007

## 绝缘配合
## 第3部分：高压直流换流站绝缘配合程序

Insulation co-ordination—Part 3: Procedures for high-voltage direct current (HVDC) converter stations

(IEC/TS 60071-5:2002, MOD)

2007-12-03 发布　　2008-05-20 实施

中华人民共和国国家质量监督检验检疫总局
中国国家标准化管理委员会　发布

# 前　言

本部分是根据 IEC/TS 60071-5:2002《绝缘配合　第5部分:高压直流(HVDC)换流站的绝缘配合程序》(第1,英文版)首次制定的。本部分修改采用 IEC/TS 60071-5:2002。

本部分的编排和表述与 IEC/TS 60071-5:2002 基本一致,并符合 GB/T 1.1 和 GB/T 20000.2 的规定。

本部分与 IEC/TS 60071-5:2002 的主要差异在以下几方面:

a) 本部分在 3.8 中增加了"注:电压水平和功耗可采用计算方法或通过特殊试验确定。";

b) 本部分的表 7 删除了 IEC/TS 60071-5:2002 表 7 的最后两行;并在上部换流变-换流器底部的避雷器种类的(2)中增加"和阀避雷器(V)";

c) 本部分在 9.10 的第 3 自然段中加入了"中性母线电容器";并在 9.10 的最后增加了一段"另一种设计方案是在金属回线不接地的一端和接地极线各安装一组高能耗避雷器(EM 和 EL),分别用于吸收金属回线运行方式和其他运行方式下的操作冲击能耗。中性母线其他位置的避雷器的雷电波保护水平高于 EM 和 EL,确保在操作过电压下不动作,仅用于雷电波保护。EM 和 EL 在制造和出厂试验时可保证多柱并联的特性一致性并宁愿多并联一个备用避雷器,有利于更换及制造备用避雷器。";

d) 删除了 IEC/TS 60071-5:2002 的附录 A 的 A6 计算结果表中的与我国电网无关的电压 420 kV 的表注及其内容;

e) 将目录中的 B.4 和 B.5 的标题与正文进行了统一;

f) 在附录 B 中,统一了 CCC 和 CSCC 电容器避雷器(CC/CSC)。

本部分的附录 A、附录 B、附录 C 为资料性附录。

本部分由中国电器工业协会提出。

本部分由全国高电压试验技术和绝缘配合标准化技术委员会(SAC/TC 163)归口。

本部分由全国高电压试验技术和绝缘配合标准化技术委员会解释。

本部分负责起草单位:西安高压电器研究所、武汉高压研究所。

本部分参加起草单位:北京网联直流工程技术有限公司、南方电网技术研究中心、西安交通大学、中国电力科学研究院、西安电瓷研究所、机械工业北京电工技术经济研究所。

本部分主要起草人:荀锐锋、周沛洪、聂定珍、赵杰、冯建强、吕怀发、李国富、王琨。

# 引　言

高压直流输电在我国电网建设中，对于长距离送电和大区联网有着非常广阔的发展前景，是目前作为解决高电压、大容量、长距离送电和异步联网的重要手段。根据我国直流输电工程实际需要和高压直流输电技术发展趋势开展项目，在引进技术的消化吸收、国内直流输电工程建设经验和设备自主研制的基础上，研究制定高压直流输电设备国家标准体系。内容包括基础标准、主设备标准和控制保护设备标准。项目已完成或正在进行制定共19项国家标准：

(1) 高压直流系统的性能　第一部分：稳态性能

(2) 高压直流系统的性能　第二部分：故障与操作

(3) 高压直流系统的性能　第三部分：动态性能

(4) 绝缘配合　第3部分：高压直流换流站绝缘配合程序

(5) 高压直流换流站损耗的确定

(6) 变流变压器　第二部分：高压直流输电用换流变压器

(7) 高压直流输电用油浸式换流变压器技术参数和要求

(8) 高压直流输电用油浸式平波电抗器

(9) 高压直流输电用油浸式平波电抗器技术参数和要求

(10) 高压直流换流站无间隙金属氧化物避雷器导则

(11) 高压直流输电系统用并联电容器及交流滤波电容器

(12) 高压直流输电系统用直流滤波电容器

(13) 高压直流输电用普通晶闸管的一般要求

(14) 输配电系统的电力电子技术静止无功补偿装置用晶闸管阀的试验

(15) 高压直流输电系统控制与保护设备

(16) 高压直流换流站噪音

(17) 高压直流套管技术性能和试验方法

(18) 高压直流输电用光控晶闸管的一般要求

(19) 直流系统研究和设备成套导则

# 绝缘配合
# 第3部分:高压直流换流站绝缘配合程序

## 1 概述

### 1.1 范围

本部分给出了无标准绝缘水平规定的高压直流换流站的绝缘配合程序的导则。

本部分仅适用于高压交流电力系统中的高压直流部分,而不适用于工业用的换流设备。所给定的原理及规则仅适用绝缘配合目的。本部分不涉及对人身安全的要求。

### 1.2 背景描述

在高压直流换流站中,由于换流器采用晶闸管阀串联或并联组成,并且换流过程采用特有的控制和保护方式,使高压直流换流站与交流变电站相比,对保护及被保护设备的过电压有其特殊的要求。本部分对于承受交直流电压、谐波电压、冲击电压作用的换流站设备给出了计算过电压的指导大纲。提出了确定串并联避雷器的保护水平及最优保护方案。

本部分描述了换流站与常规交流系统绝缘配合不同部分的基本原理和设计目标。

关于避雷器保护,本部分仅涉及现在用于高压直流换流站的无间隙金属氧化物避雷器。给出了对避雷器基本特性要求及运行中最大过电压作用的计算过程;提出了典型的避雷器保护方案、避雷器参数以及所受作用的确定方法。

本部分包括了换流站交流母线(交流滤波器,换流变压器,断路器)和平波电抗器的直流线路侧之间设备的绝缘配合。同时也涵盖了架空线和电缆对换流站设备绝缘配合的影响。

尽管本部分用于普通高压直流系统(换相电压来自交流滤波器母线),但是绝缘配合主要原则也适用于附录中电容换相(CCC)换流器和可控串补换流器(CSCC)及附录中一些特殊的换流器结构。

## 2 规范性引用文件

下列文件中的条款通过本部分的引用而成为本部分的条款。凡是注日期的引用文件,其随后所有的修改单(不包括勘误的内容)或修订版均不适用于本部分,然而,鼓励根据本部分达成协议的各方研究是否可使用这些文件的最新版本。凡是不注日期的引用文件,其最新版本适用于本部分。

GB 311.1—1997 高压输变电设备的绝缘配合(neq IEC 60071-1:1993)

GB/T 311.2—2002 绝缘配合 第2部分:高压输变电设备的绝缘配合使用导则(eqv IEC 60071-2:1996)

GB 11032—2000 交流系统无间隙金属氧化物避雷器(eqv IEC 60099-4:1991)

GB/T 13498 高压直流(HVDC)输电术语(GB/T 13498—2007,IEC 60633:1998,IDT)

GB/T 16927.1—1997 高电压试验技术 第一部分:一般试验要求(eqv IEC 60060-1:1989)

JB/T 5895—1991 污秽地区绝缘子使用导则(neq IEC 60815:1986)

IEC 60071-1:1993 绝缘配合 第1部分:原理、定义和规则

IEC 60700-1:1998 高压直流(HVDC)输电系统晶闸管阀 第1部分:电气试验

## 3 术语和定义

下列术语和定义适用于本部分,且许多术语和定义参照绝缘配合的实际概念或避雷器的实际参数。需要得到更多相关信息,请查阅相应GB 311.1—1997、GB 11032—2000或GB/T 13498。

3.1

**直流系统电压　d. c. system voltage**

最高的对地平均电压或平均运行电压,不包括谐波和换相过冲(IEC 60123 高压直流绝缘子污秽试验)。

3.2

**持续运行电压最大峰值(*PCOV*)　peak value of continous operating voltage**

在换流站直流侧设备上持续运行电压的最高峰值,包括换相过冲(见图 6)。

3.3

**持续运行电压峰值(*CCOV*)　crest value of continous operating voltage**

在换流站直流侧设备上持续运行电压的最高峰值,但不包括换相过冲(见图 6)。

3.4

**过电压　overvoltages**

单相导体对地或相—相导体之间超过交流系统最高运行电压的峰值或直流换流站直流侧的持续运行电压最大峰值(*PCOV*)的电压。

3.4.1

**暂时过电压(*TOV*)　temporary overvoltage**

持续时间相对较长的工频过电压。

注:在某些工况下该电压的频率可能比工频高或低几倍。

3.4.2

**缓波前过电压　slow-front overvoltage**

瞬态过电压,通常是单极性的,到峰值的时间为 20 $\mu$s$<T_P<$5 000 $\mu$s,半峰值时间 $T_2<$50 ms。

注:在绝缘配合中,缓波前过电压是根据波形来分类,与来源无关。尽管实际系统中产生的波形与标准波形有大的偏差,但在多数情况下,本部分以此过电压分类和峰值来描述是足够的。

3.4.3

**快波前过电压　fast-front overvoltage**

由于雷电放电或其他原因在系统中特定位置引起的过电压,在绝缘配合中按类似于雷电冲击试验标准波形来考虑。

瞬态过电压,通常是单极性的。波前时间为 0.1 $\mu$s$<T_1<$20 $\mu$s,半峰值时间 $T_2<$300 $\mu$s (GB 311.1—1997)。

注:在绝缘配合中,缓波前和快波前过电压是根据波形分类,与来源无关。尽管实际系统中产生的波形与标准波形有大的偏差,但在多数情况下,本部分以此过电压类别分类和峰值来描述是足够的。

3.4.4

**极快波前过电压　very fast-front overvoltage**

瞬态过电压,通常是单极性的,波前时间为 $T_1<$0.1 $\mu$s,总持续时间$<$3 ms,其叠加振荡频率为30 kHz$<f<$100 MHz。

3.4.5

**陡波前过电压　steep-front overvoltage**

瞬态过电压,属于快波前过电压,到峰值时间为 3 ns$<T_1<$1.2 $\mu$s。用于试验的陡波前冲击电压定义如 IEC 60700-1:1998 的图 1。

注:波前时间由系统研究决定。

3.4.6

**联合过电压(暂时、缓波前、快波前、极快波前)　combined overvoltage**

由同时施加于相间(或纵)绝缘的两个端子和地之间的两个电压分量组成的过电压。以峰值较高者来确定过电压类型。

3.5

**代表性过电压　representative overvoltages**

该过电压对绝缘电介质效应等同于系统在运行时由于不同原因产生的某一给定类型的过电压。

注：在本部分中，一般的代表性过电压都是通过假定或实测的最大值来表征。

3.5.1

**代表性缓波前过电压（*RSLO*）　representative slow-front overvoltage**

设备端子间具有标准的操作冲击波形的电压。

3.5.2

**代表性快波前过电压（*RFAO*）　representativc fast-front overvoltage**

设备端子间具有标准的雷电冲击波形的电压。

3.5.3

**代表性陡波前过电压（*RSTO*）　representative steep-front overvoltage**

波前时间小于标准雷电冲击而大于极快波前过电压的电压。

注：用于试验的陡波前冲击电压如 IEC 60700-1 中图 1 所示。波前时间是由系统研究决定。

3.6

**避雷器的持续运行电压　continuous operating voltage of an arrester**

$U_c$

根据 GB 11032—2000 允许持久地施加在避雷器端子间的工频电压有效值。

3.7

**包括谐波的避雷器持续运行电压　continuous operating voltage of an arrester including harmonics**

$U_{ch}$

持久地施加在避雷器两端的工频和谐波电压组合的电压有效值。

3.8

**避雷器等效持续运行电压（*ECOV*）　equivalent continuous operating voltage of an arrester**

是指等同于避雷器在实际运行电压下产生相同功耗的电压值。

注：电压水平和功耗可采用计算方法或通过特殊试验确定。

3.9

**避雷器的残压　residual voltage of an arrester**

放电电流通过避雷器时其端子间的最大电压峰值。

3.10

**避雷器配合电流　co-ordination currents of an arrester**

对给定系统中每一种类型的过电压进行研究时，确定代表性过电压时通过避雷器的电流。

GB 11032—2000 中给出了陡波前、雷电和操作冲击电流标准波形。

注：配合电流由系统研究决定。

3.11

**直接保护的设备　directly protected equipment**

与避雷器直接并联的设备，它们之间的距离可以忽略。且任何代表性过电压等于相应的避雷器的保护水平。

3.12

**避雷器保护水平　protective levels of an arrester**

对于每一种类别的电压，相应于配合电流下的避雷器两端的残压。

下述 3.12.1 到 3.12.3 定义适用高压直流换流站设备。

3.12.1

**操作冲击保护水平(*SIPL*) switching impulse protective level**

当避雷器通过操作冲击配合电流时,出现在避雷器上的残压。

3.12.2

**雷电冲击保护水平(*LIPL*) lighting impulse protective level**

当避雷器通过雷电冲击配合电流时,出现在避雷器上的残压。

3.12.3

**陡波前冲击保护水平(*STIPL*) steep-front impulse protective level**

当避雷器通过陡波前冲击配合电流时,出现在避雷器上的残压。

3.13

**配合耐受电压 co-ordination withstand voltage**

在实际运行条件下,绝缘结构满足性能指标的每类电压的耐受电压值。

3.14

**要求耐受电压 required withstand voltage**

在标准耐受试验中确保绝缘耐受满足实际系统运行的配合耐受电压的试验电压值。

3.15

**额定耐受电压 specified withstand voltage**

经过适当选择的高于或等于要求耐受电压的试验电压(见3.14)。

注1:对于交流设备、额定耐受电压标准值见GB 311.1—1997。对于高压直流设备,额定耐受电压没有标准值,而是取舍到方便的可行值。

注2:设备耐受试验的标准波形及试验程序在GB/T 16927.1—1997和GB 311.1—1997中规定,但对一些直流设备(如晶闸管阀),为了能够更为真实的反映实际运行情况,其标准冲击波形可以修正。

3.15.1

**额定操作冲击耐受电压(*SSIWV*) specified switching impulse withstand voltage**

标准操作冲击波形的绝缘耐受电压。

3.15.2

**额定雷电冲击耐受电压(*SLIWV*) specified lighting impulse withstand voltage**

标准雷电冲击波形的绝缘耐受电压。

3.15.3

**额定陡波前冲击耐受电压(*SSFIWV*) specified steep-front impulse withstand voltage**

IEC 60700-1:1998中规定波形的绝缘耐受电压。

3.16

**晶闸管阀保护触发(PF) thyristor valve protective firing**

在预先设定的电压下触发晶闸管,保护晶闸管免受正向过电压的方法。

## 4 符号和缩写

本章仅涵盖了最为常用的符号和缩写,其中一些已经在图1单线图和表1中说明。在高压直流换流站及绝缘配合中采用的更完整的符号,详见规范性引用文件和参考文献。

### 4.1 下脚标

| | |
|---|---|
| 0(zero) | 空载 |
| d | 直流电流或电压 |
| i | 理想的 |
| max | 最大的 |

$n$　　与 $n$ 次谐波分量有关的量

4.2　字母符号

$K_a$　　大气校正因数

$K_c$　　配合因数

$K_s$　　安全因数

$U_{ch}$　　包括谐波的避雷器持续运行电压

$U_{di0}$　　理想空载直流电压

$U_{dim}$　　考虑交流电压的测量容差和换流变分接头一级电压偏差的 $U_{di0}$ 最大值

$U_s$　　交流系统的最高电压

$U_{v0}$　　换流变压器阀侧相对相空载电压(不包括谐波电压)

$\alpha$　　延迟角,本部分也用作触发角

$\beta$　　超前角

$\gamma$　　关断角(熄弧角)

$\mu$　　换相角(重叠角)

4.3　缩写

CCC　　电容换相换流器

CSCC　　可控串联补偿换流器

*CCOV*　　持续运行电压峰值

*ECOV*　　等效持续运行电压

*LIPL*　　雷电冲击保护水平

*PCOV*　　持续运行电压最大峰值

PF　　触发保护

*RFAO*　　代表性快波前过电压(最大电压值)

*RSLO*　　代表性缓波前过电压(最大电压值)

*RSTO*　　代表性陡波前过电压(最大电压值)

*RLIWV*　　要求雷电冲击耐受电压

*RSIWV*　　要求操作冲击耐受电压

*RSFIWV*　　要求陡波前冲击耐受电压

*SIPL*　　操作冲击保护水平

*STIPL*　　陡波前冲击保护水平

*SLIWV*　　额定雷电冲击耐受电压

*SSIWV*　　额定操作冲击耐受电压

*SSFIWV*　　额定陡波前冲击耐受电压

*TOV*　　暂时过电压

4.4　典型高压直流换流站布置图和相应图形符号

图 1、图 2 和图 3 给出了典型的两组 12 脉动换流桥串联的高压直流换流站的单线图。三个方案的主要差别是在高压直流换流站的交流侧是否有换相电容器(图 2)或可控串联电容器(图 3)。

注:图 1、图 2 和图 3 涵盖了在换流站可能使用的所有避雷器,在具体设计中可能会有所变化,会省去一些避雷器。

表 1 列出了图 1、图 2 和图 3 及本部分定义的一些具体图形符号。有关避雷器的名称、设计细则和功能在第 9 章描述。

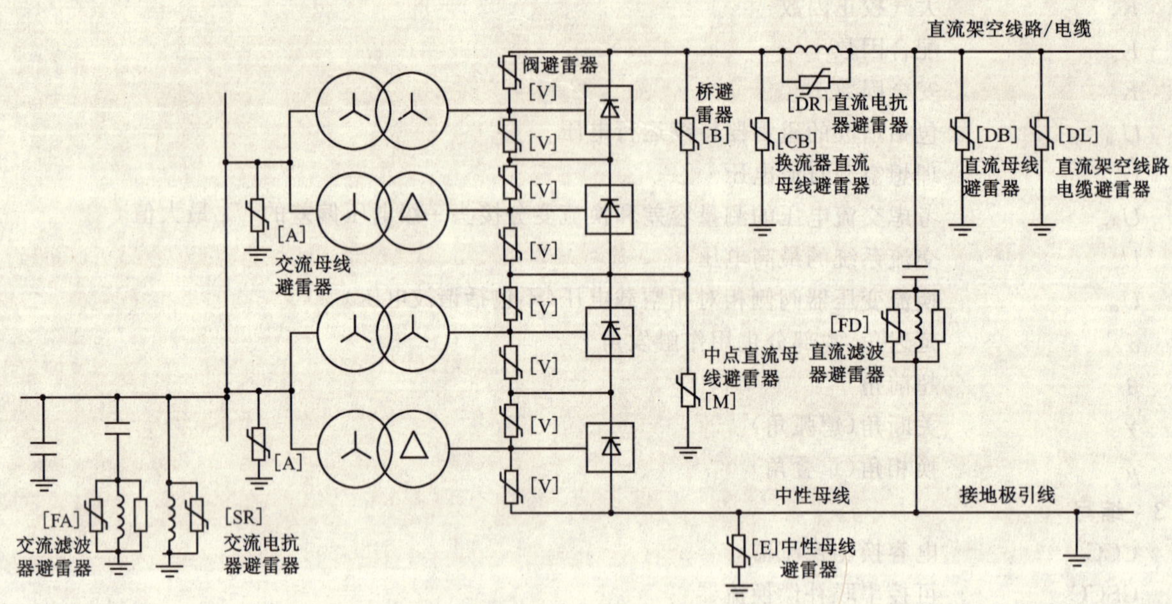


图 1 典型的两组 12 脉动串联换流器单线图

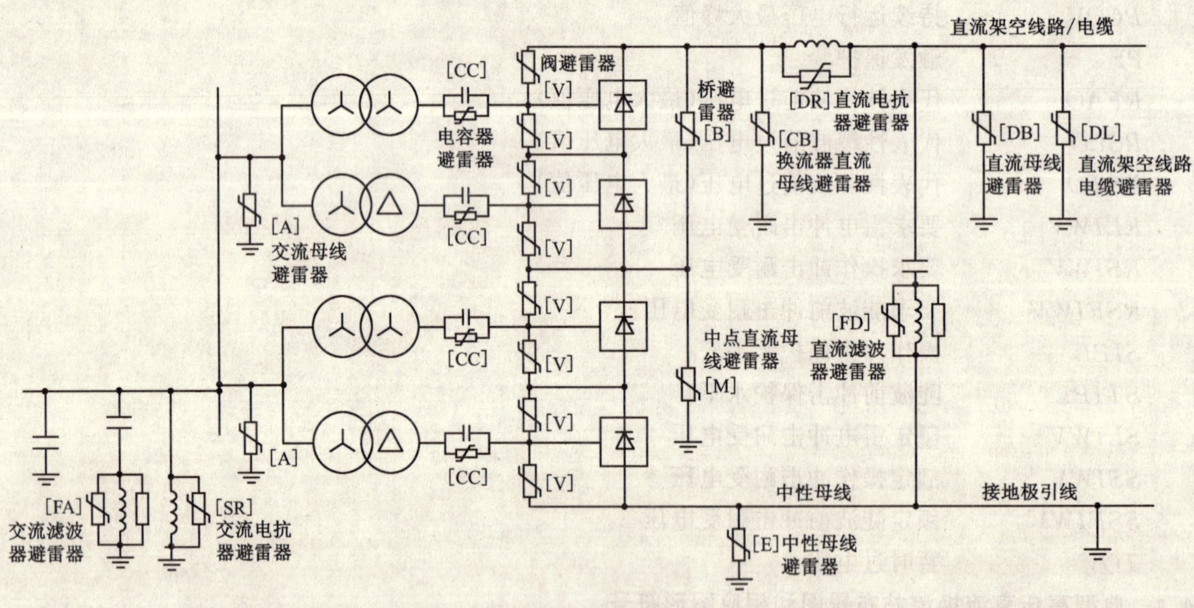


图 2 典型的具有换相电容器的两组 12 脉动串联换流器(CCC)单线图

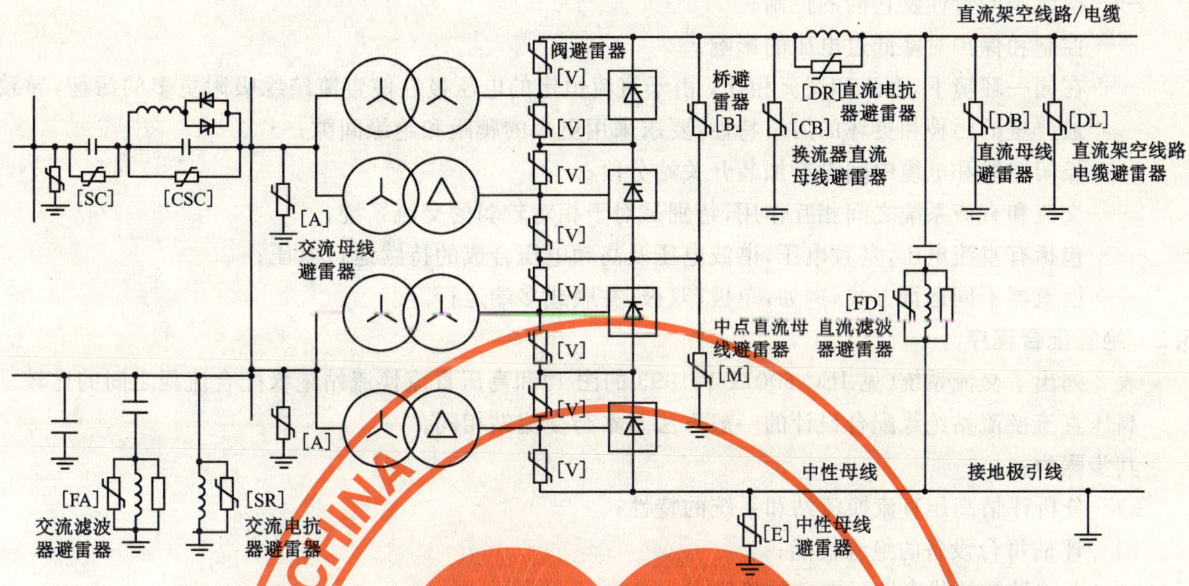


图 3 典型的具有可控串补极的两组 12 脉动串联换流器(CSCC)单线图

表 1 符号说明

| 符 号 | 说 明 |
|---|---|
| | 阀(换相组) |
| | 阀(一个臂) |
| | 避雷器 |
| | 电阻器 |
| | 电抗器 |
| | 电容器 |
| | 双绕组变压器 |
| | 接地 |

## 5 绝缘配合原理

绝缘配合的基本目标是:

——确定系统中不同设备实际可能承受的最大稳态、瞬态和暂时过电压水平。

——选择设备的绝缘强度和特性,包括保护装置的特性,以保证设备在上述过电压下能够安全、经济和可靠的运行。

### 5.1 交流和直流系统绝缘配合的主要差别

根据绝缘配合目标,高压直流换流站的绝缘配合与交流变电站具有相同的基本原理;然而,在进行高压直流换流站的绝缘配合时,某些方面与交流变电站相比有一定差别。例如,需要考虑下列情况:

——并联有避雷器的单个阀串联构成的阀组和远离地电位的端子之间的要求,使直流换流站不同的部位有不同的绝缘水平;

——由于换流器回路两端换流变压器和平波电抗器的电感,使换流器回路不直接承受外部过电压的作用(见 9.4.3);

——在交流和直流两侧均有无功功率源和谐波滤波器;

——当阀不导通时,换流变阀侧的两个主要绕组对地电位是悬浮的,而阀导通时将会有直流分量电流流过绕组;

——换流阀的特性及它们的控制；

——控制和保护对降低过电压的影响；

——在同一环境下，直流和交流相比，由于直流恒定的电压极性使直流绝缘吸附更多的污秽，导致最严重的污秽和更坏的闪络特性，要求采用更大的爬距和绝缘间隙；

——长架空线和电缆中间没有加装开关站分段；

——交流和直流系统之间相互作用，特别是对于相对较弱的交流系统；

——包括有直流电压，基频电压，谐波电压及高频电压合成的持续运行电压；

——换流器不同运行方式，例如，单极、双极、并联或多端运行。

## 5.2 绝缘配合程序

表 2 列出了交流系统(见 IEC 60071-1:1993 的图 1)和高压直流换流站绝缘配合流程之间的比较。高压直流换流站绝缘配合设计的一般方法基本与交流站相同。

其步骤为：

a) 分析评估高压直流换流站和系统的特性；

b) 评估每台设备的绝缘性能；

c) 不同种类的代表性过电压的确定；

d) 考虑过电压保护方式和作用于避雷器的电流和能量，并确定它们的布置。

但是，在进行绝缘配合时，应特别注意交流和直流系统的绝缘特性和电压分布是不同的。

**表 2 三相交流设备与高压直流换流站设备耐受电压选择的比较**

| IEC 60071-1:1993 对于确定三相交流系统设备标准绝缘水平或额定值的流程图 | 高压直流换流站设备耐受电压的选择与 IEC 60071-1:1993 的差异 |
|---|---|
| 系统分析<br>↓ | 系统分析<br>(与交流方法相同)<br>↓ |
| 代表性电压和过电压<br>↓ | 代表性电压和过电压<br>(与交流方法相同)<br>↓ |
| 根据标准选择满足性能指标的绝缘<br>↓ | 根据标准选择满足性能指标的绝缘<br>(与交流方法相同)<br>↓ |
| 配合耐受电压<br>↓ | 配合耐受电压的确定一般与交流的方法基本相同，高压直流换流器设备要求与避雷器紧靠(直接保护设备)，配合耐受电压由配合电流的确定过程来求得<br>↓ |
| 考虑型式试验条件和实际运行条件的差别选取校正因数<br>↓ | 考虑型式试验条件和实际运行条件的差别，选择校正因数<br>(方法与交流相同)<br>↓ |
| 要求耐受电压<br>↓ | 要求耐受电压<br>(方法与交流相同)<br>↓ |
| 选择标准耐受电压<br>↓ | 选择交流侧设备标准耐受电压。对于直流设备由于没有标准耐受电压水平因而跳过这一步<br>↓ |
| 额定值或标准绝缘水平，一组标准耐受电压 | 交流侧设备的一组标准耐受电压。对于直流设备，额定绝缘水平应圆整到方便的经验值 |

## 6 运行中的电压和过电压

### 6.1 避雷器的布置

自从 20 世纪 70 年代后期，高压直流换流站的过电压保护就全部以金属氧化物避雷器为主。这很大程度上是由于它们在系统中串联或相互并联的可靠性能和与有间隙 SiC 避雷器相比有其优良的保护特性。避雷器的实际布置取决于高压直流换流站的布置结构和输电回路的方式。基本原则是每个电压等级和接于该等级的设备应得到足够的保护，其成本要与设备所期望的可靠性以及设备耐受能力相匹配。

对于一个双极每极 12 脉动的高压直流回路方案，换流桥交流侧和直流输电回路之间典型的避雷器布置如图 4 所示。在某些情况下，根据连接在这一位置上的设备的过电压耐受能力及其他避雷器组联合对该处提供的过电压保护情况，可省去某些避雷器。例如，桥避雷器(B)和上下桥之间中点避雷器(M)串联组合对直流母线提供保护，代替换流器单元直流母线避雷器(CB)。

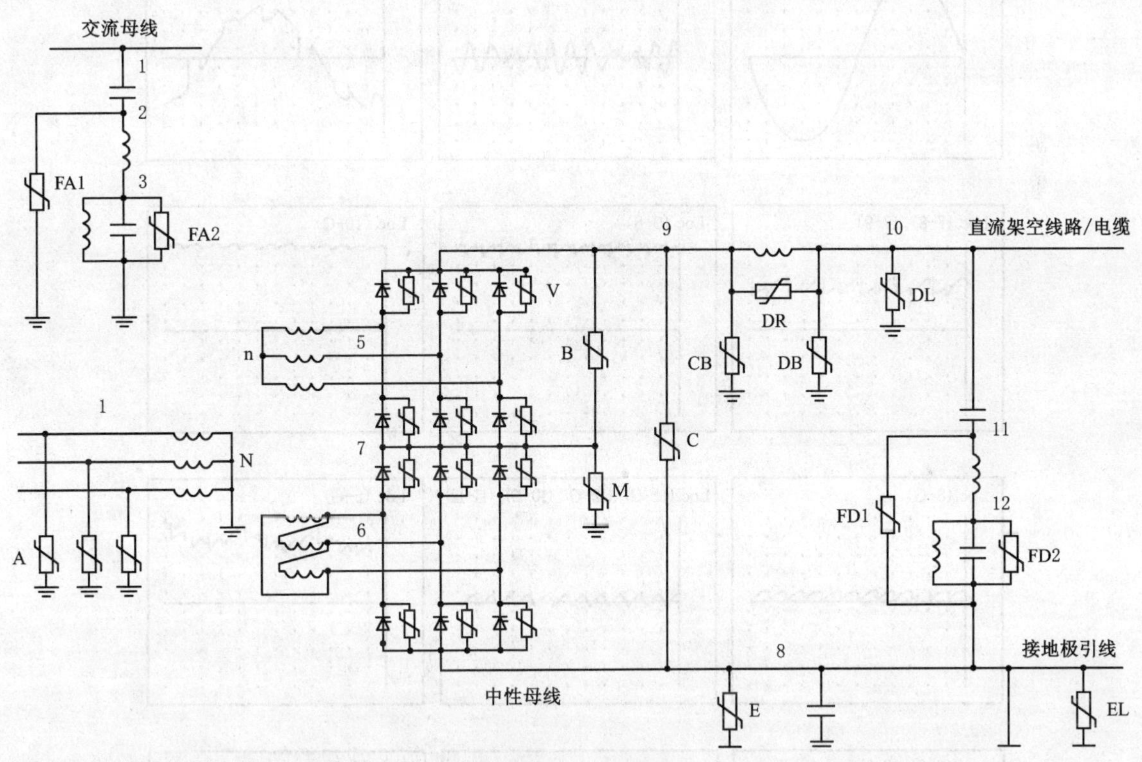


注：图中涵盖换流站使用的所有避雷器，但在具体设计中有所不同。

图 4 高压直流换流站 12 脉动换流器图

每极两个 12 脉动换流器和背靠背站可以使用类似的保护布置。在背靠背情况下，由于运行电压远低于架空线路或电缆输电方式，所以在换流器和直流场中通常仅需要阀避雷器(V)。当然，有时包括中点避雷器(M)和桥避雷器(B)。

对于直接连接到直流电缆的高压直流换流站，因为极线不可能直接承受快波前过电压作用，直流线路或电缆避雷器(DB 和 DL)也可能被省掉。

在高压直流换流站的交流侧，相对地避雷器(A)对换流器交流母线和交流滤波器母线进行保护。

在交、直流滤波器中，滤波器电抗器的保护避雷器一般并接在电抗器的两端或从电抗器的高压端到地，如图 4 所示。

在直流电缆和架空线路组合系统中，电缆端部可能安装有避雷器限制来自架空线路的过电压。

对避雷器的要求及需要在第 9 章中更为详细地讨论。

选择避雷器布置的基本原则如下：

——交流侧产生的过电压，应主要由交流母线避雷器(A)限制；

——直流场或接地极引线产生的过电压，由直流线路/电缆避雷器(DB 和 DL)，换流器母线避雷器(CB)，中性母线避雷器(E)来限制；

——对于高压直流换流站内的过电压，关键设备元件应直接由紧靠连接的避雷器保护。例如：阀避雷器(V)保护晶闸管阀；交流母线避雷器(A)保护换流变的网侧绕组；换流变阀侧绕组由桥避雷器(B)、中点避雷器(M)和一个阀避雷器(V)串联组合提供保护。然而，当直流换流站的换流变与换流桥断开时，对换流变阀绕组应采取保护措施。

## 6.2 换流站不同位置的持续运行电压

图 5 给出了图 4 换流站典型结构中不同点对地(G)或对另一点不包括换相过冲的持续运行电压的典型波形。

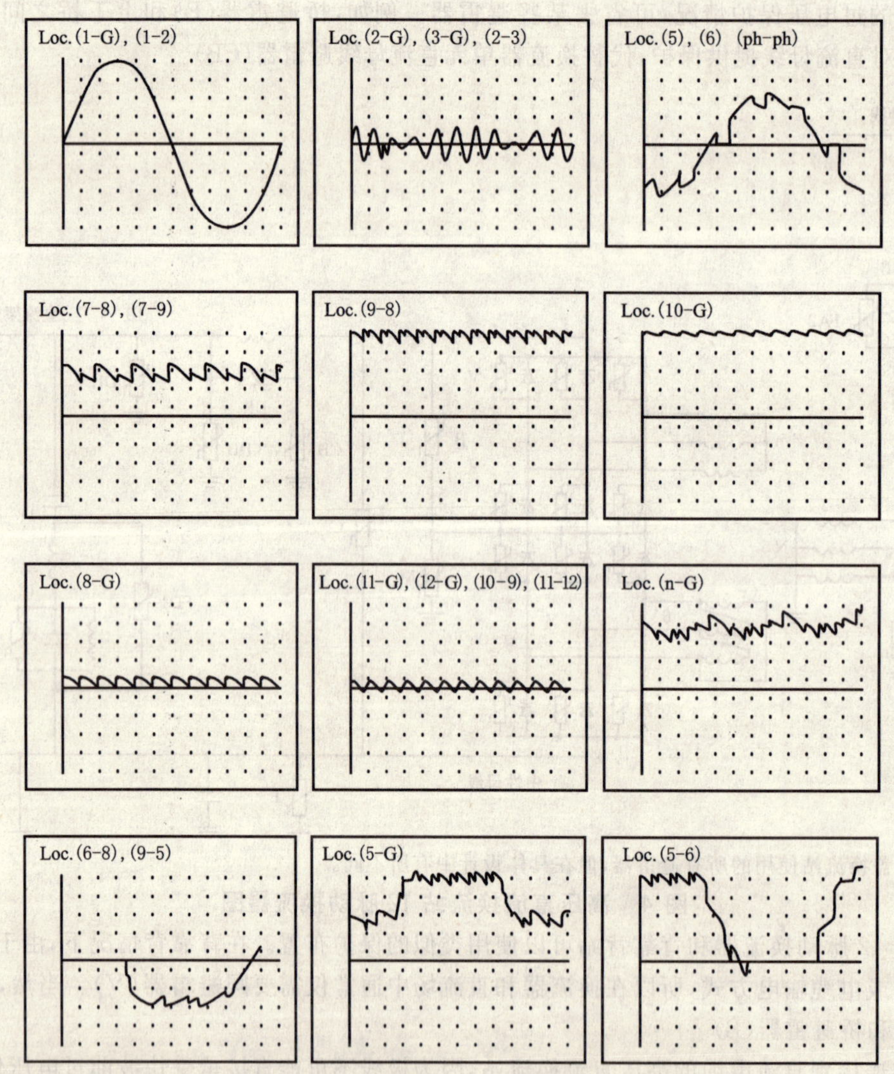


图 5 换流站不同点的持续运行电压(位置见图 4)

## 6.3 阀和避雷器上的持续运行电压最大峰值(*PCOV*)和持续运行电压峰值(*CCOV*)

高压直流避雷器承受的持续运行电压不同于交流避雷器。它不只是单一的工频电压而是直流电压，基频电压，谐波电压和高频瞬态电压的合成。

阀的开通与关断产生的转换瞬态电压叠加在换相电压上，特别是在阀关断时，换相过冲增加了换流变阀侧绕组的电压，并作用在阀和避雷器上。换相过冲的幅值由以下因素决定：

——晶闸管的固有特性(特别是反向恢复电荷)；

——阀中串联连接晶闸管的反向恢复电荷分布；
——单个晶闸管级的阻尼电阻和电容器；
——在阀和换流回路中的各种电容和电感；
——触发角与换相角；
——阀关断时刻的换相电压。

应该特别注意阀避雷器和直流侧其他避雷器对于换相过冲的能量吸收。

图6表示了阀和阀避雷器(V)的持续运行电压波形。持续运行电压峰值(CCOV)正比于电压 $U_{\mathrm{dim}}$，由下式给出：

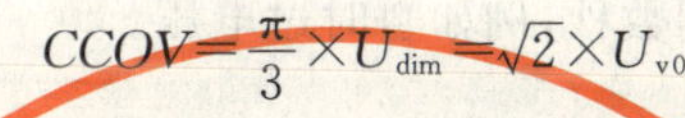

$$CCOV=\frac{\pi}{3}\times U_{\mathrm{dim}}=\sqrt{2}\times U_{\mathrm{v0}}$$

$U_{\mathrm{dim}}$ 和 $U_{\mathrm{v0}}$ 的定义参见4.2。

应特别注意，当阀以大的延迟角 $\alpha$ 运行时，将会增大换相过冲，有可能使避雷器过载。

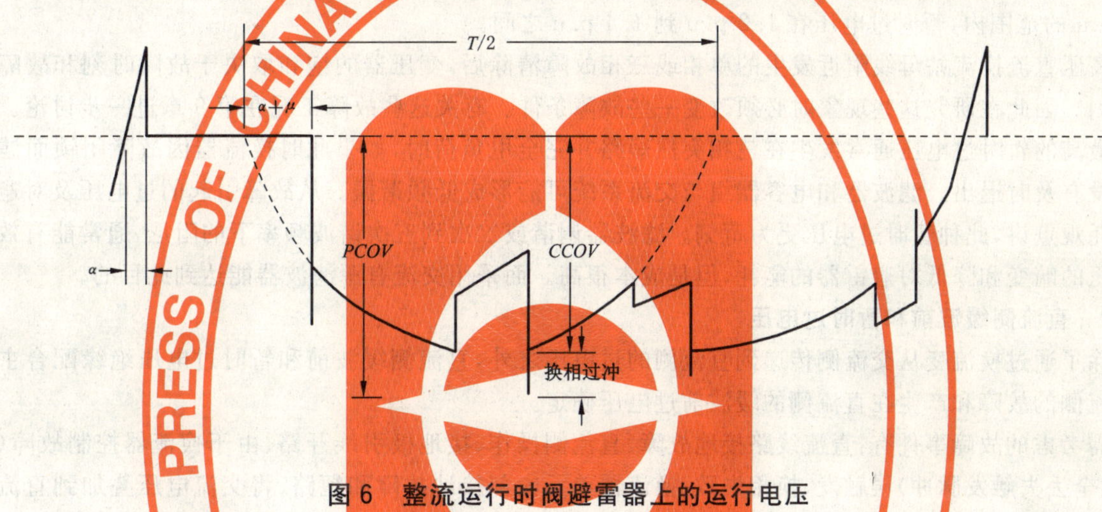


图6　整流运行时阀避雷器上的运行电压

## 6.4　过电压类型和来源

交流侧的过电压来源于操作、故障、甩负荷或雷电。交流网络的动态特性、阻抗及对主要瞬态振荡频率的有效阻尼，换流变压器的模型，静态、同步补偿和滤波器组件的模型，对过电压的计算都很重要。如果交流场有较长的母线，在计算过电压和确定避雷器位置时还应考虑距离的影响。

直流侧的过电压来源于交流系统或直流线路和/或电缆、站内的闪络及其他故障事件。

在评估过电压时，交流和直流系统的结构，阀和控制的动态性能、最苛刻工况组合在6.8中讨论，对避雷器要求的影响在第9章中讨论。

### 6.4.1　交流侧的缓波前和暂时过电压

发生在交流侧的缓波前和暂时过电压对研究避雷器应用是极为重要的，它与交流最高运行电压一起确定了高压直流换流站交流侧的过电压保护和绝缘水平。同时也影响到阀的绝缘配合。

高压直流站交流母线上的缓波前过电压，可能由操作连接在换流站交流母线上的变压器，电抗器，静态无功补偿，交流滤波器和电容器组，故障初始和清除以及线路合闸和重合闸操作等引起。缓波前过电压仅在瞬态的前半个周期具有高幅值，随后几个周期幅值明显降低。远离高压直流换流站的交流网络上产生的缓波前过电压通常低于发生在换流站母线附近的过电压。

在设备的运行寿命期间，换流站交流母线上的设备可能出现多次操作。常规的开断操作引起的过电压一般比故障引起的缓波前过电压要低。但是在极少的情况下断路器开断时会产生重燃现象而使过电压升高。

在选择高压直流换流站的交流避雷器时，应考虑到交流网络上原有的避雷器与换流站避雷器的并联。避免原有避雷器在缓波前和暂时过电压下过载。

6.4.1.1　运行操作引起的过电压

在正常的运行操作中，因断路器频繁操作，一般不希望保护设备的避雷器吸收相当大的操作过电压能量。因此，为了限制断路器在日常操作时产生的过电压，在断路器上装有合闸电阻、同步合闸器和选相合闸装置或在断路器的断口上并联避雷器。高压直流控制系统也能有效的阻尼一定的过电压，如暂时过电压。

由于磁饱和效应，变压器的励磁会引起涌流，包括二次和其他低次谐波的分量。如果有一个或多个谐波电流满足谐振条件，在低阻尼网络中将产生高的谐波电压并导致过电压。因为高压直流换流站有交流滤波器和电容器组，所以谐振情况更严重。特别是这些电容降低了谐振频率，可能会引起二次、三次谐振，该谐振过电压持续时间会达到数秒，例如暂时过电压。

6.4.1.2　接地故障引起的过电压

当交流网络发生非对称故障时，由于零序网络的影响，在健全相上就会产生暂时和瞬态过电压。高压直流换流站与中性点直接接地的交流系统连接情况下，瞬态过电压(相对地)通常在1.4 p.u到1.7 p.u的范围内，暂时过电压在1.2 p.u到1.4 p.u之间。

高压直流换流站母线附近发生的单相或三相故障清除后，变压器的饱和取决于故障时刻和故障清除时刻。因此在研究这些现象时必须改变一些故障条件。有关这些故障工况在第9章进一步讨论。

最高的暂时过电压通常发生在三相突然短路并完全甩负荷时，如果此时换流器因故障闭锁而滤波器又没有及时退出。滤波器和电容器组与交流系统可能形成低频谐振。从故障引起的过电压及对避雷器能耗观点讲，此种暂时过电压更为苛刻。滤波器调谐或二次到五次谐波频率下的阻尼，通常能有效减少电压的畸变和降低对避雷器的能耗，但是成本很高。而采用交流有源滤波器能达到此目的。

6.4.2　直流侧缓波前和暂时过电压

除了通过换流变从交流侧传递到直流侧的过电压之外，直流侧缓波前和暂时过电压绝缘配合主要由直流侧的故障和产生在直流侧的缓波前过电压确定。

需考虑的故障事件有：直流线路接地故障、直流侧操作、接地极引线开路、由于换流器控制故障(例如，完全丢失触发脉冲)误触发、换相失败、换流器单元内部接地故障和短路、将交流电压叠加到直流电压。这些偶然事件在第9章较详细地讨论。

如果整流侧没有采取任何措施防止逆变侧开路，需考虑逆变侧开路时，整流侧全电压起动的情况。

在换流桥单元串联的换流站中，应考虑某些事件。例如一个换流桥投入旁通对，而另一个换流桥正在运行的情况，尤其是在逆变运行时。特别注意换流桥单元并联的绝缘配合。有关这些和其他特殊的换流器结构的更多情况见附录C。

6.4.3　快波前，极快波前和陡波前过电压

高压直流换流站的不同区域应该使用不同的方法评估快波前和陡波前过电压。这些区域包括：

——从交流线路到换流变网侧端的交流开关场区域；

——从直流线路到平波电抗器线路端的直流场区域；

——从换流变的阀侧到平波电抗器的阀侧端的换流器区域。

换流器区域由串联电抗与其他两区域隔开，即：一端为平波电抗器电抗，另一端为换流变漏抗。对于雷击在换流变交流侧和平波电抗器外的直流侧引起的行波，由于串联电抗和对地电容共同作用将会衰减，波形类似于缓波前过电压(也可能经电容传递，如9.4.3中讨论)。因此，它们作为换流器部分缓波前过电压进行考虑。

交、直流开关场区域的波阻抗相对架空线路波阻抗较低，与多数普通交流场的差别是存在交流滤波器、直流滤波器及大容量并联电容器组。这些都会对侵入的过电压有衰减作用。

在高压直流换流站及阀厅内的接地故障引起的陡波前过电压对绝缘配合是非常的重要，尤其是阀侧接地故障。这些代表性过电压的波前时间一般为0.5 μs到1.0 μs，持续时间达10 μs。陡波前过电压幅值和波形通过数字仿真研究确定。而峰值和电压上升到峰值的变化率则更为重要。

在交流场区域，气体绝缘开关设备(GIS)中的隔离开关或断路器的操作或许能够产生波前时间为5 ns到150 ns的极快波前过电压。有关GIS设备中的更进一步信息在C.6中给出。

## 6.5 避雷器的过电压限制特性

在新建的高压直流换流站和对已运行直流换流站的避雷器更换时广泛使用无间隙金属氧化物避雷器来作为保护设备。由于它们低的动态阻抗和高的能量吸收能力，使其与有间隙SiC避雷器相比成为更好的过电压保护设备。如果选择特性很匹配的金属氧化物避雷器并联时，避雷器就能吸收期望的能量。金属氧化物阀片可以在一个避雷器单元中几路并联，也可几个避雷器单元并联来达到设计的能量要求。在需要时也可以采用金属氧化物阀片并联降低避雷器残压。

对于金属氧化物避雷器，电压$U$与电流$I$的关系式为：

$$I=k\times U^{\alpha};$$

$k$是一个常数，$\alpha$是金属氧化物非线性系数。在避雷器的运行范围内，氧化锌的这个系数很高，典型的范围为30～50，而有间隙碳化硅避雷器的典型值为3。

避雷器的保护特性是用避雷器在运行中通过最大的陡波、雷电和操作冲击电流时的残压来确定的。定义避雷器保护水平典型电流波形是：雷电冲击保护水平(*LIPL*)为8/20 μs，操作冲击保护水平(*SIPL*)为30/60 μs。陡波前冲击保护水平(*STIPL*)常用波前时间为1 μs的冲击电流来确定。由于避雷器阀片高的非线性系数，不同的代表性电流将会导致避雷器上有不同的电压波形。保护水平规定的电流幅值(称作配合电流)依据避雷器的安装位置和不同类型的电流波形有不同的选择。有关配合电流在最后设计阶段详细研究确定(见6.7)。

在交流侧使用的避雷器额定电压和持续运行电压的具体确定与交流系统相同。避雷器额定电压就是施加到避雷器端子间的最大允许工频电压有效值。按照此电压设计的避雷器，能在所规定的动作负载试验中确定的暂时过电压下正确工作。最大持续运行电压是表明避雷器运行特性规范的一个参考参数。

对于高压直流换流站的直流侧避雷器，没有定义额定电压。持续运行电压的定义不同于交流系统。因为在许多情况下连续出现在避雷器两端电压的波形是直流上叠加有基频和谐波分量，在一些情况下还有换相过冲。

直流避雷器以持续运行电压最大峰值(*PCOV*)、持续运行电压峰值(*CCOV*)和等效持续运行电压(*ECOV*)定义其参数(定义见第3章)。这就意味着对特殊应用的避雷器的试验应作调整，其具体试验不同于交流避雷器常规的标准试验。避雷器的能量要求应该考虑波形及幅值、持续时间和放电次数。

对于滤波器避雷器还应考虑谐波引起的较高损耗。

## 6.6 阀的保护策略

阀避雷器(V)的主要目的是限制晶闸管阀上出现过高的过电压。避雷器和晶闸管正向保护触发构成阀的过电压保护。由于阀的成本和阀的损耗近拟的正比于阀的绝缘水平，所以应选取尽可能低的避雷器保护水平保证阀的绝缘水平。

阀避雷器保护水平与保护触发水平的配合有两种不同方案。第一种方案，阀避雷器限制阀正向及反向出现的过电压，设置阀保护性触发水平高于避雷器保护水平。在这种情况下，保护性触发的作用是出现快速瞬态电压或陡波电压在阀内部引起的严重的非线性电压分布的情况下对单个晶闸管进行过电压保护。第二种方案，避雷器限制阀反向过电压，保护触发水平设置为阀避雷器保护水平的90%～95%作为主要的正向过电压保护。因此，第二种方案仅用于晶闸管的反向耐受电压高于晶闸管正向耐受电压的情况。这样通常使阀的晶闸管级的个数少于第一种方案，带来成本的降低和换流器效率的提高。保护触发水平临界值应设置到足够高，确保在最高的暂时过电压(考虑换相瞬时和电压不平衡)或是频繁事件(例如开关操作)时保护触发不启动，以此减少功率传输中断，并且发生接地故障时保持运行，故障后有利于加速恢复。

## 6.7 研究过电压和避雷器特性的方法和工具

这里讨论确定换流站过电压特性以及所需避雷器特性的总体研究方法和工具。研究的目标如下(详见第7章):

——确定高压直流换流站中避雷器的保护水平和负载;

——形成高压直流换流站中绝缘配合的基础;

——确定所有避雷器的规范。

### 6.7.1 总的依据、研究方法和研究工具

为了进行研究,需要以下信息,更详细的情况见6.8。

——高压直流换流站的布置结构,以及交流和直流系统数据;

——连接在交流侧和直流侧的设备数据(例如,变压器,线路等);

——避雷器特性;

——换流器控制和阀保护策略,包括阀保护触发回路的响应和延迟;

——运行条件;

——阀保护策略(阀保护触发的响应)。

过电压的研究方法由下面步骤组成:

第1步:初步确定避雷器的结构和参数,如:$U_c$,$U_{ch}$,$PCOV$和/或$CCOV$;

第2步:研究产生最大电流和能量的工况。在这个过程中,确定避雷器的最小柱数和额定参数,考虑避雷器的负载及其他偶然事件;

第3步:使用快波前和陡波前过电压验证在第1步和第2步确定的避雷器布置,确保高压直流(HVDC)换流站设备具有足够的保护,若考虑距离效应也可能增加一些额外避雷器;

第4步:基于研究结果确定避雷器作用(配合电流/电压/能量)并确定避雷器的规范(见7.1和9.1);

第5步:确定不同位置的最大过电压和耐受电压(见7.3)。

研究避雷器的动作负载的一般原则是,确定避雷器能量吸收选用避雷器的最小(V-I)保护特性,确定保护水平选用最大(V-I)保护特性。

尽管有许多工具可用于计算过电压和避雷器功耗,但每一种研究工具的关键是所使用的模型能否正确的模拟电力系统组件和获得模型必要的特性。为了得到正确的结果,需要对系统组件在研究的频率范围内正确模拟。使用数字瞬态分析方法的数字计算机程序可用于这些计算。用于高压直流模拟装置的TNA也是一种可行的研究工具。

实时数字仿真器是一种有效的研究工具,但是在目前条件下,这些工具由于时间步长限制,可能不适用于高频过电压的研究。

### 6.7.2 研究的事件

6.2至6.4描述了高压直流换流站避雷器可能受到的持续、暂时、缓波前、快波前和陡波前过电压的作用。这些事件和作用见表3和表4中的描述。

表3是作用于各类避雷器上的事例。表4是不同事例对避雷器的作用,涉及到不同避雷器所承受过电压的类型,以及特殊故障事件对避雷器电流和能量是否有显著影响。在详细研究中,这些信息常用来决定相关的系统模型。

换流器的偶然事故(如换相失败或逆变器闭锁时没有投旁通对)对确定高压直流换流站避雷器的保护水平和能量要求并不是关键。然而,当逆变器闭锁时电流中断对避雷器的能量要求是至关重要的,某些换相失败的情况可能很严重(如:激发谐振或直流返回路为高阻抗与低保护水平中性母线避雷器(E)相结合的事故)。

**表 3　作用于各类避雷器上的主要事例**

| 事　例 | 避雷器(避雷器布置见图 4) | | | | | | | | |
|---|---|---|---|---|---|---|---|---|---|
| | FA1<br>FA2 | A | V<br>B | M | CB<br>C | E | DR | DB<br>DL | FD1<br>FD2 |
| 直流极线接地故障 | | | | | | × | × | × | × |
| 从直流线路侵入的雷电冲击 | | | | | | × | × | × | × |
| 从直流线路侵入的缓波前过电压 | | | | | | × | | × | × |
| 从接地极引线侵入的雷电冲击 | | | | | | × | | | |
| 阀交流侧相接地故障 | | | × | × | | × | × | | |
| 三脉动换流组电流中断 | | | × | | | | | | |
| 六脉动桥电流中断 | | | × | × | | | | | |
| 单极运行时失去直流返回路径或换相失败 | | | | | | × | | | |
| 交流侧接地故障和运行操作 | × | × | × | × | × | × | × | | × |
| 从交流侧侵入雷电冲击 | × | × | | | | | | | |
| 站的屏蔽失效(如果适用) | | | × | × | × | | | | |
| 注：一些事例的发生概率太低而不必考虑。 | | | | | | | | | |

**表 4　不同事例对避雷器的作用**

| 偶然故障 | 快波前和陡波前过电压作用 | | 缓波前和暂时过电压作用 | |
|---|---|---|---|---|
| | 电流 | 能量 | 电流 | 能量 |
| 直流极接地故障 | E,FD1,FD2 | E,FD1,FD2 | DB,DL,DR,E | E |
| 从直流线路侵入的雷电冲击 | DB,DL,FD1,FD2,DR,E | | | |
| 从直流线路侵入的缓波前过电压 | | | DB,DL,E,FD1,FD2 | |
| 从接地电极引线侵入的雷电冲击 | E | | | |
| 桥的交流相接地故障 | V,B | | DR,V,B,E,M | V,B,E,M |
| 三脉动换流组电流中断 | | | V,B | V,B |
| 六脉动换流组电流中断 | | | M,V,B | M,V,B |
| 单极运行时失去直流返回路径和/或换相失败 | | | E | E |
| 交流侧接地故障和开关操作 | FA1,FA2 | FA1,FA2 | V,M,CB,A,FA1,FA2,E,FD1,FD2,DR,C,B | V,B,A,E,FD1,FD2 |
| 从交流系统侵入的雷电冲击 | A,FA1,FA2 | | | |
| 站的屏蔽失效(如果适用) | V,M,CB,C,B | | | |



### 6.8　必要的系统情况

#### 6.8.1　模型和系统总的描述

为了绝缘配合的研究，网络组件模型的有效频率范围尽可能从直流到 50 MHz。然而使所有网络器件模型在全频范围内有效是很难达到的。在关注的频率范围内，不同参数将对元件的正确表示有不同的影响。

当模型不完整时，如果设计的模型经实践证明是满意的也可以使用。如变压器模型的准确性就有限。

从一个稳态过渡到另一个稳态的期间将出现瞬态现象。在系统中这种干扰的主要原因是分合断路器或操作其他设备、短路、接地故障或雷电击穿。随后发生的电磁现象是线路上、电缆或母线段上的行波和系统中电感和电容之间产生的振荡。振荡频率由连接线路的波阻抗和传输时间来确定。

表 5 给出了这些瞬态过程的各种起因以及频率范围的概况。建模时需要这些频率范围。

**表 5　过电压源和相应的频率范围**

| 组 | 典型的频率范围 | 主要的代表过电压 | 过电压产生的源 |
|---|---|---|---|
| Ⅰ | 0.1 Hz～3 kHz | 暂时过电压 | ● 变压器励磁(铁磁谐振)<br>● 甩负荷<br>● 接地故障发生和清除，线路自激 |
| Ⅱ | 50 Hz～20 kHz | 缓波前过电压 | ● 出线端接地故障<br>● 近区故障<br>● 合闸/重合闸 |
| Ⅲ | 10 kHz～3 MHz | 快波前过电压 | ● 快波前过电压<br>● 断路器重击穿<br>● 站内故障 |
| Ⅳ | 1 MHz～50 MHz | 陡波前过电压 | ● 隔离开关操作<br>● 变电站 GIS 内的故障<br>● 闪络 |

图 7 是整个系统结构图。从绝缘配合的观点讲，一般将整个高压直流换流站，包括交直流线路，按过电压来源分为不同的区域。这些区域或子系统包括：

——交流网络；

——高压直流换流站交流部分，包括交流滤波器和任何其他无功源，断路器和换流变网侧；

——换流桥，换流变阀侧，直流平波电抗器，直流滤波器和中性母线；

——直流线路或电缆和接地极线路/电缆。

在确定研究模型时应考虑这些部分或子系统，在不失去研究结果有效性的前提下，其模型可以详细也可适当简化。

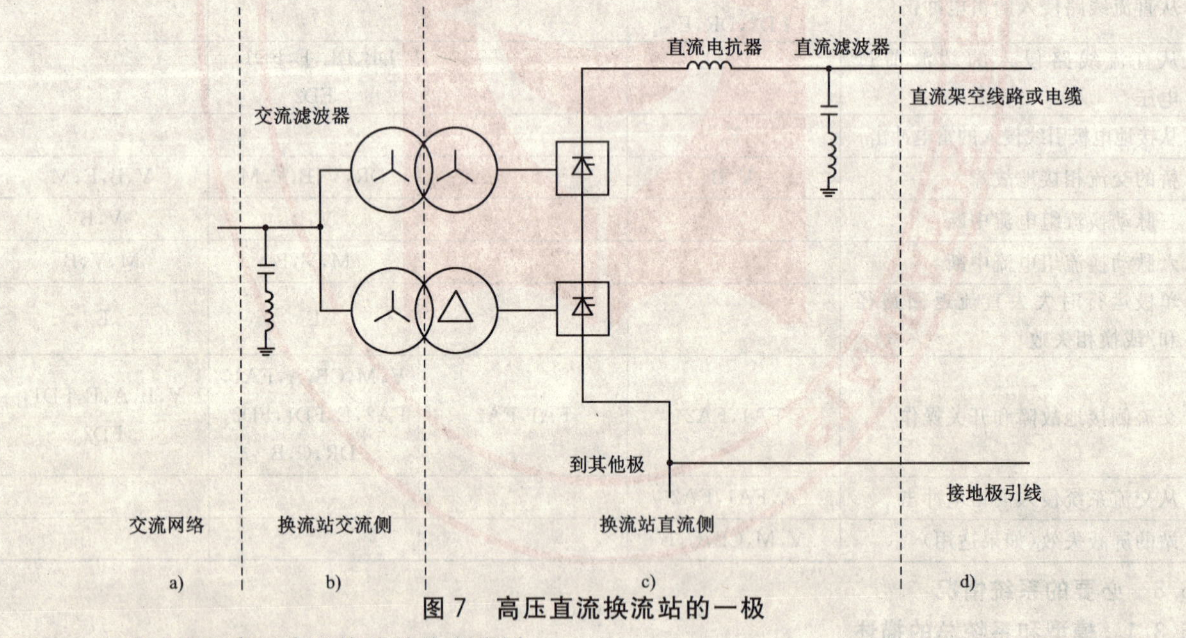


图 7　高压直流换流站的一极

### 6.8.2　交流网络和高压直流换流站的交流侧

#### 6.8.2.1　缓波前和暂时过电压

a) 高压直流换流站附近的交流网络采用详细的三相模型或合适的等值模型；包括换流站出线、临近的变压器(包括它们的饱和特性)以及电气上接近的换流器。从高压直流换流站望出的等值网络作为模拟交流系统的主要部分，但也应考虑在各谐振频率上可产生阻尼的负荷的影响；

b) 安装在高压直流换流站交流侧的设备，包括任何无功电流和换流变压器。换流变模型的饱和特性是一个关键参数；

c) 在几百 Hz 频率范围内模拟交流母线和滤波器避雷器特性。

#### 6.8.2.2 快波前和陡波前过电压

a) 交流线路和母线等使用高频率参数模型；

b) 包括杂散电感和电容的交流滤波器元件；

c) 波在交流线路上传播时间超过所研究事件的整个计算时间时，交流线路可用波阻抗表示；

d) 带有绕组设备的所有杂散电容，用对地和跨接在设备两端的集中电容表示；

e) 在表 5 给出的合适的频率范围内考虑避雷器特性；

f) 接地系统、接地连接和闪络电弧应使用合适的模型。

### 6.8.3 直流架空线路/电缆和接地极引线

#### 6.8.3.1 缓波前和暂时过电压

a) 根据表 5 从直流到 20 kHz 频率范围模拟直流线路及接地极引线；

b) 在几百 Hz 频率范围内，模拟直流和中性母线避雷器特性。

#### 6.8.3.2 快波前和陡波前过电压

a) 直流线路、接地极引线及母线应使用足够高的高频参数模型。若波在短线路传播中从远端反射回来，不与所研究的事件波过程相交，短的线路可用波阻抗模拟。线路绝缘子 50％闪络电压水平决定了此类过电压的幅值；

b) 以表 5 中的频率范围确定直流和中性母线避雷器特性；

c) 对接地连接和闪络电弧也应考虑使用合适的模型。

### 6.8.4 高压直流换流站的直流侧

#### 6.8.4.1 缓波前和暂时过电压

a) 直流换流站内直流侧设备(直流电抗器、阀、直流滤波器、中性母线避雷器和电容器等)需要模拟；

b) 在几百 Hz 频率范围内模拟直流侧避雷器特性；

c) 控制和保护对过电压作用也应予以考虑，特别是计算暂时过电压时。

#### 6.8.4.2 快波前和陡波前过电压

a) 直流侧设备(直流电抗器，直流滤波器，阀等)的模拟应包括杂散电感和电容；

b) 带有绕组设备的所有杂散电容，用对地和跨接在设备两端的集中电容表示；

c) 在适当频率范围内模拟避雷器特性；

d) 由于控制和保护对这些快速瞬态电压来不及响应，所以对快波前和陡波前过电压的作用不需考虑。

## 7 绝缘配合的设计目标

5.1 已经讨论了交流和直流系统进行绝缘配合时的一些差异。本章将具体定义绝缘配合达到的设计目标。本条款在某种程度上适用于高压直流换流站的交流侧，特别是数个阀组串联，而更大程度上适合于直流侧。必须安装合适的避雷器(见图 4)保护与地隔离的阀和其他设备。

第一个设计目标就是根据 6.8 讨论的所有有用的或是收集到的必要的系统资料确定避雷器安装位置。这些避雷器不仅是直流换流器本身的，而且也包括交流网络、直流极线、接地极引线、电缆和换流站交流侧。第二个重要的设计目标是根据 7.1 对避雷器的要求而进行的设计与研究。这些研究总体上(但并非必须)基于 6.7 讨论的方法和工具计算和评价各种瞬时事件对各类型避雷器的作用。

主要目标是确定达到期望可靠性所必备和规定的耐受电压。

以下条款给出了设计目标的项目和提供设计结果的方法。

### 7.1 避雷器的要求

表 6 对每一类避雷器(参考图 4)在绝缘配合设计中的目标提出了不同的要求。建议的避雷器组和单个项目以明确的表格形式给出。

表 6 避雷器要求

| 避雷器的类型[a,b]（见图 4） | 持续运行电压[a] | | | | 在相应于配合电流下的避雷器保护水平[d] | | | | | | 避雷器能量 |
|---|---|---|---|---|---|---|---|---|---|---|---|
| | $U_c$,$U_{ch}$ | CCOV | PCOV | ECOV | SIPL | | LIPL | | STIPL[c] | | |
| | kV（有效值） | kV（幅值） | kV（峰值） | kV（有效值） | kV（峰值） | kA（峰值） | kV（峰值） | kA（峰值） | kV（峰值） | kA（峰值） | kJ |
| Ⅰ交流部分 | | | | | | | | | | | |
| A | | | N. A. | | | | | | | | |
| FA1,FA2 | | | N. A. | | | | | | | | |
| Ⅱ换流回路 | | | | | | | | | | | |
| V1 | N. A. | | | | | | | | | | |
| V2 | N. A. | | | | | | | | | | |
| B | N. A. | | | | | | | | | | |
| M | N. A. | | | | | | | | | | |
| CB | N. A. | | | | | | | | | | |
| DB | N. A. | | N. A. | | | | | | | | |
| Ⅲ直流部分 | | | | | | | | | | | |
| DL | N. A. | | N. A | | | | | | | | |
| E | N. A. | | N. A | | | | | | | | |
| DR | | | | | | | | | | | |
| FD1,FD2 | N. A. | | N. A. | | | | | | | | |
| EL | N. A. | | N. A. | | | | | | | | |

a 缩写见第 4 章，定义见第 3 章；

b 图 4 是普通型的高压直流换流站避雷器布置，依据具体情况可增减避雷器；

c 阀避雷器的 STIPL；

d 对避雷器的保护水平的定义和缩写见第 3 章、第 4 章、6.5 中给出相应冲击电流波形的一般信息。

注：N. A. =不适用。

7.2 绝缘特性

如同交流变电站，高压直流换流站也有两种类型绝缘，自恢复型绝缘（如空气）和非自恢复型绝缘（如油和纸）。但是，气体可用作两种绝缘类型。在直流应用中应该考虑直流、交流和冲击（包括正负极性）电压共同作用下的绝缘特性。绝缘的单一特性不包含在本部分的范围内。

7.3 代表性过电压

GB 311.1:1997 中定义的代表性过电压，是被证实的每种类型过电压中的最大过电压。这种一般的概念适用于交流和直流系统。但在直流系统中，代表性过电压是等于直接保护设备的避雷器的保护水平。

7.3.1 避雷器布置和绝缘结构的影响

7.3.1.1 单个避雷器直接保护的绝缘

单个避雷器直接保护点之间的最大过电压（如图 4 中 5 点到 9 点的阀避雷器 V）是由避雷器特性和流过避雷器的配合电流确定的。

7.3.1.2 多个避雷器串联保护的绝缘

对于不是由一个避雷器直接保护的绝缘，其保护方式如表 7 所示，通过一定数目的避雷器串联实现。在这种情况下，被保护两点之间的最大过电压等于故障时流过每一个避雷器电流产生的最大过电压之和。

7.3.1.3 换流变阀侧中性点的绝缘

中性点的最大缓波前过电压和暂时过电压与表 7 中确定的相应的交流相对地电压相同。

7.3.1.4 换流变阀侧及网侧相间绝缘

换流变阀侧及网侧相间可能出现缓波前过电压，且作用于开关场两个导体之间的空气间距上。这对于低电压系统不是问题，但在高压交流系统和许多阀桥串联的情况下，应考虑最大电压并且要相应地设计开关场的两个导体空气间距。

换流变内部根据结构的不同，在内部绕组不同点有不同的电压作用（两绕组或三绕组，单相或三相变压器）。

7.3.1.5 综述表

表 7 是基于图 4 的一个例子，在实际应用中，应根据设计规范要求建立这样一个表格。

表 7 高压直流换流站直流侧避雷器保护

| 保护项目 | 避雷器种类 | 说 明 |
|---|---|---|
| 阀的端子之间 | 阀避雷器（V） | |
| 换流器端子之间 | (1) 换流单元避雷器（C）<br>(2) 直流母线中点避雷器（M）和中性母线避雷器（E） | 对于下部换流器可能有不同的选择 |
| 直流母线中点 | 中点直流母线避雷器（M） | |
| 平波电抗器阀侧直流母线 | (1) 直流母线避雷器（CB）<br>(2) 换流单元避雷器（C）和直流母线中点避雷器（M） | (1) 可以给出较低水平保护<br>(2) 可以给出较低的避雷器作用 |
| 中性母线 | 中性母线避雷器（E） | |
| 平波电抗器线路侧直流母线 | 直流线路避雷器（DL） | |
| 平波电抗器端子之间 | 平波电抗器避雷器（DR） | 可省略 |
| 阀交流侧相对地 | | |
| 下部换流变—换流器底部 | 阀避雷器（V）和中性母线避雷器（E） | |

表 7(续)

| 保护项目 | 避雷器种类 | 说　明 |
| --- | --- | --- |
| 上部换流变—换流器底部 | (1) 两个阀避雷器(2V)和中性母线避雷器(E)<br>(2) 中点直流母线避雷器(M)和阀避雷器(V) | (1) 换流器解锁<br>(2) 换流器闭锁 |

### 7.3.2 代表性过电压的汇总

确定表 8 中代表性过电压是通过考虑相关的故障检验计算结果以及求得代表性过电压，即缓波前、快波前或陡波前过电压。当过电压类型确定后，通过如 GB/T 311.2—2002 第 2 章的波形和持续时间调整过电压波形的峰值。也可以通过 7.4 中的避雷器保护水平使用配合因数调整。

表 8 代表性过电压水平和要求耐受电压水平

| 绝缘位置<br>除非特别指出从一个端子到另一个端子，否则都是端子对地<br>图 4 和图 7 及表 7 给出参考说明 | 与保护水平相对应的代表性过电压水平 | | | 要求耐受电压水平<br>($U_{rw}$如 GB 311.1—1997) | | |
| --- | --- | --- | --- | --- | --- | --- |
| | SIPL<br>RSLO<br>kV | LIPL<br>RFAO<br>kV | STIPL[a]<br>RSTO[a]<br>kV | 操作波<br>kV | 雷电波<br>kV | 陡波前波<br>kV |
| Ⅰ交流开关场部分 | | | | | | |
| 交流母线和常规设备，1 | | | | | | |
| 滤波电容器<br>a) 高压侧，1-2<br>b) 低压侧或中性侧，3 | | | | | | |
| 滤波电抗器<br>a) 高压侧，2<br>b) 低压侧或中性侧，3<br>c) 电抗器两端，2-3，3 | | | | | | |
| Ⅱ换流站户内设备 | | | | | | |
| 阀两侧，5-9，7-5，6-7，6-8 | | | | | | |
| 下六脉动桥两端，7-8 | | | | | | |
| 上六脉动桥两端，9-7 | | | | | | |
| 一相阀对另一相阀，5 相—相和 6 相—相 | | | | | | |
| 直流中点母线对地，7 | | | | | | |
| 每一个换流器单元的高压侧，9 | | | | | | |
| 每一个换流器单元的低压侧，8 | | | | | | |
| 高压直流母线(户内)，9 | | | | | | |
| 直流中性母线，8 | | | | | | |
| Ⅲ直流侧设备 | | | | | | |
| 平波电抗器两端，10-9 | | | | | | |
| 滤波器电容<br>a) 高压侧，10-11<br>b) 低压侧或中性母线侧，12-8 | | | | | | |

表 8 （续）

| 绝缘位置<br>除非特别指出从一个端子到另一个端子，否则都是端子对地<br>图 4 和图 7 及表 7 给出参考说明 | 与保护水平相对应的代表性过电压水平 | | | 要求耐受电压水平<br>($U_{rw}$如 GB 311.1—1997) | | |
|---|---|---|---|---|---|---|
| | *SIPL*<br>*RSLO* | *LIPL*<br>*RFAO* | *STIPL*[a]<br>*RSTO*[a] | 操作波 | 雷电波 | 陡波前波 |
| | kV | kV | kV | kV | kV | kV |
| 滤波器电抗器<br>a）高压侧，11<br>b）低压侧或中性侧，12<br>c）电抗器两端，11-12，12-8 | | | | | | |
| 直流母线（户外），10 | | | | | | |
| 直流线路，10 | | | | | | |
| 接地电极引线，8 | | | | | | |
| Ⅳ其他设备如变压器、阀、绕组（在油中） | | | | | | |
| 星形绕组<br>a）相对中性点，5-n<br>b）相对另一相，5 相—相<br>c）中性点对地，n<br>d）相对地，5 | | | | | | |
| 三角绕组<br>a）相对地，6<br>b）相对相，6 相—相 | | | | | | |
| 星形绕组对三角绕组，5-6 | | | | | | |

[a] 阀避雷器的 *STIPL* 和 *RSTO*。

## 7.4 要求耐受电压的确定

和交流系统一样，设备按 GB 311.1—1997 分为自恢复绝缘设备和非自恢复绝缘设备。自恢复绝缘主要为空气间隙和瓷外绝缘，而非自恢复绝缘主要是用于变压器和电抗器的油和纤维电介质材料。在某些情况下晶闸管阀的绝缘也是自恢复的。在阀的维护周期内，为了保证晶闸管级在随机事故下也能满足要求耐受电压，阀中提供有冗余晶闸管级。

避雷器作为保护设备绝缘的设备，其不一定直接与地相连，也可直接接到高于地电位设备的两端。对于晶闸管阀避雷器，为了减少距离效应避雷器应尽量靠近阀。

绝缘在交流和直流下应用时其本质差别是高压直流应用中绝缘需要承受交流、直流和冲击电压的联合作用。联合电压作用在绝缘体上时需要考虑电阻和电容的电压分布，这些会导致很高的电压，因此，在设备的设计和试验时都要考虑这些高电压的作用。

将最大过电压与相应的合适因数相乘确定操作、雷电和陡波前过电压的耐受电压。依据耐受电压按设备各自的标准确定每个设备的试验电压。在交流实际应用中，标准电压水平作为设备的耐受电压。然而在直流应用中，没有规定标准耐受电压水平。

在 GB 311.1—1997 中推荐使用的绝缘配合因数($K_c$)乘以代表性过电压 $U_{rp}$ 获得相应的耐受电压($U_{CW}$)，即 $U_{CW}=K_c\times U_{rp}$（见 GB 311.1—1997 的 4.3）。对于在直流侧设备的实际计算方法中（见 GB/T 311.2—2002 的 3.3）用绝缘配合确定性因数 $K_{cd}$（见 GB/T 311.2—2002 的 3.3.2.1）代替 $K_c$。这个因数 $K_{cd}$ 考虑了以下因素：

——计算过电压数据及模型的局限性和避雷器大的非线性对配合电流的影响；

——过电压波形和持续时间允差。

参考 GB 311.1—1997 图 1，要求耐受电压 $U_{rw}$ 是通过配合耐受电压，外绝缘大气校正因数 $K_a$ 和取决于内部及外部绝缘类型的安全因数 $K_s$ 确定的。安全因数 $K_s$ 考虑了下列因素：

——绝缘寿命；

——避雷器特性的变化；

——产品质量的分散性。

绝缘配合确定法可用于换流站，根据经验对于海拔低于 1 000 m 的高压直流换流站，由避雷器保护水平乘以一个因数获得设备的要求耐受电压。这个因数考虑了在本章开始讨论的所有因数。如果用户或者相关的设备委员会没有具体规定，表 9 提供了用作设计目的的相应因数值。在表 9 中，所有设备都认为是由紧靠的避雷器直接保护。如果不是这样，例如，对于交流侧的一些设备，在快波前和极快波前瞬态过电压下应考虑距离影响，并且在结果中应说明增加的比率(见 GB 311.1—1997 和 GB/T 311.2—2002 给出的配合因数和配合耐受电压)。

表 9　要求冲击耐受电压与冲击保护水平的比值

| 设备类型 | 要求冲击耐受电压与冲击保护水平比值[a,c] | | |
|---|---|---|---|
| | *RSIWV/SIPL* | *RLIWV/LIPL* | *RSFIWV/STIPL*[b] |
| 交流开关场母线，户外绝缘子和其他常规设备 | 1.20 | 1.25 | 1.25 |
| 交流滤波器元件 | 1.15 | 1.25 | 1.25 |
| 换流变(油中) | | | |
| 网侧 | 1.20 | 1.25 | 1.25 |
| 阀侧 | 1.15 | 1.20 | 1.25 |
| 换流阀 | 1.15 | 1.15 | 1.20 |
| 直流阀厅设备 | 1.15 | 1.15 | 1.25 |
| 直流开关场设备(户外)(包括直流滤波器和直流电抗器) | 1.15 | 1.20 | 1.25 |

a 用于一般设计的比值，最后的比值(增高或减小)根据选择的性能指标确定。

b 阀避雷器的 *STIPL*。

c 以避雷器直接保护设备为基础的比值。

### 7.5 额定耐受电压的确定

额定耐受电压等于或高于要求耐受电压。对于交流设备，额定耐受电压在 GB 311.1—1997 中有相应的标准值。对于高压直流设备，没有标准耐受值，额定耐受电压可取舍到方便的可行值。

### 7.6 爬电距离

设计的目标是确定和规定绝缘在使用地的最小爬电距离，具体在第 8 章描述。一般以持续运行电压(交流或直流)为基础。

### 7.7 空气净距

对于所有使用在空气中(户外、户内)的绝缘，必须确定其最小空气净距离(见第 8 章)。一般基于要求的操作冲击耐受电压。

## 8 爬电距离和空气净距

绝缘子的爬电距离是表明绝缘在持续运行电压(交流或直流)下外绝缘特性的一个因数。绝缘子上的污秽将降低其承受运行电压的能力，特别在潮湿条件下。此时，绝缘子部分表面的污秽会被湿润，污秽分布不均匀及泄露电流的增加引起的干燥区导致整个电压分布不均匀，最终形成闪络。雨，雪，凝露和雾等天气条件下可诱发这种情况。绝缘子的伞外型，伞型倾角和绝缘子的直径都影响着绝缘子的污秽耐受能力。在这种情况下，套管、直流电流测量装置、直流电压分压器和其他类似设备的内部芯子结构都影响内部和外部电压分布。在确定使用绝缘子的类型和形状时需要考虑所有这些因素。

在不同的直流运行方式下，沉积在套管上的污秽，由于凝露、雾和雨天受到轻微湿润，引起一些套管闪络。除此之外，外绝缘子不均匀的湿润也会引起套管的闪络，例如，水平安装套管，尽管这种闪络现象与爬电距离无关。

用于规定爬电距离的基准电压如下：

——换流器交流侧绝缘(交流设备)：以相对相最高运行电压的有效值表示；

——换流器直流侧绝缘(直流设备)：对于对地绝缘按 3.1 定义的直流系统电压，或者对于两个带电部件之间的绝缘是跨接在绝缘体两端的电压平均值。

## 8.1 直流电压下户外绝缘的爬电距离

在高压直流数年工业应用中，趋势是使用大的额定爬电距离。例如，高压直流系统中使用爬电比距为 60 mm/kV。然而，增加到如此之高的爬电距离并不能安全消除外绝缘闪络。应该强调的是：由于污秽和不均匀湿润，在 500 kV 高压直流系统中依靠增加户外绝缘的额定爬电距离，并不能消除外绝缘的闪络。

注：由于确定爬电距离时使用的基准电压不同，所以认为相对地绝缘近似相同作用的条件下，直流系统 60 mm/kV 的爬电距离相应于交流系统的 35 mm/kV。

数种改善绝缘子防污性能的技术已经用于现有的高压直流系统。在绝缘子表面涂覆硅脂或室温固化橡胶成功的防止了绝缘污闪。重涂硅脂涂层的周期取决于使用位置的污秽情况。工业上建议是 18 个月到 3 年的时间重涂。加装附加的绝缘伞裙也能成功的避免闪络。

近来，对套管和其他设备绝缘应用复合外套，即使较小的爬电距离，也使高压直流换流站成功的避免了污秽闪络。

## 8.2 直流电压下户内绝缘的爬电距离

对于干净的户内环境，广泛选用大约 14 mm/kV(以适当直流电压为基础)的最小爬电比距也没有发生任何闪络。在任何情况下，以爬电路径确定换流阀内部绝缘可能不是特别合适的参数，而以干弧距离可能更为合适。

## 8.3 交流绝缘子外绝缘爬电距离

为了标准化的目的，在 GB/T 311.2—2002 表 1 中给出了 4 个污秽等级，JB/T 5895—1991 规定了交流架空线路绝缘子污秽试验严酷度和最小爬电距离；在系统最高电压下绝缘子应该耐受的污秽水平。配合耐受电压等于系统的最大电压($U_s$)并且推荐以 mm/kV(相对相)确定的最小爬电比距。典型值在(16～31)mm/kV 的范围之间。

## 8.4 空气净距

GB/T 311.2—2002 中给出了用于交流系统绝缘满足额定冲击电压要求的空气净距，其附录 A 中给出了冲击耐受电压和最小空气距离的关系。在直流应用中要考虑交流、直流和冲击电压的联合作用情况。

确定与直流电压水平相应的空气间隙时，操作冲击是比雷电冲击重要的决定因素。对于一个标准的间隙，正的雷电冲击击穿电压至少要比正的操作冲击击穿电压高 30%。

一般情况下，直流正极性电压和冲击电压正极性耐受电压要比负极性耐受电压低。缓波前和直流电压组合可以用单一操作波试验的结果代替。操作波幅值等于直流电压和缓波前电压最大幅值的和。选择合适的地电极形状可以给出正极性缓波前电压叠加正极性直流电压时高压直流换流站净距的保守的值，该间隙的选择与相应的避雷器保护水平有关。这种实际的间隙特性类似于棒板间隙。

## 9 避雷器要求

### 9.1 避雷器规范

避雷器残压就是当避雷器通过放电电流时，在避雷器两端出现的电压峰值。规定与避雷器保护水平相对应的电流叫作配合电流，见表6。

配合电流值通常由供货商在进行系统研究中确定。研究过程包括考虑避雷器的能量，并联避雷器的柱数和每个避雷器的峰值电流。最后选择的避雷器峰值电流就是与残压相对应的配合电流，同时也确定了直接保护设备的代表性过电压。对于避雷器的规范和设计，高压直流换流设备耐受电压要求和设计之间平衡处理基于配合电流的选择。用于避雷器试验和保护水平评价的操作波，雷电波和陡波的相应配合电流见GB 11032—2000。

对于暴露在大气过电压的高压直流换流站部分，确定避雷器雷电冲击的配合电流应考虑站屏蔽的设计(尤其对户外的阀)，确定屏蔽失效时的最大电流。

在各种故障期间避雷器的放电电流持续时间可能变化。因此，在规定避雷器能量时，必须考虑放电电流的幅值和持续时间，包括因相关操作顺序导致避雷器重复动作。出现在基频好几个周波中重复放电电流脉冲可被视为单次放电，该单次放电的累积能量等于重复放电脉冲的实际能量累积。从稳定观点讲，重复电流脉冲应该按照长周期考虑。当确定等效能量时，应该考虑短的脉冲持续时间内产生的能量降低避雷器能量耐受能力。

在规定避雷器能量时，研究计算避雷器能量值应考虑一个合理的安全因数。这个安全因数的范围为0%～20%，该因数依赖于输入数据和所用模型的容差以及出现高于选用工况能量的关键故障工况的概率。避雷器的寿命由以下三个因数决定：

a) 冲击电流的峰值；

b) 冲击电流宽度；

c) 冲击电流周期。

### 9.2 交流母线避雷器(A)

高压直流换流站交流侧是由换流变网侧避雷器和与换流站结构有关的其他位置的避雷器保护(见图4)。这些避雷器的设计考虑对交流系统应用标准及对换流变阀侧、网侧过电压的限制要求，同时考虑从换流变网侧传到阀侧的缓波前过电压。避雷器的设计要针对接地故障清除后系统恢复这种最苛刻工况，其中包括变压器饱和过电压和甩负荷产生的过电压以及断路器分闸时重燃过电压。

### 9.3 交流滤波器避雷器(FA)

交流滤波器避雷器持续运行电压由工频电压和滤波器支路谐振频率的谐波电压叠加组成。避雷器的额定值通常由瞬态事件确定。由于谐波电压导致相对较高的能量损耗，所以避雷器的额定值应考虑谐波电压。

滤波器避雷器应考虑交流母线的缓波前过电压加暂时过电压和滤波器母线接地故障期间的滤波器电容放电。后者确定*SIPL*的要求，而前者确定*LIPL*和放电能量要求。在某些情况时，低频谐振或交流系统接地故障期间非对称低次非特征谐波均可导致该避雷器高的放电能量。

### 9.4 阀避雷器(V)

#### 9.4.1 持续运行电压

阀避雷器持续运行电压是由带有换相过冲和换相缺口的若干正弦波段组成，如图6中所示。不考虑换相过冲的持续运行电压峰值(*CCOV*)和$U_{\text{dim}}$的关系如6.3的公式：

$$CCOV=\frac{\pi}{3}\times U_{\text{dim}}=\sqrt{2}\times U_{v0}$$

确定避雷器的参考电压时，应考虑包括换相过冲持续运行电压最大峰值(*PCOV*)。换相过冲大小取决于触发角$\alpha$，应特别注意换流器以大的触发角运行时的过冲量。

#### 9.4.2 暂时和缓波前过电压

通常在靠近高压直流换流站的接地故障清除及随后的交流侧甩负荷期间就会产生最大的暂时过电压传递到阀侧。然而此故障过程只有在当阀解锁或部分解锁情况下，阀避雷器不能泄放能量才会出现。

能够显著的引起阀避雷器泄放操作波电流的事件如下：

a) 在换流变与最高电位换相组之间接地故障；

b) 清除一个靠近高压直流换流站的交流接地故障；

c) 仅一个换相组中的电流熄灭(如果适用)。

处在最高直流电位的一个桥的换流变的阀侧相对地短路故障，将使处在最高直流电位换相组的阀避雷器承受很大负载。通过这些避雷器的放电电流主要由两个电流峰值构成。第一，换流器的杂散电容和阻尼电容放电使故障相的阀承受陡波前过电压(见9.4.3)。第二，直流极和线路/电缆的电容通过平波电抗器和换流变压器漏抗放电产生缓波前过电压(约1 ms达到峰值)。后者的放电会使另一相的避雷器泄放最大放电电流和能量。故障瞬间的直流电压、直流电抗器电感、变压器漏抗和线路/电缆等参数决定了处在最高电位三个避雷器的最大负载。对于换流器并联运行的直流系统，当在保护还没有闭锁换流器时，无故障换流器仍向接地故障处提供电流，将增加避雷器额外负载。对上半桥三个避雷器的能量和电流设计取决于直流系统额定电流、控制系统的动态特性、平波电抗器的电感和保护方案。

在上述的相接地故障工况中，计算的负载很大程度上取决于直流母线的电压值。推荐选用可持续数秒的最大直流电压。应注意，这个工况将可能要求避雷器具有很大的通流能力。最后还应该考虑出现最高运行电压与接地故障同时发生的概率。

当交流网络故障清除后，如果换流器闭锁，在交流侧就会产生极高的过电压。如果换流器继续运行，过电压将被阻尼，并且总的放电能量将减小很多。通常当换流器带旁通对永久闭锁时，才对避雷器产生最大的能量，这种闭锁可能持续到换流变断路器打开后几个周期。在这种情况下，当故障被清除后，避雷器不会受到任何的运行电压作用。当计算从网侧传递过来的过电压时，换流变压器分接头应放置在与潮流相符的位置。在不利的系统条件下可能导致交流滤波器/并联电容器和交流网络阻抗，换流变之间的铁磁谐振。为了涵盖变压器饱和的变化范围，在研究过程中应该变化故障的起始时刻和故障消除时刻。

当一个换相组三个阀电流熄灭，而与换相组串联的阀仍维持导通，可能是确定避雷器能量最关键的工况。这个电流被强迫转换到与不导通阀并联的避雷器。如果这个电流不能快速降到零，那么避雷器上的能量消耗将相当大。

导致仅在一个换相组阀中电流偶然关断事件如下：

——由于阀控制单元中的故障引起某阀触发失败；

——换流器所有阀闭锁时，旁通对没有解锁。在某些暂态条件下串联连接的换相组中的一个换相组电流熄灭可能使换流器电流接近于零。这种情况常常出现在逆变运行情况下。

如果认为电流不可能熄灭，这种情况可排除在外。电流熄灭与否很大程度上依赖于冗余度及控制和保护系统的形式。

#### 9.4.3 快波前和陡波前过电压

换流区域的阀和阀避雷器与交流和直流场通过大的串联电感而分隔开，即换流变和平波电抗器。雷击在换流变的交流侧或平波电抗器外的直流线路侧产生的行波被串入的电感和对地电容衰减到较小幅值，波形如同缓波前过电压。然而，在大变比变压器的情况下(如背靠背站)电容耦合的作用需要考虑。阀和阀避雷器一般仅能承受换流区接地故障和反击时的快波前和陡波前过电压。如果雷电穿过屏蔽系统，绕击就应予以考虑。但是由于高压直流换流站具有很强的屏蔽和接地系统，绕击和反击常常不予以考虑。

产生最严重的陡波前过电压通常是处于最高直流电位桥和换流变的阀侧接地故障。在研究这种工况时，回路模型应详细的表示杂散电容和母线电感。

在晶闸管阀的设计中，应考虑这样一个偶然事件，阀在正向过电压时被触发，通过避雷器的电流转换到了阀上。需要强调的是此时电流不作为阀避雷器的配合电流，一般是在反向过电压时确定避雷器的配合电流。在阀正向过电压时，阀保护触发水平对应的阀避雷器操作配合电流是满足要求的。当最终评估阀避雷器的配合电流时还应考虑避雷器特性和冗余晶闸管的容差。如果选择阀的保护触发水平高于阀避雷器的 *SIPL*，在 9.4.4 选择的保护触发水平的过电压对应的避雷器电流能够被用于定义这种工况下的实际电流。

### 9.4.4 阀保护触发(PF)

晶闸管阀保护触发是通过触发晶闸管导通限制阀的正向过电压，保护触发水平应与在不同的运行条件下的过电压相配合。如果保护触发的水平大于阀避雷器的保护水平，就应予以明确说明。当直流极仍保持运行特别是在逆变运行时，外部发生故障期间，需要考虑保护触发对输电性能的不利影响。

在交流网络的瞬态期间，整流运行的保护触发不能引起任何显著的系统扰动。另一方面，在逆变运行期间，保护触发使某一个阀过早触发，导致换相失败和清除故障后的输电恢复时间增加。为了不影响系统的恢复，作为逆变运行的换流器如果没有永久闭锁，在出现最高过电压时保护触发不应该动作。

## 9.5 桥避雷器(B)

桥避雷器可以连接在一个六脉动桥的直流端子之间。

最大持续运行电压同 9.4 所述的阀避雷器。以下情况可对桥避雷器产生操作放电电流：

a) 清除靠近高压直流换流站的一个交流故障；

b) 六脉动桥的电流熄灭(见 9.4.2)。

由于桥避雷器与阀避雷器并联，所以从交流侧传递的操作过电压通常在桥避雷器上引起一个很小的放电电流。

## 9.6 换流器单元避雷器(C)

换流器单元避雷器是跨接在一个 12 脉动桥的直流端子之间的避雷器，如图 4 中的避雷器 C。

最大运行电压是由最大直流电压加上一个换流单元 12 脉动电压。电压 *CCOV* 不包括换相过冲，通常表示为

$$CCOV = 2 \times U_{\text{dim}} \times \frac{\pi}{3} \times \cos^2(15°)$$

对于小的触发角和重叠角，理论上最大运行电压表示如下：

$$CCOV = 2 \times \cos(15°) \times \frac{\pi}{3} \times U_{\text{dim}}$$

规定该避雷器的最大运行电压与阀避雷器方法相同，应考虑换相过冲。

换流器单元避雷器一般不会遭受到大的操作特性放电电流的作用。但是，当换流器串联时，旁通开关在运行期间闭合，将会对该避雷器产生操作放电作用。尽管雷电作用不是决定该避雷器参数的关键，但当雷电作用传播到阀区时，该避雷器对雷电也起到一定的限制作用。

## 9.7 中点直流母线避雷器(M)

中点直流母线避雷器有时被用于降低换流变阀侧的绝缘水平。中点避雷器可以跨接在 6 脉动桥端或串联连接的 12 脉动桥端，如图 1 中的避雷器(M)。

运行电压类似于桥避雷器或换流器单元避雷器运行电压加上接地极引线上的压降。

当使用这个避雷器时(见 9.4.2)，底部六脉动换流桥电流熄灭将会对该避雷器产生一个操作电流的作用。另外，如果换流单元串联，旁通对操作运行时同样也对该避雷器产生操作负载。当换流站屏蔽失败，避雷器(M)也会限制雷电过电压。

## 9.8 换流器单元直流母线避雷器(CB)

换流器单元直流母线避雷器是连接在母线与地之间如图 4 中的 CB 避雷器。

运行电压类似于换流器单元避雷器运行电压加上接地电极线路压降。

因为其保护水平很高，通常该避雷器在缓波前过电压下不会发生动作。当换流站屏蔽失败时对雷电产生一定的限制作用。

### 9.9 直流母线和直流线路/电缆避雷器(DB 和 DL)

该避雷器最大的运行电压几乎是纯的直流电压，电压的幅值取决于换流器、分接头控制器和一定的测量误差。

这些避雷器主要限制雷电侵入波过电压。适当的选择主回路的参数常常可以避免产生缓波前过电压，同样可以避免谐振过电压。在双极架空线运行中一极接地故障，在完好极上将产生一个感应过电压，过电压的幅值取决于故障的位置、线路长度和线路的终端阻抗。通常，这些类型的过电压并不是决定两端设备绝缘的关键因素。

当高压直流线路由架空线和电缆组成时，应在架空线与电缆连接处安装避雷器，防止因行波反射引起电缆上出现极高过电压。在高压直流系统中使用非常长的电缆时，电缆避雷器的额定能量应由在偶然事件下达到最高电压的电缆的放电电流决定，这种事件通常情况下放电电流较小。偶然事件是指，阀误触发或一个站内触发脉冲完全丢失。同时，电缆低的波阻抗也会减小雷电电流对避雷器的作用。

### 9.10 中性母线避雷器(E)

中性母线避雷器的运行电压通常比较低。在双极平衡运行时，它几乎为零。在单极运行时，运行电压由接地极线路电压降或金属回路直流电压降决定。

该避雷器用于限制下列偶然事件出现在中性母线设备上的快波前过电压并泄放大的放电能量。

a) 直流母线接地故障；

b) 在阀和换流变之间的接地故障；

c) 单极运行时直流失去返回线。

直流母线接地故障时将引起直流滤波器通过中性母线避雷器放电，产生一个非常高而短的电流峰值。在研究这种工况时假定直流滤波器在最大直流运行电压下，发生突然放电并伴随着换流器较慢的故障电流。直流电流的上升率受直流平波电抗器的限制。故障电流由接地极引线、中性母线电容器和中性母线避雷器分担。在金属回路运行的情况下，与避雷器并联的阻抗是整条直流线路阻抗。

在阀与换流变之间的一个相对地发生接地故障，交流驱动电压将由换流变阻抗和接地极线路阻抗分担。最严重的工况出现在换流站有最长接地极线路的一端或在金属回线运行方式下换流站不接地端。因为直流电压的极性，换流站以整流方式运行的情况是最严重的。

金属回线运行对中性母线避雷器提出了更高的要求。在金属回线运行时，选择不接地站的避雷器参数高于接地换流站的避雷器参数。对长的接地极引线(通常大于 50 km)也适用。

在近期的方案设计中，由于滤除谐波和限制中性母线过电压的要求，在中性母线上加装了电容器。这将会影响中性母线避雷器的负载，在研究模型中应予以考虑。当然中性母线避雷器的负载也取决于换流器的控制和故障时的保护措施。但采用设计值低于实际对中性母线避雷器能量要求时，可使用一只自牺牲避雷器，特别是更换自牺牲避雷器不显著影响停运时间，则是一个较佳设计。在双极运行情况下，自牺牲避雷器应安装于避免双极停运的位置。

另一种设计方案是在金属回线不接地的一端和接地极线各安装一组高能耗避雷器(EM 和 EL)，分别用于吸收金属回线运行方式和其他运行方式下的操作冲击能耗。中性母线其他位置的避雷器的雷电波保护水平高于 EM 和 EL，确保在操作过电压下不动作，仅用于雷电波保护。EM 和 EL 在制造和出厂试验时可保证多柱并联特性的一致性并多并联一个备用避雷器，有利于更换及制造备用避雷器。

### 9.11 直流平波电抗器避雷器(DR)

直流平波电抗器避雷器的运行电压仅包括一个从换流器来的 12 脉动纹波电压。这个避雷器承受换流器母线运行电压和反极性雷电过电压(直流母线电压或许减去雷电过电压)作用。同时也要考虑雷电通过这个避雷器耦合到晶闸管阀。

在许多设计方案中，当直流平波电抗器的绝缘水平能够满足直流线路避雷器残压叠加最大直流运行电压的要求时，该避雷器可以去掉。

### 9.12 直流滤波器避雷器(FD)

直流滤波器电抗器侧避雷器通常的运行电压是比较低的，通常包含与滤波器组谐波频率相应的一个或多个谐波电压。由于谐波电压可导致避雷器相对高的功率损耗，所以在确定避雷器的额定值时应予以考虑。

直流极接地故障时滤波器电容器瞬态放电确定对该避雷器的主要要求。

### 9.13 接地极引线避雷器(EL)

对于接地极设备，例如配电开关，电缆和测量设备，需要防止从接地极引线侵入的过电压。避雷器通常安装在线路的进口处。持续运行电压是不重要的。避雷器参数由通过架空线进入的雷电波作用确定。当接地极引线较短时，在不对称故障和换相失败时应考虑对接地极引线避雷器的作用。

# 附　录　A
## （资料性附录）
## 普通型高压直流换流站绝缘配合的例子

### A.1　引言

本附录给出了以直流电缆为极线和大地作为回线的普通型高压直流换流站的绝缘配合和计算方法。这个例子是一个非常简略的知识性指导。主要讲述了基于正文中的程序，选定避雷器的额定值和规定的绝缘水平的步骤。

在本附录中给出的结果是基于同第9章及6.7.1中描述的程序和研究方法。因为对于直流没有标准耐受电压，把*SSIWV*、*SLIWV*和*SSFIWV*的计算值近似取舍为方便可行值。

### A.2　避雷器保护方案

图A.1表明了高压直流换流站的避雷器保护方案。所有避雷器采用无间隙氧化锌避雷器。

### A.3　避雷器的负载、保护水平和绝缘水平的确定

下面的主要数据是用于高压直流换流站绝缘配合的基本设计。

交流侧：强交流系统网

直流侧：

| | | | |
|---|---|---|---|
| 直流电压 | kV | 500 | （整流侧） |
| 直流电流 | A | 1 500 | |
| 平波电抗器 | mH | 225 | |
| 触发角 | (°) | 15/17 | （整流/逆变） |

换流变压器：

| | | |
|---|---|---|
| 额定值（三相，6脉动） | MVA | 459 |
| 短路阻抗 | pu | 0.12 |
| 二次侧电压（阀侧） | kV(r.m.s) | 204 |
| 分接头范围 | | ±5% |
| 每相电感（阀侧） | mH | 35 |

交流母线避雷器（A）

高压直流换流器的技术数据：

| 参　　数 | 单　位 | 母线1(A) |
|---|---|---|
| 系统标称电压 | kV(r.m.s) | 400 |
| 系统最高电压 | kV(r.m.s) | 420 |
| 持续运行电压，相对地 | kV(r.m.s) | 243 |
| *SIPL*（在1.5 kA下） | kV | 632 |
| *LIPL*（在10 kA下） | kV | 713 |
| 传递到阀侧的最大缓波前过电压（相—相） | kV | 549 |
| 避雷器并联柱数 | — | 2 |
| 避雷器能量 | MJ | 3.2 |

避雷器类型(V1)和(V2)

下面的数值对于两个换流站都有效。

| | | | |
|---|---|---|---|
| *CCOV* | kV | $208\times\sqrt{2}$ | |
| 并联的柱数 | | 8 | 避雷器 V1 |
| | | 2 | 避雷器 V2 |
| 避雷器能量 | MJ | 16.2 | 避雷器 V1 |
| | MJ | 2.6 | 避雷器 V2 |

阀避雷器参数是对以下工况进行计算确定的。

**A.3.1 从交流侧传递的缓波前过电压**

当从交流侧传递过来的缓波前过电压出现在仅有一个阀导通时两相(如 R 和 S)之间(见图 A.2),此时对避雷器有最大的作用。缓波前过电压幅值取决于换流变网侧交流母线避雷器 A 的最大保护水平。

图 A.3 给出了仅在回路中有一个避雷器导通的高压直流换流站的结果。这个故障工况是设计下半桥避雷器(V2)的关键。

结果(对于阀避雷器 V2 有效)

阀避雷器(V2)的操作冲击保护水平(*SIPL*)为:

*SIPL*=500 kV　　　在 1 027 A(见图 A.3)

*RSIWV*=1.15×500 kV=575 kV　　⇨　　*SSIWV*=575 kV

**A.3.2 换流变的高压套管和阀之间的接地故障**

这个故障对最高电位的三脉动换流组的阀避雷器施加最大负载。这种工况的等值电路在图 A.4 中给出。对高电位阀避雷器的作用也依赖于故障起始的时刻。为了确定最大作用,故障接入的时刻应从 0 到 360 电角度变化。

最大作用的结果在图 A.5 中给出。

如果缓波前过电压(工况 a)对所有上半桥避雷器上没引起最高负载,那么这个故障工况决定了上半桥阀避雷器(V1)的设计。

结果(用于阀避雷器 V1)

阀避雷器(V1)的操作冲击保护水平(*SIPL*)为:

*SIPL*=499.8 kV,　在 4 230 A(见图 A.5)

*RSIWV*=1.15×499.8 kV=575 kV　　⇨　　*SSIWV*=575 kV

**换流器单元避雷器(C)**

下列数值对两个换流站均有效:

| | |
|---|---|
| *CCOV*: | 558 kV |
| 并联的柱数 | 1 |
| 能量: | 2.5 MJ |

使用仿真研究从交流侧传递到直流侧的缓波前过电压,确定对换流器单元避雷器的作用。假设在正常运行时四个晶体管阀导通,在相之间传递一个缓波前过电压,此时传递过来的缓波前过电压是阀避雷器给定值的两倍。

换流器单元避雷器(C)设计,对应于配合电流选择下列值。

*SIPL*=930 kV　　在 0.5 kV

*LIPL*=1 048 kV　　在 2.5 kV

*RSIWV*=1.15×930 kV=1 070 kV　　⇨　　*SSIWV*=1 175 kV

$RLIWV=1.20\times 1\ 048\ kV=1\ 258\ kV$ ⇨ $\boxed{SLIWV=1\ 300\ kV}$

**直流母线避雷器(DB)**

下列数值对两个换流站均有效：

CCOV 515 kV

并联柱数 1

能量 2.2 MJ

直流母线避雷器(DB)的设计，对应于配合电流选择下列值：

$SIPL=866\ kV$ 在 1 kV

$LIPL=977\ kV$ 在 5 kV

$RSIWV=1.15\times 866\ kV=996\ kV$ ⇨ $\boxed{SSIWV=1\ 050\ kV}$

$RLIWV=1.20\times 977\ kV=1\ 173\ kV$ ⇨ $\boxed{SLIWV=1\ 300\ kV}$

**直流线路/电缆避雷器(DL)**

对于直流线路/电缆末端避雷器要求以下值：

CCOV 515 kV

并联柱数 8

能量 17.0 MJ

直流线路/电缆避雷器(DL)的设计，对应于配合电流选择下列值：

$SIPL=807\ kV$ 在 1 kV

$LIPL=872\ kV$ 在 5 kV

$RSIWV=1.15\times 807\ kV=928\ kV$ ⇨ $\boxed{SSIWV=950\ kV}$

$RLIWV=1.20\times 872\ kV=1\ 046\ kV$ ⇨ $\boxed{SLIWV=1\ 050\ kV}$

**中性母线避雷器(E)**

换流站的所有中性母线避雷器要求以下值：

CCOV 30 kV

并联柱数 12

能量 2.4 MJ

所有中性母线避雷器设计选择以下值：

$SIPL=78\ kV$ 在 2 kV

$LIPL=88\ kV$ 在 10 kV

$RSIWV=1.15\times 78\ kV=90\ kV$ ⇨ $\boxed{SSIWV=125\ kV}$

$RLIWV=1.20\times 88\ kV=106\ kV$ ⇨ $\boxed{SLIWV=125\ kV}$

**交流滤波器避雷器(FA)**

避雷器的运行电压包括基频和谐波电压。

避雷器的额定值是由交流母线接地故障随后的恢复过电压的作用确定。

**交流滤波器避雷器(FA1)**

$U_{ch}$ 60 kV

并联柱数 2

能量 1.0 MJ

在避雷器(FA1)设计中选择与配合电流相对应的下列值：

$SIPL=158\ kV$ 在 2 kV

$LIPL=192\ kV$ 在 40 kV

$RSIWV=1.15\times158$ kV$=182$ kV ⇨ $SSIWV=200$ kV

$RLIWV=1.20\times192$ kV$=230$ kV ⇨ $SLIWV=250$ kV

**交流滤波器避雷器(FA2)**

$U_{ch}$ 30 kV

并联柱数 2

能量 0.5 MJ

在避雷器(FA2)设计中选择与配合电流相对应的下列值:

$SIPL=104$ kV 在 2 kV

$LIPL=120$ kV 在 10 kV

$RSIWV=1.15\times104$ kV$=120$ kV ⇨ $SSIWV=150$ kV

$RLIWV=1.20\times120$ kV$=144$ kV ⇨ $SLIWV=150$ kV

**直流滤波器避雷器(FD)**

避雷器的运行电压主要由谐波电压组成。

当缓波前过电压传递到直流侧,直流母线发生接地故障,此时对该避雷器产生的作用将确定避雷器的额定值。

**直流滤波器避雷器(FD1)**

$U_{ch}$ 5 kV

并联柱数 2

能量 0.8 MJ

在避雷器(FD1)的设计中选择与配合电流相对应的下列值:

$SIPL=136$ kV 在 2 kV

$LIPL=184$ kV 在 40 kV

$RSIWV=1.15\times136$ kV$=156$ kV ⇨ $SSIWV=200$ kV

$RLIWV=1.20\times184$ kV$=221$ kV ⇨ $SLIWV=250$ kV

**直流滤波器避雷器(FD2)**

$U_{ch}$ 5 kV

并联柱数 2

能量 0.5 MJ

在避雷器(FD2)的设计中选择与配合电流相对应的下列值:

$SIPL=104$ kV 在 2 kV

$LIPL=120$ kV 在 10 kV

$RSIWV=1.15\times104$ kV$=120$ kV ⇨ $SSIWV=150$ kV

$RLIWV=1.20\times120$ kV$=144$ kV ⇨ $SLIWV=150$ kV

## A.4 换流变(阀侧)耐受电压的确定

### A.4.1 相对相

由于换流变阀侧绕组不能直接由单一避雷器保护,就需要考虑下面两个工况:

——当阀导通时,换流变的阀侧的相对相绝缘由一个阀避雷器(V)保护;

——当阀闭锁时,在相间是两个避雷器(V)串联。在这种情况下,缓波前过电压全部传递过来决定最大缓波前过电压。

*SIPL*=550 kV

*RSIWL*=1.15×SIPL　　　　　　　　SSIWV=600 kV

选择额定雷电耐受电压是：　　　　　　SLIWV=750 kV

如果两相是分离的变压器单元(单相,三绕组变压器),并且假定电压不是相等的分布,对于星形绕组选择的具体绝缘水平是：

SSIWV=550 kV

SLIWV=650 kV

**A.4.2 上部换流变压器相对地(星形)**

在导通期间,变压器和换流器的相对地绝缘是由施加于换流变相间的缓波前过电压确定。这些缓波前过电压来源于交流侧并且被换流变网侧的避雷器A限制。这叠加的方式不可能在晶体管阀非导通状态出现。因此仅需要考虑导通状态。

*SIPL*=1 000 kV (2×*SIPL* 在避雷器(V2)在1 025 A,假设在中性母线避雷器中无电流)

*RSIEV*=1.15×*SIPL*　　⇨　　SSIWV=1 175 kV

选择额定雷电耐受电压是：　　　　　　SLIWV=1 300 kV

**A.4.3 下部换流变压器的相对地(三角形)**

假设中性母线避雷器中无电流流过情况下,该绝缘水平同相间。

SSIWV=650 kV

选择额定雷电耐受电压是：　　　　　　SLIWV=750 kV

## A.5 空气绝缘的平波电抗器耐受电压的确定

**A.5.1 端对端的缓波前过电压**

平波电抗器两端之间负载最严重工况是经过避雷器(DL)直流侧缓波前残压加上运行的直流电压。假定操作波与直流电压极性相反,则有：

避雷器(DL)的*SIPL*为：　　866 kV

最大直流电压：　　500 kV

两个电压的和：　　1 366 kV

平波电抗器：　　225 mH

变压器电感(四相)：　　140 mH(4×35 mH)

总的电感：　　365 mH

两端子之间：　　1 366 kV×(225 mH/365 mH)=842 kV

*SIPL*=842 kV

*RSIWV*=1.15×842 kV=968 kV　　⇨　　SSIWV=1 175 kV

端子之间的最大快波前过电压由电抗器端子之间的电容与电抗器阀侧对地电容的相对比值确定。

规定的雷电耐受电压是：　　SLIWV=1 300 kV

**A.5.2 端子对地**

绝缘水平同避雷器(C)或(DL)一样

SSIWV=1 175 kV

SLIWV=1 300 kV

## A.6 计算结果表

| 避雷器类型 | | A | V1 | V2 | C | DB | DL | E | FD1 | FD2 | FA1 | FA2 |
|---|---|---|---|---|---|---|---|---|---|---|---|---|
| $U_{ch}$或 *CCOV* | kV | 243<br>r.m.s | 294<br>peak | 294<br>peak | 558<br>d.c. | 515<br>d.c. | 515<br>d.c. | 30<br>d.c. | 5<br>d.c. | 5<br>d.c. | 60<br>r.m.s | 30<br>r.m.s |
| 雷电：<br>——保护水平<br>——电流 | <br>kV<br>kA | <br>713<br>10 | <br>—<br>— | <br>—<br>— | <br>1 048<br>2.5 | <br>977<br>5 | <br>872<br>5 | <br>88<br>10 | <br>184<br>40 | <br>120<br>10 | <br>192<br>40 | <br>120<br>10 |
| 操作：<br>——保护水平<br>——电流 | <br>kV<br>kA | <br>632<br>1.5 | <br>499.8<br>4.23 | <br>500<br>1.025 | <br>930<br>0.5 | <br>866<br>1.0 | <br>807<br>1.0 | <br>78<br>6.0 | <br>136<br>2.0 | <br>104<br>2.0 | <br>158<br>2.0 | <br>104<br>2.0 |
| 柱数<br>能量 | —<br>MJ | 2<br>9.2 | 8<br>10.4 | 2<br>2.6 | 1<br>2.5 | 1<br>2.2 | 8<br>17.0 | 2<br>0.4 | 2<br>0.8 | 2<br>0.5 | 2<br>1.0 | 2<br>0.5 |

| 保护位置 | 1 | 2 | 3 | 4 | 5 | 6 | 7 | 8 | 9 | 10 | 11 | 12 |
|---|---|---|---|---|---|---|---|---|---|---|---|---|
| $U_{ch}$/kV | 243 | 60 | 30 | 243 | 558 | 294 | 294 | 30 | 558 | 515 | 15 | 15 |
| *LIPL*=*RFAO*/kV | 713 | 192 | 120 | 713 | — | — | — | 88 | 1 048 | 977 | 184 | 120 |
| *SIPL*=*RSLO*/kV | 632 | 158 | 104 | 632 | 1 000 | 550 | 550 | 78 | 930 | 866 | 136 | 104 |
| *SLIWV*/kV | 1 425 | 250 | 150 | 1 425 | 1 300 | 750 | 750 | 125 | 1 300 | 1 300 | 250 | 150 |
| *SSIWV*/kV | 1 050 | 200 | 150 | 1 050 | 1 175 | 650 | 650 | 125 | 1 175 | 1 175 | 200 | 150 |

| 保护位置 | 1—2 | 2—3 | 5和6<br>相对相 | 5—6 | 8—9 | 9—10 | 10—11 | 11—12 | 阀V1<br>和V2 |
|---|---|---|---|---|---|---|---|---|---|
| *LIPL*=*RFAO*/kV | 825 | 192 | — | — | 1 048 | — | 977 | 184 | — |
| *SIPL*=*RSLO*/kV | 747 | 158 | 550 | 1 000 | 930 | 842 | 866 | 136 | 550 |
| *SLIWV*/kV | 1 300 | 250 | 750 | 1 300 | 1 300 | 1 300 | 1 300 | 250 | |
| *SSIWV*/kV | 1 050 | 200 | 650 | 1 175 | 1 175 | 1 175 | 1 175 | 200 | 575 |

图 A.1 交流和直流避雷器(普通型高压直流换流站)



注：图中未标明影响设计的杂散电容。

图 A.2 来自交流侧(普通型高压直流换流站)缓波前过电压对阀避雷器作用的简化电路——缓波前过电压(施加的电压)的图解说明

避雷器上的作用值：

$U_{max}=500\ kV$　$I_{max}=1.03\ kA$　能量＝698 kJ

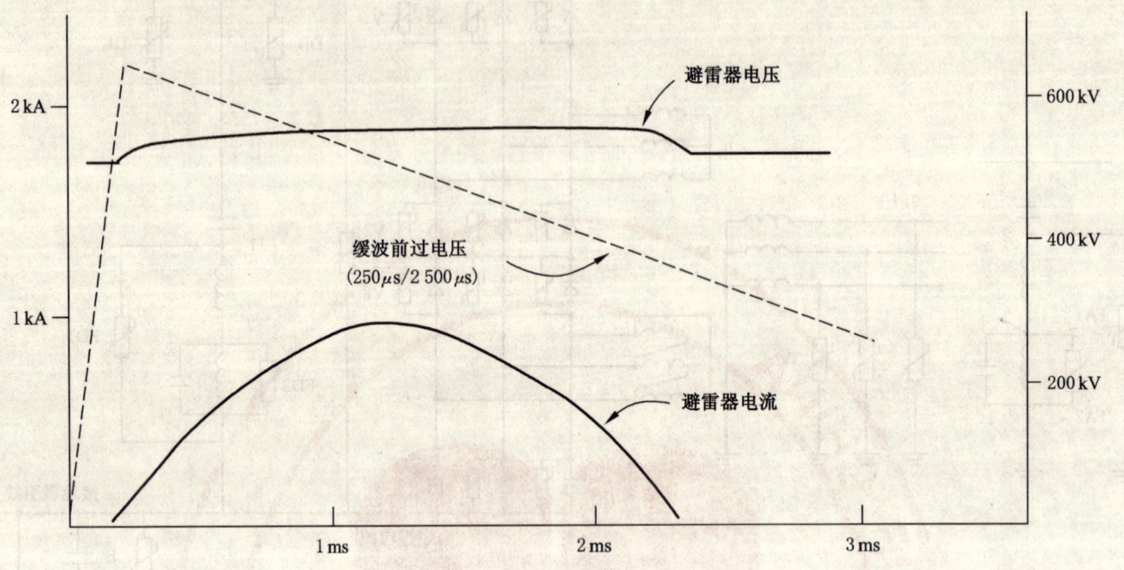


图 A.3　从交流侧来的缓波前过电压在阀避雷器 V2 上的作用(普通型高压直流换流器)

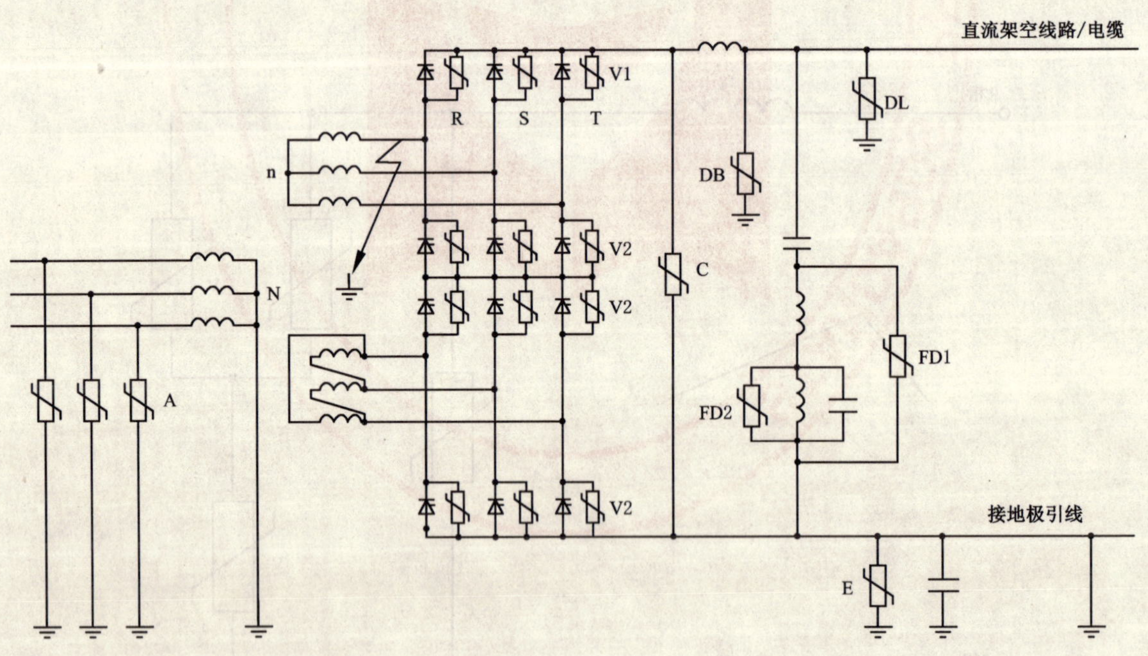


注：图中未标明影响设计的杂散电容。

图 A.4　换流变压器高压套管(普通型高压直流换流站)接地故障在阀避雷器上作用的电路图

避雷器上的作用值：

$U_{max}$＝500 kV　$I_{max}$＝4.2 kA　能量＝16 189 kJ

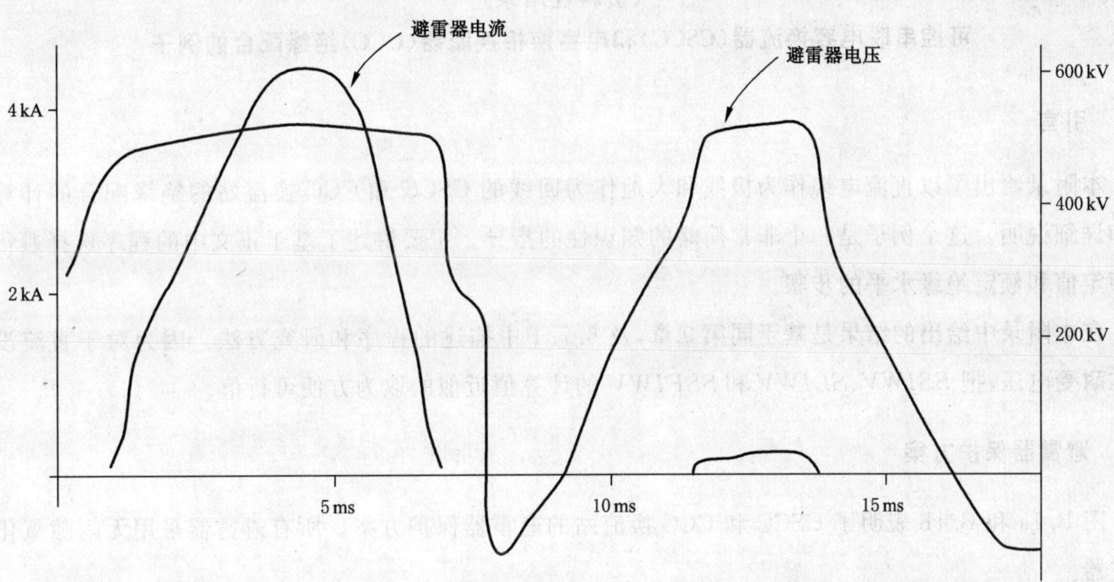


**图 A.5　换流变(普通型高压直流换流站)高压套管接地故障期间在阀避雷器 V1 上的作用**

# 附 录 B
（资料性附录）
# 可控串联电容换流器（CSCC）和电容换相换流器（CCC）绝缘配合的例子

## B.1 引言

本附录给出了以直流电缆作为极线和大地作为回线的 CSCC 和 CCC 换流站的绝缘配合的计算方法和详细说明。这个例子是一个非常简略的知识性的指导。主要讲述了基于正文中的程序选择避雷器的额定值和额定绝缘水平的步骤。

在本附录中给出的结果是基于同第 9 章，及 6.7.1 中描述的程序和研究方法。因为对于直流没有标准耐受电压，把 *SSIWV*、*SLIWV* 和 *SSFIWV* 的计算值近似的取为方便可行值。

## B.2 避雷器保护方案

图 B.1a 和 B.1b 表明了 CSCC 和 CCC 换流站的避雷器保护方案。所有避雷器采用无间隙氧化锌避雷器。

## B.3 避雷器承受的负载、保护水平和绝缘水平的确定

下列主要数据用于换流站绝缘配合设计：

交流侧：强交流系统网

直流侧：

| | | |
|---|---|---|
| 直流电压 | 500 | kV(整流侧) |
| 直流电流 | 1 590 | A |
| 平波电抗器 | 225 | mH |
| 触发角 | 15/17 | deg(整流/逆变) |

| CCC/CSCC-电容器 | | CCC 换流器 | CSCC 换流器 |
|---|---|---|---|
| 电容量 | μF | 118 | 43 |
| $U_{ch}$ | kV(r. m. s) | 45 | 136 |
| 换流变压器 | | | |
| 容量(三相，六脉动) | MVA | 419 | 459 |
| 短路阻抗 | pu | 0.12 | 0.12 |
| 二次电压(阀侧) | kV | 186.4 | 204 |
| 分接头范围 | r. m. s | ±5% | ±5% |
| 每相电感(阀侧) | mH | 32 | 35 |

**交流母线避雷器(A1)和(A4)**

CCC 和 CSCC 换流器数据

| 参数 | 单位 | CCC/CSCC<br>母线 1(A1) | CSCC<br>母线 4(A4) |
|---|---|---|---|
| 系统标称电压 | kV(r. m. s) | 400 | 400 |
| 系统最高电压($U_S$) | kV(r. m. s) | 420 | 420 |
| 持续运行电压,相对地 | kV(r. m. s) | 243 | 256 |
| *SIPL*(在 1.5 kA) | kV | 632 | 690 |
| *LIPL*(在 10 kA) | kV | 713 | 790 |
| 传递到阀侧(两相之间)的最大缓波前过电压 | kV | 512/560 | N. A. |
| 并联柱数 | — | 2 | 2 |
| 避雷器能量 | MJ | 3.2 | 3.4 |

**阀避雷器(V1)和(V2)**

下列数据适用于两端换流站

| | | CCC | CSCC | |
|---|---|---|---|---|
| *CCOV* | kV | $218\times\sqrt{2}$ | $208\times\sqrt{2}$ | |
| 并联柱数 | | 4 | 4 | 避雷器 V1 |
| | | 2 | 2 | 避雷器 V2 |
| 能量 | MJ | 5.4 | 5.2 | 避雷器 V1 |
| | MJ | 2.7 | 2.6 | 避雷器 V2 |

在阀避雷器上的作用由下面的研究工况确定。

**B.3.1 从交流侧传递到阀侧的缓波前过电压**

当单阀导通时从交流侧传递的缓波前过电压出现在两相之间时,将对避雷器产生最大的作用(见图 B.2a)和图 B.2b))。缓波前过电压的幅值取决于换流变网侧交流母线避雷器(A)的最大保护水平。

图 B.3a)和图 B.3b)表明了回路中仅一个避雷器导通时,对于 CCC 和 CSCC 换流器,缓波前过电压对阀避雷器作用,这种故障是底部阀避雷器(V2)设计的关键工况。

阀避雷器(V2)的结果:

阀避雷器(V2)的操作冲击保护水平(*SIPL*)为:

*SIPL*－488.1 kV　在 10 A(见图 B.3a)CCC 换流器)

480.8 kV　在 466 A(见图 B.3a)CSCC 换流器)

*RSIWV*＝1.15×488.1 kV＝561.3 kV　⇨　*SSIWV*＝605 kV

＝1.15×480.8 kV＝553 kV

上述值适用于 CCC 和 CSCC 换流器。

**B.3.2 阀和换流变压器高压套管之间的接地故障**

这个故障工况使保护最高位的三脉动换流组的阀避雷器承受最大负载。图 B.4a)和图 B.4b)中给出了该工况的等效电路图。高电位上半桥阀避雷器的负载取决于故障起始的时刻。为了确定最大作用,故障接入时刻应从 0 到 360 电角度变化。

CCC 和 CSCC 换流器阀避雷器的负载结果见图 B.5a)和图 B.5b)。

如果缓波前过电压下(工况 a)最高电位上半桥阀避雷器的最大负载没有该故障下高,那么,这个工况下对阀避雷器(V1)的作用就是决定设计的关键。

结果(对于阀避雷器(V1)):

阀避雷器的操作冲击保护水平(*SIPL*)为:

*SIPL* =523.6 kV　在 1 776A(见图 B.5a)CCC 换流器)

　　=498.9 kV　在 2 244A(见图 B.5b)CSCC 换流器)

*RSIWV* =1.15×523.6 kV=602.1 kV　⇨　*SSIWV*=605 kV

　　=1.15×498.9 kV=574 kV

上述值对于 CCC 和 CSCC 换流器都适用。

CCC 和 CSCC 电容器避雷器(CC/CSC)

| | | CCC 换流站 | CSCC 换流站 |
|---|---|---|---|
| *CCOV* | kV | 45 | 136 |
| 并联柱数 | | 8 | 6 |
| 能量* | MJ | 4.0 | 4.0 |
| *SIPL* | kV | 149 | 207 |
| 相应配合电流 | kA | 7.8<br>(图 B.6a)) | 8.8<br>(图 B.6b)) |
| *LIPL* | kV | 172 | 250 |
| 相应配合电流 | kA | 10 | 10 |
| *RSIWV*=1.15×*SIPL* | kV | 200 | 250 |
| *RLIWV*=1.20×*LIPL* | kV | 250 | 300 |

**换流器单元避雷器(C)**

下面给出的值适用于两个换流站

| | |
|---|---|
| *CCOV* | 558 kV |
| 并联柱数 | 1 |
| 能量 | 2.5 MJ |

计算研究来自交流侧的缓波前过电压,确定该组避雷器承受的负载。研究中设定换流器正常运行时四个晶闸管阀导通,缓波前过电压在两相间传递。传递的缓波前过电压幅值为阀避雷器电压的两倍。

设计换流器单元避雷器时,选择下列配合电流及其对应的值:

*SIPL*=930 kV　在 0.5 kA

*LIPL*=1 048 kV　在 2.5 kA

*RSIWV*=1.15×930 kV=1 070 kV　⇨　*SSIWV*=1 175 kV

*RLIWV*=1.20×1 048 kV=1 258 kV　⇨　*SLIWV*=1 300 kV

**直流母线避雷器(DB)**

对两边换流站都应用下面的值:

| | |
|---|---|
| *CCOV* | 515 kV |
| 并联柱数 | 1 |
| 能量 | 2.2 MJ |

对直流母线避雷器(DB)设计,选择下列配合电流及其对应的值:

*SIPL*=866 kV　在 1 kA

*LIPL*=977 kV　在 5 kA

*RSIWV*=1.15×866 kV=966 kV　⇨　*SSIWV*=1 050 kV

*RLIWV*=1.20×977 kV=1 173 kV　⇨　*SLIWV*=1 300 kV

* 是基于换流变的高压套管接地故障。

**直流线路/电缆避雷器(DL)**

对直流线路/电缆末端都应用下面的值：

| | |
|---|---|
| *CCOV* | 515 kV |
| 并联柱数 | 8 |
| 能量 | 17.0 MJ |

设计直流线路/电缆避雷器(DL)时，选择下列配合电流及其对应的值：

| | |
|---|---|
| *SIPL*＝807 kV | 在 1 kA |
| *LIPL*＝872 kV | 在 5 kA |

*RSIWV*＝1.15×807 kV−928 kV ⇨ *SSIWV*＝950 kV

*RLIWV*＝1.20×872 kV＝1 046 kV ⇨ *SLIWV*＝1 050 kV

**中性母线避雷器(E)**

下面给出两个换流站所有中性母线避雷器的值：

| | |
|---|---|
| *CCOV* | 30 kV |
| 并联柱数 | 12 |
| 能量 | 2.4 MJ |

设计所有中性母线避雷器(E)时，选择下列配合电流及其对应的值：

| | |
|---|---|
| *SIPL*＝78 kV | 在 2 kA |
| *LIPL*＝88 kV | 在 10 kA |

*RSIWV*＝1.15×78 kV＝90 kV ⇨ *SSIWV*＝125 kV

*RSIWV*＝1.20×88 kV＝106 kV ⇨ *SLIWV*＝125 kV

**交流滤波器避雷器(FA)**

避雷器运行电压包括基波和谐波电压。

在交流母线上接地故障之后的恢复过电压期间确定避雷器的额定值。

**交流滤波器避雷器(FA1)**

| | |
|---|---|
| $U_{ch}$ | 60 kV |
| 并联柱数 | 2 |
| 能量 | 1.0 MJ |

设计避雷器(FA1)时，选择下面配合电流及其对应的值：

| | |
|---|---|
| *SIPL*＝158 kV | 在 2 kA |
| *LIPL*＝192 kV | 在 20 kA |

*RSIWV*＝1.15×158 kV＝182 kV ⇨ *SSIWV*＝200 kV

*RLIWV*＝1.20×192 kV＝230 kV ⇨ *SLIWV*＝250 kV

**交流滤波器避雷器(FA2)**

| | |
|---|---|
| $U_{ch}$ | 30 kV |
| 并联柱数 | 2 |
| 能量 | 0.5 MJ |

设计避雷器(FA2)时，选择下面配合电流及其对应的值：

| | |
|---|---|
| *SIPL*＝104 kV | 在 2 kA |
| *LIPL*＝120 kV | 在 10 kA |

*RSIWV*＝1.15×104 kV＝120 kV ⇨ *SSIWV*＝150 kV

$RLIWV=1.20\times120$ kV=144 kV ⇨ $SLIWV=150$ kV

**直流滤波器避雷器(FD)**

避雷器运行电压主要由谐波电压组成。

当缓波前过电压传递到直流侧时,直流母线发生接地故障。此时对该避雷器产生的作用将确定避雷器的额定值。

**直流滤波器(FD1)**

| | |
|---|---|
| $U_{ch}$ | 5 kV |
| 并联柱数 | 2 |
| 能量 | 0.8 MJ |

设计避雷器(FD1)时,选择下面配合电流及其对应的值:

$SIPL=136$ kV 在 2 kA

$LIPL=184$ kV 在 40 kA

$RSIWV=1.15\times136$ kV=156 kV ⇨ $SSIWV=200$ kV

$RLIWV=1.20\times184$ kV=221 kV ⇨ $SLIWV=250$ kV

**直流滤波器避雷器(FD2)**

| | |
|---|---|
| $U_{ch}$ | 5 kV |
| 并联柱数 | 2 |
| 能量 | 0.5 MJ |

设计避雷器(FD2)时,选择下面配合电流及其对应的值:

$SIPL=104$ kV 在 2 kA

$LIPL=120$ kV 在 10 kA

$RSIWV=1.15\times104$ kV=120 kV ⇨ $SSIWV=150$ kV

$RLIWV=1.20\times120$ kV=144 kV ⇨ $SLIWV=150$ kV

### B.4 换流变阀侧耐受电压的确定

#### B.4.1 相对相

由于换流变的阀侧绕组没有被一个避雷器直接保护,就需要考虑下面两个工况。

——当阀导通时,换流变阀侧的相对相绝缘由一个阀避雷器(V)保护;

——当阀闭锁时,两个避雷器(V)串联在相对相之间,在这种情况下,传输的缓波前过电压决定了避雷器最大缓波前过电压。

$SIPL=512$ kV (对 CCC 的传递缓波前过电压)

560 kV (对 CSCC 的传递缓波前过电压)

$RSIWL=1.15\times SIPL$ $SSIWV=650$ kV

$SLIWV=750$ kV

如果两相分属独立的变压器单元(单相、三绕组变压器)并且假设承受电压不同,对星形绕组相对相额定的绝缘水平选择如下:

$SSIWV=550$ kV

$SLIWV=650$ kV

#### B.4.2 上部换流变压器相对地(星形)

在阀导通状态期间,换流变压器相间施加的缓波前过电压决定了变压器和换流器的相对地绝缘。

来源于交流侧的缓波前过电压受到换流变网侧避雷器(A)的限制。这种出现过电压的方式不可能在晶体管阀非导通状态发生。因此,仅需考虑导通状态。

*SIPL*=976 kV 对于 CCC(避雷器(V2)的 2×*SIPL*,见图 B.3a)假设在中性母线避雷器中没有电流)

962 kV 对于 CSCC(避雷器(V2)的 2×*SIPL*,见图 B.3b)假设在中性母线避雷器中没有电流)

*RSIWV*=1.15×*SIPL* ⇨ *SSIWV*=1 175 kV

*SLIWV*=1 300 kV

**B.4.3 下部换流变压器相对地(三角形)**

假设在中性母线避雷器无电流流过,相对地额定绝缘水平同于相间。

*SSIWV*=650 kV

*SLIWV*=750 kV

## B.5 空气绝缘的平波电抗器耐受电压的确定

**缓波前过电压下的端对端**

平波电抗器两端最为严重的工况是经过避雷器(DL)限制过的缓波前过电压叠加直流电压,其总的电压是:

避雷器(DL)*SIPL*: 866 kV

最大直流电压: 500 kV

两个电压之和: 1 366 kV

平波电抗器: 225 mH

变压器电感(四相): 140 mH(4×35 mH)

总电感: 365 mH

一个 225 mH 平波电抗器

端子之间电压: 1 366 kV×(225 mH/365 mH)=842 kV

*SIPL*=842 kV

*RSIWV*=1.15×842 kV=968 kV ⇨ *SSIWV*=1 175 kV

在端子之间的最大的快波前过电压是由电抗器两端子之间电容和电抗器阀侧对地电容相对比值决定。具体雷电耐受电压为: *SLIWV*=1 300 kV

**端子对地**

端子对地规定的绝缘水平同避雷器(C)或(DL) *SSIWV*=1 175 kV

*SLIWV*=1 300 kV

## B.6 计算结果表

| 避雷器类型 | | A | V1 | V2 | C | DB | DL | E | FD1 | FD2 | FA1 | FA2 | CC |
|---|---|---|---|---|---|---|---|---|---|---|---|---|---|
| $U_{ch}$或 *CCOV* | kV | 243<br>r.m.s | 308<br>peak | 308<br>peak | 558<br>d.c. | 515<br>d.c. | 515<br>d.c. | 30<br>d.c. | 5<br>d.c. | 5<br>d.c. | 60<br>r.m.s | 30<br>r.m.s | 60<br>peak |
| 雷电:<br>——保护水平<br>——电流 | <br>kV<br>kA | <br>713<br>10 | <br>—<br>— | <br>—<br>— | <br>1 048<br>2.5 | <br>977<br>5 | <br>872<br>5 | <br>88<br>10 | <br>184<br>40 | <br>120<br>10 | <br>192<br>20 | <br>120<br>10 | <br>172<br>10 |
| 操作:<br>——保护水平<br>——电流 | <br>kV<br>kA | <br>632<br>1.5 | <br>523<br>1.8 | <br>488<br>0.1 | <br>930<br>0.5 | <br>866<br>1.0 | <br>807<br>1.0 | <br>78<br>2.0 | <br>136<br>2.0 | <br>104<br>2.0 | <br>158<br>2.0 | <br>104<br>2.0 | <br>149<br>7.8 |
| 柱数<br>能量 | —<br>MJ | 2<br>9.2 | 4<br>5.2 | 2<br>2.6 | 1<br>2.5 | 1<br>2.2 | 8<br>17.0 | 2<br>0.4 | 2<br>0.8 | 2<br>0.5 | 2<br>1.0 | 2<br>0.5 | 8<br>4.0 |

| 保护位置 | 1 | 2 | 3 | 4 | 5 | 6 | 7 | 8 | 9 | 10 | 11 | 12 |
|---|---|---|---|---|---|---|---|---|---|---|---|---|
| $U_{ch}$/kV | 243 | 60 | 30 | 243 | 558 | 308 | 308 | 30 | 558 | 515 | 15 | 15 |
| *LIPL*=*RFAO*/kV | 713 | 192 | 120 | 713 | — | — | — | 88 | 1 048 | 977 | 184 | 120 |
| *SIPL*=*RSLO*/kV | 632 | 158 | 104 | 632 | 976 | 523 | 523 | 78 | 930 | 866 | 136 | 104 |
| *SLIWV*/kV | 1 425 | 250 | 150 | 1 425 | 1 300 | 750 | 750 | 150 | 1 300 | 1 300 | 250 | 150 |
| *SSIWV*/kV | 1 050 | 200 | 150 | 1 050 | 1 175 | 650 | 650 | 150 | 1 175 | 1 175 | 200 | 150 |

| 保护位置 | 1—2 | 2—3 | 5-5a CC | 5 和 6 相对相 | 5—6 | 8—9 | 9—10 | 10—11 | 11—12 | 阀 V1 和 V2 |
|---|---|---|---|---|---|---|---|---|---|---|
| *LIPL*=*FFMO*/kV | 825 | 192 | 172 | — | — | 1 048 | — | 977 | 184 | — |
| *SIPL*=*RSLO*/kV | 747 | 158 | 149 | 523 | 976 | 930 | 842 | 866 | 136 | 523 |
| *SLIWV*/kV | 1 300 | 250 | 250 | 750 | 1 300 | 1 300 | 1 300 | 1 300 | 250 | — |
| *SSIWV*/kV | 1 050 | 200 | 200 | 650 | 1 175 | 1 175 | 1 175 | 1 175 | 200 | 605 |

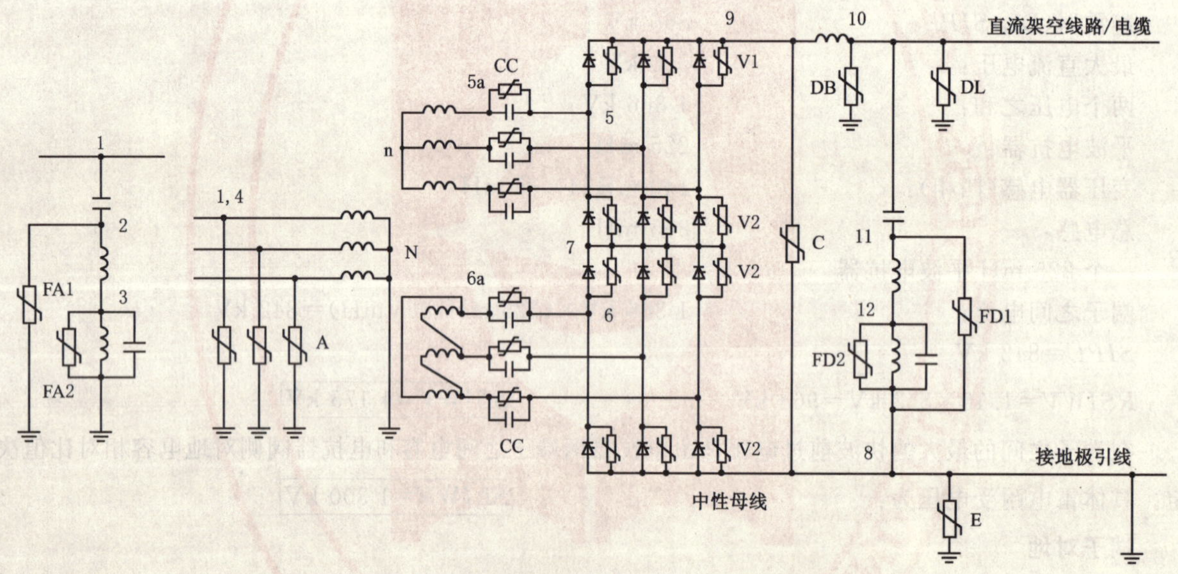


**图 B.1a) 交流、直流避雷器(CCC 换流器)**

| 避雷器类型 | | A | V1 | V2 | C | DB | DL | E | FD1 | FD2 | FA1 | FA2 | CSC | A4 |
|---|---|---|---|---|---|---|---|---|---|---|---|---|---|---|
| $U_{ch}$或 *CCOV* | kV | 243 r. m. s. | 294 peak | 294 peak | 558 d. c. | 515 d. c. | 515 d. c. | 30 d. c. | 5 d. c. | 5 d. c. | 60 r. m. s. | 30 r. m. s. | 96 r. m. s. | 256 r. m. s. |
| 雷电: | | | | | | | | | | | | | | |
| ——保护水平 | kV | 713 | — | — | 1 048 | 977 | 872 | 88 | 184 | 120 | 192 | 120 | 250 | 790 |
| ——电流 | kA | 10 | — | — | 2.5 | 5 | 5 | 10 | 40 | 10 | 20 | 10 | 10 | 10 |
| 操作: | | | | | | | | | | | | | | |
| ——保护水平 | kV | 632 | 499 | 481 | 930 | 866 | 807 | 78 | 136 | 104 | 158 | 104 | 207 | 690 |
| ——电流 | kA | 1.5 | 2.2 | 0.5 | 0.5 | 1.0 | 1.0 | 2.0 | 2.0 | 2.0 | 2.0 | 2.0 | 8.8 | 1.5 |
| 柱数 | — | 2 | 4 | 2 | 1 | 1 | 8 | 2 | 2 | 2 | 2 | 2 | 6 | 2 |
| 能量 | MJ | 9.2 | 5.2 | 2.6 | 2.5 | 2.2 | 17.0 | 0.4 | 0.8 | 0.5 | 1.0 | 0.5 | 4.0 | 3.4 |

| 保护位置 | 1 | 2 | 3 | 4 | 5 | 6 | 7 | 8 | 9 | 10 | 11 | 12 |
|---|---|---|---|---|---|---|---|---|---|---|---|---|
| $U_{ch}$/kV | 243 | 60 | 30 | 256 | 558 | 294 | 294 | 30 | 558 | 515 | 15 | 15 |
| *LIPL*=*RFAO*/kV | 713 | 192 | 120 | 790 | — | — | — | 88 | 1 048 | 977 | 184 | 120 |
| *SIPL*=*RSLO*/kV | 632 | 158 | 104 | 690 | 962 | 499 | 499 | 78 | 930 | 866 | 136 | 104 |
| *SLIWV*/kV | 1 425 | 250 | 150 | 1 425 | 1 300 | 750 | 750 | 150 | 1 300 | 1 300 | 250 | 150 |
| *SSIWV*/kV | 1 050 | 200 | 150 | 1 050 | 1 175 | 650 | 650 | 150 | 1 175 | 1 175 | 200 | 150 |

| 保护位置 | 1—2 | 2—3 | 1—4 CSC | 5和6 相对相 | 5—6 | 8—9 | 9—10 | 10—11 | 11—12 | 阀V1和V2 |
|---|---|---|---|---|---|---|---|---|---|---|
| *LIPL*=*RFAO*/kV | 825 | 192 | 250 | — | — | 1 048 | — | 977 | 184 | — |
| *SIPL*=*RSLO*/kV | 747 | 158 | 207 | 523 | 962 | 930 | 842 | 866 | 136 | 523 |
| *SLIWV*/kV | 1 300 | 250 | 300 | 750 | 1 300 | 1 300 | 1 300 | 1 300 | 250 | — |
| *SSIWV*/kV | 1 050 | 200 | 250 | 650 | 1 175 | 1 175 | 1 175 | 1 175 | 200 | 605 |

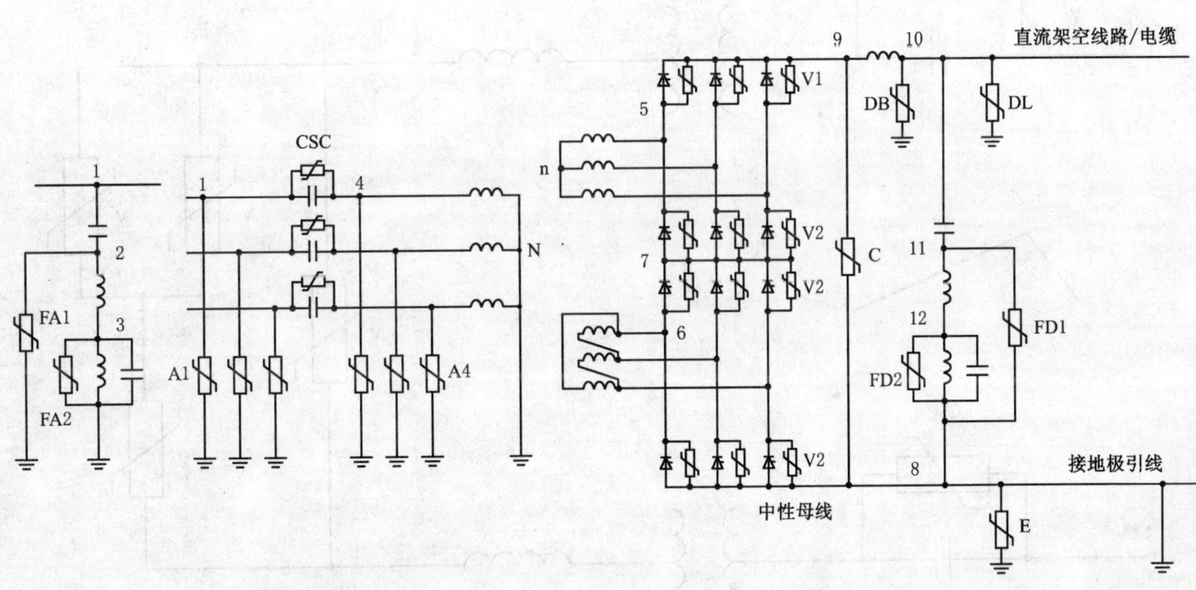


图 B.1b) 交流,直流避雷器(CSCC 换流器)

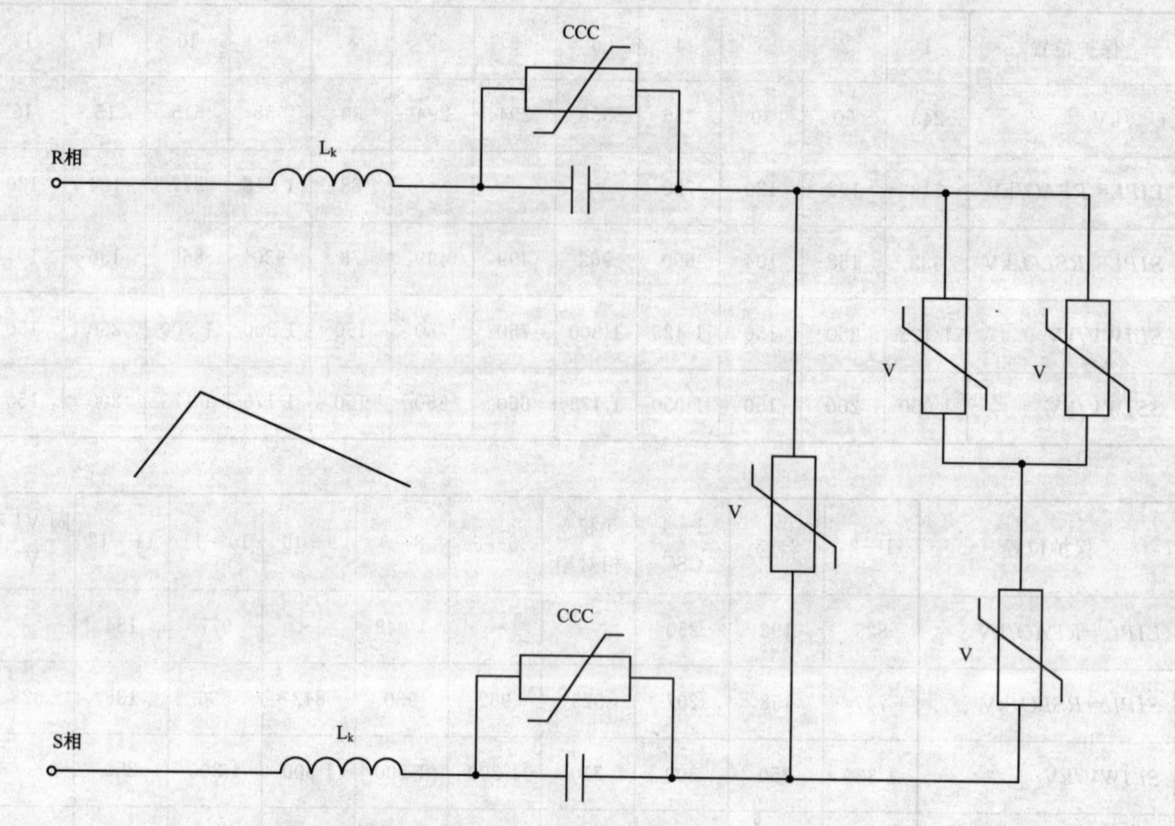


图 B. 2a) 交流侧来的缓波前过电压对阀避雷器作用的简化电路图(CCC 换流器)

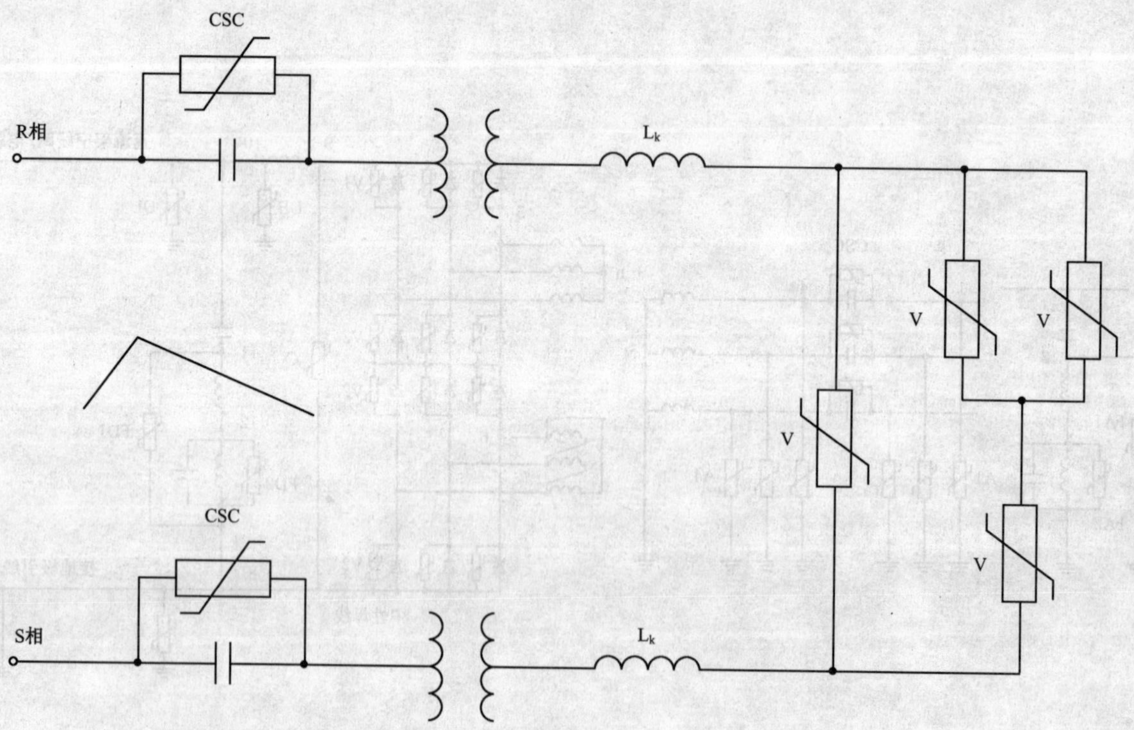


图 B. 2b) 交流侧来的缓波前过电压对阀避雷器作用的简化电路图(CSCC 换流器)

避雷器承受的作用值：

$U_{max}$=488 kV　　$I_{max}$=0.04 kA　　能量=1.9 kJ

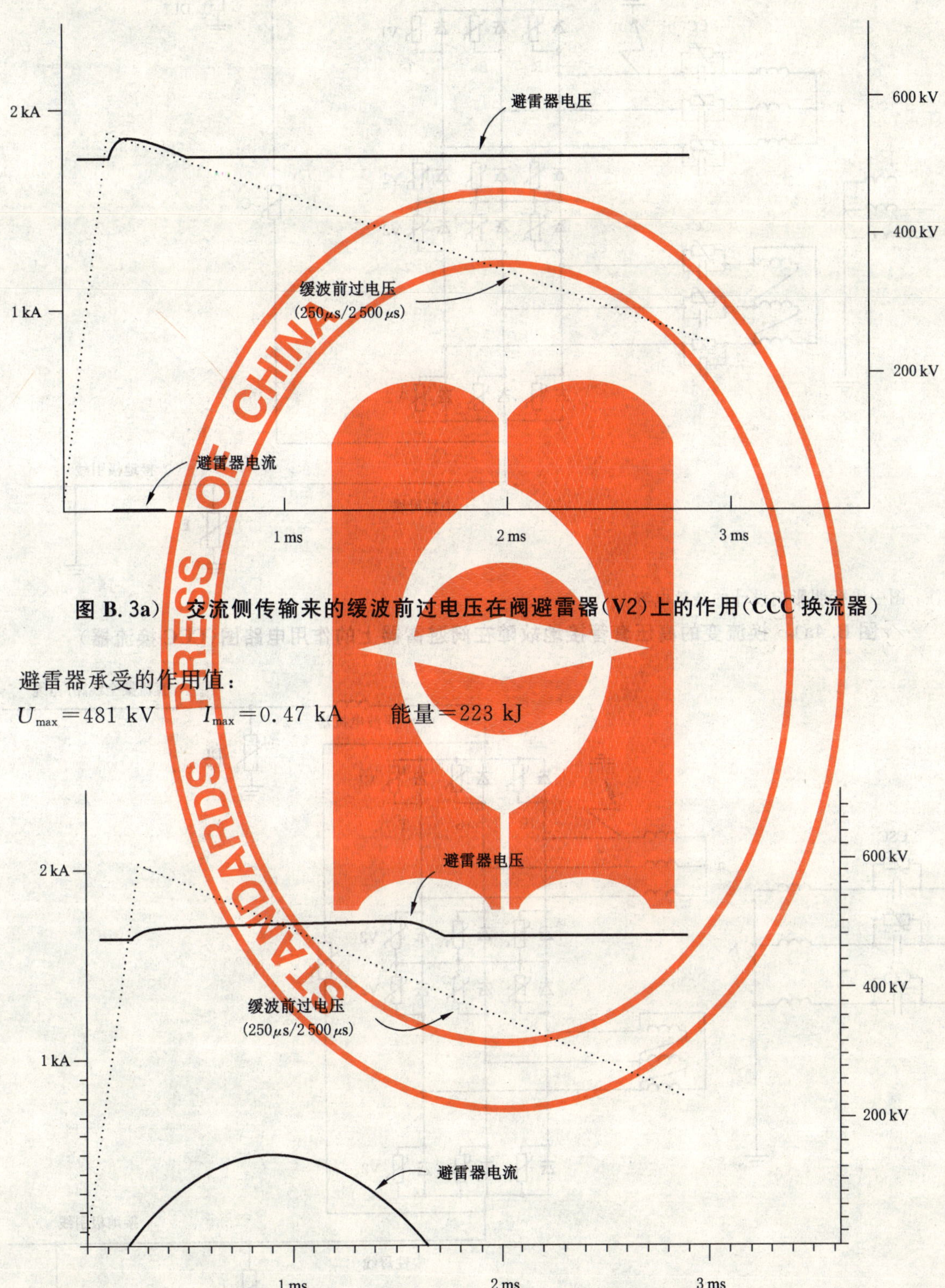


图 B.3a)　交流侧传输来的缓波前过电压在阀避雷器(V2)上的作用(CCC 换流器)

避雷器承受的作用值：

$U_{max}$=481 kV　　$I_{max}$=0.47 kA　　能量=223 kJ



图 B.3b)　来自交流侧的缓波前过电压在阀避雷器(V2)上的作用(CSCC 换流器)

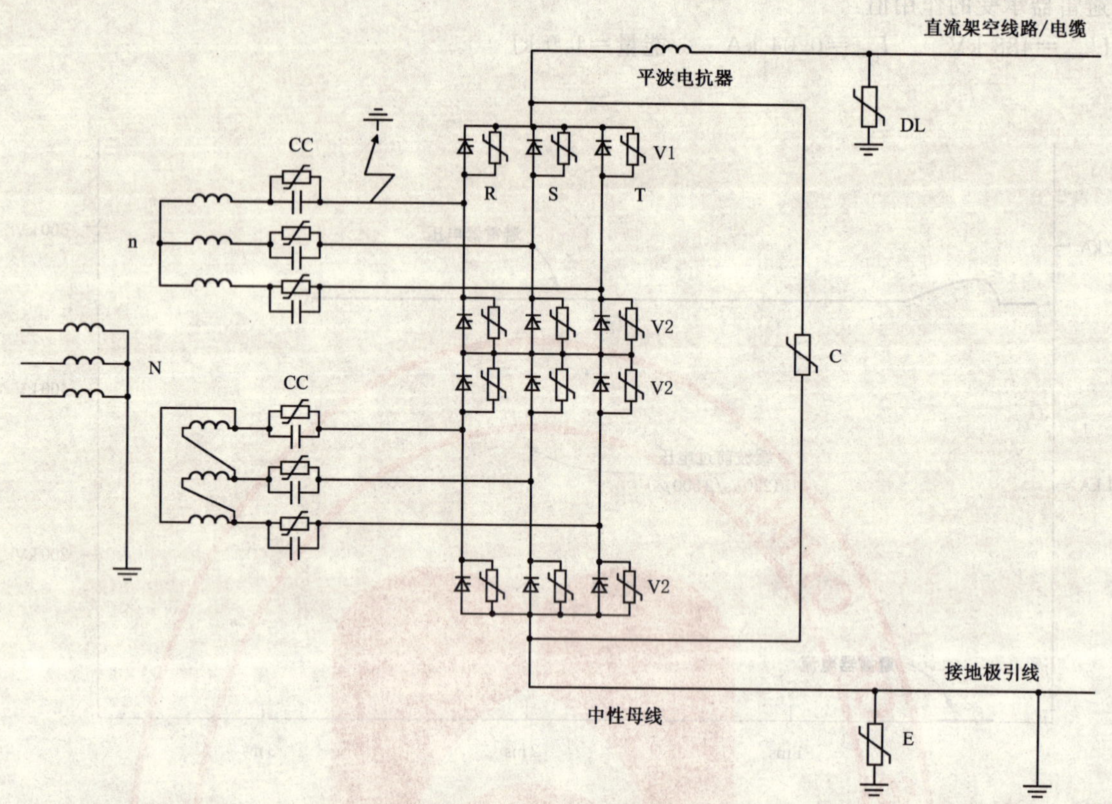


注：图中未标明影响设计的杂散电容。

**图 B.4a） 换流变的高压套管接地故障在阀避雷器上的作用电路图(CCC 换流器)**

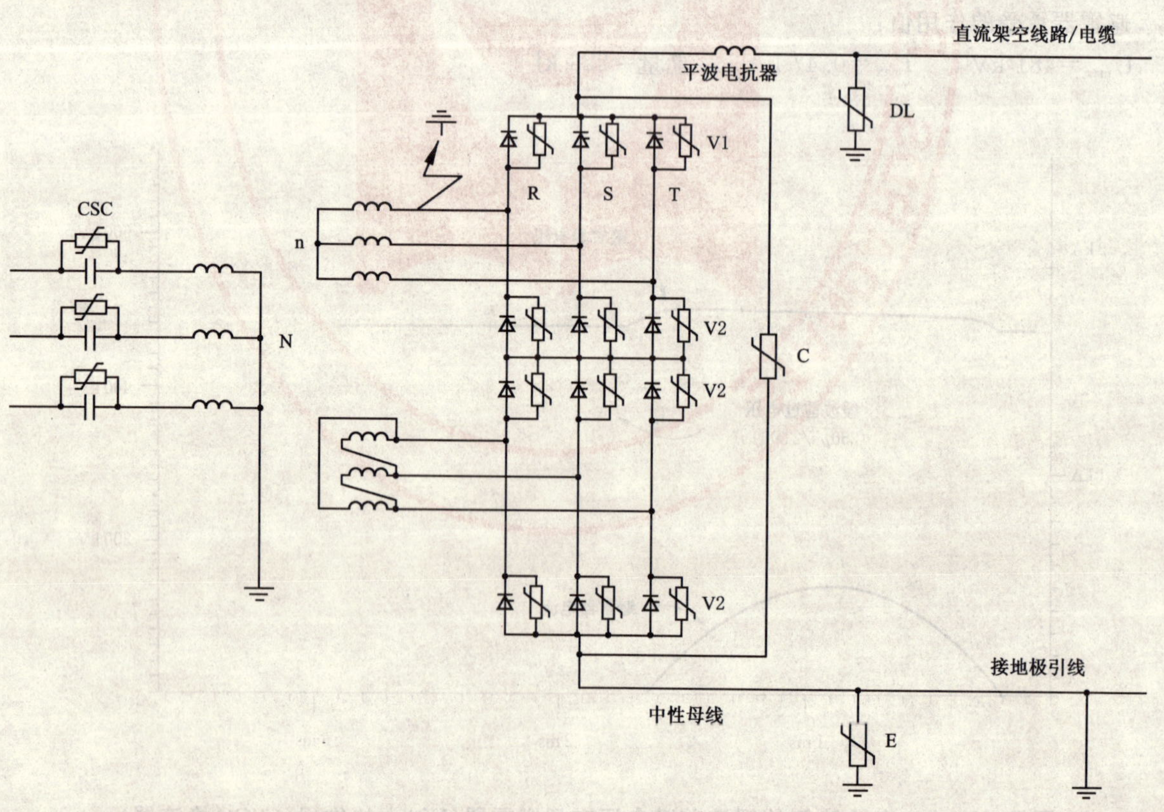


注：图中未标明影响设计的杂散电容。

**图 B.4b） 换流变的高压套管接地故障在阀避雷器上作用的电路图(CSCC 换流器)**

避雷器承受的作用值：

$U_{max}$=524 kV　　$I_{max}$=1.78 kA　　能量=3 690 kJ

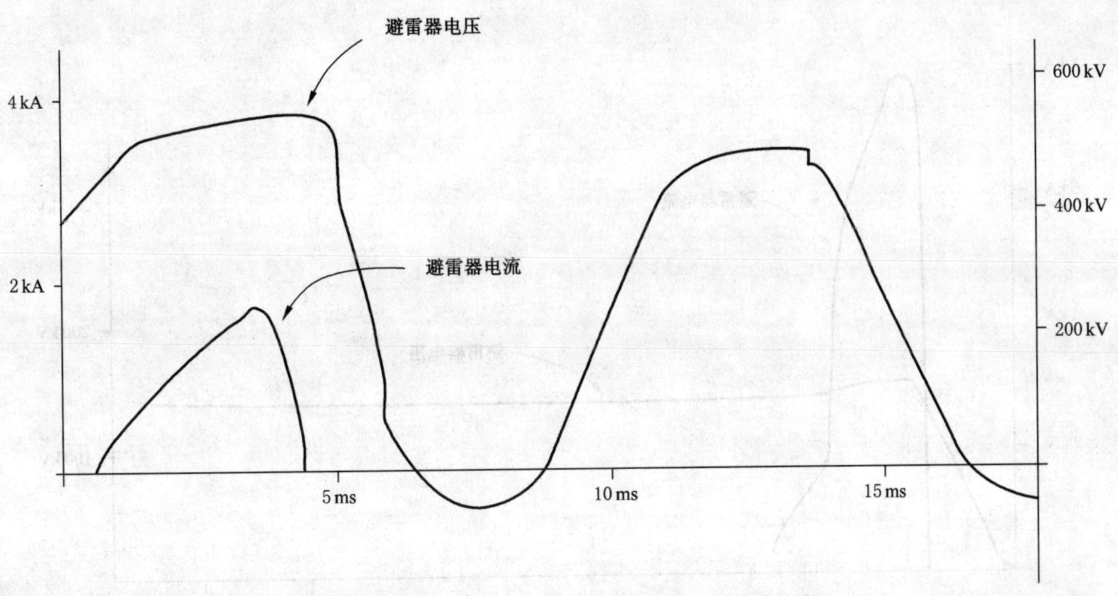


**图 B.5a)　换流变高压套管接地故障期间对阀避雷器 V1 上的曲线图(CCC 换流器)**

避雷器承受的作用值：

$U_{max}$=499 kV　　$I_{max}$=2.24 kA　　能量=4 309 kJ

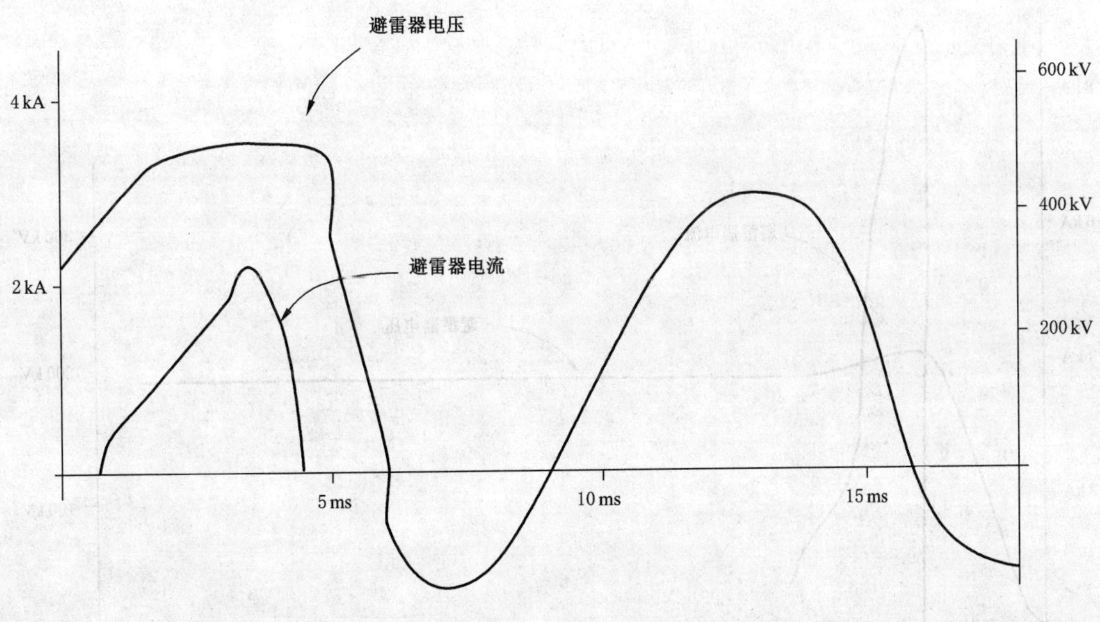


**图 B.5b)　换流变高压套管接地故障期间在阀避雷器 V1 上作用的曲线图(CSCC 换流器)**

避雷器承受的作用值：

$U_{max}$=149 kV　　$I_{max}$=7.81 kA　　能量=3 687 kJ

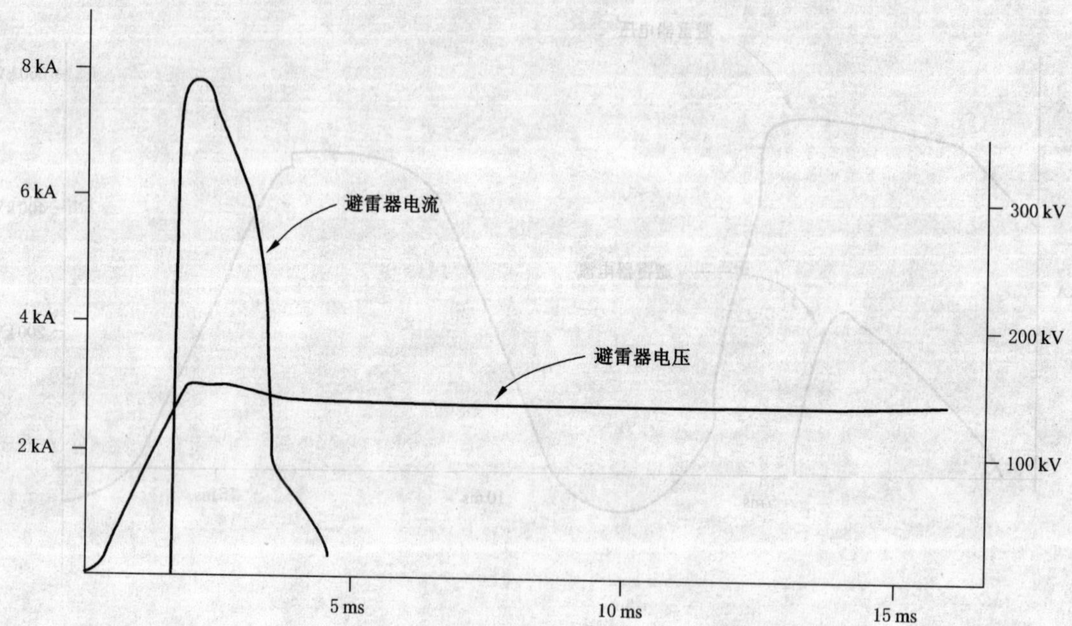


图 B.6a）换流变高压套管接地故障期间在 CCC 电容器避雷器 CC 上的作用（CCC 换流器）

避雷器承受的作用值：

$U_{max}$=207 kV　　$I_{max}$=8.84 kA　　能量=3 866 kJ

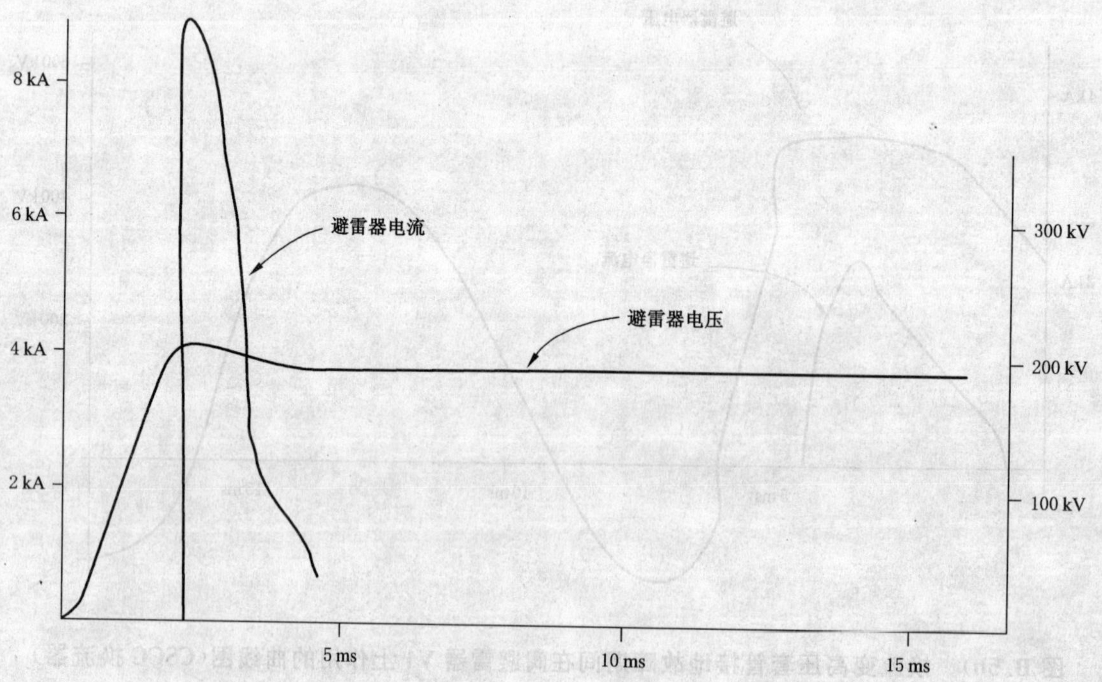


图 B.6b）换流变的高压套管的接地故障期间的 CSCC 电容器避雷器 CSC 上的作用（CSCC 换流器）

# 附 录 C
（资料性附录）
一些特殊型换流器绝缘配合的确定

## C.1 背靠背型高压直流系统的绝缘配合程序

背靠背直流系统的两个换流器（整流和逆变）位于同一个站内，所有的阀在一个建筑中。其直流系统的绝缘配合程序相似于有直流线路或电缆的绝缘配合设计。分析评估避雷器的要求、不同故障（第9章）的过电压和其他方面时，应考虑到换流器端子之间的相互影响。为此在建立研究模型时必须考虑两端之间的部分。

在研究中，应考虑快波前过电压和陡波前过电压从一端传到另一端的影响。如果存在平波电抗器，应考虑平波电抗器的电感和电容。由于在阀绕组两端直流回路的影响中包括了换流变压器电感和电容的影响，所以无论平波电抗器是否存在，在背靠背设计中这一影响都非常小的。

## C.2 并联阀组的绝缘配合程序

当设计一新的换流站或扩展一个现存的换流站可能会出现阀组并联的情况。这种换流站（图C.1）的绝缘配合程序同于普通型单阀组站如第9章的解释方法。

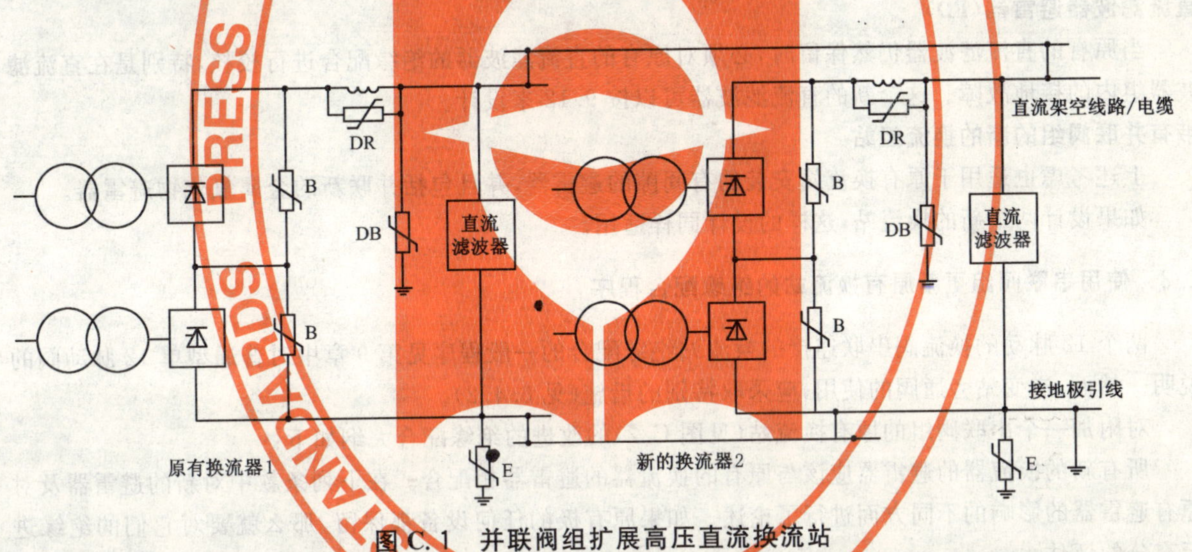


图C.1 并联阀组扩展高压直流换流站

所有避雷器（包括可能跨接在平波电抗器上的避雷器）都应该与换流器2的避雷器相配合。当一个原有换流站并联换流器2扩容时，对不同避雷器的不同方面要求在下列条款中描述。

**交流母线避雷器（A）**

扩展的交流母线避雷器的保护水平应该低于原有的避雷器保护水平，并有足够的裕度。在这种情况下，原有的交流母线避雷器将不会有过载。然而新的交流母线避雷器应该设计到满足最苛刻的工况；交流故障清除后出现饱和恢复过电压和甩负荷引起的过电压。在某些情况下，为了更好的使扩展和现存的避雷器能量分配均等，最好的技术方案是重新考虑避雷器的保护作用更换现存避雷器。

**交流滤波器避雷器（FA）**

在并联运行期间的低次谐波具有较大的幅值将使原有的低次谐波滤波器避雷器可能过载。因此这些避雷器需要更换，除非并联运行后对原有避雷器没有影响。

**阀避雷器(V)**

在并联运行期间最苛刻的工况是在最高直流电位桥的换流变阀侧发生接地故障。在这种情况下,完好换流器提供的电流将会增加对阀避雷器的作用。保护动作以避免阀避雷器过载,这仅对最高直流电位的三脉动换相组的阀避雷器有效。所有其他阀避雷器可以根据9.4中的规定设计。

**桥避雷器(B)和换流单元避雷器(C)**

在原有换流器接地故障期间这些避雷器可能过载。因此,这些避雷器需要更换。

**中点直流母线避雷器(M)**

阀组在旁通运行期间,中点避雷器可能过载。此情况下中点避雷器需要更换。

**换流器单元直流母线避雷器(CB)**

已存在的避雷器不受并联运行的影响。

**直流母线和直流线路/电缆避雷器(DB和DL)**

已存在的避雷器不受并联运行的影响。

**中性母性避雷器(E)**

新加的中性母线避雷器应比原有的避雷器保护水平低。这样原有避雷器不会过载。同时,新的避雷器在较低的保护水平下设计都应满足9.10中所有工况的要求。

**直流平波电抗器避雷器(DR)**

如果使用,接地故障期间大的故障电流将影响到电抗器避雷器。然而,这个将仅影响原有避雷器的保护水平而不是能量。这个增加或许在电抗器的保护裕度范围之内。

**直流滤波器避雷器(FD)**

当原有的直流滤波器仍然保留时,必须对原有的直流滤波器的绝缘配合进行校核,特别是在直流滤波器组内的接地故障。这个新的直流滤波器可以按9.12来设计。

**带有并联阀组的新的换流组站**

上述考虑也适用于原有换流站安装的有间隙的避雷器,并且包括并联新的金属氧化物避雷器。

如果设计两个新的换流站,这样的设计同样适用。

## C.3 使用串联阀组更新原有换流站的绝缘配合程序

两个12脉动的换流阀串联连接的换流站绝缘配合的一般程序见第9章中对普通型单12脉动阀的说明。然而,逆变站旁通阀的使用,应采取特别的措施(见6.4.2)。

对附加一个串联阀组的原有换流站(见图C.2)的改进的绝缘配合大纲如下:

所有新的换流器的避雷器应该与原有的换流器的避雷器相配合。在下列条款中对新的避雷器及对原有避雷器的影响的不同方面进行了论述。如果原有极的任何设备都保留,那么就要对它们的绝缘进行充分的评估。

**交流母线避雷器(A)**

新的交流母线避雷器的保护水平应比原有的避雷器保护水平低,并有足够的安全裕度。在这种情况下,原有交流母线避雷器将不会过载。而且在设计新的避雷器时必须考虑最苛刻的故障:故障清除后饱和恢复过电压及甩负荷引起的过电压对避雷器的作用。在某些情况下,为了使新的和原有的避雷器具有均等能量吸收能力最好的技术方案是更换原有交流母线避雷器。

**交流滤波器避雷器(FA)**

由于在阀组串联中低次谐波电流具有较大的幅值将会使原有低次谐波避雷器产生过载,所以这些避雷器需要更换,除非不会对原有避雷器有影响。

**阀避雷器(V)**

预计对原有避雷器没有影响,新的阀避雷器设计可按9.4。

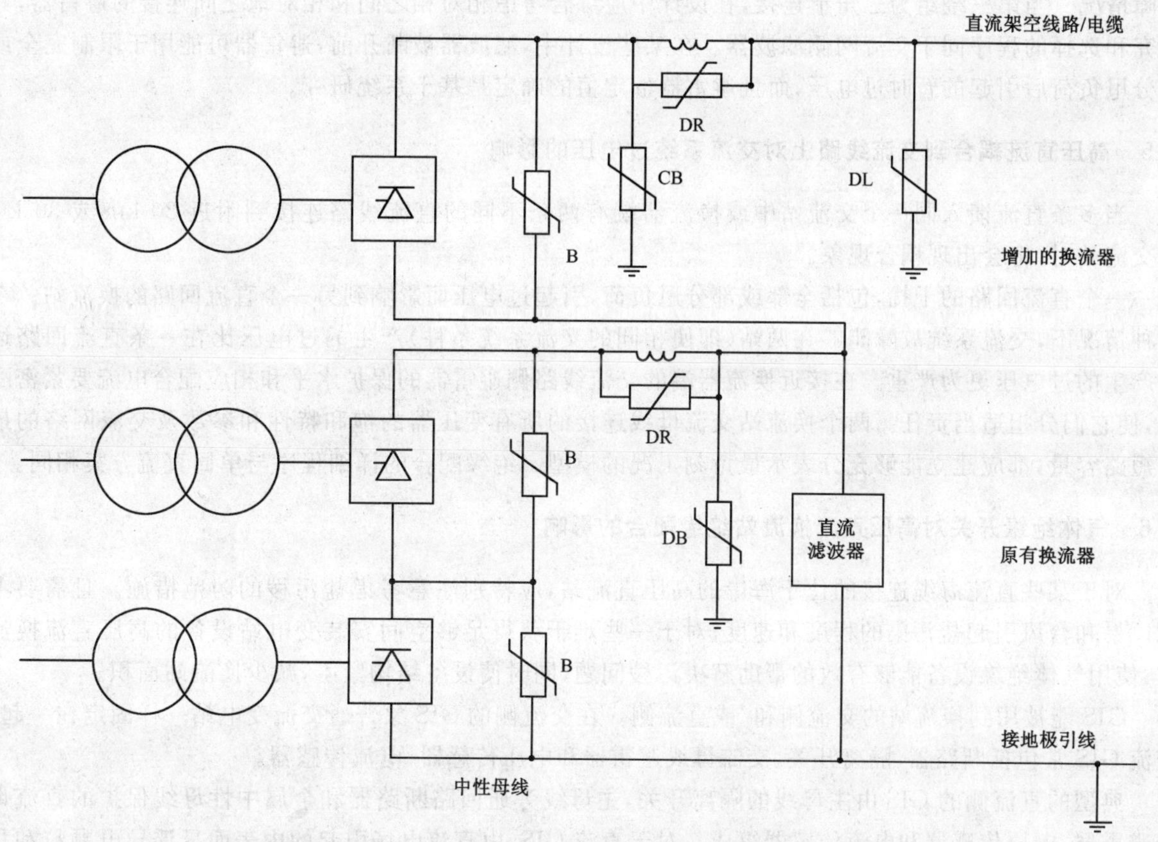


图 C.2　使用串联阀组改进原有的高压直流换流器

**桥避雷器(B)和换流单元避雷器(C)**

在原有换流器极接地故障期间,这些避雷器可能过载,在此情况下,这些避雷器就需要更换。

**中点直流母线避雷器(M)**

当阀组旁通运行期间,这些避雷器上可能过载。在此情况下,这些避雷器需要更换。

**换流器单元直流母线避雷器(CB),直流母线和直流线路/电缆避雷器(DB 和 DL)**

在新的换流器单元的旁通运行期间原有避雷器可能过载。在此情况下,原有避雷器应予以更换。更新母线避雷器设计应根据 9.8 和 9.9。

**中性母线避雷器(E)**

更新时在原有避雷器上或许会引起过载,因而需要更换。新的避雷器应按 9.10 的所给的故障工况设计。

**直流平波电抗器避雷器(DR)**

如果使用,接地故障期间大的故障电流将影响电抗器避雷器。然而,这些仅影响原有避雷器的保护水平而不是能量。其保护水平的增加值可能在电抗器的保护裕度内。

**直流滤波器避雷器(FD)**

当原有直流滤波器保留时,必须重新校验直流滤波器的绝缘配合,特别是在直流滤波器内的接地故障时。新直流滤波器避雷器根据 9.12 设计。

## C.4　交流滤波器连接在换流变的第三个绕组上的绝缘配合程序

在一些设计中,特别是背靠背直流工程,为了减少投资,交流侧滤波器的所有设备断路器、开关都连接在换流变压器的第三个低压绕组上。这种连接方式与滤波器连在换流变网侧的绝缘配合程序比较没有什么不同。系统研究应具有一个合适的饱和变压器模型,同时,研究也要包括第三绕组上的避雷器和故障情况。当第三绕组为三角形连接，在设计中应综合考虑相对相之间和相对地之间连接的避雷器，其研究和选择的程序同于交流网侧滤波器。在某些设计中，滤波器被断开前，避雷器可能用于限制完全或部分甩负荷后引起的暂时过电压，而且避雷器额定值的确定是基于系统研究。

## C.5 高压直流耦合到交流线路上对交流系统过电压的影响

当多条直流馈入同一个交流站中或换流器端有两条不同的直流线路连接到附近 20 km 或 30 km 的交流站时，将会出现耦合现象。

一个直流回路的干扰，包括全部或部分甩负荷，引起过电压而影响到另一个直流回路的换流站。在这种情况下，交流系统故障能够在两站(即使相同的交流系统条件)产生的过电压比在一条直流回路运行产生的过电压更为严重。在接近换流器端的交流线路侧避雷器的保护水平和相应配合电流要紧密配合，使它们分担适当责任。两个换流站交流母线连接的所有变压器的饱和特性和参数及交流网络的最小短路容量，都应建立能够充分表示最苛刻工况的模型。绝缘配合的详细程序与单回直流方案相同。

## C.6 气体绝缘开关对高压直流换流站绝缘配合的影响

对于某些直流海缆连接的位于海岸的高压直流站，应特别注意考虑盐污秽的防范措施。且需要考虑风暴和台风引起盐污染的程度和速度；对于一些难于获得足够空间安装变电站设备的高压直流换流站；使用气体绝缘设备能够有效的帮助解决污秽问题，同时使设备结构紧凑，减少换流站面积。

GIS 能被用到换流站的交流侧和/或直流侧。在交流侧的 GIS 象普通交流变电站一样固定在一起。交流 GIS 常包括断路器、隔离开关、交流母线避雷器和电压传感器、电流传感器。

典型的直流侧的 GIS 由主母线的隔离开关，主母线旁通回路断路器和金属中性母线保护的直流母线避雷器、电压传感器和电流传感器组成。对于直流 GIS，由直流电场引起的内表面悬浮导电颗粒和积累在绝缘体表面的电荷干扰常常都要考虑。

在装有 GIS 的高压直流站中，产生的过电压的波形，峰值和持续时间，常常与装有空气绝缘的开关设备的换流站相同。一般不必要特别考虑站 GIS 对绝缘配合的影响。

在装有 GIS 设备的高压直流站中，当气体绝缘隔离开关合闸时，将从 GIS 中产生一个几百 kHz 到几 MHz 的高频振荡电压。特别是这个振荡电压经过很小的阻尼直接传到换流器。这类型的电压峰值低，在某种程度不能称作“过电压”。然而，由于它的 $dv/dt$ 值超过了晶闸管阀的允许值，应予以特别考虑。典型的解决措施是为隔离开关提供一个电阻，并且在隔离开关合闸前插入这个电阻。

在 GIS 中的避雷器的电压和电流特性通常与空气中的避雷器相同。在 $SF_6$ 中避雷器的特性不会有什么变化，不象安装在空气中的避雷器，套管表面的污秽可能影响其特性。

为了确定直流 GIS(DC-GIS)的试验电压，要考虑在 $SF_6$ 气体中电介质绝缘材料对不同类型过电压的影响。在空气中耐受电压峰值与达到峰值时间的特性，在雷电冲击时间范围内有一个负 $dv/dt$ 的陡度。但在 $SF_6$ 气体中二者特性关系在所有时间范围内是相对平缓的。能用相同的研究工具获得直流 GIS 内的过电压，如数字暂态分析程序。对于直流 GIS，直流过电压，反极性直流过电压，快波前，缓波前和其他过电压都应予以考虑。

ICS 91.060.30
Q 17

# 中华人民共和国国家标准

GB 326—2007
代替 GB 326—1989

# 石油沥青纸胎油毡

**Paper base petroleum asphalt felt**

2007-11-09 发布　　2008-06-01 实施

中华人民共和国国家质量监督检验检疫总局
中国国家标准化管理委员会　发布

# 前　言

**本标准4.4条Ⅲ型为强制性的，其余为推荐性的。**

本标准与ГОСТ 10923—1993《沥青油毡的技术条件》的一致性程度为非等效。

本标准代替GB 326—1989《石油沥青纸胎油毡、油纸》。

本标准与GB 326—1989相比主要变化如下：

——对标准名称作了修改；

——适用范围变化，取消了油纸(1989年版的第1章，本版的第1章)；

——“引用标准”改为“规范性引用文件”，内容作了调整(1989年版的第2章，本版的第2章)；

——删除“定义”，内容移入范围(1989年版第3章，本版的第1章)；

——“产品分类”改为“分类和标记”，重新划分分类，取消了产品等级(1989年版的第4章，本版的第3章)；

——“技术要求”改为“要求”，内容重新调整(1989年版的第5章，本版的第4章)；

——“检验方法”改为“试验方法”，引用新制修订的标准(1989年版的第6章，本版的第5章)；

——对检验规则、包装、标志、运输和贮存的内容作了修改(1989年版的第7、8、9、10章，本版的第6、7章)；

——删除原“附录A　石油沥青纸胎油毡、油纸检查方法”(1989年版的附录A)；

——增加新附录A“吸水率试验方法”。

本标准附录A为规范性附录。

本标准由中国建筑材料工业协会提出。

本标准由全国轻质与装饰装修建筑材料标准化技术委员会归口。

本标准负责起草单位：中国化学建筑材料公司苏州防水材料研究设计所、国家建筑材料工业标准化研究所、中国建筑防水材料工业协会。

本标准参加起草单位：扬州市志高防水材料有限公司、吴江市月星建筑防水材料有限公司、无锡市杨市建筑防水材料厂、潍坊市宝源防水材料有限公司、寿光市昌龙新型防水材料有限公司、广饶县大王镇鑫源油毡厂。

本标准主要起草人：朱志远、杨斌、朱冬青、徐秋生、沈志高、郑家玉、陈文洁。

本标准所代替标准的历次版本发布情况为：

——GB 326—1964、GB 326—1973、GB 326—1989。

# 石油沥青纸胎油毡

## 1 范围

本标准规定了石油沥青纸胎油毡(简称油毡)的分类和标记、要求、试验方法、检验规则、标志、包装、运输与贮存。

本标准适用于以石油沥青浸渍原纸,再涂盖其两面,表面涂或撒隔离材料所制成的卷材。

## 2 规范性引用文件

下列文件中的条款通过本标准的引用而成为本标准的条款。凡是注日期的引用文件,其随后所有的修改单(不包括勘误的内容)或修订版均不适用于本标准,然而,鼓励根据本标准达成协议的各方研究是否可使用这些文件的最新版本。凡是不注日期的引用文件,其最新版本适用于本标准。

GB/T 328.8—2007 建筑防水卷材试验方法 第8部分:沥青防水卷材 拉伸性能

GB/T 328.10—2007 建筑防水卷材试验方法 第10部分:沥青和高分子防水卷材 不透水性

GB/T 328.11—2007 建筑防水卷材试验方法 第11部分:沥青防水卷材 耐热性

GB/T 328.14—2007 建筑防水卷材试验方法 第14部分:沥青防水卷材 低温柔性

GB/T 328.26—2007 建筑防水卷材试验方法 第26部分:沥青防水卷材 可溶物含量(浸透材料含量)

## 3 分类和标记

### 3.1 分类

油毡按卷重和物理性能分为Ⅰ型、Ⅱ型、Ⅲ型。

### 3.2 规格

油毡幅宽为1 000 mm,其他规格可由供需双方商定。

### 3.3 标记

按产品名称、类型和标准号顺序标记。

示例:Ⅲ型石油沥青纸胎油毡标记为:油毡Ⅲ型 GB 326—2007。

### 3.4 用途

Ⅰ、Ⅱ型油毡适用于辅助防水、保护隔离层、临时性建筑防水、防潮及包装等。

Ⅲ型油毡适用于屋面工程的多层防水。

## 4 要求

### 4.1 卷重

每卷油毡的卷重应符合表1的规定。

**表1 卷重**

| 类型 | | Ⅰ型 | Ⅱ型 | Ⅲ型 |
|---|---|---|---|---|
| 卷重/(kg/卷) | ≥ | 17.5 | 22.5 | 28.5 |

### 4.2 面积

每卷油毡的总面积为(20±0.3)$m^2$。

### 4.3 外观

4.3.1 成卷油毡应卷紧、卷齐,端面里进外出不得超过10 mm。

4.3.2　成卷油毡在(10～45)℃任一产品温度下展开，在距卷芯1 000 mm长度外不应有10 mm以上的裂纹或粘结。

4.3.3　纸胎必须浸透，不应有未被浸透的浅色斑点，不应有胎基外露和涂油不均。

4.3.4　毡面不应有孔洞、硌伤，长度20 mm以上的疙瘩、浆糊状粉浆、水迹，不应有距卷芯1 000 mm以外长度100 mm以上的折纹、折皱；20 mm以内的边缘裂口或长20 mm、深20 mm以内的缺边不应超过4处。

4.3.5　每卷油毡中允许有一处接头，其中较短的一段长度不应少于2 500 mm，接头处应剪切整齐，并加长150 mm，每批卷材中接头不应超过5%。

## 4.4　物理性能

油毡的物理性能应符合表2规定。

**表2　物理性能**

| 项　目 | | | 指　标 | | |
|---|---|---|---|---|---|
| | | | Ⅰ型 | Ⅱ型 | Ⅲ型 |
| 单位面积浸涂材料总量/(g/m²) | | ≥ | 600 | 750 | 1 000 |
| 不透水性 | 压力/MPa | ≥ | 0.02 | 0.02 | 0.10 |
| | 保持时间/min | ≥ | 20 | 30 | 30 |
| 吸水率/% | | ≤ | 3.0 | 2.0 | 1.0 |
| 耐热度 | | | (85±2)℃，2 h涂盖层无滑动、流淌和集中性气泡 | | |
| 拉力(纵向)/(N/50 mm) | | ≥ | 240 | 270 | 340 |
| 柔度 | | | (18±2)℃，绕φ20 mm棒或弯板无裂纹 | | |
| 注：本标准Ⅲ型产品物理性能要求为强制性的，其余为推荐性的。 | | | | | |

# 5　试验方法

## 5.1　卷重及面积

### 5.1.1　卷重

用分度值为0.2 kg的台秤称量每卷卷材的质量。

### 5.1.2　面积

用最小分度值为1 mm卷尺测量卷材的长度和宽度，若有接头，长度以量出的两段之和减去150 mm计算。宽度测量卷材两端和中间三处，以长度乘宽度的平均值求得每卷卷材面积，精确至0.1 m²。

## 5.2　外观

5.2.1　将被检卷材立放在平面上，里进外出最大的一端朝上，用一把钢直尺平放在卷材的端面上，用另一把精度为1 mm的钢直尺垂直伸入卷材端面最凹处，所测得的数值为卷材端面的里进外出的结果。

5.2.2　在(10～45)℃任一产品温度下展开成卷卷材，用精度1 mm的钢直尺测量毡面粘结、裂纹、折纹、边缘裂口、缺边；观察孔洞、硌伤、浆糊状粉浆、水迹等是否符合要求。

5.2.3　在被检卷材的任一端，沿横向全幅裁取50 mm宽的一条，沿其边缘撕开，胎基内不应有未被浸透的浅色斑点。并检查整卷卷材表面有无涂油不均。

## 5.3　物理性能

### 5.3.1　试件

将取样卷材切除距外层卷头2 500 mm后，顺纵向切取长度为600 mm的全幅卷材试样2块，一块用作物理性能检测，另一块备用。

按图1所示的部位及表3规定的尺寸和数量切取试件，试件边缘与卷材纵向边缘间的距离不小于75 mm。

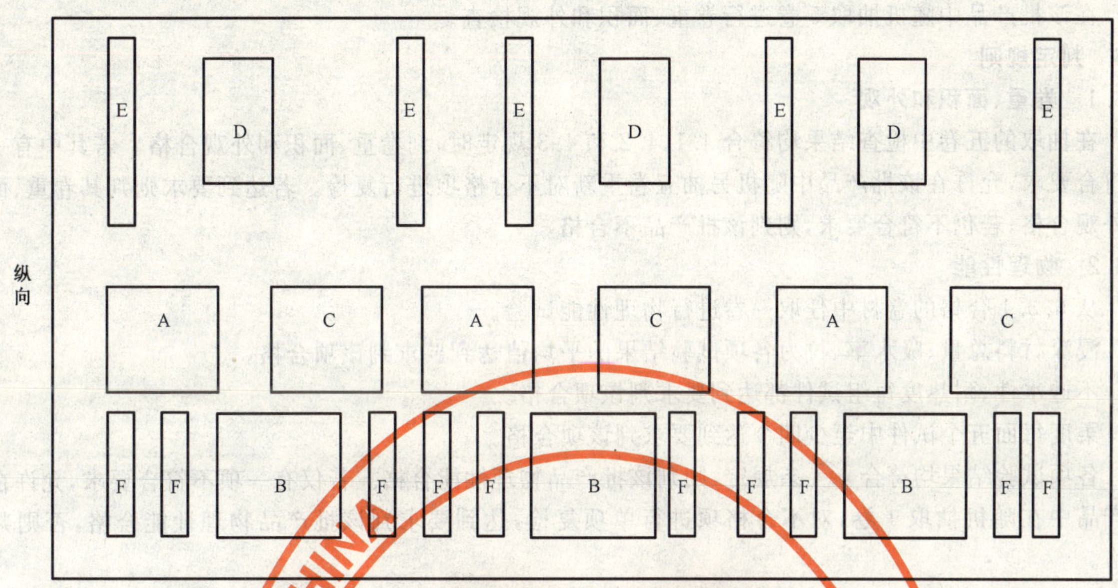


图 1 试件裁取图

表 3 试件尺寸和数量

| 试验项目 | 试件代号 | 试件尺寸/mm | 试件数量/个 |
| --- | --- | --- | --- |
| 浸涂材料总量 | A | 100×100 | 3 |
| 不透水性 | B | 150×150 | 3 |
| 吸水率 | C | 100×100 | 3 |
| 耐热度 | D | 100×50 | 3 |
| 拉力 | E | 250×50 | 5 |
| 柔度 | F | 150×25 | 10 |

5.3.2 浸涂材料总量

按 GB/T 328.26—2007 进行。

5.3.3 不透水性

按 GB/T 328.10—2007 方法 B 进行，采用 7 孔圆板。

5.3.4 吸水率

按附录 A 进行。

5.3.5 耐热度

按 GB/T 328.11—2007 的方法 B 进行，温度(85±2)℃，恒温 2 h。

5.3.6 拉力

按 GB/T 328.8—2007 进行，试验温度(23±2)℃。

5.3.7 柔度

按 GB/T 328.14—2007 进行，浸在水中试验，水温(18±2)℃。

## 6 检验规则

### 6.1 检验项目

检验项目为第 4 章的所有内容。

### 6.2 抽样

以同一类型的 1 500 卷卷材为一批，不足 1 000 卷也可作为一批。

在该批产品中随机抽取5卷进行卷重、面积和外观检查。

### 6.3 判定规则

#### 6.3.1 卷重、面积和外观

在抽取的五卷中检查结果均符合4.1、4.2和4.3规定时，判卷重、面积和外观合格。若其中有一项不符合要求，允许在该批产品中随机另抽五卷重新对不合格项进行复检。若达到要求则判其卷重、面积和外观合格，若仍不符合要求，则判该批产品不合格。

#### 6.3.2 物理性能

从6.3.1合格的卷材中任取一卷进行物理性能试验。

浸涂材料总量、吸水率、拉力各项试验结果的平均值达到要求判该项合格。

不透水性、耐热度每组试件都达到要求判该项合格。

柔度每面五个试件中至少四个达到要求判该项合格。

各项试验结果均符合4.4条规定，则判该批产品物理性能合格。若仅有一项不符合要求，允许在该批产品中在随机抽取1卷，对不合格项进行单项复检，达到要求判该批产品物理性能合格，否则判不合格。

#### 6.3.3 总判定

卷重、面积、外观和物理性能均符合标准第4章的全部要求，则判该批产品合格。

## 7 包装、标志、运输和贮存

### 7.1 包装

卷材应以全柱纸包装为宜，柱面两端未包装长度总计不超过100 mm。

### 7.2 标志

卷材外包装上应包括：

——生产厂名、地址；

——商标；

——产品名称、产品标记；

——生产日期或批号；

——运输和贮存注意事项。

### 7.3 运输和贮存

运输与贮存时，不同类型、规格的产品应分别堆放，不应混杂。避免日晒雨淋，并注意通风。

卷材应在45℃以下立放，其高度不应超过两层。

在正常运输、贮存条件下，贮存期自生产之日起为1年。

# 附 录 A
## （规范性附录）
## 吸 水 率

### A.1 范围

本方法适用于石油沥青纸胎油毡的吸水率测定。

### A.2 仪器设备

a) 分析天平 精度 0.001 g，称量范围不小于 100 g。

b) 毛刷。

c) 容器 用于浸泡试件于水中。

d) 试件架 用于放置试件，避免相互之间表面接触，可用金属丝制成。

### A.3 试件制备

试件尺寸 100 mm×100 mm，共 3 块试件，从卷材表面均匀分布裁取。试验前，试件在（23±2）℃，相对湿度（50±10）%条件下放置 24 h。

### A.4 步骤

取 3 块试件，用毛刷将试件表面的隔离材料尽量刷除干净，然后进行称量（$m_1$），将试件浸入（23±2）℃的水中，试件放在试件架上相互隔开，避免表面相互接触，水面高出试件上端 20 mm～30 mm。若试件上浮，可用合适的重物压下，但不应对试件带来损伤和变形，浸泡 4 h 后取出试件用纸巾吸干表面的水分，至试件表面没有水渍为度，立即称量试件质量（$m_2$）。

为避免浸水后试件中水分蒸发，试件从水中取出至称量完毕的时间不应超过 2 min。

### A.5 结果计算

吸水率按式（A.1）计算：

$$H = (m_2 - m_1)/m_1 \times 100 \qquad \text{（A.1）}$$

式中：

$H$——吸水率，%；

$m_1$——浸水前试件质量，单位为克（g）；

$m_2$——浸水后试件质量，单位为克（g）。

吸水率取三块试件的算术平均值表示，计算精确到 0.1%。

ICS 91.120.30
Q 17

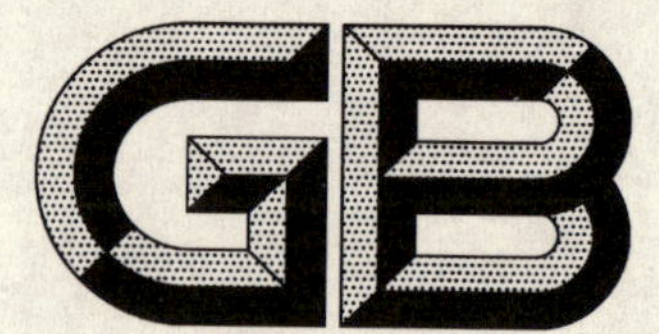

# 中华人民共和国国家标准

GB/T 328.1—2007
代替 GB/T 328.1—1989

# 建筑防水卷材试验方法 第1部分:沥青和高分子防水卷材 抽样规则

Test methods for building sheets for waterproofing—
Part 1:Bitumen,plastic and rubber sheets for waterproofing-rules for sampling

2007-03-26 发布 2007-10-01 实施

中华人民共和国国家质量监督检验检疫总局
中国国家标准化管理委员会 发布

# 前　言

GB/T 328《建筑防水卷材试验方法》分为如下 27 个部分：

——第 1 部分：沥青和高分子防水卷材　抽样规则；
——第 2 部分：沥青防水卷材　外观；
——第 3 部分：高分子防水卷材　外观；
——第 4 部分：沥青防水卷材　厚度、单位面积质量；
——第 5 部分：高分子防水卷材　厚度、单位面积质量；
——第 6 部分：沥青防水卷材　长度、宽度和平直度；
——第 7 部分：高分子防水卷材　长度、宽度、平直度和平整度；
——第 8 部分：沥青防水卷材　拉伸性能；
——第 9 部分：高分子防水卷材　拉伸性能；
——第 10 部分：沥青和高分子防水卷材　不透水性；
——第 11 部分：沥青防水卷材　耐热性；
——第 12 部分：沥青防水卷材　尺寸稳定性；
——第 13 部分：高分子防水卷材　尺寸稳定性；
——第 14 部分：沥青防水卷材　低温柔性；
——第 15 部分：高分子防水卷材　低温弯折性；
——第 16 部分：高分子防水卷材　耐化学液体(包括水)；
——第 17 部分：沥青防水卷材　矿物料粘附性；
——第 18 部分：沥青防水卷材　撕裂性能(钉杆法)；
——第 19 部分：高分子防水卷材　撕裂性能；
——第 20 部分：沥青防水卷材　接缝剥离性能；
——第 21 部分：高分子防水卷材　接缝剥离性能；
——第 22 部分：沥青防水卷材　接缝剪切性能；
——第 23 部分：高分子防水卷材　接缝剪切性能；
——第 24 部分：沥青和高分子防水卷材　抗冲击性能；
——第 25 部分：沥青和高分子防水卷材　抗静态荷载；
——第 26 部分：沥青防水卷材　可溶物含量(浸涂材料含量)；
——第 27 部分：沥青和高分子防水卷材　吸水性。

本部分为 GB/T 328 的第 1 部分。

本部分等同采用 EN 13416:2001《柔性防水卷材　屋面防水沥青、塑料和橡胶卷材　抽样规则》(英文版)。

本部分章条编号与 EN 13416:2001 章条编号一致。

为便于使用，对 EN 13416:2001 本部分做的主要编辑性修改是：

a)　“本欧洲标准”改为“本部分”；

b)　“EN 1850-1”、“EN 1850-2”改为“GB/T 328.2”和“GB/T 328.3”；

c)　删除 EN 13416:2001 的前言、目录，重新编写本部分的前言；

d)　增加 6.1 条注。

本部分代替 GB/T 328.1—1989《沥青防水卷材试验方法　总则》。

本部分与其他部分组成的标准 GB/T 328.1～328.27—2007《建筑防水卷材试验方法》代替 GB/T 328—1989《沥青防水卷材试验方法》。

本部分与 GB/T 328.1—1989 相比的主要变化是：

——适用范围变化(1989 版的第 1 章，本版的第 1 章)；

——增加了规范性引用文件、术语和定义、原理、抽样(本版的第 2、3、4、5 章)；

——将“试样”“试验条件”章改为“试样和试件”章，内容做了调整(1989 版的第 2、3 章，本版的第 6 章)；

——将“试验结果评定与处理”章改为“抽样报告”(1989 版的第 4 章，本版的第 7 章)。

本部分由中国建筑材料工业协会提出。

本部分由全国轻质与装饰装修建筑材料标准化技术委员会(SAC/TC 195)归口。

本部分负责起草单位：中国化学建筑材料公司苏州防水材料研究设计所、建筑材料工业技术监督研究中心。

本部分参加起草单位：北京市建筑材料科学研究院、浙江省建筑材料研究所有限公司、中铁六局北京铁路建设有限公司、盘锦禹王防水建材集团、北京中建友建筑材料有限公司、杭州绿都防水材料有限公司、北京市中兴青云建筑材料有限公司、北京世纪新星防水材料有限公司、哈高科绥棱二塑有限公司、湖州红星建筑防水有限公司、徐州卧牛山新型防水材料有限公司。

本部分主要起草人：朱志远、杨斌、詹福民、檀春丽、洪晓苗、陈建华、陈文洁。

本部分所代替标准的历次版本发布情况为：

——GB 328—1964、GB 328—1973、GB/T 328.1—1989。

# 建筑防水卷材试验方法
# 第1部分:沥青和高分子防水卷材　抽样规则

## 1　范围

GB/T 328 的本部分规定了沥青和高分子屋面防水卷材的样品抽取及试样裁取的方法。

本部分适用于屋面防水卷材产品性能检测试件的裁取。

## 2　规范性引用文件

下列文件中的条款通过 GB/T 328 的本部分的引用而成为本部分的条款。凡是注日期的引用文件,其随后所有的修改单(不包括勘误的内容)或修订版均不适用于本部分,然而,鼓励根据本标准达成协议的各方研究是否可使用这些文件的最新版本。凡是不注日期的引用文件,其最新版本适用于本部分。

GB/T 328.2　建筑防水卷材试验方法　第2部分:沥青防水卷材　外观

GB/T 328.3　建筑防水卷材试验方法　第3部分:高分子防水卷材　外观

## 3　术语和定义

下列术语和定义适用于 GB/T 328 的本部分。

3.1

**交付批　consignment**

一批或交货的用来检测的建筑防水卷材。

3.2

**样品　sample**

用于裁取试样的一卷防水卷材。

3.3

**抽样　sampling**

从交付批中选择并组成样品用于检测的程序,见图1。

3.4

**试样　test piece**

样品中用于裁取试件的部分。

3.5

**试件　test specimen**

从试样上准确裁取的样片。

3.6

**纵向　longitudinal direction**

卷材平面上与机器生产方向平行的方向。

3.7

**横向　transversal direction**

卷材平面上与机器生产方向垂直的方向。

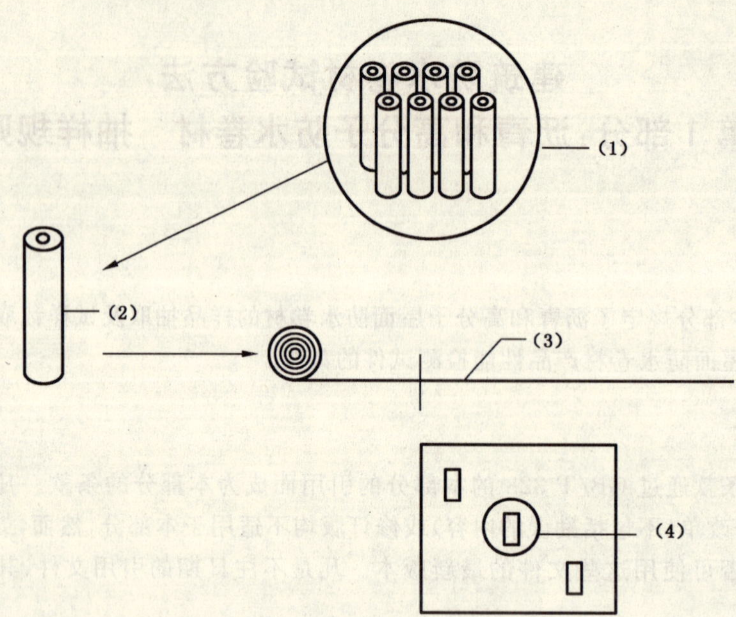


1——交付批；
2——样品；
3——试样；
4——试件。

图 1 抽样

## 4 原理

方法阐述了形成试样和试件的顺序过程。

## 5 抽样

抽样根据相关方协议的要求，若没有这种协议，可按表 1 所示进行。不要抽取损坏的卷材。

表 1 抽样

| 批量/m² | | 样品数量/卷 |
|---|---|---|
| 以上 | 直至 | |
| — | 1 000 | 1 |
| 1 000 | 2 500 | 2 |
| 2 500 | 5 000 | 3 |
| 5 000 | — | 4 |

## 6 试样和试件

### 6.1 温度条件

在裁取试样前样品应在(20±10)℃放置至少 24 h。无争议时可在产品规定的展开温度范围内裁取试样。

### 6.2 试样

在平面上展开抽取的样品，根据试件需要的长度在整个卷材宽度上裁取试样。若无合适的包装保护，将卷材外面的一层去除。

试样用能识别的材料标记卷材的上表面和机器生产方向。若无其他相关标准规定，在裁取试件前试样应在(23±2)℃放置至少 20 h。

### 6.3 试件

在裁取试件前检查试样，试样不应有由于抽样或运输造成的折痕，保证试样没有 GB/T 328.2 或 GB/T 328.3 规定的外观缺陷。

根据相关标准规定的检测性能和需要的试件数量裁取试件。

试件用能识别的方式来标记卷材的上表面和机器生产方向。

## 7 抽样报告

抽样报告至少包含以下信息：

a） 根据相关标准中产品试验需要的所有数据；

b） 涉及的 GB/T 328 的本部分及偏离；

c） 与产品或过程有关的折痕或缺陷；

d） 抽样地点和数量。

ICS 91.120.30
Q 17

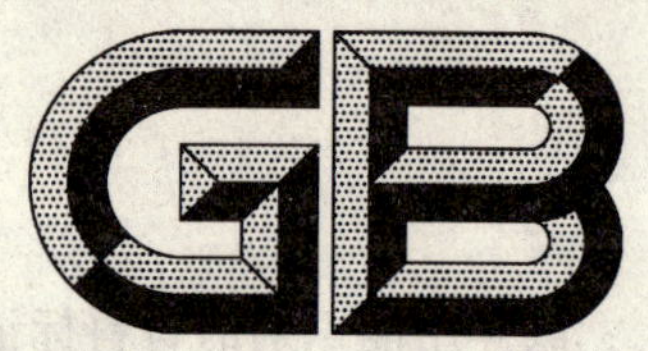

# 中华人民共和国国家标准

GB/T 328.2—2007

# 建筑防水卷材试验方法 第2部分:沥青防水卷材 外观

Test methods for building sheets for waterproofing—
Part 2:Bitumen sheets for waterproofing-visible defects

2007-03-26 发布　　　　2007-10-01 实施

中华人民共和国国家质量监督检验检疫总局
中国国家标准化管理委员会　发布

# 前　言

GB/T 328《建筑防水卷材试验方法》分为如下 27 个部分：

——第 1 部分：沥青和高分子防水卷材　抽样规则；

——第 2 部分：沥青防水卷材　外观；

——第 3 部分：高分子防水卷材　外观；

——第 4 部分：沥青防水卷材　厚度、单位面积质量；

——第 5 部分：高分子防水卷材　厚度、单位面积质量；

——第 6 部分：沥青防水卷材　长度、宽度和平直度；

——第 7 部分：高分子防水卷材　长度、宽度、平直度和平整度；

——第 8 部分：沥青防水卷材　拉伸性能；

——第 9 部分：高分子防水卷材　拉伸性能；

——第 10 部分：沥青和高分子防水卷材　不透水性；

——第 11 部分：沥青防水卷材　耐热性；

——第 12 部分：沥青防水卷材　尺寸稳定性；

——第 13 部分：高分子防水卷材　尺寸稳定性；

——第 14 部分：沥青防水卷材　低温柔性；

——第 15 部分：高分子防水卷材　低温弯折性；

——第 16 部分：高分子防水卷材　耐化学液体(包括水)；

——第 17 部分：沥青防水卷材　矿物料粘附性；

——第 18 部分：沥青防水卷材　撕裂性能(钉杆法)；

——第 19 部分：高分子防水卷材　撕裂性能；

——第 20 部分：沥青防水卷材　接缝剥离性能；

——第 21 部分：高分子防水卷材　接缝剥离性能；

——第 22 部分：沥青防水卷材　接缝剪切性能；

——第 23 部分：高分子防水卷材　接缝剪切性能；

——第 24 部分：沥青和高分子防水卷材　抗冲击性能；

——第 25 部分：沥青和高分子防水卷材　抗静态荷载；

——第 26 部分：沥青防水卷材　可溶物含量(浸涂材料含量)；

——第 27 部分：沥青和高分子防水卷材　吸水性。

本部分为 GB/T 328 的第 2 部分。

本部分等同采用 EN 1850-1:1999《柔性防水卷材　外观测定　第 1 部分：屋面防水沥青卷材》(英文版)。

本部分章条编号与 EN 1850-1:1999 章条编号一致。

为便于使用，对 EN 1850-1:1999 本部分做的主要编辑性修改是：

a) “本欧洲标准”改为“本部分”；

b) “EN 13416”改为“GB/T 328.1”；

c) 将第 5 章“抽样和试件制备”改为“抽样和试验条件”；

d) 删除 EN 1850-1:1999 的前言，重新编写本部分的前言；

e) 增加 3.5 条定义。

本部分与其他部分组成的标准 GB/T 328.1～328.27—2007《建筑防水卷材试验方法》代替 GB/T 328—1989《沥青防水卷材试验方法》。

本部分由中国建筑材料工业协会提出。

本部分由全国轻质与装饰装修建筑材料标准化技术委员会(SAC/TC 195)归口。

本部分负责起草单位:中国化学建筑材料公司苏州防水材料研究设计所、建筑材料工业技术监督研究中心。

本部分参加起草单位:北京市建筑材料科学研究院、浙江省建筑材料研究所有限公司、盘锦禹王防水建材集团、北京中建友建筑材料有限公司、杭州绿都防水材料有限公司、北京市中兴青云建筑材料有限公司、北京世纪新星防水材料有限公司、徐州卧牛山新型防水材料有限公司、潍坊市宏源防水材料有限公司、潍坊宇虹新型防水材料有限公司、山东金禹王防水材料有限公司、广绕县祥泰防水卷材厂。

本部分主要起草人:朱志远、杨斌、檀春丽、詹福民、吴进明、章国荣、张星、刘凤波。

本部分为首次发布。

# 建筑防水卷材试验方法
# 第2部分：沥青防水卷材　外观

## 1　范围

GB/T 328的本部分规定了对沥青屋面防水卷材功能产生影响的外观测定方法。

## 2　规范性引用文件

下列文件中的条款通过GB/T 328的本部分的引用而成为本部分的条款。凡是注日期的引用文件，其随后所有的修改单(不包括勘误的内容)或修订版均不适用于本部分，然而，鼓励根据本标准达成协议的各方研究是否可使用这些文件的最新版本。凡是不注日期的引用文件，其最新版本适用于本标准。

GB/T 328.1　建筑防水卷材试验方法　第1部分：沥青和高分子防水卷材　抽样规则

## 3　术语和定义

下列术语和定义适用于GB/T 328的本部分。

3.1

**气泡　blister**

凸起在卷材表面，有各种外形和尺寸，在其下面有空穴。

3.2

**裂缝　crack**

裂纹从表面扩展到材料胎基或整个厚度，沥青材料会在裂缝处完全断升。

3.3

**孔洞　hole**

贯穿卷材整个厚度，能漏过水。

3.4

**裸露斑　nacked spots**

缺少矿物料的表面面积超过100 $mm^2$。

注：仅对矿物面卷材。

3.5

**疙瘩　pimple**

凸起在卷材表面，有各种形状和尺寸，其下面没有空穴。

## 4　原理

抽取成卷沥青卷材在平面上展开，用肉眼检查。

## 5　抽样和试验条件

### 5.1　抽样

按GB/T 328.1抽取成卷未损伤的沥青卷材进行试验。

## 5.2 试验条件

通常情况常温下进行测量。

有争议时，试验在(23±2)℃条件进行，并在该温度放置不少于 20 h。

## 6 步骤

抽取成卷卷材放在平面上，小心的展开卷材，用肉眼检查整个卷材上、下表面有无气泡、裂纹、孔洞或裸露斑、疙瘩或任何其他能观察到的缺陷存在。

## 7 试验报告

试验报告至少包括以下信息：

a) 相关产品试验需要的所有数据；

b) 涉及的 GB/T 328 的本部分及偏离；

c) 根据第 5 章要求的抽样和试件制备信息；

d) 根据第 6 章的外观测定；

e) 试验日期。

ICS 91.120.30
Q 17

# 中华人民共和国国家标准

GB/T 328.3—2007

# 建筑防水卷材试验方法
# 第3部分:高分子防水卷材　外观

**Test methods for building sheets for waterproofing—
Part 3:Plastic and rubber sheets for waterproofing-visible defects**

2007-03-26 发布　　2007-10-01 实施

中华人民共和国国家质量监督检验检疫总局
中国国家标准化管理委员会　发布

# 前言

GB/T 328《建筑防水卷材试验方法》分为如下 27 个部分:

——第 1 部分:沥青和高分子防水卷材　抽样规则;

——第 2 部分:沥青防水卷材　外观;

——第 3 部分:高分子防水卷材　外观;

——第 4 部分:沥青防水卷材　厚度、单位面积质量;

——第 5 部分:高分子防水卷材　厚度、单位面积质量;

——第 6 部分:沥青防水卷材　长度、宽度和平直度;

——第 7 部分:高分子防水卷材　长度、宽度、平直度和平整度;

——第 8 部分:沥青防水卷材　拉伸性能;

——第 9 部分:高分子防水卷材　拉伸性能;

——第 10 部分:沥青和高分子防水卷材　不透水性;

——第 11 部分:沥青防水卷材　耐热性;

——第 12 部分:沥青防水卷材　尺寸稳定性;

——第 13 部分:高分子防水卷材　尺寸稳定性;

——第 14 部分:沥青防水卷材　低温柔性;

——第 15 部分:高分子防水卷材　低温弯折性;

——第 16 部分:高分子防水卷材　耐化学液体(包括水);

——第 17 部分:沥青防水卷材　矿物料粘附性;

——第 18 部分:沥青防水卷材　撕裂性能(钉杆法);

——第 19 部分:高分子防水卷材　撕裂性能;

——第 20 部分:沥青防水卷材　接缝剥离性能;

——第 21 部分:高分子防水卷材　接缝剥离性能;

——第 22 部分:沥青防水卷材　接缝剪切性能;

——第 23 部分:高分子防水卷材　接缝剪切性能;

——第 24 部分:沥青和高分子防水卷材　抗冲击性能;

——第 25 部分:沥青和高分子防水卷材　抗静态荷载;

——第 26 部分:沥青防水卷材　可溶物含量(浸涂材料含量);

——第 27 部分:沥青和高分子防水卷材　吸水性。

本部分为 GB/T 328 的第 3 部分。

本部分等同采用 EN 1850-2:2001《柔性防水卷材　外观测定　第 2 部分:屋面防水塑料和橡胶卷材》(英文版)。

本部分章条编号与 EN 1850-2:2001 章条编号一致。

为便于使用,对 EN 1850-2:2001 本部分做的主要编辑性修改是:

a) “本欧洲标准”改为“本部分”;

b) “EN 13416”改为“GB/T 328.1”,“塑料和橡胶防水卷材”改为“高分子防水卷材”;

c) 删除 EN 1850-2:2001 的前言,重新编写本部分的前言。

本部分与其他部分组成的标准 GB/T 328.1～328.27—2007《建筑防水卷材试验方法》代替 GB/T 328—1989《沥青防水卷材试验方法》。

本部分由中国建筑材料工业协会提出。

本部分由全国轻质与装饰装修建筑材料标准化技术委员会(SAC/TC 195)归口。

本部分负责起草单位:中国化学建筑材料公司苏州防水材料研究设计所、建筑材料工业技术监督研究中心。

本部分参加起草单位:北京市建筑材料科学研究院、浙江省建筑材料研究所有限公司、中铁六局北京铁路建设有限公司、哈高科绥棱二塑有限公司、湖州红星建筑防水有限公司、山东力华防水建材有限公司。

本部分主要起草人:朱志远、杨斌、檀春丽、洪晓苗、何少岚、吴卫平、陈文洁、陈建华。

本部分为首次发布。

# 建筑防水卷材试验方法
# 第3部分:高分子防水卷材 外观

## 1 范围

GB/T 328的本部分规定了对高分子屋面防水卷材功能产生影响的外观测定方法。

## 2 规范性引用文件

下列文件中的条款通过本标准的引用而成为本标准的条款。凡是注日期的引用文件,其随后所有的修改单(不包括勘误的内容)或修订版均不适用于本标准,然而,鼓励根据本标准达成协议的各方研究是否可使用这些文件的最新版本。凡是不注日期的引用文件,其最新版本适用于本标准。

GB/T 328.1 建筑防水卷材试验方法 第1部分:沥青和高分子防水卷材 抽样规则

## 3 术语和定义

GB/T 328的本部分涉及的术语和定义如下。

3.1

**气泡 blister**

凸起在卷材表面,有各种外形和尺寸,在其下面有空穴。

3.2

**裂缝 crack**

裂纹扩展到材料外表面或整个厚度,橡胶或塑料材料会在裂缝处完全断开。

3.3

**孔洞 hole**

贯穿卷材整个厚度,能漏过水。

3.4

**擦伤 scratch**

由意外引起卷材单面损伤。

3.5

**凹痕 indentation**

卷材表面小的凹坑或压痕。

3.6

**空包 void**

不定型的带入的空穴,含有空气或其它气体。

注:术语汽泡指的是有大有小的球形空包。

3.7

**杂质 inclusion**

产品中含有无关的物质。

## 4 原理

抽取成卷塑料、橡胶卷材的一部分,在平面上展开,在卷材两面和切割断面上检查。

## 5 抽样和试验条件

### 5.1 抽样

按 GB/T 328.1 抽取成卷未损伤的高分子卷材进行试验。

### 5.2 试验条件

通常情况常温下进行测量。

有争议时,试验在(23±2)℃条件进行,并在该温度放置不少于 20 h。

## 6 步骤

抽取成卷卷材放在平面上,小心的展开卷材的前 10 m 检查,上表面朝上,用肉眼检查整个卷材表面有无气泡、裂缝、孔洞、擦伤、凹痕、或任何其它能观察到的缺陷存在。然后将卷材小心的调个面,同样方法检查下表面。

靠近卷材端头,沿卷材整个宽度方向切割卷材,检查切割面有无空包和杂质存在。

## 7 试验报告

试验报告至少包括以下信息:

a) 涉及的 GB/T 328 的本部分及偏离;

b) 相关产品试验需要的所有数据;

c) 试验过程中采用的非标准步骤或遇到的异常;

d) 存在的气泡、裂缝、孔洞、擦伤或凹痕;

e) 在切割面存在的空包、杂质;

f) 试验日期。

ICS 91.120.30
Q 17

# 中华人民共和国国家标准

GB/T 328.4—2007

# 建筑防水卷材试验方法
# 第4部分：沥青防水卷材
# 厚度、单位面积质量

**Test methods for building sheets for waterproofing—**
**Part 4: Bitumen sheets for waterproofing-thickness and mass per unit area**



2007-03-26 发布　　　　2007-10-01 实施

中华人民共和国国家质量监督检验检疫总局
中国国家标准化管理委员会　发布

ICS 91.120.30
Q 17

# 中华人民共和国国家标准

GB/T 328.4—2007

# 建筑防水卷材试验方法
# 第4部分：沥青防水卷材
# 厚度、单位面积质量

Test methods for building sheets for waterproofing—
Part 4: Bitumen sheets for waterproofing—Thickness and mass per unit area

2007-03-26 发布　　2007-10-01 实施

中华人民共和国国家质量监督检验检疫总局
中国国家标准化管理委员会　发布

# 前　言

GB/T 328《建筑防水卷材试验方法》分为如下 27 个部分：

——第 1 部分：沥青和高分子防水卷材　抽样规则；

——第 2 部分：沥青防水卷材　外观；

——第 3 部分：高分了防水卷材　外观；

——第 4 部分：沥青防水卷材　厚度、单位面积质量；

——第 5 部分：高分子防水卷材　厚度、单位面积质量；

——第 6 部分：沥青防水卷材　长度、宽度和平直度；

——第 7 部分：高分子防水卷材　长度、宽度、平直度和平整度；

——第 8 部分：沥青防水卷材　拉伸性能；

——第 9 部分：高分子防水卷材　拉伸性能；

——第 10 部分：沥青和高分子防水卷材　不透水性；

——第 11 部分：沥青防水卷材　耐热性；

——第 12 部分：沥青防水卷材　尺寸稳定性；

——第 13 部分：高分子防水卷材　尺寸稳定性；

——第 14 部分：沥青防水卷材　低温柔性；

——第 15 部分：高分子防水卷材　低温弯折性；

——第 16 部分：高分子防水卷材　耐化学液体(包括水)；

——第 17 部分：沥青防水卷材　矿物料粘附性；

——第 18 部分：沥青防水卷材　撕裂性能(钉杆法)；

——第 19 部分：高分子防水卷材　撕裂性能；

——第 20 部分：沥青防水卷材　接缝剥离性能；

——第 21 部分：高分子防水卷材　接缝剥离性能；

——第 22 部分：沥青防水卷材　接缝剪切性能；

——第 23 部分：高分子防水卷材　接缝剪切性能；

——第 24 部分：沥青和高分子防水卷材　抗冲击性能；

——第 25 部分：沥青和高分子防水卷材　抗静态荷载；

——第 26 部分：沥青防水卷材　可溶物含量(浸涂材料含量)；

——第 27 部分：沥青和高分子防水卷材　吸水性。

本部分为 GB/T 328 的第 4 部分。

本部分等同采用 EN 1849-1:1999《柔性防水卷材　厚度和单位面积质量测定　第 1 部分：屋面防水沥青卷材》(英文版)。

本部分章条编号与 EN 1849-1:1999 章条编号一致。

为便于使用，对 EN 1849-1:1999 本部分做的主要编辑性修改是：

a)　“本欧洲标准”改为“本部分”；

b)　“EN 13416”改为“GB/T 328.1”；

c)　删除 EN 1849-1:1999 的前言，重新编写本部分的前言；

d)　修正了原文中公式 1 的错误。

本部分与其他部分组成的标准 GB/T 328.1～328.27—2007《建筑防水卷材试验方法》代替 GB/T 328—1989《沥青防水卷材试验方法》。

本部分由中国建筑材料工业协会提出。

本部分由全国轻质与装饰装修建筑材料标准化技术委员会(SAC/TC 195)归口。

本部分负责起草单位:中国化学建筑材料公司苏州防水材料研究设计所、建筑材料工业技术监督研究中心。

本部分参加起草单位:北京市建筑材料科学研究院、浙江省建筑材料研究所有限公司、盘锦禹王防水建材集团、北京中建友建筑材料有限公司、杭州绿都防水材料有限公司、北京市中兴青云建筑材料有限公司、北京世纪新星防水材料有限公司、徐州卧牛山新型防水材料有限公司、潍坊市宏源防水材料有限公司、潍坊宇虹新型防水材料有限公司、山东金禹王防水材料有限公司、广饶县祥泰防水卷材厂。

本部分主要起草人:朱志远、杨斌、檀春丽、洪晓苗、詹福民、吴进明、章国荣、陈建华。

本部分为首次发布。

# 建筑防水卷材试验方法
# 第4部分:沥青防水卷材
# 厚度、单位面积质量

## 1 范围

本部分规定了沥青屋面防水卷材厚度、单位面积质量的测定方法。厚度适用于大部分沥青卷材的测量,包括有矿物料的卷材。

厚度的测量不适用于明显有表面构造或有坚固纤维背衬的卷材。对于这些产品,用单位面积质量代替厚度。

单位面积质量的测定适合于检验制造商宣称的明示值,不适用于带孔材料。

## 2 规范性引用文件

下列文件中的条款通过 GB/T 328 的本部分的引用而成为本部分的条款。凡是注日期的引用文件,其随后所有的修改单(不包括勘误的内容)或修订版均不适用于本部分,然而,鼓励根据本标准达成协议的各方研究是否可使用这些文件的最新版本。凡是不注日期的引用文件,其最新版本适用于本部分。

GB/T 328.1 建筑防水卷材试验方法 第1部分:沥青和高分子防水卷材 抽样规则

## 3 术语和定义

下列术语和定义适用于 GB/T 328 的本部分。

3.1

**厚度 thickness**

卷材上下表面间的尺寸。

3.2

**明显的表面构造 pronounced surface texture**

在卷材的一面或两面,影响卷材的厚度超过10%的一种构造形式或凸起。

3.3

**密实的纤维背衬 substantial fibrous backing**

固定在卷材底部,质量超过 80 g/m² 的一层合成纤维纺织或无纺布。

3.4

**凸起 emboss**

在制造过程中有意压在卷材一面或两面的一种构造形式。

3.5

**留边 selvedge**

防水卷材表面留下的无矿物颗粒区域,或类似的帮助重叠粘合的表面保护。

## 4 厚度测定

### 4.1 原理

卷材厚度在卷材宽度方向平均测量10点,这些值的平均值记录为整卷卷材的厚度,单位 mm。

4.2　仪器设备

测量装置——能测量厚度精确到 0.01 mm,测量面平整,直径 10 mm,施加在卷材表面的压力为 20 kPa。

4.3　抽样和试件制备

4.3.1　抽样

按 GB/T 328.1 抽取未损伤的整卷卷材进行试验。

4.3.2　试件制备

从试样上沿卷材整个宽度方向裁取至少 100 mm 宽的一条试件。

4.3.3　试验试件的条件

通常情况常温下进行测量。

有争议时,试验在(23±2)℃条件进行,并在该温度放置不少于 20 h。

4.4　步骤

保证卷材和测量装置的测量面没有污染,在开始测量前检查测量装置的零点,在所有测量结束后再检查一次。

在测量厚度时,测量装置下足慢慢落下避免使试件变形。在卷材宽度方向均匀分布 10 点测量并记录厚度,最边的测量点应距卷材边缘 100 mm。

4.5　结果表示

4.5.1　计算

计算按 4.4 测量的 10 点厚度的平均值,修约到 0.1 mm 表示。

4.5.2　精确度

试验方法的精确度没有规定。

推论厚度测量的精确度不低于 0.1 mm。

5　单位面积质量的测定

5.1　原理

试件从试片上裁取并称重,然后得到单位面积质量平均值。

5.2　仪器设备

称量装置,能测量试件质量并精确至 0.01 g。

5.3　抽样和试件制备

5.3.1　抽样

按 GB/T 328.1 抽取未损伤的整卷卷材进行试验。

5.3.2　试件制备

从试样上裁取至少 0.4 m 长,整个卷材宽度宽的试片,从试片上裁取 3 个正方形或圆形试件,每个面积(10 000±100) $mm^2$,一个从中心裁取,其余两个和第一个对称,沿试片相对两角的对角线,此时试件距卷材边缘大约 100 mm,避免裁下任何留边(见图 1)。

5.3.3　试验条件

试件应在(23±2)℃和(50±5)%相对湿度条件下至少放置 20 h,试验在(23±2)℃进行。

单位为毫米

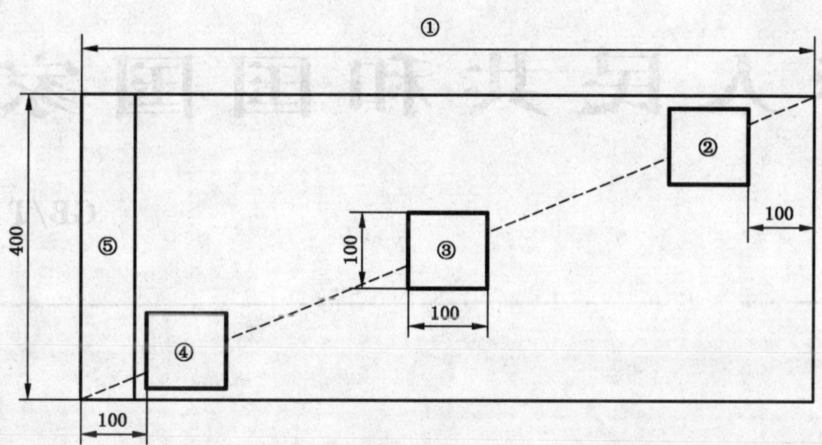


1——产品宽度；

2、3、4——试件；

5——留边。

图 1　正方形试件示例

### 5.4　步骤

用称量装置称量每个试件，记录质量精确到 0.1 g。

### 5.5　结果表示

#### 5.5.1　计算

计算卷材单位面积质量 $m$，单位为千克每平方米(kg/m²)，按式(1)计算：

$$m = \frac{m_1 + m_2 + m_3}{3} \div 10 \quad \cdots\cdots(1)$$

式中：

$m_1$——第一个试件的质量，单位为克(g)；

$m_2$——第二个试件的质量，单位为克(g)；

$m_3$——第三个试件的质量，单位为克(g)。

注：原文公式 1 为×10，公式错误。

#### 5.5.2　精确度

试验方法的精确度没有规定。

推论单位面积质量的精确度不低于 10 g/m²。

## 6　试验报告

试验报告至少包括以下信息：

a)　相关产品试验需要的所有数据；

b)　涉及的 GB/T 328 的本部分及偏离；

c)　根据 4.3 和 5.3 抽样和制备试件的信息；

d)　根据 4.5 和 5.5 的试验结果；

e)　试验日期。

ICS 91.120.30
Q 17

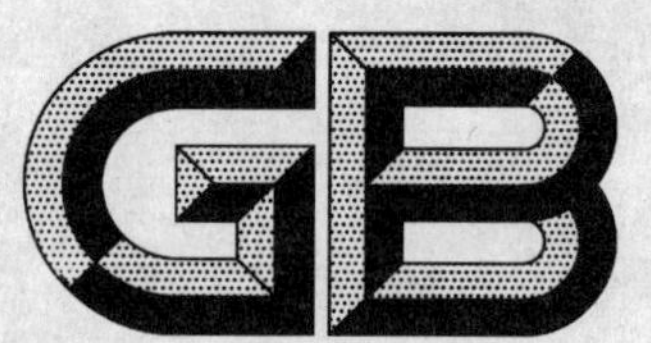

# 中华人民共和国国家标准

GB/T 328.5—2007

# 建筑防水卷材试验方法 第5部分：高分子防水卷材 厚度、单位面积质量

**Test methods for building sheets for waterproofing—Part 5: Plastic and rubber sheets for waterproofing-thickness and mass per unit area**

2007-03-26 发布　　2007-10-01 实施

中华人民共和国国家质量监督检验检疫总局
中国国家标准化管理委员会　发布

# 前　言

GB/T 328《建筑防水卷材试验方法》分为如下27个部分：

——第1部分：沥青和高分子防水卷材　抽样规则；

——第2部分：沥青防水卷材　外观；

——第3部分：高分子防水卷材　外观；

——第4部分：沥青防水卷材　厚度、单位面积质量；

——第5部分：高分子防水卷材　厚度、单位面积质量；

——第6部分：沥青防水卷材　长度、宽度和平直度；

——第7部分：高分子防水卷材　长度、宽度、平直度和平整度；

——第8部分：沥青防水卷材　拉伸性能；

——第9部分：高分子防水卷材　拉伸性能；

——第10部分：沥青和高分子防水卷材　不透水性；

——第11部分：沥青防水卷材　耐热性；

——第12部分：沥青防水卷材　尺寸稳定性；

——第13部分：高分子防水卷材　尺寸稳定性；

——第14部分：沥青防水卷材　低温柔性；

——第15部分：高分子防水卷材　低温弯折性；

——第16部分：高分子防水卷材　耐化学液体(包括水)；

——第17部分：沥青防水卷材　矿物料粘附性；

——第18部分：沥青防水卷材　撕裂性能(钉杆法)；

——第19部分：高分子防水卷材　撕裂性能；

——第20部分：沥青防水卷材　接缝剥离性能；

——第21部分：高分子防水卷材　接缝剥离性能；

——第22部分：沥青防水卷材　接缝剪切性能；

——第23部分：高分子防水卷材　接缝剪切性能；

——第24部分：沥青和高分子防水卷材　抗冲击性能；

——第25部分：沥青和高分子防水卷材　抗静态荷载；

——第26部分：沥青防水卷材　可溶物含量(浸涂材料含量)；

——第27部分：沥青和高分子防水卷材　吸水性。

本部分为GB/T 328的第5部分。

本部分等同采用EN 1849-2:2001《柔性防水卷材　厚度和单位面积质量测定　第2部分：屋面防水塑料和橡胶卷材》(英文版)。

本部分章条编号与EN 1849-2:2001章条编号一致。

为便于使用，对EN 1849-2:2001本部分做的主要编辑性修改是：

a) “本欧洲标准”改为“本部分”；

b) “EN 13416”改为“GB/T 328.1”；

c) 删除EN 1849-2:2001的前言，重新编写本部分的前言。

本部分与其他部分组成的标准GB/T 328.1～328.27—2007《建筑防水卷材试验方法》代替GB/T 328—1989《沥青防水卷材试验方法》。

本部分由中国建筑材料工业协会提出。

本部分由全国轻质与装饰装修建筑材料标准化技术委员会(SAC/TC 195)归口。

本部分负责起草单位:中国化学建筑材料公司苏州防水材料研究设计所、建筑材料工业技术监督研究中心。

本部分参加起草单位:北京市建筑材料科学研究院、浙江省建筑材料研究所有限公司、中铁六局北京铁路建设有限公司、哈高科绥棱二塑有限公司、湖州红星建筑防水有限公司、山东力华防水建材有限公司。

本部分主要起草人:朱志远、杨斌、洪晓苗、檀春丽、陈文洁、陈建华、吴卫平、何少岚。

本部分为首次发布。

# 建筑防水卷材试验方法
# 第5部分:高分子防水卷材
# 厚度、单位面积质量

## 1 范围

GB/T 328 的本部分规定了高分子屋面防水卷材厚度、单位面积质量的测定方法。

## 2 规范性引用文件

下列文件中的条款通过 GB/T 328 的本部分的引用而成为本部分的条款。凡是注日期的引用文件,其随后所有的修改单(不包括勘误的内容)或修订版均不适用于本部分,然而,鼓励根据本标准达成协议的各方研究是否可使用这些文件的最新版本。凡是不注日期的引用文件,其最新版本适用于本部分。

GB/T 328.1 建筑防水卷材试验方法 第1部分:沥青和高分子防水卷材 抽样规则

## 3 术语和定义

下列术语和定义适用于 GB/T 328 的本部分。

3.1

**表面构造 surface texture**

在卷材一面或两面,对卷材的影响在有效厚度与全厚度之间不超过 0.1 mm[见图 2 a)和图 2 c)]的一种构造的形式。

3.2

**表面形态(表面结构) surface profile (surface structure)**

在卷材表面高起的区域,对卷材的影响在有效厚度与全厚度之间超过 0.1 mm。[见图 2 b)]。

3.3

**中间织物 internal fabric**

在卷材中间的合成纤维和无机纤维的纺织或无纺布层[见图 1 c)]。

可以是增强或非增强层。

a) 均匀的单一卷材

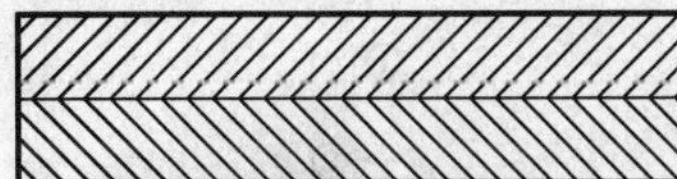

b) 复合层卷材

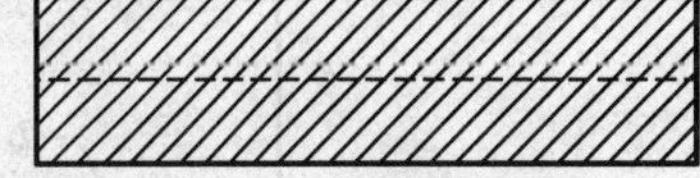

c) 中间织物的卷材

图 1 卷材结构

3.4

**背衬 backing**

合成纤维或无机纤维或其他材料的纺织或无纺布层,固定在卷材的底部[见图 2 d)]。

3.5

**全厚度($e$) overall thickness**

卷材的厚度,包括任何表面结构。

3.6

**有效厚度($e_{eff}$) effective thickness**

卷材提供防水功能的厚度,包括表面构造,但不包括表面结构和背衬。

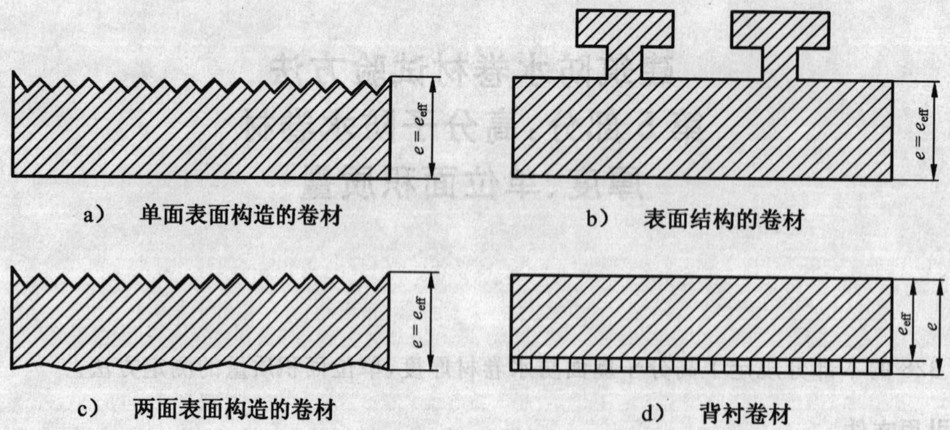


a） 单面表面构造的卷材　　b） 表面结构的卷材

c） 两面表面构造的卷材　　d） 背衬卷材

**图 2 表面形式**

## 4 抽样

按 GB/T 328.1 抽样。

## 5 厚度测定

### 5.1 原理

用机械装置测定厚度，若有表面结构或背衬影响，采用光学测量装置。

### 5.2 仪器设备

5.2.1 测量装置：能测量厚度精确到 0.01 mm，测量面平整，直径 10 mm，施加在卷材表面的压力为 20 kPa。

5.2.2 光学装置：（用于表面结构或背衬卷材）能测量厚度，精确到 0.01 mm。

### 5.3 试件制备

试件为正方形或圆形，面积（10 000±100）$mm^2$。从试样上沿卷材整个宽度方向裁取 $x$ 个试件，最外边的试件距卷材边缘（100±10）mm（$x$ 至少为 3 个试件，$x$ 个试件在卷材宽度方向相互间隔不超过 500 mm）（见图 3）。

单位为毫米

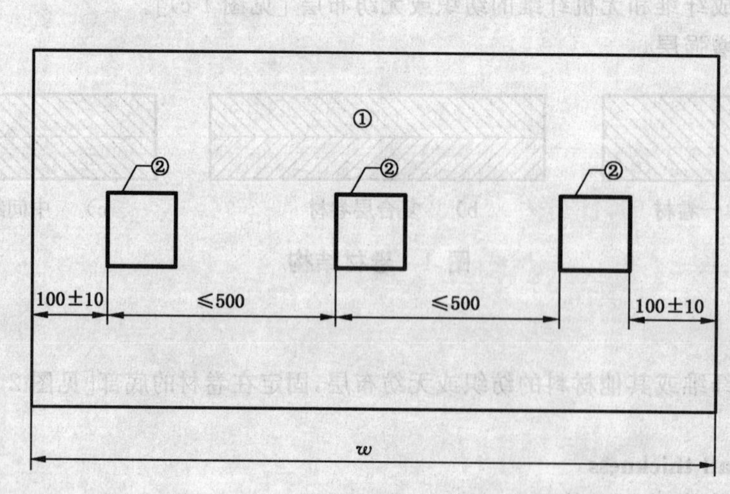


1 ——试样；
2 ——试件；
$w$ ——卷材宽度。

**图 3 试件裁样平面图**

5.4 步骤

测量前试件在(23±2)℃和相对湿度(50±5)%条件下至少放 2 h,试验在(23±2)℃进行。

试验卷材表面和测量装置的测量面洁净。

记录每个试件的相关厚度,精确到 0.01 mm。计算所有试件测量结果的平均值和标准偏差。

5.4.1 机械测量法

开始测量前检查测量装置的零点,在所有测量结束后再检查一次。

在测定厚度时,测量装置下足应避免材料变形。

5.4.2 光学测量法

任何有表面结构或背衬的卷材用光学法测量厚度。

5.5 结果表示

卷材的全厚度($e$)取所有试件的平均值。

卷材有效厚度($e_{eff}$)取所有试件去除表面结构或背衬后的厚度平均值。

记录所有卷材厚度的结果和标准偏差,精确至 0.01 mm。

## 6 单位面积质量测定

6.1 原理

称量已知面积的试件进行单位面积质量测定(可用已用于测定厚度的同样试件)。

6.2 仪器设备

天平:能称量试件,精确到 0.01 g。

6.3 试件

正方形或圆形试件,面积(10 000±100) $mm^2$。

在卷材宽度方向上均匀裁取 $x$ 个试件,最外端的试件距卷材边缘(100±10) mm。($x$ 至少为三个试件,$x$ 个试件在卷材宽度方向相互间隔不超过 500 mm)(见图 3)。

6.4 步骤

称量前试件在(23±2)℃和相对湿度(50±5)%条件下放 20 h,试验在(23±2)℃进行。

称量试件精确到 0.01 g,计算单位面积质量,单位 $g/m^2$。

6.5 结果表示

单位面积质量取计算的平均值,单位 $g/m^2$,修约至 5 $g/m^2$。

## 7 试验方法精确度

试验方法的精确度没有规定。

## 8 试验报告

试验报告至少包括以下信息:

a) 涉及的 GB/T 328 的本部分及偏离;

b) 相关产品试验需要的所有数据;

c) 根据第 4 章的抽样信息;

d) 根据 5.3 和 6.3 制备试件的细节;

e) 根据 5.5 和 6.5 得到的试验结果;

f) 非标准步骤或试验过程中遇到的异常;

g) 试验日期。

ICS 91.120.30
Q 17

# 中华人民共和国国家标准

GB/T 328.6—2007

# 建筑防水卷材试验方法 第6部分:沥青防水卷材 长度、宽度和平直度

## Test methods for building sheets for waterproofing—Part 6:Bitumen sheets for waterproofing-length,width and straightness

2007-03-26 发布　　2007-10-01 实施

中华人民共和国国家质量监督检验检疫总局
中国国家标准化管理委员会　发布

# 前　言

GB/T 328《建筑防水卷材试验方法》分为如下 27 个部分：

——第 1 部分：沥青和高分子防水卷材　抽样规则；

——第 2 部分：沥青防水卷材　外观；

——第 3 部分：高分子防水卷材　外观；

——第 4 部分：沥青防水卷材　厚度、单位面积质量；

——第 5 部分：高分子防水卷材　厚度、单位面积质量；

——第 6 部分：沥青防水卷材　长度、宽度和平直度；

——第 7 部分：高分子防水卷材　长度、宽度、平直度和平整度；

——第 8 部分：沥青防水卷材　拉伸性能；

——第 9 部分：高分子防水卷材　拉伸性能；

——第 10 部分：沥青和高分子防水卷材　不透水性；

——第 11 部分：沥青防水卷材　耐热性；

——第 12 部分：沥青防水卷材　尺寸稳定性；

——第 13 部分：高分子防水卷材　尺寸稳定性；

——第 14 部分：沥青防水卷材　低温柔性；

——第 15 部分：高分子防水卷材　低温弯折性；

——第 16 部分：高分子防水卷材　耐化学液体(包括水)；

——第 17 部分：沥青防水卷材　矿物料粘附性；

——第 18 部分：沥青防水卷材　撕裂性能(钉杆法)；

——第 19 部分：高分子防水卷材　撕裂性能；

——第 20 部分：沥青防水卷材　接缝剥离性能；

——第 21 部分：高分子防水卷材　接缝剥离性能；

——第 22 部分：沥青防水卷材　接缝剪切性能；

——第 23 部分：高分子防水卷材　接缝剪切性能；

——第 24 部分：沥青和高分子防水卷材　抗冲击性能；

——第 25 部分：沥青和高分子防水卷材　抗静态荷载；

——第 26 部分：沥青防水卷材　可溶物含量(浸涂材料含量)；

——第 27 部分：沥青和高分子防水卷材　吸水性。

本部分为 GB/T 328 的第 6 部分。

本部分等同采用 EN 1848-1:1999《柔性防水卷材　长度、宽度和平直度测定　第 1 部分：屋面防水沥青卷材》(英文版)。

本部分章条编号与 EN 1848-1:1999 章条编号一致。

为便于使用，对 EN 1848-1:1999 本部分做的主要编辑性修改是：

a) “本欧洲标准”改为“本部分”；

b) “EN 13416”改为“GB/T 328.1”；

c) 删除 EN 1848-1:1999 的前言，重新编写本部分的前言。

本部分与其他部分组成的标准 GB/T 328.1～328.27—2007《建筑防水卷材试验方法》代替 GB/T 328—1989《沥青防水卷材试验方法》。

本部分由中国建筑材料工业协会提出。

本部分由全国轻质与装饰装修建筑材料标准化技术委员会(SAC/TC 195)归口。

本部分负责起草单位:中国化学建筑材料公司苏州防水材料研究设计所、建筑材料工业技术监督研究中心。

本部分参加起草单位:北京市建筑材料科学研究院、浙江省建筑材料研究所有限公司、盘锦禹王防水建材集团、北京中建友建筑材料有限公司、杭州绿都防水材料有限公司、北京世纪新星防水材料有限公司、北京市中兴青云建筑材料有限公司、徐州卧牛山新型防水材料有限公司、潍坊市宏源防水材料有限公司、潍坊宇虹新型防水材料有限公司、山东金禹王防水材料有限公司、广饶县祥泰防水卷材厂。

本部分主要起草人:朱志远、杨斌、檀春丽、洪晓苗、詹福民、刘凤波、张星、陈建华。

本部分为首次发布。

# 建筑防水卷材试验方法
# 第6部分：沥青防水卷材
# 长度、宽度和平直度

## 1 范围

GB/T 328的本部分规定了整卷沥青屋面防水卷材长度、宽度、平直度的测定方法。

## 2 规范性引用文件

下列文件中的条款通过GB/T 328的本部分的引用而成为本部分的条款。凡是注日期的引用文件，其随后所有的修改单(不包括勘误的内容)或修订版均不适用于本部分，然而，鼓励根据本标准达成协议的各方研究是否可使用这些文件的最新版本。凡是不注日期的引用文件，其最新版本适用于本部分。

GB/T 328.1 建筑防水卷材试验方法 第1部分：沥青和高分子防水卷材 抽样规则

## 3 术语和定义

下列术语和定义适用于GB/T 328的本部分。

3.1

**长度 length**

卷材沿机器运行方向测量的尺寸。

3.2

**宽度 width**

卷材垂直于机器运行方向测量的尺寸。

3.3

**平直度 straightness**

卷材纵向与直线的偏离程度。

## 4 原理

抽取成卷沥青卷材在平面上展开，用金属尺测量长度和宽度。卷材平直度用相同的测量工具测量其与直线的偏离。

## 5 仪器设备

### 5.1 长度

钢卷尺的长度应大于被测量沥青卷材的长度，保证测量精度10 mm。

### 5.2 宽度

钢卷尺或直尺的长度应大于被测量沥青卷材的宽度，保证测量精度1 mm。

### 5.3 平直度

用在沥青卷材上划直线的笔，钢卷尺或直尺，保证测量精度1 mm。

## 6 抽样与试件制备

### 6.1 抽样

按 GB/T 328.1 抽取成卷未损伤的沥青卷材进行试验。

### 6.2 试验条件

通常情况常温下进行测量。

有争议时，试验在(23±2)℃条件进行，并在该温度放置不少于 20 h。

## 7 步骤

### 7.1 一般要求

抽取成卷卷材放在平面上，小心的展开卷材，保证与平面完全接触。

5 min 后，测量长度、宽度和平直度。

### 7.2 长度测定

长度测定在整卷卷材宽度方向的两个 1/3 处测量，记录结果，精确到 10 mm。

### 7.3 宽度测定

宽度测量在距卷材两端头各(1±0.01) m 处测量，记录结果，精确到 1 mm。

### 7.4 平直度测定

平直度测量沿卷材纵向一边，距纵向边缘 100 mm 处的两点作记号(见图 1 的 $A$、$B$ 点)，在卷材的两记号点处用笔划一参考直线，测量参考线与卷材纵向边缘的最大距离($g$)，记录该最大偏离($g$－100 mm)，精确到 1 mm。卷材长度超过 10 m 时，每 10 m 长度如此测量一次(见图 2)。

单位为毫米

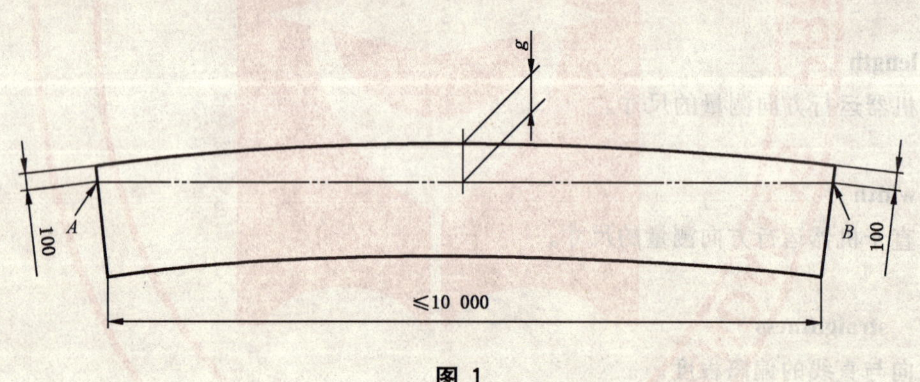


图 1

单位为毫米

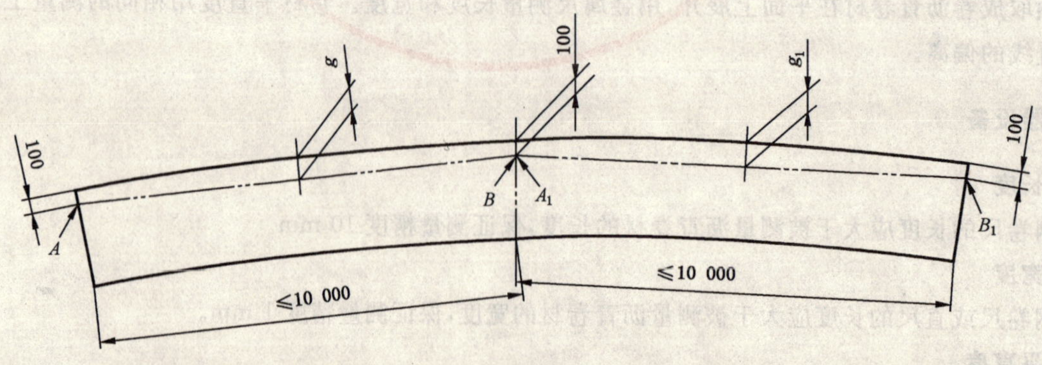


图 2

## 8 结果表示

### 8.1 长度测定的结果

长度取两处测量的平均值，精确到 10 mm。

### 8.2 宽度测定的结果

宽度取两处测量的平均值，精确到 1 mm。

### 8.3 平直度结果

卷材平直度以整卷卷材上测量的最大偏离表示，精确到 1 mm。

### 8.4 精确度

试验方法的精确度没有规定。

以下是推论的：

——长度(8.1)测量精确度不低于±10 mm。

——宽度(8.2)测量精确度不低于±1 mm。

——平直度(8.3)测量精确度不低于±5 mm。

## 9 试验报告

试验报告至少包括以下信息：

a) 相关产品试验需要的所有数据；

b) 涉及的 GB/T 328 的本部分及偏离；

c) 根据第 6 章的抽样和制备试件的信息；

d) 根据第 8 章的试验结果；

e) 试验日期。

ICS 91.120.30
Q 17

# 中华人民共和国国家标准

GB/T 328.7—2007

# 建筑防水卷材试验方法
# 第7部分:高分子防水卷材
# 长度、宽度、平直度和平整度

**Test methods for building sheets for waterproofing—**
**Part 7:Plastic and rubber sheets for waterproofing-length,width,**
**straightness and flatness**

2007-03-26 发布　　2007-10-01 实施

中华人民共和国国家质量监督检验检疫总局
中国国家标准化管理委员会　发布

# 前　　言

GB/T 328《建筑防水卷材试验方法》分为如下 27 个部分：

——第 1 部分：沥青和高分子防水卷材　抽样规则；
——第 2 部分：沥青防水卷材　外观；
——第 3 部分：高分子防水卷材　外观；
——第 4 部分：沥青防水卷材　厚度、单位面积质量；
——第 5 部分：高分子防水卷材　厚度、单位面积质量；
——第 6 部分：沥青防水卷材　长度、宽度和平直度；
——第 7 部分：高分子防水卷材　长度、宽度、平直度和平整度；
——第 8 部分：沥青防水卷材　拉伸性能；
——第 9 部分：高分子防水卷材　拉伸性能；
——第 10 部分：沥青和高分子防水卷材　不透水性；
——第 11 部分：沥青防水卷材　耐热性；
——第 12 部分：沥青防水卷材　尺寸稳定性；
——第 13 部分：高分子防水卷材　尺寸稳定性；
——第 14 部分：沥青防水卷材　低温柔性；
——第 15 部分：高分子防水卷材　低温弯折性；
——第 16 部分：高分子防水卷材　耐化学液体(包括水)；
——第 17 部分：沥青防水卷材　矿物料粘附性；
——第 18 部分：沥青防水卷材　撕裂性能(钉杆法)；
——第 19 部分：高分子防水卷材　撕裂性能；
——第 20 部分：沥青防水卷材　接缝剥离性能；
——第 21 部分：高分子防水卷材　接缝剥离性能；
——第 22 部分：沥青防水卷材　接缝剪切性能；
——第 23 部分：高分子防水卷材　接缝剪切性能；
——第 24 部分：沥青和高分子防水卷材　抗冲击性能；
——第 25 部分：沥青和高分子防水卷材　抗静态荷载；
——第 26 部分：沥青防水卷材　可溶物含量(浸涂材料含量)；
——第 27 部分：沥青和高分子防水卷材　吸水性。

本部分为 GB/T 328 的第 7 部分。

本部分等同采用 EN 1848-2:2001《柔性防水卷材　长度、宽度、平直度和平整度测定　第 2 部分：屋面防水塑料和橡胶卷材》(英文版)。

本部分章条编号与 EN 1848-2:2001 章条编号一致。

为便于使用，对 EN 1848-2:2001 本部分做的主要编辑性修改是：

a)　“本欧洲标准”改为“本部分”；

b)　“EN 13416”改为“GB/T 328.1”；

c)　删除 EN 1848-2:2001 的前言，重新编写本部分的前言；

d)　为与现有标准一致，标准名称作了修改；

e)　增加了 3.1、3.2、5.2 条注；

f) 将试验报告 f 中的错误"$g$"改为"($g$—100 mm)"。

本部分与其他部分组成的标准 GB/T 328.1～328.27—2007《建筑防水卷材试验方法》代替 GB/T 328—1989《沥青防水卷材试验方法》。

本部分由中国建筑材料工业协会提出。

本部分由全国轻质与装饰装修建筑材料标准化技术委员会(SAC/TC 195)归口。

本部分负责起草单位：中国化学建筑材料公司苏州防水材料研究设计所、建筑材料工业技术监督研究中心。

本部分参加起草单位：北京市建筑材料科学研究院、浙江省建筑材料研究所有限公司、中铁六局北京铁路建设有限公司、哈高科绥棱二塑有限公司、湖州红星建筑防水有限公司、山东力华防水建材有限公司。

本部分主要起草人：朱志远、杨斌、洪晓苗、檀春丽、陈文洁、陈建华、何少岚、吴卫平。

本部分为首次发布。

# 建筑防水卷材试验方法 第7部分：高分子防水卷材 长度、宽度、平直度和平整度

## 1 范围

GB/T 328 的本部分规定了整卷高分子屋面防水卷材长度、宽度、平直度、平整度的测定方法。

## 2 规范性引用文件

下列文件中的条款通过 GB/T 328 的本部分的引用而成为本部分的条款。凡是注日期的引用文件，其随后所有的修改单(不包括勘误的内容)或修订版均不适用于本部分，然而，鼓励根据本标准达成协议的各方研究是否可使用这些文件的最新版本。凡是不注日期的引用文件，其最新版本适用于本部分。

GB/T 328.1 建筑防水卷材试验方法 第1部分：沥青和高分子防水卷材 抽样规则

## 3 术语和定义

下列术语和定义适用于 GB/T 328 的本部分。

3.1

**长度 length**

卷材沿机器运行方向测量的尺寸。

注：即为卷材的纵向。

3.2

**宽度 width**

卷材垂直机器运行方向测量的尺寸。

注：即为卷材的横向。

3.3

**平直度 straightness**

卷材纵向与直线的偏离程度。

3.4

**平整度 flatness**

卷材展开在平面上，卷材表面最高处与平面的偏离程度。

## 4 抽样

抽样按 GB/T 328.1 进行。

## 5 长度测定

### 5.1 推荐方法

#### 5.1.1 仪器设备

平面如工作台或地板，至少 10 m 长，宽度与被测卷材至少相同，同时纵向距平面两边 1 m 处有标尺。至少在长度一边的该位置，特别是平面的边上，标尺应有至少分度 1 mm 的刻度用来测量卷材，在

规定温度下的准确性为±5 mm。

5.1.2 步骤

如必要在卷材端处作标记，并与卷材长度方向垂直，标记对卷材的影响应尽可能小。卷材端处的标记与平面(5.1.1)的零点对齐，在(23±5)℃不受张力条件下沿平面展开卷材，在达到平面的另一端后，在卷材的背面用合适的方法标记，和已知长度的两端对齐。再从已测量的该位置展开，放平，不受力，下一处没有测量的长度象前面一样从边缘标记处开始测量，重复这样过程，直到卷材全部展开，标记。象前面一样测量最终长度，精确至5 mm。

5.2 可选方法

除了5.1采用的手工方法外，任何适宜的机械、机电、光电方法测量长度的结果与5.1方法结果相同时也可选用，有争议时，采用5.1方法。

注：包括采用钢卷尺测量。

5.3 结果表示

报告卷材长度，单位m，所有得到的结果修约到10 mm。

## 6 宽度测定

6.1 仪器设备

6.1.1 平面 如工作台或地板，长度不小于10 m，宽度至少与被测卷材一样。

6.1.2 测量的卷尺或直尺 比测量的卷材宽度长，在规定的温度下测量精确度1 mm。

6.2 步骤

卷材不受张力的情况下在平面(6.1.1)上展开，用(6.1.2)测量器具，在(23±5)℃时每间隔10 m测量并记录，卷材宽度精确到1 mm。保证所有的宽度在与卷材纵向垂直的方向上测量。

6.3 结果表示

计算宽度记录结果的平均值，作为平均宽度报告，报告宽度的最小值，精确到1 mm。

## 7 平直度和平整度测定

7.1 仪器设备

7.1.1 平面 如工作台或地板，长度不小于10 m，宽度至少与被测卷材一样。

7.1.2 测量装置 在规定温度下能测量距离 $g$ 和 $p$，准确到1 mm。

7.2 步骤

卷材在(23±5)℃不受张力的情况下沿平面展开至少第一个10 m，在(30±5) min后，在卷材两端 $AB$(10 m)(见图1)直线处测量平直度的最大距离 $g$，单位mm。

在卷材波浪边的顶点与平面间测量平整度的最大值 $p$，单位mm。

7.3 结果表示

按7.2测量，将距离($g$－100 mm)和 $p$ 报告为卷材的平直度和平整度，单位mm，修约到10 mm。

注：原文将距离 $g$ 报告为平直度，应为($g$－100 mm)。

单位为毫米

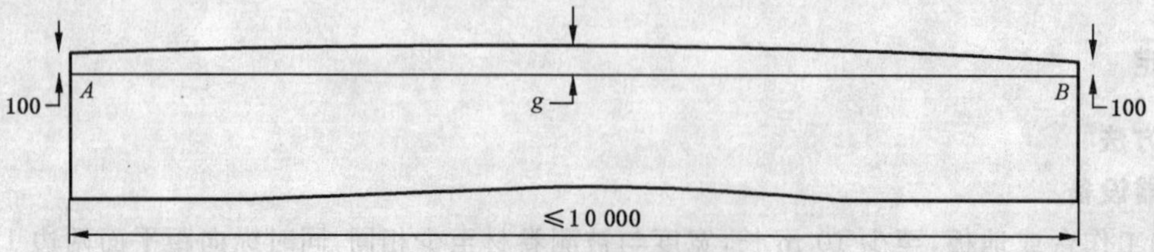

图1 平直度测量原理

## 8 试验方法精确度

试验方法的精确度没有规定。

## 9 试验报告

试验报告至少包括以下信息：

a) 涉及的 GB/T 328 的本部分及偏离；

b) 相关产品试验需要的所有数据；

c) 卷材长度，单位 m；

d) 每处测量的宽度，单位 m；

e) 宽度平均值，单位 m；

f) 平直度($g$—100 mm)，单位 mm；

g) 平直度 $p$，单位 mm；

h) 非标准步骤和试验过程中出现的异常；

i) 试验日期。

ICS 91.120.30
Q 17

# 中华人民共和国国家标准

GB/T 328.8—2007
代替 GB/T 328.6—1989

# 建筑防水卷材试验方法 第8部分:沥青防水卷材 拉伸性能

Test methods for building sheets for waterproofing—
Part 8:Bitumen sheets for waterproofing-tensile properties

2007-03-26 发布 2007-10-01 实施

中华人民共和国国家质量监督检验检疫总局
中国国家标准化管理委员会 发布

# 前　言

GB/T 328《建筑防水卷材试验方法》分为如下 27 个部分：

——第 1 部分：沥青和高分子防水卷材　抽样规则；

——第 2 部分：沥青防水卷材　外观；

——第 3 部分：高分子防水卷材　外观；

——第 4 部分：沥青防水卷材　厚度、单位面积质量；

——第 5 部分：高分子防水卷材　厚度、单位面积质量；

——第 6 部分：沥青防水卷材　长度、宽度和平直度；

——第 7 部分：高分子防水卷材　长度、宽度、平直度和平整度；

——第 8 部分：沥青防水卷材　拉伸性能；

——第 9 部分：高分子防水卷材　拉伸性能；

——第 10 部分：沥青和高分子防水卷材　不透水性；

——第 11 部分：沥青防水卷材　耐热性；

——第 12 部分：沥青防水卷材　尺寸稳定性；

——第 13 部分：高分子防水卷材　尺寸稳定性；

——第 14 部分：沥青防水卷材　低温柔性；

——第 15 部分：高分子防水卷材　低温弯折性；

——第 16 部分：高分子防水卷材　耐化学液体(包括水)；

——第 17 部分：沥青防水卷材　矿物料粘附性；

——第 18 部分：沥青防水卷材　撕裂性能(钉杆法)；

——第 19 部分：高分子防水卷材　撕裂性能；

——第 20 部分：沥青防水卷材　接缝剥离性能；

——第 21 部分：高分子防水卷材　接缝剥离性能；

——第 22 部分：沥青防水卷材　接缝剪切性能；

——第 23 部分：高分子防水卷材　接缝剪切性能；

——第 24 部分：沥青和高分子防水卷材　抗冲击性能；

——第 25 部分：沥青和高分子防水卷材　抗静态荷载；

——第 26 部分：沥青防水卷材　可溶物含量(浸涂材料含量)；

——第 27 部分：沥青和高分子防水卷材　吸水性。

本部分为 GB/T 328 的第 8 部分。

本部分等同采用 EN 12311-1:1999《柔性防水卷材　拉伸性能测定　第 1 部分：屋面防水沥青卷材》(英文版)。

本部分章条编号与 EN 12311-1:1999 章条编号一致。

为便于使用，对 EN 12311-1:1999 本部分做的主要编辑性修改是：

a)　“本欧洲标准”改为“本部分”；

b)　“EN 10002-2”改为“JJG 139”，引用文件增加 GB/T 328.1；

c)　删除 EN 12311-1:1999 的前言，重新编写本部分的前言。

本部分代替 GB/T 328.6—1989《沥青防水卷材试验方法　拉力》。

本部分与其他部分组成的标准 GB/T 328.1～328.27—2007《建筑防水卷材试验方法》代替

GB/T 328—1989《沥青防水卷材试验方法》。

本部分与 GB/T 328.6—1989 相比主要变化如下：

——适用范围变化(1989 年版的第 1 章，本版的第 1 章)；

——“引用标准”改为“规范性引用文件”，内容作了调整(1989 年版的第 2 章，本版的第 2 章)；

——“仪器与材料”改为“仪器设备”，“试件”改为“试件制备”，“试验步骤”改为“步骤”，“试验结果评定”改为“结果表示、计算和试验方法的精确度”，内容作了调整(1989 年版的第 3、4、6、7 章，本版的第 5、7、8、9 章)；

——删除“试验条件”(1989 年版的第 5 章)；

——增加“术语和定义”、“原理”、“抽样”、“试验报告”(见第 3、4、6、10 章)。

本部分由中国建筑材料工业协会提出。

本部分由全国轻质与装饰装修建筑材料标准化技术委员会(SAC/TC 195)归口。

本部分负责起草单位：中国化学建筑材料公司苏州防水材料研究设计所、建筑材料工业技术监督研究中心。

本部分参加起草单位：北京市建筑材料科学研究院、浙江省建筑材料研究所有限公司、中铁六局北京铁路建设有限公司、盘锦禹王防水建材集团、北京中建友建筑材料有限公司、杭州绿都防水材料有限公司、北京市中兴青云建筑材料有限公司、北京世纪新星防水材料有限公司、徐州卧牛山新型防水材料有限公司、潍坊市宏源防水材料有限公司、潍坊宇虹新型防水材料有限公司、山东金禹王防水材料有限公司、广饶县祥泰防水卷材厂。

本部分主要起草人：朱志远、杨斌、檀春丽、洪晓苗、詹福民、吴进明、章国荣、陈建华。

本部分所代替标准的历次版本发布情况为：

——GB 328—1964、GB 328—1973、GB/T 328.6—1989。

# 建筑防水卷材试验方法
# 第8部分：沥青防水卷材　拉伸性能

## 1　范围

GB/T 328的本部分规定了沥青屋面防水卷材拉伸性能的测定方法。

## 2　规范性引用文件

下列文件中的条款通过GB/T 328的本部分的引用而成为本部分的条款。凡是注日期的引用文件，其随后所有的修改单(不包括勘误的内容)或修订版均不适用于本部分，然而，鼓励根据本标准达成协议的各方研究是否可使用这些文件的最新版本。凡是不注日期的引用文件，其最新版本适用于本部分。

GB/T 328.1　建筑防水卷材试验方法　第1部分：沥青和高分子防水卷材　抽样规则

JJG 139—1999　拉力、压力和万能试验机

## 3　术语和定义

下列术语和定义适用于GB/T 328的本部分。

3.1

**最大拉力　maximum tensile force**

试验过程出现的最大拉伸力值。

3.2

**最大拉力时延伸率　elongation at maximum tensile force**

试验试件出现最大拉力时的延伸率。

3.3

**标距　gauge length**

起始试验长度，如夹具间的距离或引伸计的测量点。

## 4　原理

试件以恒定的速度拉伸至断裂。连续记录试验中拉力和对应的长度变化。

## 5　仪器设备

拉伸试验机 有连续记录力和对应距离的装置，能按下面规定的速度均匀的移动夹具。拉伸试验机有足够的量程(至少2 000 N)和夹具移动速度(100±10) mm/min，夹具宽度不小于50 mm。

拉伸试验机的夹具能随着试件拉力的增加而保持或增加夹具的夹持力，对于厚度不超过3 mm的产品能夹住试件使其在夹具中的滑移不超过1 mm，更厚的产品不超过2 mm。这种夹持方法不应在夹具内外产生过早的破坏。

为防止从夹具中的滑移超过极限值，允许用冷却的夹具，同时实际的试件伸长用引伸计测量。

力值测量至少应符合JJG 139—1999的2级(即±2%)。

## 6　抽样

抽样按GB/T 328.1进行。

## 7 试件制备

整个拉伸试验应制备两组试件，一组纵向5个试件，一组横向5个试件。

试件在试样上距边缘100 mm以上任意裁取，用模板，或用裁刀，矩形试件宽为(50±0.5) mm，长为(200 mm+2×夹持长度)，长度方向为试验方向。

表面的非持久层应去除。

试件在试验前在(23±2)℃和相对湿度(30～70)%的条件下至少放置20 h。

## 8 步骤

将试件紧紧的夹在拉伸试验机的夹具中，注意试件长度方向的中线与试验机夹具中心在一条线上。夹具间距离为(200±2) mm，为防止试件从夹具中滑移应作标记。当用引伸计时，试验前应设置标距间距离为(180±2) mm。为防止试件产生任何松弛，推荐加载不超过5 N的力。

试验在(23±2)℃进行，夹具移动的恒定速度为(100±10) mm/min。

连续记录拉力和对应的夹具(或引伸计)间距离。

## 9 结果表示、计算和试验方法的精确度

### 9.1 计算

记录得到的拉力和距离，或数据记录，最大的拉力和对应的由夹具(或引伸计)间距离与起始距离的百分率计算的延伸率。

去除任何在夹具10 mm以内断裂或在试验机夹具中滑移超过极限值的试件的试验结果，用备用件重测。

最大拉力单位为N/50 mm，对应的延伸率用百分率表示，作为试件同一方向结果。

分别记录每个方向5个试件的拉力值和延伸率，计算平均值。

拉力的平均值修约到5 N，延伸率的平均值修约到1%。

同时对于复合增强的卷材在应力应变图上有两个或更多的峰值，拉力和延伸率应记录两个最大值。

### 9.2 试验方法的精确度

试验方法的精确度没有规定。

## 10 试验报告

试验报告至少包括以下信息：

a) 相关产品试验需要的所有数据；

b) 涉及的GB/T 328的本部分及偏离；

c) 根据第6章的抽样信息；

d) 根据第7章的试件制备细节；

e) 根据9.1的试验结果；

f) 试验日期。

ICS 91.120.30
Q 17

# 中华人民共和国国家标准

GB/T 328.9—2007

# 建筑防水卷材试验方法 第9部分：高分子防水卷材 拉伸性能

## Test methods for building sheets for waterproofing—Part 9：Plastic and rubber sheets for waterproofing-tensile properties

2007-03-26 发布

2007-10-01 实施

中华人民共和国国家质量监督检验检疫总局
中国国家标准化管理委员会 发布

ICS 91.120.30
Q 17

# 中华人民共和国国家标准

GB/T 328.9—2007

# 建筑防水卷材试验方法
# 第9部分：高分子防水卷材 拉伸性能

Test methods for building sheets for waterproofing—
Part 9: Plastic and rubber sheets for waterproofing-tensile properties

2007-03-26 发布　　2007-10-01 实施

中华人民共和国国家质量监督检验检疫总局
中国国家标准化管理委员会　发布

# 前　言

GB/T 328《建筑防水卷材试验方法》分为如下 27 个部分：

——第 1 部分：沥青和高分子防水卷材　抽样规则；

——第 2 部分：沥青防水卷材　外观；

——第 3 部分：高分子防水卷材　外观；

——第 4 部分：沥青防水卷材　厚度、单位面积质量；

——第 5 部分：高分子防水卷材　厚度、单位面积质量；

——第 6 部分：沥青防水卷材　长度、宽度和平直度；

——第 7 部分：高分子防水卷材　长度、宽度、平直度和平整度；

——第 8 部分：沥青防水卷材　拉伸性能；

——第 9 部分：高分子防水卷材　拉伸性能；

——第 10 部分：沥青和高分子防水卷材　不透水性；

——第 11 部分：沥青防水卷材　耐热性；

——第 12 部分：沥青防水卷材　尺寸稳定性；

——第 13 部分：高分子防水卷材　尺寸稳定性；

——第 14 部分：沥青防水卷材　低温柔性；

——第 15 部分：高分子防水卷材　低温弯折性；

——第 16 部分：高分子防水卷材　耐化学液体(包括水)；

——第 17 部分：沥青防水卷材　矿物料粘附性；

——第 18 部分：沥青防水卷材　撕裂性能(钉杆法)；

——第 19 部分：高分子防水卷材　撕裂性能；

——第 20 部分：沥青防水卷材　接缝剥离性能；

——第 21 部分：高分子防水卷材　接缝剥离性能；

——第 22 部分：沥青防水卷材　接缝剪切性能；

——第 23 部分：高分子防水卷材　接缝剪切性能；

——第 24 部分：沥青和高分子防水卷材　抗冲击性能；

——第 25 部分：沥青和高分子防水卷材　抗静态荷载；

——第 26 部分：沥青防水卷材　可溶物含量(浸涂材料含量)；

——第 27 部分：沥青和高分子防水卷材　吸水性。

本部分为 GB/T 328 的第 9 部分。

本部分等同采用 EN 12311-2:2000《柔性防水卷材　拉伸性能测定　第 2 部分：屋面防水塑料和橡胶卷材》(英文版)。

本部分章条编号与 EN 12311-2:2000 章条编号一致。

为便于使用，对 EN 12311-2:2000 本部分做的主要编辑性修改是：

a) “本欧洲标准”改为“本部分”；

b) “EN 1849-2”“EN 13416”“ISO 37”“ISO 7500-1”改为“GB/T 328.5”“GB/T 328.1”“GB/T 528”“JJG 139”；

c) 删除 EN 12311-2:2000 的前言，重新编写本部分的前言。

本部分与其他部分组成的标准 GB/T 328.1～328.27—2007《建筑防水卷材试验方法》代替

GB/T 328—1989《沥青防水卷材试验方法》。

本部分由中国建筑材料工业协会提出。

本部分由全国轻质与装饰装修建筑材料标准化技术委员会(SAC/TC 195)归口。

本部分负责起草单位:中国化学建筑材料公司苏州防水材料研究设计所、建筑材料工业技术监督研究中心。

本部分参加起草单位:北京市建筑材料科学研究院、浙江省建筑材料研究所有限公司、哈高科绥棱二塑有限公司、湖州红星建筑防水有限公司、山东力华防水建材有限公司。

本部分主要起草人:朱志远、杨斌、洪晓苗、檀春丽、何少岚、吴卫平、陈建华、陈文洁。

本部分为首次发布。

# 建筑防水卷材试验方法
# 第9部分:高分子防水卷材　拉伸性能

## 1 范围

GB/T 328 的本部分规定了高分子屋面防水卷材拉伸性能的试验方法。

方法 A(ISO 1421),是适用于所有材料的方法,对于方法 A 不适用的材料,如材料没有断裂,方法 B (GB/T 528)可用来测定拉伸性能。

## 2 规范性引用文件

下列文件中的条款通过 GB/T 328 的本部分的引用而成为本部分的条款。凡是注日期的引用文件,其随后所有的修改单(不包括勘误的内容)或修订版均不适用于本部分,然而,鼓励根据本标准达成协议的各方研究是否可使用这些文件的最新版本。凡是不注日期的引用文件,其最新版本适用于本部分。

GB/T 328.1　建筑防水卷材试验方法　第1部分:沥青和高分子防水卷材　抽样规则

GB/T 328.5　建筑防水卷材试验方法　第5部分:高分子防水卷材　厚度、单位面积质量

GB/T 528　硫化橡胶或热塑性橡胶　拉伸应力应变性能的测定(GB/T 528—1998,eqv ISO 37:1994)

JJG 139—1999　拉力、压力和万能试验机

ISO 1421　橡胶-或塑料-织物涂层　拉伸强度和断裂延伸率的测定(ISO 1421:1998 Rubber-or plastic-coated fabics—Determination of tensile strength and elongation at break)

## 3 术语和定义

下列术语和定义适用于 GB/T 328 的本部分。

3.1

**上表面　top surface**

在使用现场,卷材朝上的面,通常是成卷卷材的里面。

3.2

**最大拉力　maximum tensile force**

试验过程中记录的最大拉力值。

3.3

**最大拉力时延伸率　elongation at maximum tensile force**

试验试件最大拉力时的延伸率。

3.4

**断裂延伸率　elongation at break**

试件断裂时的延伸率。

## 4 原理

试件以恒定的速度拉伸至断裂。连续记录试验中拉力和对应的长度变化,特别记录最大拉力。

## 5 仪器设备

拉伸试验机 有连续记录力和对应距离的装置,能按下面规定的速度均匀的移动夹具。拉伸试验机

有足够的量程，至少 2 000 N，夹具移动速度(100±10) mm/min 和(500±50) mm/min，夹具宽度不小于 50 mm。

拉伸试验机的夹具能随着试件拉力的增加而保持或增加夹具的夹持力，对于厚度不超过 3 mm 的产品能夹住试件使其在夹具中的滑移不超过 1 mm，更厚的产品不超过 2 mm。试件放入夹具时作记号或用胶带以帮助确定滑移。

这种夹持方法不应导致在夹具附近产生过早的破坏。

假若试件从夹具中的滑移超过规定的极限值，实际延伸率应用引伸计测量。

力值测量应符合 JJG 139—1999 中的至少 2 级(即±2%)。

## 6 抽样

抽样按 GB/T 328.1 进行。

## 7 试件制备

除非有其他规定，整个拉伸试验应准备两组试件，一组纵向 5 个试件，一组横向 5 个试件。

试件在距试样边缘(100±10) mm 以上裁取，用模板，或用裁刀，尺寸如下：

方法 A：矩形试件为(50±0.5) mm×200 mm，按图 1 和表 1。

方法 B：哑铃型试件为(6±0.4) mm×115 mm，按图 2 和表 1。

表面的非持久层应去除。

试件中的网格布、织物层，衬垫或层合增强层在长度或宽度方向应裁一样的经纬数，避免切断筋。

试件在试验前在(23±2)℃和相对湿度(50±5)%的条件下至少放置 20 h。

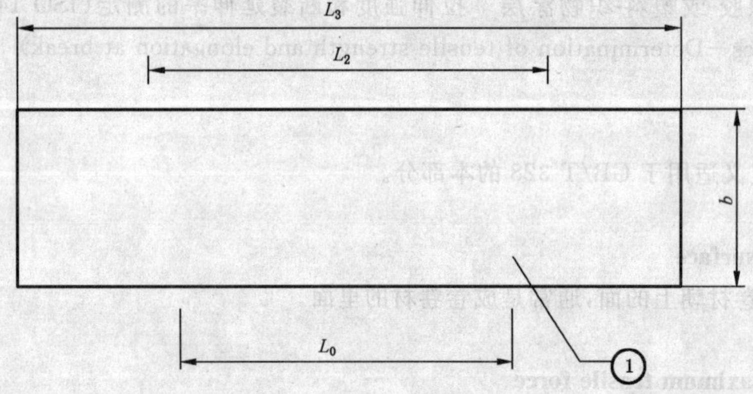


1——标记。

图 1　方法 A 的矩形试件

表 1　试件尺寸

| 方　法 | 方法 A/mm | 方法 B/mm |
|---|---|---|
| 全长，至少($L_3$) | ＞200 | ＞115 |
| 端头宽度($b_1$) | | 25±1 |
| 狭窄平行部分长度($L_1$) | | 33±2 |
| 宽度($b$) | 50±0.5 | 6±0.4 |
| 小半径($r$) | | 14±1 |
| 大半径($R$) | | 25±2 |
| 标记间距离($L_0$) | 100±5 | 25±0.25 |
| 夹具间起始间距($L_2$) | 120 | 80±5 |

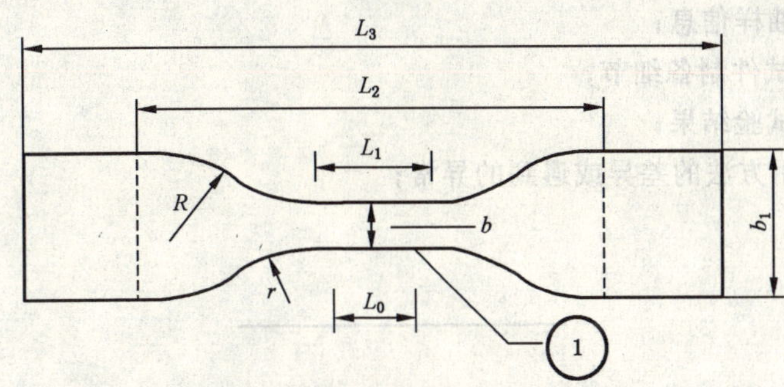


1——标记。

图 2　方法 B 的哑铃形试件

## 8　步骤

对于方法 B，厚度是用 GB/T 328.5 方法测量的试件有效厚度。

将试件紧紧的夹在拉伸试验机的夹具中，注意试件长度方向的中线与试验机夹具中心在一条线上。为防止试件产生任何松弛推荐加载不超过 5 N 的力。

试验在(23±2)℃进行，夹具移动的恒定速度为方法 A(100±10) mm/min，方法 B(500±50) mm/min。

连续记录拉力和对应的夹具(或引伸计)间分开的距离，直至试件断裂。

注：在 1%和 2%应变时的正切模量，可以从应力应变曲线上推算，试验速度(5±1) mm/min。

试件的破坏形式应记录。

对于有增强层的卷材，在应力应变图上有两个或更多的峰值，应记录两个最大峰值的拉力和延伸率及断裂延伸率。

## 9　结果表示

### 9.1　计算

记录得到的拉力和距离，或数据记录，最大的拉力和对应的由夹具(或标记)间距离与起始距离的百分率计算的延伸率。

去除任何在距夹具 10 mm 以内断裂或在试验机夹具中滑移超过极限值的试件的试验结果，用备用件重测。

记录试件同一方向最大拉力，对应的延伸率和断裂延伸率的结果。

测量延伸率的方式，如夹具间距离或引伸计。

分别记录每个方向 5 个试件的值，计算算术平均值和标准偏差，方法 A 拉力的单位为 N/50 mm，方法 B 拉伸强度的单位为 MPa($N/mm^2$)。

拉伸强度 MPa($N/mm^2$)根据有效厚度计算(见 GB/T 328.5)。

方法 A 的结果精确至 N/50 mm，方法 B 的结果精确至 0.1 MPa($N/mm^2$)，延伸率精确至两位有效数字。

### 9.2　试验方法的精确度

试验方法的精确度没有规定。

## 10　试验报告

试验报告至少包括以下信息：

a)　涉及的 GB/T 328 的本部分及偏离；

b)　相关产品试验需要的所有数据；

c） 根据第 6 章的抽样信息；

d） 根据第 7 章的试件制备细节；

e） 根据第 9 章的试验结果；

f） 试验过程中采用方法的差异或遇到的异常；

g） 试验日期。

ICS 91.120.30
Q 17

# 中华人民共和国国家标准

GB/T 328.10—2007
代替 GB/T 328.3—1989

# 建筑防水卷材试验方法 第10部分:沥青和高分子防水卷材 不透水性

**Test methods for building sheets for waterproofing—
Part 10: Bitumen, plastic and rubber sheets for waterproofing-watertightness**

2007-03-26 发布　　2007-10-01 实施

中华人民共和国国家质量监督检验检疫总局
中国国家标准化管理委员会 发布

# 前　言

GB/T 328《建筑防水卷材试验方法》分为如下27个部分：
——第1部分：沥青和高分子防水卷材　抽样规则；
——第2部分：沥青防水卷材　外观；
——第3部分：高分子防水卷材　外观；
——第4部分：沥青防水卷材　厚度、单位面积质量；
——第5部分：高分子防水卷材　厚度、单位面积质量；
——第6部分：沥青防水卷材　长度、宽度和平直度；
——第7部分：高分子防水卷材　长度、宽度、平直度和平整度；
——第8部分：沥青防水卷材　拉伸性能；
——第9部分：高分子防水卷材　拉伸性能；
——第10部分：沥青和高分子防水卷材　不透水性；
——第11部分：沥青防水卷材　耐热性；
——第12部分：沥青防水卷材　尺寸稳定性；
——第13部分：高分子防水卷材　尺寸稳定性；
——第14部分：沥青防水卷材　低温柔性；
——第15部分：高分子防水卷材　低温弯折性；
——第16部分：高分子防水卷材　耐化学液体(包括水)；
——第17部分：沥青防水卷材　矿物料粘附性；
——第18部分：沥青防水卷材　撕裂性能(钉杆法)；
——第19部分：高分子防水卷材　撕裂性能；
——第20部分：沥青防水卷材　接缝剥离性能；
——第21部分：高分子防水卷材　接缝剥离性能；
——第22部分：沥青防水卷材　接缝剪切性能；
——第23部分：高分子防水卷材　接缝剪切性能；
——第24部分：沥青和高分子防水卷材　抗冲击性能；
——第25部分：沥青和高分子防水卷材　抗静态荷载；
——第26部分：沥青防水卷材　可溶物含量(浸涂材料含量)；
——第27部分：沥青和高分子防水卷材　吸水性。

本部分为GB/T 328的第10部分。

本部分修改采用EN 1928:2000《柔性防水卷材　屋面防水沥青、塑料和橡胶卷材　不透水性测定》(英文版)。

本部分章条编号与EN 1928:2000章条编号一致，增加了图5。

为便于使用，本部分与EN 1928:2000的主要差异是：

a)　“本欧洲标准”改为“本部分”；

b)　“EN 13416”改为“GB/T 328.1”；

c)　删除EN 1928:2000的前言及参考资料，重新编写本部分的前言；

d)　方法B中增加了一种7孔盘盖(图5)；

e)　删除9.2条的注。

本部分代替 GB/T 328.3—1989《沥青防水卷材试验方法　不透水性》。

本部分与其他部分组成的标准 GB/T 328.1～328.27—2007《建筑防水卷材试验方法》代替 GB/T 328—1989《沥青防水卷材试验方法》。

本部分与 GB/T 328.3—1989 相比主要变化如下：

——适用范围变化(1989 版的第 1 章,本版的第 1 章)；

——“引用标准”改为“规范性引用文件”,内容作了调整(1989 版的第 2 章,本版的第 2 章)；

——“仪器与材料”改为“仪器设备”,“试件”改为“试件制备”,“试验步骤”改为“步骤”,“试验结果评定”改为“结果表示和精确度”,内容作了调整(1989 版的第 3、4、6、7 章,本版的第 5、7、8、9 章)；

——删除“试验条件”(1989 版的第 5 章)；

——增加“术语和定义”、“原理”、“抽样”、“试验报告”(本版的第 3、4、6、10 章)；

——试验步骤中增加了方法 A(见 8.1)。

本部分由中国建筑材料工业协会提出。

本部分由全国轻质与装饰装修建筑材料标准化技术委员会归口。

本部分负责起草单位：中国化学建筑材料公司苏州防水材料研究设计所、建筑材料工业技术监督研究中心。

本部分参加起草单位：北京市建筑材料科学研究院、浙江省建筑材料研究所有限公司、中铁六局北京铁路建设有限公司、盘锦禹王防水建材集团、北京中建友建筑材料有限公司、杭州绿都防水材料有限公司、北京世纪新星防水材料有限公司、北京市中兴青云建筑材料有限公司、哈高科绥棱二塑有限公司、湖州红星建筑防水有限公司。

本部分主要起草人：朱志远、杨斌、詹福民、檀春丽、洪晓苗、陈文洁、陈建华。

本部分所代替标准的历次版本发布情况为：

——GB 328—1964、GB 328—1973、GB/T 328.3—1989。

# 建筑防水卷材试验方法
# 第10部分:沥青和高分子防水卷材
# 不透水性

## 1 范围

GB/T 328的本部分适用于沥青和高分子屋面防水卷材按规定步骤测定不透水性,即产品耐积水或有限表面承受水压。

本方法也可用于其他防水材料。

## 2 规范性引用文件

下列文件中的条款通过GB/T 328的本部分的引用而成为本部分的条款。凡是注日期的引用文件,其随后所有的修改单(不包括勘误的内容)或修订版均不适用于本部分,然而,鼓励根据本标准达成协议的各方研究是否可使用这些文件的最新版本。凡是不注日期的引用文件,其最新版本适用于本部分。

GB/T 328.1 建筑防水卷材试验方法 第1部分:沥青和高分子防水卷材 抽样规则

## 3 术语和定义

下列术语和定义适用于GB/T 328的本部分。

3.1

**上表面 upper side**

在使用现场,卷材朝上的面,通常是成卷卷材的里面。

3.2

**不透水性 watertightness**

柔性防水卷材防水的能力,如:

A法:在整个试验过程中承受水压后试件表面的滤纸不变色。

B法:最终压力与开始压力相比下降不超过5%。

## 4 原理

对于沥青、塑料、橡胶有关范畴的卷材,在标准中给出两种试验方法的试验步骤。

### 4.1 方法A

试验适用于卷材低压力的使用场合,如:屋面、基层、隔汽层。试件满足直到60 kPa压力24 h。

### 4.2 方法B

试验适用于卷材高压力的使用场合,如:特殊屋面、隧道、水池。试件采用有四个规定形状尺寸狭缝的圆盘保持规定水压24 h,或采用7孔圆盘保持规定水压30 min,观测试件是否保持不渗水。

## 5 仪器设备

### 5.1 方法A

一个带法兰盘的金属圆柱体箱体,孔径150 mm,并连接到开放管子末端或容器,其间高差不低于1 m,通常如图1所示。

单位为毫米

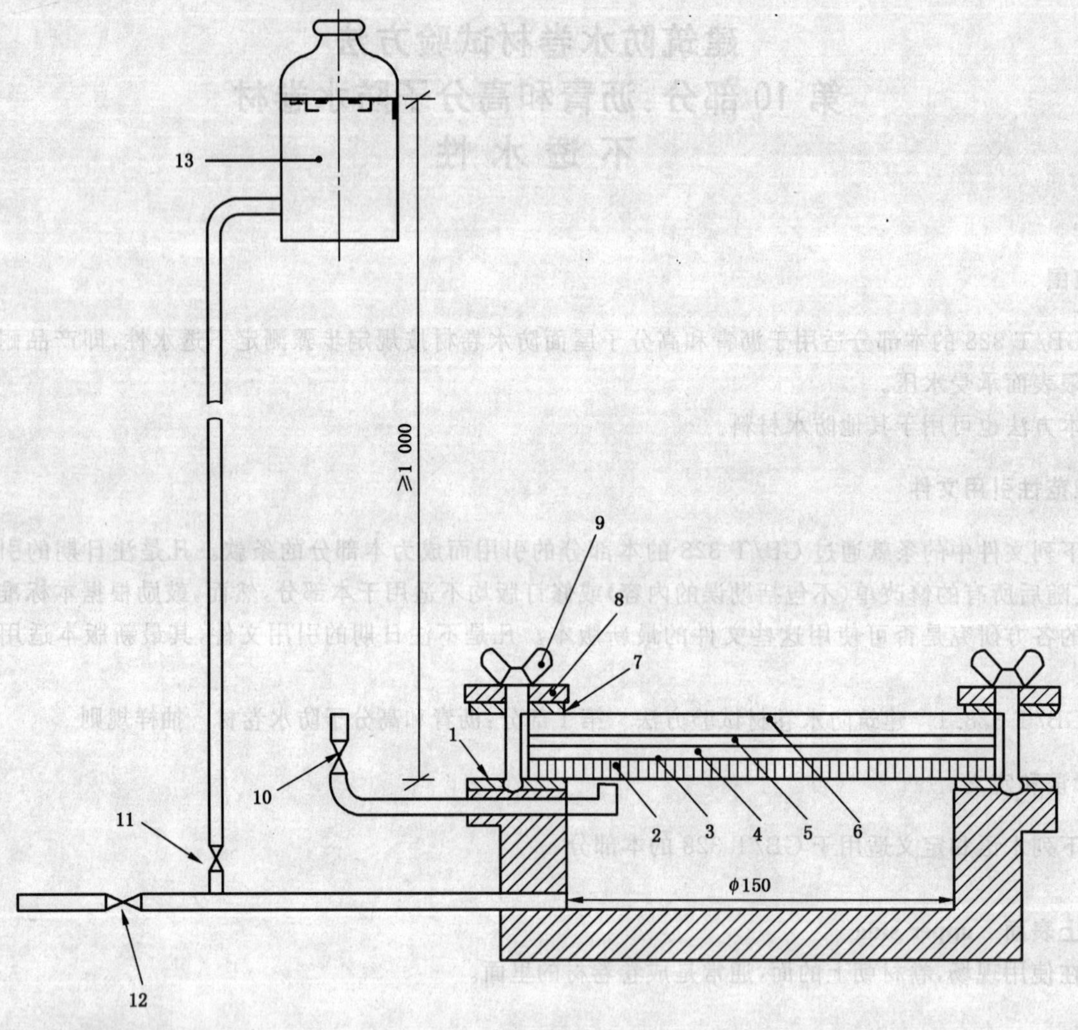


1——下橡胶密封垫圈；

2——试件的迎水面是通常暴露于大气/水的面；

3——实验室用滤纸；

4——湿气指示混合物，均匀的铺在滤纸上面，湿气透过试件能容易的探测到，指示剂由细白糖（冰糖）(99.5%)和亚甲基兰染料(0.5%)组成的混合物，用0.074 mm筛过滤并在干燥器中用氯化钙干燥；

5——实验室用滤纸；

6——圆的普通玻璃板，其中：

5 mm厚，水压≤10 kPa；

8 mm厚，水压≤60 kPa；

7——上橡胶密封垫圈；

8——金属夹环；

9——带翼螺母；

10——排气阀；

11——进水阀；

12——补水和排水阀；

13——提供和控制水压到60 kPa的装置。

**图1 低压力不透水性装置**

5.2 **方法 B**

组成设备的装置见图 2 和图 3，产生的压力作用于试件的一面。

试件用有四个狭缝的盘（或 7 孔圆盘）盖上。缝的形状尺寸符合图 4 的规定，孔的尺寸形状符合图 5的规定。

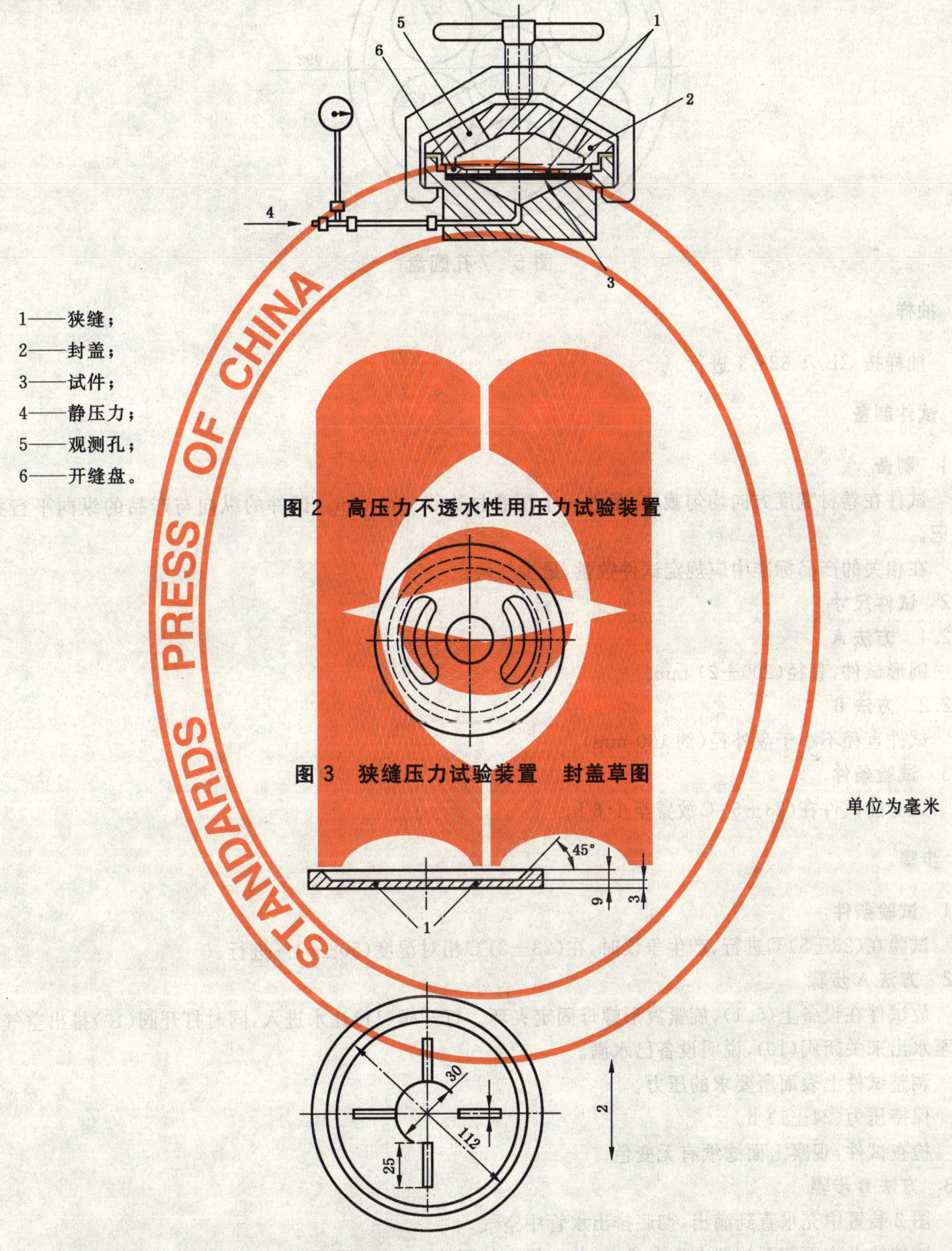


1——狭缝；
2——封盖；
3——试件；
4——静压力；
5——观测孔；
6——开缝盘。

**图 2　高压力不透水性用压力试验装置**

**图 3　狭缝压力试验装置　封盖草图**

单位为毫米

1——所有开缝盘的边都有约 0.5 mm 半径弧度；
2——试件纵向方向。

**图 4　开缝盘**

单位为毫米

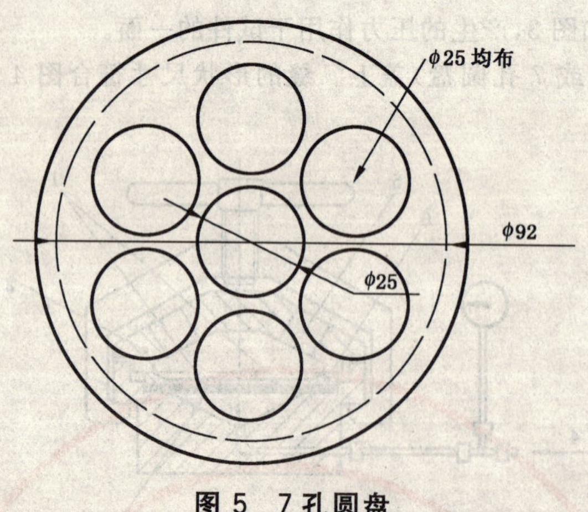


图 5　7 孔圆盘

## 6　抽样

抽样按 GB/T 328.1 进行。

## 7　试件制备

### 7.1　制备

试件在卷材宽度方向均匀裁取，最外一个距卷材边缘 100 mm。试件的纵向与产品的纵向平行并标记。

在相关的产品标准中应规定试件数量，最少三块。

### 7.2　试件尺寸

#### 7.2.1　方法 A

圆形试件，直径(200±2) mm。

#### 7.2.2　方法 B

试件直径不小于盘外径(约 130 mm)。

### 7.3　试验条件

试验前试件在(23±5)℃放置至少 6 h。

## 8　步骤

### 8.1　试验条件

试验在(23±5)℃进行，产生争议时，在(23±2)℃相对湿度(50±5)%进行。

### 8.2　方法 A 步骤

放试件在设备上(5.1)，旋紧翼形螺母固定夹环。打开阀(11)让水进入，同时打开阀(10)排出空气，直至水出来关闭阀(10)，说明设备已水满。

调整试件上表面所要求的压力。

保持压力(24±1) h。

检查试件，观察上面滤纸有无变色。

### 8.3　方法 B 步骤

图 2 装置中充水直到满出，彻底排出水管中空气。

试件的上表面朝下放置在透水盘上，盖上规定的开缝盘(或 7 孔圆盘)，其中一个缝的方向与卷材纵向平行(见图 4)。放上封盖，慢慢夹紧直到试件夹紧在盘上，用布或压缩空气干燥试件的非迎水面，慢慢加压到规定的压力。

达到规定压力后，保持压力(24±1) h[7 孔盘保持规定压力(30±2) min]。

试验时观察试件的不透水性(水压突然下降或试件的非迎水面有水)。

## 9 结果表示和精确度

### 9.1 结果表示

#### 9.1.1 方法 A

试件有明显的水渗到上面的滤纸产生变色，认为试验不符合。

所有试件通过认为卷材不透水。

#### 9.1.2 方法 B

所有试件在规定的时间不透水认为不透水性试验通过。

### 9.2 精确度

试验方法的精确度没有规定。

## 10 试验报告

试验报告至少包括以下信息：

a) 相关产品试验需要的所有数据；

b) 涉及的 GB/T 328 的本部分及偏离；

c) 根据第 6 章的抽样信息；

d) 根据第 7 章的试件制备细节；

e) 采用的试验步骤方法 A 或方法 B(开缝盘或 7 孔圆盘)，包括试验压力和差异；

f) 根据第 9 章的试验结果；

g) 试验日期。

ICS 91.120.30
Q 17

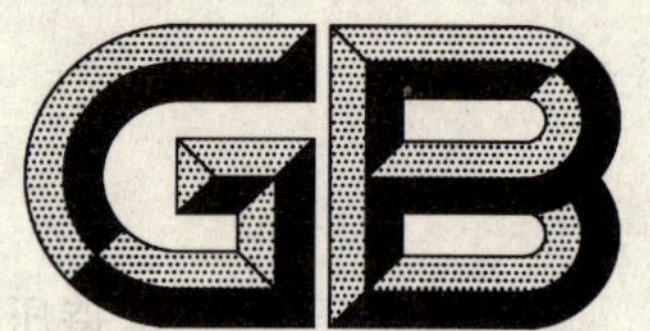

# 中华人民共和国国家标准

GB/T 328.11—2007
代替 GB/T 328.5—1989

## 建筑防水卷材试验方法 第11部分:沥青防水卷材 耐热性

Test methods for building sheets for waterproofing—
Part 11: Bitumen sheets for waterproofing-flow resistance at elevated temperature

2007-03-26 发布　　2007-10-01 实施

中华人民共和国国家质量监督检验检疫总局
中国国家标准化管理委员会　发布

# 前　言

GB/T 328《建筑防水卷材试验方法》分为如下 27 个部分：
——第 1 部分：沥青和高分子防水卷材　抽样规则；
——第 2 部分：沥青防水卷材　外观；
——第 3 部分：高分子防水卷材　外观；
——第 4 部分：沥青防水卷材　厚度、单位面积质量；
——第 5 部分：高分子防水卷材　厚度、单位面积质量；
——第 6 部分：沥青防水卷材　长度、宽度和平直度；
——第 7 部分：高分子防水卷材　长度、宽度、平直度和平整度；
——第 8 部分：沥青防水卷材　拉伸性能；
——第 9 部分：高分子防水卷材　拉伸性能；
——第 10 部分：沥青和高分子防水卷材　不透水性；
——第 11 部分：沥青防水卷材　耐热性；
——第 12 部分：沥青防水卷材　尺寸稳定性；
——第 13 部分：高分子防水卷材　尺寸稳定性；
——第 14 部分：沥青防水卷材　低温柔性；
——第 15 部分：高分子防水卷材　低温弯折性；
——第 16 部分：高分子防水卷材　耐化学液体(包括水)；
——第 17 部分：沥青防水卷材　矿物料粘附性；
——第 18 部分：沥青防水卷材　撕裂性能(钉杆法)；
——第 19 部分：高分子防水卷材　撕裂性能；
——第 20 部分：沥青防水卷材　接缝剥离性能；
——第 21 部分：高分子防水卷材　接缝剥离性能；
——第 22 部分：沥青防水卷材　接缝剪切性能；
——第 23 部分：高分子防水卷材　接缝剪切性能；
——第 24 部分：沥青和高分子防水卷材　抗冲击性能；
——第 25 部分：沥青和高分子防水卷材　抗静态荷载；
——第 26 部分：沥青防水卷材　可溶物含量(浸涂材料含量)；
——第 27 部分：沥青和高分子防水卷材　吸水性。

本部分为 GB/T 328 的第 11 部分。

本部分修改采用 EN 1110:1999《柔性防水卷材　屋面防水沥青卷材　耐热性测定》(英文版)。

本部分章条编号与 EN 1110:1999 章条编号对照参见附录 A。

为便于使用，本部分与 EN 1110:1999 的主要差异是：

a) “本欧洲标准”改为“本部分”；

b) “ISO 5725”改为“GB/T 6379”；

c) 删除 EN 1110:1999 的前言及参考资料，重新编写本部分的前言；

d) 将 GB/T 328.5—1989 的方法作为 B 法，将 EN 1110 的方法作为 A 法。

本部分代替 GB/T 328.5—1989《沥青防水卷材试验方法　耐热性》。

本部分与其他部分组成的标准 GB/T 328.1～328.27—2007《建筑防水卷材试验方法》代替

GB/T 328—1989《沥青防水卷材试验方法》。

本部分与 GB/T 328.5—1989 相比主要变化如下：

——适用范围变化(1989 年版的第 1 章，本版的第 1 章)；

——“引用标准”改为“规范性引用文件”，内容作了调整(1989 年版的第 2 章，本版的第 2 章)；

——“仪器与材料”改为“仪器设备”，“试件”改为“试件制备”，“试验步骤”改为“步骤”，“试验结果评定”改为“结果表示和精确度”，内容作了调整(1989 年版的第 3、4、6、7 章，本版的第 5、7、8、9 章)；

——删除“试验条件”(1989 年版的第 5 章)；

——增加“术语和定义”、“原理”、“取样”、“试验报告”(本版第 3、4、6、10 章)。

本部分附录 A 为资料性附录。

本部分由中国建筑材料工业协会提出。

本部分由全国轻质与装饰装修建筑材料标准化技术委员会(SAC/TC 195)归口。

本部分负责起草单位：中国化学建筑材料公司苏州防水材料研究设计所、建筑材料工业技术监督研究中心。

本部分参加起草单位：北京市建筑材料科学研究院、浙江省建筑材料研究所有限公司、盘锦禹王防水建材集团、北京中建友建筑材料有限公司、杭州绿都防水材料有限公司、北京市中兴青云建筑材料有限公司、北京世纪新星防水材料有限公司、徐州卧牛山新型防水材料有限公司、潍坊市宏源防水材料有限公司、潍坊宇虹新型防水材料有限公司、山东金禹王防水材料有限公司、广饶县祥泰防水卷材厂。

本部分主要起草人：朱志远、杨斌、檀春丽、洪晓苗、詹福民、张星、刘凤波、陈建华。

本部分所代替标准的历次版本发布情况为：

——GB 328—1964、GB 328—1973、GB/T 328.5—1989。

# 建筑防水卷材试验方法<br>第11部分:沥青防水卷材　耐热性

## 1　范围

GB/T 328的本部分规定了沥青屋面防水卷材在温度升高时的抗流动性测定,试验卷材的上表面和下表面在规定温度或连续在不同温度测定的耐热性极限。

试验用来检验产品耐热性要求,或测定规定产品的耐热性极限,如测定老化后性能的变化结果。

本方法不适用于无增强层的沥青卷材。

## 2　规范性引用文件

下列文件中的条款通过GB/T 328的本部分的引用而成为本部分的条款。凡是注日期的引用文件,其随后所有的修改单(不包括勘误的内容)或修订版均不适用于本部分,然而,鼓励根据本标准达成协议的各方研究是否可使用这些文件的最新版本。凡是不注日期的引用文件,其最新版本适用于本部分。

GB/T 328.1　建筑防水卷材试验方法　第1部分:沥青和高分子防水卷材　抽样规则

GB/T 6379.2　测试方法与结果的准确度(正确度与精密度)　第2部分:确定标准测量方法重复性和再现性的基本方法(ISO 5725-2:1994,IDT)

## 3　术语和定义

下列术语和定义适用于GB/T 328的本部分方法A。

3.1

**耐热性　flow resistance**

沥青卷材试件垂直悬挂在规定温度条件下,涂盖层与胎体相比滑动不超过2 mm的能力。

3.2

**耐热性极限(*F*)　flow resistance limit**

沥青卷材试件垂直悬挂涂盖层与胎体相比滑动2 mm时的温度(见图2)。

3.3

**滑动　flow**

由于涂盖层位移在卷材表面引起的记号1与记号2间的最大距离(见图1)。

## 4　方法A

### 4.1　原理

从试样裁取的试件,在规定温度分别垂直悬挂在烘箱中。在规定的时间后测量试件两面涂盖层相对于胎体的位移。平均位移超过2.0 mm为不合格。耐热性极限是通过在两个温度结果间插值测定。

### 4.2　仪器设备

4.2.1　鼓风烘箱(不提供新鲜空气)　在试验范围内最大温度波动±2℃。当门打开30 s后,恢复温度到工作温度的时间不超过5 min。

4.2.2　热电偶 连接到外面的电子温度计,在规定范围内能测量到±1℃。

4.2.3　悬挂装置(如夹子)至少100 mm宽,能夹住试件的整个宽度在一条线,并被悬挂在试验区域(见图1)。

4.2.4 光学测量装置(如读数放大镜)刻度至少 0.1 mm。

4.2.5 金属圆插销的插入装置 内径约 4 mm。

4.2.6 画线装置 画直的标记线(如图 1 所示)。

单位为毫米

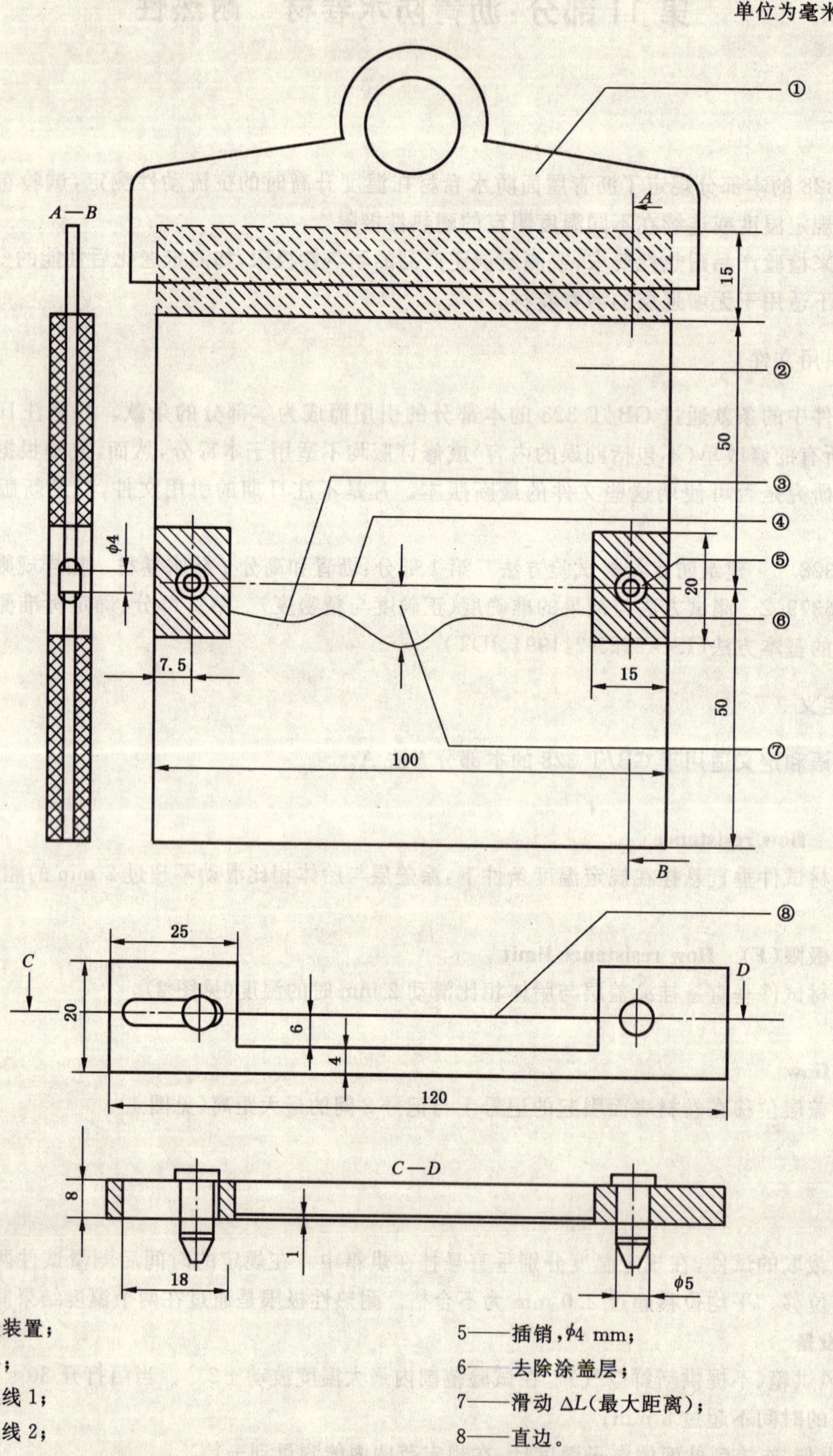


1——悬挂装置；

2——试件；

3——标记线 1；

4——标记线 2；

5——插销，$\phi4$ mm；

6——去除涂盖层；

7——滑动 $\Delta L$(最大距离)；

8——直边。

图 1 试件，悬挂装置和标记装置(示例)

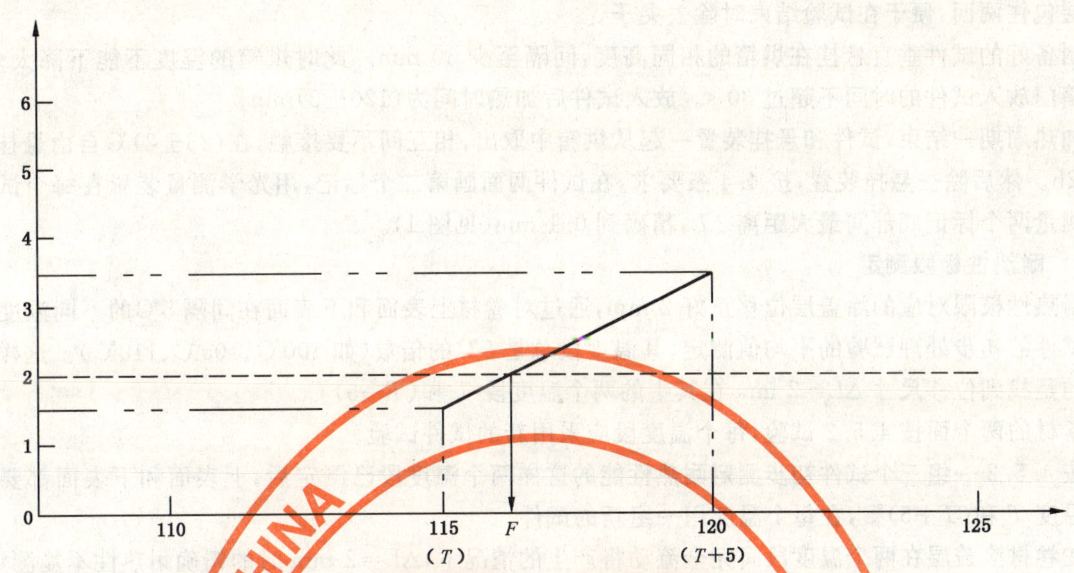


纵轴:滑动 mm;

横轴:试验温度 ℃;

F——耐热性极限(示例=117℃)。

**图 2 内插法耐热性极限测定(示例)**

4.2.7 墨水记号 线的宽度不超过 0.5 mm,白色耐水墨水。

4.2.8 硅纸。

## 4.3 抽样

抽样按 GB/T 328.1 进行。

## 4.4 试件制备

矩形试件尺寸(115±1) mm×(100±1) mm,按 4.5.2 或 4.5.3 试验。试件均匀的在试样宽度方向裁取,长边是卷材的纵向。试件应距卷材边缘 150 mm 以上,试件从卷材的一边开始连续编号,卷材上表面和下表面应标记。

去除任何非持久保护层,适宜的方法是常温下用胶带粘在上面,冷却到接近假设的冷弯温度,然后从试件上撕去胶带,另一方法是用压缩空气吹[压力约 0.5MPa(5bar),喷嘴直径约 0.5 mm],假若上面的方法不能除去保护膜,用火焰烤,用最少的时间破坏膜而不损伤试件。

在试件纵向的横断面一边,上表面和下表面的大约 15 mm 一条的涂盖层去除直至胎体,若卷材有超过一层的胎体,去除涂盖料直到另外一层胎体。在试件的中间区域的涂盖层也从上表面和下表面的两个接近处去除,直至胎体(见图 1)。为此,可采用热刮刀或类似装置,小心地去除涂盖层不损坏胎体。两个内径约 4 mm 的插销在裸露区域穿过胎体(见图 1)。任何表面浮着的矿物料或表面材料通过轻轻敲打试件去除。然后标记装置放在试件两边插入插销定位于中心位置,在试件表面整个宽度方向沿着直边用记号笔垂直划一条线(宽度约 0.5 mm),操作时试件平放。

试件试验前至少放置在(23±2)℃的平面上 2 h,相互之间不要接触或粘住,有必要时,将试件分别放在硅纸上防止粘结。

## 4.5 步骤

### 4.5.1 试验准备

烘箱预热到规定试验温度,温度通过与试件中心同一位置的热电偶控制。整个试验期间,试验区域的温度波动不超过±2℃。

### 4.5.2 规定温度下耐热性的测定

按 4.3 制备的一组三个试件露出的胎体处用悬挂装置夹住,涂盖层不要夹到。必要时,用如硅纸的不粘层包住两面，便于在试验结束时除去夹子。

制备好的试件垂直悬挂在烘箱的相同高度，间隔至少 30 mm。此时烘箱的温度不能下降太多，开关烘箱门放入试件的时间不超过 30 s。放入试件后加热时间为(120±2)min。

加热周期一结束，试件和悬挂装置一起从烘箱中取出，相互间不要接触，在(23±2)℃自由悬挂冷却至少 2h。然后除去悬挂装置，按 4.4 条要求，在试件两面画第二个标记，用光学测量装置在每个试件的两面测量两个标记底部间最大距离 $\Delta L$，精确到 0.1 mm(见图 1)。

**4.5.3 耐热性极限测定**

耐热性极限对应的涂盖层位移正好 2 mm，通过对卷材上表面和下表面在间隔 5℃的不同温度段的每个试件的初步处理试验的平均值测定，其温度段总是 5℃的倍数(如 100℃、105℃、110℃)。这样试验的目的是找到位移尺寸 $\Delta L=2$ mm 在其中的两个温度段 $T$ 和$(T+5)$℃。

卷材的两个面按 4.5.2 试验，每个温度段应采用新的试件试验。

按 4.5.2 一组三个试件初步测定耐热性能的这样两个温度段已测定后，上表面和下表面都要测定两个温度 $T$ 和$(T+5)$℃，在每个温度用一组新的试件。

在卷材涂盖层在两个温度段间完全流动将产生的情况下，$\Delta L=2$ mm 时的精确耐热性不能测定，此时滑动不超过 2.0 mm 的最高温度 $T$ 可作为耐热性极限。

**4.6 结果计算、表示和试验方法精确度**

**4.6.1 平均值计算**

计算卷材每个面三个试件的滑动值的平均值，精确到 0.1 mm。

**4.6.2 耐热性**

耐热性按 4.5.2 试验，在此温度卷材上表面和下表面的滑动平均值不超过 2.0 mm 认为合格。

**4.6.3 耐热性极限**

耐热性极限通过线性图或计算每个试件上表面和下表面的两个结果测定，每个面修约到 1℃(见图 2)。

**4.6.4 试验方法精确度**

4.5.3 方法的精确度值由相关的实验室按 GB/T 6379.2 试验，采用的是聚酯胎卷材。4.6.4.1 规定的范围对 4.5.2 条也有效。

**4.6.4.1 重复性**

——一组三个试件偏差范围：$d_{a,3}=1.6$ mm

——重复性的标准偏差：$\sigma_r=0.7$℃

——置信水平(95%)值：$q_r=1.3$℃

——重复性极限(两个不同结果)：$r=2$℃

**4.6.4.2 再现性**

——再现性的标准偏差：$\sigma_R=3.5$℃

——置信水平(95%)值：$q_R=6.7$℃

——再现性极限(两个不同结果)：$R=10$℃

## 5 方法 B

**5.1 原理**

从试样裁取的试件，在规定温度分别垂直悬挂在烘箱中。在规定的时间后测量试件两面涂盖层相对于胎体的位移及流淌、滴落。

**5.2 仪器设备**

5.2.1 鼓风烘箱(不提供新鲜空气) 在试验范围内最大温度波动±2℃。当门打开 30 s 后，恢复温度到工作温度的时间不超过 5 min。

5.2.2 热电偶 连接到外面的电子温度计，在规定范围内能测量到±1℃。

5.2.3 悬挂装置 洁净无锈的铁丝或回形针。

5.2.4 硅纸。

**5.3 抽样**

抽样按 GB/T 328.1 进行。

矩形试件尺寸(100±1) mm×(50±1) mm，按 5.5.2 试验。试件均匀的在试样宽度方向裁取，长边是卷材的纵向。试件应距卷材边缘 150 mm 以上，试件从卷材的一边开始连续编号，卷材上表面和下表面应标记。

**5.4 试件制备**

去除任何非持久保护层，适宜的方法是常温下用胶带粘在上面，冷却到接近假设的冷弯温度，然后从试件上撕去胶带，另一方法是用压缩空气吹[压力约 0.5 MPa(5 bar)，喷嘴直径约 0.5 mm]，假若上面的方法不能除去保护膜，用火焰烤，用最少的时间破坏膜而不损伤试件。

试件试验前至少在(23±2)℃平放 2 h，相互之间不要接触或粘住，有必要时，将试件分别放在硅纸上防止粘结。

**5.5 步骤**

**5.5.1 试验准备**

烘箱预热到规定试验温度，温度通过与试件中心同一位置的热电偶控制。整个试验期间，试验区域的温度波动不超过±2℃。

**5.5.2 规定温度下耐热性的测定**

按 5.3 制备一组三个试件，分别在距试件短边一端 10 mm 处的中心打一小孔，用细铁丝或回形针穿过，垂直悬挂试件在规定温度烘箱的相同高度，间隔至少 30 mm。此时烘箱的温度不能下降太多，开关烘箱门放入试件的时间不超过 30s。放入试件后加热时间为(120±2)min。

加热周期一结束，试件从烘箱中取出，相互间不要接触，目测观察并记录试件表面的涂盖层有无滑动、流淌、滴落、集中性气泡。

集中性气泡指破坏涂盖层原形的密集气泡。

**5.6 结果计算、表示和试验方法精确度**

**5.6.1 结果计算**

试件任一端涂盖层不应与胎基发生位移，试件下端的涂盖层不应超过胎基，无流淌、滴落、集中性气泡，为规定温度下耐热性符合要求。

一组三个试件都应符合要求。

**5.6.2 试验方法精确度**

试验方法的精确度没有规定。

## 6 试验报告

试验报告至少包括以下信息：

a) 相关产品试验需要的所有数据；

b) 涉及的 GB/T 328 的本部分及偏离；

c) 根据本部分的抽样信息；

d) 根据本部分的试件制备细节及选择的方法；

e) 根据本部分的试验结果；

f) 试验日期。

# 附 录 A
## (资料性附录)
## 本部分章条编号与 EN 1110:1999 章条编号对照

表 A.1 给出了本部分章条编号与 EN 1110:1999 章条编号对照一览表。

**表 A.1 本部分章条编号与 EN 1110:1999 章条编号对照**

| 本部分章条编号 | 对应的 EN 1110:1999 章条编号 |
|---|---|
| 1 | 1 |
| 2 | 2 |
| 3 | 3 |
| 4.1 | 4 |
| 4.2 | 5 |
| 4.3 | 6 |
| 4.4 | 7 |
| 4.5 | 8 |
| 4.6 | 9 |
| 5 | — |
| 6 | 10 |

ICS 91.120.30
Q 17

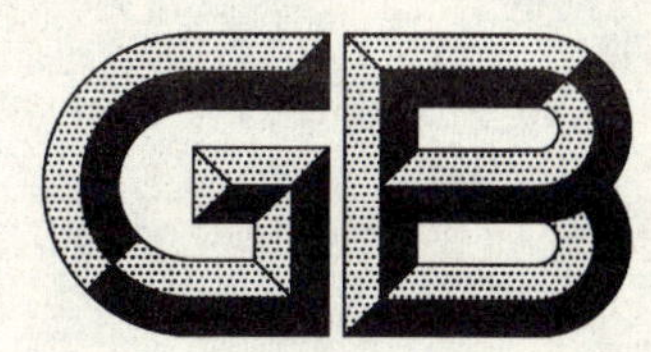

# 中华人民共和国国家标准

GB/T 328.12—2007

# 建筑防水卷材试验方法
# 第12部分：沥青防水卷材　尺寸稳定性

**Test methods for building sheets for waterproofing—**
**Part 12: Bitumen sheets for waterproofing-dimensional stability**

2007-03-26 发布　　2007-10-01 实施

中华人民共和国国家质量监督检验检疫总局
中国国家标准化管理委员会　发布

ICS 91.120.30
Q 17

# 中华人民共和国国家标准

GB/T 328.12—2007

# 建筑防水卷材试验方法 第12部分：沥青防水卷材 尺寸稳定性

Test methods for building sheets for waterproofing—
Part 12: Bitumen sheets for roofing—Dimensional stability

2007-03-26发布　　2007-10-01实施

中华人民共和国国家质量监督检验检疫总局
中国国家标准化管理委员会　发布

# 前　言

GB/T 328《建筑防水卷材试验方法》分为如下 27 个部分：

——第 1 部分：沥青和高分子防水卷材　抽样规则；
——第 2 部分：沥青防水卷材　外观；
——第 3 部分：高分子防水卷材　外观；
——第 4 部分：沥青防水卷材　厚度、单位面积质量；
——第 5 部分：高分子防水卷材　厚度、单位面积质量；
——第 6 部分：沥青防水卷材　长度、宽度和平直度；
——第 7 部分：高分子防水卷材　长度、宽度、平直度和平整度；
——第 8 部分：沥青防水卷材　拉伸性能；
——第 9 部分：高分子防水卷材　拉伸性能；
——第 10 部分：沥青和高分子防水卷材　不透水性；
——第 11 部分：沥青防水卷材　耐热性；
——第 12 部分：沥青防水卷材　尺寸稳定性；
——第 13 部分：高分子防水卷材　尺寸稳定性；
——第 14 部分：沥青防水卷材　低温柔性；
——第 15 部分：高分子防水卷材　低温弯折性；
——第 16 部分：高分子防水卷材　耐化学液体(包括水)；
——第 17 部分：沥青防水卷材　矿物料粘附性；
——第 18 部分：沥青防水卷材　撕裂性能(钉杆法)；
——第 19 部分：高分子防水卷材　撕裂性能；
——第 20 部分：沥青防水卷材　接缝剥离性能；
——第 21 部分：高分子防水卷材　接缝剥离性能；
——第 22 部分：沥青防水卷材　接缝剪切性能；
——第 23 部分：高分子防水卷材　接缝剪切性能；
——第 24 部分：沥青和高分子防水卷材　抗冲击性能；
——第 25 部分：沥青和高分子防水卷材　抗静态荷载；
——第 26 部分：沥青防水卷材　可溶物含量(浸涂材料含量)；
——第 27 部分：沥青和高分子防水卷材　吸水性。

本部分为 GB/T 328 的第 12 部分。

本部分等同采用 EN 1107-1:1999《柔性防水卷材　尺寸稳定性测定　第 1 部分：屋面防水沥青卷材》(英文版)。

本部分章条编号与 EN 1107-1:1999 章条编号一致。

为便于使用，对 EN 1107-1:1999 本部分作的主要编辑性修改是：

a)　"本欧洲标准"改为"本部分"；

b)　"ISO 5725"改为"GB/T 6379"，规范性引用文件增加 GB/T 328.1；

c)　删除 EN 1107-1:1999 的前言，重新编写本部分的前言；

d)　将 EN 1107-1:1999 第 6 章的第二段移入第 7 章。

本部分与其他部分组成的标准 GB/T 328.1～328.27—2007《建筑防水卷材试验方法》代替

GB/T 328—1989《沥青防水卷材试验方法》。

本部分由中国建筑材料工业协会提出。

本部分由全国轻质与装饰装修建筑材料标准化技术委员会(SAC/TC 195)归口。

本部分负责起草单位:中国化学建筑材料公司苏州防水材料研究设计所、建筑材料工业技术监督研究中心。

本部分参加起草单位:北京市建筑材料科学研究院、浙江省建筑材料研究所有限公司、盘锦禹王防水建材集团、北京中建友建筑材料有限公司、杭州绿都防水材料有限公司、北京世纪新星防水材料有限公司、北京市中兴青云建筑材料有限公司、徐州卧牛山新型防水材料有限公司、潍坊市宏源防水材料有限公司、潍坊宇虹新型防水材料有限公司、山东金禹王防水材料有限公司、广饶县祥泰防水卷材厂。

本部分主要起草人:朱志远、杨斌、檀春丽、洪晓苗、陈建华、詹福民、吴进明、章国荣。

本部分为首次发布。

# 建筑防水卷材试验方法
# 第 12 部分:沥青防水卷材　尺寸稳定性

## 1　范围

GB/T 328 的本部分规定了沥青屋面防水卷材尺寸稳定性的测定方法。

## 2　规范性引用文件

下列文件中的条款通过 GB/T 328 的本部分的引用而成为本部分的条款。凡是注日期的引用文件,其随后所有的修改单(不包括勘误的内容)或修订版均不适用于本部分,然而,鼓励根据本标准达成协议的各方研究是否可使用这些文件的最新版本。凡是不注日期的引用文件,其最新版本适用于本部分。

GB/T 328.1　建筑防水卷材试验方法　第 1 部分:沥青和高分子防水卷材　抽样规则

GB/T 6379.2　测试方法与结果的准确度(正确度与精密度)　第 2 部分:确定标准测量方法重复性和再现性的基本方法(ISO 5725-2:1994,IDT)

## 3　术语和定义

下列术语和定义适用于 GB/T 328 的本部分。

**尺寸变化　dimensional change**

从沥青防水卷材纵向裁取的试件按规定热处理后,在无限制情况下的长度变化,以相对于起始长度的百分率表示。

## 4　原理

从试样裁取的试件热处理后,让所有内应力释放出来。用光学或机械方法测量尺寸变化结果。

## 5　仪器设备

### 5.1　通则

两种测量方法任选:

a)　光学方法(方法 A)

本方法采用光学方法测量标记在热处理前后间的距离(见图 1)。

b)　卡尺法(方法 B)

本方法采用卡尺(变形测量器)测量两个测量标记间距离变化(见图 2)。

### 5.2　方法 A 和 B 仪器设备

5.2.1　鼓风烘箱(无新鲜空气进入)　达到(80±2)℃。

5.2.2　热电偶　连接到外面的电子温度计,在温度测量范围内精确至±1℃。

5.2.3　钢板(大约 280 mm×80 mm×6 mm)　用于裁切,它作为模板来去除露出的涂盖层,在放置测量标记和测量期间压平试件(见图 1 和图 2)。

5.2.4　玻璃板　涂有滑石粉。

单位为毫米

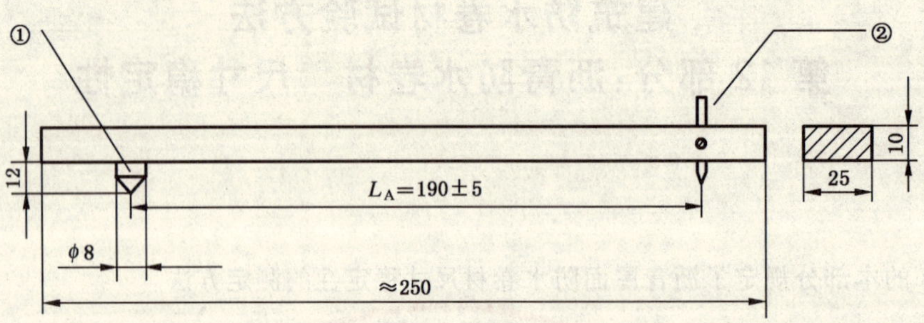


a) 长臂规

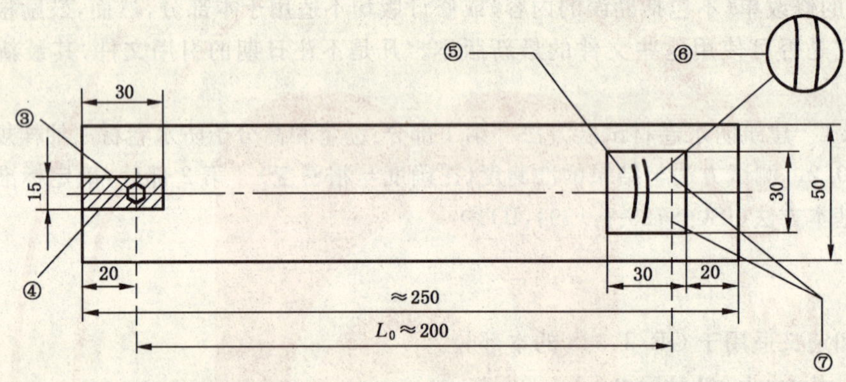


b) 试件

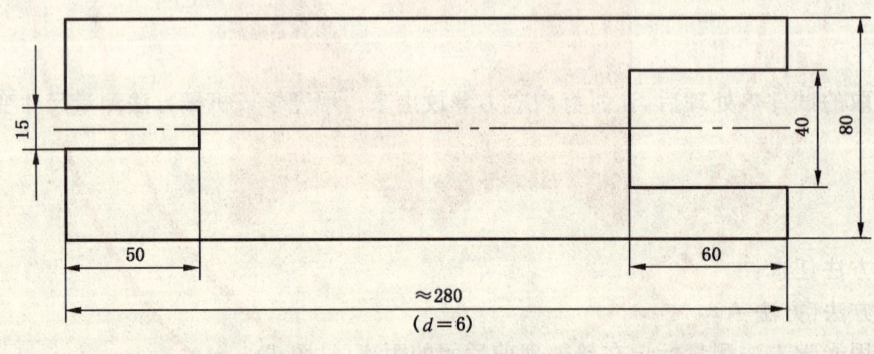


c) 钢板

1——钢锥；

2——钉；

3——M5 螺母(测量基点)；

4——涂盖层去除；

5——铝标签；

6——测量标记；

7——钉书机钉。

**图 1　试件及方法 A 的试验仪器设备**

单位为毫米

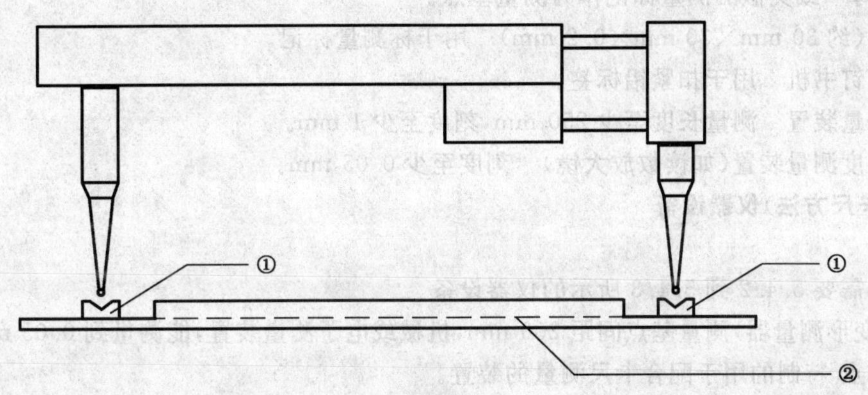


a) 卡尺测量装置(变形测量器)

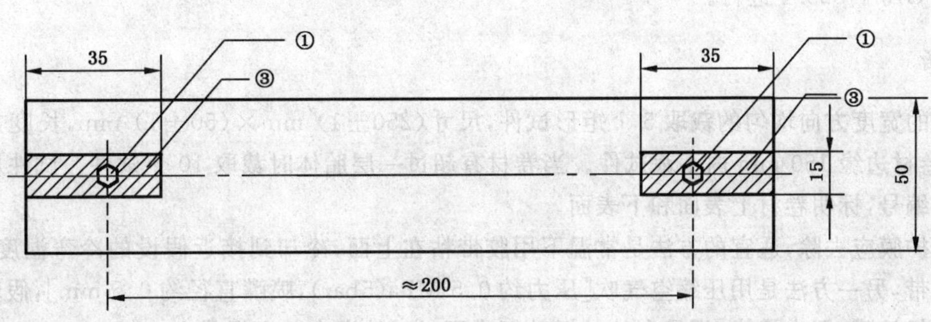


b) 试件

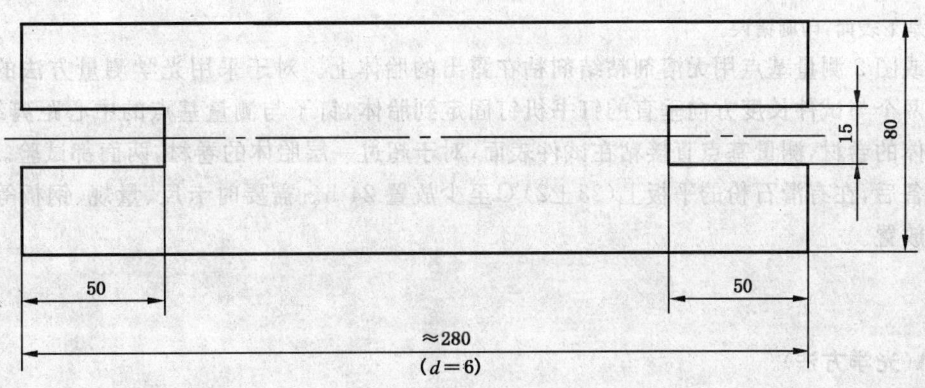


c) 钢板

1——测量基点;

2——胎体;

3——涂盖层去除。

**图 2 试件及方法 B 的测量仪器设备**

**5.3 方法 A(光学方法)仪器设备**

5.3.1 通则 除 5.2 外,需要 5.3.2 到 5.3.7 所示仪器设备。

5.3.2 长臂规 钢制,尺寸大约 25 mm×10 mm×250 mm,上配有定位圆锥(直径大约 8 mm,高度大约 12 mm,圆锥角度约 60°)及可更换的画线钉(尖头直径约 0.05 mm),与圆锥轴距离 $L_A=(190\pm5)$ mm(见图 1)。

5.3.3 M5 螺母 或类似的测量标记作为测量基点。

5.3.4 铝标签(约 30 mm×30 mm×0.2 mm) 用于标测量标记。

5.3.5 办公用钉书机 用于扣紧铝标签。

5.3.6 长度测量装置 测量长度至少 250 mm,刻度至少 1 mm。

5.3.7 精确长度测量装置(如读数放大镜) 刻度至少 0.05 mm。

### 5.4 方法 B(卡尺方法)仪器设备

5.4.1 通则

除 5.2 外,需要 5.4.2 到 5.4.3 所示的仪器设备

5.4.2 卡尺(变形测量器)测量基点间距 200 mm,机械或电子测量装置,能测量到 0.05 mm。

5.4.3 测量基点 特制的用于配合卡尺测量的装置。

## 6 抽样

抽样按 GB/T 328.1 进行。

## 7 试件制备

从试样的宽度方向均匀的裁取 5 个矩形试件,尺寸(250±1) mm×(50±1) mm,长度方向是卷材的纵向,在卷材边缘 150 mm 内不裁试件。当卷材有超过一层胎体时裁取 10 个试件。试件从卷材的一边开始顺序编号,标明卷材上表面和下表面。

任何保护膜应去除,适宜的方法是常温下用胶带粘在上面,冷却到接近假设的冷弯温度,然后从试件上撕去胶带,另一方法是用压缩空气吹[压力约 0.5 MPa(5bar),喷嘴直径约 0.5 mm],假若上面的方法不能除去保护膜,用火焰烤,用最少的时间破坏膜而对试件没有其它损伤。

按图 1 或图 2 用金属模板和加热的刮刀或类似装置,把试件上表面的涂盖层去除直到胎体,不应损害胎体。

注:原文是下表面,印刷错误。

按图 1 或图 2 测量基点用无溶剂粘结剂粘在露出的胎体上。对于采用光学测量方法的试件,铝标签按图 1 用两个与试件长度方向垂直的钉书机钉固定到胎体,钉子与测量基点的中心距离约 200 mm。对于没有胎体的卷材,测量基点直接粘在试件表面,对于超过一层胎体的卷材,两面都试验。

试件制备后,在有滑石粉的平板上(23±2)℃至少放置 24 h。需要时卡尺、量规、钢板等,也在同样温度条件下放置。

## 8 步骤

### 8.1 方法 A(光学方法)

当采用光学方法(见 5.3)时,试件(见图 1)上的相关长度 $L_0$ 在(23±2)℃用长度测量装置测量,精确到 1 mm。为此,用于裁取的钢板放在测量基点和铝标签上,长臂规上圆锥的中心此时放入测量基点,用画线钉在铝标签上画弧形测量标记。操作时不应有附加的压力,只有量规的质量,第一个测量标记应能明显的识别。

### 8.2 方法 B(卡尺方法)

试件采用卡尺方法(见 5.4)试验,测量装置放在测量基点上,温度(23±2)℃,测量两个基点间的起始距离 $L_0$,精确到 0.05 mm。

### 8.3 通则(方法 A 和 B)

烘箱预热到(80±2)℃,在试验区域控制温度的热电偶位置靠近试件。

然后，试件和上面的测量基点放在撒有滑石粉的玻璃板上放入烘箱，在(80±2)℃处理 24 h±15 min。整个试验期间烘箱试验区域保持温度恒定。

处理后，玻璃板和试件从烘箱中取出，在(23±2)℃冷却至少 4 h。

## 9 结果记录、评价和试验方法精确度

### 9.1 方法 A(光学方法)

试件按 8.1 画第二个测量标记，测量两个标记外圈半径方向间的距离(见图 1)，每个试件用精确长度测量装置测量精确到 0.05 mm。

每个测量值与 $L_0$ 比给出百分率。

### 9.2 方法 B(卡尺方法)

按 8.2 再次测量两个测量基点间的距离，精确到 0.05 mm。计算每个试件与起始长度 $L_0$ 比较的差值，以相对于起始长度 $L_0$ 的百分率表示。

### 9.3 评价

每个试件根据直线上的变化结果给出符号(+伸长，－收缩)。

试验结果取 5 个试件的算术平均值，精确到 0.1%，对于超过一层胎体的卷材要分别计算每面的试验结果。

### 9.4 试验方法精确度

试验方法的精确度由相关的实验室按 GB/T 6379.2 测定，采用聚酯胎卷材。

目前对于其他胎体或无胎体的卷材没有给出数据。

#### 9.4.1 重复性

——5 个试件偏差范围：$d_{a,5}=0.3\%$

——重复性的标准偏差：$\sigma_r=0.06\%$

——置信水平(95%)值：$q_r=0.1\%$

——重复性极限(两个不同结果)：$r=0.2\%$

#### 9.4.2 再现性

——再现性的标准偏差：$\sigma_R=0.12\%$

——置信水平(95%)值：$q_R=0.2\%$

——再现性极限(两个不同结果)：$R=0.3\%$

## 10 试验报告

试验报告至少包括以下信息：

a) 相关产品试验需要的所有数据；

b) 涉及的 GB/T 328 的本部分及偏离；

c) 根据第 6 章的抽样信息；

d) 根据第 7 章的试件制备细节；

e) 根据 9.3 的试验结果，采用的试验方法(A 或 B)；

f) 试验日期。

ICS 91.120.30
Q 17

# 中华人民共和国国家标准

GB/T 328.13—2007

## 建筑防水卷材试验方法 第13部分:高分子防水卷材 尺寸稳定性

Test methods for building sheets for waterproofing—
Part 13: Plastic and rubber sheets for waterproofing-dimensional stability

2007-03-26 发布　　2007-10-01 实施

中华人民共和国国家质量监督检验检疫总局
中国国家标准化管理委员会　发布

# 前　言

GB/T 328《建筑防水卷材试验方法》分为如下 27 个部分：

——第 1 部分：沥青和高分子防水卷材　抽样规则；

——第 2 部分：沥青防水卷材　外观；

——第 3 部分：高分子防水卷材　外观；

——第 4 部分：沥青防水卷材　厚度、单位面积质量；

——第 5 部分：高分子防水卷材　厚度、单位面积质量；

——第 6 部分：沥青防水卷材　长度、宽度和平直度；

——第 7 部分：高分子防水卷材　长度、宽度、平直度和平整度；

——第 8 部分：沥青防水卷材　拉伸性能；

——第 9 部分：高分子防水卷材　拉伸性能；

——第 10 部分：沥青和高分子防水卷材　不透水性；

——第 11 部分：沥青防水卷材　耐热性；

——第 12 部分：沥青防水卷材　尺寸稳定性；

——第 13 部分：高分子防水卷材　尺寸稳定性；

——第 14 部分：沥青防水卷材　低温柔性；

——第 15 部分：高分子防水卷材　低温弯折性；

——第 16 部分：高分子防水卷材　耐化学液体(包括水)；

——第 17 部分：沥青防水卷材　矿物料粘附性；

——第 18 部分：沥青防水卷材　撕裂性能(钉杆法)；

——第 19 部分：高分子防水卷材　撕裂性能；

——第 20 部分：沥青防水卷材　接缝剥离性能；

——第 21 部分：高分子防水卷材　接缝剥离性能；

——第 22 部分：沥青防水卷材　接缝剪切性能；

——第 23 部分：高分子防水卷材　接缝剪切性能；

——第 24 部分：沥青和高分子防水卷材　抗冲击性能；

——第 25 部分：沥青和高分子防水卷材　抗静态荷载；

——第 26 部分：沥青防水卷材　可溶物含量(浸涂材料含量)；

——第 27 部分：沥青和高分子防水卷材　吸水性。

本部分为 GB/T 328 的第 13 部分。

本部分等同采用 EN 1107-2:2001《柔性防水卷材　尺寸稳定性测定　第 2 部分：屋面防水塑料和橡胶卷材》(英文版)。

本部分章条编号与 EN 1107-2:2001 章条编号一致。

为便于使用，对 EN 1107-2:2001 本部分做的主要编辑性修改是：

a) “本欧洲标准”改为“本部分”；

b) “EN 13416”改为“GB/T 328.1”；

c) “塑料和橡胶屋面防水卷材”改为“高分子防水卷材”；

d) 删除 EN 1107-2:2001 的前言，重新编写本部分的前言。

本部分与其他部分组成的标准 GB/T 328.1～328.27—2007《建筑防水卷材试验方法》代替

GB/T 328—1989《沥青防水卷材试验方法》。

本部分由中国建筑材料工业协会提出。

本部分由全国轻质与装饰装修建筑材料标准化技术委员会(SAC/TC 195)归口。

本部分负责起草单位:中国化学建筑材料公司苏州防水材料研究设计所、建筑材料工业技术监督研究中心。

本部分参加起草单位:北京市建筑材料科学研究院、浙江省建筑材料研究所有限公司、中铁六局北京铁路建设有限公司、哈高科绥棱二塑有限公司、湖州红星建筑防水有限公司、山东力华防水建材有限公司。

本部分主要起草人:朱志远、杨斌、洪晓苗、檀春丽、陈建华、陈文洁、吴卫平、何少岚。

本部分为首次发布。

# 建筑防水卷材试验方法
# 第13部分:高分子防水卷材　尺寸稳定性

## 1　范围

GB/T 328的本部分规定了高分子屋面防水卷材加热后尺寸变化的测定方法。

## 2　规范性引用文件

下列文件中的条款通过GB/T 328的本部分的引用而成为本部分的条款。凡是注日期的引用文件,其随后所有的修改单(不包括勘误的内容)或修订版均不适用于本部分,然而,鼓励根据本标准达成协议的各方研究是否可使用这些文件的最新版本。凡是不注日期的引用文件,其最新版本适用于本部分。

GB/T 328.1　建筑防水卷材试验方法　第1部分:沥青和高分子防水卷材　抽样规则

## 3　术语和定义

下列术语和定义适用于GB/T 328的本部分。

**上表面　top surface**

在使用现场,卷材朝上的面,通常是成卷卷材的里面。

## 4　原理

试验原理是测定试件起始纵向和横向尺寸,在规定的温度加热试件到规定的时间,再测量试件纵向和横向尺寸,记录并计算尺寸变化。

## 5　仪器设备

试验设备由5.1和5.2组成。

### 5.1　鼓风烘箱

烘箱能调节试件在整个试验周期内保持规定温度±2℃,温度计或热电偶放置靠近试件处记录实际试验温度。

能保证试件放入后烘箱不会干扰试验期间的尺寸变化,例如为防止影响,试件放在涂有滑石粉的玻璃板上。

### 5.2　机械或光学测量装置

测量装置能测量试件的纵向和横向尺寸,精确到0.1 mm。

## 6　抽样

抽样按GB/T 328.1进行。

## 7　试件制备

取至少三个正方形试件大约250 mm×250 mm,在整个卷材宽度方向均匀分布,最外一个距卷材边缘(100±10) mm。

注:当有表面结构存在时可能需要更大的试件。

按图 1 所示在试件纵向和横向的中间作永久标记。

任何标记方法应满足按 5.2 选择的测量装置的测量精度不低于 0.1 mm。

试验前试件在(23±2)℃,相对湿度(50±5)%标准条件下至少放置 20 h。

单位为毫米

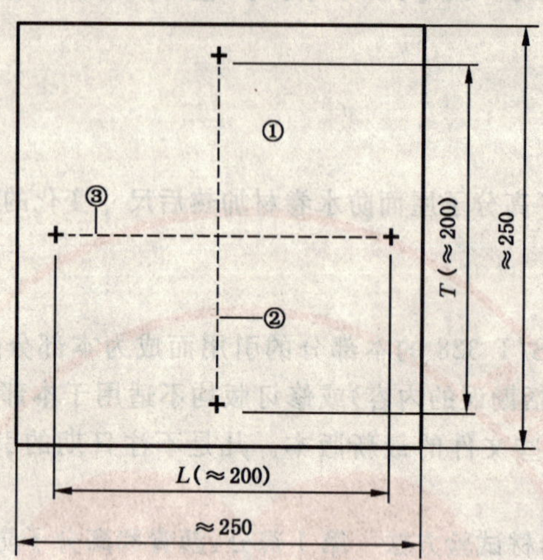


1——永久标记;

2——横向中心线;

3——纵向中心线。

**图 1 试件尺寸测量**

## 8 步骤

### 8.1 试验条件

试件在(80±2)℃处理 6 h±15 min。

### 8.2 试验方法

按图 1 测量试件起始的纵向和横向尺寸($L_0$ 和 $T_0$),精确到 0.1 mm。

按 5.1 调节到(80±2)℃,放试件在平板上,上表面在烘箱中朝上。

在 6 h±15 min 后,从烘箱的平板上取出试件,在(23±2)℃,相对湿度(50±5)%标准条件下恢复至少 60 min。按图 1 再测量试件纵向和横向尺寸($L_1$ 和 $T_1$),精确到 0.1 mm。

## 9 结果表示

### 9.1 评价

对每个试件,按公式计算和取尺寸变化($\Delta L$)和($\Delta T$),以起始尺寸的百分率表示,见式(1)和式(2)。

$$\Delta L = \frac{L_1 - L_0}{L_0} \times 100 \quad \cdots\cdots(1)$$

$$\Delta T = \frac{T_1 - T_0}{T_0} \times 100 \quad \cdots\cdots(2)$$

式中:$L_0$ 和 $T_0$——起始尺寸,单位为毫米(mm),测量精度 0.1 mm。

$L_1$ 和 $T_1$——加热处理后的尺寸,单位为毫米(mm),测量精度 0.1 mm。

$\Delta L$ 和 $\Delta T$——可能+或-,修约到 0.1%。

$\Delta L$ 和 $\Delta T$ 的平均值分别作为样品试验的结果。

### 9.2 试验方法精确度

试验方法的精确度没有规定。

## 10 试验报告

试验报告至少包括以下信息：

a) 涉及的GB/T 328的本部分及偏离；

b) 相关产品试验需要的所有数据；

c) 根据第6章的抽样信息；

d) 根据第7章的试件制备细节；

e) 根据第9章的试验结果；

f) 试验过程中采用的非标准步骤或遇到的异常；

g) 试验日期。

ICS 91.120.30
Q 17

# 中华人民共和国国家标准

GB/T 328.14—2007
代替 GB/T 328.7—1989

# 建筑防水卷材试验方法 第14部分:沥青防水卷材 低温柔性

**Test methods for building sheets for waterproofing—Part 14: Bitumen sheets for waterproofing-flexibility at low temperature**

2007-03-26 发布 2007-10-01 实施

中华人民共和国国家质量监督检验检疫总局
中国国家标准化管理委员会 发布

# 前　言

GB/T 328《建筑防水卷材试验方法》分为如下 27 个部分：
——第 1 部分：沥青和高分子防水卷材　抽样规则；
——第 2 部分：沥青防水卷材　外观；
——第 3 部分：高分子防水卷材　外观；
——第 4 部分：沥青防水卷材　厚度、单位面积质量；
——第 5 部分：高分子防水卷材　厚度、单位面积质量；
——第 6 部分：沥青防水卷材　长度、宽度和平直度；
——第 7 部分：高分子防水卷材　长度、宽度、平直度和平整度；
——第 8 部分：沥青防水卷材　拉伸性能；
——第 9 部分：高分子防水卷材　拉伸性能；
——第 10 部分：沥青和高分子防水卷材　不透水性；
——第 11 部分：沥青防水卷材　耐热性；
——第 12 部分：沥青防水卷材　尺寸稳定性；
——第 13 部分：高分子防水卷材　尺寸稳定性；
——第 14 部分：沥青防水卷材　低温柔性；
——第 15 部分：高分子防水卷材　低温弯折性；
——第 16 部分：高分子防水卷材　耐化学液体(包括水)；
——第 17 部分：沥青防水卷材　矿物料粘附性；
——第 18 部分：沥青防水卷材　撕裂性能(钉杆法)；
——第 19 部分：高分子防水卷材　撕裂性能；
——第 20 部分：沥青防水卷材　接缝剥离性能；
——第 21 部分：高分子防水卷材　接缝剥离性能；
——第 22 部分：沥青防水卷材　接缝剪切性能；
——第 23 部分：高分子防水卷材　接缝剪切性能；
——第 24 部分：沥青和高分子防水卷材　抗冲击性能；
——第 25 部分：沥青和高分子防水卷材　抗静态荷载；
——第 26 部分：沥青防水卷材　可溶物含量(浸涂材料含量)；
——第 27 部分：沥青和高分子防水卷材　吸水性。

本部分为 GB/T 328 的第 14 部分。

本部分修改采用 EN 1109:1999《柔性防水卷材　屋面防水沥青卷材　低温柔性测定》(英文版)。

本部分章条编号与 EN 1109:1999 章条编号一致。

为便于使用，本部分与 EN 1109:1999 的主要差异是：

a) “本欧洲标准”改为“本部分”；

b) “ISO 5725”改为“GB/T 6379”；

c) 删除 EN 1109:1999 的前言及参考资料，重新编写本部分的前言；

d) 增加了规范性引用文件 GB/T 328.1；

e) 增加了 8.1 条 20 mm、50 mm 直径的弯曲轴尺寸；

f) 试件的尺寸改为 150 mm×25 mm；

g） 增加了第5章的条文注；

h） 将EN1109:1999第6章的第二段移入第7章。

本部分代替GB/T 328.7—1989《沥青防水卷材试验方法　柔度》。

本部分与其他部分组成的标准GB/T 328.1～328.27—2007《建筑防水卷材试验方法》代替GB/T 328—1989《沥青防水卷材试验方法》。

本部分与GB/T 328.7—1989相比主要变化如下：

——适用范围变化(1989年版的第1章，本版的第1章)；

——“引用标准”改为“规范性引用文件”，内容作了调整(1989年版的第2章，本版的第2章)；

——“仪器与材料”改为“仪器设备”，“试件”改为“试件制备”，“试验步骤”改为“步骤”，“试验结果评定”改为“结果计算、记录和试验方法的精确度”，内容作了调整(1989年版的第3、4、6、7章，本版的第5、7、8、9章)；

——删除“试验条件”(1989年版的第5章)；

——增加“术语和定义”、“原理”、“抽样”、“试验报告”(本版的第3、4、6、10章)。

本部分由中国建筑材料工业协会提出。

本部分由全国轻质与装饰装修建筑材料标准化技术委员会(SAC/TC 195)归口。

本部分负责起草单位：中国化学建筑材料公司苏州防水材料研究设计所、建筑材料工业技术监督研究中心。

本部分参加起草单位：北京市建筑材料科学研究院、浙江省建筑材料研究所有限公司、盘锦禹王防水建材集团、北京中建友建筑材料有限公司、杭州绿都防水材料有限公司、北京市中兴青云建筑材料有限公司、北京世纪新星防水材料有限公司、徐州卧牛山新型防水材料有限公司、潍坊市宏源防水材料有限公司、潍坊宇虹新型防水材料有限公司、山东金禹王防水材料有限公司、广饶县祥泰防水卷材厂。

本部分主要起草人：朱志远、杨斌、檀春丽、洪晓苗、陈建华、詹福民、张星、刘凤波。

本部分所代替标准的历次版本发布情况为：

——GB 328—1964、GB 328—1973、GB/T 328.7—1989。

# 建筑防水卷材试验方法
# 第14部分:沥青防水卷材　低温柔性

## 1　范围

GB/T 328的本部分规定了增强沥青屋面防水卷材低温柔性的试验方法,没有增强的沥青防水卷材也可按本标准进行。

本部分要求卷材的上表面和下表面都要通过规定温度的试验或继续在不同温度范围测定作为极性温度的冷弯温度。本部分也可用于测定产品的最低冷弯温度或测定产品规定的冷弯温度,例如测定产品在加速老化后性能的变化。

## 2　规范性引用文件

下列文件中的条款通过GB/T 328的本部分的引用而成为本部分的条款。凡是注日期的引用文件,其随后所有的修改单(不包括勘误的内容)或修订版均不适用于本部分,然而,鼓励根据本标准达成协议的各方研究是否可使用这些文件的最新版本。凡是不注日期的引用文件,其最新版本适用于本部分。

GB/T 328.1　建筑防水卷材试验方法　第1部分:沥青和高分子防水卷材　抽样规则

GB/T 6379.2　测试方法与结果的准确度(正确度与精密度)　第2部分:确定标准测量方法重复性和再现性的基本方法(ISO 5725-2:1994,IDT)

## 3　术语和定义

下列术语和定义适用于GB/T 328的本部分。

3.1

**柔性　flexibility**

沥青防水卷材试件在规定温度下弯曲无裂缝的能力。

3.2

**冷弯温度　cold bending temperature**

沥青防水卷材绕规定的棒弯曲无裂缝的最低温度。

3.3

**裂缝　crack**

沥青防水卷材涂盖层的裂纹扩展到胎体或完全贯穿无增强卷材。

## 4　原理

从试样裁取的试件,上表面和下表面分别绕浸在冷冻液中的机械弯曲装置上弯曲180°。弯曲后,检查试件涂盖层存在的裂纹。

## 5　仪器设备

试验装置的操作的示意和方法见图1。该装置由两个直径(20±0.1) mm不旋转的圆筒,一个直径(30±0.1) mm的圆筒或半圆筒弯曲轴组成(可以根据产品规定采用其他直径的弯曲轴,如20 mm、50 mm),该轴在两个圆筒中间,能向上移动。两个圆筒间的距离可以调节,即圆筒和弯曲轴间的距离能调节为卷材的厚度。

整个装置浸入能控制温度在＋20℃～－40℃、精度 0.5℃温度条件的冷冻液中。冷冻液用任一混合物：

——丙烯乙二醇/水溶液(体积比 1∶1)低至－25℃，或

——低于－20℃的乙醇/水混合物(体积比 2∶1)。

用一支测量精度 0.5℃的半导体温度计检查试验温度，放入试验液体中与试验试件在同一水平面。

试件在试验液体中的位置应平放且完全浸入，用可移动的装置支撑，该支撑装置应至少能放一组五个试件。

试验时，弯曲轴从下面顶着试件以 360 mm/min 的速度升起，这样试件能弯曲 180°，电动控制系统能保证在每个试验过程和试验温度的移动速度保持在(360±40) mm/min。裂缝通过目测检查，在试验过程中不应有任何人为的影响。为了准确评价，试件移动路径是在试验结束时，试件应露出冷冻液，移动部分通过设置适当的极限开关控制限定位置。

单位为毫米

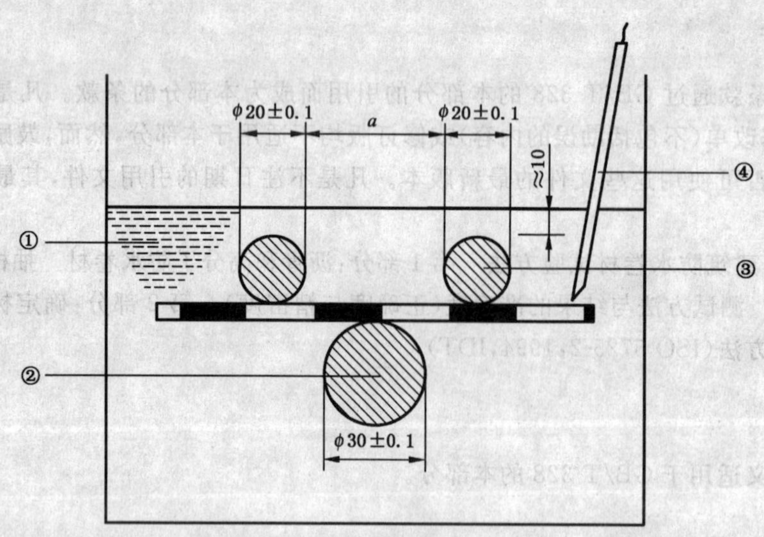


a) 开始弯曲

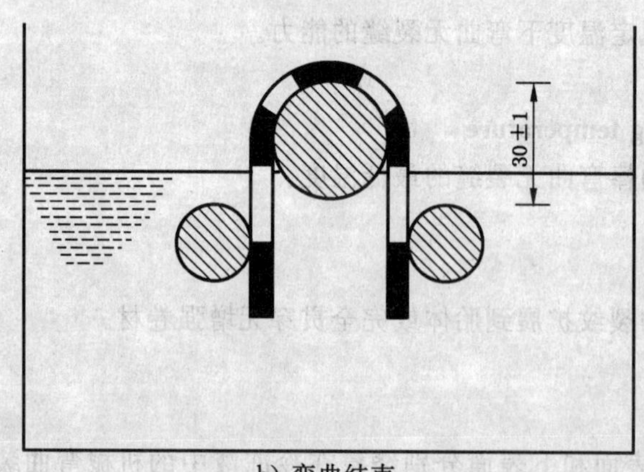


b) 弯曲结束

1——冷冻液；

2——弯曲轴；

3——固定圆筒；

4——半导体温度计(热敏探头)。

**图 1 试验装置原理和弯曲过程**

## 6 抽样

抽样按 GB/T 328.1 进行。

## 7 试件制备

用于 8.3 或 8.4 试验的矩形试件尺寸(150±1) mm×(25±1) mm,试件从试样宽度方向上均匀的裁取,长边在卷材的纵向,试件裁取时应距卷材边缘不少于 150 mm,试件应从卷材的一边开始做连续的记号,同时标记卷材的上表面和下表面。

去除表面的任何保护膜,适宜的方法是常温下用胶带粘在上面,冷却到接近假设的冷弯温度,然后从试件上撕去胶带,另一方法是用压缩空气吹[压力约 0.5 MPa(5 bar),喷嘴直径约 0.5 mm],假若上面的方法不能除去保护膜,用火焰烤,用最少的时间破坏膜而不损伤试件。

试件试验前应在(23±2)℃的平板上放置至少 4 h,并且相互之间不能接触,也不能粘在板上。可以用硅纸垫,表面的松散颗粒用手轻轻敲打除去。

## 8 步骤

### 8.1 仪器准备

在开始所有试验前,两个圆筒间的距离(见图 1)应按试件厚度调节,即弯曲轴直径+2 mm+两倍试件的厚度。然后装置放入已冷却的液体中,并且圆筒的上端在冷冻液面下约 10 mm,弯曲轴在下面的位置。

弯曲轴直径根据产品不同可以为 20 mm、30 mm、50 mm。

### 8.2 试件条件

冷冻液达到规定的试验温度,误差不超过 0.5℃,试件放于支撑装置上,且在圆筒的上端,保证冷冻液完全浸没试件。试件放入冷冻液达到规定温度后,开始保持在该温度 1 h±5 min。半导体温度计的位置靠近试件,检查冷冻液温度,然后试件按 8.3 或 8.4 试验。

### 8.3 低温柔性

两组各 5 个试件,全部试件按 8.2 在规定温度处理后,一组是上表面试验,另一组下表面试验,试验按下述进行。

试件放置在圆筒和弯曲轴之间,试验面朝上,然后设置弯曲轴以(360±40) mm/min 速度顶着试件向上移动,试件同时绕轴弯曲。轴移动的终点在圆筒上面(30±1) mm 处(见图 1)。试件的表面明显露出冷冻液,同时液面也因此下降。

在完成弯曲过程 10s 内,在适宜的光源下用肉眼检查试件有无裂纹,必要时,用辅助光学装置帮助。假若有一条或更多的裂纹从涂盖层深入到胎体层,或完全贯穿无增强卷材,即存在裂缝。一组五个试件应分别试验检查。假若装置的尺寸满足,可以同时试验几组试件。

### 8.4 冷弯温度测定

假若沥青卷材的冷弯温度要测定(如人工老化后变化的结果),按 8.3 和下面的步骤进行试验。

冷弯温度的范围(未知)最初测定,从期望的冷弯温度开始,每隔 6℃试验每个试件,因此每个试验温度都是 6℃的倍数(如-12℃、-18℃、-24℃等)。从开始导致破坏的最低温度开始,每隔 2℃分别试验每组五个试件的上表面和下表面,连续的每次 2℃的改变温度,直到每组 5 个试件分别试验后至少有 4 个无裂缝,这个温度记录为试件的冷弯温度。

## 9 结果记录、计算和试验方法的精确度

### 9.1 规定温度的柔度结果

按 8.3 进行试验,一个试验面 5 个试件在规定温度至少 4 个无裂缝为通过,上表面和下表面的试验

结果要分别记录。

### 9.2 冷弯温度测定的结果

测定冷弯温度时，要求按 8.4 试验得到的温度应 5 个试件中至少 4 个通过，这冷弯温度是该卷材试验面的，上表面和下表面的结果应分别记录（卷材的上表面和下表面可能有不同的冷弯温度）。

### 9.3 试验方法的精确度

精确度由相关实验室按 GB/T 6379.2 规定进行测定，采用增强卷材和聚合物改性涂料。

#### 9.3.1 重复性

——重复性的标准偏差：$\sigma_r = 1.2℃$

——置信水平(95%)值：$q_r = 2.3℃$

——重复性极限(两个不同结果)：$r = 3℃$

#### 9.3.2 再现性

——再现性的标准偏差：$\sigma_R = 2.2℃$

——置信水平(95%)值：$q_R = 4.4℃$

——再现性极限(两个不同结果)：$R = 6℃$

## 10 试验报告

试验报告至少包括以下信息：

a) 相关产品试验需要的所有数据；

b) 涉及的 GB/T 328 的本部分及偏离；

c) 根据第 6 章的抽样信息；

d) 根据第 7 章的试件制备细节；

e) 根据 9.1 或 9.2 的试验结果；

f) 试验日期。

ICS 91.120.30
Q 17

# 中华人民共和国国家标准

GB/T 328.15—2007

# 建筑防水卷材试验方法
# 第15部分:高分子防水卷材　低温弯折性

**Test methods for building sheets for waterproof—**
**Part 15:Plastic and rubber sheets for waterproof-foldability at low temperature**

2007-03-26 发布　　　　2007-10-01 实施

中华人民共和国国家质量监督检验检疫总局
中国国家标准化管理委员会　发布

# 前　言

GB/T 328《建筑防水卷材试验方法》分为如下 27 个部分：

——第 1 部分：沥青和高分子防水卷材　抽样规则；
——第 2 部分：沥青防水卷材　外观；
——第 3 部分：高分子防水卷材　外观；
——第 4 部分：沥青防水卷材　厚度、单位面积质量；
——第 5 部分：高分子防水卷材　厚度、单位面积质量；
——第 6 部分：沥青防水卷材　长度、宽度和平直度；
——第 7 部分：高分子防水卷材　长度、宽度、平直度和平整度；
——第 8 部分：沥青防水卷材　拉伸性能；
——第 9 部分：高分子防水卷材　拉伸性能；
——第 10 部分：沥青和高分子防水卷材　不透水性；
——第 11 部分：沥青防水卷材　耐热性；
——第 12 部分：沥青防水卷材　尺寸稳定性；
——第 13 部分：高分子防水卷材　尺寸稳定性；
——第 14 部分：沥青防水卷材　低温柔性；
——第 15 部分：高分子防水卷材　低温弯折性；
——第 16 部分：高分子防水卷材　耐化学液体(包括水)；
——第 17 部分：沥青防水卷材　矿物料粘附性；
——第 18 部分：沥青防水卷材　撕裂性能(钉杆法)；
——第 19 部分：高分子防水卷材　撕裂性能；
——第 20 部分：沥青防水卷材　接缝剥离性能；
——第 21 部分：高分子防水卷材　接缝剥离性能；
——第 22 部分：沥青防水卷材　接缝剪切性能；
——第 23 部分：高分子防水卷材　接缝剪切性能；
——第 24 部分：沥青和高分子防水卷材　抗冲击性能；
——第 25 部分：沥青和高分子防水卷材　抗静态荷载；
——第 26 部分：沥青防水卷材　可溶物含量(浸涂材料含量)；
——第 27 部分：沥青和高分子防水卷材　吸水性。

本部分为 GB/T 328 的第 15 部分。

本部分等同采用 EN 495-5:2000《柔性防水卷材　低温弯折性测定　第 5 部分：屋面防水塑料和橡胶卷材》(英文版)。

本部分章条编号与 EN 495-5:2000 章条编号一致。

为便于使用，本部分与 EN 495-5:2000 的主要差异是：

a) “本欧洲标准”改为“本部分”；
b) “EN 13416”、“EN 1849-2”改为“GB/T 328.1”、“GB/T 328.5”；
c) 删除 EN 495-5:2000 的前言及参考资料，重新编写本部分的前言；
d) “塑料和橡胶屋面防水卷材”改为“高分子防水卷材”。

本部分与其他部分组成的标准 GB/T 328.1～328.27—2007《建筑防水卷材试验方法》代替

GB/T 328—1989《沥青防水卷材试验方法》。

本部分由中国建筑材料工业协会提出。

本部分由全国轻质与装饰装修建筑材料标准化技术委员会(SAC/TC 195)归口。

本部分负责起草单位:中国化学建筑材料公司苏州防水材料研究设计所、建筑材料工业技术监督研究中心。

本部分参加起草单位:北京市建筑材料科学研究院、浙江省建筑材料研究所有限公司、中铁六局北京铁路建设有限公司、哈高科绥棱二塑有限公司、湖州红星建筑防水有限公司、山东力华防水建材有限公司。

本部分主要起草人:朱志远、杨斌、洪晓苗、檀春丽、吴卫平、何少岚、陈文洁、陈建华。

本部分为首次发布。

# 建筑防水卷材试验方法
# 第15部分:高分子防水卷材　低温弯折性

## 1　范围

GB/T 328 的本部分规定了高分子屋面防水卷材暴露在低温下弯折性能的测定方法。

## 2　规范性引用文件

下列文件中的条款通过 GB/T 328 的本部分的引用而成为本部分的条款。凡是注日期的引用文件,其随后所有的修改单(不包括勘误的内容)或修订版均不适用于本部分,然而,鼓励根据本标准达成协议的各方研究是否可使用这些文件的最新版本。凡是不注日期的引用文件,其最新版本适用于本部分。

GB/T 328.1　建筑防水卷材试验方法　第1部分:沥青和高分子防水卷材　抽样规则

GB/T 328.5　建筑防水卷材试验方法　第5部分:高分子防水卷材　厚度、单位面积质量

## 3　术语和定义

下列术语和定义适用于 GB/T 328 的本部分。

3.1

**上表面　top surface**

在使用现场,卷材朝上的面,通常是成卷卷材的里面。

3.2

**下表面　bottom surface**

在使用现场,卷材朝下的面,通常是成卷卷材的外面。

3.3

**全厚度(e)　overall thickness**

卷材的厚度,包括表面的任何突出的表面结构(见 GB/T 328.5)。

## 4　原理

试验的原理是放置已弯曲的试件在合适的弯折装置上,将弯曲试件在规定的低温温度放置 1 h。在 1 s 内压下弯曲装置,保持在该位置 1 s。取出试件在室温下,用 6 倍放大镜检查弯折区域。

## 5　仪器设备

### 5.1　弯折板

金属弯折装置有可调节的平行平板,图 1 是装置示例。

### 5.2　环境箱

空气循环的低温空间,可调节温度至 $-45$℃,精度 $\pm 2$℃。

### 5.3　检查工具

6 倍玻璃放大镜。

## 6　抽样

试样按 GB/T 328.1 抽样。

## 7 试件制备

每个试验温度取四个 100 mm×50 mm 试件，两个卷材纵向($L$)，两个卷材横向($T$)。

试验前试件应在(23±2)℃和相对湿度(50±5)%的条件下放置至少 20 h。

单位为毫米

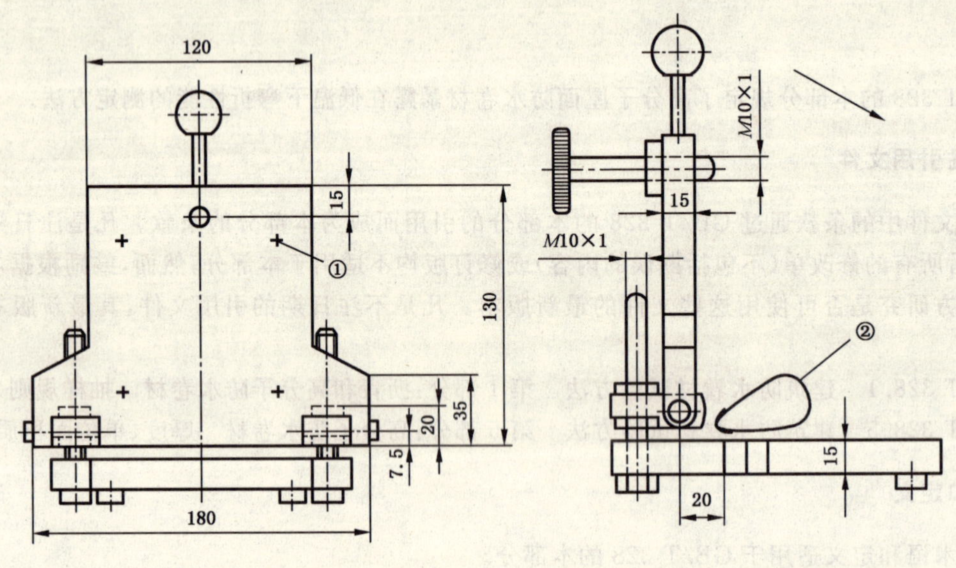


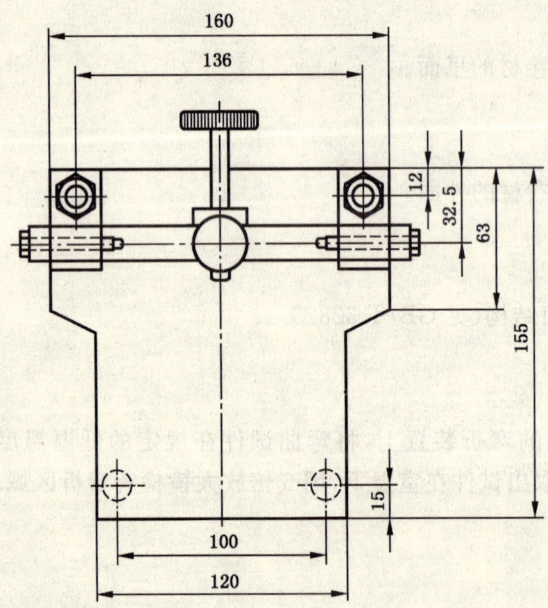


1——测量点；

2——试件。

**图 1 弯折装置示意图**

## 8 步骤

### 8.1 温度

除了低温箱，试验步骤中所有操作在(23±5)℃进行。

## 8.2 厚度

根据 GB/T 328.5 测量每个试件的全厚度。

## 8.3 弯曲

沿长度方向弯曲试件，将端部固定在一起，例如用胶粘带，见图1。卷材的上表面弯曲朝外，如此弯曲固定一个纵向、一个横向试件，再卷材的上表面弯曲朝内，如此弯曲另外一个纵向和横向试件。

## 8.4 平板距离

调节弯折试验机的两个平板间的距离为试件全厚度(见 8.2)的 3 倍。检测平板间 4 点的距离如图 1所示。

## 8.5 试件位置

放置弯曲试件在试验机上，胶带端对着平行于弯板的转轴如图 1 所示。放置翻开的弯折试验机和试件于调好规定温度的低温箱中。

## 8.6 弯折

放置 1 h 后，弯折试验机从超过 90°的垂直位置到水平位置，1 s 内合上，保持该位置 1 s，整个操作过程在低温箱中进行。

## 8.7 条件

从试验机中取出试件，恢复到(23±5)℃。

## 8.8 检查

用 6 倍放大镜检查试件弯折区域的裂纹或断裂。

## 8.9 临界低温弯折温度

弯折程序每 5℃重复一次，范围为：－40℃、－35℃、－30℃、－25℃、－20℃等，直至按 8.8 条，试件无裂纹和断裂。

# 9 结果表示

按照 8.9 条重复进行弯折程序，卷材的低温弯折温度，为任何试件不出现裂纹和断裂的最低的 5℃间隔。

# 10 试验报告

试验报告包括如下信息：

a) 涉及的 GB/T 328 的本部分及偏离；
b) 确定试验产品的所有必要细节；
c) 根据第 6 章的抽样信息；
d) 根据第 7 章的制备试件信息；
e) 根据第 9 章的试验结果；
f) 试验过程中采用方法的差异或遇到的异常；
g) 试验日期。

ICS 91.120.30
Q 17

# 中华人民共和国国家标准

GB/T 328.16—2007

## 建筑防水卷材试验方法 第16部分:高分子防水卷材 耐化学液体(包括水)

## Test methods for building sheets for waterproofing—Part 16:Plastic and rubber sheets for waterproofing-exposure to liquid chemicals including water

2007-03-26 发布 2007-10-01 实施

中华人民共和国国家质量监督检验检疫总局
中国国家标准化管理委员会 发布

# 前 言

GB/T 328《建筑防水卷材试验方法》分为如下27个部分：

——第1部分：沥青和高分子防水卷材 抽样规则；

——第2部分：沥青防水卷材 外观；

——第3部分：高分子防水卷材 外观；

——第4部分：沥青防水卷材 厚度、单位面积质量；

——第5部分：高分子防水卷材 厚度、单位面积质量；

——第6部分：沥青防水卷材 长度、宽度和平直度；

——第7部分：高分子防水卷材 长度、宽度、平直度和平整度；

——第8部分：沥青防水卷材 拉伸性能；

——第9部分：高分子防水卷材 拉伸性能；

——第10部分：沥青和高分子防水卷材 不透水性；

——第11部分：沥青防水卷材 耐热性；

——第12部分：沥青防水卷材 尺寸稳定性；

——第13部分：高分子防水卷材 尺寸稳定性；

——第14部分：沥青防水卷材 低温柔性；

——第15部分：高分子防水卷材 低温弯折性；

——第16部分：高分子防水卷材 耐化学液体(包括水)；

——第17部分：沥青防水卷材 矿物料粘附性；

——第18部分：沥青防水卷材 撕裂性能(钉杆法)；

——第19部分：高分子防水卷材 撕裂性能；

——第20部分：沥青防水卷材 接缝剥离性能；

——第21部分：高分子防水卷材 接缝剥离性能；

——第22部分：沥青防水卷材 接缝剪切性能；

——第23部分：高分子防水卷材 接缝剪切性能；

——第24部分：沥青和高分子防水卷材 抗冲击性能；

——第25部分：沥青和高分子防水卷材 抗静态荷载；

——第26部分：沥青防水卷材 可溶物含量(浸涂材料含量)；

——第27部分：沥青和高分子防水卷材 吸水性。

本部分为GB/T 328的第16部分。

本部分等同采用EN 1847:2001《柔性防水卷材 屋面防水塑料和橡胶卷材 耐化学液体(包括水)方法》(英文版)。

本部分章条编号与EN 1847:2001章条编号一致。

为便于使用，本部分与EN 1847:2001的主要差异是：

a) “本欧洲标准”改为“本部分”；

b) “EN 495-5”、“EN 1107-2”、“EN 1849-2”、“EN 13416”、“ISO 175”改为“GB/T 328.16”、“GB/T 328.13”、“GB/T 328.3”、“GB/T 328.1”、“GB/T 11547”；

c) 删除EN 1847:2001的前言及参考资料，重新编写本部分的前言；

d) “塑料和橡胶屋面防水卷材”改为“高分子防水卷材”。

本部分与其他部分组成的标准 GB/T 328.1～328.27—2007《建筑防水卷材试验方法》代替 GB/T 328—1989《沥青防水卷材试验方法》。

本标准的附录 A 为资料性附录。

本部分由中国建筑材料工业协会提出。

本部分由全国轻质与装饰装修建筑材料标准化技术委员会(SAC/TC 195)归口。

本部分负责起草单位：中国化学建筑材料公司苏州防水材料研究设计所、建筑材料工业技术监督研究中心。

本部分参加起草单位：北京市建筑材料科学研究院、浙江省建筑材料研究所有限公司、中铁六局北京铁路建设有限公司、哈高科绥棱二塑有限公司、湖州红星建筑防水有限公司、山东力华防水建材有限公司。

本部分主要起草人：朱志远、杨斌、檀春丽、洪晓苗、陈建华、陈文洁、何少岚、吴卫平。

本部分为首次发布。

# 建筑防水卷材试验方法<br>第16部分:高分子防水卷材<br>耐化学液体(包括水)

## 1 范围

GB/T 328的本部分规定了高分子屋面防水卷材试件不受浸入化学液体(包括水)影响的试验方法,及测定如此处理后性能变化的方法。

试验仅考虑整个表面浸入液体的情况。

本方法适用于测定以下规定的性能变化:

a) 浸入取出后立即或浸入取出干燥后质量变化;

b) 浸入取出后立即或浸入取出干燥后尺寸变化;

c) 浸入取出后立即或浸入取出干燥后外观变化;

d) 浸入取出后立即或浸入取出干燥后物理性能变化。

当需要时浸入取出后立即试验,以确定材料保持液体状态时的影响。

当需要时浸入取出干燥后试验,以确定材料液体挥发去除后的影响。

## 2 规范性引用文件

下列文件中的条款通过GB/T 328的本部分的引用而成为本部分的条款。凡是注日期的引用文件,其随后所有的修改单(不包括勘误的内容)或修订版均不适用于本部分,然而,鼓励根据本标准达成协议的各方研究是否可使用这些文件的最新版本。凡是不注日期的引用文件,其最新版本适用于本部分。

GB/T 328.1 建筑防水卷材试验方法 第1部分:沥青和高分子防水卷材 抽样规则

GB/T 328.5 建筑防水卷材试验方法 第5部分:高分子防水卷材 厚度、单位面积质量

GB/T 328.13 建筑防水卷材试验方法 第13部分:高分子防水卷材 尺寸稳定性

GB/T 328.15 建筑防水卷材试验方法 第15部分:高分子防水卷材 低温弯折性

GB/T 11547 塑料耐液体化学药品(包括水)性能测定方法

## 3 术语和定义

GB/T 328的本部分没有规定术语和定义。

## 4 原理

试件在规定温度、规定时间下完全浸入规定数量的试验液体中。浸入前后测定性能,需要时干燥后测定性能,后一种情况的测定,在可能的情况下,采用同一试件进行。

## 5 仪器设备

5.1 容器 合适尺寸的广口瓶及配套的盖子(有气体挥发或挥发性液体的情况时密封用,需要时使用合适的冷凝器)。

5.2 密闭空间 试验温度通过温度调节控制。

5.3 温度计 合适的量程和精度。

5.4 称量瓶

5.5 天平 精度0.001 g,能称量试件大于等于1 g。

5.6 厚度计 有平台,精度0.01 mm。

5.7 测径规 能够测量精确到0.1 mm。

5.8 鼓风烘箱 温度校准程序见附录A.1描述,空气流动的具体要求参见附录A.2,对于干燥用途,烘箱控制在(50±2)℃。

## 6 抽样

抽样按GB/T 328.1进行。

## 7 试件制备

根据处理后进行的试验(质量、尺寸、物理性能)及高分子防水卷材的种类不同,试件形状和尺寸不同。

处理前后测定性能试件的数量应在产品标准中规定,当没有其他明示要求时,至少试验3个试件。

试件试验前应在(23±2)℃、相对湿度(50±5)%的条件下放置至少24 h。

## 8 步骤

### 8.1 试验溶液

假如需要得到卷材与特定溶液接触特性的信息,通常应采用该溶液。

试验应采用规定的化学物质进行,使用它们的单种或混合物,试验应尽可能是对防水卷材有代表性影响的溶液。

通常用于评价暴露于水溶液的材料性能的试件浸在表1规定的水溶液中。

表1 标准水溶液

| | 试验溶液 | 说明 |
|---|---|---|
| 1 | 10%氯化钠溶液(NaCl)(盐水) | GB/T 11547规定 |
| 2 | 石灰悬浮液,$Ca(OH)_2$ | 沉淀饱和溶液 |
| 3 | 5%~6%亚硫酸,$H_2SO_3$ | |

若需要暴露于其他溶液,应列出实验室用的化学药品,见GB/T 11547。

### 8.2 温度

优先采用的浸入温度为(23±2)℃和(50±2)℃。

测定性能变化的温度为(23±2)℃。若浸入温度不同,试件从环境温度放入刚配置的试验溶液中,要在室温放置15 min到30 min。

### 8.3 暴露周期

任何可行的暴露周期,应采用可评价的有代表性的现象。

优先的对照试验暴露周期是:

a) 短试验周期:24 h;

b) 标准试验周期:1 w(通常在23℃);

c) 长试验周期:16 w。

### 8.4 浸泡程序

#### 8.4.1 试验溶液的数量

试验溶液的数量至少是以试件整个表面积计每平方厘米8 mL,以防止溶液在试验期间被试件吸收后浓缩。

8.4.2 试件放置

放置每组试件在容器中,并完全浸入试验液体中(必要时用重物)。

当几个相同成分的材料要试验时,允许在同一容器中放置这些试件。

通常,不注明试件表面与其他试件表面、容器壁、需要时重物的接触比例。在试验中,至少每天一次搅动液体,例如旋转容器。

若试验超过 7 d,用相同数量的原液体每 7 d 更换液体一次,若液体不稳定,需经常更换液体。

若光线对试验液体的性能可能有影响,则需要在黑暗条件或规定的亮度条件下操作。

在某些情况下需要(例如有氧化风险时)规定在试件上面的液体高度。

8.4.3 清洗及擦拭

在浸水周期结束时,从试件的温度到环境温度,必要时转移试件到新鲜数量的室温试验液体中,该过程 15 min 到 30 min。

从试验液体中取出试件,选择合适性质的,对试验材料没有影响的液体漂洗。

用滤纸或棉绒布擦干试件。

注:原文编号错误为“8.4.2”。

8.5 质量变化的测定

8.5.1 试件

试件的尺寸和形状按 GB/T 328.5 规定测定单位面积质量。

按 GB/T 328.5 规定数量制备测定单位面积质量的试件。

若在暴露过程中要提高温度,制备额外的试件用于测定温度的任何影响,测定其他影响也需要额外数量的试件。

8.5.2 初始值

按 GB/T 328.5 测定每个试件的初始质量 $M_1$,在试件质量大于或等于 1 g 时,精确到 0.001 g。

8.5.3 暴露

按 8.4 的浸泡程序,浸试验试件在选定温度和周期的试验液体中。

8.5.4 质量测量

8.5.4.1 浸泡后立即测量(湿)

冲洗和擦干试件后,放入称量瓶,塞上塞子,测定试件质量 $M_2$,精确到 0.001 g。

若试验液体在环境温度下易挥发,则试件暴露于空气中的时间不超过 30 s,若试验称重后还要继续试验(时间影响试验),立即将试件重放回试验液体,将容器放回所要求的环境。

8.5.4.2 浸泡干燥后测量(干燥)

从称量瓶中取出试件,放入鼓风烘箱中干燥,在规定的温度和规定的时间[通常(24±1)h、(50±2)℃]下恒重。让试件冷却和恢复到第 7 章的条件,测定每个试件质量 $M_3$,精确到 0.001 g。

8.6 测定尺寸变化

8.6.1 试件

测定尺寸变化的试件的尺寸和形状符合 GB/T 328.13。

按 GB/T 328.13 制备规定的数量、尺寸的试件。

若在暴露过程中要提高温度,制备额外的试件用于了解温度的任何影响,了解其他影响也需要额外数量的试件。

8.6.2 初始值

8.6.2.1 圆形试件

标记和测量相互垂直的直径,用测径规,精确到 0.1 mm,记录平均值 $L_1$。

测量试件四个不同点的厚度,用厚度计,精确到 0.01 mm,记录平均值 $E_1$。

这些点应距试件边缘至少 10 mm。

8.6.2.2 **正方形试件**

标记和测量试件四边的长度，用测径规，精确到 0.1 mm，记录平均值 $L_1$。

测量试件四个不同点的厚度，用厚度计，精确到 0.01 mm，记录平均值 $E_1$。

这些点应距试件边缘至少 10 mm。

8.6.3 **暴露**

按 8.4 的浸泡程序，浸试验试件在选定温度和周期的试验液体中。

8.6.4 **尺寸测量**

8.6.4.1 浸泡后立即测量(湿)

按 8.6.2 同样标记测量每个试件，同样的记录平均值 $L_2$ 和 $E_2$。

8.6.4.2 **在浸泡干燥后测量(干燥)**

在鼓风烘箱中干燥试件，按规定的温度和时间[通常(24±1)h、(50±2)℃]恒重。让试件冷却和恢复到第 7 章的条件，然后按 8.6.2 同样测量每个试件，同样的记录平均值 $L_3$ 和 $E_3$。

8.7 **外观变化测定**

8.7.1 **试件**

检验外观变化可与本部分要求的其他试验一起进行，或分别进行。同时，制备另外的试件作为对比。

8.7.2 **暴露**

按 8.4 的浸泡程序，浸试验试件在选定温度和周期的试验液体中。

8.7.3 **步骤**

若外观变化测定是本部分要求的试验的一种补充，按此程序规定进行试验。

检验每个试件，必要时用放大镜的方法，与未处理的试件进行比较，按表 2 使用的符号等级，记录外观的任何变化。

a) 颜色(变化性质和变化是否一致)；
b) 不透明性；
c) 光泽或失去光泽。

若存在下面的影响也记录：

d) 裂纹或裂缝的产生；
e) 气泡、凹陷和其他类似影响的产生；
f) 材料能容易地被擦除；
g) 外观发粘；
h) 分层、翘曲或其他变形；
i) 部分分解。

**表 2 符号等级**

| 符号 | 外观变化程度 |
| --- | --- |
| O | 无 |
| F | 轻微 |
| M | 中等 |
| L | 严重 |

8.8 **物理性能变化的测定**

下面要求的是用于屋面防水卷材的低温弯折性的可能变化。

若测定其他物理性能，可参照此进行。

8.8.1 试件

用于测定低温弯折性的试件形状和尺寸符合 GB/T 328.15 规定。

按照 GB/T 328.15 规定数量制备试件和测定临界低温弯折温度。

根据规定的条件制备规定数量的试件和测定暴露后低温弯折性的变化。

若在暴露过程中要提高温度，制备额外的试件用于了解温度的任何影响，了解其他影响也需要额外数量的试件。

8.8.2 初始值

根据 GB/T 328.15 测定开始时临界低温弯折温度 $V_1$。

8.8.3 暴露

按 8.4 的浸泡程序，浸相同尺寸的试验试件在选定温度和周期的试验液体中。

8.8.4 后续试验

8.8.4.1 浸泡后立即测量(湿)

若试验液体在环境温度易挥发，则从液体中取出试件在(2～3)min 内开始测定低温弯折性。

8.8.4.2 浸泡干燥后测量(干燥)

在鼓风烘箱中干燥试件，按规定的温度和时间，若无任何规定时，在(24±1)h、(50±2)℃。在进行低温弯折性测定前，让试件冷却和恢复到第 7 章的条件。

## 9 结果表示

9.1 质量变化

9.1.1 质量变化

报告每个试件的质量，单位毫克：

a) 试件浸泡前，$M_1$；

b) 试件浸泡后质量，$M_2$(潮湿)；

c) 试件浸泡后，干燥和回复，$M_3$(干燥)。

计算数值：

$M_2-M_1$(潮湿)或 $M_3-M_1$(干燥)

报告这些值，采用合适的符号。

9.1.2 单位面积质量变化

每个试件，计算单位面积质量的增加或减少，用毫克每平方厘米表示，用下面公式之一计算平均值：

$(M_2-M_1)/A$(潮湿)和$(M_3-M_1)/A$(干燥)

如 9.1.1，$M_1$、$M_2$、$M_3$ 有相同的单位。

$A$ 是试件初始的整个面积，单位平方厘米。

9.1.3 质量变化百分率

每个试件用下面的公式之一计算质量增减的百分率：

$100\times(M_2-M_1)/M_1$(潮湿)或 $100\times(M_3-M_1)/M_1$(干燥)

如 9.1.1，$M_1$、$M_2$、$M_3$ 有相同的单位。

9.1.4 平均值

无论什么方式，采用相同的方法计算试件结果的算术平均值(或平均值)。

9.2 尺寸变化

除报告初始和最终尺寸之外，报告最终值与初始值间的百分率。计算每个试件、每个尺寸、每个不同步骤的百分率。这些百分率可能大于、等于、小于 100%，100%的值表示液体对尺寸变化无影响。

采用相同的方法计算试件结果的算术平均值(或平均值)。

若可能，画出试验期间的结果性能曲线。

### 9.3 外观变化

按表 2 的符号等级表示结果。

分别报告试件仅仅浸泡后擦干(潮湿),以及这些试件烘箱干燥和恢复(干燥)的相关试验结果。

### 9.4 物理性能变化

#### 9.4.1 低温弯折性变化(任意循环)

$V_1$,在浸泡前或比对试件的临界低温弯折摄氏温度(初始值);

$V_2$,浸泡后临界低温弯折摄氏温度;

$V_3$,浸泡后干燥并恢复后临界低温弯折摄氏温度。

低温弯折性的变化计算如下:

$V_2-V_1$(潮湿),单位℃ 或 $V_3-V_1$(干燥),单位℃

用 5℃的增量表示变化。

#### 9.4.2 物理性能变化(百分率)

浸泡前初始状态值 $V_1$,浸泡后的值 $V_2$(潮湿)和/或 $V_3$(干燥),物理性能按相关的标准检测。

对可测量的性能(如可按比例变化测量),计算这些性能与初始值相比最终的百分率,用如下公式分别计算:

$(V_2/V_1)\times100$ 或 $(V_3/V_1)\times100$

这些百分率大于、等于、小于 100%,100%值表示液体对相关性能没有影响。

#### 9.4.3 性能变化资料

若可能,给出试验过程中性能变化曲线。

## 10 试验报告

试验报告包括如下信息:

a) 涉及的 GB/T 328 的本部分及偏离;

b) 确定试验产品的所有必要细节;

c) 根据第 6 章的抽样信息;

d) 根据第 7 章的制备试件细节;

e) 根据第 9 章的试验结果;

f) 在试验方法中使用或碰到的异常;

g) 试验日期。

## 11 备注

在液体的影响下,材料可能几种现象同时发生。一方面,吸收液体,部分可溶解于液体的成分析出发生。另一方面,通过化学反应,对材料性能有重大变化的结果可能产生。

仅用于任何固定条件下,材料现有的化学特性测定,目的是比较不同材料。选择试验条件(液体性质、温度、周期),同样测定材料性能变化,根据试验后最终的性能评定。

当然,不可能在试验结果和测量使用性能之间建立任何对应的直接关系。这个试验所做的仅仅是允许比较不同材料在规定条件下的特性,然后可以初步评价某些相关物质组成的特性。

注:只有在试件有相同的形状、尺寸(甚至于相同厚度),以及尽可能相同的状态(内应力、表面等),采用本方法来强调比较不同材料才是有效的。

# 附 录 A
# （资料性附录）
# 仪器的校准

## A.1 温度校准

热电耦最小精度 0.1℃，范围 40℃～60℃，用于校核烘箱。校准每年进行一次，50℃工作温度的三点在水平面，分别在试件的中心和上面、下面，每点都是上述随机选择的工作区域的水平面。测定这些点的温度在半小时中每 10 min 一次。获得的这些点温度的偏差，每个都不能超过(50±2)℃的范围。

## A.2 通风条件

烘箱中空气交换至少每小时(5±2)次。烘箱中空气的循环应稳定在(0.5～1.5)m/s，不必校准。

ICS 91.120.30
Q 17

# 中华人民共和国国家标准

GB/T 328.17—2007

## 建筑防水卷材试验方法
## 第17部分:沥青防水卷材　矿物料粘附性

Test methods for building sheets for waterproofing—
Part 17:Bitumen sheets for waterproofing-adhesion of granules

2007-03-26 发布　　2007-10-01 实施

中华人民共和国国家质量监督检验检疫总局
中国国家标准化管理委员会　发布

# 前言

GB/T 328《建筑防水卷材试验方法》分为如下 27 个部分：

——第 1 部分：沥青和高分子防水卷材　抽样规则；

——第 2 部分：沥青防水卷材　外观；

——第 3 部分：高分子防水卷材　外观；

——第 4 部分：沥青防水卷材　厚度、单位面积质量；

——第 5 部分：高分子防水卷材　厚度、单位面积质量；

——第 6 部分：沥青防水卷材　长度、宽度和平直度；

——第 7 部分：高分子防水卷材　长度、宽度、平直度和平整度；

——第 8 部分：沥青防水卷材　拉伸性能；

——第 9 部分：高分子防水卷材　拉伸性能；

——第 10 部分：沥青和高分子防水卷材　不透水性；

——第 11 部分：沥青防水卷材　耐热性；

——第 12 部分：沥青防水卷材　尺寸稳定性；

——第 13 部分：高分子防水卷材　尺寸稳定性；

——第 14 部分：沥青防水卷材　低温柔性；

——第 15 部分：高分子防水卷材　低温弯折性；

——第 16 部分：高分子防水卷材　耐化学液体(包括水)；

——第 17 部分：沥青防水卷材　矿物料粘附性；

——第 18 部分：沥青防水卷材　撕裂性能(钉杆法)；

——第 19 部分：高分子防水卷材　撕裂性能；

——第 20 部分：沥青防水卷材　接缝剥离性能；

——第 21 部分：高分子防水卷材　接缝剥离性能；

——第 22 部分：沥青防水卷材　接缝剪切性能；

——第 23 部分：高分子防水卷材　接缝剪切性能；

——第 24 部分：沥青和高分子防水卷材　抗冲击性能；

——第 25 部分：沥青和高分子防水卷材　抗静态荷载；

——第 26 部分：沥青防水卷材　可溶物含量(浸涂材料含量)；

——第 27 部分：沥青和高分子防水卷材　吸水性。

本部分为 GB/T 328 的第 17 部分。

本部分修改采用 EN 12039:1999《柔性防水卷材　屋面防水沥青卷材　矿物料粘附性》(英文版)。

本部分根据 EN 12039:1999 起草，本部分章条编号与 EN 12039:1999 章条编号对照参见附录 C。

为便于使用，本部分与 EN 12039:1999 的主要差异是：

a)　“本欧洲标准”改为“本部分”；

b)　“EN 13416”、“ISO 565”改为“GB/T 328.1”、“GB/T 6005”；

c)　修改了 6.2 中试件数量和 3.1 术语；

d)　删除 EN 12039:1999 的前言及参考资料，重新编写本部分的前言；

e)　增加 ASTM D4977—98《屋面矿物表面磨损的颗粒粘附性试验方法》中的刷子规格(EN 标准为规格 A，ASTM 标准为规格 B)。

本部分与其他部分组成的标准 GB/T 328.1～328.27—2007《建筑防水卷材试验方法》代替 GB/T 328—1989《沥青防水卷材试验方法》。

本标准的附录 A、附录 B 是规范性附录，附录 C 是资料性附录。

本部分由中国建筑材料工业协会提出。

本部分由全国轻质与装饰装修建筑材料标准化技术委员会(SAC/TC 195)归口。

本部分负责起草单位：中国化学建筑材料公司苏州防水材料研究设计所、建筑材料工业技术监督研究中心。

本部分参加起草单位：北京市建筑材料科学研究院、浙江省建筑材料研究所有限公司、中铁六局北京铁路建设有限公司、盘锦禹王防水建材集团、北京中建友建筑材料有限公司、杭州绿都防水材料有限公司、北京市中兴青云建筑材料有限公司、北京世纪新星防水材料有限公司、徐州卧牛山新型防水材料有限公司、潍坊市宏源防水材料有限公司、潍坊宇虹新型防水材料有限公司、山东金禹王防水材料有限公司、广饶县祥泰防水卷材厂。

本部分主要起草人：朱志远、杨斌、檀春丽、洪晓苗、詹福民、吴进明、章国荣、陈建华。

本部分为首次发布。

# 建筑防水卷材试验方法
# 第17部分:沥青防水卷材　矿物料粘附性

## 1　范围

GB/T 328的本部分规定了工厂制造的沥青屋面防水卷材的矿物料粘附性的测定装置与试验程序。也可用于其他相关场合。

## 2　规范性引用文件

下列文件中的条款通过GB/T 328的本部分的引用而成为本部分的条款。凡是注日期的引用文件,其随后所有的修改单(不包括勘误的内容)或修订版均不适用于本部分,然而,鼓励根据本标准达成协议的各方研究是否可使用这些文件的最新版本。凡是不注日期的引用文件,其最新版本适用于本部分。

GB/T 328.1　建筑防水卷材试验方法　第1部分:沥青和高分子防水卷材　抽样规则

GB/T 6005—1997　试验筛　金属丝编织网、穿孔板和电成型薄板筛孔的基本尺寸

## 3　术语和定义

下列术语和定义适用于GB/T 328的本部分。

### 3.1

**上表面　top surface**

在使用现场,卷材朝上的面,通常是成卷卷材的里面。

注:原文是表面,现改为上表面。

### 3.2

**矿物料　granule**

不能通过B.1.2规定筛子的颗粒。

## 4　原理

测定在规定条件下矿物料刷洗试验的方法。刷下的矿物料质量与同一卷材上裁取试件原来矿物料质量比较。

## 5　仪器设备

### 5.1　刷洗机A

可更换刷子在试件上表面及其试件上产生(21.5±0.5) N力的机器,并自动的作直线往复循环移动。可更换刷子轴的相对移动振幅$A$是(200±20) mm,平均移动速度是50个循环在(55±5) s。刷洗机器应有合适的夹具,至少50 mm宽,用于固定试件的两端。

### 5.2　可更换刷子A

用一合适的材料制成,其上钻有22个孔,如图A.1所示,孔径4 mm。每个孔有22根尼龙66丝,直径0.80 mm,凸出(16±2) mm。

可更换刷子的有效面积在加荷载时不超过80 mm×25 mm,有效刷洗面积B,如图A.2所示是[$(A+80)\times25$] $mm^2$。

每个可更换刷子使用不应超过100个试验，或当孔中的丝凸出小于13 mm时，次数更少。

5.3 天平

精确到0.01 g。

5.4 用于裁或冲切试件的机器

在所选长度方向宽(50±1) mm。

5.5 室内条件

温度(23±2)℃，相对湿度(50±20)％。

5.6 家用真空吸尘器

500 W，通过50 mm宽的附件吸气。

5.7 刷洗机B

可更换刷子质量为(2 268±7) g，并自动的作直线往复循环移动。刷子振幅$A$是(152±6) mm，平均移动速度是50个循环在60 s～70 s。刷洗机器应有合适的夹具，至少50 mm宽，用于固定试件的两端。

5.8 可更换刷子B

其上钻有22个孔，如图A.3所示，孔径2.36 mm。每个孔有40根直径0.305 mm的不锈钢丝，最长16.5 mm，当短于14.5 mm时需要更换。

可更换刷子的有效面积在加荷载时不超过32 mm×20 mm，有效刷洗面积如图A.3所示是[(152+32)×20] $mm^2$。

## 6 试件制备

6.1 抽样

抽样按GB/T 328.1进行。

6.2 试件制备

6.2.1 试件A：宽度(50±1) mm，长度至少285 mm，沿卷材的长度方向。

6.2.2 试件B：宽度(50±1) mm，长度至少230 mm，沿卷材的长度方向。

6.2.3 从试样上裁取或冲切试件，3个试件在(23±2)℃的室内气候条件下放置(24±0.5) h。用真空吸尘器的附件在试件表面小心移动，吸落下的颗粒。测定每个试件的质量$M_{1i}$，精确到0.01 g。

注：原文为5个试件，根据附录B采用3个。

## 7 步骤

7.1 试件A

试件A用刷洗机A和可更换刷子A进行试验。

刷落的颗粒质量与试件初始颗粒质量比较，试件在同一卷材的相同位置裁取，既与卷芯相同距离，又同在左边或右边。

根据附录B测定初始颗粒质量。

试件在刷洗机中用夹具固定，在试件上放上规定荷载的可更换刷子，刷子的长度方向与试件长度方向相同(见图A.2)。

完成50个循环，从刷洗机上取出试件。

每个试件重复该步骤。

用真空吸尘器的附件在试件上表面移动，吸落下的颗粒。测定每个试件的质量$M_{2i}$，精确到0.01 g。

7.2 试件B

试件B用刷洗机B和可更换刷子B进行试验。

刷子的宽度方向与试件的长度方向平行，新刷子在使用前，应在废矿物卷材表面预刷150个循环再用于试验。所有不锈钢丝应长度相同，用精度至少 0.5 mm 的钢尺测量长度。

完成 50 个循环，从刷洗机上取出试件。

每个试件重复该步骤。

用真空吸尘器的附件在试件表面移动，吸落下的颗粒。测定每个试件的质量 $M_{2i}$，精确到 0.01 g。

## 8 结果表示

### 8.1 颗粒粘附率

测定颗粒粘附率，用式(1)计算每个试件相关的两个质量，用百分率表示，取 3 个试件平均值。

$$M_i = \frac{M_{1i} - M_{2i}}{BG_0} \times 100 \qquad \cdots\cdots(1)$$

式中：

$M_i$——颗粒粘附率，%；

$G_0$——每平方米初始颗粒质量，按 GB/T 328.1 裁取的试件，相同的 1/3 处试样，单位为克每平方米($g/m^2$)，根据附录 B 测定；

$M_{1i}$——刷前试件质量，单位为克(g)；

$M_{2i}$——刷后试件质量，单位为克(g)；

$B$——有效刷洗区域，单位为平方米($m^2$)。

### 8.2 颗粒脱落量

测定颗粒脱落量($M$)，用式(2)计算每个试件的颗粒脱落量，单位为 g，取 3 个试件的平均值。

$$M = M_{1i} - M_{2i} \qquad \cdots\cdots(2)$$

式中：

$M$——颗粒脱落量，单位为克(g)；

$M_{1i}$——刷前试件质量，单位为克(g)；

$M_{2i}$——刷后试件质量，单位为克(g)。

## 9 精确度

试验方法的精确度没有规定。

注：没有报告实验室间试验的重复性 $r$，再现性 $R$。精确度在有足够的实验室间的数据时才可行。

## 10 试验报告

试验报告包括如下信息：

a) 确定试验产品的所有必要细节；

b) 涉及的 GB/T 328 的本部分及偏离；

c) 根据第 6 章的抽样或制备试件信息；

d) 根据第 7 章的试验程序信息；

e) 根据第 8 章的试验结果；

f) 试验日期。

# 附 录 A
（规范性附录）
刷具和刷洗区域

单位为毫米

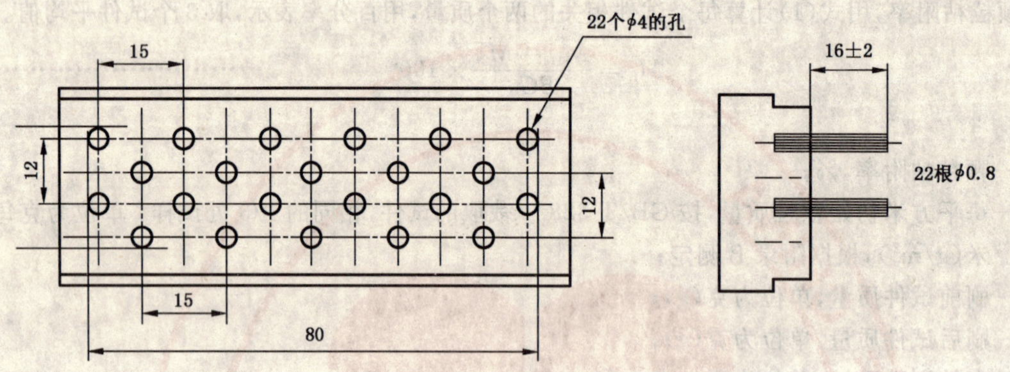


图 A.1 可更换刷子 A

单位为毫米

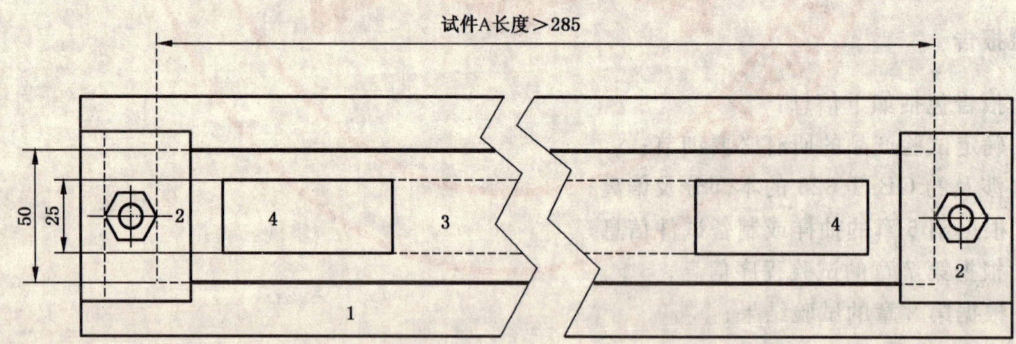


1——支撑；

2——试件的固定夹具(示例)；

3——试件；

4——可更换刷子 A。

图 A.2 刷洗机 A 刷洗区域

单位为毫米

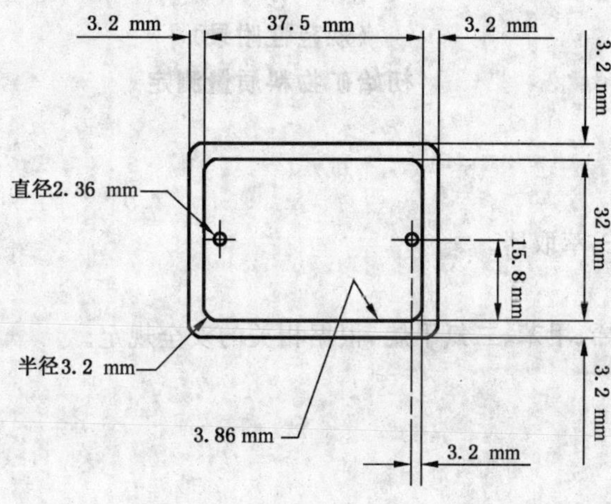


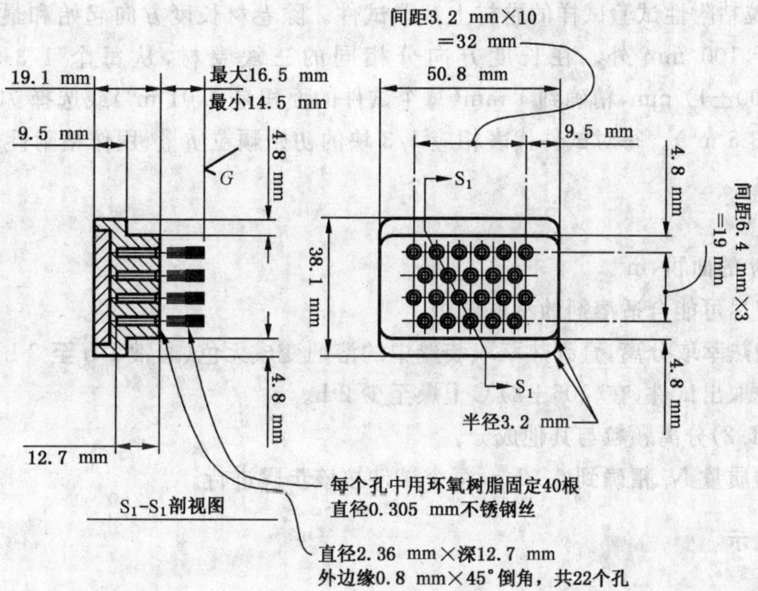


图 A.3 可更换刷子 B

# 附 录 B
# （规范性附录）
# 初始矿物料质量测定

## B.1 仪器设备和材料

**B.1.1** 热萃取装置 索氏萃取器。

**B.1.2** 315 μm 筛。

**B.1.3** 溶剂 如三氯乙烯、甲苯、二氯甲烷，根据相关的安全规定。

**B.1.4** 天平 见5.3。

## B.2 试件

从用于制备颗粒粘附性试验试样的卷材上裁取试件。除卷材长度方向起始和最后一米，宽度方向距卷材边缘不少于 100 mm 外。在长度方向分相同的三块卷材，从每个 1/3 块裁取两个试件 (100±1) mm× (100±1) mm，精确到 1 mm（每个试件的面积是 0.01 $m^2$）或选择 70 mm×50 mm（每个试件的面积 0.003 5 $m^2$）。每对试件代表相应 1/3 块的初始颗粒质量，用作粘附性试样的依据。

## B.3 步骤

**B.3.1** 计算试件 $S_i$ 的面积，$m^2$。

**B.3.2** 试件放入有尽可能合适溶剂的萃取器中。

**B.3.3** 可溶成分被热萃取分离，直到热萃取装置中的溶剂变成无色（通常 1 h 至 2 h）。

**B.3.4** 从萃取器中取出试件，在(105±2)℃干燥至少 2 h。

**B.3.5** 用筛子(B.1.2)分离颗粒与其他成分。

**B.3.6** 称量颗粒的质量 $N_i$ 精确到 0.01 g，每个试件按该步骤进行。

## B.4 结果计算和表示

**B.4.1** 计算单位面积颗粒的质量($G_i$)，每个试件按式(B.1)计算，单位为 $g/m^2$。

$$G_i = N_i / S_i \qquad \text{( B.1 )}$$

式中：

$N_i$——对应于一个试件的颗粒质量，单位为克(g)；

$S_i$——试件的面积，单位为平方米($m^2$)。

**B.4.2** 计算相同 1/3 处每对 $G_i$ 试件的平均值($G_0$)，单位为 $g/m^2$。

# 附 录 C
## （资料性附录）
## 本部分章条编号与 EN 12039:2000 章条编号对照

表 C.1 给出了本部分章条编号与 EN 12039:2000 章条编号对照一览表。

**表 C.1 本部分章条编号与 EN 12039:2000 章条编号对照**

| 本部分章条编号 | 对应的 EN 12039:2000 章条编号 |
|---|---|
| 5.7、5.8 | — |
| 6.2.1、6.2.3 | 6.2 |
| 6.2.2 | — |
| 7.1 | 7 |
| 7.2 | — |
| 8.1 | 8 |
| 8.2 | — |
| 图 A.3 | — |
| 附录 C | — |
| 注：表中章条以外的本部分其他章条编号与 EN 12039:2000 其他章条编号均相同且内容等同。 | |

ICS 91.120.30
Q 17

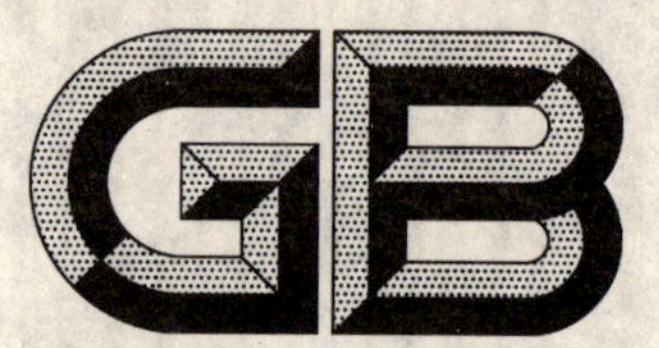

# 中华人民共和国国家标准

GB/T 328.18—2007

# 建筑防水卷材试验方法 第18部分：沥青防水卷材 撕裂性能（钉杆法）

**Test methods for building sheets for waterproofing—Part 18：Bitumen sheets for waterproofing-resistance to tearing（nail shank）**

2007-03-26 发布　　　　2007-10-01 实施

中华人民共和国国家质量监督检验检疫总局
中国国家标准化管理委员会　发布

# 前 言

GB/T 328《建筑防水卷材试验方法》分为如下 27 个部分：

——第 1 部分：沥青和高分子防水卷材 抽样规则；
——第 2 部分：沥青防水卷材 外观；
——第 3 部分：高分子防水卷材 外观；
——第 4 部分：沥青防水卷材 厚度、单位面积质量；
——第 5 部分：高分子防水卷材 厚度、单位面积质量；
——第 6 部分：沥青防水卷材 长度、宽度和平直度；
——第 7 部分：高分子防水卷材 长度、宽度、平直度和平整度；
——第 8 部分：沥青防水卷材 拉伸性能；
——第 9 部分：高分子防水卷材 拉伸性能；
——第 10 部分：沥青和高分子防水卷材 不透水性；
——第 11 部分：沥青防水卷材 耐热性；
——第 12 部分：沥青防水卷材 尺寸稳定性；
——第 13 部分：高分子防水卷材 尺寸稳定性；
——第 14 部分：沥青防水卷材 低温柔性；
——第 15 部分：高分子防水卷材 低温弯折性；
——第 16 部分：高分子防水卷材 耐化学液体(包括水)；
——第 17 部分：沥青防水卷材 矿物料粘附性；
——第 18 部分：沥青防水卷材 撕裂性能(钉杆法)；
——第 19 部分：高分子防水卷材 撕裂性能；
——第 20 部分：沥青防水卷材 接缝剥离性能；
——第 21 部分：高分子防水卷材 接缝剥离性能；
——第 22 部分：沥青防水卷材 接缝剪切性能；
——第 23 部分：高分子防水卷材 接缝剪切性能；
——第 24 部分：沥青和高分子防水卷材 抗冲击性能；
——第 25 部分：沥青和高分子防水卷材 抗静态荷载；
——第 26 部分：沥青防水卷材 可溶物含量(浸涂材料含量)；
——第 27 部分：沥青和高分子防水卷材 吸水性。

本部分为 GB/T 328 的第 18 部分。

本部分等同采用 EN 12310-1:1999《柔性防水卷材 撕裂性能(钉杆法)测定 第 1 部分：屋面防水沥青卷材》(英文版)。

本部分章条编号与 EN 12310-1:1999 章条编号一致。

为便于使用，本部分与 EN 12310-1:1999 的主要差异是：

a) “本欧洲标准”改为“本部分”；
b) “EN 10002-2”改为 “JJG 139”；
c) 删除 EN 12310-1:1999 的前言及参考资料，重新编写本部分的前言；
d) 增加了 GB/T 328.1 的规范性引用文件。

本部分与其他部分组成的标准 GB/T 328.1～328.27—2007《建筑防水卷材试验方法》代替

GB/T 328—1989《沥青防水卷材试验方法》。

本部分由中国建筑材料工业协会提出。

本部分由全国轻质与装饰装修建筑材料标准化技术委员会(SAC/TC 195)归口。

本部分负责起草单位：中国化学建筑材料公司苏州防水材料研究设计所、建筑材料工业技术监督研究中心。

本部分参加起草单位：北京市建筑材料科学研究院、浙江省建筑材料研究所有限公司、盘锦禹王防水建材集团、北京中建友建筑材料有限公司、杭州绿都防水材料有限公司、北京世纪新星防水材料有限公司、北京市中兴青云建筑材料有限公司、徐州卧牛山新型防水材料有限公司、潍坊市宏源防水材料有限公司、潍坊宇虹新型防水材料有限公司、山东金禹王防水材料有限公司。

本部分主要起草人：朱志远、杨斌、檀春丽、洪晓苗、陈建华、詹福民、刘凤波、张星。

本部分为首次发布。

# 建筑防水卷材试验方法
# 第18部分：沥青防水卷材
# 撕裂性能（钉杆法）

## 1 范围

GB/T 328的本部分规定了沥青屋面防水卷材撕裂性能（钉杆法）的测定方法。

## 2 规范性引用文件

下列文件中的条款通过GB/T 328的本部分的引用而成为本部分的条款。凡是注日期的引用文件，其随后所有的修改单（不包括勘误的内容）或修订版均不适用于本部分，然而，鼓励根据本标准达成协议的各方研究是否可使用这些文件的最新版本。凡是不注日期的引用文件，其最新版本适用于本部分。

GB/T 328.1　建筑防水卷材试验方法　第1部分：沥青和高分子防水卷材　抽样规则

JJG 139—1999　拉力、压力和万能试验机

## 3 术语和定义

下列术语和定义适用于GB/T 328的本部分。

**撕裂性能（钉杆法）　resistance to tearing(nail shank)**

撕裂试件握住钉杆需要的拉力。

## 4 原理

通过用钉杆刺穿试件试验测量需要的力，用与钉杆成垂直的力进行撕裂。

## 5 仪器设备

### 5.1 拉伸试验机

拉伸试验机应有连续记录力和对应距离的装置，能够按以下规定的速度分离夹具。拉伸试验机有足够的荷载能力（至少2 000 N），和足够的夹具分离距离，夹具拉伸速度为(100±10) mm/min，夹持宽度不少于100 mm。

拉伸试验机的夹具能随着试件拉力的增加而保持或增加夹具的夹持力，夹具能夹住试件使其在夹具中的滑移不超过2 mm，为防止从夹具中的滑移超过2 mm，允许用冷却的夹具。这种夹持方法不应在夹具内外产生过早的破坏。

力测量系统满足JJG 139—1999至少2级（即±2%）。

### 5.2 U型装置

U型装置一端通过连接件连在拉伸试验机夹具上，另一端有两个臂支撑试件。臂上有钉杆穿过的孔，其位置能允许按第8章要求进行试验（见图1）。

## 6 抽样

抽样按GB/T 328.1进行。

## 7 试件制备

试件需距卷材边缘 100 mm 以上在试样上任意裁取，用模板或裁刀裁取，要求的长方形试件宽(100±1) mm，长至少 200 mm。试件长度方向是试验方向，试件从试样的纵向或横向裁取。

对卷材用于机械固定的增强边，应取增强部位试验。

每个选定的方向试验 5 个试件，任何表面的非持久层应去除。

试验前试件应在(23±2)℃和相对湿度 30%～70%的条件下放置至少 20 h。

单位为毫米

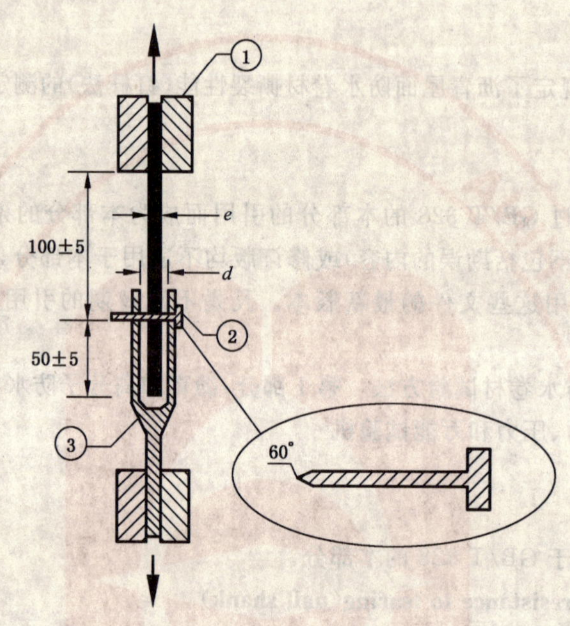


1——夹具；

2——钉杆(φ2.5±0.1)；

3——U 型头；

$e$——样品厚度；

$d$——U 型头间隙($e+1 \leqslant d \leqslant e+2$)。

**图 1 钉杆撕裂试验**

## 8 步骤

试件放入打开的 U 型头的两臂中，用一直径(2.5±0.1)mm 的尖钉穿过 U 型头的孔位置，同时钉杆位置在试件的中心线上，距 U 型头中的试件一端(50±5)mm(见图 1)。

钉杆距上夹具的距离是(100±5)mm。

把该装置试件一端的夹具和另一端的 U 型头放入拉伸试验机，开动试验机使穿过材料面的钉杆直到材料的末端。试验装置的示意图见图 1。

试验在(23±2)℃进行，拉伸速度(100±10)mm/min。

穿过试件钉杆的撕裂力应连续记录。

## 9 结果表示、计算和试验方法的精确度

### 9.1 计算

连续记录的力，试件撕裂性能(钉杆法)是记录试验的最大力。

每个试件分别列出拉力值，计算平均值，精确到 5 N，记录试验方向。

### 9.2 试验方法的精确度

试验方法的精确度没有规定。

## 10 试验报告

试验报告包括如下信息：

a） 确定试验产品的所有必要细节；

b） 涉及的 GB/T 328 的本部分及偏离；

c） 根据第 6 章的抽样或制备试件信息；

d） 根据第 7 章的试验程序信息；

e） 根据 9.1 的试验结果；

f） 试验日期。

ICS 91.120.30
Q 17

# 中华人民共和国国家标准

GB/T 328.19—2007

# 建筑防水卷材试验方法
# 第19部分:高分子防水卷材　撕裂性能

**Test methods for building sheets for waterproofing—**
**Part 19:Plastic and rubber sheets for waterproofing-resistance to tearing**

2007-03-26 发布　　2007-10-01 实施

中华人民共和国国家质量监督检验检疫总局
中国国家标准化管理委员会　发布

# 前　言

GB/T 328《建筑防水卷材试验方法》分为如下 27 个部分：

——第 1 部分：沥青和高分子防水卷材　抽样规则；
——第 2 部分：沥青防水卷材　外观；
——第 3 部分：高分子防水卷材　外观；
——第 4 部分：沥青防水卷材　厚度、单位面积质量；
——第 5 部分：高分子防水卷材　厚度、单位面积质量；
——第 6 部分：沥青防水卷材　长度、宽度和平直度；
——第 7 部分：高分子防水卷材　长度、宽度、平直度和平整度；
——第 8 部分：沥青防水卷材　拉伸性能；
——第 9 部分：高分子防水卷材　拉伸性能；
——第 10 部分：沥青和高分子防水卷材　不透水性；
——第 11 部分：沥青防水卷材　耐热性；
——第 12 部分：沥青防水卷材　尺寸稳定性；
——第 13 部分：高分子防水卷材　尺寸稳定性；
——第 14 部分：沥青防水卷材　低温柔性；
——第 15 部分：高分子防水卷材　低温弯折性；
——第 16 部分：高分子防水卷材　耐化学液体(包括水)；
——第 17 部分：沥青防水卷材　矿物料粘附性；
——第 18 部分：沥青防水卷材　撕裂性能(钉杆法)；
——第 19 部分：高分子防水卷材　撕裂性能；
——第 20 部分：沥青防水卷材　接缝剥离性能；
——第 21 部分：高分子防水卷材　接缝剥离性能；
——第 22 部分：沥青防水卷材　接缝剪切性能；
——第 23 部分：高分子防水卷材　接缝剪切性能；
——第 24 部分：沥青和高分子防水卷材　抗冲击性能；
——第 25 部分：沥青和高分子防水卷材　抗静态荷载；
——第 26 部分：沥青防水卷材　可溶物含量(浸涂材料含量)；
——第 27 部分：沥青和高分子防水卷材　吸水性。

本部分为 GB/T 328 的第 19 部分。

本部分等同采用 EN 12310-2:2000《柔性防水卷材　撕裂性能测定　第 2 部分：屋面防水塑料和橡胶卷材》(英文版)。

本部分章条编号与 EN 12310-2:2000 章条编号一致。

为便于使用，本部分与 EN 12310-2:2000 的主要差异是：

a) “本欧洲标准”改为“本部分”；
b) “ISO 7500-1”、“EN 13416”改为“JJG 139”、“GB/T 328.1”；
c) 删除 EN 12310-2:2000 的前言及参考资料，重新编写本部分的前言；
d) “塑料和橡胶屋面防水卷材”改为“高分子防水卷材”。

本部分与其他部分组成的标准 GB/T 328.1～328.27—2007《建筑防水卷材试验方法》代替

GB/T 328—1989《沥青防水卷材试验方法》。

本部分由中国建筑材料工业协会提出。

本部分由全国轻质与装饰装修建筑材料标准化技术委员会(SAC/TC 195)归口。

本部分负责起草单位:中国化学建筑材料公司苏州防水材料研究设计所、建筑材料工业技术监督研究中心。

本部分参加起草单位:北京市建筑材料科学研究院、浙江省建筑材料研究所有限公司、中铁六局北京铁路建设有限公司、哈高科绥棱二塑有限公司、湖州红星建筑防水有限公司、山东力华防水建材有限公司。

本部分主要起草人:朱志远、杨斌、洪晓苗、檀春丽、陈文洁、陈建华、何少岚、吴卫平。

本部分为首次发布。

# 建筑防水卷材试验方法
# 第19部分:高分子防水卷材　撕裂性能

## 1　范围

GB/T 328的本部分规定了高分子屋面卷材采用梯形缺口或割口试件的撕裂性能测定方法。

## 2　规范性引用文件

下列文件中的条款通过GB/T 328的本部分的引用而成为本部分的条款。凡是注日期的引用文件,其随后所有的修改单(不包括勘误的内容)或修订版均不适用于本部分,然而,鼓励根据本标准达成协议的各方研究是否可使用这些文件的最新版本。凡是不注日期的引用文件,其最新版本适用于本部分。

GB/T 328.1　建筑防水卷材试验方法　第1部分:沥青和高分子防水卷材　抽样规则

JJG 139—1999　拉力、压力和万能试验机

## 3　术语和定义

下列术语和定义适用于GB/T 328的本部分。

**撕裂性能　resistance tearing**

预割口试件要求的最大拉力。

## 4　原理

试验的原理是测量试件完全撕裂需要的力,是试件已有缺口或割口的延续。

拉伸试验机在恒定速度下产生均匀的撕裂力直至试件破坏,记录达到的最高点的力。

## 5　仪器设备

拉伸试验机应有连续记录力和对应距离的装置,能够按以下规定的速度匀速分离夹具。

拉伸试验机有效荷载范围至少2 000 N,夹具拉伸速度为(100±10)mm/min,夹持宽度不少于50 mm。

拉伸试验机的夹具能随着试件拉力的增加而保持或增加夹具的夹持力,对于厚度不超过3 mm的产品能夹住试件使其在夹具中的滑移不超过1 mm,更厚的产品不超过2 mm。试件在夹具处用一记号或胶带来显示任何滑移。

力测量系统满足JJG 139—1999至少2级(即±2%)。

裁取试件的模板尺寸见图1。

单位为毫米

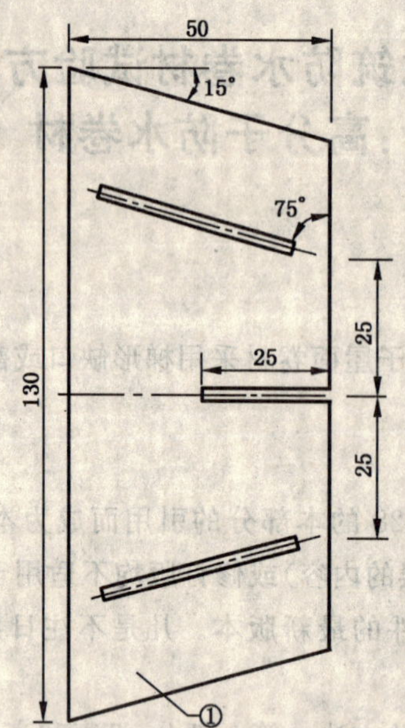


1——试件厚度：2 mm～3 mm。

**图 1 裁取试件模板**

## 6 抽样

抽样按 GB/T 328.1 进行。

## 7 试件制备

试件形状和尺寸见图 2。

单位为毫米

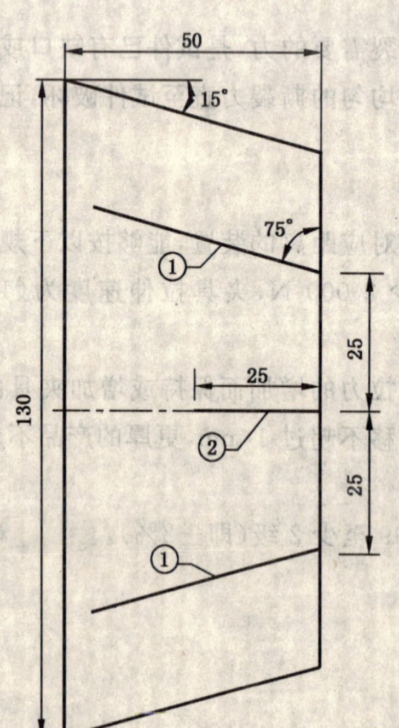


1——夹持线；

2——缺口或割口。

**图 2 试件形状和尺寸**

$\alpha$ 角的精度在 1°。

卷材纵向和横向分别用模板裁取 5 个带缺口或割口试件。

在每个试件上的夹持线位置作好记号。

试验前试件应在(23±2)℃和相对湿度(50±5)%的条件下放置至少 20 h。

## 8 步骤

试件应紧紧的夹在拉伸试验机的夹具(第 5 章)中,注意使夹持线沿着夹具的边缘(见图 3)。

试件试验温度为(23±2)℃,拉伸速度为(100±10)mm/min。

记录每个试件的最大拉力。

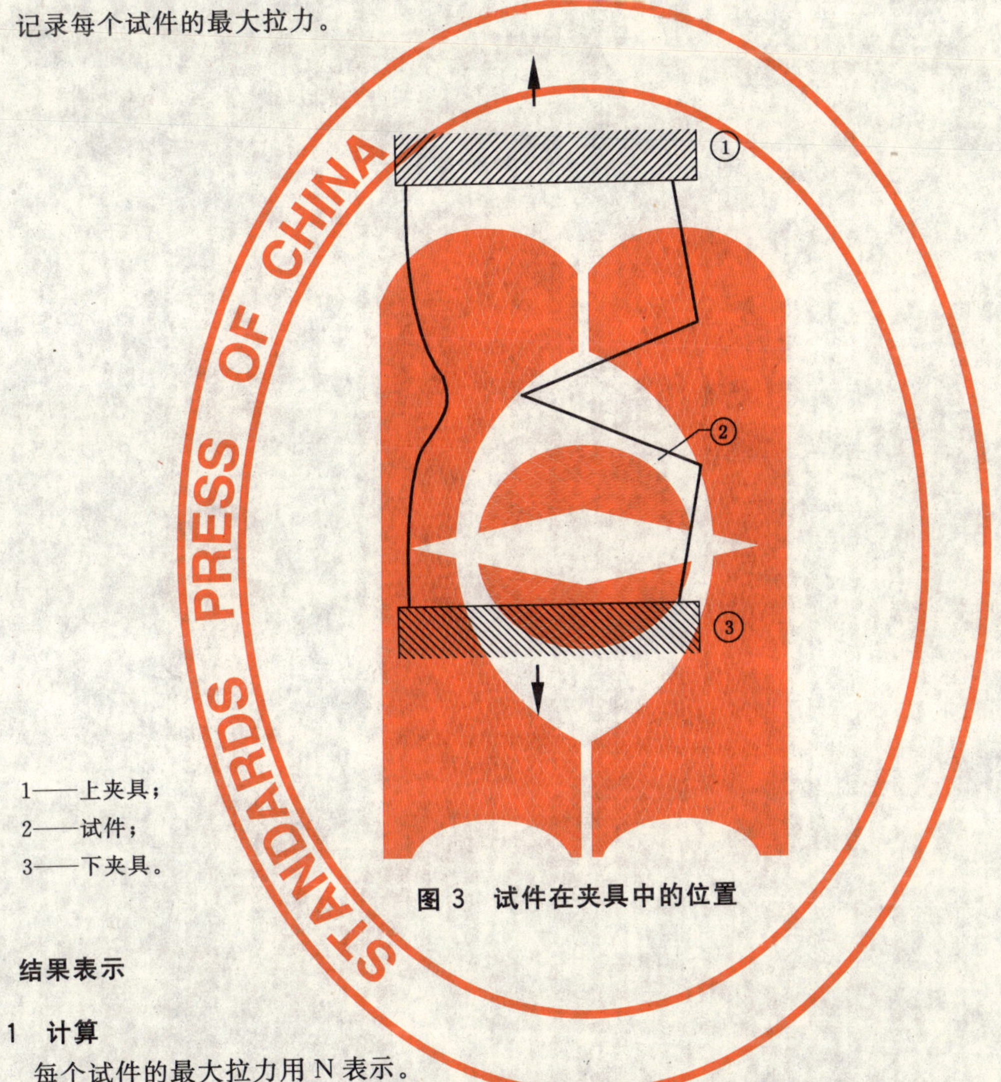



1——上夹具;

2——试件;

3——下夹具。

**图 3 试件在夹具中的位置**

## 9 结果表示

### 9.1 计算

每个试件的最大拉力用 N 表示。

舍去试件从拉伸试验机夹具中滑移超过规定值的结果,用备用件重新试验。

计算每个方向的拉力算术平均值($F_L$ 和 $F_T$),用 N 表示,结果精确到 1 N。

### 9.2 试验方法的精确度

试验方法的精确度没有规定。

## 10 试验报告

试验报告包括如下信息:

a) 涉及的 GB/T 328 的本部分及偏离;

b) 确定试验产品的所有必要细节;

c) 根据第 6 章的抽样信息；

d) 根据第 7 章的制备试件信息；

e) 根据第 9 章的试验结果；

f) 试验日期。

ICS 91.120.30
Q 17

# 中华人民共和国国家标准

GB/T 328.20—2007

# 建筑防水卷材试验方法 第20部分:沥青防水卷材 接缝剥离性能

Test methods for building sheets for waterproofing—
Part 20:Bitumen sheets for waterproofing-resistance to peeling of joints

2007-03-26 发布 2007-10-01 实施

中华人民共和国国家质量监督检验检疫总局
中国国家标准化管理委员会 发布

# 前　言

GB/T 328《建筑防水卷材试验方法》分为如下 27 个部分：

——第 1 部分：沥青和高分子防水卷材　抽样规则；

——第 2 部分：沥青防水卷材　外观；

——第 3 部分：高分子防水卷材　外观；

——第 4 部分：沥青防水卷材　厚度、单位面积质量；

——第 5 部分：高分子防水卷材　厚度、单位面积质量；

——第 6 部分：沥青防水卷材　长度、宽度和平直度；

——第 7 部分：高分子防水卷材　长度、宽度、平直度和平整度；

——第 8 部分：沥青防水卷材　拉伸性能；

——第 9 部分：高分子防水卷材　拉伸性能；

——第 10 部分：沥青和高分子防水卷材　不透水性；

——第 11 部分：沥青防水卷材　耐热性；

——第 12 部分：沥青防水卷材　尺寸稳定性；

——第 13 部分：高分子防水卷材　尺寸稳定性；

——第 14 部分：沥青防水卷材　低温柔性；

——第 15 部分：高分子防水卷材　低温弯折性；

——第 16 部分：高分子防水卷材　耐化学液体（包括水）；

——第 17 部分：沥青防水卷材　矿物料粘附性；

——第 18 部分：沥青防水卷材　撕裂性能（钉杆法）；

——第 19 部分：高分子防水卷材　撕裂性能；

——第 20 部分：沥青防水卷材　接缝剥离性能；

——第 21 部分：高分子防水卷材　接缝剥离性能；

——第 22 部分：沥青防水卷材　接缝剪切性能；

——第 23 部分：高分子防水卷材　接缝剪切性能；

——第 24 部分：沥青和高分子防水卷材　抗冲击性能；

——第 25 部分：沥青和高分子防水卷材　抗静态荷载；

——第 26 部分：沥青防水卷材　可溶物含量（浸涂材料含量）；

——第 27 部分：沥青和高分子防水卷材　吸水性。

本部分为 GB/T 328 的第 20 部分。

本部分等同采用 EN 12316-1：1999《柔性防水卷材　接缝剥离性能测定　第 1 部分：屋面防水沥青卷材》（英文版）。

本部分章条编号与 EN 12316-1：1999 章条编号一致。

为便于使用，本部分与 EN 12316-1：1999 的主要差异是：

a）“本欧洲标准”改为“本部分”；

b）“EN 10002-2”改为“JJG 139”；

c）删除 EN 12316-1：1999 的前言及参考资料，重新编写本部分的前言；

d）增加 GB/T 328.1 的规范性引用文件。

本部分与其他部分组成的标准 GB/T 328.1～328.27—2007《建筑防水卷材试验方法》代替 GB/T 328—1989《沥青防水卷材试验方法》。

本部分由中国建筑材料工业协会提出。

本部分由全国轻质与装饰装修建筑材料标准化技术委员会(SAC/TC 195)归口。

本部分负责起草单位:中国化学建筑材料公司苏州防水材料研究设计所、建筑材料工业技术监督研究中心。

本部分参加起草单位:北京市建筑材料科学研究院、浙江省建筑材料研究所有限公司、盘锦禹王防水建材集团、北京中建友建筑材料有限公司、杭州绿都防水材料有限公司、北京市中兴青云建筑材料有限公司、北京世纪新星防水材料有限公司、徐州卧牛山新型防水材料有限公司、潍坊市宏源防水材料有限公司、潍坊宇虹新型防水材料有限公司、山东金禹王防水材料有限公司、广饶县祥泰防水卷材厂。

本部分主要起草人:朱志远、杨斌、檀春丽、洪晓苗、陈建华、詹福民、张星、刘凤波。

本部分为首次发布。

# 建筑防水卷材试验方法
# 第20部分:沥青防水卷材　接缝剥离性能

## 1　范围

GB/T 328的本部分规定相同的沥青屋面防水卷材间接缝的剥离性能测定方法。

本试验方法主要是检验机械固定的单层沥青防水卷材接缝性能。

沥青基卷材搭接宽度间的剥离特性随材料、搭接方法(火焰或热焊接、热粘结或沥青、冷粘剂等)、搭接的尺寸、操作工艺的不同而变化。

## 2　规范性引用文件

下列文件中的条款通过GB/T 328的本部分的引用而成为本部分的条款。凡是注日期的引用文件,其随后所有的修改单(不包括勘误的内容)或修订版均不适用于本部分,然而,鼓励根据本标准达成协议的各方研究是否可使用这些文件的最新版本。凡是不注日期的引用文件,其最新版本适用于本部分。

GB/T 328.1　建筑防水卷材试验方法　第1部分:沥青和高分子防水卷材　抽样规则

JJG 139—1999　拉力、压力和万能试验机

## 3　术语和定义

下列术语和定义适用于GB/T 328的本部分。

**剥离性能　peel resistance**

在剥离方向,拉伸制备好的搭接试件,直至试件完全分离的拉力。

## 4　原理

试件的接缝处以恒定速度拉伸至试件分离,连续记录整个试验中的拉力。

## 5　仪器设备

拉伸试验机应有连续记录力和对应距离的装置,能够按以下规定的速度分离夹具。

拉伸试验机具有足够的荷载能力(至少2 000 N)和足够的拉伸距离,夹具拉伸速度为(100±10) mm/min,夹持宽度不少于50 mm。

拉伸试验机的夹具能随着试件拉力的增加而保持或增加夹具的夹持力,夹具能夹住试件使其在夹具中的滑移不超过2 mm,为防止从夹具中的滑移超过2 mm,允许用冷却的夹具。

这种夹持方法不应在夹具内外产生过早的破坏。

力测量系统满足JJG 139—1999至少2级(即±2%)。

## 6　抽样及搭接试片制备

抽样按GB/T 328.1进行。

裁取试件的搭接试片应预先在(23±2)℃和相对湿度(30～70)%的条件下放置至少20 h。

根据规定的方法搭接卷材试片,并留下接缝的一边不粘接(见图1)。

应按要求的相同粘结方法制备搭接试片。

## 7　试件制备

从每个试样上裁取5个矩形试件,宽度(50±1) mm并与接头垂直,长度应能保证试件两端装入夹

具，其完全叠合部分可以进行试验（见图 1 和图 2）。

试件试验前应在(23±2)℃和相对湿度 30%～70%的条件下放置至少 20 h。

接缝采用冷粘剂时需要根据制造商的要求增加足够的养护时间。

单位为毫米

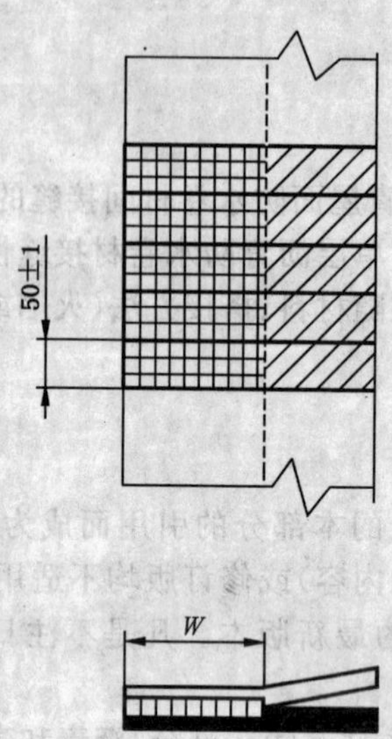


W——接缝宽度。

图 1 从制好的搭接试片的留边和最终叠合处制备试件

单位为毫米

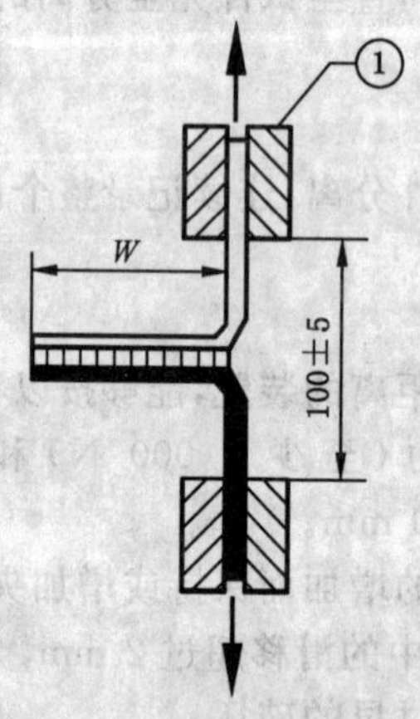


1——夹具；
W——搭接宽度。

图 2 剥离强度的留边和最终叠合

## 8 步骤

试件稳固的放入拉伸试验机的夹具中，使试件的纵向轴线与拉伸试验机及夹具的轴线重合。

夹具间整个距离为(100±5) mm，不承受预荷载。

试验在(23±2)℃进行，拉伸速度(100±10) mm/min。

产生的拉力应连续记录直至试件分离，用 N 表示。

试件的破坏形式应记录。

## 9 结果表示、计算和试验方法的精确度

### 9.1 表示

画出每个试件的应力应变图。

#### 9.1.1 最大剥离强度

记录最大的力作为试件的最大剥离强度，用 N/50 mm 表示，

#### 9.1.2 平均剥离强度

去除第一和最后一个 1/4 的区域，然后计算平均剥离强度，用 N/50 mm 表示。平均剥离强度是计算保留部分 10 个等份点处的值(见图 3)。

注：这里规定估值方法的目的是计算平均剥离强度值，即在试验过程中某些规定时间段作用于试件的力的平均值。这个方法允许在图形中即使没有明显峰值时进行估值，在试验某些粘结材料时或许会发生。必须注意根据试件裁取方向不同试验结果会变化。

*a* ——*a* 点处的估值。

图 3 剥离性能计算图(示例)

### 9.2 计算

计算每组 5 个试件的最大剥离强度平均值和平均剥离强度，修约到 5 N/50 mm。

### 9.3 试验方法的精确度

试验方法的精确度没有规定。

## 10 试验报告

试验报告包括如下信息：

a) 确定试验产品的所有必要细节；

b) 涉及的 GB/T 328 的本部分及偏离；

c) 根据第 6 章的抽样信息；

d) 根据第 7 章的试件制备信息和搭接方法的说明；

e) 根据第 9 章的试验结果；

f) 试验日期。

ICS 91.120.30
Q 17

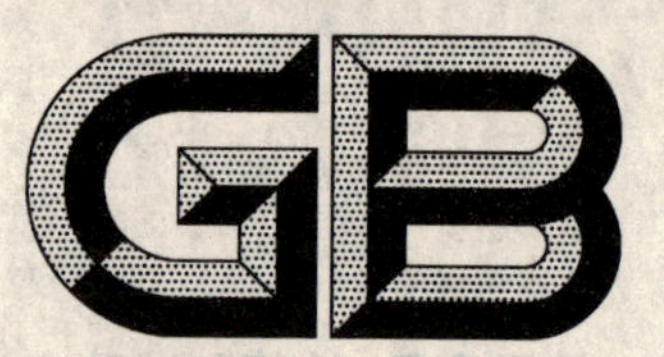

# 中华人民共和国国家标准

GB/T 328.21—2007

# 建筑防水卷材试验方法
# 第21部分:高分子防水卷材　接缝剥离性能

**Test methods for building sheets for waterproofing—**
**Part 21:Plastic and rubber sheets for waterproofing-resistance to peeling of joints**

2007-03-26 发布　　　　2007-10-01 实施

中华人民共和国国家质量监督检验检疫总局
中国国家标准化管理委员会　发布

# 前 言

GB/T 328《建筑防水卷材试验方法》分为如下 27 个部分：

——第 1 部分：沥青和高分子防水卷材　抽样规则；

——第 2 部分：沥青防水卷材　外观；

——第 3 部分：高分子防水卷材　外观；

——第 4 部分：沥青防水卷材　厚度、单位面积质量；

——第 5 部分：高分子防水卷材　厚度、单位面积质量；

——第 6 部分：沥青防水卷材　长度、宽度和平直度；

——第 7 部分：高分子防水卷材　长度、宽度、平直度和平整度；

——第 8 部分：沥青防水卷材　拉伸性能；

——第 9 部分：高分子防水卷材　拉伸性能；

——第 10 部分：沥青和高分子防水卷材　不透水性；

——第 11 部分：沥青防水卷材　耐热性；

——第 12 部分：沥青防水卷材　尺寸稳定性；

——第 13 部分：高分子防水卷材　尺寸稳定性；

——第 14 部分：沥青防水卷材　低温柔性；

——第 15 部分：高分子防水卷材　低温弯折性；

——第 16 部分：高分子防水卷材　耐化学液体(包括水)；

——第 17 部分：沥青防水卷材　矿物料粘附性；

——第 18 部分：沥青防水卷材　撕裂性能(钉杆法)；

——第 19 部分：高分子防水卷材　撕裂性能；

——第 20 部分：沥青防水卷材　接缝剥离性能；

——第 21 部分：高分子防水卷材　接缝剥离性能；

——第 22 部分：沥青防水卷材　接缝剪切性能；

——第 23 部分：高分子防水卷材　接缝剪切性能；

——第 24 部分：沥青和高分子防水卷材　抗冲击性能；

——第 25 部分：沥青和高分子防水卷材　抗静态荷载；

——第 26 部分：沥青防水卷材　可溶物含量(浸涂材料含量)；

——第 27 部分：沥青和高分子防水卷材　吸水性。

本部分为 GB/T 328 的第 21 部分。

本部分等同采用 EN 12316-2：2000《柔性防水卷材　接缝剥离性能测定　第 2 部分：屋面防水塑料和橡胶卷材》(英文版)。

本部分章条编号与 EN 12316-2：2000 章条编号一致。

为便于使用，本部分与 EN 12316-2：2000 的主要差异是：

a) “本欧洲标准”改为“本部分”；

b) “ISO 7500-1”、“EN 13416”改为 “JJG 139”、“GB/T 328.1”；

c) 删除 EN 12316-2：2000 的前言及参考资料，重新编写本部分的前言；

d) “塑料和橡胶屋面防水卷材”改为“高分子防水卷材”；

e) 将范围的注改为正文。

本部分与其他部分组成的标准 GB/T 328.1～328.27—2007《建筑防水卷材试验方法》代替 GB/T 328—1989《沥青防水卷材试验方法》。

本部分由中国建筑材料工业协会提出。

本部分由全国轻质与装饰装修建筑材料标准化技术委员会(SAC/TC 195)归口。

本部分负责起草单位:中国化学建筑材料公司苏州防水材料研究设计所、建筑材料工业技术监督研究中心。

本部分参加起草单位:北京市建筑材料科学研究院、浙江省建筑材料研究所有限公司、中铁六局北京铁路建设有限公司、哈高科绥棱二塑有限公司、湖州红星建筑防水有限公司、山东力华防水建材有限公司。

本部分主要起草人:朱志远、杨斌、檀春丽、洪晓苗、陈文洁、陈建华、吴卫平、何少岚。

本部分为首次发布。

# 建筑防水卷材试验方法
# 第21部分:高分子防水卷材 接缝剥离性能

## 1 范围

GB/T 328的本部分规定了相同的高分子屋面防水卷材间接缝剥离性能的测定方法。

本试验方法主要用于试验机械固定的高分子防水卷材接缝。

塑料和橡胶搭接宽度间的剥离性能根据材料、搭接方法、重叠尺寸和操作工艺不同而变化。

## 2 规范性引用文件

下列文件中的条款通过GB/T 328的本部分的引用而成为本部分的条款。凡是注日期的引用文件,其随后所有的修改单(不包括勘误的内容)或修订版均不适用于本部分,然而,鼓励根据本标准达成协议的各方研究是否可使用这些文件的最新版本。凡是不注日期的引用文件,其最新版本适用于本部分。

GB/T 328.1 建筑防水卷材试验方法 第1部分:沥青和高分子防水卷材 抽样规则

JJG 139—1999 拉力、压力和万能试验机

## 3 术语和定义

下列术语和定义适用于GB/T 328的本部分。

**剥离性能 peel resistance**

在剥离方向,拉伸制备好的搭接试件,直至试件完全分离的拉力。

## 4 原理

试验的原理是以恒定速度拉伸试件剥离搭接缝至试件破坏,连续记录整个试验的拉力。

## 5 仪器设备

拉伸试验机应有连续记录力和对应伸长的装置,能够按以下规定的速度匀速分离夹具。

拉伸试验机有效荷载范围至少2 000 N,夹具拉伸速度为(100±10) mm/min,夹持宽度不少于50 mm。

拉伸试验机的夹具能随着试件拉力的增加而保持或增加夹具的夹持力,能夹住试件使其在夹具中的滑移不超过2 mm。

夹持的方式不应导致试件在夹具附近产生过早的断裂。

力测量系统满足JJG 139—1999至少2级(即±2%)。

## 6 抽样

抽样按GB/T 328.1进行。

## 7 试片和试件制备

用于搭接的试片应预先在(23±2)℃和相对湿度(30~70)%的条件下放置至少20 h。

卷材的试片按要求的方法搭接。搭接后,试片试验前应在(23±2)℃和相对湿度(50±5)%的条件

下放置至少 2 h,除非制造商有不同的要求。

每个搭接试片裁 5 个矩形试件,宽度(50±1) mm 与搭接边垂直,其长度应保证试件装入夹具,整个叠合部分可以进行试验并垂直于接缝(见图 1 和图 2)。

矩形搭接试件按要求的所有搭接步骤制备。

每组试验 5 个试件。

单位为毫米

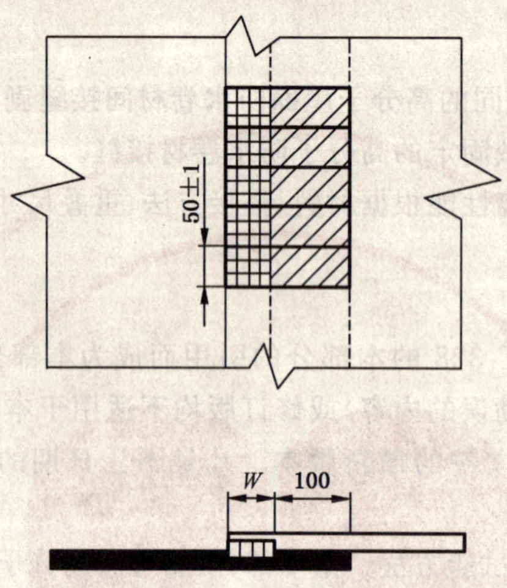


W——搭接宽度。

**图 1 按规定的留边和最终叠合制备试件**

单位为毫米

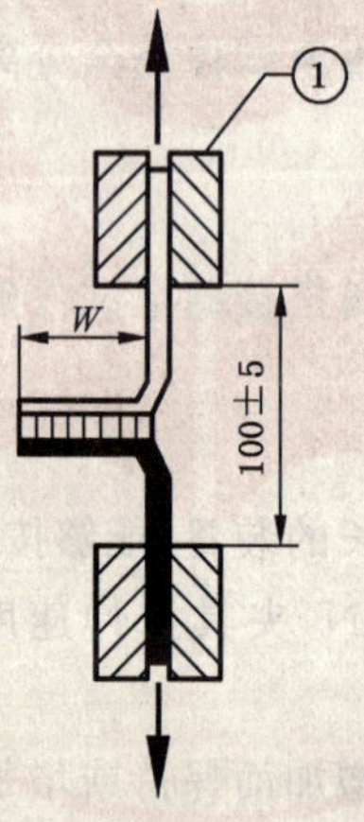


1——夹具;

W——搭接宽度。

**图 2 留边和最终叠合的剥离强度试验**

## 8 步骤

试件应紧紧的夹在拉伸试验机的夹具中,使试件的纵向轴线与拉伸试验机及夹具的轴线重合。

夹具间整个距离为(100±5) mm(见图 2),不承受预荷载。

试件试验温度为(23±2)℃,拉伸速度为(100±10) mm/min。

连续记录试件的拉力和伸长直至试件分离。

记录接缝的破坏形式。

## 9 结果表示

### 9.1 搭接信息

说明所有相关的搭接制备和条件的信息。

### 9.2 计算

画出应力应变图。

舍去试件距拉伸试验机夹具 10 mm 范围内的破坏及从拉伸试验机夹具中滑移超过规定值的结果，用备用件重新试验。

报告试件的破坏形式。

#### 9.2.1 最大剥离强度

从图上读取最大力作为试件的最大剥离强度，用 N/50 mm 表示(对应于试件断裂、无剥离发生和仅有一个峰值)。

#### 9.2.2 平均剥离强度(对应于只有剥离发生)

去除第一和最后一个 1/4 的区域，然后计算平均剥离性能，平均剥离性能是计算保留部分 10 个等份点处的值，用 N/50 mm 表示(见图 3)。

注：这里规定估值方法的目的是计算平均剥离强度值，即在试验过程中某些规定时间段作用于试件的力的平均值。这个方法允许在图形中即使没有明显峰值时进行估值，在试验某些粘结材料时或许会发生。必须注意根据试件裁取方向不同试验结果会变化。

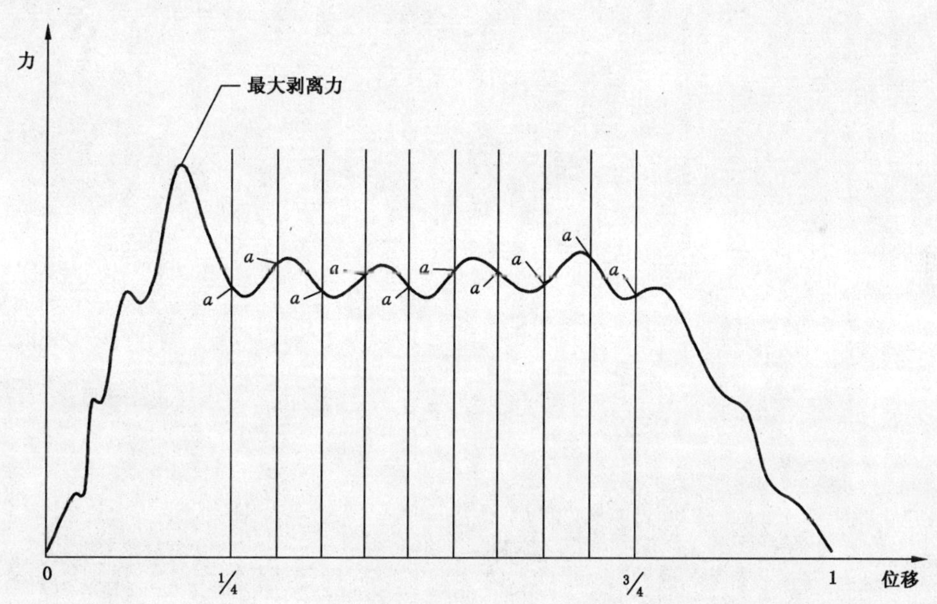


*a* ——*a* 点处的估值。

图 3 计算平均剥离强度图(示例)

### 9.3 计算

以每组 5 个试件计量剥离强度作为平均值(用每个试件得到的最大剥离强度或平均剥离强度)，用 N/50 mm 表示。报告剥离强度精确到 1 N/50 mm，以及标准偏差。

### 9.4 试验方法的精确度

试验方法的精确度没有规定。

## 10 试验报告

试验报告包括如下信息：

a) 涉及的 GB/T 328 的本部分及偏离；

b) 确定试验产品的所有必要细节；

c) 根据第 6 章的抽样信息；

d) 根据第 7 章的制备试件信息；

e) 根据第 9 章的试验结果；

f) 试验过程中采用的非标准步骤或遇到的异常；

g) 试验日期。

ICS 91.120.30
Q 17

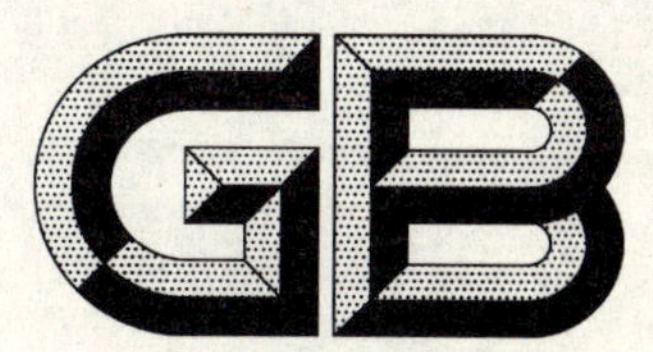

# 中华人民共和国国家标准

GB/T 328.22—2007

# 建筑防水卷材试验方法 第22部分:沥青防水卷材 接缝剪切性能

Test methods for building sheets for waterproofing—
Part 22:Bitumen sheets for waterproofing-resistance to shearing of joints

2007-03-26 发布　　　　2007-10-01 实施

中华人民共和国国家质量监督检验检疫总局
中国国家标准化管理委员会　发布

# 前　言

GB/T 328《建筑防水卷材试验方法》分为如下 27 个部分：

——第 1 部分：沥青和高分子防水卷材　抽样规则；

——第 2 部分：沥青防水卷材　外观；

——第 3 部分：高分子防水卷材　外观；

——第 4 部分：沥青防水卷材　厚度、单位面积质量；

——第 5 部分：高分子防水卷材　厚度、单位面积质量；

——第 6 部分：沥青防水卷材　长度、宽度和平直度；

——第 7 部分：高分子防水卷材　长度、宽度、平直度和平整度；

——第 8 部分：沥青防水卷材　拉伸性能；

——第 9 部分：高分子防水卷材　拉伸性能；

——第 10 部分：沥青和高分子防水卷材　不透水性；

——第 11 部分：沥青防水卷材　耐热性；

——第 12 部分：沥青防水卷材　尺寸稳定性；

——第 13 部分：高分子防水卷材　尺寸稳定性；

——第 14 部分：沥青防水卷材　低温柔性；

——第 15 部分：高分子防水卷材　低温弯折性；

——第 16 部分：高分子防水卷材　耐化学液体(包括水)；

——第 17 部分：沥青防水卷材　矿物料粘附性；

——第 18 部分：沥青防水卷材　撕裂性能(钉杆法)；

——第 19 部分：高分子防水卷材　撕裂性能；

——第 20 部分：沥青防水卷材　接缝剥离性能；

——第 21 部分：高分子防水卷材　接缝剥离性能；

——第 22 部分：沥青防水卷材　接缝剪切性能；

——第 23 部分：高分子防水卷材　接缝剪切性能；

——第 24 部分：沥青和高分子防水卷材　抗冲击性能；

——第 25 部分：沥青和高分子防水卷材　抗静态荷载；

——第 26 部分：沥青防水卷材　可溶物含量(浸涂材料含量)；

——第 27 部分：沥青和高分子防水卷材　吸水性。

本部分为 GB/T 328 的第 22 部分。

本部分等同采用 EN 12317-1:1999《柔性防水卷材　接缝剪切性能测定　第 1 部分：屋面防水沥青卷材》(英文版)。

本部分章条编号与 EN 12317-1:1999 章条编号一致。

为便于使用，本部分与 EN 12317-1:1999 的主要差异是：

a)　“本欧洲标准”改为“本部分”；

b)　“EN 10002-2”改为“JJG 139”；

c)　删除 EN 12317-1:1999 的前言及参考资料，重新编写本部分的前言；

d)　增加 GB/T 328.1 的规范性引用文件。

本部分与其他部分组成的标准 GB/T 328.1～328.27—2007《建筑防水卷材试验方法》代替

GB/T 328—1989《沥青防水卷材试验方法》。

本部分由中国建筑材料工业协会提出。

本部分由全国轻质与装饰装修建筑材料标准化技术委员会(SAC/TC 195)归口。

本部分负责起草单位:中国化学建筑材料公司苏州防水材料研究设计所、建筑材料工业技术监督研究中心。

本部分参加起草单位:北京市建筑材料科学研究院、浙江省建筑材料研究所有限公司、中铁六局北京铁路建设有限公司、盘锦禹王防水建材集团、北京中建友建筑材料有限公司、杭州绿都防水材料有限公司、北京世纪新星防水材料有限公司、北京市中兴青云建筑材料有限公司、徐州卧牛山新型防水材料有限公司、潍坊市宏源防水材料有限公司、潍坊宇虹新型防水材料有限公司、山东金禹王防水材料有限公司、广饶县祥泰防水卷材厂。

本部分主要起草人:朱志远、杨斌、檀春丽、洪晓苗、詹福民、陈建华、吴进明、章国荣。

本部分为首次发布。

# 建筑防水卷材试验方法
# 第22部分:沥青防水卷材　接缝剪切性能

## 1　范围

GB/T 328的本部分规定相同的沥青屋面防水卷材间的接缝的剪切性能测定方法。

本试验方法主要是检验单层屋面沥青防水卷材接缝机械扣紧或压紧的性能。

沥青卷材搭接宽度间的剪切性能随搭接方法(火焰或热焊接、热粘结如沥青、冷粘剂等)、搭接的尺寸、操作工艺的不同而变化。

## 2　规范性引用文件

下列文件中的条款通过GB/T 328的本部分的引用而成为本部分的条款。凡是注日期的引用文件,其随后所有的修改单(不包括勘误的内容)或修订版均不适用于本部分,然而,鼓励根据本标准达成协议的各方研究是否可使用这些文件的最新版本。凡是不注日期的引用文件,其最新版本适用于本部分。

GB/T 328.1　建筑防水卷材试验方法　第1部分:沥青和高分子防水卷材　抽样规则

JJG 139—1999　拉力、压力和万能试验机

## 3　术语和定义

下列术语和定义适用于GB/T 328的本部分。

**剪切性能　shear resistance**

在剪切方向,拉伸制备好的搭接试件,直至试件破坏或分离的最大拉力。

## 4　原理

试件的接缝处以恒定速度拉伸至试件破坏或分离,整个试验中拉力连续记录。

## 5　仪器设备

拉伸试验机应有连续记录力和对应距离的装置,能够按以下规定的速度分离夹具。

拉伸试验机具有足够的荷载能力(至少2 000 N),夹具拉伸速度为(100±10) mm/min,夹持宽度不少于50 mm。

拉伸试验机的夹具能随着试件拉力的增加而保持或增加夹具的夹持力,夹具能夹住试件使其在夹具中的滑移不超过2 mm,为防止从夹具中的滑移超过2 mm,允许用冷却的夹具。这种夹持方法不应在夹具内外产生过早的破坏。

力测量系统满足JJG 139—1999至少2级(即±2%)。

## 6　抽样

抽样按GB/T 328.1进行。

裁取试件的试样应预先在(23±2)℃和相对湿度(30～70)%的条件下放置至少 20 h。

根据规定的方法搭接卷材试样,包括搭接边及最终搭接缝,以及根据产品规定的搭接。

## 7 试样和试件制备

从每个试样上裁取 5 个矩形试件,宽度(50±1) mm 并与接头垂直,长度应能保证夹具间初始距离为(200±5) mm(见图 1)。

试件试验前应在(23±2)℃和相对湿度 30%～70%的条件下放置至少 20 h。

当接缝采用冷粘剂时需要增加足够的养护时间。

单位为毫米

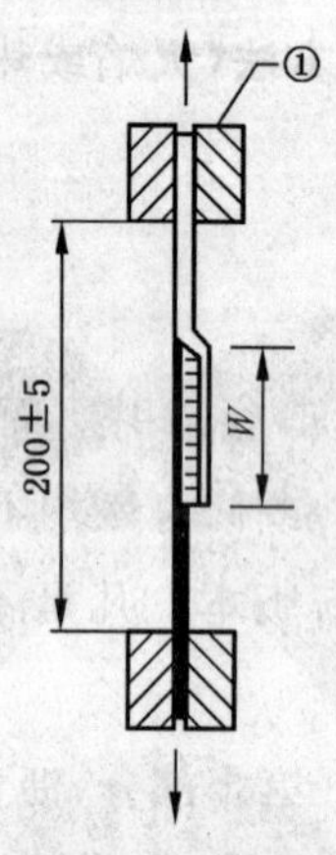


1——夹具;

W——搭接宽度。

图 1 接缝的剪切强度试验

## 8 步骤

试件稳固的放入拉伸试验机的夹具中,使试件的纵向轴线与拉伸试验机及夹具的轴线重合。夹具间整个距离为(200±5) mm,不承受预荷载。

每个试件应作记号以确定任何从夹具中产生的滑移。

试验在(23±2)℃进行,拉伸速度(100±10) mm/min。

产生的拉力应连续记录直至试件破坏,试件的破坏形式应记录。

舍去试件从拉伸试验机夹具中破坏,或任一夹具上滑移超过 2 mm 的结果,用备用件重新试验。

## 9 结果表示、计算和试验方法的精确度

### 9.1 计算

试件剪切性能是试验记录的最大值,以 N/50 mm 表示。

每个试件分别列出拉力值,计算平均值和标准偏差。

### 9.2 试验方法的精确度

试验方法的精确度没有规定。

## 10 试验报告

试验报告包括如下信息:

a) 确定试验产品的所有必要细节；

b) 涉及的 GB/T 328 的本部分及偏离；

c) 根据第 6 章的抽样信息；

d) 根据第 7 章的制备试件信息和搭接方法的说明；

e) 根据 9.1 的试验结果；

f) 试验日期。

ICS 91.120.30
Q 17

# 中华人民共和国国家标准

GB/T 328.23—2007

# 建筑防水卷材试验方法 第23部分:高分子防水卷材接缝剪切性能

**Test methods for building sheets for waterproofing—Part 23:Plastic and rubber sheets for waterproofing-resistance to shearing of joints**

2007-03-26 发布　　　　2007-10-01 实施

中华人民共和国国家质量监督检验检疫总局
中国国家标准化管理委员会　发布

# 前　言

GB/T 328《建筑防水卷材试验方法》分为如下 27 个部分：

——第 1 部分：沥青和高分子防水卷材　抽样规则；
——第 2 部分：沥青防水卷材　外观；
——第 3 部分：高分子防水卷材　外观；
——第 4 部分：沥青防水卷材　厚度、单位面积质量；
——第 5 部分：高分子防水卷材　厚度、单位面积质量；
——第 6 部分：沥青防水卷材　长度、宽度和平直度；
——第 7 部分：高分子防水卷材　长度、宽度、平直度和平整度；
——第 8 部分：沥青防水卷材　拉伸性能；
——第 9 部分：高分子防水卷材　拉伸性能；
——第 10 部分：沥青和高分子防水卷材　不透水性；
——第 11 部分：沥青防水卷材　耐热性；
——第 12 部分：沥青防水卷材　尺寸稳定性；
——第 13 部分：高分子防水卷材　尺寸稳定性；
——第 14 部分：沥青防水卷材　低温柔性；
——第 15 部分：高分子防水卷材　低温弯折性；
——第 16 部分：高分子防水卷材　耐化学液体(包括水)；
——第 17 部分：沥青防水卷材　矿物料粘附性；
——第 18 部分：沥青防水卷材　撕裂性能(钉杆法)；
——第 19 部分：高分子防水卷材　撕裂性能；
——第 20 部分：沥青防水卷材　接缝剥离性能；
——第 21 部分：高分子防水卷材　接缝剥离性能；
——第 22 部分：沥青防水卷材　接缝剪切性能；
——第 23 部分：高分子防水卷材　接缝剪切性能；
——第 24 部分：沥青和高分子防水卷材　抗冲击性能；
——第 25 部分：沥青和高分子防水卷材　抗静态荷载；
——第 26 部分：沥青防水卷材　可溶物含量(浸涂材料含量)；
——第 27 部分：沥青和高分子防水卷材　吸水性。

本部分为 GB/T 328 的第 23 部分。

本部分等同采用 EN 12317-2:2000《柔性防水卷材　接缝剪切性能测定　第 2 部分：屋面防水塑料和橡胶卷材》(英文版)。

本部分章条编号与 EN 12317-2:2000 章条编号一致。

为便于使用，本部分与 EN 12317-2:2000 的主要差异是：

a) “本欧洲标准”改为“本部分”；

b) “ISO 7500-1”、“EN 13416”改为“JJG 139”、“GB/T 328.1”；

c) 删除 EN 12317-2:2000 的前言及参考资料，重新编写本部分的前言；

d) “塑料和橡胶屋面防水卷材”改为“高分子防水卷材”；

e) 9.2 条结果计算的单位改为 N/50 mm；

f) 将范围的注改为正文。

本部分与其他部分组成的标准 GB/T 328.1～328.27—2007《建筑防水卷材试验方法》代替 GB/T 328—1989《沥青防水卷材试验方法》。

本部分由中国建筑材料工业协会提出。

本部分由全国轻质与装饰装修建筑材料标准化技术委员会(SAC/TC 195)归口。

本部分负责起草单位:中国化学建筑材料公司苏州防水材料研究设计所、建筑材料工业技术监督研究中心。

本部分参加起草单位:北京市建筑材料科学研究院、浙江省建筑材料研究所有限公司、中铁六局北京铁路建设有限公司、哈高科绥棱二塑有限公司、湖州红星建筑防水有限公司、山东力华防水建材有限公司。

本部分主要起草人:朱志远、杨斌、檀春丽、洪晓苗、陈建华、陈文洁、吴卫平、何少岚。

本部分为首次发布。

# 建筑防水卷材试验方法
# 第23部分：高分子防水卷材
# 接缝剪切性能

## 1 范围

本部分规定了相同的塑料和橡胶屋面防水卷材间接缝剪切性能的测定方法。

塑料和橡胶搭接宽度间的剪切性能根据材料、搭接方法、重叠尺寸和操作工艺不同而变化。

## 2 规范性引用文件

下列文件中的条款通过GB/T 328的本部分的引用而成为本部分的条款。凡是注日期的引用文件，其随后所有的修改单(不包括勘误的内容)或修订版均不适用于本部分，然而，鼓励根据本标准达成协议的各方研究是否可使用这些文件的最新版本。凡是不注日期的引用文件，其最新版本适用于本部分。

GB/T 328.1 建筑防水卷材试验方法 第1部分：沥青和高分子防水卷材 抽样规则

JJG 139—1999 拉力、压力和万能试验机

## 3 术语和定义

下列术语和定义适用于GB/T 328的本部分。

**剪切性能 shear resistance**

在剪切方向，拉伸制备好的搭接试件，直至试件破坏或分离的最大拉力。

## 4 原理

试验的原理是以恒定速度拉伸试件搭接缝在剪切方向至试件破坏或分离，连续记录整个试验的拉力。

## 5 仪器设备

拉伸试验机应有连续记录力和对应伸长的装置，能够按以下规定的速度匀速分离夹具。

拉伸试验机有效荷载范围至少2 000 N，夹具拉伸速度为(100±10) mm/min，夹持宽度不少于50 mm。

拉伸试验机的夹具能随着试件拉力的增加而保持或增加夹具的夹持力，能夹住试件使其在夹具中的滑移不超过2 mm。

夹持的方式不应导致试件在夹具附近产生过早的断裂。

力测量系统满足JJG 139—1999至少2级(即±2%)。

## 6 抽样

抽样按GB/T 328.1进行。

## 7 试片和试件制备

用于搭接的试片应预先在(23±2)℃和相对湿度(30～70)%的条件下放置至少20 h。

卷材的试片按要求的方法搭接，包括搭接边、最终搭接缝、产品规定的搭接面。搭接后，试片试验前应在(23±2)℃和相对湿度(50±5)%的条件下放置至少 2 h，除非制造商有不同的要求。

每个搭接试片裁 5 个矩形试件，宽度(50±1) mm 与搭接边垂直，其长度应保证在中间搭接的情况下两个夹具间初始距离为(200±5) mm(见图 1)。

单位为毫米

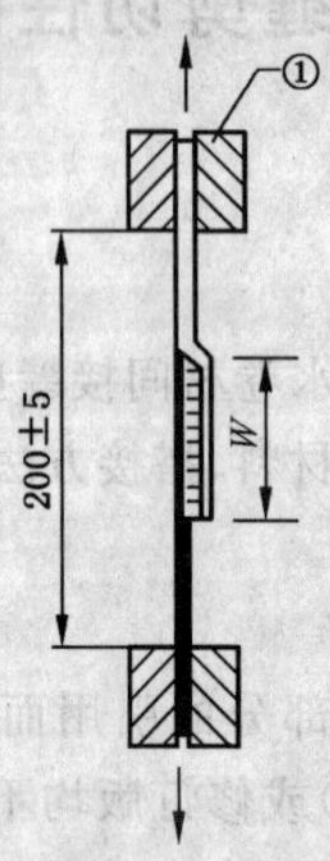


1——夹具；

W——搭接宽度。

**图 1 接缝剪切强度试验**

## 8 步骤

试件应紧紧的夹在拉伸试验机的夹具中，使试件的纵向轴线与拉伸试验机及夹具的轴线重合。

每个试件应做记号以确定任何从夹具中产生的滑移。

夹具间整个距离为(200±5) mm，不承受预荷载。

试件试验温度为(23±2)℃，拉伸速度为(100±10) mm/min。

连续记录试件的拉力直至试件断裂或剪断。

记录接缝的破坏形式。

## 9 结果表示

### 9.1 搭接信息

说明所有相关的搭接制备和条件的信息。

### 9.2 计算

报告试件的破坏形式。

剪切性能是试验记录的最大拉力。

列出每组 5 个试件的数值，单位 N/50 mm，计算和说明接缝剪切性能的平均值，精确到 N/50 mm。计算和说明标准偏差。

舍去试件距拉伸试验机夹具 10 mm 范围内的破坏及从拉伸试验机夹具中滑移超过规定值的结果，用备用件重新试验。

注：原文单位为 N，应为 N/50 mm，数值没有任何改变。

### 9.3 试验方法的精确度

试验方法的精确度没有规定。

## 10 试验报告

试验报告包括如下信息：

a) 涉及的 GB/T 328 的本部分及偏离；

b) 确定试验产品的所有必要细节；

c) 根据第 6 章的抽样信息；

d) 根据第 7 章的制备试件信息；

e) 根据第 9 章的试验结果；

f) 试验过程中采用的非标准步骤或遇到的任何异常；

g) 试验日期。

ICS 91.120.30
Q 17

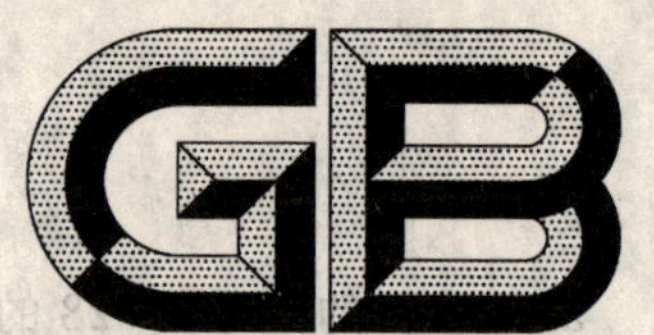

# 中华人民共和国国家标准

GB/T 328.24—2007

# 建筑防水卷材试验方法
# 第24部分：沥青和高分子防水卷材
# 抗冲击性能

**Test methods for building sheets for waterproofing—
Part 24: Bitumen, plastic and rubber sheets for waterproofing-
resistance to impact**

2007-03-26 发布　　2007-10-01 实施

中华人民共和国国家质量监督检验检疫总局
中国国家标准化管理委员会　发布

# 前　言

GB/T 328《建筑防水卷材试验方法》分为如下27个部分：

——第1部分：沥青和高分子防水卷材　抽样规则；

——第2部分：沥青防水卷材　外观；

——第3部分：高分子防水卷材　外观；

——第4部分：沥青防水卷材　厚度、单位面积质量；

——第5部分：高分子防水卷材　厚度、单位面积质量；

——第6部分：沥青防水卷材　长度、宽度和平直度；

——第7部分：高分子防水卷材　长度、宽度、平直度和平整度；

——第8部分：沥青防水卷材　拉伸性能；

——第9部分：高分子防水卷材　拉伸性能；

——第10部分：沥青和高分子防水卷材　不透水性；

——第11部分：沥青防水卷材　耐热性；

——第12部分：沥青防水卷材　尺寸稳定性；

——第13部分：高分子防水卷材　尺寸稳定性；

——第14部分：沥青防水卷材　低温柔性；

——第15部分：高分子防水卷材　低温弯折性；

——第16部分：高分子防水卷材　耐化学液体(包括水)；

——第17部分：沥青防水卷材　矿物料粘附性；

——第18部分：沥青防水卷材　撕裂性能(钉杆法)；

——第19部分：高分子防水卷材　撕裂性能；

——第20部分：沥青防水卷材　接缝剥离性能；

——第21部分：高分子防水卷材　接缝剥离性能；

——第22部分：沥青防水卷材　接缝剪切性能；

——第23部分：高分子防水卷材　接缝剪切性能；

——第24部分：沥青和高分子防水卷材　抗冲击性能；

——第25部分：沥青和高分子防水卷材　抗静态荷载；

——第26部分：沥青防水卷材　可溶物含量(浸涂材料含量)；

——第27部分：沥青和高分子防水卷材　吸水性。

本部分为GB/T 328的第24部分。

本部分等同采用EN 12691:2001《柔性防水卷材　屋面防水沥青、塑料和橡胶卷材　抗冲击测定》(英文版)。

本部分章条编号与EN 12691:2001章条编号一致。

为便于使用，本部分与EN 12691:2001的主要差异是：

a) “本欧洲标准”改为“本部分”；

b) “EN 13416”改为“GB/T 328.1”；

c) 删除EN 12691:2001的前言及参考资料，重新编写本部分的前言。

本部分与其他部分组成的标准GB/T 328.1～328.27—2007《建筑防水卷材试验方法》代替GB/T 328—1989《沥青防水卷材试验方法》。

本部分由中国建筑材料工业协会提出。

本部分由全国轻质与装饰装修建筑材料标准化技术委员会(SAC/TC 195)归口。

本部分负责起草单位:中国化学建筑材料公司苏州防水材料研究设计所、建筑材料工业技术监督研究中心。

本部分参加起草单位:北京市建筑材料科学研究院、浙江省建筑材料研究所有限公司、中铁六局北京铁路建设有限公司、盘锦禹王防水建材集团、北京中建友建筑材料有限公司、杭州绿都防水材料有限公司、北京市中兴青云建筑材料有限公司、北京世纪新星防水材料有限公司、哈高科绥棱二塑有限公司、湖州红星建筑防水有限公司。

本部分主要起草人:朱志远、杨斌、檀春丽、洪晓苗、詹福民、陈文洁、陈建华。

本部分为首次发布。

# 建筑防水卷材试验方法
# 第24部分:沥青和高分子防水卷材
# 抗冲击性能

## 1 范围

GB/T 328 的本部分规定了沥青和高分子屋面防水卷材冲击穿刺试验方法。防水卷材的静态长时间荷载不同于动态短时间荷载的机械压力。本方法属于冲击引起穿刺的动态荷载。

本部分也适用于其他防水材料。

## 2 规范性引用文件

下列文件中的条款通过 GB/T 328 的本部分的引用而成为本部分的条款。凡是注日期的引用文件,其随后所有的修改单(不包括勘误的内容)或修订版均不适用于本部分,然而,鼓励根据本标准达成协议的各方研究是否可使用这些文件的最新版本。凡是不注日期的引用文件,其最新版本适用于本部分。

GB/T 328.1 建筑防水卷材试验方法 第1部分:沥青和高分子防水卷材 抽样规则

## 3 术语和定义

下列术语和定义适用于 GB/T 328 的本部分。

**上表面 top surface**

使用时卷材朝上的面,通常是成卷卷材的里面。

## 4 原理

试件的上表面被自由下落的重锤冲击,重锤下端有规定的穿刺工具。当冲击能量保持恒定时,穿刺工具的圆柱直径不一样。支撑物由发泡聚苯乙烯制成。

## 5 仪器设备

试验用落锤试验装置进行,其由 5.1~5.9 表述的部分组成。

单位为毫米

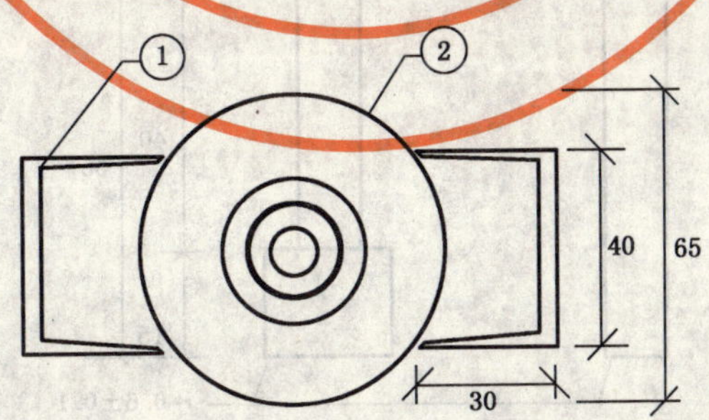


1——导轨;

2——落锤。

图1 导轨(示例)

5.1　**台架**

台架是用于落锤的导轨，见图1示例。

5.2　**落锤**

落锤安装有穿刺工具，落锤包括穿刺工具共(1 000±10)g，见图2示例。

单位为毫米

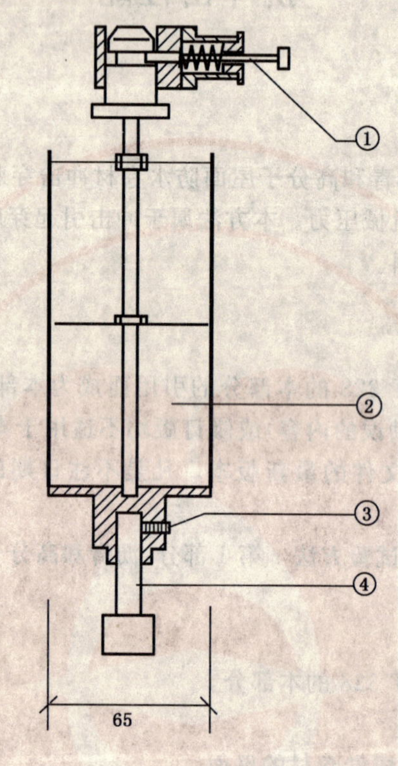


1——释放装置；

2——落锤；

3——固定螺丝；

4——穿刺工具。

**图2　落锤释放(示例)**

单位为毫米

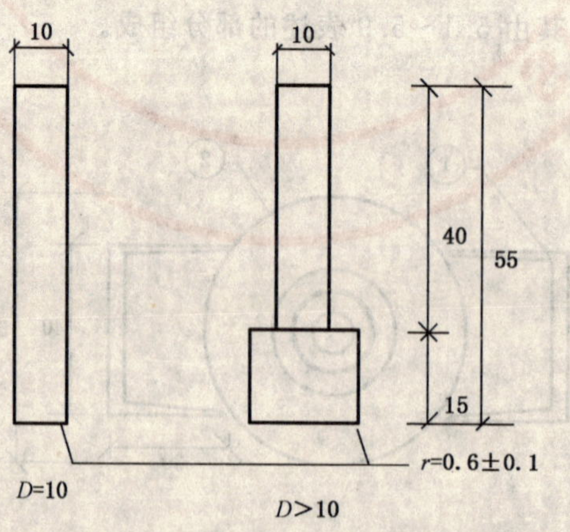


D——圆柱直径；

r——圆边半径。

**图3　穿刺工具**

## 5.3 释放装置

释放装置用来固定落下高度，落下高度从穿刺工具的底部到试件的上表面测量，为(600±5) mm。见图 2 示例。

## 5.4 穿刺工具

穿刺工具的形状是圆柱活塞(见图 3)，并按以下规定制成：

a) 不锈钢材料制造；

b) 硬度 50 HRC；

c) 轴直径(10±0.1)mm；

d) 圆柱直径：10 mm、20 mm、30 mm 和 40 mm，每种公差±0.1 mm；

e) 圆柱边缘半径(0.6±0.1)mm。

## 5.5 压环

压环是不锈钢，质量(5 000±50) g，内环直径(200±2) mm，见图 4。

单位为毫米

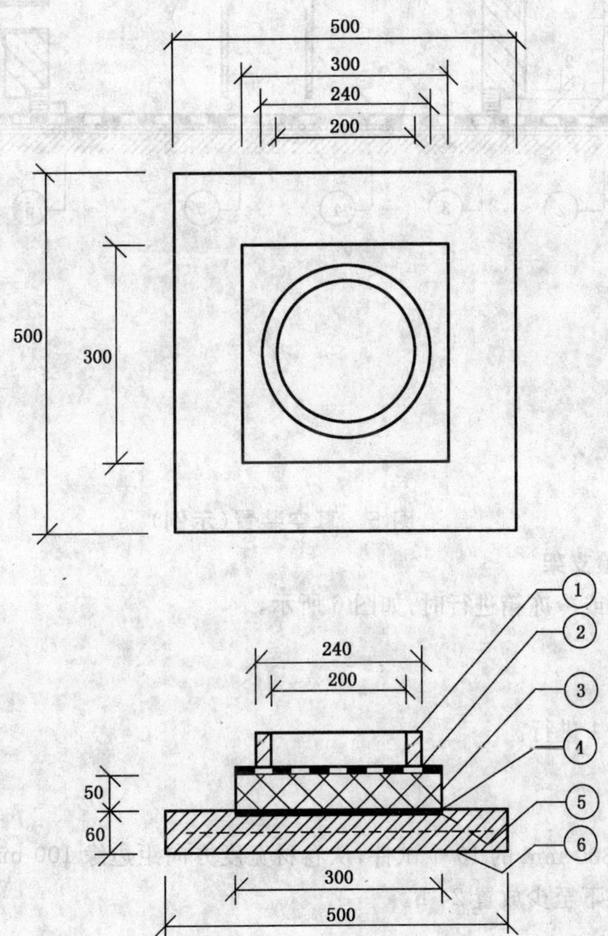


1——压环；
2——试件；
3——聚苯乙烯；
4——10 mm 表面光滑无标记的不锈钢板；
5——$\phi$5 mm 不锈钢网；
6——混凝土基础。

图 4 基础和压环

5.6 **标准发泡聚苯乙烯板**

标准发泡聚苯乙烯板具有切割表面，密度(20±2)kg/m³，尺寸约300 mm×300 mm×50 mm。

5.7 **基础**

基础是大约500 mm×500 mm×60 mm的混凝土块，其表面嵌入光滑无标记的不锈钢支撑板约300 mm×300 mm×10 mm，见图4。

5.8 **穿刺试验装置**

真空或压力装置用于确认可能的穿刺，见图5。

单位为毫米

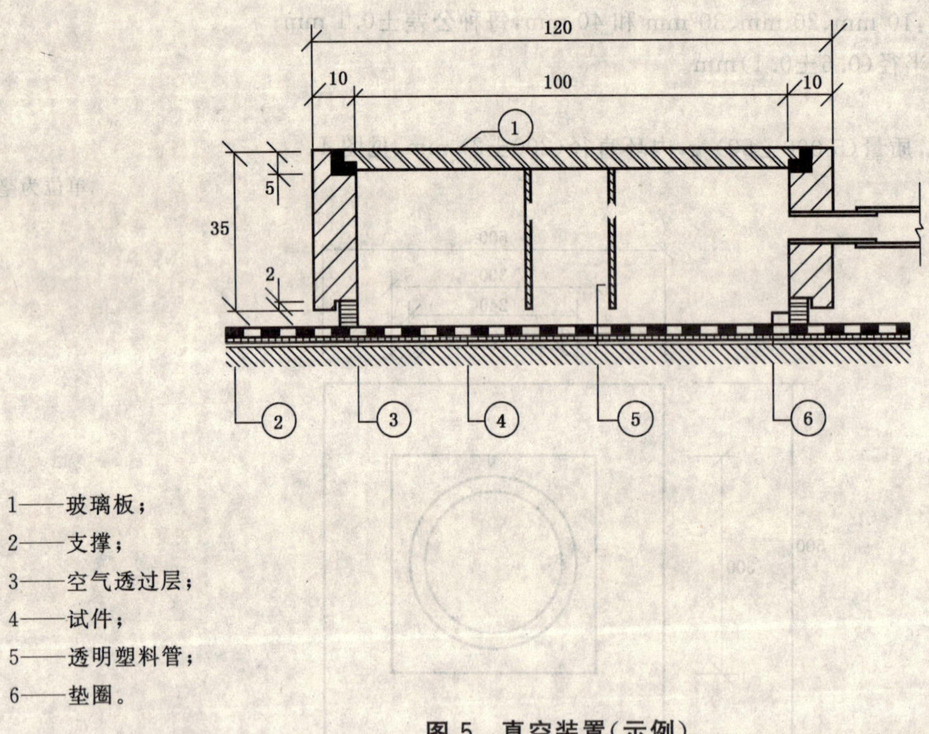


1——玻璃板；
2——支撑；
3——空气透过层；
4——试件；
5——透明塑料管；
6——垫圈。

**图5 真空装置(示例)**

5.9 **冷冻箱顶部的试验支架**

试验在低温的冷房或冷冻箱进行时，如图6所示。

## 6 抽样

抽样按GB/T 328.1进行。

## 7 试件制备

至少约300 mm×300 mm的10个试件，从卷材宽度方向距边缘100 mm外裁取。

试件在规定的条件下至少放置24 h。

## 8 步骤

试验在(23±2)℃进行，必要时采用(−10±2)℃。对后面的条件，试件冷冻至(−10±2)℃。当试件从冷冻箱取出，在室温下应在10 s内试验。

每次试验采用新的试件和新的聚苯乙烯板。

试件平放在绝热材料上，上表面朝上，并用压环(5.5)压住，聚苯乙烯板(5.6)放在基础(5.7)的不锈钢板上。

落锤(5.2)当释放时，能从距试件上表面垂直高度(600±5)mm的位置自由落下。

穿刺工具(5.4)应冲击压环下试件的中心。

试验开始用 10 mm 直径的穿刺工具进行，当试件被击穿后，用更大直径的，如此一直到 40 mm 直径的穿刺工具。

检测试件是否击穿，用肥皂溶液涂冲击区域的表面，隔 5 min～10 min 试验。对冲击区域用真空或加压的方法产生 15 kPa 的压差，上表面在低压力的一面。若 60 s 后未观测到空气气泡，认为试件无渗漏和穿孔。

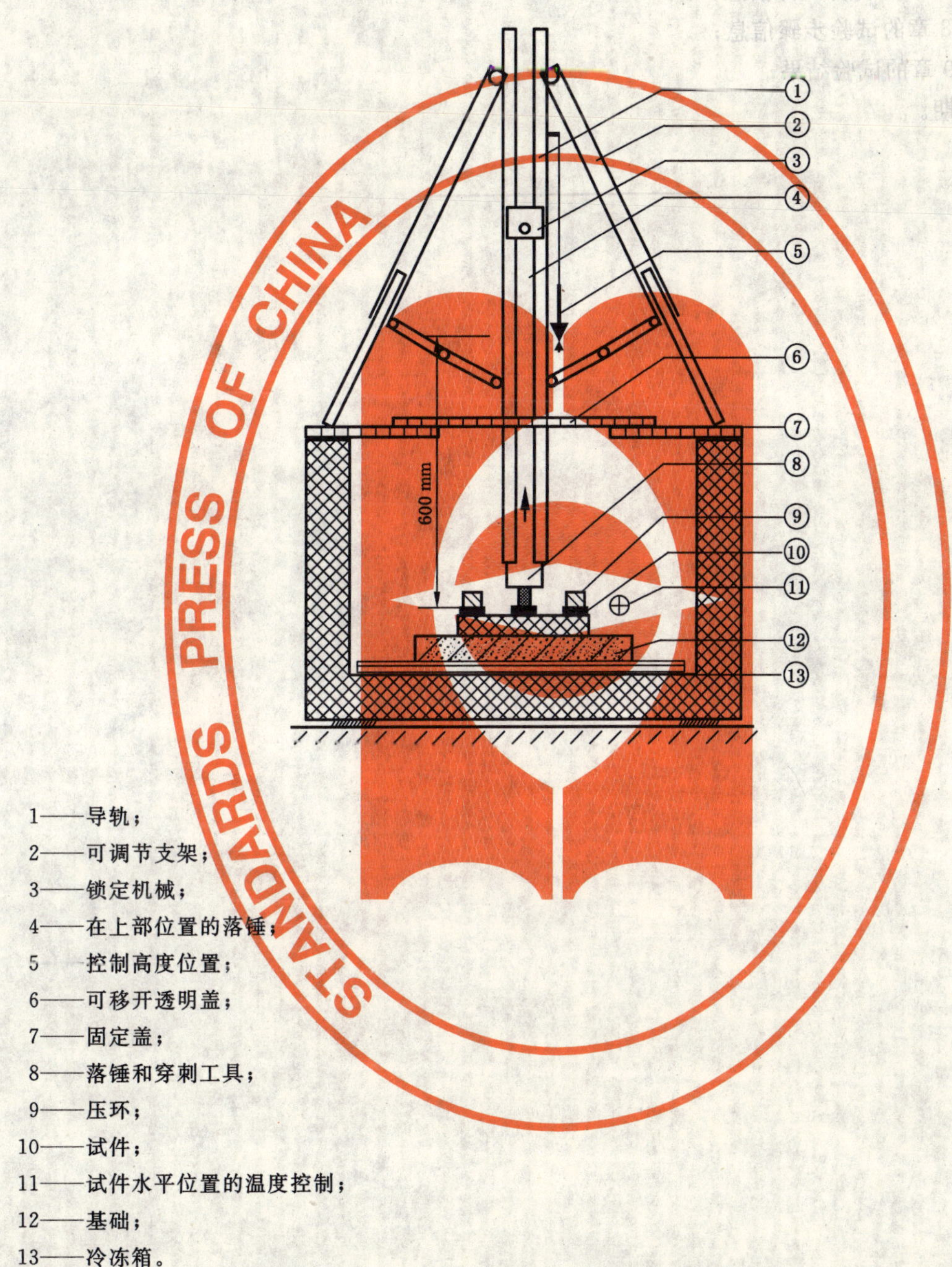


1——导轨；
2——可调节支架；
3——锁定机械；
4——在上部位置的落锤；
5——控制高度位置；
6——可移开透明盖；
7——固定盖；
8——落锤和穿刺工具；
9——压环；
10——试件；
11——试件水平位置的温度控制；
12——基础；
13——冷冻箱。

**图 6 在冷冻箱顶部的试验支架**

## 9 结果表示

抗冲击用穿刺工具的直径表示，防水卷材 5 个试件中至少 4 个试件无渗漏。

## 10 试验报告

试验报告包括如下信息：

a） 确定试验产品的所有必要细节；

b） 涉及的 GB/T 328 的本部分及偏离；

c） 根据第 6 章的抽样信息；

d） 根据第 7 章的制备试件信息；

e） 根据第 8 章的试验步骤信息；

f） 根据第 9 章的试验结果；

g） 试验日期。

ICS 91.120.30
Q 17

# 中华人民共和国国家标准

GB/T 328.25—2007

# 建筑防水卷材试验方法 第25部分:沥青和高分子防水卷材 抗静态荷载

**Test methods for building sheets for waterproofing—Part 25: Bitumen, plastic and rubber sheets for waterproofing-resistance to static loading**

2007-03-26 发布 2007-10-01 实施

中华人民共和国国家质量监督检验检疫总局
中国国家标准化管理委员会 发布

# 前 言

GB/T 328《建筑防水卷材试验方法》分为如下 27 个部分：

——第 1 部分：沥青和高分子防水卷材　抽样规则；
——第 2 部分：沥青防水卷材　外观；
——第 3 部分：高分子防水卷材　外观；
——第 4 部分：沥青防水卷材　厚度、单位面积质量；
——第 5 部分：高分子防水卷材　厚度、单位面积质量；
——第 6 部分：沥青防水卷材　长度、宽度和平直度；
——第 7 部分：高分子防水卷材　长度、宽度、平直度和平整度；
——第 8 部分：沥青防水卷材　拉伸性能；
——第 9 部分：高分子防水卷材　拉伸性能；
——第 10 部分：沥青和高分子防水卷材　不透水性；
——第 11 部分：沥青防水卷材　耐热性；
——第 12 部分：沥青防水卷材　尺寸稳定性；
——第 13 部分：高分子防水卷材　尺寸稳定性；
——第 14 部分：沥青防水卷材　低温柔性；
——第 15 部分：高分子防水卷材　低温弯折性；
——第 16 部分：高分子防水卷材　耐化学液体(包括水)；
——第 17 部分：沥青防水卷材　矿物料粘附性；
——第 18 部分：沥青防水卷材　撕裂性能(钉杆法)；
——第 19 部分：高分子防水卷材　撕裂性能；
——第 20 部分：沥青防水卷材　接缝剥离性能；
——第 21 部分：高分子防水卷材　接缝剥离性能；
——第 22 部分：沥青防水卷材　接缝剪切性能；
——第 23 部分：高分子防水卷材　接缝剪切性能；
——第 24 部分：沥青和高分子防水卷材　抗冲击性能；
——第 25 部分：沥青和高分子防水卷材　抗静态荷载；
——第 26 部分：沥青防水卷材　可溶物含量(浸涂材料含量)；
——第 27 部分：沥青和高分子防水卷材　吸水性。

本部分为 GB/T 328 的第 25 部分。

本部分等同采用 EN 12730:2001《柔性防水卷材　屋面防水沥青、塑料和橡胶卷材　抗静态荷载测定》(英文版)。

本部分章条编号与 EN 12730:2001 章条编号一致。

为便于使用，本部分与 EN 12730:2001 的主要差异是：

a)　“本欧洲标准”改为“本部分”；

b)　“EN 13416”改为“GB/T 328.1”；

c)　删除 EN 12730:2001 的前言及参考资料，重新编写本部分的前言。

本部分与其他部分组成的标准 GB/T 328.1～328.27—2007《建筑防水卷材试验方法》代替 GB/T 328—1989《沥青防水卷材试验方法》。

本部分由中国建筑材料工业协会提出。

本部分由全国轻质与装饰装修建筑材料标准化技术委员会(SAC/TC 195)归口。

本部分负责起草单位:中国化学建筑材料公司苏州防水材料研究设计所、建筑材料工业技术监督研究中心。

本部分参加起草单位:北京市建筑材料科学研究院、浙江省建筑材料研究所有限公司、中铁六局北京铁路建设有限公司、盘锦禹王防水建材集团、北京中建友建筑材料有限公司、杭州绿都防水材料有限公司、北京市中兴青云建筑材料有限公司、北京世纪新星防水材料有限公司、哈高科绥棱二塑有限公司、湖州红星建筑防水有限公司。

本部分主要起草人:朱志远、杨斌、檀春丽、洪晓苗、詹福民、陈建华、陈文洁。

本部分为首次发布。

# 建筑防水卷材试验方法
# 第25部分:沥青和高分子防水卷材
# 抗静态荷载

## 1 范围

GB/T 328的本部分规定了沥青和高分子屋面防水卷材静态荷载穿刺试验,卷材上的长时间静态荷载与短时间动态荷载的机械压力是不一样的,本方法表示的是存在一定时间的静态种类的压力。

本部分也可用于其他防水材料。

## 2 规范性引用文件

下列文件中的条款通过GB/T 328的本部分的引用而成为本部分的条款。凡是注日期的引用文件,其随后所有的修改单(不包括勘误的内容)或修订版均不适用于本部分,然而,鼓励根据本标准达成协议的各方研究是否可使用这些文件的最新版本。凡是不注日期的引用文件,其最新版本适用于本部分。

GB/T 328.1 建筑防水卷材试验方法 第1部分:沥青和高分子防水卷材 抽样规则

## 3 术语和定义

下列术语和定义适用于GB/T 328的本部分。

**上表面 top surface**

使用时卷材朝上的面,通常是成卷卷材的里面。

注:原文为表面,现改为上表面。

## 4 原理

试验的原理是在一定时间内,通过穿刺工具,集中荷载在卷材的上表面,卷材平放在规定的软支撑(方法A)或硬支撑(方法B)上。

## 5 仪器设备

### 5.1 通则

试验装置由5.2至5.6所示的部分组成。

### 5.2 导轨

导轨保证荷载杆在垂直位置,通过导轨穿刺工具能在垂直方向移动,从试件表面计至少(40±2) mm。

### 5.3 荷载杆

荷载杆的下端有穿刺工具,中间有支撑荷载用的圆片。荷载杆和穿刺工具应调整到包括支撑圆片质量2 kg。

### 5.4 荷载圆片

一组荷载圆片由一个3 kg和3个5 kg质量的圆片组成。

### 5.5 穿刺工具

穿刺工具是10 mm直径的球状,并用5 mm的螺纹连接到荷载杆上,穿刺工具由如下要求制造:

a) 不锈钢材料构成;

b) 硬度 50 HRC；

c) 球直径(10±0.05) mm；

d) 表面，无印记并磨光。

### 5.6 支撑

#### 5.6.1 通则

根据 5.6.2 和 5.6.3 采用两种支撑。

#### 5.6.2 方法 A 用软支撑

试件用钉子固定在框架上，直接放在支撑上(图 1)，框架的内尺寸大约 500 mm×500 mm。支撑是发泡聚苯乙烯(20±2) $kg/m^3$，厚度(50±1) mm。

单位为毫米

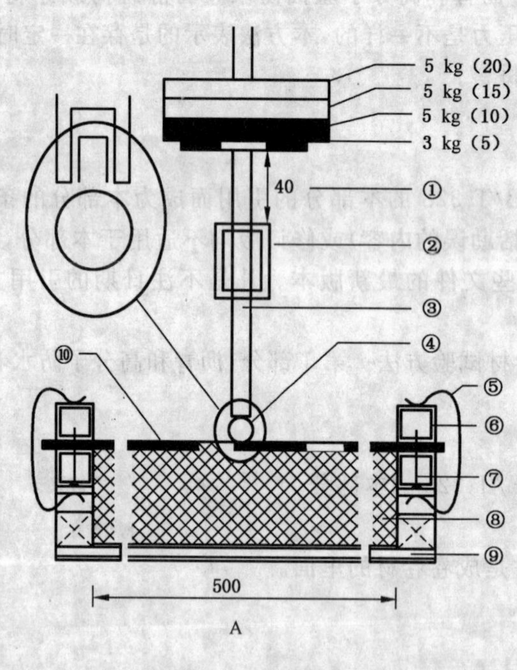


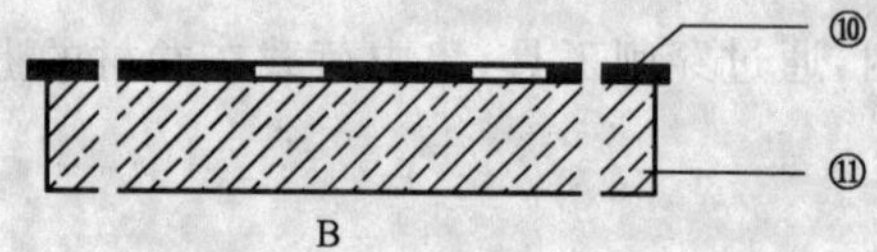


1——最大向下位移；
2——导轨；
3——荷载杆；
4——球状穿刺工具，直径 10 mm；
5——夹具；
6——框架剖面；
7——钉子；
8——EPS(500 mm×500 mm×50 mm)(发泡聚苯乙烯)；
9——刚性支撑；
10——试件；
11——混凝土(300 mm×300 mm×40 mm)；
A——软支撑；
B——硬支撑。

**图 1 静态试验安装(示例)**

5.6.3 方法 B 用硬支撑

试件自由的放在混凝土浇铸的 300 mm×300 mm×40 mm 板上,混凝土表面应平滑无缺陷。

## 5.7 真空或压力装置

真空或压力装置用来检查可能的穿透(图 2)。

单位为毫米

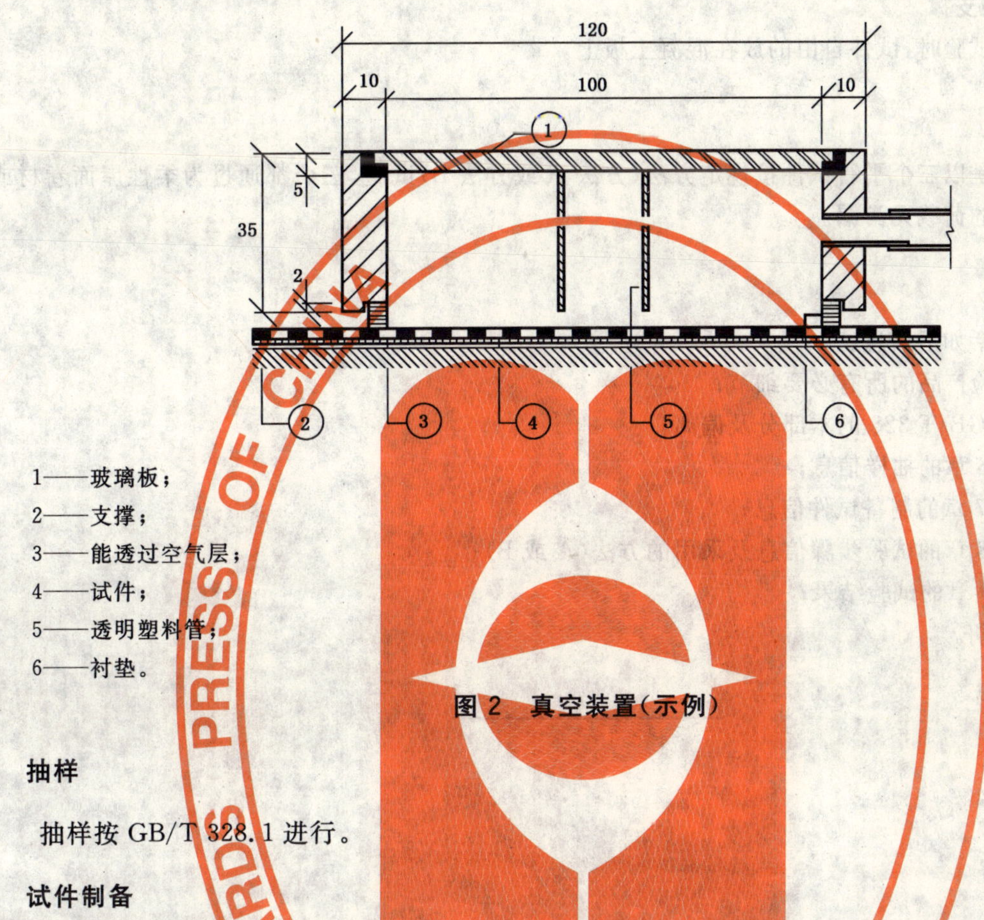


1——玻璃板;

2——支撑;

3——能透过空气层;

4——试件;

5——透明塑料管;

6——衬垫。

图 2 真空装置(示例)

## 6 抽样

抽样按 GB/T 328.1 进行。

## 7 试件制备

方法 A 的试件尺寸(550 mm×550 mm)±2 mm,方法 B 的试件尺寸(300 mm×300 mm)±2 mm,在卷材整个宽度除边缘 100 mm 处取样,每个方法(A 或 B)每个荷载条件应取 3 个试件。

试件在规定试验条件下至少放置 24 h。

## 8 步骤

### 8.1 通则

试验在(23±2)℃进行。

对每个荷载间隔的所有试验应使用新的试件,对软支撑试验应使用新的聚苯乙烯板(见 8.2)。

试件放在水平支撑上,上表面朝上。

穿刺工具放在试件的中心位置。

试验从 5 kg 开始的每个荷载间隔用三个试件平行试验,荷载每次增加 5 kg,直至穿刺发生,或直到最大荷载 20 kg,每个荷载间隔的荷载过程是 24 h。

加荷小心进行,不要震动。

在每个荷载间隔试件测试后(7±2) min,用肥皂溶液涂被压表面,检查可能的穿孔。对荷载区域用真空或加压的方法(图 2)产生 15 kPa 的压差,上表面在低压力的一面。若 60 s 后未观测到空气气泡,认为试件无穿孔。

材料试验 3 个试件都无穿孔,认为可承受规定的荷载。

### 8.2 方法 A 用软支撑

当用软支撑试验时,试件用钉子固定在夹紧的框架上。

球从试件表面向下移动最多 40 mm,如图 1 所示。

### 8.3 方法 B 用硬支撑

当用硬支撑试验时,试件自由的放在混凝土板上。

## 9 结果表示

耐静态荷载是以三个平行试件按规定方法(方法 A 或方法 B)试验,三个都通过为柔性屋面卷材或防水材料在要求的荷载无渗漏。

## 10 试验报告

试验报告包括如下信息:

a) 确定试验产品的所有必要细节;

b) 涉及的 GB/T 328 的本部分及偏离;

c) 根据第 6 章的抽样信息;

d) 根据第 7 章的制备试件信息;

e) 根据第 8 章的试验步骤信息及采用的方法(A 或 B);

f) 根据第 9 章的试验结果;

g) 试验日期。

ICS 91.120.30

# 中华人民共和国国家标准

GB/T 328.26—2007
代替 GB/T 328.2—1989

# 建筑防水卷材试验方法 第26部分：沥青防水卷材可溶物含量(浸涂材料含量)

Test methods for building sheets for waterproofing—
Part 26: Bitumen sheets for waterproofing-
dissoulble composite of membrane(impregnated and coated asphalt amount)

2007-03-26 发布 2007-10-01 实施

中华人民共和国国家质量监督检验检疫总局
中国国家标准化管理委员会 发布

# 前　言

GB/T 328《建筑防水卷材试验方法》分为如下 27 个部分：

——第 1 部分：沥青和高分子防水卷材　抽样规则；

——第 2 部分：沥青防水卷材　外观；

——第 3 部分：高分子防水卷材　外观；

——第 4 部分：沥青防水卷材　厚度、单位面积质量；

——第 5 部分：高分子防水卷材　厚度、单位面积质量；

——第 6 部分：沥青防水卷材　长度、宽度和平直度；

——第 7 部分：高分子防水卷材　长度、宽度、平直度和平整度；

——第 8 部分：沥青防水卷材　拉伸性能；

——第 9 部分：高分子防水卷材　拉伸性能；

——第 10 部分：沥青和高分子防水卷材　不透水性；

——第 11 部分：沥青防水卷材　耐热性；

——第 12 部分：沥青防水卷材　尺寸稳定性；

——第 13 部分：高分子防水卷材　尺寸稳定性；

——第 14 部分：沥青防水卷材　低温柔性；

——第 15 部分：高分子防水卷材　低温弯折性；

——第 16 部分：高分子防水卷材　耐化学液体(包括水)；

——第 17 部分：沥青防水卷材　矿物料粘附性；

——第 18 部分：沥青防水卷材　撕裂性能(钉杆法)；

——第 19 部分：高分子防水卷材　撕裂性能；

——第 20 部分：沥青防水卷材　接缝剥离性能；

——第 21 部分：高分子防水卷材　接缝剥离性能；

——第 22 部分：沥青防水卷材　接缝剪切性能；

——第 23 部分：高分子防水卷材　接缝剪切性能；

——第 24 部分：沥青和高分子防水卷材　抗冲击性能；

——第 25 部分：沥青和高分子防水卷材　抗静态荷载；

——第 26 部分：沥青防水卷材　可溶物含量(浸涂材料含量)；

——第 27 部分：沥青和高分子防水卷材　吸水性。

本部分为 GB/T 328 的第 26 部分。

本部分参考 DIN 52123—1985《沥青卷材和聚合物卷材的检验》的相关部分。

本部分代替 GB/T 328.2—1989《沥青防水卷材试验方法　浸涂材料含量》。

本部分与其他部分组成的标准 GB/T 328.1～328.27—2007《建筑防水卷材试验方法》代替 GB/T 328—1989《沥青防水卷材试验方法》。

本部分与 GB/T 328.2—1989 相比主要变化如下：

——适用范围变化(1989 版的第 1 章，本版的第 1 章)；

——“引用标准”改为“规范性引用文件”，内容作了调整(1989 版的第 2 章，本版的第 2 章)；

——“仪器与材料”改为“仪器设备”，“试件”改为“试件”，“试验步骤”改为“步骤”，“试验结果计算与评定”改为“结果表示”，内容作了调整(1989 版的第 3、4、6、7 章，本版的第 5、7、8、9 章)；

——删除“试验条件”(1989 版的第 5 章)；

——增加“术语和定义”、“原理”、“取样”、“试验报告”(本版的第 3、4、6、10 章)。

本部分由中国建筑材料工业协会提出。

本部分由全国轻质与装饰装修建筑材料标准化技术委员会(SAC/TC 195)归口。

本部分负责起草单位:中国化学建筑材料公司苏州防水材料研究设计所、建筑材料工业技术监督研究中心。

本部分参加起草单位:北京市建筑材料科学研究院、浙江省建筑材料研究所有限公司、中铁六局北京铁路建设有限公司、盘锦禹王防水建材集团、北京中建友建筑材料有限公司、杭州绿都防水材料有限公司、北京市中兴青云建筑材料有限公司、北京世纪新星防水材料有限公司、徐州卧牛山新型防水材料有限公司、潍坊市宏源防水材料有限公司、潍坊宇虹新型防水材料有限公司、山东金禹王防水材料有限公司、广饶县祥泰防水卷材厂。

本部分主要起草人:朱志远、杨斌、洪晓苗、檀春丽、詹福民、陈建华、张星、刘凤波。

本部分所代替标准的历次版本发布情况为:

——GB 328—1964、GB 328—1973、GB/T 328.2—1989。

# 建筑防水卷材试验方法
# 第26部分:沥青防水卷材
# 可溶物含量(浸涂材料含量)

## 1 范围

GB/T 328的本部分规定了沥青屋面防水卷材可溶物含量或浸涂材料总量的测定方法。

## 2 规范性引用文件

下列文件中的条款通过GB/T 328的本部分的引用而成为本部分的条款。凡是注日期的引用文件,其随后所有的修改单(不包括勘误的内容)或修订版均不适用于本部分,然而,鼓励根据本标准达成协议的各方研究是否可使用这些文件的最新版本。凡是不注日期的引用文件,其最新版本适用于本部分。

GB/T 328.1 建筑防水卷材试验方法 第1部分:沥青和高分子防水卷材 抽样规则

## 3 术语和定义

下列术语和定义适用于GB/T 328的本部分。

3.1

**浸涂材料含量 impregnated and coated asphalt amount**

单位面积防水卷材中除表面隔离材料和胎基外,可被选定溶剂溶出的材料和卷材填充料的质量。

3.2

**可溶物含量 dissoluble composite of membrane**

单位面积防水卷材中可被选定溶剂溶出的材料的质量。

## 4 原理

试件在选定的溶剂中萃取直至完全后,取出让溶剂挥发,然后烘干得到可溶物含量,将烘干后的剩余部分通过规定的筛子的为填充料质量,筛余的为隔离材料质量,清除胎基上的粉末后得到胎基质量。

## 5 仪器设备

5.1 分析天平 称量范围大于100 g,精度0.001 g。

5.2 萃取器 500 mL索氏萃取器。

5.3 鼓风烘箱 温度波动度±2℃。

5.4 试样筛 筛孔为315 μm或其他规定孔径的筛网。

5.5 溶剂 三氯乙烯(化学纯)或其他合适溶剂。

5.6 滤纸 直径不小于150 mm。

## 6 抽样

抽样按GB/T 328.1进行。

## 7 试件制备

对于整个试验应准备3个试件。

试件在试样上距边缘 100 mm 以上任意裁取，用模板帮助，或用裁刀，正方形试件尺寸为(100±1) mm×(100±1) mm。

试件在试验前至少在(23±2)℃和相对湿度 30%～70%的条件下放置 20 h。

## 8 步骤

每个试件先进行称量($M_0$)，对于表面隔离材料为粉状的沥青防水卷材，试件先用软毛刷刷除表面的隔离材料，然后称量试件($M_1$)。将试件用干燥好的滤纸包好，用线扎好，称量其质量($M_2$)。将包扎好的试件放入萃取器中，溶剂量为烧瓶容量的 1/2～2/3，进行加热萃取，萃取至回流的溶剂第一次变成浅色为止，小心取出滤纸包，不要破裂，在空气中放置 30 min 以上使溶剂挥发。再放入(105±2)℃的鼓风烘箱中干燥 2 h，然后取出放入干燥器中冷却至室温。

将滤纸包从干燥器中取出称量($M_3$)，然后将滤纸包在试样筛上打开，下面放一容器接着，将滤纸包中的胎基表面的粉末都刷除下来，称量胎基($M_4$)。敲打震动试样筛直至其中没有材料落下，扔掉滤纸和扎线，称量留在筛网上的材料质量($M_5$)，称量筛下的材料质量($M_6$)。对于表面疏松的胎基(如聚酯毡、玻纤毡等)，将称量后的胎基($M_4$)放入超声清洗池中清洗，取出在(105±2)℃烘干 1 h，然后放入干燥器中冷却至室温，称量其质量($M_7$)。

## 9 结果表示、计算和试验方法的精确度

### 9.1 计算

记录得到的每个试件的称量结果，然后按以下要求计算每个试件的结果，最终结果取三个试件的平均值。

#### 9.1.1 可溶物含量

可溶物含量按式(1)计算：

$$A = (M_2 - M_3) \times 100 \quad \cdots\cdots (1)$$

式中：

$A$——可溶物含量，单位为克每平方米(g/m²)。

#### 9.1.2 浸涂材料含量

表面隔离材料非粉状的产品浸涂材料含量按式(2)计算，表面隔离材料为粉状的产品浸涂材料含量按式(3)计算：

$$B = (M_0 - M_5) \times 100 - E \quad \cdots\cdots (2)$$

$$B = M_1 \times 100 - E \quad \cdots\cdots (3)$$

式中：

$B$——浸涂材料含量，单位为克每平方米(g/m²)；

$E$——胎基单位面积质量，单位为克每平方米(g/m²)。

#### 9.1.3 表面隔离材料单位面积质量及胎基单位面积质量

表面隔离材料为粉状的产品表面隔离材料单位面积质量按式(4)计算，其他产品的表面隔离材料单位面积质量按式(5)计算：

$$C = (M_0 - M_1) \times 100 \quad \cdots\cdots (4)$$

$$C = M_5 \times 100 \quad \cdots\cdots (5)$$

式中：

$C$——表面隔离材料单位面积质量，单位为克每平方米(g/m²)。

#### 9.1.4 填充料含量

胎基表面疏松的产品填充料含量按式(6)计算，其他按式(7)计算：

$$D = (M_6 + M_4 - M_7) \times 100 \quad \cdots\cdots (6)$$

$$D = M_6 \times 100 \quad \cdots\cdots (7)$$

式中：

$D$——填充料含量，单位为克每平方米($g/m^2$)。

9.1.5 **胎基单位面积质量**

胎基表面疏松的产品胎基单位面积质量按式(8)计算，其他按式(9)计算：

$$E = M_7 \times 100 \quad \cdots\cdots (8)$$

$$E = M_4 \times 100 \quad \cdots\cdots (9)$$

式中：

$E$——胎基单位面积质量，单位为克每平方米($g/m^2$)。

## 9.2 试验方法的精确度

试验方法的精确度没有规定。

## 10 试验报告

试验报告至少包括以下信息：

a) 相关产品试验需要的所有数据；

b) 涉及的 GB/T 328 的本部分及偏离；

c) 根据第 6 章的抽样信息；

d) 根据第 7 章的试件制备细节；

e) 根据 9.1 的试验结果；

f) 试验日期。

ICS 91.120.30
Q 17

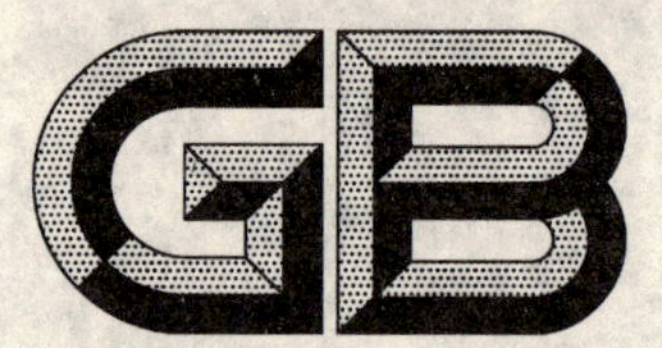

# 中华人民共和国国家标准

GB/T 328.27—2007
代替 GB/T 328.4—1989

# 建筑防水卷材试验方法 第27部分：沥青和高分子防水卷材 吸水性

Test methods for building sheets for waterproofing—
Part 27：Bitumen，plastic and rubber sheets for waterproofing-water absorption

2007-03-26 发布　　2007-10-01 实施

中华人民共和国国家质量监督检验检疫总局
中国国家标准化管理委员会　发布

# 前 言

GB/T 328《建筑防水卷材试验方法》分为如下 27 个部分：

——第 1 部分：沥青和高分子防水卷材　抽样规则；

——第 2 部分：沥青防水卷材　外观；

——第 3 部分：高分子防水卷材　外观；

——第 4 部分：沥青防水卷材　厚度、单位面积质量；

——第 5 部分：高分子防水卷材　厚度、单位面积质量；

——第 6 部分：沥青防水卷材　长度、宽度和平直度；

——第 7 部分：高分子防水卷材　长度、宽度、平直度和平整度；

——第 8 部分：沥青防水卷材　拉伸性能；

——第 9 部分：高分子防水卷材　拉伸性能；

——第 10 部分：沥青和高分子防水卷材　不透水性；

——第 11 部分：沥青防水卷材　耐热性；

——第 12 部分：沥青防水卷材　尺寸稳定性；

——第 13 部分：高分子防水卷材　尺寸稳定性；

——第 14 部分：沥青防水卷材　低温柔性；

——第 15 部分：高分子防水卷材　低温弯折性；

——第 16 部分：高分子防水卷材　耐化学液体(包括水)；

——第 17 部分：沥青防水卷材　矿物料粘附性；

——第 18 部分：沥青防水卷材　撕裂性能(钉杆法)；

——第 19 部分：高分子防水卷材　撕裂性能；

——第 20 部分：沥青防水卷材　接缝剥离性能；

——第 21 部分：高分子防水卷材　接缝剥离性能；

——第 22 部分：沥青防水卷材　接缝剪切性能；

——第 23 部分：高分子防水卷材　接缝剪切性能；

——第 24 部分：沥青和高分子防水卷材　抗冲击性能；

——第 25 部分：沥青和高分子防水卷材　抗静态荷载；

——第 26 部分：沥青防水卷材　可溶物含量(浸涂材料含量)；

——第 27 部分：沥青和高分子防水卷材　吸水性。

本部分为 GB/T 328 的第 27 部分。

本部分参考了 EN 14223:2001《柔性防水卷材　混凝土桥面和其他混凝土路面防水　吸水性测定》。

本部分与其它部分组成的标准 GB/T 328.1～328.27—2007《建筑防水卷材试验方法》代替 GB/T 328—1989《沥青防水卷材试验方法》。

本部分与 GB/T 328.4—1989 相比主要变化如下：

——适用范围变化(1989 版的第 1 章，本版的第 1 章)；

——"引用标准"改为"规范性引用文件"，内容作了调整(1989 版的第 2 章，本版的第 2 章)；

——"试件"改为"试件制备"，内容作了调整(1989 版的第 3 章，本版的第 5 章)；

——删除"真空吸水法"、"常压吸水法"(1989 版的第 4、5 章)；

——增加"原理"、"仪器设备"、"抽样"、"步骤"、"结果计算"(本版的第 3、4、6、7、8 章)。

本部分由中国建筑材料工业协会提出。

本部分由全国轻质与装饰装修建筑材料标准化技术委员会(SAC/TC 195)归口。

本部分负责起草单位:中国化学建筑材料公司苏州防水材料研究设计所、建筑材料工业技术监督研究中心。

本部分参加起草单位:北京市建筑材料科学研究院、浙江省建筑材料研究所有限公司、中铁六局北京铁路建设有限公司、盘锦禹王防水建材集团、北京中建友建筑材料有限公司、杭州绿都防水材料有限公司、北京世纪新星防水材料有限公司、北京市中兴青云建筑材料有限公司、哈高科绥棱二塑有限公司、湖州红星建筑防水有限公司。

本部分主要起草人:朱志远、杨斌、詹福民、檀春丽、洪晓苗、陈文洁、陈建华。

本部分所代替标准的历次版本发布情况为:

——GB 328—1964、GB 328—1973、GB/T 328.4—1989。

# 建筑防水卷材试验方法
# 第27部分:沥青和高分子防水卷材　吸水性

## 1　范围

GB/T 328 的本部分规定了沥青和高分子屋面防水卷材吸水性的测定方法。

## 2　规范性引用文件

下列文件中的条款通过本标准的引用而成为本标准的条款。凡是注日期的引用文件,其随后所有的修改单(不包括勘误的内容)或修订版均不适用于本标准,然而,鼓励根据本标准达成协议的各方研究是否可使用这些文件的最新版本。凡是不注日期的引用文件,其最新版本适用于本标准。

GB/T 328.1　建筑防水卷材试验方法　第1部分:沥青和高分子防水卷材　抽样规则

## 3　原理

吸水性是将沥青和高分子防水卷材浸入水中规定的时间,测定质量的增加。

## 4　仪器设备

4.1　分析天平　精度 0.001 g,称量范围不小于 100 g。

4.2　毛刷

4.3　容器　用于浸泡试件。

4.4　试件架　用于放置试件,避免相互之间表面接触,可用金属丝制成。

## 5　试件制备

试件尺寸 100 mm×100 mm,共 3 块试件,从卷材表面均匀分布裁取。试验前,试件在(23±2)℃,相对湿度(50±10)%条件下放置 24 h。

## 6　抽样

抽样按 GB/T 328.1 进行。

## 7　步骤

取 3 块试件,用毛刷将试件表面的隔离材料刷除干净,然后进行称量($W_1$),将试件浸入(23±2)℃的水中,试件放在试件架上相互隔开,避免表面相互接触,水面高出试件上端 20 mm～30 mm。若试件上浮,可用合适的重物压下,但不应对试件带来损伤和变形。浸泡 4 h 后取出试件用纸巾吸干表面的水分,至试件表面没有水渍为度,立即称量试件质量($W_2$)。

为避免浸水后试件中水分蒸发,试件从水中取出至称量完毕的时间不应超过 2 min。

## 8　结果计算

吸水率按式(1)计算:

$$H = (W_2 - W_1) / W_1 \times 100 \quad \cdots\cdots (1)$$

式中：

$H$——吸水率，%；

$W_1$——浸水前试件质量，单位为克(g)；

$W_2$——浸水后试件质量，单位为克(g)。

吸水率取三块试件的算术平均值表示，计算精确到 0.1%。

---

ICS 73.040
D 21

# 中华人民共和国国家标准

GB/T 483—2007
代替 GB/T 483—1998

# 煤炭分析试验方法一般规定

## General rules for analytical and testing methods of coal

(ISO 1213-2:1992 Solid mineral fuels—Vocabulary—Part 2:Terms relating to sampling,testing and analysis,NEQ)

2007-11-01 发布　　　　2008-06-01 实施

中华人民共和国国家质量监督检验检疫总局
中国国家标准化管理委员会　发布

# 前　言

本标准对应于 BS 1016-100:1999《煤和焦炭分析试验方法——第100部分　绪言和结果报告方法》和 ISO 1213-2:1992《固体矿物燃料——词汇　第2部分:采样、试验和分析有关术语》。本标准与前述两标准的一致性程度为非等效,其主要差异如下:

——本标准正文中技术内容仅包括 BS 1016-100:1999 中的"3 定义和符号"、"5 结果报告的基"和"结果表述",另外增加了"煤样"、"测定"和"溶液浓度";

——本标准的术语和定义部分采用了 ISO 1213-2:1992 中与煤炭分析试验有关的术语,并按照 ISO 13909-1:2001《硬煤和焦炭——机械化采样——第一部分:绪言》对部分术语及其定义做了修改。

本标准代替 GB/T 483—1998《煤炭分析试验方法一般规定》。

本标准与 GB/T 483—1998 相比,做了如下修改:

——增加了"术语及其定义"(本版的第3章);

——增加了方法精密度——重复性限和再现性临界差的统计计算公式(1998年版的第5章,本版的第8章);

——在"范围"中删去了有关标准的罗列(本版的第1章)。

本标准由中国煤炭工业协会提出。

本标准由全国煤炭标准化技术委员会归口。

本标准起草单位:煤炭科学研究总院煤炭分析实验室。

本标准主要起草人:施玉英、段云龙。

本标准所代替标准的历次版本发布情况为:

——GB 483—1981、GB 483—1987、GB/T 483—1998。

# 煤炭分析试验方法一般规定

## 1 范围

本标准规定了煤炭分析试验有关的术语及其定义、符号、分析试验煤样、溶液浓度、测定、结果表述、结果换算、方法精密度和试验记录等。

本标准适用于各种煤炭分析试验方法标准、文件、书刊、教材和手册。

## 2 规范性引用文件

下列文件中的条款通过本标准的引用而成为本标准的条款。凡是注日期的引用文件，其随后所有的修改单(不包括勘误的内容)或修订版均不适用于本标准，然而，鼓励根据本标准达成协议的各方研究是否可使用这些文件的最新版本，凡是不注日期的引用文件，其最新版本适用于本标准。

GB 474 煤样的制备方法

GB 475 商品煤样采取方法

GB/T 6379.2 测量方法与结果的准确度(正确度与精密度) 第2部分：确定标准测量方法重复性与再现性的基本方法(GB/T 6379.2—2004，ISO 5725-2:1994，IDT)

GB/T 19494.1 煤炭机械化采样 第1部分：采样方法(GB/T 19494.1—2004，ISO 13909-1:2001，ISO 13909-2:2001，ISO 13909-3:2001，NEQ)

GB/T 19494.2 煤炭机械化采样 第2部分：煤样的制备(GB/T 19494.2—2004，ISO 13909-4:2001，NEQ)

## 3 术语和定义

下列术语和定义适用于本标准。

### 3.1 煤炭采样和制样术语及其定义

3.1.1

**煤样 coal sample**

为确定某些特性而从煤中采取的有代表性的一部分煤。

3.1.2

**煤层煤样 seam-sample of coal**

按规定在采掘工作面、探巷或坑道中从一个煤层采取的煤样。

3.1.3

**分层煤样 stratified seam-sample of coal**

按规定从煤和夹矸的每一自然分层中分别采取的煤样。

3.1.4

**可采煤样 workable seam-sample of coal**

按采煤规定的厚度应采取的全部煤样(包括煤分层和夹矸层)。

3.1.5

**生产煤样 coal sample for production**

在正常生产情况下，在一个整班的采煤过程中采出的、能代表生产煤的物理、化学和工艺特性的煤样。

3.1.6

**商品煤样　sample of commercial coal**

代表商品煤平均性质的煤样。

3.1.7

**浮煤样　float sample of coal**

经一定密度的重液分选，浮在上部的煤样。

3.1.8

**沉煤样　sink sample of coal**

经一定密度的重液分选，沉在下部的煤样。

3.1.9

**专用试验煤样　test sample of coal**

为满足某一特殊试验要求而制备的煤样。

3.1.10

**共用煤样　common sample of coal**

为进行多个试验而采取的煤样。

3.1.11

**全水分煤样　moisture sample of coal**

为测定全水分而专门采取的煤样。

3.1.12

**空气干燥煤样　air-dried sample of coal**

达到空气干燥状态的煤样。

3.1.13

**一般分析试验煤样　general-analysis test sample of coal**

一般分析煤样

破碎到粒度小于0.2 mm并达到空气干燥状态，用于大多数物理和化学特性测定的煤样。

3.1.14

**粒度分析煤样　size analysis sample of coal**

为进行粒度分析而专门采取的煤样。

3.1.15

**试验室煤样　laboratory sample of coal**

由总样或分样缩制的、送往试验室供进一步制备的煤样。

3.1.16

**有证煤标准物质　certified reference-material of coal**

附有证书的煤标准物质，其一种或多种特性值用建立了溯源性的程序确定，使之可溯源到准确复现的用于表示该特性值的计量单位，而且每个标准值都附有给定置信水平的不确定度。

3.1.17

**采样　sampling**

从大量煤中采取具有代表性的一部分煤的过程。

3.1.18

**子样　increment**

采样器具操作一次或截取一次煤流全横截段所采取的一份样。

3.1.19

**初级子样　primary increment**

在采样第一阶段、于任何破碎和缩分前采取的子样。

3.1.20

**缩分后试样 divided sample**

为减少试样质量而将之缩分后保留的一部分。

3.1.21

**总样 gross sample**

从一个采样单元取出的全部子样合并成的煤样。

3.1.22

**分样 sub-sample**

由均匀分布于整个采样单元的若干子样组成的煤样。

3.1.23

**采样单元 sampling unit**

从一批煤中采取一个总样的煤量。一批煤可以是一个或多个采样单元。

3.1.24

**批 lot**

需进行整体性质测定的一个独立煤量。

3.1.25

**连续采样 continuous sampling**

从每一个采样单元采取一个总样。

3.1.26

**间断采样 intermittent sampling**

仅从某几个采样单元采样。

3.1.27

**系统采样 systematic sampling**

按相同的时间、空间或质量间隔采取子样，但第一个子样在第一间隔内随机采取，其余的子样按选定的间隔采取。

3.1.28

**随机采样 random sampling**

在采取子样时，对采样的部位和时间均不施加任何人为的意志，使任何部位的煤都有机会采出。

3.1.29

**分层随机采样 stratified random sampling**

在质量基采样和时间基采样划分的质量或时间间隔内随机采取一个子样。

3.1.30

**质量基采样 mass-basis sampling**

从煤流或静止煤中采取子样，每个子样的位置用一质量间隔来确定，子样质量固定。

3.1.31

**时间基采样 time-basis sampling**

从煤流中采取子样，每个子样的位置用一时间间隔来确定，子样质量与煤流成正比。

3.1.32

**多份采样 replicate sampling**

按一定的间隔采取子样，并将它们轮流放入不同的容器中构成两个或两个以上质量接近的煤样。

3.1.33

**双份采样 duplicate sampling**

按一定的间隔采取子样，并将它们交替放入两个不同的容器中构成两个质量接近的煤样。

3.1.34

**标称最大粒度　nominal top size**

与筛上物累计质量分数最接近(但不大于)5%的筛子相应的筛孔尺寸。

3.1.35

**制样　sample preparation**

使试样达到分析或试验状态的过程。

注：试样制备包括破碎、混合和缩分，有时还包括筛分和空气干燥，它可以分成几个阶段进行。

3.1.36

**在线制样　on-line sample preparation**

试样用与采样系统结成一体的设备制备。

3.1.37

**离线制样　off-line sample preparation**

用不与采样系统结成一体的设备、以人工或机械化方法对机械采样系统采取的试样进行制备。

3.1.38

**试样缩分　sample division**

将试样分成有代表性、分离的部分的制样过程。

3.1.39

**定质量缩分　fixed mass division**

保留的试样质量一定，并与被缩分试样质量无关的缩分方法。

3.1.40

**定比缩分　fixed ratio division**

以一定的缩分比、即保留的试样量和被缩分的试样量成一定的比例的缩分方法。

3.1.41

**切割样　cut**

初级采样器或试样缩分器切取的子样。

3.1.42

**切割器　cutter**

切取子样的设备。

3.1.43

**二分器　riffle**

由一列平行而交替的、宽度相等的斜槽所组成的、用于缩分煤样的工具。

3.1.44

**棋盘缩分法　flattened-heap method**

将煤样充分混合后，铺成一个或多个厚度均匀的长方块，并将各长方块分成20个以上的小块，然后从各小块中分别取样的缩分方法。

3.1.45

**条带截取法　strip-mixing and splitting method**

将煤样充分混合后，顺着一个方向随机铺成一长度至少为宽度10倍的长带，然后用一宽度至少为煤样标称最大粒度3倍的取样框，沿样带长度、每隔一定距离截取一段试样的缩分方法。

3.1.46

**堆锥四分法　coning and quartering method**

将煤样从顶端均匀分布、堆成一个圆锥体，再压成厚度均匀的圆饼并分成四个相等的扇形，取其中相对的扇形部分作为试样的缩分方法。

3.1.47

**试样破碎　sample reduction**

用破碎或研磨的方法减小试样粒度的制样过程。

3.1.48

**试样混合　sample mixing**

将煤样混合均匀的过程。

3.1.49

**空气干燥　air-drying**

使煤样的水分与其破碎或缩分区域的大气达到接近平衡的过程。

## 3.2　煤的一般物理化学特性分析术语及其定义

3.2.1

**工业分析　proximate analysis**

水分、灰分、挥发分和固定碳四个煤炭分析项目的总称。

3.2.2

**外在水分　free moisture**; surface moisture

在一定条件下煤样与周围空气湿度达到平衡时失去的水分。

3.2.3

**内在水分　inherent moisture**

在一定条件下煤样与周围空气湿度达到平衡时保持的水分。

3.2.4

**全水分　total moisture**

煤的外在水分和内在水分的总和。

3.2.5

**一般分析试验煤样水分　moisture in the general analysis test sample of coal**

在规定条件下测定的一般分析试验煤样水分。

3.2.6

**最高内在水分　moisture holding capacity**

煤样在温度30℃、相对湿度96%下达到平衡时测得的内在水分。

3.2.7

**化合水　water of constitution**

与矿物质结合的、除去全水分后仍保留下来的水分。

3.2.8

**矿物质　mineral matter**

煤中的无机物质，不包括游离水，但包括化合水。

3.2.9

**灰分　ash**

煤样在规定条件下完全燃烧后所得的残留物。

3.2.10

**外来灰分　extraneous ash**

由煤炭生产过程中混入煤中的矿物质所形成的灰分。

3.2.11

**内在灰分　inherent ash**

由原始成煤植物中的和由成煤过程中进入煤层矿物质所形成的灰分。

3.2.12

**碳酸盐二氧化碳 carbonate carbon dioxide**

煤中以碳酸盐形态存在的二氧化碳。

3.2.13

**挥发分 volatile matter**

煤样在规定条件下隔绝空气加热，并进行水分校正后的质量损失。

3.2.14

**焦渣特性 characteristic of char residue**

煤样测定挥发分后的残留物的黏结、结焦性状。

3.2.15

**固定碳 fixed carbon**

从测定挥发分后的煤样残渣中减去灰分后的残留物，通常由100减去水分、灰分和挥发分得出。

3.2.16

**燃料比 fuel ratio**

煤的固定碳和挥发分之比。

3.2.17

**有机硫 organic sulfur**

与煤的有机质相结合的硫，实际测定中以全硫减去硫铁矿硫和硫酸盐硫而得。

3.2.18

**无机硫 inorganic sulfur**；mineral sulfur

煤中矿物质内的硫化物硫、硫铁矿硫、硫酸盐硫和元素硫的总称。

3.2.19

**元素硫 elemental sulfur**

煤中以游离状态存在的硫。

3.2.20

**全硫 total sulfur**

煤中无机硫和有机硫的总和。

3.2.21

**硫铁矿硫 pyritic sulfur**

煤的矿物质中以黄铁矿或白铁矿形态存在的硫。

3.2.22

**硫酸盐硫 sulfate sulfur**

煤的矿物质中以硫酸盐形态存在的硫。

3.2.23

**固定硫 fixed sulfur**

煤热分解后残渣中的硫。

3.2.24

**真相对密度 true relative density**

在20℃时煤(不包括煤的孔隙)的质量与同体积水的质量之比。

3.2.25

**视相对密度 apparent relative density**

在20℃时煤(包括煤的孔隙)的质量与同体积水的质量之比。

3.2.26

**散密度　bulk density**

堆密度

在规定条件下，单位体积散装煤的质量。

3.2.27

**块密度　density of lump**

整块煤的单位体积质量。

3.2.28

**孔隙率　porosity**

煤的毛细孔体积与煤的视体积(包括煤的毛细孔)的百分比。

3.2.29

**弹筒发热量　bomb calorific value**

单位质量的试样在充有过量氧气的氧弹内燃烧，其燃烧产物组成为氧气、氮气、二氧化碳、硝酸和硫酸、液态水以及固态灰时放出的热量。

3.2.30

**恒容高位发热量　gross calorific value at constant volume**

单位质量的试样在充有过量氧气的氧弹内燃烧，其燃烧产物组成为氧气、氮气、二氧化碳、二氧化硫、液态水以及固态灰时放出的热量。

恒容高位发热量在数值上等于弹筒发热量减去硝酸生成热和硫酸校正热。

3.2.31

**恒容低位发热量　net calorific value at constant volume**

单位质量的试样在恒容条件下，在过量氧气中燃烧，其燃烧产物组成为氧气、氮气、二氧化碳、二氧化硫、气态水以及固态灰时放出的热量。

恒容低位发热量在数值上等于高位发热量减去水(煤中原有的水和煤中氢燃烧生成的水)的气化热。

3.2.32

**恒压低位发热量　net calorific value at constant pressure**

单位质量的试样在恒压条件下，在过量氧气中燃烧，其燃烧产物组成为氧气、氮气、二氧化碳、二氧化硫、气态水以及固态灰时放出的热量。

3.2.33

**元素分析　ultimate analysis**

碳、氢、氧、氮、硫五个煤炭分析项目的总称。

3.2.34

**煤灰成分分析　ash analysis**

灰的元素组成(通常包括铁、钙、镁、钾、钠、锰、磷、硅、铝、钛、硫等，以氧化物表示)分析。

3.2.35

**着火温度　ignition temperature**

煤释放出足够的挥发分与周围大气形成可燃混合物的最低温度。

3.2.36

**含矸率　refuse content**

煤中粒度大于 50 mm 的矸石的质量分数。

3.2.37

**限下率　undersize fraction**

筛上产品中小于规定粒度下限部分的质量分数。

## 3.3 煤炭工艺特性试验的术语及其定义

3.3.1

**结焦性 coking property**

煤经干馏形成焦炭的特性。

3.3.2

**黏结性 caking property**

煤在干馏时黏结其本身或外加惰性物质的能力。

3.3.3

**塑性 plastic property**

煤在干馏时形成的胶质体的黏稠、流动和透气等性能。

3.3.4

**膨胀性 swelling property**

煤在干馏时体积发生膨胀或收缩的性能。

3.3.5

**胶质层指数 plastometer indices**

由萨波日尼柯夫提出的一种表征烟煤塑性的指标，以胶质层最大厚度 $Y$ 值，最终收缩度 $X$ 值等表示。

3.3.6

**胶质层最大厚度 maximum thickness of plastic layer**

烟煤胶质层指数测定中利用探针测出的胶质体上、下层面差的最大值。

3.3.7

**胶质层体积曲线 volume curve of plastic layer**

烟煤胶质层指数测定中所记录的胶质体上部层面位置随温度变化的曲线。

3.3.8

**最终收缩度 final contraction value**；plastometric shrinkage

烟煤胶质层指数测定中，温度为 730℃时，体积曲线终点与零点线的距离。

3.3.9

**罗加指数 Roga index**

由罗加提出的、煤的黏结力的量度，以在规定条件下、煤与标准无烟煤完全混合并碳化后，所得焦炭的机械强度来表征。

3.3.10

**黏结指数 caking index**

G 指数

由中国提出的、煤的黏结力的量度，以在规定条件下、煤与专用无烟煤完全混合并碳化后，所得焦炭的机械强度来表征。

3.3.11

**坩埚膨胀序数 crucible swelling number**

煤的膨胀性和塑性的量度，以在规定条件下、煤在坩埚中加热所得焦块的膨胀程度序号表征。

3.3.12

**奥阿膨胀度 Audiberts-Arnu dilatation**

由奥迪贝尔和阿尼二人提出的、烟煤膨胀性和塑性的量度，以膨胀度 $b$ 和收缩度 $a$ 等参数表征。

3.3.13

**吉泽勒流动度　Gieseler fluidity**

吉氏流动度

由吉泽勒提出的、烟煤塑性的量度，以最大流动度等表征。

3.3.14

**开始软化温度　initial softening temperature**

吉泽勒流动度指标之一，搅拌桨转速第一次达到 1.0 ddpm 时的温度。

注：ddpm 刻度盘度(dial division per minute)的缩写。

3.3.15

**最后流动温度　final fluid temperature**

吉泽勒流动度指标之一，搅拌桨转速最后达到 1.0 ddpm 时的温度。

3.3.16

**固化温度　solidification temperature**

吉泽勒流动度指标之一，搅拌桨停止转动时的温度。

3.3.17

**最大流动度　maximum fluidity**

吉泽勒流动度指标之一，搅拌桨转速达到最大时的流动度。

3.3.18

**最大流动温度　maximum fluidity temperature**

吉泽勒流动度指标之一，搅拌桨转速达到最大时的温度。

3.3.19

**塑性范围　plastic range**

吉泽勒流动度指标之一，从开始软化到最后流动的温度区间。

3.3.20

**格金干馏试验　Gray-King assay**

由格雷和金二人提出的煤低温干馏试验方法，用以测定热解产物收率和焦型。

3.3.21

**落下强度　shatter strength**

煤炭抗破碎能力的量度。以在规定条件下，一定粒度的煤样自由落下后大于 25 mm 的块占原煤样的质量分数表示。

3.3.22

**热稳定性　thermal stability**

煤炭受热后保持规定粒度能力的量度。以在规定条件下，一定粒度的煤样受热后，大于 6 mm 的颗粒占原煤样的质量分数表示。

3.3.23

**煤对二氧化碳反应性　carboxy reactivity**

煤与二氧化碳反应能力的量度。以在规定条件下，煤将二氧化碳还原为一氧化碳的质量分数表示。

3.3.24

**结渣性　clinkering property**

煤在气化或燃烧过程中，煤灰受热软化、熔融而结渣的性能的量度。以在规定条件下，一定粒度的煤样燃烧后，大于 6 mm 的渣块占全部残渣的质量分数表示。

3.3.25

**可磨性　grindability**

在规定条件下，煤研磨成粉的难易程度。

3.3.26

**哈德格罗夫可磨性指数 Hardgrov grindability index**

哈氏可磨性指数

由哈德格罗夫提出的煤研磨成粉难易程度的量度。以在规定条件下,一定粒度的煤样用哈氏可磨性测定仪研磨后,与小于0.071 mm粒度的试样量相对应的可磨性指数表示。

3.3.27

**磨损指数 abrasion index**

煤磨碎时对金属件的磨损能力的量度。以在规定条件下磨碎1 kg煤对特定金属件磨损的毫克数表示。

3.3.28

**灰熔融性 ash fusibility**

在规定条件下得到的随加热温度而变化的煤灰变形、软化、半球和流动的特征物理状态。

3.3.29

**变形温度 deformation temperature**

在灰熔融性测定中,灰锥尖端(或棱)开始变圆或弯曲时的温度。

3.3.30

**软化温度 softening temperature**

在灰熔融性测定中,灰锥弯曲至锥尖触及托板或灰锥变成球形时的温度。

3.3.31

**半球温度 hemispherical temperature**

在灰熔融性测定中,灰锥形状变成近似半球形、即高约等于底长的一半时的温度。

3.3.32

**流动温度 flow temperature**

在灰熔融性测定中,灰锥融化展开成高度小于1.5 mm的薄层时的温度。

3.3.33

**灰黏度 ash viscosity**

煤灰在熔融状态下对流动阻力的量度。

3.3.34

**碱/酸比 base/acid ratio**

煤灰中碱性组分(钾、钠、铁、钙、镁、锰等的氧化物)与酸性组分(硅、铝、钛等的氧化物)之比。

3.3.35

**沾污指数 fouling index**;fouling factor

一般为煤灰的碱/酸比乘以灰中$Na_2O$值。

3.3.36

**透光率 transmittance**

在规定条件下,用硝酸和磷酸混合液处理煤样后所得溶液的透光百分率。

注:本指标专用于褐煤和长焰煤。

3.3.37

**腐植酸 humic acid**

煤中能溶于稀苛性碱和焦磷酸钠溶液的一组高分子量的多元有机、无定形化合物的混合物。

3.3.38

**游离腐植酸 free humic acid**

酸性含氧功能团(酸性基)保持游离状态的腐植酸,可溶于苛性碱溶液,在实际测定中包括与钾、钠结合的腐植酸。

3.3.39

**结合腐植酸　combined humic acid**

酸性含氧功能团(酸性基)与金属离子结合的腐植酸,在实际测定中不包括与钾、钠结合的腐植酸。

3.3.40

**苯萃取物　benzene-soluble extracts**

褐煤中能溶于苯的部分,主要成分为蜡和树脂。

### 3.4　煤炭分析试验结果表示的术语及其定义

3.4.1

**收到基　as received basis**

以收到状态的煤为基准。

3.4.2

**空气干燥基　air dried basis**

以与空气湿度达到平衡状态的煤为基准。

3.4.3

**干燥基　dry basis**

以假想无水状态的煤为基准。

3.4.4

**干燥无灰基　dry ash-free basis**

以假想无水无灰状态的煤为基准。

3.4.5

**干燥无矿物质基　dry mineral matter-free basis**

以假想无水无矿物质状态的煤为基准。

3.4.6

**恒湿无灰基　moist ash-free basis**

以假想含最高内在水分、无灰状态的煤为基准。

3.4.7

**恒湿无矿物质基　moist mineral matter-free basis**

以假想含最高内在水分、无矿物质状态的煤为基准。

### 3.5　煤炭分析试验中常用数理统计术语及其定义

3.5.1

**观测值　observations**

在试验中所测量或观测到的数值。

3.5.2

**总体　population**

作为数理统计对象的全部观测值。

3.5.3

**个体　individual**

总体中的一个,即指一个观测值。

3.5.4

**总体平均值　population mean**

总体中全部观测值的算术平均值。

3.5.5

**极差 range**

一组观测值中，最高值和最低值的差值。

3.5.6

**误差 error**

观测值和可接受的参比值间的差值。

3.5.7

**方差 variance**

分散度的量度。数值上为观测值与它们的平均值之差值的平方和除以自由度(观测次数减1)。

3.5.8

**标准[偏]差 standard deviation**

方差的平方根。

3.5.9

**变异系数 coefficient of variation**

标准差对算术平均值绝对值的百分比，又称相对标准偏差。

3.5.10

**随机误差 random error**

统计上独立于先前误差的误差。

注：这意味着一系列随机误差中任何两个都不相关，而且个体误差都不可预知。误差分为系统误差(偏倚)和随机误差，一观测系列中随着观测次数的增加，其随机误差的平均值趋于0。

3.5.11

**准确度 accuracy**

观测值与真值或约定真值间的接近程度。

3.5.12

**精密度 precision**

在规定条件下所得独立试验结果间的符合程度。

注：它经常用一精密度指数，如两倍的标准差来表示。

3.5.13

**[测量]不确定度 uncertainty [of a measurement]**

表征合理地赋予被测量之值的分散性、与测量结果相联系的参数。

注：煤炭分析试验中常用测量标准差或其倍数量度。

3.5.14

**偏倚 bias**

系统误差。它导致一系列结果的平均值总是高于或低于用一参比方法得到的值。

3.5.15

**最大允许偏倚 maximum tolerable bias**

从实际结果考虑可允许的最大偏倚。

3.5.16

**实质性偏倚 relevant bias**

具有实际重要性或合同各方同意的允许偏倚。

3.5.17

**离群值 outlier**

在同组观测中，与其他结果相距较远，从而怀疑是错误的结果。

3.5.18

**置信度 degree of confidence**;confidence probability

统计推断的可靠程度,常以概率表示。

3.5.19

**临界值 critical value**

统计检验时,接受或拒绝的界限值。

3.5.20

**允许差 tolerance**

在规定条件下获得的两个或多个观测值间允许的最大差值。

3.5.21

**重复性限 repeatability limit**

一个数值。在重复条件下,即在同一试验室中、由同一操作者、用同一仪器、对同一试样、于短期内所做的重复测定,所得结果间的差值(在95%概率下)的临界值。

3.5.22

**再现性临界差 reproducibility critical difference**

一个数值。在再现条件下,即在不同试验室中、对从试样缩制最后阶段的同一试样中分取出来的、具有代表性的部分所做的重复测定,所得结果的平均值间的差值(在特定概率下)的临界值。

## 4 煤样

### 4.1 煤样的采取和制备

分析试验煤样(以下简称煤样)按GB/T 19494.1或GB 474采取,按GB/T 19494.2或GB 475制备成所需试验煤样。

### 4.2 煤样的保存

水分煤样应装入不吸水、不透气的密闭容器中;一般分析试验煤样应在达到空气干燥状态后装入严密的容器中。

### 4.3 存查煤样

存查煤样在原始煤样制备的某一阶段分取。存查煤样应尽可能少破碎、少缩分,其粒度和质量应符合相关标准规定。

### 4.4 分析试验取样

分析试验取样前,应将煤样充分混匀;取样时,应尽可能从煤样容器的不同部位,用多点取样法取出。

## 5 溶液及其浓度

### 5.1 溶液

煤炭分析试验中使用的溶液,凡以水作溶剂的称为水溶液,简称溶液;以其他液体为溶剂的溶液,则在其前面冠以溶剂的名称,如以乙醇(或苯)为溶剂的溶液称为乙醇(或苯)溶液。

### 5.2 溶液浓度

以下为煤炭分析试验中常用的溶液浓度。

#### 5.2.1 物质的量浓度

单位体积溶液中所含溶质的物质的量,单位为摩尔每升,符号为mol/L。

物质的量的国际单位制基本单位是摩尔,其定义如下:

摩尔是一系统的物质的量,该系统中所包含的基本单元数与0.012 kg的碳-12的原子数目相等。在使用摩尔时,基本单元应予指明,它可以是原子、分子、离子、电子及其他粒子,或是这些粒子的特定组合。

例如：

$c(\frac{1}{5}KMnO_4)=0.1$ mol/L，表示溶质的基本单元是$\frac{1}{5}$个高锰酸钾分子，其摩尔质量为 31.6 g/mol，溶液的浓度为 0.1 摩尔每升，即每升溶液中含有 0.1×31.6 g 高锰酸钾。

$c(\frac{1}{2}Ca^{2+})=1$ mol/L，表示溶质的基本单元是$\frac{1}{2}$个钙阳离子，其摩尔质量为 20.04 g/mol，溶液的浓度为 1 摩尔每升，即每升溶液中含 20.04 g 钙阳离子。

### 5.2.2 质量分数或体积分数

溶质的质量（或体积）与溶液质量（或体积）之比。如质量分数 5%，体积分数 5%，质量分数 $4.2\times10^{-6}$。

### 5.2.3 质量浓度

溶质的质量除以溶液体积，以克每升或其倍数、分数单位表示，如 g/L，mg/mL。

### 5.2.4 体积比或质量比

一试剂和另一试剂（或水）的体积比或质量比，以 $(V_1+V_2)$ 或 $(m_1+m_2)$ 表示，如体积比为(1+4)硫酸是指 1 体积相对密度 1.84 的硫酸与 4 体积水混合后的硫酸溶液。

## 6 测定

### 6.1 测定次数

除特别要求者外，每项分析试验对同一煤样进行 2 次测定（一般为重复测定）。2 次测定的差值如不超过重复性限 $T$，则取其算术平均值作为最后结果；否则，需进行第 3 次测定。如 3 次测定值的极差小于或等于 $1.2T$，则取 3 次测定值的算术平均值作为测定结果；否则，需要进行第 4 次测定。如 4 次测定值的极差小于或等于 $1.3T$，则取 4 次测定值的算术平均值作为测定结果；如极差大于 $1.3T$，而其中 3 个测定值的极差小于或等于 $1.2T$，则可取此 3 个测定值的算术平均值作为测定结果。如上述条件均未达到，则应舍弃全部测定结果，并检查仪器和操作，然后重新进行测定。

### 6.2 水分测定期限

6.2.1 全水分应在煤样制备后立即测定，如不能立即测定，则应将之准确称量、置于符合 4.2 要求的容器中，并尽快测定。

6.2.2 凡需根据水分测定结果进行校正或换算的分析试验，应同时测定煤样水分；如不能同时进行，两者测定也应在尽量短的、煤样水分未发生显著变化的期限内进行，最多不超过 5 d。

## 7 结果表述

### 7.1 结果表示符号

#### 7.1.1 项目符号

煤炭分析试验，除少数惯用符号外，均采用各分析试验项目的英文名词的第一个字母或缩略字，以及各化学成分的元素符号或分子式作为它们的代表符号。以下列出煤炭分析试验项目专用符号及其英文和中文名称：

*a*——maximum contraction，最大收缩度；

*A*——ash，灰分；

AI——abrasion index，磨损指数；

ARD——apparent relative density，视相对密度；

*b*——maximum dilatation，最大膨胀度；

CB——characteristic of char button，（挥发分测定）焦渣特征；

Clin——clinkering rate,结渣率；

CR——yield of coke residue,半焦产率；

CSN——crucible swelling number,坩埚膨胀序数；

DT——deformation temperature,(灰熔融性)变形温度；

$E_B$——yield of benzene-soluble extract,苯萃取物产率；

*FC*——fixed carbon,固定碳；

FT——flow temperature,(灰熔融性)流动温度；

$G_{R.I}$——caking index,黏结指数；

HA——yield of humic acids,腐植酸产率；

HGI——Hardgrov grindability index,哈氏可磨性指数；

HT——hemispherical temperature,(灰熔融性)半球温度；

*M*——moisture,水分；

MHC——moisture holding capacity,最高内在水分；

MM——mineral matter,矿物质；

$P_m$——transmittance,透光率；

*Q*——(quantity of heat )calorific value,发热量；

*R*——reflectance,反射率；

R. I——Roga index,罗加指数；

SS——shatter strength,落下强度；

ST——softening temperature,(灰熔融性)软化温度；

Tar——yield of tar,焦油产率；

TRD——true relative density,真相对密度；

TS——thermal stability,热稳定性；

*V*——volatile matter,挥发分；

Water——total water of distillation,干馏总水(产率)；

*x*——final contraction of coke residue,焦块最终收缩度；

*y*——maximum thickness of plastic layer,胶质层最大厚度；

*α*——conversion ratio of carbon dioxide,二氧化碳转化率。

7.1.2 细项目符号

各项目的进一步划分,采用相应的英文名词的第一个字母或缩略字,标在项目符号的右下角表示。

煤炭分析试验涉及的细项目符号有：

b——bomb,弹筒；

f——free,外在或游离；

inh——inherent,内在；

o——organic,有机；

p——pyrite,硫化铁；

s——sulfate,硫酸盐；

gr,p——gross ,at constant pressure,恒压高位；

gr,v——gross ,at constant volume,恒容高位；

net,p——net ,at constant pressure,恒压低位；

net,v——net ,at constant volume,恒容低位；

t——total,全。

7.1.3 基的符号

以不同基表示的煤炭分析结果，采用基的英文名称缩写字母、标在项目符号右下角、细项目符号后面，并用逗号分开表示。

煤炭分析试验常用基的符号有：

ad——air dried basis，空气干燥基；

ar——as received basis，收到基；

d——dry basis，干燥基；

daf——dry ash-free basis，干燥无灰基；

dmmf——dry mineral matter-free basis，干燥无矿物质基；

maf——moist ash-free basis，恒湿无灰基；

m,mmf——moist mineral matter-free basis，恒湿无矿物质基。

7.1.4 示例

空气干燥基全硫，$S_{t,ad}$；

干燥无矿物质基挥发分，$V_{dmmf}$；

收到基恒容低位发热量，$Q_{net,v,ar}$；

恒湿无灰基高位发热量，$Q_{gr,maf}$；

恒湿无矿物质基高位发热量，$Q_{gr,m,mmf}$。

7.2 基的换算

将有关数值代入表1所列的相应公式中，再乘以用已知基表示的项目值，即可求得用所要求的基表示的项目值（低位发热量的换算除外）。

表1 不同基的换算公式

| 已知基 | 要求基 | | | | |
|---|---|---|---|---|---|
| | 空气干燥基 ad | 收到基 ar | 干燥基 d | 干燥无灰基 daf | 干燥无矿物质基 dmmf |
| 空气干燥基 ad | | $\frac{100-M_{ar}}{100-M_{ad}}$ | $\frac{100}{100-M_{ad}}$ | $\frac{100}{100-(M_{ad}+A_{ad})}$ | $\frac{100}{100-(M_{ad}+MM_{ad})}$ |
| 收到基 ar | $\frac{100-M_{ad}}{100-M_{ar}}$ | | $\frac{100}{100-M_{ar}}$ | $\frac{100}{100-(M_{ar}+A_{ar})}$ | $\frac{100}{100-(M_{ar}+MM_{ar})}$ |
| 干燥基 d | $\frac{100-M_{ad}}{100}$ | $\frac{100-M_{ar}}{100}$ | | $\frac{100}{100-A_{d}}$ | $\frac{100}{100-MM_{d}}$ |
| 干燥无灰基 daf | $\frac{100-(M_{ad}+A_{ad})}{100}$ | $\frac{100-(M_{ar}+A_{ar})}{100}$ | $\frac{100-A_{d}}{100}$ | | $\frac{100-A_{d}}{100-MM_{d}}$ |
| 干燥无矿物质基 dmmf | $\frac{100-(M_{ad}+MM_{ad})}{100}$ | $\frac{100-(M_{ar}+MM_{ar})}{100}$ | $\frac{100-MM_{d}}{100}$ | $\frac{100-MM_{d}}{100-A_{d}}$ | |

7.3 结果报告

7.3.1 数据修约规则

凡末位有效数字后面的第一位数字大于5，则在其前一位上增加1，小于5则弃去；凡末位有效数字后面的第一位数字等于5，而5后面的数字并非全为0，则在5的前一位上增加1；5后面的数字全部为0时，如5前面一位为奇数，则在5的前一位上增加1，如前面一位为偶数（包括0），则将5弃去。所拟舍弃的数字，若为两位以上时，不得连续进行多次修约，应根据所拟舍弃数字中左边第一个数字的大小，按上述规则进行一次修约。

7.3.2 结果报告

煤炭分析试验结果，取 2 次或 2 次以上重复测定值的算术平均值，按上述修约规则修约到表 2 规定的位数。

表 2 测定值与报告值位数

<table>
<tr><th>测定项目</th><th>单位</th><th>测定值</th><th>报告值</th></tr>
<tr><td>锗<br>镓<br>氟<br>砷<br>硒<br>铬<br>铅<br>铜<br>镍<br>锌</td><td>μg/g</td><td>个位</td><td>个位</td></tr>
<tr><td>镉<br>钴</td><td>μg/g</td><td>小数点后一位</td><td>小数点后一位</td></tr>
<tr><td>哈氏可磨性指数<br>奥阿膨胀度<br>奥阿收缩度<br>黏结指数<br>磨损指数<br>罗加指数<br>年轻煤的透光率<br>钒<br>铀</td><td>无<br>%[a]<br>%[a]<br>无<br>mg/kg<br>%[a]<br>%<br>μg/g<br>μg/g</td><td>小数点后一位</td><td>个位</td></tr>
<tr><td>全水<br>煤对二氧化碳化学反应性</td><td>%</td><td>小数点后一位</td><td>小数点后一位</td></tr>
<tr><td>格金低温干馏焦油、半焦、干馏总水产率<br>热稳定性<br>最高内在水分<br>腐植酸产率<br>落下强度</td><td>%</td><td>小数点后二位</td><td>小数点后一位</td></tr>
<tr><td>结渣性<br>工业分析<br>元素分析<br>全硫<br>各种形态硫<br>碳酸盐二氧化碳<br>褐煤的苯萃取物产率<br>灰中硅、铁、铝、钛、钙、镁、钾、硫、磷<br>矿物质<br>真相对密度<br>视相对密度</td><td>%<br>%<br>%<br>%<br>%<br>%<br>%<br>%<br>%<br>无<br>无</td><td>小数点后二位</td><td>小数点后二位</td></tr>
</table>

表 2(续)

| 测定项目 | 单位 | 测定值 | 报告值 |
|---|---|---|---|
| 汞<br>氯<br>灰中锰<br>磷 | μg/g<br>%<br>%<br>% | 小数点后三位 | 小数点后三位 |
| 发热量 | MJ/kg<br>J/g | 小数点后三位<br>个位 | 小数点后二位<br>十位 |
| 灰熔融性特征温度<br>奥阿膨胀度特征温度<br>煤的着火温度<br>胶质层指数(*X*、*Y*)<br>坩埚膨胀序数 | ℃<br>℃<br>℃<br>mm<br>无 | 个位<br>个位<br>个位<br>0.5<br>1/2 | 十位<br>个位<br>个位<br>0.5<br>1/2 |

[a] 应有百分数,但报出时不写百分数。

## 8 方法精密度

煤炭分析试验方法的精密度,以重复性限和再现性临界差表示。

重复性限和再现性临界差,按 GB/T 6379.2 通过多个试验室对多个试样进行的协同试验来确定。

重复性限按式(1)计算:

$$r = \sqrt{2}t_{0.05}s_r \qquad (1)$$

再现性临界差按式(2)计算:

$$R = \sqrt{2}ts_R \qquad (2)$$

式中:

$s_r$——实验室内重复测定的单个结果的标准差;

$s_R$——实验室间测定结果(单个实验室重复测定结果的平均值)的标准差;

$t_{0.05}$——95%概率下的 $t$ 值;

$t$——特定概率(视分析试验项目而定)下的 $t$ 分布临界值。

## 9 试验记录和试验报告

### 9.1 试验记录

试验记录应按规定的格式、术语、符号和法定计量单位填写,并应至少包括以下内容:

a) 分析试验项目名称及记录编号;

b) 分析试验日期;

c) 分析试验依据标准及主要使用仪器设备名称及编号;

d) 分析试验数据;

e) 分析试验结果及计算;

f) 分析试验过程中发现的异常现象及其处理;

g) 试验人员和审查人员;

h) 其他需说明的问题。

### 9.2 试验报告

试验报告应按规定的格式、术语、符号和法定计量单位填写,并应至少包括以下内容:

a） 报告名称、编号、页号及总页数；
b） 试验单位名称、地址、邮编、电话、传真等；
c） 委托单位名称、地址、邮编、电话、传真及联系人等；
d） 样品名称、特性和状态、原编号及送样日期；
e） 实验室样品编号；
f） 分析试验项目及依据标准或规程；
g） 分析试验结果及结论（如果适用）；
h） （如果适用）抽样程序（包括煤产品特性、抽样依据标准、抽样基数、采样单元数和子样数、子样质量和总样质量、抽样时间、地点和人员）；
i） （如果适用）关于“本报告只对来样负责”的声明；
j） 批准、审核和主验人员，签发日期；
k） 其他需要的信息。

ICS 83.160.10
G 41

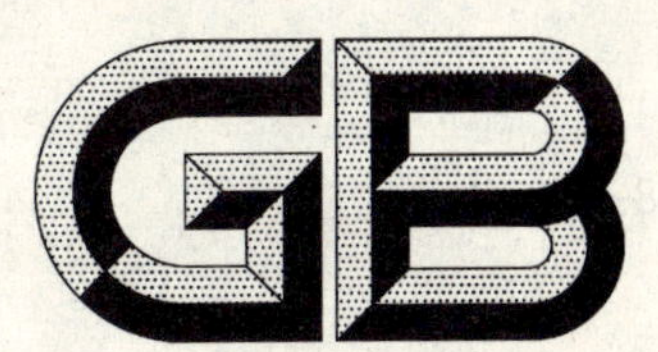

# 中华人民共和国国家标准

GB 518—2007
代替 GB 518—1997

# 摩托车轮胎

## Motorcycle tyres

2007-11-01 发布　　　　2008-04-01 实施

中华人民共和国国家质量监督检验检疫总局
中国国家标准化管理委员会　发布

# 前　言

**本标准的4.1～4.3、4.4.1、4.5、第6章为强制性的，其余为推荐性的。**

本标准与日本工业标准JIS K6366:1998《摩托车轮胎》(日文版)的一致性程度为非等效。

本标准代替GB 518—1997《摩托车轮胎》。

本标准与GB 518—1997的主要技术性差异：

——取消了“骨架材料为棉或人造丝帘线的斜交轮胎”和“当半球形压头达到轮辋而所有测定点胎体均未被破坏，并测定值未达到表中规定指标值时”两种情况下最小破坏能指标可下调60%的规定(1997年版的4.2.1)；

——增加了8PR轮胎的最小破坏能考核指标(本版的4.2.1)；

——修改了高速性能要求(见4.2.3)；

——增加了雪泥轮胎标志的要求(本版的第6章)；

——取消了抽样和检验规则、包装、运输和储存的规定(1997年版的第5章、7.2)。

本标准由中国石油和化学工业协会提出。

本标准由全国轮胎轮辋标准化技术委员会(SAC/TC 19)归口。

本标准委托全国摩托车自行车轮胎轮辋标准化分技术委员会负责解释。

本标准起草单位：广州第一橡胶厂、厦门正新橡胶工业有限公司、广州橡胶工业制品研究所。

本标准主要起草人：陈秋发、李伊华、肖楚华、黄辉文、雷玲、王慧敏。

本标准所代替标准的历次版本发布情况为：

——GB 518—1965、GB 518—1974、GB 518—1991、GB 518—1997。

# 摩 托 车 轮 胎

## 1 范围

本标准规定了摩托车轮胎用术语及其定义、要求、试验方法和标志。

本标准适用于新的摩托车充气轮胎。

## 2 规范性引用文件

下列文件中的条款通过本标准的引用而成为本标准的条款。凡是注日期的引用文件,其随后所有的修改单(不包括勘误的内容)或修订版均不适用于本标准,然而,鼓励根据本标准达成协议的各方研究是否可使用这些文件的最新版本。凡是不注日期的引用文件,其最新版本适用于本标准。

GB/T 521 轮胎外缘尺寸测量方法

GB/T 2983 摩托车轮胎系列

GB/T 6326 轮胎术语及其定义(GB/T 6326—2005,ISO 4223-1:2002,NEQ)

GB 7036.2 充气轮胎内胎 第2部分:摩托车轮胎内胎

GB/T 13203 摩托车轮胎强度性能试验方法

GB/T 13204 摩托车轮胎高速性能试验方法 转鼓法(GB/T 13204—2002,ISO 10231:1997,Motorcycle tyres—Test methods for verifying tyre capabilities,MOD)

GB/T 13205 摩托车轮胎耐久性能试验方法 转鼓法

HG/T 2177 轮胎外观质量

## 3 术语及其定义

GB/T 6326 确立的术语及其定义适用于本标准。

## 4 要求

### 4.1 轮胎规格、尺寸、气压与负荷、轮辋

轮胎规格、测量轮辋、新胎充气后断面宽度和外直径、充气压力、负荷能力和允许使用轮辋应符合GB/T 2983的规定。

### 4.2 安全性能

#### 4.2.1 强度性能

轮胎应进行强度性能试验,轮胎的最小破坏能应不低于表1的规定。

表1 最小破坏能

单位为焦耳

| 轮胎型式 | 层 级<br>(PR) | 设计断面宽度 | |
|---|---|---|---|
| | | ≤62 mm | >62 mm |
| 轻载型 | 2 | 15 | 17 |
| 标准型 | 4 | 29 | 34 |
| 加强型 | 6 | 39 | 45 |
| 载重型 | 8 | 48 | 56 |

注:轻便型系列摩托车轮胎按轻载型考核其破坏能。

4.2.2 耐久性能

轮胎经耐久性能试验结束后，不应出现脱层、崩花、龟裂、接头开裂、帘布层裂缝或帘线断裂现象；试验轮胎气压不应低于初始气压。

4.2.3 高速性能

最高行驶速度≥130 km/h 的轮胎应进行高速性能试验。高速性能试验结束后，轮胎不应出现脱层、崩花、龟裂、接头开裂、爆破、帘布层裂缝或帘线断裂现象；试验轮胎气压不应低于初始气压。

4.3 胎面磨耗

4.3.1 每条轮胎应沿周向等距离地设置不少于3个能清楚观察到的胎面磨耗标志，其胎面磨耗标志的高度应不小于0.8 mm。

4.3.2 轮胎两侧胎肩处应模刻出指明胎面磨耗标志位置的标记。

4.3.3 轮胎使用至胎面磨耗标志时，不应继续使用。

4.4 外观质量

4.4.1 轮胎不应有严重影响使用寿命的外观缺陷，如各部件间脱层、海绵状、钢丝圈上抽和断裂、多根帘线断裂、胎里帘线起褶楞和胎冠出胶边带帘线等。垫带外形不应有残缺或带身裂开。

4.4.2 轮胎和垫带的其他外观质量宜符合 HG/T 2177 的规定。

4.5 内胎

若使用内胎，内胎应符合 GB 7036.2 的要求。

## 5 试验方法

5.1 轮胎新胎充气后的外直径、断面宽度、胎面磨耗标志高度按 GB/T 521 进行测量。

5.2 轮胎强度性能按 GB/T 13203 的规定进行试验。

5.3 轮胎耐久性能按 GB/T 13205 的规定进行试验。

5.4 轮胎高速性能按 GB/T 13204 的规定进行试验。

## 6 标志

6.1 每条轮胎应有下列标志，其中 a)～d)项为胎侧永久性标志，e) 项为永久性标志，f)项标志可为水洗不掉的印痕。

a) 规格；

b) 商标、制造厂名或地名；

c) 层级或负荷指数、最大负荷与相应气压；

d) 骨架材料；

e) 生产编号；

f) 检查标记。

6.2 公制系列和代号表示系列轮胎应标志速度符号。

6.3 轮辋名义直径代号≥13 的公制系列轮胎应标志“M/C”。

6.4 子午线轮胎应标志“RADIAL”或“子午线”。

6.5 无内胎轮胎应标志“TUBELESS”或“无内胎”。

6.6 雪泥轮胎应标志“M+S”或“M・S”。

6.7 轮胎花纹有行驶方向的应标志行驶方向标记。

6.8 本标准 6.2～6.7 规定的标志均应为永久性标志。

ICS 83.140.01
G 42

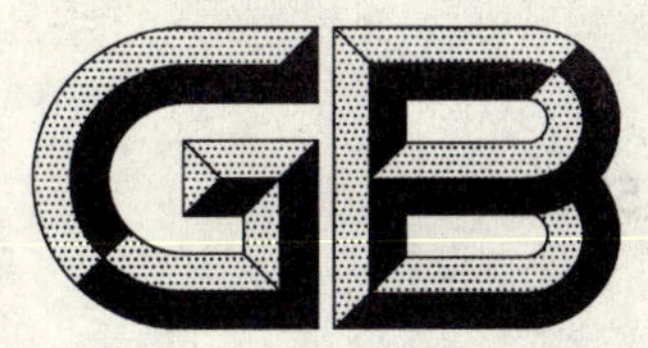

# 中华人民共和国国家标准

GB/T 524—2007
代替 GB/T 524—2003,GB/T 4489—2002

# 平型传动带

**Flat transmission belt**

2007-11-28 发布　　　　2008-06-01 实施

中华人民共和国国家质量监督检验检疫总局
中国国家标准化管理委员会　发布

# 前言

本标准对应于英国标准BS 351:1976(1985)《橡胶、巴拉塔胶、塑料制普通用途织物骨架平型传动带规范》(英文版),与BS 351:1976(1985)一致性程度为非等效。

本标准代替GB/T 524—2003《平型传动带》、GB/T 4489—2002《平型传动带的尺寸与公差》两个标准。

本标准与BS 351:1976(1985)主要差异如下:

——删除了对巴拉塔胶制平行传动带的规定,因国内无此胶种;

——删除了平带尺寸的规定,而采用ISO 22:1991《带传动 平型传动带及带轮 尺寸公差》对平带尺寸的规定,并增加有端带长度偏差、厚度横向偏差和平带直线度;

——删除了"传动带设计参数与计算"、"询问及订货时应提供的数据"两个附录;

——根据国内具体情况,减少了试验取样数目;

——按照最新输送带试验方法国际标准的规定,将试验应在平带制成后不低于24 h进行,该时间包括8 h的状态调节;代替不低于五天进行和不低于三天的状态调节;

——根据国内标准要求,增加了标志、包装、运输、贮存的规定。

本标准与GB/T 524—2003和GB/T 4489—2002相比主要变化如下:

——将GB/T 524—2003和GB/T 4489—2002两个标准合并;

——删除GB/T 4489—2002中的前言和范围(2002年版的前言和第1章)。

本标准的附录A、附录B、附录D和附录E为规范性附录,附录C为资料性附录。

本标准由中国石油和化学工业协会提出。

本标准由化学工业胶带标准化技术归口单位归口。

本标准起草单位:浙江宏达橡胶有限公司、青岛橡胶工业研究所、江阴天祥塑化制带有限公司。

本标准主要起草人:殷明亮、戴均超、韩德深、谭佛元、顾宏权。

本标准所代替标准的历次版本发布情况:

——GB 524—1965,GB 524—1974,GB/T 524—1989,GB/T 6760—1986,GB/T 6761—1986,GB/T 524—2003;

——GB 4489—1984,GB/T 4489—2002。

# 平型传动带

## 1 范围

本标准规定了以纤维织物及织物粘合材料(如橡胶、塑料)制成的平型传动带(简称“平带”)的材料、结构、规格、要求、试验方法、检验规则及标志、包装、贮存和运输。

本标准适用于具有织物结构,用于在规定使用条件下传递动力的平带。

## 2 规范性引用文件

下列文件中的条款通过本标准的引用而成为本标准的条款。凡是注日期的引用文件,其随后所有的修改单(不包括勘误的内容)或修订版均不适用于本标准,然而,鼓励根据本标准达成协议的各方研究是否可使用这些文件的最新版本。凡是不注日期的引用文件,其最新版本适用于本标准。

GB/T 532 硫化橡胶或热塑性橡胶与织物粘合强度的测定(GB/T 532—1997,idt ISO 36:1993)

GB/T 11210 硫化橡胶抗静电和导电制品电阻的测定(GB/T 11210—1989,eqv ISO 2878:1987)

GB/T 17200 橡胶塑料拉力、压力、弯曲试验机 技术要求(GB/T 17200—1997,idt ISO 5893:1993)

## 3 材料与结构

3.1 平带由涂覆有橡胶和塑料的一层或数层布或整体织物构成,整个平带应采用统一的方法硫化或熔合为一体。由帆布制成的平带称为帆布平带,帆布平带可以采用包边式或切边式结构,如图1所示(以含四层帆布的平带为例)。

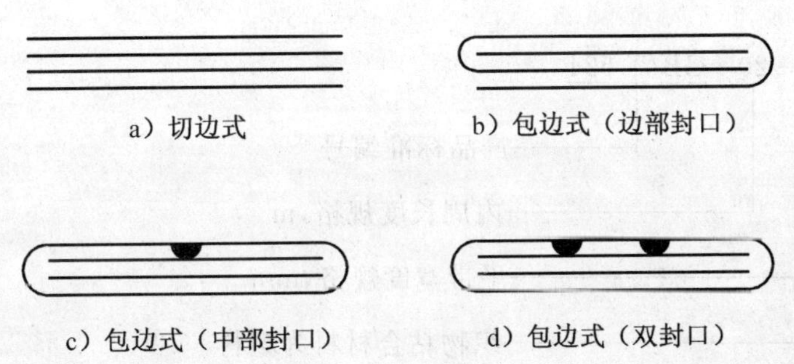


图1 帆布平带结构示意图

3.2 对于包布式结构的平带,一般以无封口面为传动面(即使用时与带轮接触的平带面)。

## 4 分类与标记

### 4.1 拉伸强度规格

平带拉伸强度系指全厚度拉伸强度。平带拉伸强度规格如表5第一栏所示。

### 4.2 宽度规格

平带宽度规格的分类如表1所示。

表 1 平带宽度规格

单位为毫米

| | | | | | | | |
|---|---|---|---|---|---|---|---|
| 宽度公称值 | 16 | 20 | 25 | 32 | 40 | 50 | 60 |
| | 71 | 80 | 90 | 100 | 112 | 125 | 140 |
| | 160 | 180 | 200 | 224 | 250 | 280 | 315 |
| | 355 | 400 | 450 | 500 | | | |

4.3 标记

4.3.1 有端平带的标记包含以下内容(见示例 1)：

a) 拉伸强度规格；

b) 平带宽规格；

c) 织物粘合材料的类型；通用橡胶材料用“R”表示，氯丁胶材料用“C”表示，塑料材料用“P”表示。当织物粘合材料为橡胶时，可省略此项标记；

d) 产品标准编号。

示例 1：

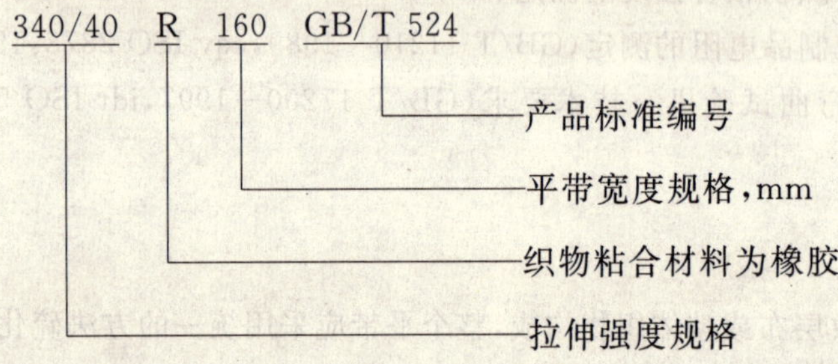


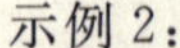

4.3.2 环形平带的标记除包括 4.3.1 的内容外，还应增加内周长度规格(见示例 2)。

示例 2：

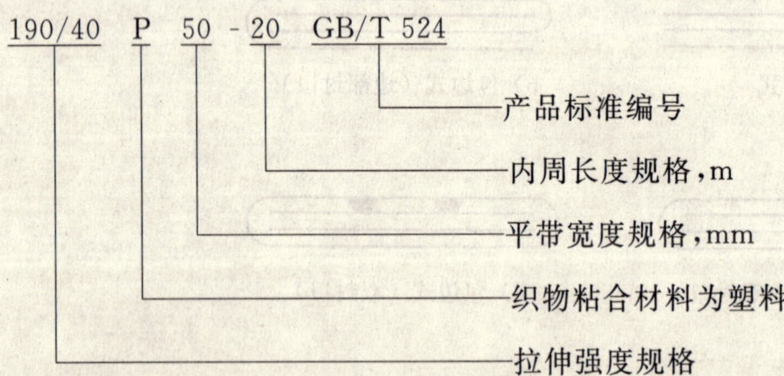


5 要求

5.1 长度

5.1.1 本标准的环形带长度是平带在正常安装张力下的内周长度，其测量方法见附录 A。

5.1.2 平带的制造者应考虑正常安装张力下的长度与不受张力的长度之间的差别。这种差别的大小取决于平带的材料和制造方法。

5.1.3 特别推荐的平带长度(优选系列)如表 2 所示，选自符合 R20 优先数系。其他数值选自 R40 数系。

**表 2　环形带的长度**

单位为毫米

| 优选系列[a] | 第二系列 | 优选系列[a] | 第二系列 |
|---|---|---|---|
| 500 | 530 | 1 800 | 1 900 |
| 560 | 600 | 2 000 | |
| 630 | 670 | 2 240 | |
| 710 | 750 | 2 500 | |
| 800 | 850 | 2 800 | |
| 900 | 950 | 3 150 | |
| 1 000 | 1 060 | 3 550 | |
| 1 120 | 1 180 | 4 000 | |
| 1 250 | 1 320 | 4 500 | |
| 1 400 | 1 500 | 5 000 | |
| 1 600 | 1 700 | | |

a 如果给出的长度范围不够用，可按下列原则进行补充：

——系列的两端以外，选用 R20 优先数系中的其他数；

——两相邻长度值之间，选用 R40 数系中的数(2 000 以上)。

5.1.4　已接头环形带供货的平带的长度的偏差不得大于规定长度的 0.5%。

5.1.5　有端平带供货长度由供需双方协商确定，供货的有端平带可由若干段组成，其偏差范围为0%～+2%。最小长度应符合表 3 的规定。

**表 3　有端平带最小长度的规定**

| 平带宽度 $b$/mm | 有端平带最小长度/m |
|---|---|
| $b \leqslant 90$ | 8 |
| $90 < b \leqslant 250$ | 15 |
| $b > 250$ | 20 |

## 5.2　宽度

平带的宽度采用误差不大于 0.5 mm 测长尺测量。

平带宽度及极限偏差如表 4 所示。平带宽度等于或小于 63 mm 者，选自 R10 优先数系。平带宽度大于 63 mm 者选自 R20 数系。

**表 4　平带宽及其极限偏差**

单位为毫米

| 公称值 | 极限偏差 | 公称值 | 极限偏差 |
|---|---|---|---|
| 16 | ±2 | 140 | ±4 |
| 20 | | 160 | |
| 25 | | 180 | |
| 32 | | 200 | |
| 40 | | 224 | |
| 50 | | 250 | |
| 63 | | | |
| 71 | ±3 | 280 | ±5 |
| 80 | | 315 | |
| 90 | | 355 | |
| 100 | | 400 | |
| 112 | | 450 | |
| 125 | | 500 | |

5.3 **厚度横向差**

厚度横向差其测量方法见附录 B。横向厚度差应不大于平均厚度的 10%。

5.4 **直线度**

平带的直线度应为:在 10 m 内不大于 20 mm。

直线度测量方法如下:

将平带在平整面上展开平放,将一条 10 m 长的软线的一点靠在平带一边的任意一点,将软线拉直且将另一端靠在平带的同一边上,测量出两点之间的平带边到软线的最大距离,即为直线度值。

5.5 **帆布平带的布层横向接头**

帆布横向接头的接缝应与平带的纵向成 45°~70°角,外层不得有接头。两接头之间的最小距离如下:

a) 位于内层同层时,最小距离为 15 m;

b) 位于两相邻层时,最小距离为 3 m;

c) 位于两非相邻层时,最小距离为 1.5 m。

5.6 **织物**

所用织物应制造均匀、牢固,不含杂质且没有打结、瘤节、捻度不均等疵点。

5.7 **防静电性**

只有在需方订货时提出这一要求的情况下,才对该性能按 GB/T 11210 进行试验,平带的表面电阻应不大于按式(1)计算的值:

$$R_{max} = \frac{100}{8W} \quad \cdots\cdots(1)$$

式中:

$R_{max}$——允许的平带表面电阻最大值,单位为兆欧(MΩ);

$W$——平带宽,单位为毫米(mm)。

5.8 **参考力伸长率**

应按附录 D 中规定的试验方法对该性能进行试验,成品平带的参考力伸长率(即在相当于平带的纵向拉伸强度规格的力的作用下的伸长率)应不超过 20%。

5.9 **全厚度拉伸强度**

应按附录 D 中规定的试验方法对该性能进行试验,成品平带的全厚度拉伸强度应不少于拉伸强度规格所对应的全厚度拉伸强度值(见表 5)。

**表 5 全厚度拉伸强度规格和要求**

| 拉伸强度规格 | 拉伸强度纵向最小值/(kN/m) | 拉伸强度横向最小值/(kN/m) |
|---|---|---|
| 190/40 | 190 | 75 |
| 190/60 | 190 | 110 |
| 240/40 | 240 | 95 |
| 240/60 | 240 | 140 |
| 290/40 | 290 | 115 |
| 290/60 | 290 | 175 |
| 340/40 | 340 | 130 |
| 340/60 | 340 | 200 |
| 385/60 | 385 | 225 |
| 425/60 | 425 | 250 |
| 450 | 450 | |
| 500 | 500 | |
| 560 | 560 | |

注:斜线前的数字表示纵向拉伸强度规格(以 kN/m 为单位);斜线后的数字表示横向强度对纵向强度的百分比(简称"横纵强度比",省略"%"号);没有斜线时,数字表示纵向拉伸强度规格,且对应的横纵强度比只有 40%一种。

5.10　粘合强度

按附录E中规定的试验方法对该性能进行试验，以棉纤维为主制成的平带层间粘合强度应不小于3.0 kN/m。其他材料和结构的平带的粘合强度要求由供需双方商定。

## 6　取样

为了检验产品是否符合本标准而对每批产品抽样的数目如表6所列。每块样品应具有全厚度且长度不小于600 mm。

检验应由供方进行，除非需方在订货时另有要求。

表6　取样数目

| 同一类型及规格的带的订货长度/m | 取样数目 |
|---|---|
| ≤1 000 | 1 |
| 1000(不含)～3 500 | 2 |
| 每增3 000 | 增加1 |

## 7　标志、包装、运输、贮存和使用条件

7.1　标志

每条平带的非工作面上均应有下列标志：

a)　产品名称及商标；

b)　标记；

c)　产品执行标准编号；

d)　生产日期(或编号)；

e)　合格标记；

f)　生产企业名称、地址等。

7.2　包装

平带应成卷捆扎，浅色制品应有包装。

7.3　运输、贮存和使用条件

7.3.1　平带在运输和贮存中应保持清洁，避免阳光直射和雨雪浸淋，防止与酸、碱、油类和有机溶剂等影响产品质量的物质接触。

7.3.2　贮存时，平带应离开发热装置1 m以上，库房内温度应保持在−18℃～+40℃，相对湿度应保持在50%～80%。

7.3.3　贮存期间产品应成卷放置，并每季翻动一次。

7.3.4　按所采用聚合物的不同，平带应在下列环境温度中使用：

a)　除氯丁胶以外的橡胶(普通用途型)　　−35℃～65℃

b)　氯丁胶　　−27℃～65℃

c)　热塑性塑料　　0℃～50℃

7.3.5　在符合本标准规定的包装、运输、贮存和使用条件下，在平带制成后一年的贮存期间，平带的物理性能应符合5.8、5.9、5.10的规定。

# 附 录 A
(规范性附录)
环形带长度的测定

## A.1 原理

平带的长度以分段测量的加和值确定,即将平带放平,在不受拉力的情况下,沿平带的任一表面分段逐次测量长度,将各段长度相加,对环形带则用平带的厚度和制造者确定的正常安装张力下与不受张力下长度之差值加以修正。

## A.2 程序

**A.2.1** 在平带的表面进行分段连续且尽量准确的长度测量,测量每一段时,应使该段平直且不受张力并标出测量的起止点。

**A.2.2** 每次测量应根据平带的长度规格分别符合 A.2.2.1 或 A.2.2.2 的要求。

**A.2.2.1** 对长度小于或等于 30 m 的平带,每段长度应为平带的公称长度的 1/3 到 1/4,但最后一段可以小于 1/4。

**A.2.2.2** 对长度大于 30 m 的平带,每段测量的长度应不小于 7.5 m 且不大于平带的公称长度的 1/3,但最后一段可以小于 7.5 m。

**A.2.3** 分别测量各段长度,求出各测量值之和,即为平带的节线长。

## A.3 内周长度的计算

平带内周长度按式(A.1)计算:

$$L = L_p - \frac{\pi t}{1\ 000} \quad \cdots\cdots(A.1)$$

式中:

$L$——内周长度,单位为米(m);

$L_p$——自由态节线长,单位为米(m);

$t$——平带厚度,单位为毫米(mm)。

注 1:安装张力下的内周长度在考虑制造者确定的正常安装张力下与不受张力时的长度的差值。

注 2:式(A.1)适用于截面均匀对称、且没有筋槽等的平型传动带。虽然只有在均质材料的情况下式(A.1)才能严格准确,但对传动带来说可以认为是足够准确的。

# 附 录 B
（规范性附录）
平带的厚度及厚度横向差的测定

## B.1 工具

平带厚度的测量工具为符合下述要求的转动指针式厚度计：

a) 最小分度不大于 0.1 mm。

b) 平型圆压头直径为 10 mm。

c) 当试样硬度大于或等于 35 IRHD 时，压头可对试样施加(22±5)kPa 的压力；当试样硬度小于 35 IRHD，压头可对试样施加(10±2)kPa 的压力。

## B.2 试样

试样应呈矩形，沿平带的横向切取，其长度为平带的全宽度，其宽度为 50 mm。按图 B.1 在试样表面上沿试样长度方向的中轴上标出三个测量点。

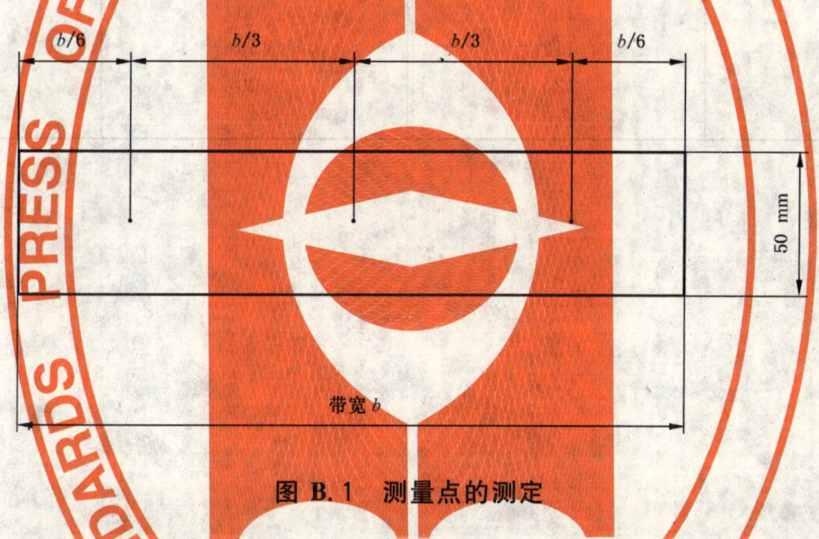


图 B.1 测量点的测定

## B.3 程序

依次使厚度计压头对试样各测量点按 B.1 中 c)的要求施加压力，并测量厚度。

求出任意两个厚度测量值的差值(绝对值)，以所得两个差值中的较大值作为厚度横向差的测量结果。

求出三个厚度测量值的平均值，作为厚度测量结果。

# 附 录 C
（资料性附录）
# 平带宽度与轮宽的荐用对应关系

平带宽度与轮宽的荐用关系如表 C.1 所示。

表 C.1 平带宽度与轮宽荐用对应关系

单位为毫米

| 平带宽度 | 轮宽 | 平带宽度 | 轮宽 |
|---|---|---|---|
| 16 | 20 | 140 | 160 |
| 20 | 25 | 160 | 180 |
| 25 | 32 | 180 | 200 |
| 32 | 40 | 200 | 224 |
| 40 | 50 | 224 | 250 |
| 50 | 63 | 250 | 280 |
| 63 | 71 | 280 | 315 |
| 70 | 80 | 315 | 355 |
| 80 | 90 | 355 | 400 |
| 90 | 100 | 400 | 450 |
| 100 | 112 | 450 | 500 |
| 112 | 125 | 500 | 560 |
| 125 | 140 | | |

# 附 录 D
（规范性附录）
全厚度拉伸强度和伸长率的测定

## D.1 装置

所用拉伸试验机应符合以下要求：

a) 试验机所测力的精度应符合 GB/T 17200 中对一级试验机规定的要求；

b) 试验机的量程应选择使待测力处于全量程的 15%～85%范围内；

c) 对于拉伸强度试验，试验机应具备力的自动绘图仪或最大力的指示器；

d) 力的施加应是平稳的，动夹持器的运动速度应为(100±5)mm/min，试验机的功率应能在试验机的最大量程内保持该速度恒定；

e) 试样的夹持方法应保证在试验中试样不歪斜、不打滑、不夹破，可采用图 D.1 所示的平带横齿的夹持器。对很厚的平带可采用图 D.2 所示的双格夹持器；

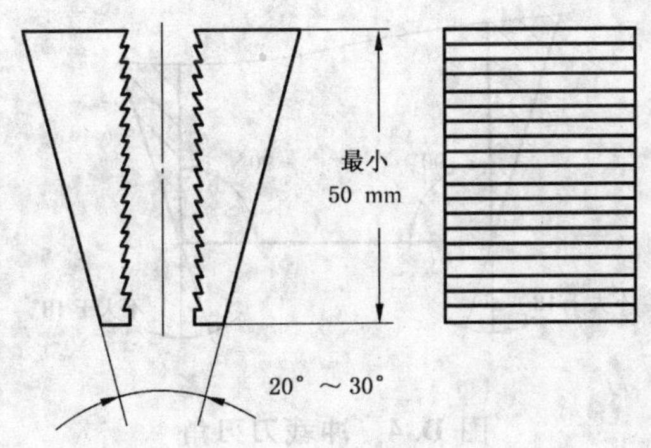


图 D.1 单格夹持器

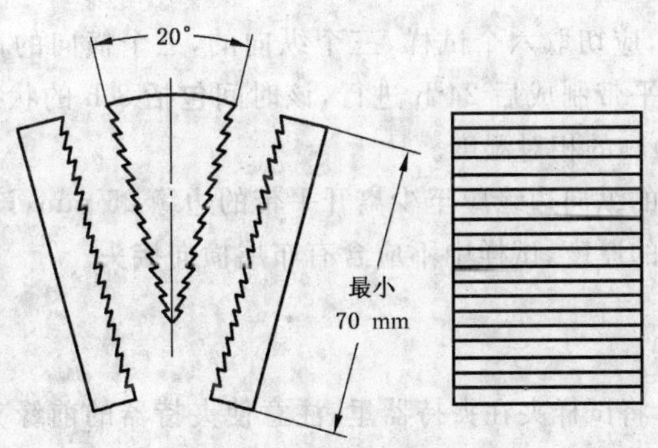


图 D.2 双格夹持器

f) 夹持器的运动应是灵活的，无不应有的摩擦力并能准确对中。

## D.2 试样

每一试样均应符合图 D.3 所示的形状和尺寸，冲裁时应采用刃角小于 18°的合适的冲裁刀(见图 D.4)。

单位为毫米

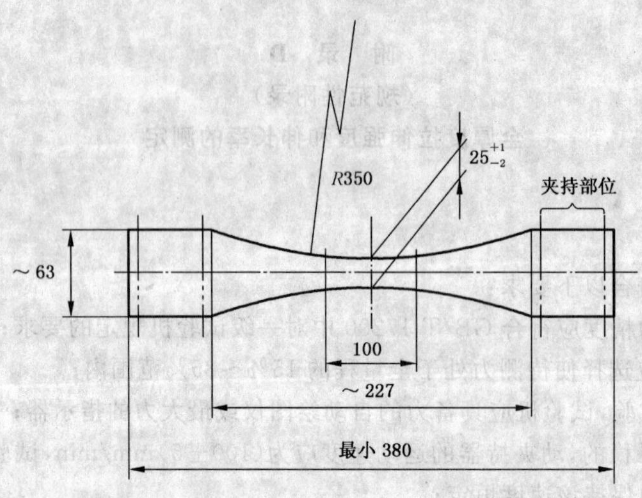


图 D.3 试样形状和尺寸

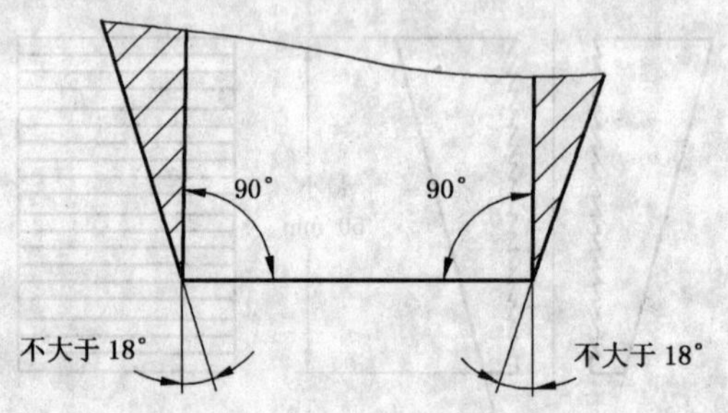


图 D.4 冲裁刀刃角

## D.3 试样的制备

D.3.1 如果平带宽度足够大，应切取六个试样，三个纵向的，三个横向的；如果平带宽度不够大，则只切取三个纵向试样；试验应在平带制成后 24 h 进行，该时间包括 8 h 的状态调节。状态调节的环境应在(20±2)℃的温度和(65±5)%的相对湿度。

D.3.2 每块试样的中部标线的纵向边缘应至少离开平带的边缘 25 mm，该段应避开外部封口处。

D.3.3 试样的厚度应是平带的厚度，试样中不应含有布层横向接头。

## D.4 程序

在试样最窄处测量宽度。将试样夹在夹持器里，注意使夹持器的前缘夹在试样最宽段并使其轴线与夹持器中心线相重合。试样两端最好从夹持器后缘露出一段。

启动试验机，让动夹持器以规定速度运动，直至试样拉断。记录该瞬间所施加的最大拉力。对纵向试样来说，还应测出参考力伸长率。

断裂发生在试样标线以外的测试结果视为无效，如需要这种试验结果，在记录时应注明是“夹断”。

## D.5 结果的表示

### D.5.1 拉伸强度

每个试样的拉伸强度以记录的最大拉力与测量宽度的商来表示，其测量宽度为试样中部标线段最窄处上、下宽度的平均值。平带的纵向和横向拉伸强度分别用各自的三次测试值的平均值表示。

**D.5.2 伸长率**

平带的参考力伸长率以纵向试样的三个参考力伸长率的平均值表示。

**D.6 试验报告**

试验报告应包括下列内容：

a) 平带的产品名称、标记及制造单位；

b) 纵向试样的拉伸强度；

c) 横向试样的拉伸强度；

d) 纵向试样的参考力伸长率；

e) 停放温度和时间；

f) 试验室温度和相对湿度；

g) 试验日期；

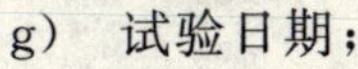

h) 试验者。

# 附 录 E
# （规范性附录）
# 粘合强度的测定

## E.1 范围

粘合强度的测定仅适用于多布层平带。

## E.2 装置

所用拉伸试验机应符合附录D的要求，唯夹持器运动速度为(100±10)mm/min。试验机应具备力的自动绘图仪。其固有频率、惯性和阻尼特性应使绘图仪能记录剥离力的振荡波形。

## E.3 试样

试样应是边缘整齐的矩形条，宽(25±1.0)mm，长300 mm。

## E.4 试样制备

试样在试验前应按照GB/T 532中的规定进行停放。

试验采用：

a) 两对纵向试样；

b) 两对横向试样，如果平带宽度允许。

每对试样在试验样品上的位置应尽量隔开。

## E.5 程序

在试样的一面从一端剥开最外层，剥开长度约为75 mm。将剥开端的两半分别夹在两夹持器上，以(100±10)mm/min的夹持器移动速度进行剥离，记录100 mm长度上的剥离力曲线。试验中试样应不受支撑。

对同一试样的下层重复上述试验，一直剥到中层为止。对同一试样中的另一试样从另一面开始重复上述试验，使这一对试样中的每一层间都得到一个剥离力曲线。

对第二对试样重复上述试验。

如果平带宽度允许，则切取两对横向试样重复上述试验。

## E.6 曲线处理

将曲线上各次振荡的前沿中点及后沿中点连接成一条新的曲线。该曲线的平均高度可用一条平行于横轴的直线表示，该直线可用目测法或采用合适的绘画工具画出。以该直线的高度代表平均剥离力。

## E.7 结果表示

**E.7.1** 平均剥离力与试样宽度之比，称为平均粘合强度（简称粘合强度），其单位为N/mm。

**E.7.2** 试验结果包括：

a) 纵向试样全部测得的粘合强度的平均值；

b) 横向试样全部测得的粘合强度的平均值。

## E.8 试验报告

试验报告的内容包括：

a） 平带的名称、规格和制造单位；

b） 试验室温度和相对湿度；

c） 停放温度和时间；

d） 试验结果；

e） 试验日期；

f） 试验者。

ICS 71.040.30
G 60

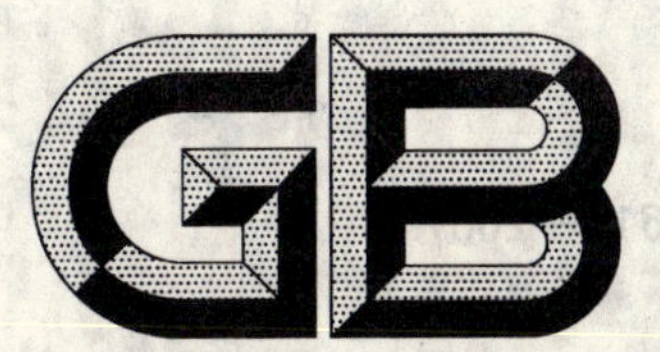

# 中华人民共和国国家标准

GB/T 613—2007
代替 GB/T 613—1988

# 化学试剂 比旋光本领(比旋光度)测定通用方法

**Chemical reagent—General method for the determination of specific optical rotatory power (specific optical rotation)**

(ISO 6353-1:1982, Reagents for chemical analysis—Part 1: General test methods, NEQ)

2007-09-26 发布 2008-04-01 实施

中华人民共和国国家质量监督检验检疫总局
中国国家标准化管理委员会 发布

# 前　言

本标准与 ISO 6353-1：1982《化学分析试剂　第 1 部分：通用试验方法》的一致性程度为非等效。

本标准代替 GB/T 613—1988《化学试剂　比旋光度测定通用方法》，与 GB/T 613—1988 相比主要变化如下：

——标准名称改为“比旋光本领（比旋光度）”；

——增加了规范性引用文件一章（本版的第 2 章）；

——调整了比旋光本领的符号和单位（1988 年版的 2.1，本版的第 3 章）；

——修改了计算公式的表述（1988 年版的第 6 章，本版的第 7 章）。

本标准由中国石油和化学工业协会提出。

本标准由全国化学标准化技术委员会化学试剂分会（SAC/TC 63/SC 3）归口。

本标准起草单位：国药集团化学试剂有限公司。

本标准主要起草人：陈浩云、陈红。

本标准于 1965 年首次发布，于 1977 年第一次修订、1988 年第二次修订。

# 化学试剂
# 比旋光本领(比旋光度)测定通用方法

## 1 范围

本标准规定了用旋光仪测定化学试剂比旋光本领的通用方法。

本标准适用于化学试剂比旋光本领的测定。

## 2 规范性引用文件

下列文件中的条款通过本标准的引用而成为本标准的条款。凡是注日期的引用文件,其随后所有的修改单(不包括勘误的内容)或修订版均不适用于本标准,然而,鼓励根据本标准达成协议的各方研究是否可使用这些文件的最新版本。凡是不注日期的引用文件,其最新版本适用于本标准。

JJG 536—1998 旋光仪及旋光糖量计

## 3 术语和定义

下列术语及定义适用于本标准。

3.1

**比旋光本领 $\alpha_m$(20℃,D) specific optical rotatory power**

在液层长度为 1 dm,浓度为 1 g/mL,温度为 20℃及用钠光谱 D 线(589.3 nm)波长测定时的旋光本领。单位为度平方米每千克[(°)·$m^2$/kg]。

## 4 方法原理

从起偏镜透射出的偏振光经过样品时,由于样品物质的旋光作用,使其振动方向改变了一定的角度 $\alpha$,将检偏器旋转一定角度,使透过的光强与入射光强相等,该角度即为样品的旋光角。

## 5 仪器

5.1 自动旋光仪应符合 JJG 536—1998 第二章 5 条中"0.02 级"的要求。

5.2 旋光管实际和标称长度间的允差应符合 JJG 536—1998 第二章 12 条中" 0.2%"的要求。

## 6 测定

按产品标准的规定取样并配制溶液。按仪器说明书的规定调整旋光仪,待仪器稳定后,用纯溶剂校正旋光仪的零点。将待测溶液充满洁净、干燥的旋光管,小心排出气泡,将盖旋紧后放入旋光仪内。在20℃±0.5℃的条件下,按仪器说明书的规定进行操作并读取旋光角,精确至 0.01°,左旋以负号"-"表示,右旋以正号"+"表示。

## 7 计算

7.1 比旋光本领以 $\alpha_m$(20℃,D)计,数值以"(°)·$m^2$/kg"表示,按式(1)计算:

$$\alpha_m(20℃,D)=\frac{100\alpha}{l \cdot \rho_a} \quad \cdots\cdots (1)$$

式中：

$\alpha$——测得的旋光角，单位为度(°)；

$l$——旋光管的长度，单位为分米(dm)；

$\rho_a$——溶液中有效组分的质量浓度，单位为克每毫升(g/mL)。

7.2 比旋光本领单位也可用(rad·m²/kg)表示，度换算成弧度按式(2)计算：

$$1(°)\cdot m^2/kg=\frac{\pi}{180}rad\cdot m^2/kg \qquad (2)$$

ICS 71.040.30
G 62

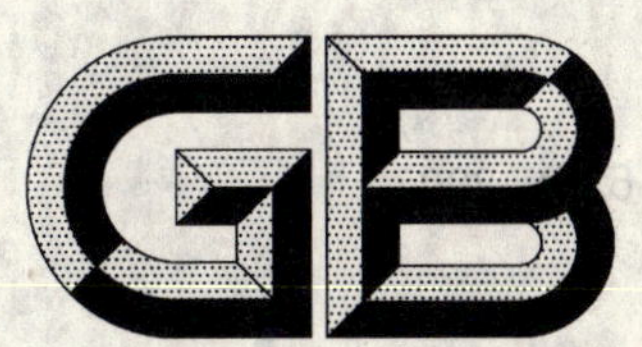

# 中华人民共和国国家标准

GB/T 625—2007
代替 GB/T 625—1989

# 化学试剂 硫酸

**Chemical reagent—Sulfuric acid**

(ISO 6353-2:1983, Reagents for chemical analysis—Part 2:Specifications—First series, NEQ)

2007-10-25 发布 2008-04-01 实施

中华人民共和国国家质量监督检验检疫总局
中国国家标准化管理委员会 发布

# 前　言

本标准与 ISO 6353-2:1983《化学分析试剂　第 2 部分:规格　第 1 系列》中 R37“硫酸”的一致性程度为非等效。

本标准代替 GB/T 625—1989《化学试剂　硫酸》,与 GB/T 625—1989 相比主要变化如下:

——外观改为色度(1989 年版的 3.2、4.2,本版的第 4 章、5.3);

——调整了灼烧残渣优级纯取样量(1989 年版的 4.3.1,本版的 5.4);

——调整了氯化物取样量(1989 年版的 4.3.2,本版的 5.5);

——增加了铜、铅火焰原子吸收光谱测定方法(本版的 5.9.2、5.11.2)。

本标准由中国石油和化学工业协会提出。

本标准由全国化学标准化技术委员会化学试剂分会(SAC/TC 63/SC 3)归口。

本标准负责起草单位:沈阳化学试剂厂。

本标准参加起草单位:宜兴市第二化学试剂厂、北京世纪科博科技发展有限公司。

本标准主要起草人:鞠天宝、杨玉华、黄玉娟、陆正辉、郭雯。

本标准于 1965 年首次发布,于 1977 年第一次修订、1989 年第二次修订。

# 化学试剂 硫酸

**警告:本标准规定的一些试验过程可能导致危险情况,使用者有责任采取适当的安全和健康措施。**

分子式:$H_2SO_4$

相对分子质量:98.08(根据2003年国际相对原子质量)

## 1 范围

本标准规定了化学试剂——硫酸的性状、规格、试验、检验规则和包装及标志。

本标准适用于化学试剂——硫酸的检验。

## 2 规范性引用文件

下列文件中的条款通过本标准的引用而成为本标准的条款。凡是注日期的引用文件,其随后所有的修改单(不包括勘误的内容)或修订版均不适用于本标准,然而,鼓励根据本标准达成协议的各方研究是否可使用这些文件的最新版本。凡是不注日期的引用文件,其最新版本适用于本标准。

GB/T 601 化学试剂 标准滴定溶液的制备

GB/T 602 化学试剂 杂质测定用标准溶液的制备(GB/T 602—2002,ISO 6353-1:1982,NEQ)

GB/T 603 化学试剂 试验方法中所用制剂及制品的制备(GB/T 603—2002,ISO 6353-1:1982,NEQ)

GB/T 605 化学试剂 色度测定通用方法(GB/T 605—2006,ISO 6353-1:1982,NEQ)

GB/T 610.2 化学试剂 砷测定通用方法(二乙基二硫代氨基甲酸银法)(GB/T 610.2—1988,eqv ISO 6353-1:1982)

GB/T 3914—1983 化学试剂 阳极溶出伏安法通则

GB/T 6682 分析实验室用水规格和试验方法(GB/T 6682—1992,neq ISO 3696:1987)

GB/T 9723—2007 化学试剂 火焰原子吸收光谱法通则

GB/T 9739 化学试剂 铁测定通用方法(GB/T 9739—2006,ISO 6353-1:1982,NEQ)

GB/T 9741—1988 化学试剂 灼烧残渣测定通用方法(eqv ISO 6353-1:1982)

GB 15258 化学品安全标签编写规定

GB 15346 化学试剂 包装及标志

HG/T 3921 化学试剂 采样及验收规则

## 3 性状

本试剂为无色透明液体,能与水或乙醇相混合,同时放出大量热,暴露空气中则迅速吸水,其密度为1.84 g/mL。

## 4 规格

硫酸的规格见表1。

**表1 硫酸的规格**

| 名 称 | 优级纯 | 分析纯 | 化学纯 |
|---|---|---|---|
| 含量($H_2SO_4$),$w$/% | 95.0~98.0 | 95.0~98.0 | 95.0~98.0 |
| 色度,黑曾单位 | ≤10 | ≤10 | ≤15 |

表 1(续)

| 名　称 | 优级纯 | 分析纯 | 化学纯 |
|---|---|---|---|
| 灼烧残渣(以硫酸盐计),$w$/% | ≤0.000 5 | ≤0.001 | ≤0.005 |
| 氯化物(Cl),$w$/% | ≤0.000 02 | ≤0.000 03 | ≤0.000 05 |
| 硝酸盐($NO_3$),$w$/% | ≤0.000 02 | ≤0.000 05 | ≤0.000 5 |
| 铵盐($NH_4$),$w$/% | ≤0.000 1 | ≤0.000 2 | ≤0.001 |
| 铁(Fe),$w$/% | ≤0.000 02 | ≤0.000 05 | ≤0.000 1 |
| 铜(Cu),$w$/% | ≤0.000 01 | ≤0.000 01 | ≤0.000 1 |
| 砷(As),$w$/% | ≤0.000 001 | ≤0.000 003 | ≤0.000 005 |
| 铅(Pb),$w$/% | ≤0.000 01 | ≤0.000 01 | ≤0.000 1 |
| 还原高锰酸钾物质(以 $SO_2$ 计),$w$/% | ≤0.000 2 | ≤0.000 5 | ≤0.001 |

## 5 试验

### 5.1 一般规定

本章中除另有规定外,所用标准滴定溶液、标准溶液、制剂及制品,均按 GB/T 601、GB/T 602、GB/T 603的规定制备,实验用水应符合 GB/T 6682 中三级水规格,样品均按精确至 0.1 mL 量取,所用溶液以"%"表示的均为质量分数。

### 5.2 含量

称取 2 g(约 1.1 mL)样品,精确至 0.000 1 g,注入盛有 50 mL 水的具塞轻体锥形瓶中,冷却,加 2 滴甲基红指示液(1 g/L),用氢氧化钠标准滴定溶液[$c$(NaOH)=1.0 mol/L]滴定至溶液呈黄色。

硫酸的质量分数"$w$"数值以"%"表示,按式(1)计算:

$$w=\frac{VcM}{m\times 1\ 000}\times 100 \qquad (1)$$

式中:

$V$——氢氧化钠标准滴定溶液体积的数值,单位为毫升(mL);

$c$——氢氧化钠标准滴定溶液浓度的准确数值,单位为摩尔每升(mol/L);

$M$——硫酸摩尔质量的数值,单位为克每摩尔(g/mol)[$M(\frac{1}{2}H_2SO_4)=49.04$];

$m$——样品质量的数值,单位为克(g)。

### 5.3 色度

量取 50 mL 样品,注入 50 mL 比色管中,沿比色管直径对光观察,与同体积水比较,应透明无机械杂质;在白色背景下,沿比色管轴线方向观察,样品颜色不得深于 GB/T 605 规定的下列色度标准:

优级纯、分析纯 …………………………………………… 10 黑曾单位;

化学纯 …………………………………………………… 15 黑曾单位。

### 5.4 灼烧残渣

量取 55 mL(100 g)[优级纯量取 110 mL(200 g)]样品,置于已在 650℃±50℃恒重的石英皿中,按 GB/T 9741—1988中 4.3 的规定测定,结果按第 5 章中式(2)计算。

### 5.5 氯化物

量取 27.2 mL(50 g)样品,注入 20 mL 水中,稀释至 50 mL,冷却,加 4 mL 硝酸溶液(25%)及 1 mL 硝酸银溶液(17 g/L),摇匀,放置 10 min,溶液所呈浊度不得大于标准比浊溶液。

标准比浊溶液的制备是取含下列数量的氯化物标准溶液：

优级纯 …………………………………………………………… 0.010 mgCl；

分析纯 …………………………………………………………… 0.015 mgCl；

化学纯 …………………………………………………………… 0.025 mgCl。

稀释至 50 mL，与同体积样品溶液同时同样处理。

### 5.6 硝酸盐

#### 5.6.1 不含硝酸盐的硫酸的制备

将硫酸(优级纯)按 1+1 稀释后，加热冒强烈的硫酸蒸气，冷却。重复处理一次。

#### 5.6.2 测定方法

量取 15 mL 水，加 0.2 mL 马钱子碱溶液(50 g/L)，在摇动下加 27.2 mL(50 g)[化学纯 10.9 mL(20 g)]样品，冷却，溶液所呈黄色不得深于标准比色溶液。

标准比色溶液的制备是取含下列数量的硝酸盐标准溶液：

优级纯 …………………………………………………………… 0.010 $mgNO_3$；

分析纯 …………………………………………………………… 0.025 $mgNO_3$；

化学纯 …………………………………………………………… 0.10 $mgNO_3$。

稀释至 15 mL，加入 0.2 mL 马钱子碱溶液(50 g/L)，在摇动下加入 27.2 mL[化学纯 10.9 mL(20 g)]不含硝酸盐的硫酸。

### 5.7 铵盐

量取 5.5 mL(10 g)样品，注入盛有 15 mL 无氨的水的支管蒸馏瓶中，用无氨的氢氧化钠溶液(320 g/L)调节溶液 pH 值 6～7(约 24 mL)，稀释至 140 mL。沿壁加入 5 mL 氢氧化钠溶液(320 g/L)，加热蒸馏出 75 mL，用盛有 5 mL 硫酸溶液(0.5%)的 100 mL 比色管接收。加 3 mL 氢氧化钠溶液(320 g/L)及 2 mL 纳氏试剂，稀释至 100 mL，摇匀，溶液所呈黄色不得深于标准比色溶液。

标准比色溶液的制备是取含下列数量的铵标准溶液：

优级纯 …………………………………………………………… 0.01 $mgNH_4$；

分析纯 …………………………………………………………… 0.02 $mgNH_4$；

化学纯 …………………………………………………………… 0.10 $mgNH_4$。

稀释至 140 mL，与同体试液同时同样处理。

### 5.8 铁

量取 5.5 mL(10 g)样品，注入石英皿中，加热至近干，冷却，稀释至 15 mL，用氨水溶液(10%)将溶液的 pH 值调至 2 后，按 GB/T 9739 的规定测定。溶液所呈红色不得深于标准比色溶液。

标准比色溶液的制备是取含下列数量的铁标准溶液：

优级纯 …………………………………………………………… 0.002 mgFe；

分析纯 …………………………………………………………… 0.005 mgFe；

化学纯 …………………………………………………………… 0.010 mgFe。

稀释至 15 mL，用盐酸溶液(15%)将溶液的 pH 值调至 2 后，与同体积试液同时同样处理。

### 5.9 铜

#### 5.9.1 阳极溶出伏安法(仲裁法)

按 GB/T 3914—1983 的规定测定。

##### 5.9.1.1 仪器条件

预电解电位：−1.0 V；

扫描电位范围：−1.0～−0.05 V；

溶出峰电位：−0.2 V。

5.9.1.2 测定方法

量取2.7 mL(5 g)[化学纯量取0.6 mL(1 g)]样品，注入石英皿中，加热至硫酸蒸气逸尽，冷却。残渣溶于30 mL盐酸溶液[$c$(HCl)=0.1 mol/L]，置于电解池中，按GB/T 3914—1983中6.1的规定：从“通入适当时间氮气”开始，同时做空白试验，结果按6.2的规定计算。

5.9.2 火焰原子吸收光谱法

按GB/T 9723—2007的规定测定。

5.9.2.1 仪器条件

光源：铜空心阴极灯；

波长：324.7 nm；

火焰：乙炔-空气。

5.9.2.2 测定方法

量取27.2 mL(50 g)样品，注入石英皿中，加0.1 g无水碳酸钠，加热至硫酸蒸气逸尽，用热水溶解残渣，稀释至10 mL。按GB/T 9723—2007中7.2.1的规定测定，结果按7.2.3的规定计算。

5.10 砷

量取27.2 mL(50 g)样品，注入石英皿中，加0.5 g无水碳酸钠，加热至硫酸蒸气逸尽，冷却，残渣溶于20 mL水中，注入定砷瓶中，按GB/T 610.2的规定测定，溶液所呈紫红色不得深于标准比色溶液。

标准比色溶液的制备是取含下列数量的砷标准溶液：

优级纯 …………………………………………… 0.000 5 mgAs；

分析纯 …………………………………………… 0.001 5 mgAs；

化学纯 …………………………………………… 0.002 5 mgAs。

稀释至20 mL，与同体积试液同时同样处理。

5.11 铅

5.11.1 阳极溶出伏安法(仲裁法)

按GB/T 3914—1983的规定测定。

5.11.1.1 仪器条件

预电解电位：−1.0 V；

扫描电位范围：−1.0～−0.05 V；

溶出峰电位：−0.5 V。

5.11.1.2 测定方法

同5.9.1.2。

5.11.2 火焰原子吸收光谱法

按GB/T 9723—2007的规定测定。

5.11.2.1 仪器条件

光源：铅空心阴极灯；

波长：283.3 nm；

火焰：乙炔-空气。

5.11.2.2 测定方法

量取27.2 mL(50 g)样品，注入石英皿中，加0.1 g无水碳酸钠，加热至硫酸蒸气逸尽，用5 mL硝酸溶液(25%)溶解残渣，稀释至10 mL。按GB/T 9723—2007中7.2.1的规定测定，结果按7.2.3的规定计算。

5.12 还原高锰酸钾物质

量取35 mL(64 g)样品，缓缓注入90 mL水中，冷却至25℃，加入下列数量的高锰酸钾标准滴定溶液[$c(\frac{1}{5}KMnO_4)=0.01$ mol/L]。

优级纪 …………………………………………………………………… 0.4 mL；
分析纯 …………………………………………………………………… 1.0 mL；
化学纯 …………………………………………………………………… 2.0 mL。

摇匀，5 min 内粉红色不得消失。

## 6 检验规则

按 HG/T 3921 的规定进行采样及验收。

## 7 包装及标志

按 GB 15346 的规定进行包装、贮存与运输，并给出标志，其中：

包装单位：第 4、5 类；

内包装形式：NB-21、NB-23、NB-24、NB-27、NB-28；

隔离材料：GC-3、GC-4、GC-5；

外包装形式：WB-1；

标签：符合 GB 15258 规定，注明“腐蚀品”。

ICS 71.040.30
G 62

# 中华人民共和国国家标准

GB/T 631—2007
代替 GB/T 631—1989

## 化学试剂 氨水

## Chemical reagent—Ammonia solution

(ISO 6353-2:1983, Reagents for chemical analysis—Part 2:Specifications—First series, NEQ)

2007-10-25 发布 2008-04-01 实施

中华人民共和国国家质量监督检验检疫总局
中国国家标准化管理委员会 发布

# 前　言

本标准与 ISO 6353-2:1983《化学分析试剂　第 2 部分:规格　第 1 系列》中 R3“氨溶液(25%)”的一致性程度为非等效。

本标准代替 GB/T 631—1989《化学试剂　氨水》,与 GB/T 631—1989 相比主要变化如下:

——增加了性状(本版的第 3 章);

——改进了钠、镁、钾的测定方法(1989 年版的 4.2.7、4.2.8、4.2.9,本版的 5.9、5.10、5.11);

——铁测定方法改为火焰原子吸收光谱法(1989 年版的 4.2.11,本版的 5.13)。

本标准由中国石油和化学工业协会提出。

本标准由全国化学标准化技术委员会化学试剂分会(SAC/TC 63/SC 3)归口。

本标准起草单位:北京益利精细化学品有限公司。

本标准主要起草人:赵玉峰、毕永苹、司玉荣。

本标准于 1965 年首次发布,于 1977 年第一次修订、1989 年第二次修订。

# 化学试剂　氨水

**警告:本标准规定的一些试验过程可能导致危险情况,使用者有责任采取适当的安全和健康措施。**

分子式:$NH_3$

相对分子质量:17.03(根据2003年国际相对原子质量)

## 1　范围

本标准规定了化学试剂——氨水的性状、规格、试验、检验规则和包装及标志。

本标准适用于化学试剂——氨水的检验。

## 2　规范性引用文件

下列文件中的条款通过本标准的引用而成为本标准的条款,凡是注日期的引用文件,其随后所有的修改单(不包括勘误的内容)或修订版均不适用于本标准,然而,鼓励根据本标准达成协议的各方研究是否可使用这些文件的最新版本。凡是不注日期的引用文件,其最新版本适用于本标准。

GB/T 601　化学试剂　标准滴定溶液的制备

GB/T 602　化学试剂　杂质测定用标准溶液的制备(GB/T 602—2002,ISO 6353-1:1982,NEQ)

GB/T 603　化学试剂　试验方法中所用制剂及制品的制备(GB/T 603—2002,ISO 6353-1:1982,NEQ)

GB/T 6682　分析实验室用水规格和试验方法(GB/T 6682—1992,neq ISO 3696:1987)

GB/T 9723—2007　化学试剂　火焰原子吸收光谱法通则

GB/T 9727　化学试剂　磷酸盐测定通用方法(GB/T 9727—2007,ISO 6353-1:1982,NEQ)

GB/T 9728　化学试剂　硫酸盐测定通用方法(GB/T 9728—2007,ISO 6353-1:1982,NEQ)

GB/T 9729　化学试剂　氯化物测定通用方法(GB/T 9729—2007,ISO 6353-1:1982,NEQ)

GB/T 9740　化学试剂　蒸发残渣测定通用方法(GB/T 9740—1988,eqv ISO 6353-1:1982)

GB 15258　化学品安全标签编写规定

GB 15346　化学试剂　包装及标志

HG/T 3921　化学试剂　采样及验收规则

## 3　性状

本试剂为氨的水溶液,无色透明具有刺鼻臭味,在空气中吸收二氧化碳,密度约为0.90 g/mL。

## 4　规格

氨水的规格见表1。

**表1　氨水的规格**

| 名　称 | 分析纯 | 化学纯 |
|---|---|---|
| 含量($NH_3$),$w$/% | 25～28 | 25～28 |
| 蒸发残渣,$w$/% | ≤0.002 | ≤0.004 |
| 氯化物(Cl),$w$/% | ≤0.000 05 | ≤0.000 1 |
| 硫化物(S),$w$/% | ≤0.000 02 | ≤0.000 05 |

表 1(续)

| 名　　称 | 分析纯 | 化学纯 |
|---|---|---|
| 硫酸盐($SO_4$),$w$/% | ≤0.000 2 | ≤0.000 5 |
| 碳酸盐(以 $CO_2$ 计),$w$/% | ≤0.001 | ≤0.002 |
| 磷酸盐($PO_4$),$w$/% | ≤0.000 1 | ≤0.000 2 |
| 钠(Na),$w$/% | ≤0.000 5 | — |
| 镁(Mg),$w$/% | ≤0.000 1 | ≤0.000 5 |
| 钾(K),$w$/% | ≤0.000 1 | — |
| 钙(Ca),$w$/% | ≤0.000 1 | ≤0.000 5 |
| 铁(Fe),$w$/% | ≤0.000 02 | ≤0.000 05 |
| 铜(Cu),$w$/% | ≤0.000 01 | ≤0.000 02 |
| 铅(Pb),$w$/% | ≤0.000 05 | ≤0.000 1 |
| 还原高锰酸钾物质(以 O 计),$w$/% | ≤0.000 8 | ≤0.000 8 |

## 5 试验

### 5.1 一般规定

本章中除另有规定外,所用标准滴定溶液、标准溶液、制剂及制品,均按 GB/T 601、GB/T 602、GB/T 603的规定制备,实验用水应符合 GB/T 6682 中三级水规格,样品均按精确至 0.1 mL 量取,所用溶液以"%"表示的均为质量分数。

### 5.2 含量

量取 15 mL 水注入具塞轻体锥形瓶中,称量,加入 1 mL 样品,立即盖好瓶塞,再称量,两次称量须精确至 0.000 1 g,加 40 mL 水,加 2 滴甲基红-次甲基蓝混合指示液,用盐酸标准滴定溶液[$c$(HCl)=0.5 mol/L]滴定至溶液呈红色。

氨水的质量分数 $w$,数值以"%"表示,按式(1)计算:

$$w=\frac{VcM}{m\times 1\,000}\times 100 \qquad \cdots\cdots(1)$$

式中:

$V$——盐酸标准滴定溶液体积的数值,单位为毫升(mL);

$c$——盐酸标准滴定溶液浓度的准确数值,单位为摩尔每升(mol/L);

$M$——氨水摩尔质量的数值,单位为克每摩尔(g/mol)[$M(NH_3)$=17.03];

$m$——样品质量的数值,单位为克(g)。

### 5.3 蒸发残渣

量取 55 mL(50 g)样品,按 GB/T 9740 的规定测定。

### 5.4 氯化物

#### 5.4.1 试验溶液的制备

量取 68 mL(60 g)样品,加 1 mL 碳酸钠溶液(50 g/L),于水浴上蒸干,用水溶解残渣,稀释至 30 mL。

#### 5.4.2 测定方法

量取 10 mL 试验溶液(5.4.1),稀释至 20 mL 后,按 GB/T 9729 的规定测定。溶液所呈浊度不得大于标准比浊溶液。

标准比浊溶液的制备是取含下列数量的氯化物标准溶液:

分析纯 ………………………………………………………… 0.01 mg Cl；

化学纯 ………………………………………………………… 0.02 mg Cl。

稀释至 20 mL，与同体积试液同时同样处理。

### 5.5 硫化物

量取 55 mL(50 g)样品，加 0.5 mL 乙酸铅(碱溶液)，摇匀，溶液所呈暗色不得深于标准比色溶液。

标准比色溶液的制备是取含下列数量的硫化物标准溶液：

分析纯 ………………………………………………………… 0.010 mg S；

化学纯 ………………………………………………………… 0.025 mg S。

稀释至 55 mL，与同体积样品同时同样处理。

### 5.6 硫酸盐

量取 10 mL(化学纯取 5 mL)试验溶液(5.4.1)，稀释至 20 mL，用 0.5 mL 盐酸溶液(20%)酸化后，按 GB/T 9728 的规定测定。溶液所呈浊度不得大于标准比浊溶液。

标准比浊溶液的制备是取含下列数量的硫酸盐标准溶液：

分析纯 ………………………………………………………… 0.04 mg $SO_4$；

化学纯 ………………………………………………………… 0.05 mg $SO_4$。

稀释至 20 mL，与同体积试液同时同样处理。

### 5.7 碳酸盐

量取 11 mL(10 g)样品，用无二氧化碳的水稀释至 40 mL，加 5 mL 饱和氢氧化钡溶液，摇匀，放置 3 min。溶液所呈浊度不得大于标准比浊溶液。

标准比浊溶液的制备是取含下列数量的二氧化碳标准溶液：

分析纯 ………………………………………………………… 0.1 mg $CO_2$；

化学纯 ………………………………………………………… 0.2 mg $CO_2$。

与样品同时同样处理。

### 5.8 磷酸盐

量取 5 mL(化学纯取 2.5 mL)试验溶液(5.4.1)，加 2 滴饱和 2,4-二硝基酚指示液，滴加硝酸溶液(13%)至溶液黄色刚刚消失，稀释至 10 mL，按 GB/T 9727 规定测定。有机层所呈蓝色不得深于标准比色溶液。

标准比色溶液的制备是取含下列数量的磷酸盐标准溶液：

分析纯、化学纯 ………………………………………………… 0.01 mg $PO_4$。

稀释至 5 mL，与同体积试液同时同样处理。

### 5.9 钠

按 GB/T 9723—2007 的规定测定。

#### 5.9.1 仪器条件

光源：钠空心阴极灯；

波长：589.0 nm；

火焰：乙炔-空气。

#### 5.9.2 测定方法

量取 5.5 mL(5 g)样品，于水浴上蒸干，用 0.5 mL 盐酸溶液(15%)及适量水溶解残渣，稀释至 50 mL。按 GB/T 9723—2007 中 7.2.1 的规定测定，结果按 7.2.3 的规定计算。

### 5.10 镁

按 GB/T 9723—2007 的规定测定。

#### 5.10.1 仪器条件

光源：镁空心阴极灯；

波长:285.2 nm;

火焰:乙炔-空气。

5.10.2 测定方法

量取5.5 mL(5 g)[化学纯量取1.1 mL(1 g)]样品,于水浴上蒸干,用0.5 mL盐酸溶液(15%)及适量水溶解残渣,稀释至25 mL。按GB/T 9723—2007中7.2.1的规定测定,结果按7.2.3的规定计算。

5.11 钾

按GB/T 9723—2007的规定测定。

5.11.1 仪器条件

光源:钾空心阴极灯;

波长:766.4 nm;

火焰:乙炔-空气。

5.11.2 测定方法

量取5.5 mL(5 g)样品,于水浴上蒸干,用0.5 mL盐酸溶液(15%)及适量水溶解残渣,稀释至25 mL。按GB/T 9723—2007中7.2.1的规定测定,结果按7.2.3的规定计算。

5.12 钙

按GB/T 9723—2007的规定测定。

5.12.1 仪器条件

光源:钙空心阴极灯;

波长:422.7 nm;

火焰:乙炔-空气。

5.12.2 测定方法

量取28 mL(25 g)[化学纯量取5.7 mL(5 g)]样品,于水浴上蒸干,用1 mL硝酸溶液(25%)及适量水溶解残渣,稀释至25 mL。按GB/T 9723—2007中7.2.1的规定测定,结果按7.2.3的规定计算。

5.13 铁

按GB/T 9723—2007的规定测定。

5.13.1 仪器条件

光源:铁空心阴极灯;

波长:248.3 nm;

火焰:乙炔-空气。

5.13.2 测定方法

量取44 mL(40 g)样品,于水浴上蒸干,用1 mL盐酸溶液(15%)及适量水溶解残渣,稀释至10 mL。按GB/T 9723—2007中7.2.1的规定测定,结果按7.2.3的规定计算。

5.14 铜

按GB/T 9723—2007的规定测定。

5.14.1 仪器条件

光源:铜空心阴极灯;

波长:324.7 nm;

火焰:乙炔-空气。

5.14.2 测定方法

同5.13.2。

5.15 铅

按GB/T 9723—2007的规定测定。

5.15.1 仪器条件

光源:铅空心阴极灯;

波长:283.3 nm;

火焰:乙炔-空气。

5.15.2 测定方法

量取 55 mL(50 g)样品,于水浴上蒸干,加 1 mL 硝酸,再蒸干。用 1 mL 硝酸溶液(25%)及适量水溶解残渣,稀释至 10 mL。按 GB/T 9723—2007 中 7.2.1 的规定测定,结果按 7.2.3 的规定计算。

5.16 还原高锰酸钾物质

量取 22 mL(20 g)样品,加 13 mL 水,摇匀,加 27 mL 硫酸溶液(40%)酸化,滴加 0.2 mL 高锰酸钾标准滴定溶液[$c(\frac{1}{5}KMnO_4=0.1\ mol/L)$],并煮沸 5 min,溶液粉红色不得完全褪去。

## 6 检验规则

按 HG/T 3921 的规定进行采样及验收。

## 7 包装及标志

按 GB 15346 的规定进行包装,贮存及运输,并给出标志,其中:

包装单位:第 4.5 类;

内包装形式:NB-20、NBY-20、NB-21、NBY-21、NB-23、NBY-23、NB-24、NBY-24、NB-26、NBY-26、NB-27、NBY-27、NB-28、NBY-28、NB-29、NBY-29;

隔离材料:GC-2、GC-3、GC-4;

外包装形式:WB-1;

标签:符合 GB 15258 的规定,注明“腐蚀品”。

ICS 71.040.30
G 62

# 中华人民共和国国家标准

GB/T 638—2007
代替 GB/T 638—1988

# 化 学 试 剂
# 二水合氯化亚锡(Ⅱ)(氯化亚锡)

**Chemical reagent—Tin(Ⅱ) Chloride dihydrate**

(ISO 6353-2:1983,Reagents for chemical analysis—
Part 2:Specifications—First series,NEQ)

2007-10-25 发布 2008-04-01 实施

中华人民共和国国家质量监督检验检疫总局
中国国家标准化管理委员会 发布

# 前　言

本标准与 ISO 6353-2:1983《化学分析试剂　第 2 部分:规格　第 1 系列》中 R38"二水合氯化亚锡(Ⅱ)"的一致性程度为非等效。

本标准代替 GB/T 638—1988《化学试剂　氯化亚锡》,与 GB/T 638—1988 相比主要变化如下:

——名称改为"二水合氯化亚锡(Ⅱ)(氯化亚锡)";

——增加了性状(本版的第 3 章);

——碱金属及碱土金属改为硫化氢不沉淀物,并改进了测定方法(1988 版的 4.2.8,本版的第 4 章、5.11)。

本标准由中国石油和化学工业协会提出。

本标准由全国化学标准化技术委员会化学试剂分会(SAC/TC 63/SC 3)归口。

本标准起草单位:北京益利精细化学品有限公司。

本标准主要起草人:赵玉峰、毕永萍。

标准于 1965 年首次发布,于 1978 年第一次修订、1988 年第二次修订。

# 化 学 试 剂
# 二水合氯化亚锡(Ⅱ)(氯化亚锡)

分子式:$SnCl_2 \cdot 2H_2O$

相对分子质量:225.65(根据2003年国际相对原子质量)

## 1 范围

本标准规定了化学试剂——二水合氯化亚锡的性状、规格、试验、检验规则和包装及标志。

本标准适用于化学试剂——二水合氯化亚锡的检验。

## 2 规范性引用文件

下列文件中的条款通过本标准的引用而成为本标准的条款,凡是注日期的引用文件,其随后所有的修改单(不包括勘误的内容)或修订版均不适用于本标准,然而,鼓励根据本标准达成协议的各方研究是否可使用这些文件的最新版本。凡是不注日期的引用文件,其最新版本适用于本标准。

GB/T 601　化学试剂　标准滴定溶液的制备

GB/T 602　化学试剂　杂质测定用标准溶液的制备(GB/T 602—2002,ISO 6353-1:1982,NEQ)

GB/T 603　化学试剂　试验方法中所用制剂及制品的制备(GB/T 603—2002,ISO 6353-1:1982,NEQ)

GB/T 610.2　化学试剂　砷测定通用方法(二乙基二硫代氨基甲酸银法)(GB/T 610.2—1988,eqv ISO 6353-1:1982)

GB/T 6682　分析实验室用水规格和试验方法(GB/T 6682—1992,neq ISO 3696:1987)

GB/T 9723—2007　化学试剂　火焰原子吸收光谱法通则

GB/T 9728　化学试剂　硫酸盐测定通用方法(GB/T 9728—2007,ISO 6353 1:1982,NEQ)

GB 15346　化学试剂　包装及标志

HG/T 3484　化学试剂　标准玻璃乳浊液和澄清度标准

HG/T 3921　化学试剂　采样及验收规则

## 3 性状

本试剂为无色结晶,在水中水解生成不溶性的碱式盐,在稀盐酸溶液中溶解,在空气中逐渐被氧化。

## 4 规格

二水合氯化亚锡的规格见表1。

表1　二水合氯化亚锡的规格

| 名　　称 | 分析纯 | 化学纯 |
|---|---|---|
| 含量($SnCl_2 \cdot 2H_2O$),$w$/% | ≥98.0 | ≥97.0 |
| 澄清度试验,号 | ≤3 | ≤5 |
| 盐酸不溶物,$w$/% | ≤0.005 | ≤0.01 |
| 硫酸盐($SO_4$),$w$/% | ≤0.003 | ≤0.01 |
| 铁(Fe),$w$/% | ≤0.003 | ≤0.01 |

表 1(续)

| 名　　称 | 分析纯 | 化学纯 |
|---|---|---|
| 铜(Cu),$w$/% | ≤0.002 | ≤0.005 |
| 砷(As),$w$/% | ≤0.000 1 | ≤0.000 2 |
| 铅(Pb),$w$/% | ≤0.005 | ≤0.02 |
| 硫化氢不沉淀物(以硫酸盐计),$w$/% | ≤0.02 | ≤0.1 |

## 5 试验

### 5.1 警告

**本实验方法中使用的部分试剂具有毒性和腐蚀性,一些实验过程可能导致危险情况,操作者应采取适当的安全和健康措施。**

### 5.2 一般规定

本章中除另有规定外,所用标准滴定溶液、标准溶液、制剂及制品,均按GB/T 601、GB/T 602、GB/T 603的规定制备,实验用水应符合 GB/T 6682 中三级水规格,样品均按精确至 0.01 g 称量,所用溶液以"%"表示的均为质量分数。

### 5.3 含量

称取 10 g 硫酸铁铵(Ⅲ),溶于 100 mL 盐酸溶液(10%)中。

称取 0.4 g 样品,精确至 0.000 1 g。迅速置于预先盛有 25 mL 硫酸铁铵(Ⅲ)溶液的锥形瓶中,煮沸,用无氧的水稀释至 300 mL,加 8 mL 硫酸锰溶液,用高锰酸钾标准滴定溶液[$c(\frac{1}{5}KMnO_4)=0.1\ mol/L$]滴定至溶液呈粉红色。同时作空白试验。

二水合氯化亚锡的质量分数 $w$,数值以"%"表示,按式(1)计算:

$$w=\frac{(V_1-V_2)cM}{m\times 1\,000}\times 100 \qquad \cdots\cdots(1)$$

式中:

$V_1$——高锰酸钾标准滴定溶液体积的数值,单位为毫升(mL);

$V_2$——空白试验高锰酸钾标准滴定溶液体积的数值,单位为毫升(mL);

$c$——高锰酸钾标准滴定溶液浓度的准确数值,单位为摩尔每升(mol/L);

$M$——二水合氯化亚锡摩尔质量的数值,单位为克每摩尔(g/mol)[$M(\frac{1}{2}SnCl_2\cdot 2H_2O)=112.8$];

$m$——样品质量的数值,单位为克(g)。

### 5.4 澄清度试验

称取 40 g 样品,溶于 40 mL 盐酸中,稀释至 100 mL,其浊度不得大于 HG/T 3484 中规定的下列澄清度标准。

分析纯 …………………………………………………… 3 号;

化学纯 …………………………………………………… 5 号。

### 5.5 盐酸不溶物

称取 20 g 样品,加热溶于 50 mL 盐酸溶液(20%)中,在水浴上保温 1 h,用已在 105℃±2℃恒重的 4 号玻璃滤锅过滤,用 20 mL 盐酸溶液(20%)和 100 mL 热水洗涤滤渣,于 105℃±2℃电烘箱中干燥至恒重。滤渣质量不得大于:

分析纯 …………………………………………………… 1.0 mg;

化学纯 …………………………………………………… 2.0 mg。

5.6 **硫酸盐**

称取 0.5 g 样品，加热溶于 2 mL 盐酸溶液(15%)及适量水中，稀释至 20 mL(必要时过滤)，用 0.5 mL盐酸溶液(20%)酸化后，按 GB/T 9728 的规定测定。溶液所呈浊度不得大于标准比浊溶液。

标准比浊溶液的制备是取含下列数量的硫酸盐标准溶液：

分析纯 …………………………………………………… 0.015 mg $SO_4$；

化学纯 …………………………………………………… 0.050 mg $SO_4$。

稀释至 20 mL，与同体积试液同时同样处理。

5.7 **铁**

按 GB/T 9723—2007 的规定测定。

5.7.1 **仪器条件**

光源：铁空心阴极灯；

波长：248.3 nm；

火焰：乙炔-空气。

5.7.2 **试验溶液的制备**

称取 40 g 样品，溶于 160 mL 盐酸中，稀释至 200 mL。

5.7.3 **测定方法**

取 10 mL 试验溶液(5.7.2)，共四份。按 GB/T 9723—2007 中 7.2.2 的规定测定，结果按7.2.3的规定计算。

5.8 **铜**

按 GB/T 9723—2007 的规定测定。

5.8.1 **仪器条件**

光源：铜空心阴极灯；

波长：324.7 nm；

火焰：乙炔-空气。

5.8.2 **测定方法**

同 5.7.3。

5.9 **砷**

称取 1 g 样品，置于定砷瓶中，用 4 mL 盐酸溶液(20%)溶解，稀释至 30 mL，按 GB/T 610.2 的规定测定。溶液所呈紫色不得深于标准比色溶液。

标准比色溶液的制备是取含下列数量的砷标准溶液：

分析纯 …………………………………………………… 0.001 mg As；

化学纯 …………………………………………………… 0.002 mg As。

与样品同时同样处理。

5.10 **铅**

按 GB/T 9723—2007 的规定测定。

5.10.1 **仪器条件**

光源：铅空心阴极灯；

波长：283.3 nm；

火焰：乙炔-空气。

5.10.2 **测定方法**

同 5.7.3。

5.11 **硫化氢不沉淀物**

称取 10 g 样品，置于 250 mL 具塞锥形瓶中，溶于 5 mL 盐酸，稀释至 200 mL，加热至沸，通入硫化氢使锡沉淀完全，盖紧瓶塞，放置分层，过滤，滤液应澄清。量取滤液 100 mL，注入蒸发皿中，在水浴上蒸干。用20 mL水加热浸取，过滤，滤液置于已在 650℃±50℃恒量的坩埚中，加 0.5 mL 硫酸溶液(20%)，在水浴上蒸发至近干。加热至硫酸蒸气逸尽，于 650℃±50℃灼烧至恒量，残渣质量不得大于：

分析纯 …………………………………………………………… 1.0 mg；

化学纯 …………………………………………………………… 5.0 mg。

## 6 检验规则

按 HG/T 3921 的规定进行采样及验收。

## 7 包装及标志

按 GB 15346 的规定进行包装，贮存及运输，并给出标志，其中：

包装单位：第 4 类；

内包装形式：NB-4、NBY-4、NB-5、NBY-5、NB-7、NB-8、NB-10、NB-11、NB-13、NB-15；

隔离材料：GC-2、GC-3；

外包装形式：WB-1、WB-2、WB-3。

ICS 71.040.30
G 62

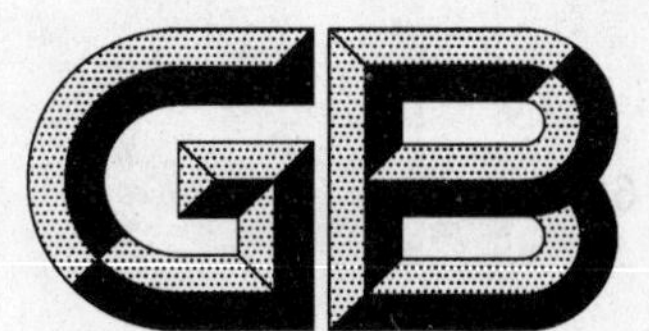


# 中华人民共和国国家标准

GB/T 665—2007
代替 GB/T 665—1988

# 化学试剂 五水合硫酸铜(Ⅱ)(硫酸铜)

**Chemical reagent—**
**Copper(Ⅱ) sulfate pentahydrate**

(ISO 6353-2:1983, Reagents for chemical analysis—Part 2: Specifications—First series, NEQ)

2007-09-26 发布 2008-04-01 实施

中华人民共和国国家质量监督检验检疫总局
中国国家标准化管理委员会 发布

# 前　言

本标准与ISO 6353-2:1983《化学分析试剂　第2部分:规格　第1系列》中R9“五水合硫酸铜(Ⅱ)”的一致性程度为非等效。

本标准代替GB/T 665—1988《化学试剂　硫酸铜》,与GB/T 665—1988相比主要变化如下:

——名称改为“五水合硫酸铜(Ⅱ)(硫酸铜)”;

——增加了性状(本版的第3章);

——改进了含量、钠、钾、铁、镍、锌的测定方法(1988年版的4.1、4.2.4、4.2.5、4.2.6、4.2.7、4.2.8,本版的5.2、5.6、5.7、5.8、5.9、5.10)。

本标准由中国石油和化学工业协会提出。

本标准由全国化学标准化技术委员会化学试剂分会(SAC/TC 63/SC 3)归口。

本标准起草单位:北京益利精细化学品有限公司。

本标准主要起草人:赵玉峰、毕永萍。

本标准于1965年首次发布,于1978年第一次修订、1988年第二次修订。

# 化学试剂
# 五水合硫酸铜(Ⅱ)(硫酸铜)

**警告:本标准规定的一些试验过程可能导致危险情况,使用者有责任采取适当的安全和健康措施。**

分子式:$CuSO_4 \cdot 5H_2O$

相对分子质量:249.69(根据2003年国际相对原子质量)

## 1 范围

本标准规定了化学试剂——五水合硫酸铜的性状、规格、试验、检验规则和包装及标志。

本标准适用于化学试剂——五水合硫酸铜的检验。

## 2 规范性引用文件

下列文件中的条款通过本标准的引用而成为本标准的条款,凡是注日期的引用文件,其随后所有的修改单(不包括勘误的内容)或修订版均不适用于本标准,然而,鼓励根据本标准达成协议的各方研究是否可使用这些文件的最新版本。凡是不注日期的引用文件,其最新版本适用于本标准。

GB/T 601 化学试剂 标准滴定溶液的制备

GB/T 602 化学试剂 杂质测定用标准溶液的制备(GB/T 602—2002,ISO 6353-1:1982,NEQ)

GB/T 603 化学试剂 试验方法中所用制剂及制品的制备(GB/T 603—2002,ISO 6353-1:1982,NEQ)

GB/T 6682 分析实验室用水规格和试验方法(GB/T 6682—1992,neq ISO 3696:1987)

GB/T 9723—2007 化学试剂 火焰原子吸收光谱法通则

GB/T 9738 化学试剂 水不溶物测定通用方法(GB/T 9738—1988,eqv ISO 6353-1:1982)

GB 15258 化学品安全标签编写规定

GB 15346 化学试剂 包装及标志

HG/T 3921 化学试剂 采样及验收规则

## 3 性状

本试剂为蓝色结晶,在干燥空气中风化,溶于水,几乎不溶于醇。

## 4 规格

五水合硫酸铜的规格见表1。

**表1 五水合硫酸铜的规格**

| 名 称 | 分析纯 | 化学纯 |
|---|---|---|
| 含量($CuSO_4 \cdot 5H_2O$),$w$/% | ≥99.0 | ≥99.0 |
| 水不溶物,$w$/% | ≤0.005 | ≤0.01 |
| 氯化物(Cl),$w$/% | ≤0.001 | ≤0.002 |
| 总氮量(N),$w$/% | ≤0.001 | ≤0.003 |
| 钠(Na),$w$/% | ≤0.005 | ≤0.015 |
| 钾(K),$w$/% | ≤0.001 | ≤0.004 |

表 1(续)

| 名　称 | 分析纯 | 化学纯 |
| --- | --- | --- |
| 铁(Fe), $w$/% | ≤0.003 | ≤0.02 |
| 镍(Ni), $w$/% | ≤0.005 | ≤0.015 |
| 锌(Zn), $w$/% | ≤0.03 | ≤0.06 |

## 5 试验

### 5.1 一般规定

本章中除另有规定外，所用标准滴定溶液、标准溶液、制剂及制品，均按 GB/T 601 、GB/T 602、GB/T 603 的规定制备，实验用水应符合 GB/T 6682 中三级水规格，样品均按精确至 0.01 g 称量，所用溶液以"%"表示的均为质量分数。

### 5.2 含量

称取 0.8 g 样品，精确至 0.000 1 g，置于碘量瓶中，溶于 60 mL 水，加 5 mL 的硫酸溶液(20%)及 3 g 碘化钾，摇匀，于暗处放置 10 min 后，用硫代硫酸钠标准滴定溶液[$c(Na_2S_2O_3=0.1$ moL/L)]滴定，近终点时，加 3 mL 淀粉指示液(10 g/L)，继续滴定至溶液蓝色消失，同时做空白试验。

五水合硫酸铜的质量分数 $w$，数值以"%"表示，按式(1)计算：

$$w=\frac{(V_1-V_2)\cdot c\cdot M}{m\times 1\,000}\times 100 \qquad (1)$$

式中：

$V_1$——硫代硫酸钠标准滴定溶液体积的数值，单位为毫升(mL)；

$V_2$——空白试验硫代硫酸钠标准滴定溶液体积的数值，单位为毫升(mL)；

$c$——硫代硫酸钠标准滴定溶液浓度的准确数值，单位为摩尔每升(mol/L)；

$M$——五水合硫酸铜摩尔质量的数值，单位为克每摩尔(g/mol)[$M(CuSO_4\cdot 5H_2O)=249.7$]；

$m$——样品质量的数值，单位为克(g)。

### 5.3 水不溶物

称取 30 g 样品，溶于 100 mL 沸水中，冷却至室温，按 GB/T 9738 的规定测定。

### 5.4 氯化物

#### 5.4.1 不含氯化物的硫酸铜溶液的制备

称取 8 g 样品，溶于适量水中，加 8 mL 硝酸溶液(25%)及 4 mL 硝酸银溶液(17 g/L)稀释至 100 mL，摇匀，在暗处放置 4 h，澄清后过滤。

#### 5.4.2 测定方法

称取 2 g 样品，溶于 25 mL 水中(必要时过滤)，加 2 mL 硝酸溶液(25%)及 1 mL 硝酸银溶液(17 g/L)，摇匀，放置 10 min。溶液所呈浊度不得大于标准比浊溶液。

标准比浊溶液的制备是取 25 mL 不含氯化物的硫酸铜溶液及含下列数量的氯化物标准溶液：

分析纯……………………………………0.02 mgCl；

化学纯……………………………………0.04 mgCl。

稀释至 28 mL，与同体积试液同时放置 10 min，比浊。

### 5.5 总氮量

称取 2 g 样品，置于凯氏仪中，加 140 mL 水溶解，加 7 mL 氢氧化钠溶液(320 g/L)，1.0 g 定氮合金，静置 1 h。加热蒸馏出约 75 mL，用盛有 5 mL 硫酸溶液(0.5%)的 100 mL 比色管接收，加 3 mL 氢氧化钠溶液(320 g/L)、2 mL 纳氏试剂，稀释至 100 mL，摇匀。溶液所呈黄色不得深于标准比色溶液。

标准比色溶液的制备是取含下列数量的氮标准溶液：

分析纯……………………………………………0.02 mgN；

化学纯……………………………………………0.06 mgN。

稀释至 142 mL，加 5 mL 氢氧化钠溶液(320 g/L)，与同体积试液同时同样处理。

5.6 钠

按 GB/T 9723—2007 的规定测定。

5.6.1 仪器条件

光源：钠空心阴极灯；

波长：589.0 nm；

火焰：乙炔-空气。

5.6.2 测定方法

称取 1 g 样品，溶于水，加 1 mL 盐酸溶液(15%)，稀释至 100 mL。取 20 mL(化学纯取 10 mL)，共四份。按 GB/T 9723—2007 中 7.2.2 的规定测定，结果按 7.2.3 的规定计算。

5.7 钾

按 GB/T 9723—2007 的规定测定。

5.7.1 仪器条件

光源：钾空心阴极灯；

波长：766.5 nm；

火焰：乙炔-空气。

5.7.2 测定方法

称取 5 g 样品，溶于水，加 1 mL 盐酸溶液(15%)，稀释至 100 mL。取 20 mL(化学纯取 10 mL)，共四份。按 GB/T 9723—2007 中 7.2.2 的规定测定，结果按 7.2.3 的规定计算。

5.8 铁

按 GB/T 9723—2007 的规定测定。

5.8.1 仪器条件

光源：铁空心阴极灯；

波长：248.3 nm；

火焰：乙炔-空气。

5.8.2 测定方法

称取 10 g 样品，溶于水，加 1 mL 盐酸溶液(15%)，稀释至 100 mL。取 20 mL(化学纯取 10 mL)，共四份。按 GB/T 9723—2007 中 7.2.2 的规定测定，结果按 7.2.3 的规定计算。

5.9 镍

按 GB/T 9723—2007 的规定测定。

5.9.1 仪器条件

光源：镍空心阴极灯；

波长：232.0 nm；

火焰：乙炔-空气。

5.9.2 测定方法

同 5.8.2。

5.10 锌

按 GB/T 9723—2007 的规定测定。

5.10.1 仪器条件

光源：锌空心阴极灯；

波长：213.9 nm；

火焰:乙炔-空气。

5.10.2 测定方法

称取 1 g 样品,溶于水,加 1 mL 盐酸溶液(15%),稀释至 100 mL。取 5 mL,共四份。按 GB/T 9723—2007 中 7.2.2 的规定测定,结果按 7.2.3 的规定计算。

## 6 检验规则

按 HG/T 3921 的规定进行采样及验收。

## 7 包装及标志

按 GB 15346 的规定进行包装、贮存及运输,并给出标志,其中:

包装单位:第四类;

内包装形式:NB-4、NBY-4、NB-5、NBY-5、NB-7、NB-8、NB-10、NB-11、NB-13、NB-15;

隔离材料:GC-2、GC-3;

外包装形式:WB-1、WB-2、WB-3;

标签:按 GB 15258 的规定,注明"有毒品"。

ICS 71.040.30
G 62

# 中华人民共和国国家标准

GB/T 670—2007
代替 GB/T 670—1986

## 化学试剂 硝酸银

**Chemical reagent—Silver nitrate**

(ISO 6353-2:1983, Reagents for chemical analysis—Part 2: Specifications—First series, NEQ)

2007-10-25 发布 2008-04-01 实施

中华人民共和国国家质量监督检验检疫总局
中国国家标准化管理委员会 发布

# 前　言

本标准与 ISO 6353-2:1983《化学分析试剂　第 2 部分:规格　第 1 系列》中 R28“硝酸银”的一致性程度为非等效。

本标准代替 GB/T 670—1986《化学试剂　硝酸银》,与 GB/T 670—1986 相比主要变化如下:

——增加了性状(本版的第 3 章);

——将水溶液反应改为 pH 值,规格为 5.0～6.0(1986 年版的 1.3、2.3,本版的第 4 章、5.4);

——将澄清度试验的规格由合格改为 2 号、3 号、5 号(1986 年版的 1.4,本版的第 4 章);

——取消了水不溶物、锰、镍、锌、镉、铊(1986 年版的 1.4、2.4.2、2.4.5、2.4.7、2.4.9、2.4.10、2.4.11);

——修改了铁、铜、铅的测定方法(1986 年版的 2.4.6、2.4.8、2.4.12,本版的 5.8、5.9、5.10);

——调整了包装及标志(1986 年版的 4.1、4.2,本版的第 7 章)。

本标准由中国石油和化学工业协会提出。

本标准由全国化学标准化技术委员会化学试剂分会(SAC/TC 63/SC 3)归口。

本标准负责起草单位:上海试四赫维化工有限公司。

本标准参加起草单位:上海申博化工有限公司。

本标准主要起草人:贾玲。

本标准于 1965 年首次发布,于 1977 年第一次修订、1986 年第二次修订。

# 化学试剂 硝酸银

**警告:本标准规定的一些试验过程可能导致危险情况,使用者有责任采取适当的安全和健康措施。**

分子式:$AgNO_3$

相对分子质量:169.87(根据2003年国际相对原子质量)

## 1 范围

本标准规定了化学试剂——硝酸银的性状、规格、试验、检验规则和包装及标志。

本标准适用于化学试剂——硝酸银的检验。

## 2 规范性引用文件

下列文件中的条款通过本标准的引用而成为本标准的条款。凡是注日期的引用文件,其随后所有的修改单(不包括勘误的内容)或修订版均不适用于本标准,然而,鼓励根据本标准达成协议的各方研究是否可使用这些文件的最新版本。凡是不注日期的引用文件,其最新版本适用于本标准。

GB/T 601 化学试剂 标准滴定溶液的制备

GB/T 602 化学试剂 杂质测定用标准溶液的制备(GB/T 602—2002,ISO 6353-1:1982,NEQ)

GB/T 603 化学试剂 试验方法中所用制剂及制品的制备(GB/T 603—2002,ISO 6353-1:1982,NEQ)

GB/T 6682 分析实验室用水规格和试验方法(GB/T 6682—1992,neq ISO 3696:1987)

GB/T 9723—2007 化学试剂 火焰原子吸收光谱法通则

GB/T 9724 化学试剂 pH值测定通则(GB/T 9724—2007,ISO 6353-1:1982,NEQ)

GB 15258 化学品安全标签编写规定

GB 15346 化学试剂 包装及标志

HG/T 3484 化学试剂 标准玻璃乳浊液和澄清度标准

HG/T 3921 化学试剂 采样及验收规则

## 3 性状

本试剂为无色或白色结晶,溶于水,在空气中易氧化,需避光,遇有机物变黑。

## 4 规格

硝酸银的规格见表1。

**表1 硝酸银的规格**

| 名称 | 优级纯 | 分析纯 | 化学纯 |
|---|---|---|---|
| 含量($AgNO_3$),$w$/% | ≥99.8 | ≥99.8 | ≥99.5 |
| 外观 | 合格 | 合格 | 合格 |
| pH值(50 g/L,25℃) | 5.0~6.0 | 5.0~6.0 | 5.0~6.0 |
| 澄清度试验,号 | ≤2 | ≤3 | ≤5 |
| 氯化物(Cl),$w$/% | ≤0.000 5 | ≤0.001 | ≤0.003 |
| 硫酸盐($SO_4$),$w$/% | ≤0.002 | ≤0.004 | ≤0.006 |

表 1(续)

| 名　称 | 优级纯 | 分析纯 | 化学纯 |
|---|---|---|---|
| 铁(Fe),$w$/% | ≤0.000 2 | ≤0.000 4 | ≤0.000 7 |
| 铜(Cu),$w$/% | ≤0.000 5 | ≤0.001 | ≤0.002 |
| 铅(Pb),$w$/% | ≤0.000 5 | ≤0.001 | ≤0.002 |
| 盐酸不沉淀物,$w$/% | ≤0.005 | ≤0.02 | ≤0.03 |

## 5　试验

### 5.1　一般规定

本章中除另有规定外,所用标准滴定溶液、标准溶液、制剂及制品,均按 GB/T 601、GB/T 602、GB/T 603的规定制备,实验用水应符合 GB/T 6682 中三级水规格,样品均按精确至 0.01 g 称量,所用溶液以"%"表示的均为质量分数。

### 5.2　含量

称取 0.5 g 样品,精确至 0.000 1 g,溶于 100 mL 水中,加 5 mL 硝酸及 1 mL 硫酸铁(Ⅲ)铵指示液(80 g/L),在摇动下用硫氰酸钠标准滴定溶液[$c(NaCNS)=0.1$ mol/L]滴定至溶液呈浅棕红色,保持30 s。

硝酸银的质量分数 $w$,数值以"%"表示,按式(1)计算:

$$w=\frac{VcM}{m\times 1\ 000}\times 100 \quad \cdots\cdots(1)$$

式中:

$V$——硫氰酸钠标准滴定溶液体积的数值,单位为毫升(mL);

$c$——硫氰酸钠标准滴定溶液浓度的准确数值,单位为摩尔每升(mol/L);

$M$——硝酸银摩尔质量的数值,单位为克每摩尔(g/mol)[$M(AgNO_3)=169.9$];

$m$——样品质量的数值,单位为克(g)。

### 5.3　外观

无色或白色晶体,不得有暗色。

### 5.4　pH 值

按 GB/T 9724 的规定测定,其中参比电极用 217 型双盐桥饱和甘汞电极(外盐桥套管内装饱和硝酸铵或硝酸钾溶液)。

### 5.5　澄清度试验

称取 10 g 样品,溶于 100 mL 水中,加 0.1 mL 硝酸溶液(25%),摇匀,其浊度不得大于 HG/T 3484 中规定的下列澄清度标准:

优级纯 ………………………………………………………… 2 号;
分析纯 ………………………………………………………… 3 号;
化学纯 ………………………………………………………… 5 号。

### 5.6　氯化物

#### 5.6.1　不含氯化物的硝酸银溶液的制备

称取 10 g 样品,溶于 80 mL 水中,加 5 mL 硝酸,稀释至 100 mL,摇匀,在暗处放置 10 min。用无氯滤纸过滤。

#### 5.6.2　测定方法

称取 2 g 样品,溶于 20 mL 水中,加 1 mL 硝酸,稀释至 25 mL,摇匀,在暗处放置 10 min。溶液所呈浊度不得大于标准比浊溶液。

标准比浊溶液的制备是取 20 mL 不含氯化物的硝酸银溶液及含下列数量的氯化物标准溶液：

优级纯 ………………………………………………………… 0.01 mg Cl；

分析纯 ………………………………………………………… 0.02 mg Cl；

化学纯 ………………………………………………………… 0.06 mg Cl。

稀释至 25 mL，与同体积试液同时放置 10 min，比浊。

5.7 硫酸盐

称取 1 g 样品，溶于 20 mL 水中，加 0.5 mL 乙酸溶液(30%)酸化。

将 0.25 mL 硫酸钾乙醇溶液(0.2 g/L)与 1 mL 饱和硝酸钡溶液混合(晶种液)，准确放置 1 min。加入上述已酸化的试液，稀释至 25 mL，摇匀，放置 5 min。溶液所呈浊度不得大于标准比浊溶液。

标准比浊溶液的制备是取含下列数量的硫酸盐标准溶液：

优级纯 ………………………………………………………… 0.02 mg $SO_4$；

分析纯 ………………………………………………………… 0.04 mg $SO_4$；

化学纯 ………………………………………………………… 0.06 mg $SO_4$。

与样品同时同样处理。

5.8 铁

按 GB/T 9723—2007 的规定测定。

5.8.1 仪器条件

光源：铁空心阴极灯；

波长：248.3 nm；

火焰：乙炔-空气。

5.8.2 测定方法

称取 25 g 样品，溶于 20 mL 水中，在不断搅拌下滴加抗坏血酸溶液(400 g/L)至沉淀完全(约 60 mL)，继续搅拌 10 min，过滤，用抗坏血酸溶液(10 g/L)洗涤滤渣，将滤液稀释至 100 mL，取 20 mL(化学纯取 10 mL)，共四份，一份不加标准溶液，二、三、四份加入成比例的标准溶液，稀释至 25 mL，以空白溶液调零。按 GB/T 9723—2007 中 7.2.2 的规定测定，结果按 7.2.3 的规定计算。

5.9 铜

按 GB/T 9723—2007 的规定测定。

5.9.1 仪器条件

光源：铜空心阴极灯；

波长：324.7 nm；

火焰：乙炔-空气。

5.9.2 测定方法

同 5.8.2。

5.10 铅

按 GB/T 9723—2007 的规定测定。

5.10.1 仪器条件

光源：铅空心阴极灯；

波长：283.3 nm；

火焰：乙炔-空气。

5.10.2 测定方法

同 5.8.2。

5.11 盐酸不沉淀物

称取 25 g 样品，溶于水，加 4 mL 硝酸溶液(25%)，稀释至 400 mL，煮沸，在搅拌下滴加 30 mL 盐酸溶液(20%),在水浴上加热,继续搅拌,直至沉淀形成较大凝乳状颗粒。于暗处放置 2 h,稀释至 500 mL,过滤,优级纯取 400 mL,分析纯、化学纯取 200 mL,置于已在(105±2)℃恒量的蒸发皿中蒸干,于(105±2)℃的电烘箱中干燥至恒量,同时做空白试验。

样品与空白试验的残渣质量之差不得大于:

优级纯 …………………………………………………………… 1.0 mg;
分析纯 …………………………………………………………… 2.0 mg;
化学纯 …………………………………………………………… 3.0 mg。

## 6 检验规则

按 HG/T 3921 的规定进行采样及验收。

## 7 包装及标志

按 GB 15346 的规定进行包装、贮存及运输,并给出标志,其中:

包装单位:第 2、3、4、5 类;

内包装形式:NBY-4、NBY-5、NBY-7、NBY-8、NBY-10、NBY-11、NBY-13、NBY-15;

隔离材料:GC-1、GC-2、GC-3、GC-4;

外包装形式:WB-1、WB-2、WB-3;

标签:按 GB 15258 的规定,注明“氧化剂”。

ICS 71.040.30
G 63

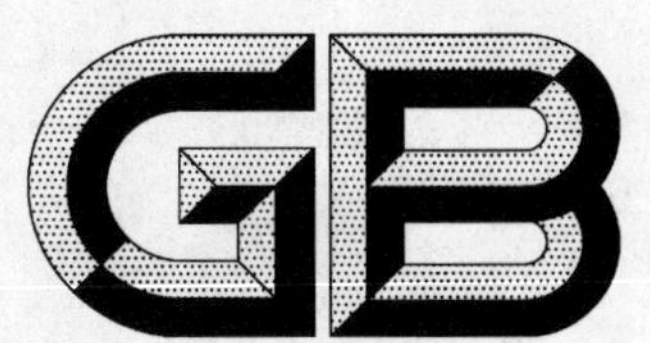

# 中华人民共和国国家标准

GB/T 676—2007
代替 GB/T 676—1990

# 化学试剂 乙酸(冰醋酸)

**Chemical reagent—Acetic acid**

(ISO 6353-2:1983,Reagents for chemical analysis—
Part 2:Specifications—First series,NEQ)

2007-10-25 发布 2008-04-01 实施

中华人民共和国国家质量监督检验检疫总局
中国国家标准化管理委员会 发布

# 前 言

本标准与 ISO 6353-2:1983《化学分析试剂　第 2 部分:规格　第 1 系列》中 R1“乙酸”的一致性程度为非等效。

本标准代替 GB/T 676—1990《化学试剂　乙酸(冰醋酸)》,与 GB/T 676—1990 相比主要变化如下:

——调整了蒸发残渣的取样量(1990 年版的 4.3.1,本版的 5.4);

——将铜、铅的测定方法由阳极溶出伏安法改为火焰原子吸收光谱法(1990 年版的 4.3.6、4.3.8,本版的 5.9、5.11);

——改进了还原重铬酸盐物质的测定方法(1990 年版的 4.3.10,本版的 5.13)。

本标准由中国石油和化学工业协会提出。

本标准由全国化学标准化技术委员会化学试剂分会(SAC/TC 63/SC 3)归口。

本标准起草单位:江苏强盛化工有限公司。

本标准主要起草人:归向红。

本标准于 1965 年首次发布,于 1978 年第一次修订、1990 年第二次修订。

# 化学试剂　乙酸(冰醋酸)

**警告:本标准规定的一些试验过程可能导致危险情况,使用者有责任采取适当的安全和健康措施。**

示性式:$CH_3COOH$

相对分子质量:60.05(根据2003年国际相对原子质量)

## 1　范围

本标准规定了化学试剂——乙酸的性状、规格、试验、检验规则和包装及标志。

本标准适用于化学试剂——乙酸的检验。

## 2　规范性引用文件

下列文件中的条款通过本标准的引用而成为本标准的条款。凡是注日期的引用文件,其随后所有的修改单(不包括勘误的内容)或修订版均不适用于本标准,然而,鼓励根据本标准达成协议的各方研究是否可使用这些文件的最新版本。凡是不注日期的引用文件,其最新版本适用于本标准。

GB/T 601　化学试剂　标准滴定溶液的制备

GB/T 602　化学试剂　杂质测定用标准溶液的制备(GB/T 602—2002,ISO 6353-1:1982,NEQ)

GB/T 603　化学试剂　试验方法中所用制剂及制品的制备(GB/T 603—2002,ISO 6353-1:1982,NEQ)

GB/T 618　化学试剂　结晶点测定通用方法(GB/T 618—2006,ISO 6353-1:1982,NEQ)

GB/T 6682　分析实验室用水规格和试验方法(GB/T 6682—1992,neq ISO 3696:1987)

GB/T 9723—2007　化学试剂　火焰原子吸收光谱法通则

GB/T 9728　化学试剂　硫酸盐测定通用方法(GB/T 9728—2007,ISO 6353-1:1982,NEQ)

GB/T 9729　化学试剂　氯化物测定通用方法(GB/T 9729—2007,ISO 6353-1:1982,NEQ)

GB/T 9739　化学试剂　铁测定通用方法(GB/T 9739—2006,ISO 6353-1:1982,NEQ)

GB/T 9740　化学试剂　蒸发残渣测定通用方法(GB/T 9740—1988,eqv ISO 6353-1:1982)

GB 15258　化学品安全标签编写规定

GB 15346　化学试剂　包装及标志

HG/T 3921　化学试剂　采样及验收规则

## 3　性状

本试剂为无色透明液体,具有刺激性嗅味,溶于水、乙醇及乙醚,密度(20℃)约为1.05 g/ mL。

## 4　规格

乙酸的规格见表1。

**表1　乙酸的规格**

| 名　　称 | 优级纯 | 分析纯 | 化学纯 |
|---|---|---|---|
| 含量($CH_3COOH$),$w$/% | ≥99.8 | ≥99.5 | ≥99.0 |
| 结晶点/℃ | ≥16.0 | ≥15.1 | ≥14.8 |
| 蒸发残渣,$w$/% | ≤0.001 | ≤0.002 | ≤0.005 |

表 1(续)

| 名　　称 | 优级纯 | 分析纯 | 化学纯 |
|---|---|---|---|
| 与水混合试验 | 合格 | 合格 | 合格 |
| 氯化物(Cl),$w$/% | ≤0.000 1 | ≤0.000 1 | ≤0.000 4 |
| 硫酸盐($SO_4$),$w$/% | ≤0.000 1 | ≤0.000 2 | ≤0.000 5 |
| 铁(Fe),$w$/% | ≤0.000 02 | ≤0.000 1 | ≤0.000 2 |
| 铜(Cu),$w$/% | ≤0.000 01 | ≤0.000 05 | ≤0.000 1 |
| 锌(Zn),$w$/% | ≤0.000 01 | — | — |
| 铅(Pb),$w$/% | ≤0.000 01 | ≤0.000 05 | ≤0.000 1 |
| 乙酸酐[$(CH_3CO)_2O$],$w$/% | ≤0.01 | ≤0.02 | ≤0.02 |
| 还原重铬酸盐物质(以O计),$w$/% | ≤0.004 | ≤0.008 | ≤0.01 |

## 5　试验

### 5.1　一般规定

本章中除另有规定外,所用标准滴定溶液、杂质测定用标准溶液、制剂及制品,均按GB/T 601、GB/T 602、GB/T 603的规定制备,实验用水应符合 GB/T 6682 中三级水规格,样品均按精确至0.1 mL量取,所用溶液以"%"表示的均为质量分数。

### 5.2　含量

将 15 mL 无二氧化碳的水注入具塞锥形瓶中,称量,加约 1 mL 样品,再称量。两次称量均须精确至0.000 1 g。加 40 mL 无二氧化碳的水及 2 滴酚酞指示液(10 g/L),用氢氧化钠标准滴定溶液[$c$(NaOH)=0.5 mol/L]滴定至溶液呈粉红色。

乙酸的质量分数"$w_1$"数值以"%"表示,按式(1)计算:

$$w_1 = \frac{VcM}{m \times 1\,000} \times 100 \qquad \cdots\cdots(1)$$

式中:

$V$——氢氧化钠标准滴定溶液体积的数值,单位为毫升(mL);

$c$——氢氧化钠标准滴定溶液浓度的准确数值,单位为摩尔每升(mol/L);

$M$——乙酸摩尔质量的数值,单位为克每摩尔(g/mol)[$M(CH_3COOH)$=60.05];

$m$——样品质量的数值,单位为克(g)。

### 5.3　结晶点

按 GB/T 618 的规定测定。

### 5.4　蒸发残渣

量取 48 mL(50 g)[优级纯量取 96 mL(100 g)]样品,按 GB/T 9740 的规定测定。保留残渣用于铜、铅的测定。

### 5.5　与水混合试验

量取 10 mL 样品,加 30 mL 水,摇匀,放置 1 h。溶液应澄清透明,无不溶物质。

### 5.6　氯化物

量取 9.5 mL(10 g)样品,加 0.1 mL 无水碳酸钠溶液(50 g/L),水浴蒸干,残渣溶于水,稀释至20 mL后,按 GB/T 9729 的规定测定。溶液所呈浊度不得大于标准比浊溶液。

标准比浊溶液的制备是取含下列数量的氯化物标准溶液：

优级纯、分析纯……………………………………………………… 0.01 mg Cl；

化学纯 ……………………………………………………………… 0.04 mg Cl。

稀释至 20 mL，与同体积试液同时同样处理。

## 5.7 硫酸盐

量取 19 mL(20 g)[化学纯量取 7.6 mL(8 g)]样品，加 0.2 mL 无水碳酸钠溶液(50 g/L)，水浴蒸干，残渣溶于 20 mL 水，加 0.5 mL 盐酸溶液(20%)后，按 GB/T 9728 的规定测定。溶液所呈浊度不得大于标准比浊溶液。

标准比浊溶液的制备是取含下列数量的硫酸盐标准溶液：

优级纯 ……………………………………………………………… 0.02 mg $SO_4$；

分析纯、化学纯 …………………………………………………… 0.04 mg $SO_4$。

稀释至 20 mL，与同体积试液同时同样处理。

## 5.8 铁

量取 9.5 mL(10 g)样品，加 0.1 mL 无水碳酸钠溶液(50 g/L)，水浴蒸干，残渣溶于 15 mL 水，用盐酸溶液(15%)将溶液的 pH 值调至 2 后，按 GB/T 9739 的规定测定。溶液所呈红色不得深于标准比色溶液。

标准比色溶液的制备是取含下列数量的铁标准溶液：

优级纯 ……………………………………………………………… 0.002 mg Fe；

分析纯 ……………………………………………………………… 0.010 mg Fe；

化学纯 ……………………………………………………………… 0.020 mg Fe。

稀释至 15 mL，与同体积试液同时同样处理。

## 5.9 铜

按 GB/T 9723—2007 的规定测定。

### 5.9.1 仪器条件

光源：铜空心阴极灯；

波长：324.7 nm；

火焰：乙炔-空气。

### 5.9.2 测定方法

将测定蒸发残渣(5.4)后的残渣溶于 1 mL 盐酸溶液(20%)及 5 mL 水，稀释至 10 mL。按 GB/T 9723—2007中7.2.1的规定测定，结果按 7.2.3 的规定计算。

## 5.10 锌

按 GB/T 9723—2007 的规定测定。

### 5.10.1 仪器条件

光源：锌空心阴极灯；

波长：213.5 nm；

火焰：乙炔-空气。

### 5.10.2 测定方法

量取 19 mL(20 g)样品，水浴蒸干，残渣溶于 1 mL 盐酸溶液(20%)及 5 mL 水，稀释至 10 mL。按 GB/T 9723—2007中7.2.1的规定测定，结果按 7.2.3 的规定计算。

## 5.11 铅

按 GB/T 9723—2007 的规定测定。

5.11.1 仪器条件

光源:铅空心阴极灯;

波长:283.3 nm;

火焰:乙炔-空气。

5.11.2 测定方法

同5.9.2。

## 5.12 乙酸酐

5.12.1 实验制剂的制备

5.12.1.1 三氯化铁溶液

称取2.5 g三氯化铁,溶于250 mL乙醇(无水乙醇)中,摇匀。

5.12.1.2 氯化羟胺溶液

称取30 g氯化羟胺,溶于250 mL无水甲醇中,摇匀。

5.12.1.3 高氯酸-乙酸溶液

量取10 mL高氯酸,用无乙酸酐的乙酸(将乙酸回流30 min蒸馏而得)稀释至1 000 mL,摇匀。

5.12.2 测定方法

量取10 mL三氯化铁溶液,加2 mL氯化羟胺溶液,放置5 min,加5 mL高氯酸-乙酸溶液,放置5 min。加4.8 mL(5 g)样品,放置10 min。加3 mL水,再放置25 min。溶液所呈红色不得深于标准比色溶液。

标准比色溶液的制备是取10 mL三氯化铁溶液,加2 mL氯化羟胺溶液,放置5 min。加5 mL高氯酸-乙酸溶液,放置5 min。加含下列数量的乙酸酐标准溶液:

优级纯 ………………………………………………… 0.5 mg$(CH_3CO)_2O$;

分析纯、化学纯 ………………………………… 1.0 mg$(CH_3CO)_2O$。

加4.8 mL无乙酸酐的乙酸,与样品同时同样处理。

## 5.13 还原重铬酸盐物质

准确量取10.00 mL重铬酸钾标准滴定溶液[$c(\frac{1}{6}K_2Cr_2O_7)=0.1$ mol/L],注入具塞锥形瓶中,加10 mL硫酸,摇匀,冷却,加9.5 mL(10 g)样品,在(50±2)℃放置30 min,稀释至50 mL,冷却。加5 mL碘化钾溶液(100 g/L),用硫代硫酸钠标准滴定溶液[$c(Na_2S_2O_3)=0.1$ mol/L]滴定,近终点时加3 mL淀粉指示液(10 g/L),继续滴定至溶液蓝色消失。取10 mL水与样品同时同样做空白试验。

还原重铬酸盐物质的质量分数$w_2$,数值以"%"表示,按式(2)计算:

$$w_2=\frac{(V_1-V_2)cM}{m\times 1\,000}\times 100 \qquad \cdots\cdots(2)$$

式中:

$V_1$——空白试验硫代硫酸钠标准滴定溶液体积的数值,单位为毫升(mL);

$V_2$——硫代硫酸钠标准滴定溶液体积的数值,单位为毫升(mL);

$c$——硫代硫酸钠标准滴定溶液浓度的准确数值,单位为摩尔每升(mol/L);

$M$——氧的摩尔质量的数值,单位为克每摩尔(g/mol)[$M(\frac{1}{2}O_2)=8.0$];

$m$——样品质量的数值,单位为克(g)。

# 6 检验规则

按HG/T 3921的规定进行采样及验收。

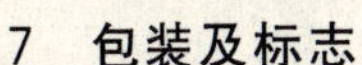

## 7 包装及标志

按 GB 15346 的规定进行包装、贮存与运输，并给出标志，其中：

包装单位：第 4、5 类；

内包装形式：NB-20、NB-21、NB-24；

隔离材料：GC-2、GC-3、GC-4、GC-5；

外包装形式：WB-1；

标签：符合 GB 15258 的规定，注明“腐蚀性物品”及“易燃液体”。

ICS 27.040
K 54

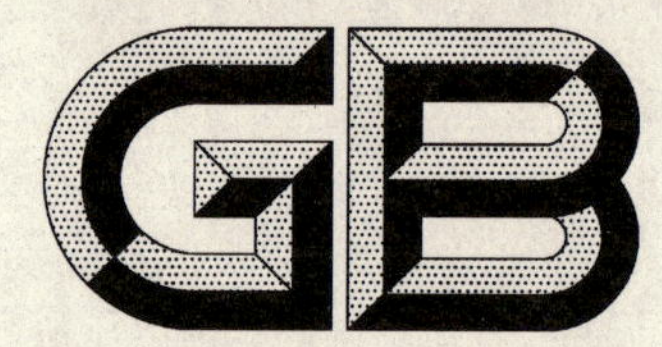

# 中华人民共和国国家标准

GB/T 754—2007
代替 GB/T 754—1965,GB/T 4773—1984

# 发电用汽轮机参数系列

# Parameter series of steam turbines for power plant

2007-12-03 发布 2008-05-01 实施

中华人民共和国国家质量监督检验检疫总局
中国国家标准化管理委员会 发布

# 前 言

本标准代替 GB/T 754—1965《汽轮机参数系列》和 GB/T 4773—1984《供热汽轮机参数系列》。本标准与旧标准相比主要变化如下：

——本标准的名称改为“发电用汽轮机参数系列”；

——旧标准的单位为工程单位制，本标准改为国际单位制；

——本标准中的最高新蒸汽参数已由旧标准的超高压(GB/T 754—1965)及亚临界(GB/T 4773—1984)提高到超临界与超超临界；

——热电联产汽轮机的供热压力值进行了圆整；

——本标准中涉及的额定功率等级，其数值可以在其附近波动，不要求严格圆整；

——本标准增加了新蒸汽参数与新蒸汽参数流量的相应范围。

本标准的附录 A 为资料性附录。

本标准由中国电器工业协会提出。

本标准由全国汽轮机标准化技术委员会(SAC/TC 172)归口。

本标准由上海发电设备成套设计研究院、西安热工研究院有限公司负责起草。

本标准主要起草单位：东方汽轮机厂、上海汽轮机有限公司、哈尔滨汽轮机厂有限责任公司、北京北重汽轮电机有限责任公司等。

本标准所代替标准的历次版本发布情况为：

——GB/T 754—1965、GB/T 4773—1984。

# 引　言

GB/T 754已实施了三十余年,GB/T 4773也已实施了近二十年,这两个标准对汽轮机产品参数的规范化起了一定的作用。由于汽轮机设计、制造水平的发展,有必要将这两个标准合并修订成本标准。新旧标准反映了不同时期的经济体制、技术水平及标准体系的不同要求。

制定本标准的目的是:规范汽轮机的设计;使汽轮机用户了解其可能选择的方案。

# 发电用汽轮机参数系列

## 1 范围

本标准规定了发电用汽轮机的名词术语与定义、新蒸汽参数系列和运行中进汽参数允许波动范围等。

本标准适用于额定功率等级从 0.75 MW 到 1 000 MW 或更大，新蒸汽压力从 1.28 MPa 到 31 MPa 或更高的固定式发电用(凝汽式)或热电联产用(背压式、抽汽背压式、抽汽凝汽式)汽轮机。本标准不适用于核电汽轮机和蒸汽—燃气联合循环用汽轮机。

## 2 术语与定义

下列术语的定义仅适用于本标准。

2.1

**新蒸汽压力 initial steam pressure**

在汽轮机主汽阀进口处的新蒸汽额定压力，单位为 MPa。

注：本标准中凡不加说明的所有蒸汽压力单位均指绝对压力。

2.2

**新蒸汽温度 initial steam temperature**

在汽轮机主汽阀进口处的新蒸汽额定温度，单位为℃。

2.3

**新蒸汽流量 initial steam flow**

汽轮机主汽阀、调节阀进口处流入的新蒸汽质量流量，单位为 t/h。

2.4

**再热温度 reheat temperature**

在再热式汽轮机再热主汽阀(或再热主汽、调节联合阀)进口处的再热蒸汽额定温度，单位为℃。

2.5

**供热压力 heating pressure**

在背压式汽轮机排汽口处或调整抽汽式汽轮机抽汽接口处或非调整抽汽式汽轮机装于供热抽汽管上的压力调节阀出口处的额定供热蒸汽压力，单位为 MPa。

2.6

**超超临界(高效超临界)参数 ultra-supercritical(high efficiency supercritical)parameters**

高于常规超临界参数 24.2 MPa/566℃/566℃的汽轮机进汽参数，其新蒸汽温度或/和再热温度不小于 580℃，或/和新蒸汽压力不小于 28 MPa。

## 3 汽轮机新蒸汽参数系列

### 3.1 新蒸汽参数与新蒸汽流量的相应范围

新蒸汽压力与新蒸汽流量的相应范围可根据表 1 至表 3 所列的推荐数据选用。

### 3.2 非再热式汽轮机参数系列

非再热式汽轮机参数系列见表 1。

表 1 非再热式汽轮机新蒸汽参数系列

| 类别 | 新蒸汽压力<br>MPa | 新蒸汽温度<br>℃ | 新蒸汽流量<br>推荐范围<br>t/h | 仅凝汽式汽轮机适用的额定功率等级/<br>相应的大致新蒸汽流量(阀门全开)<br>MW/(t/h) |
|---|---|---|---|---|
| 低压 | 1.28 | 340 | 5～10 | 0.75/5 1/10 |
| 次中压 | 2.35 | 390 | 10～20 | 1.5/10 3/20 |
| 中压 | 3.43 | 435 450 470 | 20～120 | 3/20 6/40 12/70 20/100 25/120 |
| 次高压 | 4.90 | 435 450 470 | 30～150 | 6/30 12/65 20/90 25/110 35/150 |
| | 5.88 | 460 470 | | |
| 高压 | 8.8 | 535 | 100～410 | 25/100、35/140、50/210、100/410 |

3.3 再热式汽轮机参数系列

再热式汽轮机参数系列见表 2。

表 2 再热式汽轮机新蒸汽参数及再热温度系列

| 类别 | 新蒸汽压力<br>MPa | 新蒸汽温度/<br>再热温度<br>℃/℃ | 新蒸汽流量<br>推荐范围<br>t/h | 仅凝汽式汽轮机适用的容量等级/<br>相应的大致新蒸汽流量(阀门全开)<br>MW/(t/h) |
|---|---|---|---|---|
| 超高压 | 12.7<br>13.2 | 535/535<br>537/537<br>538/538<br>540/540 | 400～670 | 125/400 150/480 200/670 |
| 亚临界 | 16.7<br>17.8 | 535/535<br>537/537<br>538/538<br>540/540 | 800～2 500 | 250/800 300/1 025 330/1 018(电动给水泵)<br>600/2 020 700/2 350 |
| 超临界 | 24.2 | 538/566<br>566/566 | 1 500～4 000 | 600/2 000 700/2 300<br>800/2 600 1 000/3 300 |

3.4 超超临界汽轮机参数系列

超超临界汽轮机参数系列参见表 3。

表 3 超超临界汽轮机新蒸汽参数及再热温度系列

| 类别 | | 新蒸汽压力<br>MPa | 新蒸汽温度<br>℃ | 一次再热<br>温度<br>℃ | 二次再热<br>温度<br>℃ | 新蒸汽流量<br>推荐范围<br>t/h | 仅凝汽式汽轮机适用的额定功率等级/<br>相应的大致新蒸汽流量(阀门全开)<br>MW/(t/h) |
|---|---|---|---|---|---|---|---|
| 超超临界 | 仅温度超过规定值 | 24.2<br>25<br>26 | 566<br>566<br>580<br>593<br>600 | 580<br>593<br>580<br>593<br>600 | 不推荐 | ≥1 800 | 600/1 800<br>700/2 100<br>800/2 400<br>1 000/3 000 |

表 3（续）

<table>
<tr><th colspan="2">类别</th><th>新蒸汽压力<br>MPa</th><th>新蒸汽温度<br>℃</th><th>一次再热<br>温度<br>℃</th><th>二次再热<br>温度<br>℃</th><th>新蒸汽流量<br>推荐范围<br>t/h</th><th>仅凝汽式汽轮机适用的额定功率等级/<br>相应的大致新蒸汽流量(阀门全开)<br>MW/(t/h)</th></tr>
<tr><td rowspan="2">超超临界</td><td>仅压力超过规定值</td><td>28<br>31</td><td>566</td><td>566</td><td>566</td><td rowspan="2">≥2 000</td><td>600/2 000<br>700/2 150<br>800/2 450<br>1 000/3 050</td></tr>
<tr><td>压力温度均超过规定值</td><td>28<br>31</td><td>580<br>593<br>600</td><td>580<br>593<br>600</td><td>580<br>593<br>600</td><td>600/2 000<br>700/2 000<br>800/2 300<br>900/2 700<br>1 000/2 900</td></tr>
</table>

## 4 运行中汽轮机进汽参数允许波动范围

### 4.1 非再热式汽轮机进汽参数允许波动范围

a) 进汽压力允许波动范围见表 4。

表 4 进汽压力允许波动范围

| 类　别 | 压力允许波动值/MPa |
|---|---|
| 中压、次中压及低压 | ±0.2 |
| 次高压及高压 | ±0.5 |

b) 进汽温度允许波动范围见表 5。

表 5 进汽温度允许波动范围

单位为摄氏度

| 进 汽 温 度 | 温度允许波动范围 |
|---|---|
| 535 | －10～＋5 |
| 435～470 | －15～＋10 |
| 390 | －20～＋10 |
| 340 | ±20 |

### 4.2 再热式汽轮机进汽参数允许波动范围

a) 进汽压力

——任何 12 个月运行期中，进口处的平均压力不超过额定进汽压力；

——正常运行最高压力不超过额定值 105％；

——偶然出现不超过额定值 120％的总时间在任何 12 个月运行期中不超过 12 h。

b) 进汽温度及再热温度

——任何 12 个月运行期中，进口处的平均温度不超过额定温度；

——正常运行时最高温度不超过额定值 8 ℃；

——任何 12 个月运行期中，超过额定值 8 ℃，不超过 14 ℃的总时间不超过 400 h；

——任何 12 个月运行期中，超过额定值 14 ℃，不超过 28 ℃的总时间不超过 80 h，每次不超过 15 min；

——任何 12 个月运行期中，不允许超过额定值 28 ℃。

### 4.3 超超临界汽轮机进汽参数允许波动范围

超超临界汽轮机的进汽参数允许波动范围由供需双方商定。

# 附 录 A
（资料性附录）
## 热电联产汽轮机供热压力系列及可调范围

热电联产汽轮机供热压力系列及可调范围见表 A.1，其具体值应由供需双方商定。

表 A.1 热电联产汽轮机供热压力系列及可调范围

| 供热压力 MPa | 0.05 | 0.08 | 0.12 | 0.20 | 0.25 | 0.30 | 0.50 | 0.70 | 1.0 |
|---|---|---|---|---|---|---|---|---|---|
| 可调范围 MPa | ±0.04 | ±0.04 | +0.13<br>−0.05 | ±0.1 | ±0.1 | ±0.1 | +0.2<br>−0.1 | +0.2<br>−0.1 | +0.3<br>−0.2 |

| 供热压力 MPa | 1.3 | 1.6 | 2.0 | 2.5 | 3.0 | 3.7 | 4.1 | 4.4 |
|---|---|---|---|---|---|---|---|---|
| 可调范围 MPa | ±0.3 | ±0.3 | ±0.3 | ±0.2 | ±0.2 | ±0.2 | ±0.2 | ±0.2 |

ICS 91.140.60
N 12

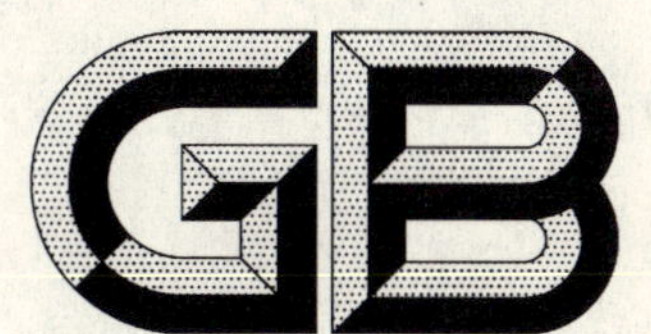

# 中华人民共和国国家标准

GB/T 778.1—2007/ISO 4064-1:2005
代替 GB/T 778.1—1996

# 封闭满管道中水流量的测量 饮用冷水水表和热水水表 第1部分:规范

**Measurement of water flow in fully charged closed conduits—Meters for cold potable water and hot water—Part 1:Specifications**

(ISO 4064-1:2005,IDT)



2007-09-12 发布　　2008-05-01 实施

中华人民共和国国家质量监督检验检疫总局
中国国家标准化管理委员会 发布

# 前　言

GB/T 778《封闭满管道中水流量的测量　饮用冷水水表和热水水表》由以下3部分组成：

——第1部分：规范；

——第2部分：安装要求；

——第3部分：试验方法和试验设备。

本部分是GB/T 778的第1部分。

本部分等同采用ISO 4064-1:2005《封闭满管道中水流量的测量　饮用冷水水表和热水水表　第1部分：规范》。

本部分等同翻译ISO 4064-1:2005(英文版)。

本部分在制定时按GB/T 1.1—2000《标准化工作导则　第1部分：标准的结构和编写规则》和GB/T 20000.2—2001《标准化工作指南　第2部分：采用国际标准的规则》的有关规定做了如下编辑性修改：

——删除了ISO国际标准的前言；

——将"ISO 4064的本部分"改成"GB/T 778的本部分"；

——原国际标准的引导语按GB/T 1.1—2000的规定改成规范性引用文件的引导语；

——用小数点"."代替作为小数点的逗号"，"；

——在3.7相对误差后加了符号"ε"；

——原国际标准3.53以后术语的编号有误，本部分做了更正；

——6.7.1中，原国际标准的"5.4规定的最大允许误差"有误，现更正为"5.2规定的最大允许误差"；

——6.7.5.3中，原国际标准的"电源电压：标称电压($U_{nom}$)±5%；电源频率：标称频率($f_{nom}$)±2%"的表述方式不符合我国规定，本部分按GB/T 1.1的规定改成"电源电压：标称电压($U_{nom}$)，允差±5%；电源频率：标称频率($f_{nom}$)，允差±2%"；

——表10中，原6.7.5.5.7机械冲击Ⅰ的严酷度等级为"1"有误，现对照GB/T 778.3的9.3.5.1和表18改为"2"；

——为了便于理解本标准，增加了附录NA。

本部分的附录A和附录B为资料性附录，附录C为规范性附录，附录NA为国家标准增加的资料性附录。

本部分代替GB/T 778.1—1996《冷水水表　第1部分：规范》。

本部分与GB/T 778.1—1996相比主要变化如下：

a)　标准适用范围扩大：

——由冷水水表扩大为冷水水表和热水水表；

——由容积式和速度式水表扩大为"无论采用何种技术都能连续测定流过的水体积的水表"。

b)　水表口径与长度尺寸的关系有优选和任选2种。

c)　增加了复式水表和同轴水表的相关条文。

d)　对水表的流量参数及其关系重新做了规定。

e)　删除了水表接管尺寸的规定条文。

f)　增加了水表的温度等级和压力等级条文。

g)　增加了"流动剖面灵敏度等级"的相关条文。

h) 增加了“对电子水表和带电子装置水表的要求”的相关条文。

i) 删除了水表计量等级规定的条文。

本部分由中国机械工业联合会提出。

本部分由全国工业过程测量和控制标准化技术委员会第一分技术委员会归口。

本部分负责起草单位:上海工业自动化仪表研究所。

本部分参加起草单位:宁波水表股份有限公司、北京京兆水表有限责任公司、福州水表厂、上海水表厂、浙江省计量科学研究院、成都水表厂、天津市联昌水表技术有限公司、天津市津水仪表有限公司、东海仪表水道有限公司、重庆智能水表有限责任公司、苏州自来水表业有限公司、无锡市水表有限责任公司、南京自来水总公司水表厂。

本部分主要起草人:李明华、叶显苍、陈含章、洪恩钊、王和琪、詹志杰。

本部分参加起草人:(按姓氏笔划排列)丁学著、王汝伦、陈国建、陈峥嵘、陆聪文、杨宗贤、林志良、唐士安、魏庆华。

本部分所代替标准的历次版本发布情况:

——GB 778—1984;

——GB/T 778.1—1996。

# 封闭满管道中水流量的测量
# 饮用冷水水表和热水水表
# 第1部分:规范

## 1 范围

GB/T 778的本部分规定了饮用冷水水表和热水水表的术语和定义、技术特性、计量特性和压力损失要求。本部分适用于最高允许工作压力(MAP)大于等于1 MPa[1](管道公称通径$DN \geqslant 500$ mm的水表为0.6 MPa)、最高允许工作温度(MAT)饮用冷水水表为30℃、热水水表按等级最高可达到180℃的各种水表。

GB/T 778的本部分也适用于基于电或电子原理以及基于机械原理带电子装置、用于计量饮用冷水和热水实际体积流量的水表。本部分同样适用于通常作为选装件的电子辅助装置。

GB/T 778的本部分的技术条件适用于被定义为积算计量仪表、采用任何技术连续测定流过的水体积的水表。

注:若涉及国家法规,则国家法规高于GB/T 778的本部分的规定。

## 2 规范性引用文件

下列文件中的条款通过本部分的引用而成为本部分的条款。凡是注日期的引用文件,其随后所有的修改单(不包括勘误的内容)或修订版均不适用于本部分,然而,鼓励根据本部分达成协议的各方研究是否可使用这些文件的最新版本。凡是不注日期的引用文件,其最新版本适用于本部分。

GB/T 321—2005 优先数和优先数系(ISO 3:1973,IDT)

GB/T 778.3—2007 封闭满管道中水流量的测量 饮用冷水水表和热水水表 第3部分:试验方法和试验设备(ISO 4064-3:2005,IDT)

GB/T 18660 封闭管道中导电液体流量的测量 电磁流量计的使用方法(GB/T 18660—2002,idt ISO 6817:1992)

ISO 228-1 非密封管螺纹 第1部分:尺寸、公差和标志

ISO 7005-2 金属法兰 第2部分:铸铁法兰

ISO 7005-3 金属法兰 第3部分:铜合金法兰和复合材料法兰

OIML D 11:1994 电子测量仪表的一般要求

OIML V 1:2000 国际法制计量词汇(VIML)

OIML V 2:1993 国际计量学基本和通用术语(VIM)

## 3 术语和定义

OIMLV1和OIMLV2确立的以及下列术语和定义适用于GB/T 778的本部分。

注:3.27~3.43的术语主要涉及电和电子装置。

3.1

**流量 flowrate**

***Q***

流过水表的实际水体积与该体积流过水表所用时间之商。

---

1) 0.1 MPa=1 bar

3.2

**实际体积　actual volume**

$V_a$

任意时间内流过水表的水的总体积。

实际体积是水表的被测量。

3.3

**指示体积　indicated volume**

$V_i$

对应于实际体积,水表所显示的水体积。

3.4

**最大允许误差　maximum permissible error**

**MPE**

GB/T 778 的本部分允许的水表相对示值误差的极限值。

3.5

**额定工作条件　rated operating conditions**

**ROC**

给出各种影响因数数值范围的使用条件。在此条件下,水表的示值误差应在最大允许误差范围内。

3.6

**极限条件　limiting conditions**

**LC**

要求水表承受而无损坏,随后在额定工作条件下工作时其示值误差不超出允许范围的极端条件,包括流量、温度、压力、湿度和电磁干扰(EMI)。

注 1:极限条件包括上限条件和下限条件。

注 2:储存、运输和工作的极限条件可能并不相同。

3.7

**相对误差　relative error**

$\varepsilon$

示值误差除以实际体积,以百分数表示。

3.8

**示值误差　error of indication**

指示体积减去实际体积。

3.9

**常用流量　permanent flowrate**

$Q_3$

额定工作条件下的最大流量。在此流量下,水表应正常工作并符合最大允许误差要求。

3.10

**过载流量　overload flowrate**

$Q_4$

要求水表在短时间内能符合最大允许误差要求,随后在额定工作条件下仍能保持计量特性的最大流量。

3.11

**最小流量　minimum flowrate**

$Q_1$

要求水表的示值符合最大允许误差的最低流量。

3.12

**分界流量　transitional flowrate**

$Q_2$

出现在常用流量 $Q_3$ 和最小流量 $Q_1$ 之间、将流量范围划分成各有特定最大允许误差的“高区”和“低区”两个区的流量。

3.13

**最低允许工作温度　minimum admissible working temperature**

**mAT**

给定内压条件下水表能够持久承受且计量特性不会劣化的最低温度。

3.14

**最高允许工作温度　maximum admissible working temperature**

**MAT**

给定内压条件下水表能够持久承受且计量特性不会劣化的最高温度。

注：mAT 和 MAT 分别是额定工作温度的下限值和上限值。

3.15

**最低允许工作压力　minimum admissible working pressure**

**mAP**

额定工作条件下水表能够持久承受且计量特性不会劣化的最低压力。

3.16

**最高允许工作压力　maximum admissible working pressure**

**MAP**

额定工作条件下水表能够持久承受且计量特性不会劣化的最高压力。

注：mAP 和 MAP 分别是额定工作压力的下限值和上限值。

3.17

**工作温度　working temperature**

$T_w$

在水表的上、下游测得的管道中的平均水温。

3.18

**工作压力　working pressure**

$p_w$

在水表的上、下游测得的管道中的平均水压。

3.19

**压力损失　pressure loss**

$\Delta p$

在给定流量下，管道中存在水表所造成的水头损失。

3.20

**管道式水表　in-line meter**

利用水表端部的连接件(螺纹或法兰)直接安装在封闭管道中的一种水表。

3.21

**复式水表　combination meter**

由一个大流量水表、一个小流量水表和一个转换装置组成的一种管道式水表。转换装置根据流经水表的流量大小自动引导水流流过小流量水表或者大流量水表,或者同时流过两个水表。

注:水表的读数由两个独立的积算器给出,或者由一个积算器将两个水表上的数值相加后给出。

3.22

**同轴水表　concentric meter**

利用被称作集合管的过渡管件接入封闭管道的一种水表。水表和集合管的进口和出口通道在两者之间的接合部位是同轴的。

3.23

**同轴水表集合管　concentric meter manifold**

同轴水表的专用连接管件。

3.24

**整体式水表　complete meter**

测量传感器(包括流量检测元件)和计算器(包括指示装置)不可分离的水表。

3.25

**分体式水表　combined meter**

测量传感器(包括流量检测元件)和计算器(包括指示装置)可分离的水表。

3.26

**流量检测元件　flow sensor**

**体积检测元件　volume sensor**

水表内检测流过水表的水流量或水体积的部件(例如圆盘、活塞、转盘、涡轮或电磁线圈)。

3.27

**测量传感器　measurement transducer**

水表内将被测水流量或水体积转换成信号传送给计算器的部件。

注1:测量传感器可以基于机械原理、电原理或电子原理,可以自激或使用外部电源。

注2:GB/T 778的本部分所述的测量传感器包括流量检测元件或体积检测元件。

3.28

**计算器　calculator**

接收传感器和相关测量仪表的输出信号并将其转换成测量结果的水表部件。如果条件许可,在测量结果未被采用之前还可将其存入存储器。

注:此外,计算器还能与辅助装置进行双向通信。

3.29

**指示装置　indicating device**

连续或按要求显示测量结果的水表部件。

注:测量结束时提供示值的打印装置不属于指示装置。

3.30

**主示值　primary indication**

受法制计量管理的(显示、打印或储存的)示值。

3.31

**调整装置　adjustment device**

水表中只允许误差曲线偏移至与其本身基本平行,使示值的相对误差处于最大允许误差范围内的装置。

3.32

**校正装置　correction device**

连接或安装在水表中,在计量条件下根据被测水的流量和(或)特性(例如:温度和压力)以及预先确定的校准曲线自动修正体积的装置。

注：被测水的特性可以用相关测量仪表进行测量，或者储存在仪表的存储器中。

3.33

**辅助装置　ancillary device**

用于执行某一特定功能，直接参与产生、传输或显示测量结果的装置。

注：辅助装置主要有以下几种：

——调零装置；

——价格指示装置；

——重复指示装置；

——打印装置；

——存储装置；

——税控装置；

——预调装置；

——自助装置。

3.34

**相关测量仪表　associated measuring instruments**

连接在计算器、校正装置或转换装置上，用于测量水的某些特征量以便进行校准和（或）转换的仪表。

3.35

**电子装置　electronic device**

采用电子组件执行特定功能的装置。

注1：通常电子装置都做成独立的单元，可以单独测试。

注2：上述电子装置可以是整体式水表，也可以是水表的部件。

3.36

**电子组件　electronic sub-assembly**

由电子元件组成、本身具备识别功能的电子装置部件。

3.37

**电子元件　electronic component**

利用半导体、气体或真空中的电子或空穴导电原理的最小物理实体。

3.38

**检验装置　checking facility**

带电子装置的水表中用于检测和修正明显差错的装置。

注：检验传送装置的目的是验证接收装置是否完整接收到传送的全部信息（仅限于此信息）。

3.39

**自动检验装置　automatic checking facility**

无需操作人员干预其工作的检验装置。

3.40

**P型永久自动检验装置　type P permanent automatic checking facility**

在整个测量过程中持续工作的永久自动检验装置。

3.41

**I型间歇自动检验装置　type I intermittent automatic checking facility**

以一定的时间间隔或固定的测量周期数间歇工作的自动检验装置。

3.42

**N 型非自动检验装置 type N non-automatic checking facility**

需要操作人员干预的非自动检验装置。

3.43

**电源装置 power supply device**

利用一个或几个交流或直流电源向电子装置提供所需电能的装置。

3.44

**差错 fault**

示值误差与水表基本误差之差。

3.45

**明显差错 significant fault**

量值大于“高区”最大允许误差之半的差错。

注：下例差错不属于明显差错：

——由水表本身或其检验装置内同时出现的一些相互独立的原因造成的差错；

——造成示值瞬间变化，无法作为测量结果加以解释、存储或传输的短时差错。

3.46

**影响量 influence quantity**

不属于被测量但却影响测量结果的量。

3.47

**参比条件 reference conditions**

为了测试水表的性能或对多次测量结果进行相互比对而规定的一组影响量参比值或参比范围。

3.48

**基本误差 intrinsic error**

在参比条件下确定的水表的示值误差。

3.49

**初始基本误差 initial intrinsic error**

在所有性能试验之前确定的水表的基本误差。

3.50

**影响因数 influence factor**

其值在 GB/T 778 的本部分规定的水表额定工作条件范围之内的影响量。

3.51

**扰动 disturbance**

其值在 GB/T 778 的本部分规定的极限范围之内，但超出水表额定工作条件的影响量。

注：如果额定工件条件中没有对某个影响量做出规定，则该影响量就是一种扰动。

3.52

**指示装置一次元件 first element of the indicting device**

由若干个元件组成的指示装置中附带检定标度分格分度尺的元件。

3.53

**检定标度分格 verification scale interval**

指示装置一次元件的最小分度。

3.54

**被试装置 equipment under test**

**EUT**

完整的水表、水表的组件或辅助装置。

3.55

**组件 sub-assembly**

分体式水表的测量传感器(包括流量检测元件)和指示装置(包括计算器)。

3.56

**试验流量 test flow-rate**

从经过校准的参比装置的示值计算出的试验时的平均流量。它等于通过水表的实际体积除以该体积通过水表的时间得出的商。

3.57

**公称通径 nominal diameter**

管道系统部件尺寸的字母数字标志,仅供参考用。

注:公称通径由字母 DN 后接一个无量纲整数组成,该整数间接表示以毫米为单位的连接端内径或外径的实际尺寸。

3.58

**转换装置 conversion device**

根据液体的特性(温度、压力、密度、相对密度),将计量条件下的被测体积自动转换成基本条件下的体积或质量的装置。液体的特性由相关测量仪表测取,或者由自动检验装置按一定的时间间隔或按固定的测量周期数储存在存储器中。

## 4 技术特性

### 4.1 管道式水表

#### 4.1.1 水表口径和总尺寸

水表的口径以连接端的螺纹尺寸或法兰的公称通径表示。每一种水表口径均相应有一组固定的总尺寸。水表的尺寸如图1所示,应符合表1的规定。

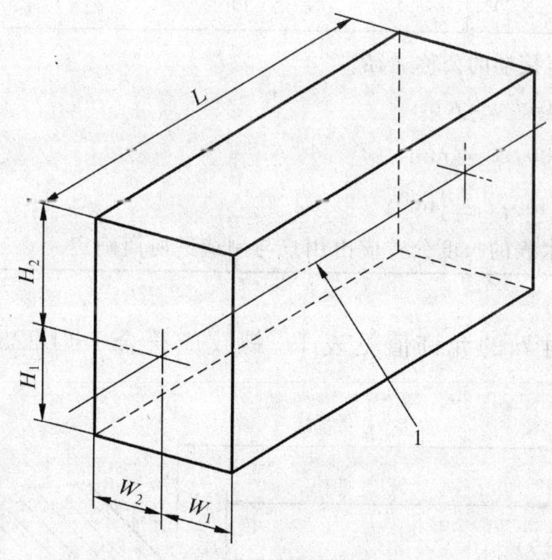


图中:

1——管道轴线。

注:$H_1$、$H_2$、$L$、$W_1$ 和 $W_2$ 分别表示能容纳水表的一个立方体的高、长和宽(表盖垂直于关闭位置)。$H_1$,$H_2$,$W_1$,$W_2$ 是最大尺寸。$L$ 是个固定值,有规定的公差。

**图1 水表口径和总尺寸**

表 1 水表尺寸

单位为毫米

| 口径 $DN^a$ | $a_{min}$ | $b_{min}$ | $L^b$（优选） | $L^b$（可选） | $W_1$;$W_2$ | $H_1$ | $H_2$ |
|---|---|---|---|---|---|---|---|
| 15 | 10 | 12 | 165 | 80,85,100,105,110,114,115,130,134,135,145,170,175,180,190,200,220 | 65 | 60 | 220 |
| 20 | 12 | 14 | 190 | 105,110,115,130,134,135,165,175,195,200,220,229 | 65 | 60 | 240 |
| 25 | 12 | 16 | 260 | 110,150,175,200,210,225,273 | 100 | 65 | 260 |
| 32 | 13 | 18 | 260 | 110,150,175,200,230,270,300,321 | 110 | 70 | 280 |
| 40 | 13 | 20 | 300 | 200,220,245,260,270,387 | 120 | 75 | 300 |
| 50 | | | 200 | 170,245,250,254,270,275,300,345,350 | 135 | 216 | 390 |
| 65 | | | 200 | 170,270,300,450 | 150 | 130 | 390 |
| 80 | | | 200 | 190,225,300,305,350,425,500 | 180 | 343 | 410 |
| 100 | | | 250 | 210,280,350,356,360,375,450,650 | 225 | 356 | 440 |
| 125 | | | 250 | 220,275,300,350,375,450 | 135 | 140 | 440 |
| 150 | | | 300 | 230,325,350,450,457,500,560 | 267 | 394 | 500 |
| 200 | | | 350 | 260,400,500,508,550,600,620 | 349 | 406 | 500 |
| 250 | | | 450 | 330,400,600,660,800 | 368 | 521 | 500 |
| 300 | | | 500 | 380,400,800 | 394 | 533 | 533 |
| 350 | | | 500 | 420,800 | 270 | 300 | 500 |
| 400 | | | 600 | 500,550,800 | 290 | 320 | 500 |
| 500 | | | 600 | 500,625,680,770,800,900,1000 | 365 | 380 | 520 |
| 600 | | | 800 | 500,750,820,920,1000,1200 | 390 | 450 | 600 |
| 800 | | | 1200 | 600 | 510 | 550 | 700 |
| >800 | | | 1.25×DN | DN | 0.65×DN | 0.65×DN | 0.75×DN |

a DN:法兰连接端和螺纹连接端的公称通径。

b 长度公差:DN 15～DN 40: $_{-2}^{\ 0}$mm;

DN 50～DN 300: $_{-3}^{\ 0}$mm;

DN 350～DN 400: $_{-5}^{\ 0}$mm。

DN 400 以上水表的长度公差应由用户与制造厂协商确定。

4.1.2 **螺纹连接端**

螺纹连接端尺寸 $a$ 和尺寸 $b$ 的允许值见表 1。螺纹应符合 ISO 228-1 的规定。图 2 定义了尺寸 $a$ 和尺寸 $b$。

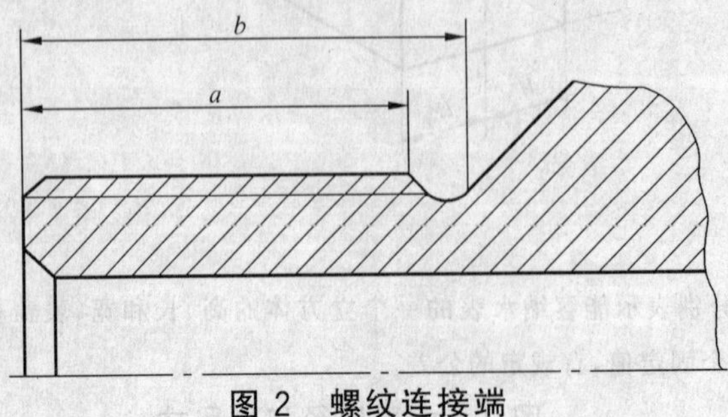


图 2 螺纹连接端

4.1.3 **法兰连接端**

法兰连接端的最大压力等于水表的最大压力，应符合 ISO 7005-2 和 ISO 7005-3 的相关规定。尺寸见表 1。

制造厂应在法兰背面留出一定的间隙以方便安装和拆卸。

4.1.4 **复式水表的连接**

尺寸见表 2。

复式水表的总长度可以是固定的，也可以利用滑动管接头进行调节。在可调节情况下，水表总长度的最小可调节量应为表 2 规定的公称 $L$ 值的±15 mm。

各种类型复式水表的高度差异很大，目前还不可能使高度尺寸标准化。

**表 2 带法兰连接端的复式水表**

单位为毫米

| 口径 DN[a] | $L$（优选） | $L$（可选） | $W_1$;$W_2$ |
|---|---|---|---|
| 50 | 300 | 270,432,560,600 | 220 |
| 65 | 300 | 650 | 240 |
| 80 | 350 | 300,432,630,700 | 260 |
| 100 | 350 | 360,610,750,800 | 350 |
| 125 | 350 | 850 | 350 |
| 150 | 500 | 610,1000 | 400 |
| 200 | 500 | 1160,1200 | 400 |

a DN：法兰连接端的公称通径。

4.2 **同轴水表**

4.2.1 **总则**

本节内容包含水表口径和总尺寸的必要信息。附录 A 提供了两种水表集合管接头的结构图。随着同轴水表和集合管设计的发展，本节和附录的内容将作相应修改。

4.2.2 **水表口径和总尺寸**

现行的水表结构尺寸如图 3 和表 3 所示。

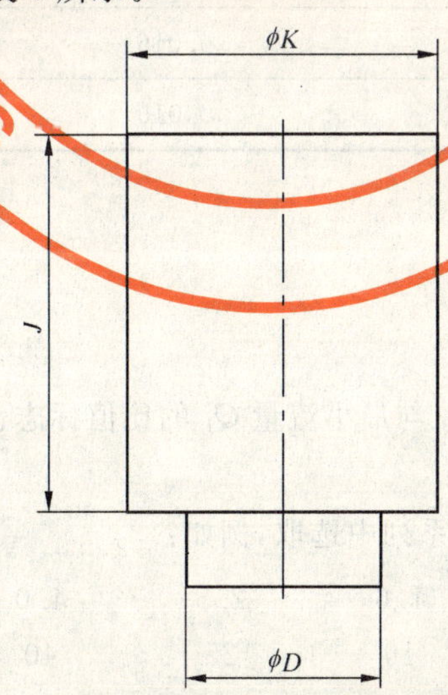


图 3 同轴水表的尺寸

表 3 同轴水表的尺寸

单位为毫米

| 类型 | $D^{a}$ | $J^{b}$ | $\phi K^{b}$ |
|---|---|---|---|
| 1型 | (G1½B) | 220 | 110 |
| 2型 | (G2B) | 220 | 135 |
| 3型 | (M62×2) | 220 | 135 |

[a] 由制造厂选择采用公制螺纹或者英制螺纹。

[b] $J$ 和 $K$ 分别代表围绕水表的圆柱体的高度和直径。

#### 4.2.3 水表集合管接头的设计

水表的接头应设计成利用螺纹将水表连接到具有螺纹连接面的集合管上。入口接头与水表/集合管外部之间，或者水表/集合管接口处的入口与出口通道之间应采取适当的密封措施，以保证不发生泄漏。

#### 4.2.4 同轴水表的尺寸

同轴水表的尺寸可以用一个能容纳水表的圆柱体来说明。(见图 3 和表 3)。

注：如果有独立的指示装置或计算器，则图 3 规定的总尺寸仅适用于测量传感器的外壳。

### 4.3 压力损失

额定工作条件下的最大压力损失应不超过 0.063 MPa(0.63 bar)，其中包括作为水表部件的过滤器或滤网。

制造厂应从表 4 所示 GB/T 321—2005 的 R5 系列数值中选取压力损失等级。

任何类型和测量原理的同轴水表都应连同集合管一起进行试验。

表 4 压力损失等级

| 等级 | 最大压力损失 | |
|---|---|---|
| | MPa | bar |
| $\Delta p$ 63 | 0.063 | 0.63 |
| $\Delta p$ 40 | 0.040 | 0.40 |
| $\Delta p$ 25 | 0.025 | 0.25 |
| $\Delta p$ 16 | 0.016 | 0.16 |
| $\Delta p$ 10 | 0.010 | 0.10 |

## 5 计量要求

### 5.1 计量特性

#### 5.1.1 水表代号和常用流量($Q_3$)

水表按常用流量 $Q_3$($m^3/h$)及 $Q_3$ 与最小流量 $Q_1$ 的比值标志。

常用流量 $Q_3$($m^3/h$)的数值应：

a) 从 GB/T 321—2005 的 R5 系列中选取，例如：

| | | | | |
|---|---|---|---|---|
| 1.0 | 1.6 | 2.5 | 4.0 | 6.3 |
| 10 | 16 | 25 | 40 | 63 |
| 100 | 160 | 250 | 400 | 630 |
| 1000 | 1600 | 2500 | 4000 | 6300 |

(此列表可向该系列的更高值或更低值扩展),或者

b) 从下列值中选取:(1.5);(3.5);(6);(15);(20)

注:至2009年4月30日过渡期结束后,b)项中的数值将从GB/T 778的本部分中删除。

### 5.1.2 测量范围

流量测量范围由$Q_3/Q_1$的比值确定。其数值应:

a) 从GB/T 321—2005的R10系列中选取,例如:

| 10 | 12.5 | 16 | 20 | 25 | 31.5 | 40 | 50 | 63 | 80 |
|---|---|---|---|---|---|---|---|---|---|
| 100 | 125 | 160 | 200 | 250 | 315 | 400 | 500 | 630 | 800 |

(此列表可向该系列中的更高值扩展),或者

b) 从下列值中选取:(15);(35);(60);(212)

注:至2009年4月30日过渡期结束后,b)项中的数值将从GB/T 778的本部分中删除。

### 5.1.3 常用流量($Q_3$)与过载流量($Q_4$)的关系

$$Q_4/Q_3=1.25$$

### 5.1.4 分界流量($Q_2$)与最小流量($Q_1$)的关系

分界流量应根据下式之一确定:

a) $Q_2/Q_1=1.6$

b) 如果$Q_3/Q_2>5$,则$Q_2/Q_1=(1.5);(2.5);(4);(6.3)$

注:至2009年4月30日过渡期结束后,b)项中的数值将从GB/T 778的本部分中删除。

### 5.1.5 参比流量

参比流量$=0.7\times(Q_2+Q_3)\pm0.03\times(Q_2+Q_3)$

## 5.2 最大允许误差

### 5.2.1 使用中的最大允许误差

使用中水表的最大允许误差应为5.2.3和5.2.4给出的最大允许误差的两倍。

### 5.2.2 相对误差(ε)

相对误差以百分数表示:

$$\varepsilon=\frac{(V_i-V_a)}{V_a}\times100 \qquad \cdots\cdots(1)$$

式中:

$V_i$——指示体积;

$V_a$——实际体积。

### 5.2.3 低区的最大允许误差

水温在额定工作条件规定范围以内时,以最小流量($Q_1$)与分界流量($Q_2$)(不包括$Q_2$)之间的流量排出的体积的最大允许误差为±5%。

### 5.2.4 高区的最大允许误差

以分界流量($Q_2$)(包括$Q_2$)与过载流量($Q_4$)之间的流量排出的体积的最大允许误差:

——水温≤30℃时为±2%;

——水温>30℃时为±3%。

### 5.2.5 误差的符号

如果水表测量范围内所有误差的符号都相同,则至少其中的一个误差应小于最大允许误差(MPE)的二分之一。

5.2.6 逆流

制造厂应指明水表是否可以计量逆流。如果可以计量逆流,应从显示体积中减去逆流体积,或者分开记录。正向流和逆流的最大允许误差应相同。

不能计量逆流的水表应能防止逆流,或者能承受意外逆流而不致造成正向流计量性能发生任何下降或变化。

5.2.7 温度和压力变化的最大允许误差要求

温度和压力的变化在水表额定工作条件范围内时,水表应符合相关的最大允许误差要求。

5.2.8 带可分离计算器和测量传感器的水表

水表的计算器和测量传感器如果可分离并可与其他相同或不同结构的计算器和测量传感器互换,可以单独进行型式批准。

可分离计算器和测量传感器的最大允许误差应不超过5.2.3和5.2.4给出的值。

5.3 零流量积算读数

流量为零时,水表的积算读数应无变化。

5.4 额定工作条件(ROC)

5.4.1 水表的温度等级

水表应按水温范围分级,制造厂应按表5选择水温范围。

水温应在水表的入口处测量。

表5 温度等级

| 等　级 | 最低允许工作温度(mAT)/℃ | 最高允许工作温度(MAT)/℃ | 参比条件/℃ |
|---|---|---|---|
| T30 | 0.1 | 30 | 20 |
| T50 | 0.1 | 50 | 20 |
| T70 | 0.1 | 70 | 20;50 |
| T90 | 0.1 | 90 | 20;50 |
| T130 | 0.1 | 130 | 20;50 |
| T180 | 0.1 | 180 | 20;50 |
| T30/70 | 30 | 70 | 50 |
| T30/90 | 30 | 90 | 50 |
| T30/130 | 30 | 130 | 50 |
| T30/180 | 30 | 180 | 50 |

5.4.2 水表的压力等级

5.4.2.1 允许水压

评估最高允许工作压力时,应测量水表入口上游的水压,评估最低允许工作压力时,应测量水表出口下游的水压。

最低允许工作压力mAP应为30 kPa(0.3 bar)。

水表的最高允许压力等级对应于ISO系列的各种最高允许工作压力值,如表6所示,由制造厂选定。

5.4.2.2 内压

水表应能承受表6中各个对应等级的内压。应根据GB/T 778.3的规定进行相应的试验。

表 6 水压等级

| 等 级 | 最高允许工作压力(MAP)/MPa(bar) | 参比条件/MPa(bar) |
|---|---|---|
| MAP 6[a] | 0.6(6) | 0.2(2) |
| MAP 10 | 1.0(10) | 0.2(2) |
| MAP 16 | 1.6(16) | 0.2(2) |
| MAP 25 | 2.5(25) | 0.2(2) |
| MAP 40 | 4.0(40) | 0.2(2) |

a DN≥500。

5.4.2.3 同轴水表

5.4.2.2 的要求同样适用于同轴水表的压力试验。同轴水表的密封件位于同轴水表/集合管的接合面,也应对其进行试验,以保证水表的入口和出口通道之间不发生隐蔽的内部泄漏。

进行压力损失试验时,水表和集合管应一起接受试验。

5.4.3 工作压力范围

水表的工作压力范围至少应达到 1 MPa(10 bar),500 mm 及以上管径的水表除外,其工作水压范围至少应达到 0.6 MPa(6 bar)。

5.4.4 工作环境温度范围

水表的工作环境温度范围应为:5℃～55℃。带电子装置、严酷度等级为 3 级的水表的工作环境温度范围应为:－25℃～＋55℃。

5.4.5 工作环境湿度范围

水表的工作环境湿度范围在 40℃时为 0%～100%,远传读数装置在 40℃时至少为 93%。

5.4.6 工作电源范围

需要外部供电的电动或电子水表和带电子装置的水表,其工作电压变化范围应为公称交流或直流电源电压的－15%～＋10%,频率变化范围为交流电源公称频率的±2%。

5.5 流动剖面敏感度等级

水表应能承受 GB/T 778.3 的试验程序中确定的流速场异常的影响。在施加流动扰动期间,示值误差应符合 5.2.1～5.2.4 的要求。

水表制造厂应依据 GB/T 778.3 规定的相关试验的结果,按照表 7 和表 8 的等级规定流动剖面敏感度等级。

制造厂应详细说明需要使用的流动调整段,包括整直器和(或)直管段,并将其作为被检测的这一类水表的辅助装置。制造厂应提供合适的整直器和直管段,这将成为型式批准的组成部分。

表 7 对上游流速场不规则变化的敏感度等级(U)

| 等 级 | 必需的直管段(×DN) | 需要整直器 |
|---|---|---|
| U0 | 0 | 否 |
| U3 | 3 | 否 |
| U5 | 5 | 否 |
| U10 | 10 | 否 |
| U15 | 15 | 否 |
| U0S | 0 | 是 |
| U3S | 3 | 是 |
| U5S | 5 | 是 |
| U10S | 10 | 是 |

表 8　对下游流速场不规则变化的敏感度等级(D)

| 等　级 | 必需的直管段（×DN） | 需要整直器 |
| --- | --- | --- |
| D0 | 0 | 否 |
| D3 | 3 | 否 |
| D5 | 5 | 否 |
| D0S | 0 | 是 |
| D3S | 3 | 是 |

## 5.6　电子水表和带电子装置水表的要求

### 5.6.1　调整装置

水表可以配备调整装置。

### 5.6.2　校正装置

水表可配备校正装置，校正装置是水表的组成部分。所有适用于水表的要求，尤其是5.2规定的最大允许误差要求也适用于计量条件下的修正体积。

正常工作情况下应不显示未经修正的体积。

使用校正装置的目的是尽可能把误差减小到零。装有校正装置的水表必须满足6.7.3的性能试验要求。

开始测量时，应将校正所需的所有非测量参数输入计算器。型式批准试验证书可能会对检验这些参数做出规定。这些参数对于正确检定校正装置是必不可少的。

校正装置应不允许校正预测漂移，例如与时间或体积有关的漂移。

如有相关测量仪表，应符合适用的国家标准或建议，其精确度应使水表能符合5.2的要求。

相关测量仪表应按C.5的规定配备检验装置。

不得利用校正装置将水表的示值误差调整到不接近零的值，即使该值仍在最大允许误差范围内。

### 5.6.3　计算器

开始测量时，计算器中应存有产生受法制计量管理的示值所需的所有参数，如计算表或校正多项式等。

计算器可以配备接口同外部装置联接。在使用这些接口时，水表的硬件和软件应继续正常工作，其计量功能应不受影响。

### 5.6.4　电子指示装置

测量期间不强求连续显示体积。但中断显示应不中断检验装置的工作（若有检验装置）。

### 5.6.5　辅助装置

水表配备了下列任何一种装置后，应符合5.2的相关要求。

——调零装置；

——价格指示装置；

——打印装置；

——存储装置；

——预调装置；

——自助装置。

在指示装置有明确显示之前，也可以利用这些装置检测测量装置的运行情况。

如果国家法规许可，只要能保证水表正常运行并符合5.2的要求，可以把这些装置作为水表试验和检定以及远传读数的控制元件。

此类装置还可以用于水表的远传读数。无论是临时还是永久加装这些辅助装置,都应不影响水表的计量特性。

## 6 技术要求

### 6.1 水表的材料和结构要求

6.1.1 水表的制造材料的强度和耐用度应满足水表的特定使用要求。

6.1.2 水表的制造材料应不受工作温度范围内水温变化的不利影响(见 5.4.1)。

6.1.3 水表内所有接触水的零部件应采用通常认为是无毒、无污染、无生物活性的材料制造。

注:应符合国家规定。

6.1.4 整体水表的制造材料应能抗内、外部腐蚀,或进行适当的表面防护处理。

6.1.5 水表的指示装置应采用透明窗保护。还可配备一个合适的表盖作为辅助保护。

6.1.6 若水表指示装置透明窗内侧有可能形成冷凝,水表应安装消除冷凝的装置。

### 6.2 耐久性

应根据水表的常用流量 $Q_3$ 和过载流量 $Q_4$ 模拟 GB/T 778.3—2007 的表 1 中列出的工作条件,证明水表能够满足相应的耐久性要求。对于设计可测量逆流的水表,两个流动方向都应满足要求。

### 6.3 水表的调整

水表可配备调整装置,平行移动误差曲线,使误差保持在最大允许误差范围之内。

如果调整装置装在水表外,应采取铅封措施(见 6.4)。

### 6.4 检定标记和防护装置

水表上应留出位置设置重要检定标记。检定标记应设在明处,无需拆卸水表即能看到。

水表应配置可以封印的防护装置,以保证在正确安装水表前和安装后,在不损坏防护装置的情况下无法拆卸或者改动水表和(或)调整装置或校正装置。

### 6.5 电子封印

#### 6.5.1 接触参数

6.5.1.1 当机械封印不能防止对确定测量结果有影响的参数被接触时,应采用 6.5.1.2 和 6.5.1.3 的防护措施。

6.5.1.2 借助密码(关键词)或特殊装置(例如钥匙)只允许授权人员接触参数。密码应能更换。

6.5.1.3 至少应记忆最后一次干预行为。记录中应包括日期和识别实施干预的授权人员的特征要素。如果下一次干预未覆盖前一次干预的记录,至少应保证两年的追溯期。如果能记忆 2 次以上的干预,但必须删除原有记录才能记录新的干预,应删除最早的记录。

#### 6.5.2 可互换部件

6.5.2.1 水表装有用户可拆卸的可互换部件应符合 6.5.2.2 和 6.5.2.3 的规定。

6.5.2.2 若不符合 6.5.1 的规定,应无法通过拆卸点更改参与确定测量结果的参数。

6.5.2.3 应借助电子和数据处理保安措施或者机械装置防止插入任何可能影响精确度的器件。

#### 6.5.3 部件的拆卸

水表装有用户可拆卸的不可互换部件应符合 6.5.2 的规定。此外,这类水表应配备一种装置,如果各种部件不按制造厂的配置连接可阻止水表工作。

注:利用一个装置,在部件被拆卸和重新连接后阻止所有测量,就可以防止用户擅自拆卸部件。

### 6.6 指示装置

#### 6.6.1 一般要求

6.6.1.1 功能

水表的指示装置应提供易读、可靠、明确、直观的指示体积示值。

指示装置应包含测试和校准用的观察工具。

指示装置可附加元件,供采用其他方法进行测试和校准,例如自动测试和校准。

6.6.1.2 测量单位、符号及其位置

指示的水体积应以立方米表示。单位 $m^3$ 应紧接着显示数字标在度盘上。

6.6.1.3 指示范围

水表的指示范围应符合表 9 的要求。

表 9 水表的指示范围

| $Q_3/(m^3/h)$ | 指示范围(最小值)/$m^3$ |
|---|---|
| $Q_3 \leqslant 6.3$ | 9 999 |
| $6.3 < Q_3 \leqslant 63$ | 99 999 |
| $63 < Q_3 \leqslant 630$ | 999 999 |
| $630 < Q_3 \leqslant 6\ 300$ | 9 999 999 |

6.6.1.4 指示装置的颜色标志

立方米及其倍数最好用黑色显示。

立方米的约数最好用红色显示。

指针、指示标记、数字、字轮、字盘、度盘或开孔框都应使用这两种颜色。

只要能明确区分示值和备用显示(例如用于检定和测试的约数),也可以采用其他方式显示立方米、立方米的倍数和约数。

6.6.2 指示装置的类型

6.6.2.1 总则

应采用 6.6.2.2～6.6.2.4 所述的任何一种指示装置。

6.6.2.2 第 1 类:模拟式指示装置

由下述部件的连续运动指示体积:

a) 一个或多个指针相对于各分度标度移动;

b) 一个或多个标度盘或鼓轮各自通过一个指示标记。

每个分度所表示的立方米值应以 $10^n$ 的形式表示,$n$ 为正整数、负整数或零,由此建立起一个连续十进制体系。每一个标度应以立方米值分度,或者附加一个乘数(×0.001;×0.01;×0.1;×1;×10;×100;×1 000 等)。

直线移动的指针或标度应从左至右移动。

旋转移动的指针或标度盘应顺时针方向移动。

数字滚轮指示器(鼓轮)应向上转动。

6.6.2.3 第 2 类:数字式指示装置

由一个或多个开孔中的一行相邻的数字指示体积。数字滚轮指示器(鼓轮)应向上移动。

任何一个给定数字的进位应在相邻的低位数从 9 变化到 0 时完成。

最低位值的十个数字可以连续移动,开孔要足够大,以便准确读出数字。

数字的外观高度至少应达到 4 mm。

6.6.2.4 第 3 类:模拟和数字组合式指示装置

由第 1 类装置和第 2 类装置组合指示体积,两类装置应分别符合各自的要求。

6.6.3 检定装置

6.6.3.1 第一单元和检定标度分格

指示最低位值十个数的指示器称为第一单元。其最小分度值称作检定标度分格。

每一个指示装置都应具备通过第一单元进行直观、明确的检定测试和校准的手段。

目视检定显示可以连续运动，也可以断续运动。

除了目视检定显示以外，指示装置可通过附加元件(例如星轮或圆盘)，由外部附接的检测元件提供信号进行快速测试。

6.6.3.2 目视检定显示

6.6.3.2.1 检定标度分格值

以立方米表示的检定标度分格值应以公式 $1\times10^n$、$2\times10^n$ 或 $5\times10^n$ 为基础，式中 $n$ 为正整数、负整数或零。

对于控制元件连续运动的模拟和数字式指示装置，可以将控制元件两个相邻数字的间隔划分成 2、5 或 10 个等分，构成检定标度。这些分度上应不标数字。

对于控制元件不连续运动的数字指示装置，以控制元件两个相邻数字的间隔或控制元件的增量运动作为检定标度分格。

6.6.3.2.2 检定标度的形状

在控制元件连续运动的指示装置上，表面的标度间距应不小于 1 mm，不大于 5 mm。标度应由：

——宽度相等但长度不同的线条组成，线条的宽度不超过标度间距的四分之一；

——宽度等于标度间距的恒宽对比条纹组成。

指针指示端的外观宽度应不超过标度间距的四分之一，且在任何情况下都应不大于 0.5 mm。

6.6.3.2.3 指示装置的分辨率

检定标度的细分格应足够小，以保证在以最小流量 $Q_1$ 试验时，水表读数的分辨率不超过实际体积的 0.5%。试验时间应不超过 1 h 30 min。此要求适用于机械和电子两种指示装置。

当第一单元连续显示时，应允许每次读数可能有误差，读数误差应不大于最小标度分格的一半。

当第一单元断续显示时，应允许每次读数可能有一个数字的读数误差。

6.6.3.3 附加检定元件

只要读数的不确定度不大于试验体积的 0.5%，并且经检查指示装置工作正常就可以使用附加检定元件。

6.7 带电子装置的水表

6.7.1 一般要求

带电子装置的水表应设计和制造成在 GB/T 778.3 规定的扰动条件下不出现明显差错，且额定工作条件下的误差不超过 5.2 规定的最大允许误差。

6.7.2 检验装置

配备检验装置的水表除了要进行 GB/T 778.3 规定的性能试验外还应通过设计审查。

只有预付费水表和临时为用户安装的水表必须安装检验装置。

注：永久安装的预付费水表可以执行也可以不执行有关检验装置的要求，这取决于国家规定或根据水表的功能而定。例如，不用于预付费的家用水表不强制采用检验装置。

有关检验装置的要求见规范性附录 C。

不配备检验装置的水表，只要在下述条件下通过 GB/T 778.3 规定的设计审查和性能试验，就可认为符合 6.7.1 的要求：

——提供 5 台相同的水表作型式批准试验；

——5 台水表中至少有 1 台接受全套试验；

——5 台水表全部通过各项试验。

6.7.3 电子指示装置

结算装置应提供可靠、清晰、明确的被测水体积读数。

即使在计量期间也允许非永久显示，但它应能随时按要求显示体积。如果是非永久显示，则体积显示时间至少应达到10 s。

如果结算装置能够显示附加信息，则显示的信息应无歧义。

注：如果附加指示能指明当前显示信息的确切性质，或者各个显示都由独立的按钮控制，就能满足此条件。

结算装置应具有这样一种特性，即能通过例如连续显示各种字符等方式检查显示是否正常。整个过程的每一步应至少持续1 s。

以立方米表示的读数，其小数部分不必在同一个显示装置上显示。在这种情况下，读数应清楚，明确(指示器上应显示附加流量示值)。

可采用以下方式读取数值：

——结算装置上使用两个分立的显示装置；

——在同一个显示装置上分两步连续读取数值；

——使用一个可拆卸指示装置方便读取小数部分。在这种情况下，固定装置应显示水表正在以适当的分辨率计数。制造厂应在水表上提供此固定指示装置近似分辨率的信息。

### 6.7.4 电源

#### 6.7.4.1 总则

GB/T 778的本部分涉及带电子装置水表的3种不同类型的基本电源：

——外部电源；

——不可更换电池；

——可更换电池。

这3种电源可以独立使用也可以组合使用。对这3种电源的要求在6.7.4.2～6.7.4.4中叙述。

#### 6.7.4.2 外部电源

6.7.4.2.1 带电子装置的水表应设计成在外部(交流或直流)电源发生故障时，故障前的水表体积示值不会丢失，并且至少在一年之内仍能读取。

相应的数据记存至少应每天进行一次或者相当于$Q_3$流量下每10 min的体积记存一次。

6.7.4.2.2 电源中断应不影响水表的其他性能或参数。

注：符合此项规定并不一定保证水表能继续记录在电源中断期间消费的体积。

在正常计量条件下，当外部电源发生故障时，内部电池应保证水表至少能工作一个月。内部电池的寿命应标在水表上，备用时间可长达数年，外部电源发生故障时可使用一个月，这相当于储存年数加上一个月的工作时间。

6.7.4.2.3 应能有效防止擅动电源。

#### 6.7.4.3 不可更换电池

制造厂应确保电池的额定寿命能保证水表的正常工作年限至少比水表的使用寿命长一年。

注：可以预料，在确定电池和进行型式批准试验时会考虑最大允许体积、显示体积、额定工作寿命、远传读数和极端温度等综合因素。

#### 6.7.4.4 可更换电池

6.7.4.4.1 当电源为可更换电池时，制造厂应对电池的更换做出明确规定。

6.7.4.4.2 水表上应标明电池更换日期。更换电池后，水表上应标明电池已更换，并尽可能标明下一次更换电池的日期。

6.7.4.4.3 更换电池时，电源中断应不影响水表的性能或参数。此要求并不保证更换电池时水表能继续记录消费的水体积。这应根据GB/T 778.3的相关规定进行试验。

注：可以预料，在确定电池和进行型式批准试验时会考虑最大允许体积、显示体积、远传读数和温度等综合因素。同时还会考虑保存期限和非工作放电。

6.7.4.4.4　更换电池可不必损坏法定计量封印。当无需损坏法定封印就能取出电池时，应利用一个装置保护电池舱，例如由水表制造厂或管理机关授权的封印等，以防止擅自拨弄。如果更换电池必须损坏法定计量封印，国家计量机构可要求由该机构自己或由其他授权机构来更换封印。

**6.7.5　带电子装置水表的性能试验**

**6.7.5.1　总则**

本条款规定了性能试验的程序。性能试验的目的是验证带电子装置的水表可以在规定的环境和条件下正常工作。每一项试验都指明了确定基本误差的参比条件。

这些试验可以作为其他规定试验的补充。

在评定一个影响量的影响时，其他影响量应相对稳定地保持接近参比条件的值(见 6.7.5.3)。

**6.7.5.2　严酷度等级**

本标准指明了每一项性能试验的典型试验条件。这些试验条件相当于水表通常所处的气候和机械环境条件。

根据气候和机械环境条件，带电子装置的水表分成 3 个等级：

——B 级：安装在室内的固定式水表；

——C 级：安装在室外的固定式水表；

——Ⅰ级：移动式水表。

型式批准试验申请人可能会根据水表的预定用途，在提供给计量部门的文件中指明特定的环境条件。在这种情况下，计量部门按相当于这些环境条件的严酷度等级进行性能试验。如果型式批准试验被认可，铭牌上应标明相应的使用限制。制造厂应将水表的获准使用条件告知潜在用户。计量部门应查证是否符合使用条件。

带电子装置的水表分成 2 个电磁环境等级：

——E1 级：住宅、商业和轻工业；

——E2 级：工业。

**6.7.5.3　参比条件**

性能试验的参比条件如下所示：

环境气温：　20℃±5℃；

环境相对湿度：　60%±15%；

环境气压：　86 kPa～106 kPa；

电源电压：　标称电压($U_{nom}$)，允差±5%；

电源频率：　标称频率($f_{nom}$)，允差±2%；

水温：　见 5.4.1(±5℃)。

每次试验时，参比范围内温度和相对湿度的变化应分别不大于 5℃和 10%。

**6.7.5.4　电子计算器的型式批准试验**

电子计算器单独提交型式批准时，按相关标准的规定模拟各种不同的输入，对计算器进行型式批准试验。

精确度试验包括对测量结果示值的精确度试验。由于真值已考虑施加在计算器输入上的模拟量的值，因此要采用标准方法计算测量结果示值误差。最大允许误差见 5.2 的规定。

**6.7.5.5　性能试验**

**6.7.5.5.1　总则**

应依照 GB/T 778.3 相关条款的规定进行性能试验。表 10 中列出并在 6.7.5.5.2～6.7.5.5.13 中描述的试验包含水表或其装置的电子部件，试验可按任何顺序进行。

注：6.7.5.5.2～6.7.5.5.13 描述了各种情况下所要采用的试验方法和试验的目的。各条款还列出了对照引用的相关标准。所引用标准多数为 GB/T 778.3 的规范性引用文件。

表 10 性能试验

| 条款编号 | 试验项目 | 影响量的性质 | 各级水表的严酷度等级（见 OIML D11） | | |
|---|---|---|---|---|---|
| | | | B | C | I |
| 6.7.5.5.2 | 高温 | 影响因数 | 3 | 3 | 3 |
| 6.7.5.5.3 | 低温 | 影响因数 | 1 | 3 | 3 |
| 6.7.5.5.4 | 交变湿热 | 影响因数 | 1 | 2 | 2 |
| 6.7.5.5.5 | 电源变化 | 影响因数 | 1 | 1 | 1 |
| 6.7.5.5.6 | 振动(随机) | 扰动 | — | — | 2 |
| 6.7.5.5.7 | 机械冲击 | 扰动 | — | — | 2 |
| 6.7.5.5.8 | 短时功率降低 | 扰动 | 1a 和 1b | 1a 和 1b | 1a 和 1b |
| 6.7.5.5.9 | 脉冲群 | 扰动 | 2 | 2 | 2 |
| 6.7.5.5.10 | 静电放电 | 扰动 | 1 | 1 | 1 |
| 6.7.5.5.11 | 电磁敏感性 | 扰动 | 2,5,7 | 2,5,7 | 2,5,7 |
| 6.7.5.5.12 | 静磁场 | 影响因数 | — | — | — |
| 6.7.5.5.13 | 浪涌抗扰度 | 扰动 | 2 | 2 | 2 |

性能试验应考虑下列规定：

1）试验体积：有些影响量对测量结果的影响是不变的，与被测体积没有比例关系。明显差错的数值与被测体积有关。为了能将各实验室取得的结果进行比对，必须以相当于过载流量 $Q_4$ 条件下 1 min 内放出的体积进行试验。某些试验可能需要多于 1 min 的体积，在那种情况下，考虑到测量的不确定度，试验的时间应尽可能短。

2）水温影响：温度试验所关注的是环境温度而不是水温。因此可取的做法是采用一种模拟试验方法，使水温不致影响试验结果。

6.7.5.5.2 高温

| 试验方法 | 高温(非冷凝) |
|---|---|
| 试验目的 | 检验高环境气温条件下是否符合 5.2 的规定 |
| 引用标准 | GB/T 2423.2—2001[1]、GB/T 2424.1—2005[2]、GB/T 2421—1999[3] |

6.7.5.5.3 低温

| 试验方法 | 低温 |
|---|---|
| 试验目的 | 检验低环境气温条件下是否符合 5.2 的规定 |
| 引用标准 | GB/T 2423.1—2001[4]、GB/T 2424.1—2005[2]、GB/T 2421—1999[3] |

6.7.5.5.4 交变湿热

| 试验方法 | 交变湿热(冷凝) |
|---|---|
| 试验目的 | 检验高湿度结合温度循环变化后是否符合 5.2 的规定 |
| 引用标准 | IEC 60068-2-30:1980，修正 1:1985[5]、GB/T 2424.2—2005[6] |

6.7.5.5.5 电源变化

6.7.5.5.5.1 直接由交流电或交流/直流变换器供电的水表

| 试验方法 | 交流主电源变化(单相) |
|---|---|
| 试验目的 | 检验交流电网供电变化条件下是否符合 5.2 的规定 |
| 引用标准 | IEC 61000-4-11:2004[7] |

6.7.5.5.5.2 由原电池供电的水表

| 试验方法 | 直流原电池电源变化 |
|---|---|
| 试验目的 | 检验直流电源变化条件下是否符合 5.2 的规定 |
| 引用标准 | 无 |

6.7.5.5.6 振动(随机)

| 试验方法 | 随机振动 |
|---|---|
| 试验目的 | 检验随机振动后是否符合 5.2 的规定。此项试验通常仅适用于移动式水表 |
| 引用标准 | IEC 60068-2-64:1993[8]、IEC 60068-2-47:2005[9] |

6.7.5.5.7 机械冲击

| 试验方法 | 已知的机械冲击 |
|---|---|
| 试验目的 | 检验机械冲击后是否符合 5.2 的规定 |
| 引用标准 | GB/T 2423.7—1995[10]、IEC 60068-2-47:2005[9] |

6.7.5.5.8 短时功率降低

| 试验方法 | 电源电压短时中断和降低 |
|---|---|
| 试验目的 | 检验电源电压短时中断和降低条件下是否符合 5.2 的规定 |
| 引用标准 | IEC 61000-4-11:2004[7] |

6.7.5.5.9 脉冲群

| 试验方法 | 电脉冲群 |
|---|---|
| 试验目的 | 检验电源电压上叠加电脉冲群条件下是否符合 5.2 的规定 |
| 引用标准 | GB/T 17626.4—1998[11] |

6.7.5.5.10 静电放电

| 试验方法 | 静电放电 |
|---|---|
| 试验目的 | 检验直接和间接静电放电条件下是否符合 5.2 的规定 |
| 引用标准 | GB/T 17626.2—1998[12] |

6.7.5.5.11 **电磁敏感性**

| 试验方法 | 电磁场(辐射) |
|---|---|
| 试验目的 | 检验电磁场条件下是否符合 5.2 的规定 |
| 引用标准 | IEC 61000-4-3:2002[13] |

6.7.5.5.12 **静磁场**

| 试验方法 | 静磁场 |
|---|---|
| 试验目的 | 检验静磁场条件下是否符合 5.2 的规定 |
| 引用标准 | GB/T 778.3 |

6.7.5.5.13 **浪涌抗扰度**

| 试验方法 | 施加浪涌瞬态电压 |
|---|---|
| 试验目的 | 检验叠加浪涌瞬态条件下是否符合 5.2 的规定 |
| 引用标准 | IEC 61000-4-5:2001[14] |

6.8 **说明性标志**

水表上应明显、永久地标志以下信息。这些信息可以集中或分散标志在水表的外壳、指示装置的度盘、铭牌或不可分离的水表表盖上。

——测量单位:立方米($m^3$)(见 6.6.1.2)。

——$Q_3$,$Q_3/Q_1$,$Q_2/Q_1$ 的值(如果不等于 1.6)和压力损失等级[如果不同于 $\Delta p=0.063$ MPa (0.63 bar)]。

例如:$Q_3=25$,$Q_3/Q_1=200$,$Q_2/Q_1=2.5$,$\Delta p$ 10。

其中:$Q_3=25m^3/h$;

$Q_3/Q_1=200$(可表示为 R200);

$Q_2/Q_1=2.5$;

$\Delta p$ 10=0.01 MPa(0.1 bar)。

——制造厂厂名或商标。

——制造年份和编号(尽可能靠近指示装置)。

——流动方向(标志在水表壳体的两侧,如果在任何情况下都能很容易看到流动方向指示箭头,也可只标志在一侧)。

——最大允许压力,如果它超过 1 MPa(10 bar),或者,对于 DN≥500,超过 0.6 MPa(6 bar)。

——字母 V 或 H,如果水表只能在垂直或水平位置工作。

——温度等级,除 T30 外。

——型式批准标志,按国家规定。

——对速度场不均匀性的敏感度等级[2)]。

——气候和机械环境安全等级[2)]。

——电磁兼容性等级[2)]。

——提供给辅助装置的输出信号(类型/等级),如果有。

带电子装置的水表还必需标明以下内容:

——外部电源:电压和频率;

——可更换电池:更换电池的最后期限;

——不可更换电池:必须更换水表的最后期限。

2) 此信息可以由数据单另行给出,以特殊符号表明与水表的确切关系。

# 附 录 A
（资料性附录）
同轴水表集合管

## A.1 总则

目前尚无同轴水表接头的ISO标准。本附录包含了设计和制造同轴水表集合管接头的必要信息，并提供了相关信息来源。随着其他集合管结构类型的提出并纳入本标准，本附录内容将作扩充。

## A.2 同轴水表集合管的结构[15]

2种集合管连接面的结构如图A.1和图A.2所示（另见表3）。

水表的接头可设计成用配备的螺纹将水表连接到具有这种连接面的集合管上。应采用合适的密封件以保证入口接头与水表/集合管外部之间，或者水表/集合管连接面处的入口和出口通道之间不发生泄漏。

注：GB/T 778的第3部分提及此类水表需通过附加压力试验。

尺寸单位为毫米
表面粗糙度单位为微米

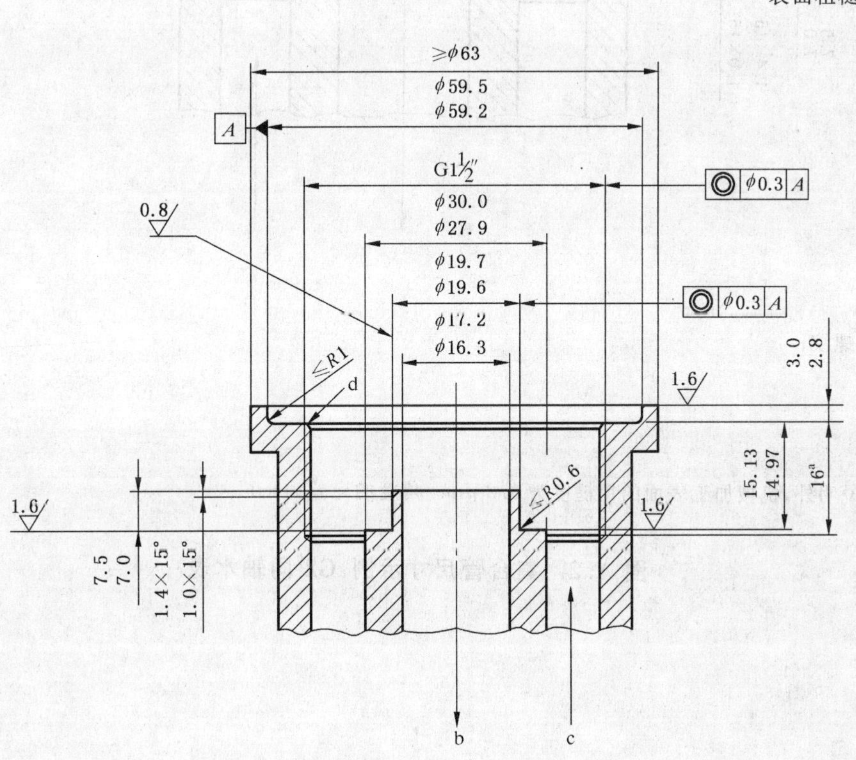


图中：

a 最小，全螺纹；

b 出水口；

c 进水口；

d 45°斜面。

注：除另有说明外，机械加工表面粗糙度为3.2 μm。角度的公差为±3°

图 A.1 集合管尺寸示例：G1½″同轴水表

尺寸单位为毫米

表面粗糙度单位为微米

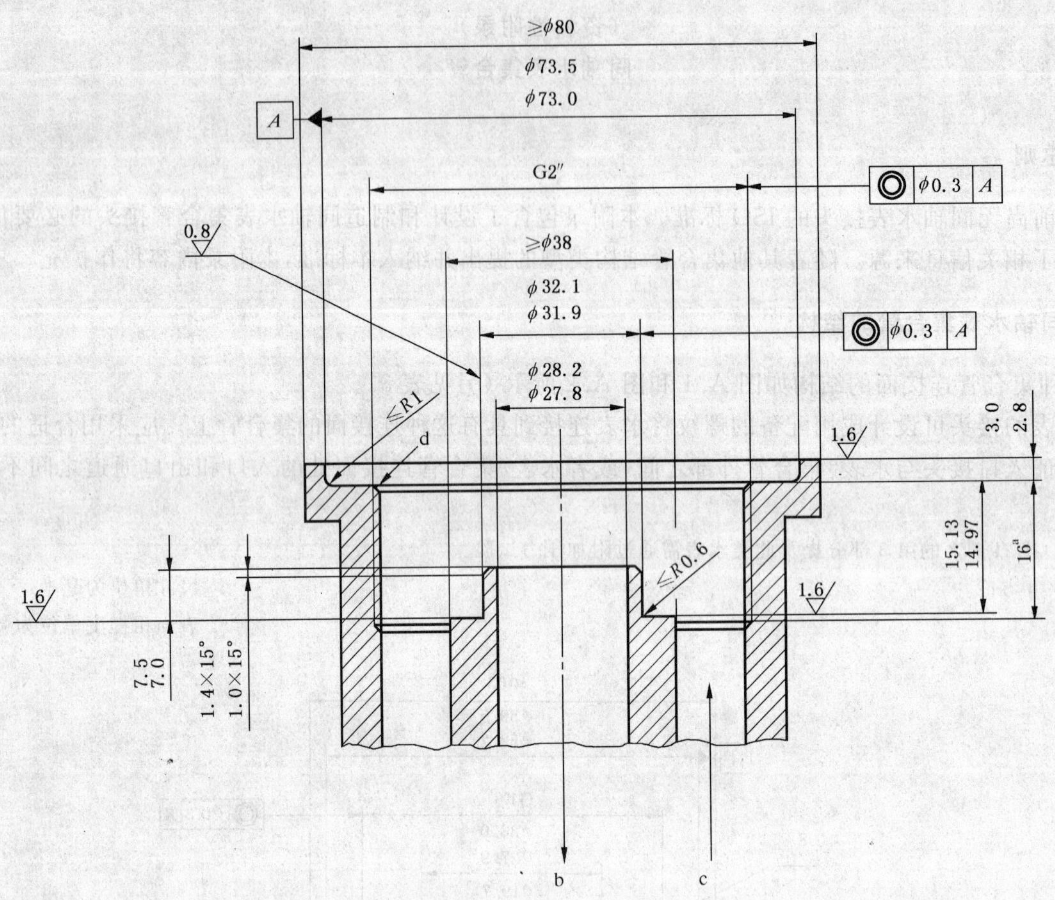


图中：

a 最小，全螺纹；

b 出水口；

c 进水口；

d 45°斜面。

注：除另有说明外，机械加工表面的粗糙度为 3.2 μm。角度的允差为±1°

**图 A.2 集合管尺寸示例：G2″同轴水表**

# 附 录 B
（资料性附录）
水表的结构特点和实际流量

## B.1 水表的结构特点

水表的结构使水表能够超出 GB/T 778 的本部分的规范要求，例如可达到的实际流量。为证明这一点，B.2 给出并举例说明了实际的连续流量、高流量、低流量和中间流量的定义。影响水表结构的因素有：结构材料（强度和耐用性，以及尽可能减少对流经水表的水的污染）、水温和工作压力、预期流量范围、最大流量下水表的压差以及工作条件下的环境温度和湿度范围。其他因素包括管道尺寸和连接端，以及诸如尺寸和可操作性等安装限制。

## B.2 水表的实际流量

### B.2.1 总则

图 B.1 所示为水表误差曲线示例。B.2.2～B.2.5 所述的术语适用于此示例。

### B.2.2 连续流量

连续流量 $Q_c$ 可定义为在正常使用条件下，即在稳定和间歇流动条件下，水表事实上能在最大允许误差范围内正常工作的最大流量。

### B.2.3 高流量

高流量 $Q_h$ 可定义为在短时间内，水表事实上能在最大允许误差范围内正常工作而性能不至于降低的最大流量。

### B.2.4 低流量

低流量 $Q_L$ 可定义为水表的实际示值能满足低区（见定义 3.12）最大允许误差要求的最小流量。

### B.2.5 中间流量

中间流量 $Q_i$ 可定义为水表的实际误差从高于高区（见定义 3.12）最大允许误差值转变成低于高区最大允许误差值的低区最大流量。

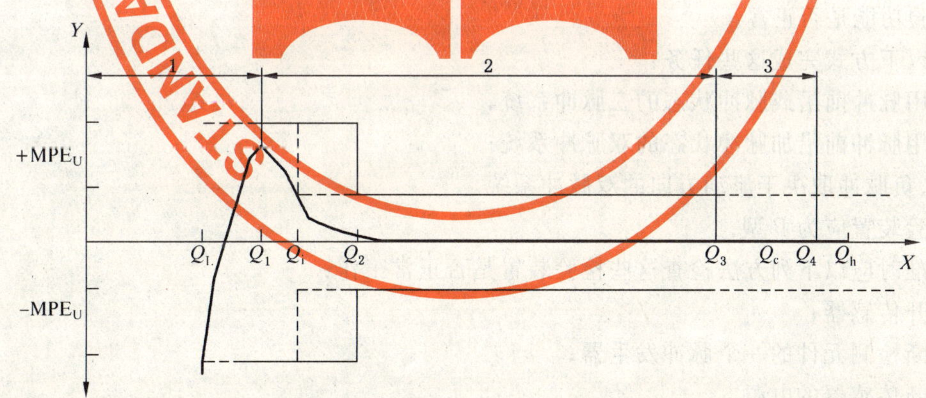


图中：

X——流量；

Y——体积流量示值误差，%；

1——极限状态（LC）；

2——额定工作条件（ROC）；

3——极限状态（LC）。

注：$Q_1$、$Q_2$、$Q_3$ 和 $Q_4$ 与第 5 章确定的水表要求有关。$Q_L$、$Q_i$、$Q_c$ 和 $Q_h$ 与本附录确定的水表的实际性能有关。

**图 B.1 水表误差曲线示例**

# 附 录 C
（规范性附录）
# 检验装置

## C.1 检验装置的作用

检验装置检测到明显差错后，应按其类型采取以下行动：

P型或Ⅰ型检验装置：

——自动纠正差错；

——当缺少了出现差错的装置水表仍能符合规定要求时，仅中止该装置工作；

——声、光报警。报警应持续至报警原因被消除为止。此外，当水表向外部设备传送数据时，应同时传送一个信息，指明出现了差错。

仪表上还可配备装置用于估算出现差错时流过水表的水体积。估算结果不能被误认为是有效示值。

在同时存在不可复位和非预付费两种测量且使用检验装置的场合下，除报警信号被传送至遥控站外不允许采用声、光报警。

注：如果遥控站可再现被测值，就不必从水表向遥控站传送报警信号和再现的被测值。

## C.2 测量传感器的检验装置

**C.2.1** 采用检验装置的目的是验证测量传感器是否存在、工作是否正常以及数据传送是否正确。

验证测量传感器的工作是否正常还包括检测或防止逆流。但不一定采用电子手段来检测或防止逆流。

**C.2.2** 当流量检测元件产生的信号为脉冲信号，每一个脉冲代表一个基本体积时，在脉冲的产生、传输和计数过程中应完成下列任务：

a) 正确计数脉冲；

b) 必要时检测逆流；

c) 检验功能是否正常。

可采用以下方式完成这些任务：

——使用脉冲前沿或脉冲状态的三脉冲系统；

——使用脉冲前沿加脉冲状态的双脉冲系统；

——正、负脉冲取决于流动方向的双脉冲系统。

这些检验装置应为P型。

型式批准时应以下列方法检查这些检验装置是否正常工作：

——断开传感器；

——中断检测元件的一个脉冲发生器；

——切断传感器的电源。

**C.2.3** 对于测量传感器产生的信号幅值与流量成正比的电磁水表，可采用下列程序：

向二次装置的输入发送一个仿真信号，该信号的波形类似于被测信号，代表介于水表最大流量与最小流量之间的一个流量。检验装置应检验一次装置和二次装置。通过检验等量的数值来验证其是否在制造厂的预定极限范围之内并符合最大允许误差。

这种检验装置应为P型或Ⅰ型。对于Ⅰ型检验装置，至少应每5 min检验一次。

注：按此程序进行检验，不要求采用额外的检验装置(二个以上的电极，双信号传送等)。

**C.2.4** 按 GB/T 18660 的规定,电磁水表一次装置和二次装置之间电缆的最大允许长度应不大于 100 m,或按下列公式算出以米表示的 $L$ 值,两者中取小值:

$$L=(k\times c)/(f\times C) \tag{C.1}$$

式中:

$k$——$2\times10^{-5}$ m;

$c$——水的电导率,单位为西每米(S/m);

$f$——测量循环内的磁场频率,单位为赫兹(Hz);

$C$——每米电缆的有效电容,单位为法每米(F/m)。

注:如果制造厂的解决方案能保证取得相同的结果,则不一定要满足这些要求。

**C.2.5** 对于其他技术,能提供同等安全等级的检验装置还有待开发。

## C.3 计算器的检验装置

**C.3.1** 这类检验装置用于验证计算器系统工作正常与否和确保计算的有效性。

检验装置工作正常与否无需用特殊手段检验。

**C.3.2** 计算系统功能的检验装置应为 P 型或 I 型。I 型检验装置至少应每天检验一次或者相当于 $Q_3$ 流量下每 10 min 的体积检验一次。

这种检验装置的目的是:

a) 以下列方式验证所有永久储存的指令和数据的数值是否正确:

1) 计算所有指令和数据代码的总数并与一个固定值作比较;

2) 行和列奇偶校验位(纵向冗余校验和垂直冗余校验);

3) 循环冗余校验;

4) 双重独立数据存储器;

5) 以"安全编码"存储数据,例如用检查和、行及列奇偶校验位保护。

b) 以下列方式验证内部传送和存储与测量结果相关的数据的所有程序是否正确:

1) 读写程序;

2) 代码的转换和恢复;

3) 使用"安全编码"(检查和,奇偶校验位);

4) 双重存储器。

**C.3.3** 计算有效性的检验装置应该是 P 型或 I 型。I 型检验装置至少应每天检验一次或者相当于 $Q_3$ 流量下每 10 min 的体积检验一次。

这包括每当内部存储与测量有关的数据,或者通过一个接口向外部设备传送这些数据时,检验所有数据的正确值。可以利用诸如奇偶校验位、检查和或者双重存储器进行检验。此外,计算系统应具备控制计算程序连续性的方法。

## C.4 指示装置的检验装置

**C.4.1** 这种检验装置的目的是验证主示值是否显示,示值与计算器提供的数据是否一致。此外,在指示装置可拆卸的情况下,它用于验证指示装置是否存在。这些检验装置应该是 C.4.2 或者 C.4.3 确定的形式。

**C.4.2** 指示装置的检验装置是 P 型。但如果主示值由其他装置提供,也可以是 I 型。

检验方法包括,例如:

——对于采用白炽灯丝或发光二极管的指示装置,测量灯丝的电流;

——对于采用荧光管的指示装置,测量栅极电压;

——对于采用多路液晶显示屏的指示装置,检查分段线路和公共电极的控制电压的输出,以便检测控制电路间的断路或短路。

不必进行 6.7.3 所述的检验。

**C.4.3** 指示装置的检验装置应包括对指示装置使用的电子线路(不包括显示器本身的驱动电路)进行 P 型或 I 型检验。这种检验装置应符合 C.3.2 的要求。

**C.4.4** 在型式批准试验期间,应能利用下述方法确定指示装置的检验装置的工作状态:

——断开全部或部分指示装置;或者

——以一个动作模拟显示器故障,例如按一下测试按钮。

## C.5 辅助装置的检验装置

带主示值的辅助装置(转发装置、打印装置、存储装置等)应包含 P 型或 I 型检验装置。检验装置的目的是当辅助装置是一个必备装置时验证其存在,以及验证其工作和传送信息的正确性。

# 附　录　NA
# （资料性附录）
# 本部分流量参数与 GB/T 778.1—1996 的对照

本部分 5.1 规定的常用流量 $Q_3$、测量范围、常用流量($Q_3$)与过载流量($Q_4$)的关系和分界流量($Q_2$)与最小流量($Q_1$)的关系与 GB/T 778.1—1996 的规定表述不同。为便于理解本标准，将本标准的流量参数与 GB/T 778.1—1996 的计量等级作一对照。对照数据见表 NA.1 和表 NA.2。

**表 NA.1　本部分流量参数与原标准计量等级对照**

（15≤DN≤40）

| 公称通径 DN | GB/T 778.1—2007 流量参数 | | | 相当于 GB/T 778.1—1996 计量等级 |
|---|---|---|---|---|
| 容积式、单流速和多流速水表 | $Q_3$/$m^3$/h | $Q_3/Q_1$ | $Q_2/Q_1$ | |
| 15 | 2.5 | 80 | 4 | B |
| | | 160 | 1.6 | C |
| | | 200 | 1.6 | D |
| 20 | 4 | 80 | 4 | B |
| | | 160 | 1.6 | C |
| | | 200 | 1.6 | D |
| 25 | 6.3 | 80 | 4 | B |
| | | 160 | 1.6 | C |
| | | 200 | 1.6 | D |
| 32 | 10 | 80 | 4 | B |
| | | 160 | 1.6 | C |
| | | 200 | 1.6 | D |
| 40 | 16 | 80 | 4 | B |
| | | 160 | 1.6 | C |
| | | 200 | 1.6 | D |

注：$Q_2/Q_1 \neq 1.6$ 的只能在过渡期内使用，2009 年 4 月 30 日过渡期结束后将从 GB/T 778 的本部分中删除。

表 NA.2 本部分流量参数与原标准计量等级对照（DN＞40）

| 公称通径 DN | | GB/T 778.1—2007 流量参数 | | | 相当于 GB/T 778.1—1996 计量等级 |
|---|---|---|---|---|---|
| 容积式、单流速和多流速水表 | 螺翼式水表 | $Q_3$/m³/h | $Q_3/Q_1$ | $Q_2/Q_1$ | |
| 50 | 50 | 25 | 50 | 6.3 | B |
| | | | 250 | 2.5 | C |
| 80 | 65 | 40 | 50 | 6.3 | B |
| | | | 250 | 2.5 | C |
| — | 80 | 63 | 50 | 6.3 | B |
| | | | 250 | 2.5 | C |
| 100 | — | 63 | 50 | 6.3 | B |
| | | | 250 | 2.5 | C |
| — | 100 | 100 | 50 | 6.3 | B |
| | | | 250 | 2.5 | C |
| 150 | 125 | 160 | 50 | 6.3 | B |
| | | | 250 | 2.5 | C |
| — | 150 | 250 | 50 | 6.3 | B |
| | | | 250 | 2.5 | C |
| — | 200 | 400 | 50 | 6.3 | B |
| | | | 250 | 2.5 | C |
| — | 250 | 630 | 50 | 6.3 | B |
| | | | 250 | 2.5 | C |
| — | 300 | 1000 | 50 | 6.3 | B |
| | | | 250 | 2.5 | C |
| — | 400 | 1600 | 50 | 6.3 | B |
| | | | 250 | 2.5 | C |
| — | 500 | 2500 | 50 | 6.3 | B |
| | | | 250 | 2.5 | C |
| — | 600 | 4000 | 50 | 6.3 | B |
| | | | 250 | 2.5 | C |
| — | 800 | 6300 | 50 | 6.3 | B |
| | | | 250 | 2.5 | C |

# 参 考 文 献

[1] GB/T 2423.2—2001 电工电子产品环境试验 第2部分:试验方法 试验B:高温(idt IEC 60068-2-2:1974)

[2] GB/T 2424.1—2005 电工电子产品环境试验 高温低温试验导则 (IEC 60068-3-1:1974,IDT)

[3] GB/T 2421—1999 电工电子产品环境试验 第1部分:总则(idt IEC 60068-1:1988)

[4] GB/T 2423.1—2001 电工电子产品环境试验 第2部分:试验方法 试验A:低温(idt IEC 60068-2-1:1990)

[5] IEC 60068-2-30:1980,修正1:1985 环境试验 第2-30部分:试验 试验Db:交变湿热(12 h+12 h循环)

[6] GB/T 2424.2—2005 电工电子产品环境试验 湿热试验导则(IEC 60068-3-4:2001,IDT)

[7] IEC 61000-4-11:2004 电磁兼容(EMC) 第4-11部分:试验和测量技术 电压低降、短时中断和电压变化的抗扰性试验

[8] IEC 60068-2-64:1993 环境试验 第2部分:试验 Fh试验:振动,宽带随机(数字控制)和指南

[9] IEC 60068-2-47:2005 环境试验 第2-47部分:试验 振动、冲击及类似动态试验试样的安装

[10] GB/T 2423.7—1995 电工电子产品环境试验 第二部分:试验方法 试验Ec:倾跌与翻倒(主要用于设备型样品)(idt IEC 60068-2-31:1982)

[11] GB/T 17626.4—1998 电磁兼容 试验和测量技术 电快速瞬变脉冲群抗扰度试验(idt IEC 61000-4-4:1995)

[12] GB/T 17626.2—1998 电磁兼容 试验和测量技术 静电放电抗扰度试验(idt IEC 61000-4-2:1995)

[13] IEC 61000-4-3:2002 电磁兼容(EMC) 第4-3部分:试验和测量技术 辐射射频电磁场抗扰度试验

[14] IEC 61000-4-5:2001 电磁兼容(EMC) 第4-5部分:试验和测量技术 浪涌抗扰度试验

[15] BS 5728-7:1997 封闭管道中饮用冷水流量测量 单机械式规范

[16] OIML国际建议R49,1997年12月

[17] OIML国际建议D4 冷水水表的安装和储存条件,1981

[18] 测量不确定度表示方法指南(GUM) 由BIPM,IEC,IFCC,ISO,IUPAC,IUPAP和OIML联合制定(日内瓦)ISO,1995

[19] GB/T 1047—2005 管道元件DN(公称尺寸)的定义和选用(ISO 6708:1995,MOD)

[20] ISO 7268:1983 管道元件 公称压力的定义

[21] ISO 7005-1:1992 金属法兰 第1部分:钢制法兰

[22] 世界卫生组织(日内瓦) 饮用水质量指南 第1卷:建议(1984)

[23] 欧洲经济共同体1980年7月15日有关人类饮用水的理事会指令,欧共体公报L229,11~29页.

[24] ANSI/AWWA C700 美国自来水厂协会标准 青铜壳体排量式冷水水表

[25] GB/T 17611—1998 封闭管道中流体流量的测量 术语和符号(idt ISO 4006:1991)

[26] GB/T 20729—2006 封闭管道中导电液体流量的测量 法兰安装电磁流量计 总长度(ISO 13359:1998,IDT)

ICS 91.140.60
N 12

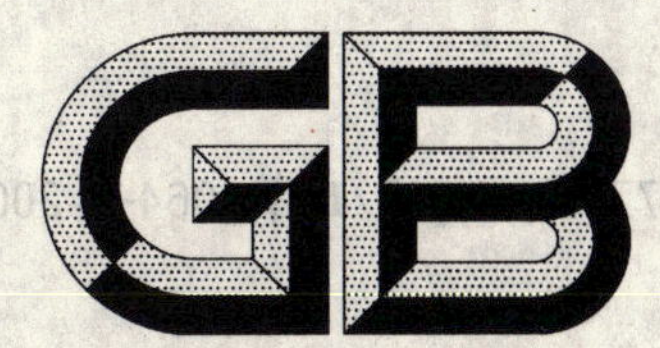

# 中华人民共和国国家标准

GB/T 778.2—2007/ISO 4064-2:2005
代替 GB/T 778.2—1996

# 封闭满管道中水流量的测量 饮用冷水水表和热水水表 第2部分:安装要求

**Measurement of water flow in fully charged closed conduits—Meters for cold potable water and hot water—Part 2:Installation requirements**

(ISO 4064-2:2005,IDT)

2007-09-12 发布　　2008-05-01 实施

中华人民共和国国家质量监督检验检疫总局
中国国家标准化管理委员会　发布

# 前言

GB/T 778《封闭满管道中水流量的测量　饮用冷水水表和热水水表》由以下 3 部分组成：

——第 1 部分：规范；

——第 2 部分：安装要求；

——第 3 部分：试验方法和试验设备。

本部分是 GB/T 778 的第 2 部分。

本部分等同采用 ISO 4064-2:2005《封闭满管道中水流量的测量　饮用冷水水表和热水水表　第 2 部分：安装要求》。

本部分等同翻译 ISO 4064-2:2005(英文版)。

本部分在制定时按 GB/T 1.1—2000《标准化工作导则　第 1 部分：标准的结构和编写规则》和 GB/T 20000.2—2001《标准化工作指南　第 2 部分：采用国际标准的规则》的有关规定做了如下编辑性修改：

——删除了 ISO 国际标准的前言；

——将“ISO 4064 的本部分”改成“GB/T 778 的本部分”；

——原国际标准的引导语按 GB/T 1.1—2000 的规定改成规范性引用文件的引导语；

——8.5.1 中，原国际标准规定“对于质量在 40 kg 以上的水表应留出适当通道以便水表运进安装点”，这与 6.1.1 和 8.4.1 中规定的 25 kg 有矛盾，本部分在制定时对 8.5.1 的规定做了更正，统一为 25 kg。

本部分替代 GB/T 778.2—1996《冷水水表　第 2 部分：安装要求》。

本部分与 GB/T 778.2—1996 相比主要变化如下：

a) 标准适用范围扩大：

——由冷水水表扩大为冷水水表和热水水表；

——由容积式和速度式水表扩大为“无论采用何种技术都能连续测定流过的水体积的水表”。

b) 增加了对“电磁水表”的安装要求条文。

c) 增加了水表安装时排除“水力扰动”的相关条文。

d) 增加了安装时对“水表的保护”如冰冻、逆流和蓄意欺诈等的相关条文。

e) 增加了安装时的“人身安全”要求的相关条文。

本部分由中国机械工业联合会提出。

本部分由全国工业过程测量和控制标准化技术委员会第一分技术委员会归口。

本部分负责起草单位：上海工业自动化仪表研究所。

本部分参加起草单位：宁波水表股份有限公司、北京京兆水表有限责任公司、福州水表厂、上海水表厂、浙江省计量科学研究院、成都水表厂、天津市联昌水表技术有限公司、天津市津水仪表有限公司、东海仪表水道有限公司、重庆智能水表有限责任公司、苏州自来水表业有限公司、无锡市水表有限责任公司、南京自来水总公司水表厂。

本部分主要起草人：李明华、叶显苍、陈含章、洪恩钊、王和琪、詹志杰。

本部分参加起草人：(按姓氏笔划排列)丁学著、王汝伦、陈国建、陈峥嵘、陆聪文、杨宗贤、林志良、唐士安、魏庆华。

本部分所代替标准的历次版本发布情况：

——GB 778—1984；

——GB/T 778.2—1996。

# 封闭满管道中水流量的测量
# 饮用冷水水表和热水水表
# 第2部分:安装要求

## 1 范围

GB/T 778的本部分规定了单个水表、复式水表、同轴水表和连接管件的选择、安装,水表的特殊要求以及新水表或修理后水表首次使用的准则,以保证水表准确稳定测量和可靠读数。

GB/T 778的本部分也适用于基于电或电子原理以及基于机械原理带电子装置、用于计量饮用冷水和热水实际体积流量的水表。本部分还适用于电子辅助装置。

注1:辅助装置通常为选装件。

GB/T 778的本部分的建议适用于被定义为积算计量仪表、采用任何技术连续测定流过的水体积的水表。

注2:若涉及国家法规,则国家法规高于GB/T 778的本部分的规定。

## 2 规范性引用文件

下列文件中的条款通过GB/T 778的本部分的引用而成为本部分的条款。凡是注日期的引用文件,其随后所有的修改单(不包括勘误的内容)或修订版均不适用于本部分,然而,鼓励根据本部分达成协议的各方研究是否可使用这些文件的最新版本。凡是不注日期的引用文件,其最新版本适用于本部分。

GB/T 778.1—2007 封闭满管道中水流量的测量 饮用冷水水表和热水水表 第1部分:规范(ISO 4064-1:2005,IDT)

GB/T 18660 封闭管道中导电液体流量的测量 电磁流量计的使用方法(GB/T 18660—2002,idt ISO 6817:1992)

## 3 术语和定义

GB/T 778.1确立的以及下列术语和定义适用于GB/T 778的本部分。

3.1

**并联运行 parallel operation**

两台或多台水表集中连接一个公共水源和一个公共给水管的运行方式。

3.2

**多表运行 multiple meter operation**

若干台水表的入水口集中连接一个公共水源,或者出水口集中连接一个公共给水管的运行方式(两种情况不同时存在)。

## 4 水表的选择依据

### 4.1 总则

应根据供水设施的工作条件和环境等级要求确定水表的类型、计量特性和口径,尤其要考虑:

——供水压力;

——水的理化特性;

——水表的允许压力损失；

——预期流量：水表的 $Q_1$ 和 $Q_3$ 流量（按 GB/T 778.1—2007 第 3 章的定义）必须与供水设施的预期流量条件，包括水流方向相适应；

——水表的类型适合于预期安装条件；

——安装水表和管件的可用空间和管道；

——溶解物质在水表中沉淀的可能性；

——水表电源的持续运行能力（若适用）。

使用复式水表时，应注意保证"转换"流量不同于（且小于）正常工作流量。

**4.2 由制造厂提供的资料**

制造厂应提供足够的资料以便能正确选择和安装水表，不使影响因素导致故障或计量特性不符合规定。

注：对于水力扰动这尤为重要。

制造厂应确定影响各种水表的指示误差和指示状态的影响因素。对于每一种影响因素，制造厂应指明适用于水表的相应的额定工作条件。

**4.3 以并联或多表方式运行的水表**

4.3.1 水表以并联方式运行时，应采取措施使其中一台或多台水表不能工作时不会导致其余水表的工作流量超过各自的工作极限。

4.3.2 为了保证不同类型的水表并联运行时能正常工作，各类水表的特性应相互兼容。例如，可根据压力损失、流量范围和最大工作压力来组合水表。但应考虑每种类型水表的安装条件。

4.3.3 水表以并联和多表方式运行时，应考虑到各台水表或各种类型水表之间的相互作用，例如压力波动和振动，可能会损害水表的寿命和精确度。

注：水表以并联和多表方式运行的使用实例如下所示：

——当安装一台大型水表不能满足最大需水量要求或不能涵盖所需流量范围时，可以多水表并联运行；

——为保证过滤器堵塞或水表停转的情况下供水和流量测量的连续性而必须安装"备用"水表的场合，可以并联安装水表；

——在需要将供水系统分成若干支流的场合，例如公寓楼中，或在需要将若干被计量的支流汇总到一个公共总管的场合，例如水处理厂中，可以将水表集中起来以多表方式运行，以方便检修、维护和读数。

## 5 相关管件

**5.1 总则**

水表的安装可包含下列附件。

**5.2 水表上游**

5.2.1 旋塞或截止阀，最好指明截止阀的操作方向。

5.2.2 流动整直装置和（或）直管段，装在截止阀与水表之间。

5.2.3 过滤器，装在截止阀与水表之间。

5.2.4 在水表与进水管道接头上设置封印装置，以便于发现擅自拆卸水表。

**5.3 水表下游**

5.3.1 长度调节装置，以方便安装和拆卸水表。特别建议 $Q_3 \geqslant 16\ m^3/h$ 的水表采用此装置。

5.3.2 装有泄水阀的装置，可用于压力监测、消毒和取样。

5.3.3 旋塞或截止阀，用于 $Q_3 > 4.0\ m^3/h$ 的水表。此阀的操作应与上游的阀相同。

5.3.4 止回阀，需要时加装，双向流应用场合除外。

## 6 安装

### 6.1 一般要求

6.1.1 不管是单表运行还是多表运行，每一台水表都应易于接近以方便读数(例如，不需使用镜子或梯子)、安装、维护、拆卸以及必要时的"原地"结构分解。

此外，对于质量超过 25 kg 的水表，应保证进入安装现场的通道畅通，以便于将水表运进工作位置或移走，工作位置的周围应留有适当空间用于安装起重装置。以下两点应予以考虑：

——安装场所应有适当的照明；

——地面应平整、硬实、不打滑、无障碍。

6.1.2 5.2 和 5.3 规定的管件在安装后也应易于接近，6.1.1 中有关大型水表的要求亦适用于管件。

6.1.3 在任何情况下，尤其是水表安装在表井内的情况下，应将水表和管件安装在距底面有足够高度的位置，以防止污染。必要时，表井中应有集水坑或排水沟以清除积水。

### 6.2 安装要求

6.2.1 为使水表能长期正常工作，水表内应始终充满水。

6.2.2 应防止安装场所周围环境的冲击或振动导致水表损坏。

6.2.3 应避免水表承受由管道和管件造成的过度应力。必要时，应将水表安装在底座或托架上。

上、下游水管应适当固定，以保证在拆除水表或断开一侧连接时，任何部分都不会因水的推力而移位。

6.2.4 应防止极端水温或环境气温损坏水表。

6.2.5 如果空气有可能进入一台或一组水表，应按制造厂的说明在水表上游安装放气阀。

6.2.6 应防止水表井积水和雨水渗入。

6.2.7 水表的安装位置应与其标明的型式相符(制造厂应明确限制条件)。

6.2.8 应防止外界环境腐蚀导致水表损坏。

6.2.9 在水表成为电接地组成部分的场合，为保证工作人员的安全，应为水表及其连接管件设置永久性旁路。

注：用水管充当电接地应符合国家或地方法规要求。

6.2.10 应采取措施防止不利的水力条件(空化、浪涌、水锤)损坏水表。

6.2.11 安装水表时还应考虑的其他条件，例如：

a) 水温；

b) 环境相对湿度；

c) 水压；

d) 振动的传播；

e) 水质(悬浮颗粒)；

f) 静电放电；

g) 连续磁场；

h) 电磁扰动；

i) 其他相关的机械、化学、气候、电气或水力条件。

在制造厂规定的产品寿命期内，水表的安装条件和环境条件应使所有影响量不超出额定工作条件范围。

### 6.3 水质(悬浮颗粒)

在特定的安装条件下，如果水中的悬浮颗粒可能影响水表测量体积流量的精确度，可以给水表加装滤网或过滤器。滤网或过滤器应安装在水表的入口或上游管道系统内。

### 6.4 电磁水表

为保证水表的计量精确度、防止电极电蚀,水表和被测流体必须电连接,使两者的电位相等。通常这意味着将水接地,同时还应遵循制造厂有关特定结构水表的特别安装说明。

在无绝缘内涂层的非绝缘导电流体管道上,水表一次元件的连接点应与二次元件电连接,且两者都应接地。

在不导电的管道或与流体绝缘的管道上,管道与水表一次元件之间应插接金属接地环并与二次元件电连接,且两者都应接地。

若因技术原因流体无法接地,只要水表型号和制造厂说明书允许,在连接水表时可不考虑流体的电位。

有关电磁水表的其他要求应按 GB/T 18660 的规定执行。

### 6.5 以并联或多表方式运行的水表

6.5.1 应提供手段使一组水表中任何一台水表的安装、读数、维护、现场拆卸和移动不受干扰或不会干扰其他水表的运行。

6.5.2 对于有共用出水口的多表运行,应在每台水表的下游安装止回阀,防止倒流。

6.5.3 对于多表运行,应配备一个装置固定在每台水表上或紧靠水表处,确认每台水表正在计量的供水情况。

### 6.6 运行安全性

水表上应安装可以加封印的防护装置。水表加封印和正确安装以后,不明显损坏防护装置就不可能拆卸、改动或移动水表或水表的调节装置。

## 7 水力扰动

### 7.1 总则

许多类型的水表主要对上游流动扰动较为敏感,上游流动扰动会引起较大的误差和过早磨损。尽管水表对下游流动扰动也敏感,但要轻微得多。

各种水表的正常运行不仅与水表的结构有关而且与水表的安装条件密切相关。

### 7.2 扰动的类型

流动扰动有二种类型:速度剖面畸变和漩涡。

速度剖面畸变主要是由障碍物部分阻塞管道引起的,例如管道中存在部分关闭的阀、蝶阀、止回阀、孔板、流量调节器或压力调节器等。

漩涡的成因很多,例如管道不同平面上的二个或多个弯头、离心泵、供水管道切向接入安装水表的主管道等都能引起漩涡。

应按照 7.3 提出的准则尽可能消除扰动。

### 7.3 消除扰动的方法

7.3.1 导致流动扰动的情况性质复杂、原因众多,本文无法一一详述。在采用流动整直器等校正装置之前应消除可能的起因。

7.3.2 至 7.3.7 的内容可作为新安装水表的准则。

7.3.2 认真执行安装程序很容易消除速度剖面畸变,尤其是对于"锥形"下降、截面陡缩以及密封垫圈安装不当等情况。此外,水表在使用时必需保证上游和下游阀门处于全开位置。这些阀的类型应该是处于全开位置时不会对水流产生扰动。

7.3.3 一个普遍认同的经验法则是水表的上游和下游需要安装直径($D$)与水表相同、长度分别为$10D$和$5D$的直管段。需要说明的是,这只是一个可行的折衷办法,尤其是水表上游的直管段越长越好。

7.3.4 任何装置,如止回阀、孔板、流量调节器或压力调节器等都可能引起流动剖面扰动,并波及到$10D$管道长度以外。如有可能,此类装置应安装在水表下游直管段的远端。

7.3.5 供水管道连接装有水表的主管道应不产生漩涡(见图1)。

7.3.6 处于不同平面上的二个或多个弯头应：

——安装在水表的下游；

——如果位于上游，应尽可能远离水表；

——弯头与弯头之间应相隔得尽可能远。

7.3.7 只要与制造厂的说明书没有冲突，可在水表上游安装一个合适的流动整直器，以缩短7.3.3所述的直管段长度。

双向流应用场合应有特殊考虑。

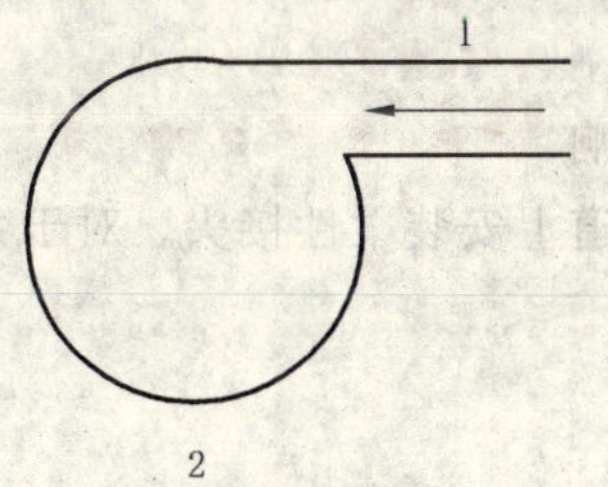


a) 错误连接

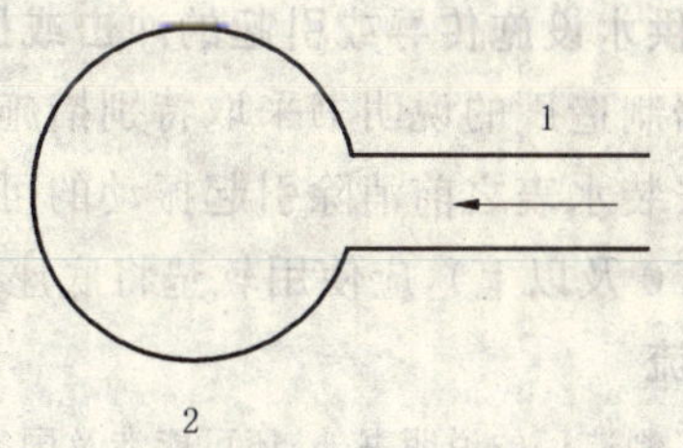


b) 正确连接

图中：

1——供水管道；

2——主管道。

**图1 供水管与主管道的连接**

## 8 新水表或修理后水表的首次使用

### 8.1 总则

安装前应冲洗主管道，清除杂物，清扫并干燥周围场地，防止杂物进入水表。

安装后，水应缓慢进入主管道，并打开放气口，勿使残存空气促使水表超速运转导致损坏。

### 8.2 以并联或多表方式运行的水表

8.2.1 当一组水表中的一台或多台水表开始运行时，可能会有逆流流向其他水表。应采取措施，例如可以使用压力表、控制阀、止回阀等避免出现这种情况(见4.3和6.5)。

8.2.2 流量调节装置应安装在水表的下游。

### 8.3 水表的防护

#### 8.3.1 总则

应防止下列原因导致水表损坏：

——冰冻(见8.3.2)；

——水淹或雨水渗入；

——由供水设施传导或引起的冲击或振动(见8.3.3)；

——逆流(见8.3.4)；

——不利的水力条件(空化、过压、水锤)；

——极端水温或环境气温；

——湿热和高温；

——安装引起的应力和失衡(见8.3.5)；

——外部电解腐蚀或环境腐蚀；

——蓄意欺诈(见8.3.6)；

——电磁扰动；

——静电放电；

——电脉冲群；

——短时功率降低；

——电源电压变化；

——正弦振动。

8.3.2 冰冻

应采取特别措施防止水表受冻，但不可妨碍接近水表。采用的保温材料应防腐。

8.3.3 由供水设施传导或引起的冲击或振动

应根据制造厂的说明书采取特别措施，保证水表不受振动影响。

应在安装水表之前消除引起振动的可能因素，必要时可在管道上安装柔性接头。对于大型水表(通常为 DN 150 及以上)，应使用软垫将底座和固定装置与地基隔离。

8.3.4 逆流

注：除了制造厂的说明书外，还可能涉及国家法规。

当所安装的这类水表被设计成或规定只能单方向正确计量，并且逆流可能导致最大允许误差超出限定值或者导致水表损坏时应防止水逆流。

如果水表的设计允许正确计量逆流而不会造成损害，例如双向电磁流量计，可以配备一个逆流指示装置替代防护装置。

在商业交易应用中，当要求水流单向流经水表时，可以采用一个经过认可的防污染止回装置作为防护。该装置可与水表泄水阀或其他相关管件合为一体。

防止逆流可放在水表部件的设计中加以考虑。

8.3.5 供水设施引起的应力和失衡

应避免使水表受到由于管道与管件轴线不重合、缺少适当的支撑，或者由于安放支架偏移而造成的失衡或过度应力。

8.3.6 蓄意欺诈

在各种商业交易应用中，应安装一个防护装置将水表封固在进水管道上。该措施应能防止在不明显损坏防护装置的情况下拆除水表。

对于非商业交易应用，在适当的情况下，也可以安装此类防护装置。

8.4 人身安全

8.4.1 总则

注：可能涉及有关卫生和安全，包括危险场所分类的国家法规。

水表不应安装在危险场所。此外，必须避免安装条件可能对人身健康造成危害。

应对照明、通风、防滑地面、地面高度变化和避免阻碍通行等做出合理规定。

对于质量超过 25 kg 的水表，应保证进入安装现场的通道畅通，以方便将水表运入工作位置或移走。此外，工作位置周围应留出适当空间以便安装起重装置。

8.4.2 管道系统的固定

上、下游管道系统应适当固定，以保证在正常工作期间、水表被拆卸期间，或者水表的一侧被断开时，任何部分都不会因水的冲力而移位。

8.4.3 水表井

水表井的井盖应防止水进入，应易于单人操作，并应能承受特定场合下可能遇到的负载。

水表井过深时，应安装带扶手的梯级，空间较大时应安装阶梯。

注：可能涉及卫生和安全法规。

**8.4.4 管道直径大于 DN 40 的安装要求**

在水表非掩埋的情况下，水表及其相关管件的上方至少应留有 700 mm 的自由空间。

**8.4.5 防止与电气设备相关的危害**

注 1：可能涉及有关电气健康和安全，包括危险场所分类和接地的地方和(或)国家法规。

在水表成为电气接地通路组成部分的场合下，为尽可能降低工作人员的风险，水表及其相关管件上应跨接一个永久性旁路。

不应采用水管连接件充当电气设备的接地系统。

注 2：这无疑会对用户以及连接件、水表和相关管件的安装和维修人员造成潜在威胁。

作为相应国家法规的补充，建议将内部供水系统与水管连接件电隔离。这可能需要在内部管道的起点与连接件最下游的金属附件之间插入至少两米长的绝缘段。

注 3：安装人员应该意识到，即使电气设备有良好的接地并且独立于水管连接件，仍有可能对在水表及其相关管件上工作的人员构成威胁。在下列情况下就存在这种危险：

——当内部供水系统与独立接地点之间存在等电位连接时；

——当用户根据现行电气工作条令，利用水表下游建筑物内的饮用水管道将各种电气设备接到建筑物的接地上时。

**8.5 操作便利性(接近水表和管件)**

**8.5.1 总则**

由水表及相关管件组成的水表系统应能与包括管道在内的整个供水设施分离。安装、拆除和更换水表及其相关管件应不损坏或拆除建筑材料，不移动任何设备或其他各种物体。

注：这需要有一个或多个拆卸接头。

对于质量在 25 kg 以上的水表，应留出适当的通道以便将水表运进安装点。

除了安装在专用计量井或计量设施内的管道式水表外，任何一侧墙或障碍物与水表/相关管件的至少一个侧面之间应留有足够的间隙。此间隙建议至少为一个管道直径加 300 mm。

**8.5.2 水表井内的安装**

安装在水表井内时，水表井的底部通常应高于水位。

水表和管件应安装在水表井底部以上足够的高度以防止受到污染。如有必要，水表井应设置集水坑或排水沟以排泄积水。

注：水表井应只用于安置水表及其附件。

水表井应采用具有足够机械强度的防腐材料建造。

ICS 91.140.60
N 12

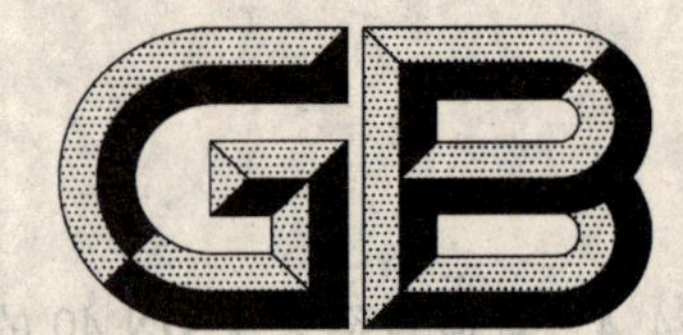

# 中华人民共和国国家标准

GB/T 778.3—2007/ISO 4064-3:2005
代替 GB/T 778.3—1996

# 封闭满管道中水流量的测量 饮用冷水水表和热水水表 第3部分:试验方法和试验设备

**Measurement of water flow in fully charged closed conduits—Meters for cold potable water and hot water—Part 3:Test methods and equipment**

(ISO 4064-3:2005,IDT)

2007-09-12 发布　　　　2008-05-01 实施

中华人民共和国国家质量监督检验检疫总局
中国国家标准化管理委员会　发布

# 前言

GB/T 778《封闭满管道中水流量的测量　饮用冷水水表和热水水表》由以下3部分组成：

——第1部分：规范；

——第2部分：安装要求；

——第3部分：试验方法和试验设备。

本部分是 GB/T 778 的第3部分。

本部分等同采用 ISO 4064-3：2005《封闭满管道中水流量的测量　饮用冷水水表和热水水表　第3部分：试验方法和试验设备》。

本部分等同翻译 ISO 4064-3：2005(英文版)。

本部分在制定时按 GB/T 1.1—2000《标准化工作导则　第1部分：标准的结构和编写规则》和 GB/T 20000.2—2001《标准化工作指南　第2部分：采用国际标准的规则》的有关规定做了如下编辑性修改：

——删除了 ISO 国际标准的前言。

——将"ISO 4064 的本部分"改成"GB/T 778 的本部分"。

——原国际标准的引导语按 GB/T 1.1—2000 的规定改成规范性引用文件的引导语。

——用小数点"."代替作为小数点的逗号","。

——规范性引用文件 GB/T 1800.4 虽为等效采用国际标准 ISO 286-2:1988，但其技术内容与编写顺序与该国际标准一致。

——规范性引用文件 GB/T 2423.2—2001 所采用的国际标准 IEC 60068-2-2 原标注出版日期 1993 有误，应为 1974。该标准后来发布了修正 1:1993 和修正 2:1994。GB/T 2423.2—2001 包含这两个修正案的内容。

——规范性引用文件 GB/T 2423.7—1995 所采用的国际标准 IEC 60068-2-31 原标注出版日期 1993 有误，应为 1969。该标准后来发布了修正 1:1982。由于 GB/T 2423.7—1995 上标注的是 idt IEC 60068-2-31:1982，故本部分按此改标成 1982。

——规范性引用文件 IEC 60068-2-47:2005 原标注的出版日期为 1999，IEC 61000-4-3:2002 原国际标准未标注年代号，IEC 61000-4-5:2001 原标注的出版日期为 1995，IEC 61000-4-11:2004 原标注的出版日期为 1994，均与 GB/T 778.1 中相同引用标准的年代号不一致。本部分根据 GB/T 778.1 中相同引用文件的年代号做了更正。

——4.3 中，原国际标准的"电源电压：标称电压($U_{nom}$)±5%；电源频率：标称频率($f_{nom}$)±2%"的表述方式不符合我国规定，本部分按 GB/T 1.1 的规定改成"电源电压：标称电压($U_{nom}$)，允差±5%；电源频率：标称频率($f_{nom}$)，允差±2%"。

——7.2.1.2.1 中，原国际标准的第3段在结尾处重复了第一段"应避免连接管道的内径与水表的内径不一致，这会导致测量不确定度不符合精确度要求。"的内容，本部分在制定时将其删除。

——7.3.2 和 7.3.2.3 中，为与图3保持一致，将水表的实际压力损失符号 $\Delta p$ 改为 $\Delta p_{水表}$。

——8.1.6 中，原国际标准的项目编号为 g)、h)，本部分更正为 a)、b)。

——表2至表15中，原国际标准各项目后有冒号，本部分全部予以删除。

——9.3.3.3 中，原国际标准 IEC 60068-2-30:1999 的年代标注有误，现更正为 IEC 60068-2-30:1980。

——表11、表15和9.5.5.4中，原国际标准的"上限值：$U_{nom}$+10%"等表达方式不符合我国规定，本部分按 GB/T 1.1 的规定更正为"上限值：(1+10%)$U_{nom}$"等。

——表 21 中,“机械冲击”一行的需要提供的信息中,原国际标准的“从振动试验中恢复后的示值误差”有误,本部分更正为“从机械冲击试验中恢复后的示值误差”。

本部分的附录 A 和附录 B 为规范性附录,附录 C 为资料性附录。

本部分替代 GB/T 778.3—1996《冷水水表　第 3 部分:试验方法和试验设备》。

本部分与 GB/T 778.3—1996 相比主要变化如下:

a) 标准适用范围扩大:

——由冷水水表扩大为冷水水表和热水水表;

——由容积式和速度式水表扩大为“无论采用何种技术都能连续测定流过的水体积的水表”。

b) 增加了水温试验和内压试验相关条文。

c) 增加了逆流试验相关条文。

d) 增加了流速场非直管性试验条文。

e) 增加了电子水表和带电子装置的机械水表的性能试验条文:

——气候和机械环境;

——电磁环境;

——电源。

f) 增加了附录 A、附录 B 和附录 C:

——附录 A(规范性附录)计算水表的相对示值误差;

——附录 B(规范性附录)流体扰动试验装置;

——附录 C(资料性附录)集合管-同轴水表试验方法和试验组件实例。

本部分由中国机械工业联合会提出。

本部分由全国工业过程测量和控制标准化技术委员会第一分技术委员会归口。

本部分负责起草单位:上海工业自动化仪表研究所。

本部分参加起草单位:宁波水表股份有限公司、北京京兆水表有限责任公司、福州水表厂、上海水表厂、浙江省计量科学研究院、成都水表厂、天津市联昌水表技术有限公司、天津市津水仪表有限公司、东海仪表水道有限公司、重庆智能水表有限责任公司、苏州自来水表业有限公司、无锡市水表有限责任公司、南京自来水总公司水表厂。

本部分主要起草人:李明华、叶显苍、陈含章、洪恩钊、王和琪、詹志杰。

本部分参加起草人:(按姓氏笔划排列)丁学著、王汝伦、陈国建、陈峥嵘、陆聪文、杨宗贤、林志良、唐士安、魏庆华。

本部分所代替标准的历次版本发布情况:

——GB 778—1984;

——GB/T 778.3—1996。

# 封闭满管道中水流量的测量 饮用冷水水表和热水水表 第3部分:试验方法和试验设备

## 1 范围

GB/T 778的本部分规定了确定水表主要特性的试验方法和试验设备。

GB/T 778的本部分适用于最高允许工作压力(MAP)大于等于1 MPa(10 bar)、管道公称通径DN≥500的水表为0.6 MPa(6 bar)、最高允许工作温度(MAT)饮用冷水水表为30℃、热水水表按等级最高可达到180℃的各种饮用冷水水表和热水水表。

GB/T 778的本部分也适用于基于电或电子原理以及基于机械原理带电子装置、用于计量饮用冷水和热水实际体积流量的水表。

对于常用流量小于160 m³/h的水表,在做耐久性试验或者各种影响量下的性能试验时,为适应各个试验实验室的条件限制,试验人纲可以对修改参比条件做出规定。

注:若涉及国家法规,则国家法规高于GB/T 778的本部分的规定。

## 2 规范性引用文件

下列文件中的条款通过GB/T 778的本部分的引用而成为本部分的条款。凡是注日期的引用文件,其随后所有的修改单(不包括勘误的内容)或修订版均不适用于本部分,然而,鼓励根据本部分达成协议的各方研究是否可使用这些文件的最新版本。凡是不注日期的引用文件,其最新版本适用于本部分。

GB/T 778.1—2007 封闭满管道中水流量的测量 饮用冷水水表和热水水表 第1部分:规范(ISO 4064-1:2005,IDT)

GB/T 778.2—2007 封闭满管道中水流量的测量 饮用冷水水表和热水水表 第2部分:安装要求(ISO 4064-2:2005,IDT)

GB/T 1800.4 极限与配合 标准公差等级和孔、轴的极限偏差表(GB/T 1800.4—1999,eqv ISO 268-2:1988)

GB/T 2421—1999 电工电子产品环境试验 第1部分:总则(idt IEC 60068-1:1988)

GB/T 2423.1—2001 电工电子产品环境试验 第2部分:试验方法 试验A:低温(idt IEC 60068-2-1:1990)

GB/T 2423.2—2001 电工电子产品环境试验 第2部分:试验方法 试验B:高温(idt IEC 60068-2-2:1974)

GB/T 2423.7—1995 电工电子产品环境试验 第2部分:试验方法 试验Ec和导则:倾跌与翻倒(主要用于设备型样品)(idt IEC 60068-2-31:1982)

GB/T 2424.1—2005 电工电子产品环境试验 高温低温试验导则(IEC 60068-3-1:1974,IDT)

GB/T 2424.2—2005 电工电子产品环境试验 湿热试验导则(IEC 60068-3-4:2001,IDT)

GB/T 17626.2—1998 电磁兼容 试验和测量技术 静电放电抗扰度试验(idt IEC 61000-4-2:1995)

GB/T 17626.4—1998 电磁兼容 试验和测量技术 电快速瞬变脉冲群抗扰度试验(idt IEC 61000-4-4:1995)

IEC 60068-2-30:1980 环境试验 第2-30部分:试验 试验Db:交变湿热(12 h+12 h循环)

IEC 60068-2-47:2005　环境试验　第 2-47 部分:试验　振动、冲击和其他类似动态试验中元件、设备及其他物体的固定

IEC 60068-2-64:1993　环境试验　第 2 部分:试验方法　试验 Fh:宽带随机振动(数字控制)和指南

IEC 61000-4-3:2002　电磁兼容(EMC)　第 4-3 部分:试验和测量技术　辐射射频电磁场抗扰度试验

IEC 61000-4-5:2001　电磁兼容(EMC)　第 4-5 部分:试验和测量技术　浪涌抗扰度试验

IEC 61000-4-11:2004　电磁兼容(EMC)　第 4-11 部分:试验和测量技术　电压暂降、短时中断和电压变化的抗扰度试验

ISO 228-1　非密封管螺纹　第 1 部分:尺寸、公差和标识

ISO 5168　流体流量测量　不确定度评估程序

ISO 7005-2　金属法兰　第 2 部分:铸铁法兰

ISO 7005-3　金属法兰　第 3 部分:铜合金法兰和复合材料法兰

ISO 测量不确定度表示方法(GUM),1995

ENV 50204:1995　数字无线电话的辐射电磁场　抗扰度试验

OIML D 4:1981　冷水水表的安装和储存条件

OIML D 11:1994　电子测量仪表的一般要求

OIML G 13:1989　计量和试验实验室的规划

VIM (OIML)　国际计量学基本和通用术语

## 3　术语和定义

GB/T 778.1 确立的以及下列术语和定义适用于 GB/T 778 的本部分。

3.1

**复式水表流量减小的转换流量　combination meter changeover flowrate with decreasing flow**

$Q_{x1}$

当复式水表中的压力降突然增大,与此同时大流量表中的水流中止流动而小流量表中的水流明显增大时的流量。

3.2

**复式水表流量增大的转换流量　combination meter changeover flowrate with increasing flow**

$Q_{x2}$

当复式水表中的压力降突然减小,与此同时大流量表中的水流开始流动而小流量表中的水流明显减小时的流量。

3.3

**相对误差　relative error**

$\varepsilon$

由下式确定、以百分数表示的误差。

$$\varepsilon = \frac{V_i - V_a}{V_a} \times 100\%$$

式中:

$V_i$——指示体积;

$V_a$——实际体积。

注:详情见附录 A。GB/T 778.1 给出了最大允许误差。

3.4

**试验流量　test flowrate**

按经校准参比装置的指示值和试验持续时间计算出的平均流量。

## 4 通用试验要求

### 4.1 试验准备

试验开始之前应制定书面试验大纲。试验大纲应包含测量误差、压力损失和耐磨性等试验的说明。试验大纲还可确定必要的合格等级，规定试验结果的判读方法。

### 4.2 水质

水表应该用水进行试验。试验用水应为饮用自来水或符合相同要求的水。如果使用循环水，应设法防止水表中的残留水危害人体健康。

水中不应含有任何可能损坏水表或影响水表工作的物质。水中不应有气泡。

### 4.3 其他参比条件

对水表进行型式批准试验时，除了被测试的影响量以外，其他所有适用的影响量都应保持下列值：

流量：　　$0.7\times(Q_2+Q_3)\pm0.03\times(Q_2+Q_3)$；

环境温度范围：　　15℃～25℃[1]；

环境相对湿度范围：　　45%～75%[1]；

环境气压范围：　　86 kPa～106 kPa　(0.86 bar～1.06 bar)；

电源电压：(交流主电源)：标称电压($U_{nom}$)，允差±5%；

电源频率：　　标称频率($f_{nom}$)，允差±2%；

电源电压(电池)：　　$U_{bmin}\leqslant V\leqslant U_{bmax}$范围内的某个电压$V$；

工作水温：　　见 GB/T 778.1—2007 中 5.4.1 的表 5；

工作水压：　　200 kPa(2 bar)。

每次试验期间，参比范围内的温度和相对湿度的变化应分别不大于5℃和10%。

### 4.4 试验场所

水表的试验环境应符合 OIML G 13 的原则，应不受环境温度变化和振动等意外扰动影响。

## 5 确定示值误差试验

### 5.1 总则

GB/T 778 的本部分所述确定测量误差的方法是所谓的“收集法”，即把流经水表的水量收集在一个或多个收集容器内，用容积法或称重法确定水量。只要能达到 GB/T 778 的本部分规定的试验精确度等级，也可采用其他方法。

本节包括电子装置的检验装置。

### 5.2 原则

检验测量误差的方式是将被试水表的示值与经过校准的参比装置相比较。

### 5.3 试验装置描述

试验装置主要由下列设备组成：

a) 供水系统(水源、不加压容器、加压容器、泵等)；

b) 管道系统；

c) 经过校准的参比装置(经过校准的容器、参比表等)；

d) 试验计时装置；

e) 试验自动操作装置；

f) 水温测量装置；

g) 水压测量装置；

---

1) 当环境温度和(或)环境相对湿度超出上述范围时，应考虑其对示值误差的影响。

h) 密度测定装置(如有必要);

i) 电导率测定装置(如有必要)。

## 5.4 管道系统

### 5.4.1 说明

管道系统应包括:

a) 安装水表的试验段;

b) 设定所需流量的装置;

c) 一个或二个隔离装置;

d) 测定流量的装置;

如有必要,还要包括:

e) 一个或数个放气孔;

f) 一台止回装置;

g) 一台空气分离器;

h) 一台过滤器;

i) 试验前后检查管道系统是否充满到基准液位的装置。

试验期间,水表与参比装置之间或者参比装置应不发生泄漏、输入和排放。

管道系统应使所有水表的出口处在任何流量下都能保持至少 30 kPa(0.3 bar)的正压力。

### 5.4.2 试验段

除水表外,试验段还包括:

a) 一个或数个测量压力的取压口,其中一个取压口位于(第 1 台)水表上游靠近水表处;

b) 如有必要,(第 1 台)水表入口处测量水温的装置。

测量段中的任何管件或装置都不应引起空化或流体扰动。空化或流体扰动会改变水表的性能或引起测量误差。

### 5.4.3 试验注意事项

试验装置在运行时,应使流经水表的水量等于参比装置测得的水量。

应检查并确保试验开始和结束时管道(如出口管的鹅颈)都充水到同一基准液位。

应排除连接管道和水表内的空气。

应采取各种措施避免振动和冲击影响。

### 5.4.4 某些类型水表的特殊安装配置

#### 5.4.4.1 原则

以下各款的规定提出了引起误差的最常见原因以及在试验装置上安装水表需要采取的措施。这些内容都是 OIML D4 建议提出的,旨在使试验装置达到:

a) 与未受扰动的流体动力特性相比,试验装置的流体动力特性不会使水表的功能产生明显差异;

b) 所采用试验方法的总误差不超过规定值(见 5.5.1)。

#### 5.4.4.2 需要直管段或流动整直器

弯头、T 型接头、阀或泵等管件及其所处的位置会引起上、下游扰动,影响非容积式水表的精确度。

为了抵消这些影响,被试水表(MUT)应安装在直管段之间。上、下游连接管道的内径应与水表连接端的内径一致。此外,直管段上游可能需要安装流动整直器。

#### 5.4.4.3 流动扰动的常见原因

流动会受到两种类型的扰动,即速度分布畸变和漩涡,两者都会影响水表的精确度。

详细安装要求见 GB/T 778.2。

#### 5.4.4.4 容积式水表

容积式水表(即具有活动隔板测量室的水表),例如旋转活塞式水表和章动圆盘式水表,对上游安装条件不敏感,因此无需特殊建议。

5.4.4.5 **速度式水表**

速度式水表对流动扰动较敏感,扰动会引起明显误差。但目前还不能确定安装条件如何影响水表的精确度。

5.4.4.6 **其他测量原则**

其他类型的水表进行精确度试验可能需要也可能不需流动调整。如果需要流动调整,试验时应采纳制造厂的建议。这些建议应列入型式批准文件。

安装要求应列入水表的型式批准证书。

同轴水表被证明不受集合管构造的影响(尤其是容积式,见5.4.4.4),在试验和使用时可采用任何合适的集合管。

5.4.4.7 **电磁感应水表**

试验用水的电导率可能会影响采用电磁感应原理的水表。试验用水的电导率应在制造厂规定的数值范围内。

5.4.5 **开始试验和测定误差**

5.4.5.1 **原则**

试验期间应采取适当措施减少试验装置组件工作产生的不确定度。5.4.5.2和5.4.5.3详细论述了采用“收集”法在两种情况下所要采取的措施。

5.4.5.2 **水表静止时读数的试验**

打开水表下游的阀门使水流动,然后关闭该阀门使水停止流动。在水表停止工作后读数。

测定从开始打开阀门到阀门完全关闭为止的时间。

当水开始流动时和以规定的恒定流量流动期间,水表的示值误差随流量的变化而变化(测量误差曲线)。

当水停止流动时,水表运动部件的惯性和水表内水的旋转运动相结合,可能会导致某些类型水表和某些试验流量产生明显误差。

注:对于这种情况,目前还不能确定一个简单的经验法则,规定一些条件,使该误差减小到可忽略不计。某些类型的水表对这种误差尤其敏感。

如有疑问,最好能:

a) 增加试验体积,延长试验持续时间;

b) 将试验结果与采用其他一种或多种方法获得的结果相比较,尤其是5.4.5.3所述的方法,该方法能消除上述不确定度的起因。

某些类型的电子水表具有供测试用的脉冲输出,这种水表响应流量变化的形式可能是在阀关闭后发出有效脉冲。在这种情况下,应配备附加脉冲计数装置。

采用脉冲输出测试水表时,应检查脉冲计数显示的体积是否与指示装置显示的体积一致并在读数精确度范围内。

5.4.5.3 **在稳定的流量状态下和换流时读数的试验**

测量在流动状态稳定后进行。

测量开始时,换向器将水流引向一个经过校准的容器,测量结束时将水流引开。在水表运转时读数。

对水表读数应与流动换向器的移动同步进行。

容器内收集的体积就是流经水表的体积。

如果朝每个方向转换流向的时间相同,相差不超过5%,并且小于试验总时间的1/50,则可以认为引入体积的不确定度可忽略不计。

注:对复式水表而言,5.4.5.3所述的试验方法是在一个既定的流量下读数,这种试验方法可保证转换装置在流量

增大和减小时都能正常工作。5.4.5.2所述的试验方法是在静止状态下读数,不允许在调低试验流量后确定复式水表的读数误差。

**5.4.5.4 转换流量的确定方法**

见第3章中复式水表转换流量 $Q_{x1}$ 和 $Q_{x2}$ 的定义。

从小于转换流量 $Q_{x2}$ 的一个流量开始,以5%的步幅连续增大流量直至达到转换流量 $Q_{x2}$。转换正要发生前和转换刚发生后这一刻的指示流量的平均值就是转换流量 $Q_{x2}$ 值。

从大于转换流量 $Q_{x1}$ 的一个流量开始,以5%的步幅连续减小流量直至达到转换流量 $Q_{x1}$。转换正要发生前和转换刚发生后这一刻的指示流量的平均值就是转换流量 $Q_{x1}$ 值。

**5.5 经校准的参比装置**

**5.5.1 实际体积的总不确定度**

试验时实际体积的扩展不确定度,对于型式批准试验应不超过可用最大允许误差(MPE)的五分之一,对于首次检定试验及后续检定试验应不超过可用最大允许误差的三分之一。

应根据ISO 5168和ISO“测量不确定度表示方法指南(GUM)”评估和表示不确定度,覆盖系数 $k=2$。

**5.5.2 最小体积(若采用本方法,即为经校准容器的容积)**

最小允许体积取决于根据试验开始和结束的影响确定的要求和指示装置的结构(检定标度分格)(见GB/T 778.1)。

**5.6 水表读数**

每次观察的标度最大内插误差一般不超过半个分格。因此在测量水表的排出体积时(观察水表二次),总的内插误差可达到1个标度分格。

对于检定标度不连续变化的数字式指示装置,其总的读数误差为一个数字。

**5.7 影响示值误差确定的主要因素**

注:试验装置的压力、流量和温度变化以及这些物理量的测量精度的不确定度是影响水表示值误差测量的主要因素。

**5.7.1 压力**

以选定流量进行试验时,压力应始终维持在标称恒定值。

在以小于等于0.10 $Q_3$ 的试验流量测试额定 $Q_3 \leqslant 16$ 的水表时,如果试验装置由恒水头水槽通过管道供水,则在水表的入口处(或一串被试水表的第1台水表的入口处)可实现压力恒定。这能保证流动不受扰动。

也可以使用其他压力波动不超过恒水头水槽的供水方法。

对于其他各种试验,水表上游的压力变化应不大于10%。

压力测量的最大不确定度应为被测值的5%。

水表入口处的压力应不超过水表的最大允许工作压力。

**5.7.2 流量**

试验期间流量应始终维持在选定的值不变。

每次试验期间流量的相对变化(不包括启动和停止)应不超过:

$Q_1 \sim Q_2$(不包括 $Q_2$): ±2.5%;

$Q_2$(包括 $Q_2$)$\sim Q_4$: ±5.0%。

流量值是试验期间单位时间内流过的体积。

如果压力的相对变化(流向大气时)或压力损失的相对变化(封闭管道中)不超过下列值,则这种流量变化条件是可以接受的:

$Q_1 \sim Q_2$(不包括 $Q_2$): ±5%;

$Q_2$(包括 $Q_2$)$\sim Q_4$: ±10%。

#### 5.7.3 温度

试验期间水温的变化应不大于5℃。

温度测量的不确定度应不超过±2℃。

#### 5.7.4 测量误差时水表的方位

水表的位置(空间方位)应符合制造厂的规定。水表应按指定的位置安装在试验装置上。

如果水表上标有"H"标记,试验时连接管道应安装成流动轴线处于水平方向(显示装置位于顶部)。

如果水表上标有"V"标记,试验时连接管道应安装成流动轴线处于垂直方向(入口在下端)。

如果水表上没有标明"H"或"V":

a) 至少一台样品水表应安装成流动轴线处于垂直方向,流动方向为自下而上;

b) 至少一台样品水表应安装成流动轴线处于垂直方向,流动方向为自上而下;

c) 至少一台样品水表应安装成流动轴线处于垂直和水平方向之间的一个中间角度(由批准机构选定);

d) 其余样品水表应安装成流动轴线处于水平方向。

对于显示装置与表体合为一体的水表,至少一台水平安装水表的显示装置应位于侧面,其余水表的显示装置应位于顶部。

所有的水表,无论处于水平方向、垂直方向还是一个中间角度,其流动轴线位置的允差均应为±5°。

注:如果受试水表的数量少于4台,可以从基准总数中追加提取所需数量的水表,或者让同一台水表在不同的位置上接受试验。

### 5.8 基本示值误差

#### 5.8.1 试验程序

至少应在下列流量下确定水表(测量实际体积时)的基本(示值)误差,每一种流量下的误差测量两次:

a) $Q_1$~1.1 $Q_1$ 之间;

b) 0.5($Q_1+Q_2$)~0.55($Q_1+Q_2$)之间,($Q_2/Q_1>1.6$);

c) $Q_2$~1.1 $Q_2$ 之间;

d) 0.33($Q_2+Q_3$)~0.37($Q_2+Q_3$)之间;

e) 0.67($Q_2+Q_3$)~0.74($Q_2+Q_3$)之间;

f) 0.9 $Q_3$~$Q_3$ 之间;

g) 0.95 $Q_4$~ $Q_4$ 之间。

注:当除 $Q_1$,$Q_2$ 或 $Q_3$ 以外某一点的初始误差曲线接近最大允许误差时,如果能证明此误差是该类水表的典型误差,批准机构可选择在型式批准证书中为初次验证另行确定一种流量。

对于以上每一种流量:

1) 水表不带附属装置(如果有)进行试验;

2) 试验期间其他影响因数应保持在参比条件;

3) 依据误差曲线的形状,如有必要,在其他流量下测量示值误差;

4) 根据附录A计算每一种流量下的相对示值误差。

#### 5.8.2 合格判据

5.8.2.1 在上述7种流量下观测到的误差都应不超过最大允许误差。如果在一台或数台水表上观测到的误差仅在一种流量下大于最大允许误差,应以该流量重复试验。如果该流量下的3个试验结果中有2个在最大允许范围内,且3个试验结果的算术平均值小于或等于最大允许误差,应认为试验合格。

5.8.2.2 如果水表所有误差的正负符号都相同,至少其中一个误差应不超过最大允许误差的二分之一。

### 5.9 水温影响试验

在参比条件下,至少应检查一台水表在 $Q_2$ 流量下的示值误差,入口温度保持在(10±5)℃和最大允许工作温度 MAT $_{-5}^{\ 0}$℃。水表的示值误差应不超过适用的最大允许误差。

### 5.10 内压影响试验

在参比条件下，至少应检查一台水表在 $Q_2$ 流量下的示值误差，入口压力保持在 100 kPa(1 bar)允差±5%，然后保持在最大允许工作压力 MAP$_{-10}^{\ 0}$%。水表的示值误差应不超过适用的最大允许误差。

### 5.11 逆流试验

#### 5.11.1 可用于逆流的水表

在参比条件下，至少应对一台水表进行逆流试验，逆流流量如下：

a) $Q_1$～$1.1Q_1$ 之间；

b) $Q_2$～$1.1Q_2$ 之间；

c) $0.9Q_3$～$Q_3$ 之间。

水表的示值误差应不超过适用的最大允许误差。

还应根据 5.12 的规定(以逆流)对一台水表进行流速场不规则性试验。

#### 5.11.2 不可用于逆流的水表

水表应承受 $0.9Q_3$～$Q_3$ 的逆流 1 min。

然后在下列正向流量下测量水表的误差：

a) $Q_1$～$1.1Q_1$ 之间；

b) $Q_2$～$1.1Q_2$ 之间；

c) $0.9Q_3$～$Q_3$ 之间。

示值误差应不超过适用的最大允许误差。

#### 5.11.3 防逆流水表

水表应承受逆流方向最大允许工作压力至少 1 min。

然后在下列正向流量下测量水表的误差：

a) $Q_1$～$1.1Q_1$ 之间；

b) $Q_2$～$1.1Q_2$ 之间；

c) $0.9Q_3$～$Q_3$ 之间。

示值误差应不超过适用的最大允许误差。

### 5.12 流速场不规则性试验

注：某些类型的水表，例如旋转活塞式和章动圆盘式水表之类的容积式水表(即测量室具有活动隔板)对上游安装条件不敏感，因而不适用本试验。

#### 5.12.1 试验目的

本试验的目的是检验水表是否符合流动剖面敏感度要求(见 GB/T 778.1)。

注 1：测量水表上、下游出现规定的常见扰动流对水表示值误差的影响。

注 2：试验采用第 1 类和第 2 类扰动装置，分别产生向左(左旋)和向右(右旋)旋转流速场(旋涡)。这类流动扰动在直接以直角连接的两个 90°弯管的下游很常见。第 3 类扰动装置可产生不对称速度剖面，通常出现在突出的管道接头或未全开闸阀的下游。

#### 5.12.2 试验准备和试验程序

5.12.2.1 采用附录 B 规定的 1、2 和 3 类流动扰动装置，以 $0.9Q_3$～$Q_3$ 之间的流量确定水表在图 1 规定的每一种安装条件下的示值误差。

5.12.2.2 每次试验期间，其他影响因数都应保持在参比条件。

5.12.2.3 对于制造厂规定水表上游安装长度至少为 15×DN 的直管段、下游安装长度至少为 5×DN 的直管段的水表，不允许使用外部流动整直器。

5.12.2.4 制造厂规定水表下游的直管段长度最小 5×DN 时，应只进行图 1 中第 1、3 和 5 项试验。

5.12.2.5 如果采用外部流动整直器，制造厂应规定整直器的型号、技术特性及其在装置上相对于水表的位置。

5.12.2.6 根据这些试验的具体情况，不应将水表中具有流动整直功能的装置看成是整直器。

注：某些类型的水表已被证明不受水表上、下游流动扰动的影响，批准机构可免除对这类水表进行本试验（见5.12的注）。

### 5.12.3 合格判据

在任何一个流速场试验中，水表的示值误差应不超过适用的最大允许误差。

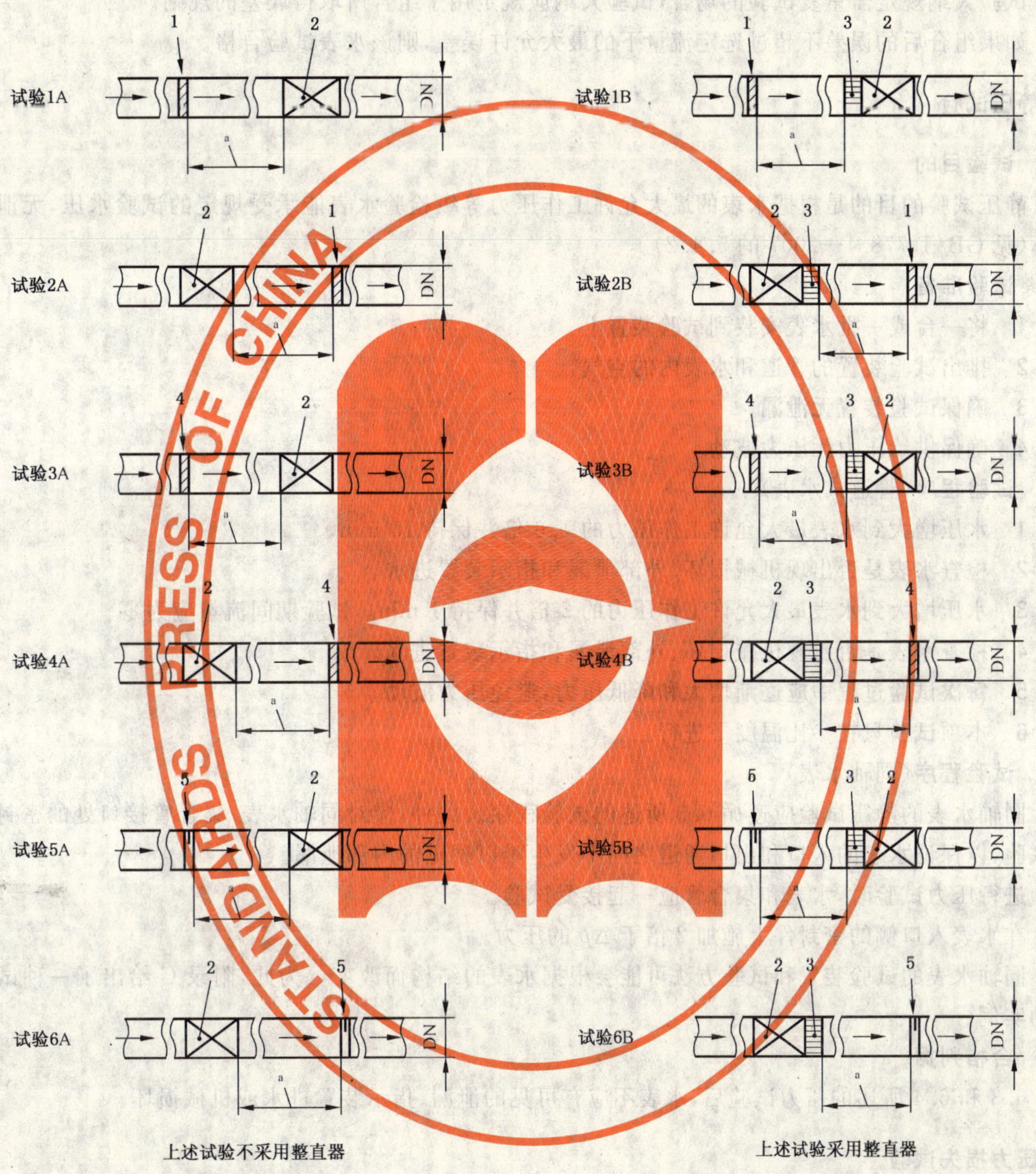


图中：

1——1类扰动器：左旋旋涡发生器；

2——水表；

3——整直器；

4——2类扰动器：右旋旋涡发生器；

5——3类扰动器：速度剖面流动扰动器。

a 直管段。

**图1 流动扰动试验配置**

### 5.13 试验结果的判读

#### 5.13.1 单次试验

试验大纲规定单次试验的场合，如果选定流量下的被测误差不超过最大允许误差，则该水表试验合格。

#### 5.13.2 重复试验

试验大纲规定需重复试验的场合，试验大纲应规定用于组合所取得误差的规则。

如果组合后的误差不超过选定流量下的最大允许误差，则该水表试验合格。

## 6 静压试验

### 6.1 试验目的

静压试验的目的是根据水表的最大允许工作压力等级检验水表能承受规定的试验水压，无泄漏或损坏(见 GB/T 778.1—2007 的 5.4.2)。

### 6.2 试验准备

6.2.1 将一台或一批水表安装到试验装置上。

6.2.2 排出试验装置的管道和水表内的空气。

6.2.3 确保试验装置无泄漏。

6.2.4 确保供给压力无压力波动。

### 6.3 试验程序(管道式水表)

6.3.1 水压增大到水表最大允许工作压力的 1.6 倍并保持 15 min。

6.3.2 检查水表是否出现机械损坏、外部泄漏和指示装置进水。

6.3.3 水压增大到水表最大允许工作压力的 2 倍并保持 1 min。试验期间流量应为零。

6.3.4 检查水表是否出现机械损坏、外部泄漏和指示装置进水。

6.3.5 每次试验过程中应逐渐增大和降低压力，避免压力波动。

6.3.6 本项试验只在参比温度下进行。

### 6.4 试验程序(同轴水表)

同轴水表的静压试验应遵循 6.3 所述的试验程序。此外，应对同轴水表/集合管接口处的密封件进行试验，以保证水表的入口和出口通道之间不发生难以察觉的内部泄漏。

进行压力试验时，水表和集合管应一起接受试验。

在水表入口侧的密封件上施加 2 倍于 $\Delta p$ 的压力。

同轴水表的试验装置和试验方法可能会根据水表的结构而改变。为此，附录 C 给出了一种试验方法的实例。

### 6.5 合格判据

6.3 和 6.4 所述的压力试验后，水表不应有可见的泄漏、指示装置进水或机械损坏。

## 7 压力损失试验

### 7.1 试验目的

本试验的目的是确保水表的压力损失在 $Q_1 \sim Q_3$ 范围内的任何一个流量下都不超过 0.063 MPa (0.63 bar)。

试验的原则是在 $Q_3$ 流量下测量有水表时测量段取压口之间的静压差 $\Delta p_2$，然后从中减去在相同流量下无水表时(见图 2)测得的上、下游管段的压力损失 $\Delta p_1$。

压力损失试验程序应考虑水表下游的压力恢复，将下游取压口设在适当的位置(见 7.2.1.2)，并对取压口之间的管段作必要的补偿(见 7.3)。

7.2 试验设备

7.2.1 压力损失试验设备

7.2.1.1 总则

压力损失试验所需的设备由包含被试水表的测量段和产生流过水表的规定恒定流量的装置组成。压力损失试验使用的恒定流量装置通常与第5章所述测量示值误差用的装置相同。

测量段的入口与出口管道上应设置结构和尺寸类似的取压口。

7.2.1.2 测量段

注：测量段由上、下游管段及其连接端、取压口和被试水表组成。

7.2.1.2.1 测量段的内径

应避免连接管道的内径与水表的内径不一致，这会导致测量不确定度不符合精确度要求。

应避免水压骤变。为抵消其影响，应按制造厂的说明书安装水表，连接水表的上、下游连接管段的公称内径应与水表接头的内径相匹配。

管道内径应由水表制造厂规定。

7.2.1.2.2 测量段的直管段

水表的上、下游和取压口的上、下游都应按图2配备直管段，其中 $D$ 是测量段管道系统的内径。

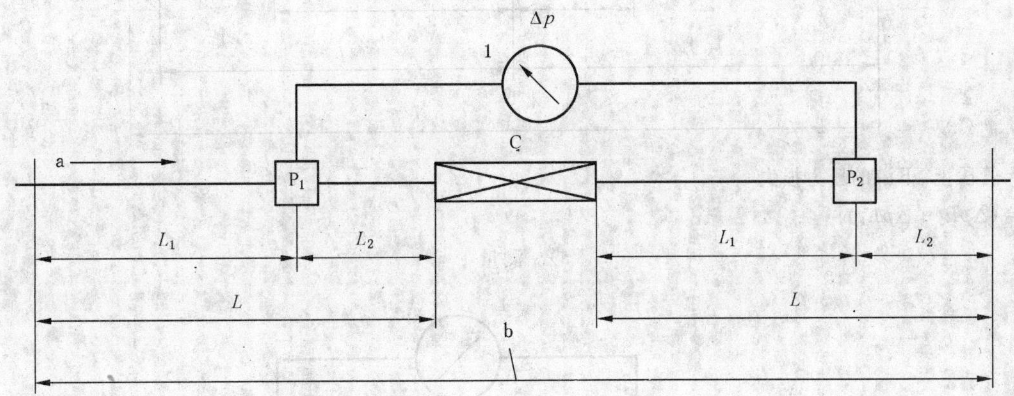


图中：

1——差压计；

C——水表(若是同轴水表，C是水表加集合管)；

$P_1$、$P_2$ 取压口平面；

$L \geqslant 15D$；$L_1 \geqslant 10D$；$L_2 \geqslant 5D$，其中 $D$ 是管道系统的内径。

a 流动方向；

b 测量段。

图2 测量段平面布置图

7.2.1.2.3 测量段取压口的结构

测量段的入口与出口管道上应设置结构和尺寸类似的取压口。

7.2.1.2.4 测量静压差

用一根无泄漏的管子将同一平面上的每一组取压口接到例如压力计或差压变送器等差压测量装置的一侧上。应设法清除测量装置和连接管内的空气。

7.3 试验程序

7.3.1 确定水表管段引起的压力损失(测量1)

7.3.1.1 试验之前测量上、下游管段的压力损失($\Delta p_1$)。其方法是在不装水表的情况下将上、下游管道的两端面连接起来(注意避免接头凸入管孔内或两个端面未对准)，测量规定流量下测量管段的压力损失[见图3a)]。

注：不装水表时测量段的长度会缩短。如果试验装置上没有伸缩段，可以在测量段的下游端插入一段长度和内径与管段相同的临时管道，或者就插入水表填满空档。

7.3.1.2 按图 3a)所示计算管段的压力损失。

**7.3.2 测量和计算水表的实际压力损失 $\Delta p_{水表}$**（测量 2）

7.3.2.1 在同一台装置上，用于确定管道压力损失相同的试验流量、取压口和差压测量装置，装上水表，测量测量段两端的压差 $\Delta p_2$[见图 3b)]。

7.3.2.2 用图 3b)的计算式计算管段加水表的总压力损失。

7.3.2.3 计算 $\Delta p_{水表}=\Delta p_2-\Delta p_1$，算出规定流量下水表的实际压力损失 $\Delta p_{水表}$。

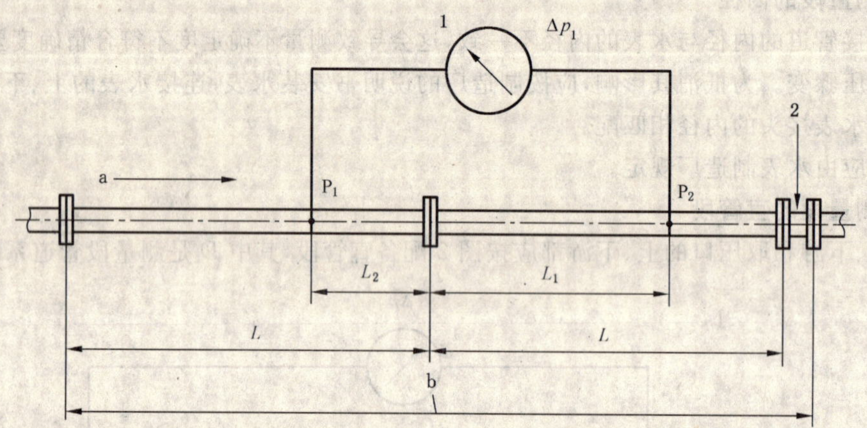


$\Delta p_1$＝管段上、下游的压力损失

$\Delta p_2=(\Delta pL_2+\Delta pL_1)$

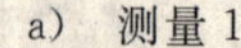

a） 测量 1

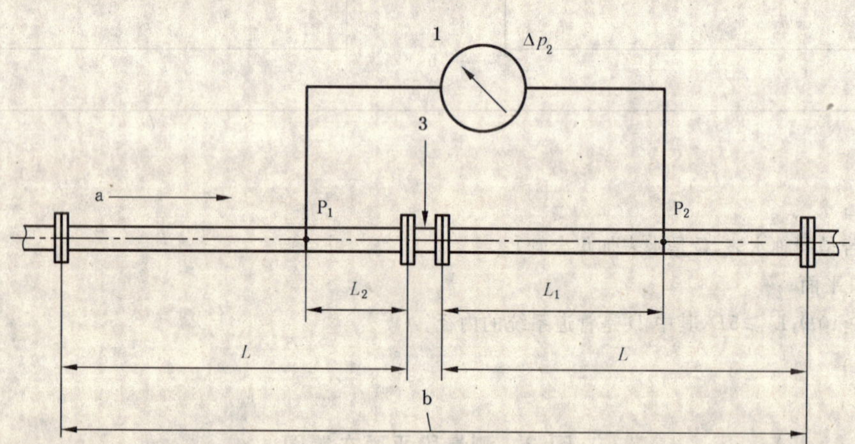


$\Delta p_2$＝上、下游管段加水表的压力损失

$\Delta p_2=(\Delta pL_2+\Delta pL_1+\Delta p_{水表})$

$\Delta p_2-\Delta p_1=(\Delta pL_2+\Delta pL_1+\Delta p_{水表})-(\Delta pL_2+\Delta pL_1)=\Delta p_{水表}$

b） 测量 2

图中：

1——差压计；

2——下游侧的水表（或临时管段）；

3——水表。

a 流动方向；

b 测量段。

**图 3 压力损失测量**

7.3.2.4 如有必要,可参照下列平方律公式将取得的值转换成相当于例如水表 $Q_3$ 的压力损失:

$$Q_3\text{下的压力损失}=\frac{(Q_3)^2}{(\text{试验流量})^2}\times\text{实测压力损失} \qquad \cdots\cdots\cdots\cdots(1)$$

在已确定水表的压力损失符合平方律的情况下,应仅在 $Q_3$ 下测试压力损失。当怀疑压力损失峰值出现在 $Q_3$ 以下的流量时,应在 $Q_1$ 和 $Q_3$ 之间确定压力损失。从 $Q_1$ 开始,以最大 $0.1\times Q_3$ 的速率增大流量。达到 $Q_3$ 以后,应以最大 $0.1\times Q_3$ 的速率减小流量。

7.3.2.5 如果最大压力损失可能出现在除 $Q_3$ 以外的流量下,应按上述程序以适当的流量补充测量。

### 7.3.3 最大不确定度

压力损失测量结果中的最大扩展不确定度应为实测压力损失的 5%,覆盖系数 $k=2$。

### 7.4 合格判据

在 $Q_1\sim Q_3$(包括 $Q_3$)范围内的任一流量下,水表的压力损失应不超过 0.063 MPa(0.63 bar)。

## 8 耐久性试验

### 8.1 连续流量试验

#### 8.1.1 试验目的

本试验的目的是检验水表在连续、常用和过载流量条件下的耐用性。

本试验是根据表 1 让水表在规定时间内持续承受恒定的 $Q_3$ 或 $Q_4$ 流量。

表 1 耐久性试验

| 温度等级 | 常用流量 $Q_3$ | 试验流量 | 试验水温 ±5℃ | 试验类型 | 中断次数 | 暂停持续时间 | 试验流量下的运行时间 | 启动和停止持续时间 |
|---|---|---|---|---|---|---|---|---|
| T30 和 T50 | $Q_3\leqslant16\ m^3/h$ | $Q_3$ | 20℃ | 断续 | 100 000 | 15 s | 15 s | $0.15[Q_3]^a$ s,最小 1 s |
| | | $Q_4$ | 20℃ | 连续 | — | — | 100 h | — |
| | $Q_3>16\ m^3/h$ | $Q_3$ | 20℃ | 连续 | — | — | 800 h | — |
| | | $Q_4$ | 20℃ | 连续 | — | — | 200 h | — |
| 复式水表 | $Q_3>16\ m^3/h$ | $Q\geqslant2\times Q_x$ | 20℃ | 断续 | 50 000 | 15 s | 15 s | 3 s~6 s |
| 所有其他等级 | $Q_3\leqslant16\ m^3/h$ | $Q_3$ | 50℃ | 断续 | 100 000 | 15 s | 15 s | $0.15[Q_3]^a$ s,最小 1 s |
| | | $Q_4$ | 0.9×MAT | 连续 | — | — | 100 h | — |
| | $Q_3>16\ m^3/h$ | $Q_3$ | 50℃ | 连续 | — | — | 800 h | — |
| | | $Q_4$ | 0.9×MAT | 连续 | — | — | 200 h | — |

a $[Q_3]$等于以 $m^3/h$ 表示的 $Q_3$ 的值。

#### 8.1.2 试验准备

8.1.2.1 装置描述

试验装置包括:

a) 供水系统(不加压容器、加压容器、水泵等);

b) 管道系统。

8.1.2.2 管道系统

8.1.2.2.1 说明

除了被试水表外,管道系统还应包含:

a) 流量调节装置;

b) 一台或数台隔断阀;

c) 测量水表入口处水温的装置;

d) 检查试验流量和试验持续时间的装置;

e) 测量入口和出口压力的装置。

各种装置应不引起空化现象。

8.1.2.2.2 **注意事项**

应排除水表和连接管道内的空气。

8.1.3 **试验程序**

a) 连续耐久性试验开始之前,按5.8所述在相同的流量下测量水表的示值误差;

b) 逐个或成批地将水表装上试验装置,水表的方位与确定水表基本示值误差试验相同(见5.7.4);

c) 进行下列试验:

——$Q_3 \leqslant 16\ m^3/h$ 的水表在 $Q_4$ 流量下运行100 h;

——$Q_3 > 16\ m^3/h$ 的水表在 $Q_4$ 流量下运行200 h,并在 $Q_3$ 流量下运行800 h。

d) 耐久性试验期间,水表应保持在额定工作条件下,每台水表出口处的压力应足够高以防止空化;

e) 连续耐久性试验之后,按5.8所述在相同的流量下测量水表的示值误差;

f) 计算每种流量下的相对示值误差;

g) 从试验后f)取得的各种流量下的示值误差中减去试验前a)取得的示值误差。

8.1.4 **允差**

8.1.4.1 试验过程中流量应始终稳定在事先确定的值上。

每次试验时,流量值的相对变化应不超过±10%(启动和停止时除外)。

8.1.4.2 规定的试验持续时间是最小值。

8.1.4.3 试验结束时,实际排放体积应不少于规定试验标称流量与规定试验标称持续时间的乘积确定的体积。

为满足此条件,应频繁修正流量。可以用被试水表检查流量。

8.1.5 **试验读数**

试验期间,至少应每24 h读取一次试验装置的下列读数,若试验分段进行,则每一时段记录一次读数:

a) 水表上游的水压;

b) 水表下游的水压;

c) 水表上游的水温;

d) 流量;

e) 试验水表的读数;

f) 流经水表的体积。

8.1.6 **合格判据**

连续耐久性试验后:

a) 误差曲线的变化应不超过:

——低区流量($Q_1 \leqslant Q < Q_2$)的3%;

——高区流量($Q_2 \leqslant Q \leqslant Q_4$)的1.5%。

这两项要求采用平均值。

b) 误差曲线应不超过下列最大误差限:

——低区流量($Q_1 \leqslant Q < Q_2$):±6%;

——对于测量水温在0.1℃~30℃的水表,高区流量($Q_2 \leqslant Q \leqslant Q_4$):±2.5%;

——对于测量水温高于30℃的水表,高区流量($Q_2 \leqslant Q \leqslant Q_4$):±3.5%。

8.2 **断续流量试验**

注:根据表1,本试验仅适用于 $Q_3 \leqslant 16\ m^3/h$ 的水表和复式水表。

8.2.1 试验目的

本试验的目的是检验水表在周期性流运条件下的耐用性。

本试验使水表承受规定次数的短时启动、停止流量循环。在整个试验期间，每个循环的恒定试验流量阶段都保持规定的流量 $Q_3$。

8.2.2 试验准备

8.2.2.1 装置描述

装置包括：

a) 供水系统(不加压容器、加压容器、水泵等)；

b) 管道系统。

8.2.2.2 管道系统

水表可串联、并联或以这两种方式混合联接。

除水表外，管道系统还包括：

a) 一台流量调节装置(如有必要，每条串联水表线上一台)；

b) 一台或数台隔断阀；

c) 测量水表上游水温的装置；

d) 检查流量、循环持续时间和循环次数的装置；

e) 每条串联水表线上一台流动中断装置；

f) 测量入口和出口压力的装置。

各种装置应不引起空化现象或造成其他各种形式的水表额外磨损。

8.2.2.3 注意事项

应排除水表和连接管道内的空气。

在重复执行开启和关闭操作时，流量应逐渐变化，以防止出现水锤。

8.2.2.4 流量循环

一个完整的循环由以下 4 个阶段组成：

a) 从零流量到试验流量 $Q_3$ 阶段；

b) 恒定试验流量 $Q_3$ 阶段；

c) 从试验流量 $Q_3$ 到零流量阶段；

d) 零流量阶段。

试验大纲应规定流量循环的次数、一个循环的 4 个阶段的持续时间以及总的排放体积。

8.2.3 试验程序

8.2.3.1 各类水表的通用试验程序

a) 断续耐久性试验开始之前，按 5.8 所述在相同的流量下测量水表的示值误差；

b) 逐个或成批地将水表装上试验装置，水表的方位与确定基本示值误差试验相同(见 5.7.4)；

c) 试验期间，水表应保持在额定工作条件下，水表下游的压力应足够高，以防止水表内出现空化；

d) 将流量调节到规定允差范围内；

e) 在表 1 所示的条件下运行水表；

f) 断续耐久性试验之后，按 5.8 所述在相同的流量下测量水表的最终示值误差；

g) 计算每种流量下的相对示值误差；

h) 从试验后 g)取得的各种流量下的示值误差中减去试验前 a)取得的基本示值误差值。

8.2.3.2 复式水表的特定试验

经过 8.2.3.1 试验之后，复式水表应在下列条件下接受模拟工作状态的耐久性试验：

a) 试验流量：至少是转换流量 $Q_x$ 的两倍，通过增大流量加以确定；

b) 试验类型：断续；

c) 中断次数:50 000;

d) 停止持续时间:15 s;

e) 试验流量运行持续时间:15 s;

f) 加速和减速持续时间:最小 3 s;最大 6 s。

**8.2.4 允差**

**8.2.4.1 流量允差**

除开启、关闭和中断期间外,流量值的相对变化应不超过±10%。可以用被试水表检查流量。

**8.2.4.2 试验计时允差**

流量循环每一阶段规定持续时间的允差应不超过±10%。

试验总持续时间的允差应不超过±5%。

**8.2.4.3 循环次数允差**

循环次数应不少于规定次数,但不超过规定次数 1%。

**8.2.4.4 实际排放体积允差**

整个试验期间排放的实际体积应等于规定标称试验流量与试验总的理论持续时间(运行时间加上过渡时间和中断时间,允差为±5%)的乘积的二分之一。

通过频繁校正瞬时流量和运行时间即可达到这个精度。

**8.2.5 试验读数**

试验期间,至少应每 24 h 记录一次试验装置的下列读数,若试验分段进行,则第一分段记录一次读数:

a) 水表上游的水压;

b) 水表下游的水压;

c) 水表上游的水温;

d) 流量;

e) 断续流量试验中每一循环 4 个阶段的持续时间;

f) 循环次数;

g) 试验水表的读数;

h) 流经水表的体积。

**8.2.6 合格判据**

循环耐久性试验后:

a) 误差曲线的变化应不超过:

——低区流量($Q_1 \leqslant Q < Q_2$)的 3%;

——高区流量($Q_2 \leqslant Q \leqslant Q_4$)的 1.5%。

这两项要求采用平均值。

b) 误差曲线应不超过下列最大误差限:

——低区流量($Q_1 \leqslant Q < Q_2$):±6%;

——对于测量水温在 0.1℃~30℃的水表,高区流量($Q_2 \leqslant Q \leqslant Q_4$):±2.5%;

——对于测量水温在 30℃以上的水表,高区流量($Q_2 \leqslant Q \leqslant Q_4$):±3.5%。

## 9 电子水表和带电子装置的机械水表的性能试验

### 9.1 概述

本章确定的性能试验旨在验证带电子装置的水表在规定的环境和工作条件下的工作性能是否符合预定要求。每一项试验都相应地指明了确定基本误差的参比条件。

这些性能试验是第 8 章所述试验的附加试验,适用于整体水表和水表的可分离部件。如有需要,也适用于辅助装置。

在评定一种影响量的影响时，其他影响量需保持在参比条件(见第4章)。

本章规定的型式批准试验可与第8章规定的试验并行进行，采用相同型号的水表或可分离部件样品。

## 9.2 一般要求

### 9.2.1 环境分类

本章确定了每一项性能试验的典型试验条件。这些条件相当于水表所处的气候和机械环境条件。根据这些环境条件，带电子装置的水表可分成3级：

——B级：安装在室内的固定式水表；

——C级：安装在室外的固定式水表；

——I级：移动式水表。

在申请型式批准时，申请者还可根据水表的用途，在提交给计量主管机构的文件中指明水表的特定环境条件。这样，计量主管机构就能以与这些环境条件相对应的严酷度等级开展性能试验。这些严酷度等级应不低于B级。

计量主管机构应验证是否满足使用条件。

注：取得某一严酷度等级认可的水表也适用于较低的严酷度等级。

### 9.2.2 电磁环境

带电子装置的水表分成2种电磁环境等级：

——E1级：住宅、商业和轻工业电磁环境；

——E2级：工业电磁环境。

### 9.2.3 参比条件

参比条件见第4章。

### 9.2.4 测量水表示值误差的试验体积

某些影响量对水表示值误差的影响是不变的，与被测体积无比例关系。

在其他一些试验中，影响量对水表的影响与被测体积有关。在这种情况下，为了使不同实验室取得的试验结果有可比性，测量水表示值误差的试验体积应相当于在过载流量 $Q_4$ 下排放1 min的体积。

但有些试验需要的排放时间可能不止1 min，在这种情况下，考虑到测量的不确定度，应尽可能缩短试验时间。

### 9.2.5 水温影响

高温、低温和湿热试验是测量环境空气温度对水表性能的影响。然而，测量传感器充满水也可能影响电子部件散热。

如果是 $Q_3 \leqslant 16\ m^3/h$ 的水表，流经水表的水流量宜为参比流量。测量水表的示值误差时，电子部件和测量传感器应处在参比条件下。

也可以采用模拟测量传感器的方法对电子部件进行试验。采用模拟试验方法时，应复制水的存在对电子装置(通常是流量或体积检测元件)的影响。试验应在参比条件下进行。

### 9.2.6 被试水表(EUT)

#### 9.2.6.1 总则

为便于试验，应根据9.2.6.2～9.2.6.5所述和下列要求把被试水表分成A～E类：

A类：无需进行(本章所述的)性能试验。

B类：被试水表为整体水表；试验时体积或流量检测元件内应有水。

C类：被试水表为测量传感器；试验时体积或流量检测元件内应有水。

D类：被试水表为电子计算器包括指示装置或辅助装置。试验时体积或流量检测元件内应有水。

E类：被试水表为电子计算器包括指示装置或辅助装置。试验时可以采用模拟测量信号，体积或流量检测元件内无水。

9.2.6.2 容积式水表和涡轮式水表

a) 水表无电子装置： A类

b) 测量传感器和电子计算器包括指示装置装在同一壳体内： B类

c) 测量传感器与电子计算器分离，但不装电子装置： A类

d) 测量传感器与电子计算器分离，并装有电子装置： C类

e) 电子计算器包括指示装置与测量传感器分离，不能模拟测量信号： D类

f) 电子计算器包括指示装置与测量传感器分离，能够模拟测量信号： E类

9.2.6.3 电磁水表

a) 测量传感器和电子计算器包括指示装置装在同一壳体内： B类

b) 流量或体积检测元件仅由管道、线圈和两个水表电极组成，无其他电子装置： A类

c) 测量传感器包括流量或体积检测元件装在一个壳体内与电子计算器分离： C类

d) 电子计算器包括指示装置与测量传感器分离，不能模拟测量信号： D类

9.2.6.4 超声水表、科里奥利水表、射流水表等

a) 测量传感器和电子计算器包括指示装置装在同一壳体内： B类

b) 测量传感器与电子计算器分离并装有电子装置： C类

c) 电子计算器包括指示装置与测量传感器分离，不能模拟测量信号： D类

9.2.6.5 辅助装置

a) 辅助装置是水表、测量传感器或电子计算器的组成部分： A～E类（见前述）

b) 辅助装置与水表分离，但不安装电子装置： A类

c) 辅助装置与水表分离，不能模拟输入信号： D类

d) 辅助装置与水表分离，能够模拟输入信号： E类

9.3 气候环境和机械环境

9.3.1 高温（无冷凝）

9.3.1.1 试验条件

试验条件如表2所示。

表2 影响因数：高温（无冷凝）

| 环境等级 | B；C；I |
|---|---|
| 严酷度等级（见 OIML D 11） | 3 |
| 空气温度 | 55℃±2℃ |
| 持续时间 | 2 h |
| 试验循环数 | 1 |

9.3.1.2 试验目的

本试验的目的是检验在施加高环境温度期间水表是否符合 GB/T 778.1—2007 的 6.7.5 的要求。

9.3.1.3 试验准备

试验配置应符合 GB/T 2423.2。试验配置的指南见 GB/T 2424.1 和 GB/T 2421。

9.3.1.4 简要试验程序

a) 不必进行预调。

b) 在下列试验条件下以参比流量测量被试水表的示值误差：

1) 调整被试水表前，在20℃±5℃的参比空气温度下测量；

2) 被试水表在55℃±2℃稳定2 h后，在此空气温度下测量；

3) 被试水表恢复后，在20℃±5℃的参比空气温度下测量。

c) 按照5.8的要求测量示值误差。

d) 除非另有规定，试验在参比条件下进行。

e) 计算每种试验条件下的相对示值误差。

#### 9.3.1.5 合格判据

施加试验条件期间：

——被试水表的所有功能应符合设计要求；

——试验条件下，被试水表的示值误差应不超过“高区”的最大允许误差。

### 9.3.2 低温

#### 9.3.2.1 试验条件

试验条件如表3所示。

**表3 影响因数：低温**

| 环境等级 | B | C；I |
|---|---|---|
| 严酷度等级(见OIML D 11) | 1 | 3 |
| 空气温度 | +5℃±3℃ | -25℃±3℃ |
| 持续时间 | 2 h | |
| 试验循环数 | 1 | |

#### 9.3.2.2 试验目的

本试验的目的是检验在施加低环境温度期间水表是否符合GB/T 778.1—2007的6.7.5的要求。

#### 9.3.2.3 试验准备

试验配置应符合GB/T 2423.1、GB/T 2424.1和GB/T 2421。

#### 9.3.2.4 简要试验程序

a) 被试水表不作预调。

b) 在(实际或模拟)参比流量和参比空气温度下测量被试水表的示值误差。

c) 将空气温度稳定在-25℃(严酷度等级3)或+5℃(严酷度等级1)2 h。

d) 在-25℃(严酷度等级3)或+5℃(严酷度等级1)的参比空气温度下以(实际或模拟)参比流量测量被试水表的示值误差。

e) 被试水表恢复后，在参比空气温度下以(实际或模拟)参比流量测量被试水表的示值误差。

f) 计算各种试验条件下的相对示值误差。

g) 检查被试水表是否正常工作。

#### 9.3.2.5 附加要求

a) 如果测量传感器包含在被试水表内，且流量或体积检测元件内必须有水，则水温应保持参比温度；

b) 除非另有规定，测量示值误差时的安装和工作条件应符合第5章的规定并使用参比条件。

#### 9.3.2.6 合格判据

施加试验条件期间：

——被试水表的所有功能均应符合设计要求；

——在试验条件下，被试水表的相对示值误差应不超过“高区”的最大允许误差。

### 9.3.3 交变湿热(冷凝)

#### 9.3.3.1 试验条件

试验条件如表4所示。

表 4 影响因数:交变湿热(冷凝)

| 环境等级 | B | C;I |
|---|---|---|
| 严酷度等级(见 OIML D 11) | 1 | 2 |
| 空气温度上限 | 40℃±2℃ | 55℃±2℃ |
| 空气温度下限 | 25℃±3℃ | 25℃±3℃ |
| 相对湿度[a] | >95% | |
| 相对湿度[a] | 93%±3% | |
| 持续时间 | 24 h | |
| 试验循环数 | 2 | |
| [a] 见 9.3.3.4 b)。 | | |

9.3.3.2 试验目的

本试验的目的是在施加高湿结合温度交替变化的试验条件后,检验水表是否符合 GB/T 778.1—2007 的 6.7.5 的要求。

9.3.3.3 试验准备

试验配置应符合 IEC 60068-2-30:1980 和 GB/T 2424.2。

9.3.3.4 简要试验程序

被试水表的性能、调整和恢复及承受湿热条件下的温度交替变化应符合 IEC 60068-2-30 的规定。

试验大纲包括下列 a)~f)步骤。在 a)~c)步骤切断被试水表的电源。

a) 预调被试水表。
b) 将被试水表置于温度下限 25℃、上限 55℃(环境等级 C 和 I)或 40℃(环境等级 B)之间的温度交替变化中。在温度变化期间和低温阶段将相对湿度保持在 95%以上,在高温阶段将相对湿度保持在 93%。温度上升时被试水表上可出现冷凝。
c) 让被试水表恢复。
d) 恢复后,在参比流量下测量被试水表的示值误差。
e) 计算相对示值误差。
f) 检查被试水表是否正常工作。

9.3.3.5 附加要求

——除非另有规定,测量示值误差时的安装和工作条件应符合第 5 章的规定并使用参比条件。

9.3.3.6 合格判据

施加试验条件后:

——被试水表的所有功能都应符合设计要求;

——在试验条件下,被试水表的示值误差应不超过“高区”的最大允许误差。

9.3.4 振动(随机)

9.3.4.1 试验条件

试验条件如表 5 所示。

表 5 扰动:振动(随机)

| 环境等级 | I |
|---|---|
| 试验严酷度(见 OIML D 11) | 2 |
| 频率范围 | 10 Hz~150 Hz |
| 总均方根加速度(RMS)等级 | 7 $ms^{-2}$ |

表 5(续)

| | |
|---|---|
| 加速度谱密度(ASD)等级 10 Hz～20 Hz | 1 $m^2s^{-3}$ |
| 加速度谱密度(ASD)等级 20 Hz～150 Hz | −3 dB/oct |
| 试验轴向数量 | 3 |
| 每个轴向的持续时间 | 2 min |

**9.3.4.2 试验目的**

本试验的目的是检验施加随机振动后被试水表是否符合 GB/T 778.1—2007 的 6.7.5 的要求。

**9.3.4.3 试验准备**

试验配置应符合 IEC 60068-2-64 和 IEC 60068-2-47。

**9.3.4.4 简要试验程序**

a) 利用标准安装件将被试水表安装在刚性夹具上，使重力作用于正常使用时的相同方向上。如果重力影响不明显，且水表上没有标明 H 或 V，则被试水表可以任意位置安装。

b) 依次在 3 个相互垂直的轴向上向被试水表施加 10 Hz～150 Hz 频率范围内的随机振动，每个轴向 2 min。

c) 让被试水表恢复一段时间。

d) 检查被试水表能否正常工作。

e) 在参比流量下测量被试水表的示值误差。

f) 根据附录 A 计算相对示值误差。

**9.3.4.5 附加要求**

a) 若被试水表包含流量或体积检测元件，施加扰动期间应不充水。

b) 在 9.3.4.4 的 a)和 b)步骤期间应切断被试水表的电源。

c) 施加振动期间应满足下列条件：

——总的总均方根加速度(RMS)等级： 7$ms^{-2}$

——加速度谱密度(ASD)等级 10 Hz～20 Hz： 1 $m^2s^{-3}$

——加速度谱密度(ASD)等级 20 Hz～150 Hz：−3 dB/倍频程

d) 除非另有规定，测量被试水表示值误差时应遵循第 5 章所述的安装和工作条件并使用参比条件。

**9.3.4.6 合格判据**

施加试验条件后：

——被试水表的所有功能应符合设计要求；

——在试验条件下，被试水表的示值误差应不超过“高区”的最大允许误差。

**9.3.5 机械冲击**

**9.3.5.1 试验条件**

试验条件见表 6。

**表 6 扰动：机械冲击**

| | |
|---|---|
| 环境等级 | I |
| 试验严酷度(见 OIML D 11) | 2 |
| 跌落高度/mm | 50 |
| 跌落次数(每个底边)/次 | 1 |

**9.3.5.2 试验目的**

本试验的目的是检验在施加机械冲击后水表是否符合 GB/T 778.1—2007 的 6.7.5 的要求。

9.3.5.3 **试验准备**

试验配置应符合 GB/T 2423.7 和 IEC 60068-2-47。

9.3.5.4 **简要试验程序**

a) 按正常使用位置将被试水表安放在一个刚性平面上，朝一个底边倾斜被试水表，使其对边高于刚性平面 50 mm。但被试水表的底面与试验平面形成的夹角应不超过 30°。

b) 让被试水表自由跌落到试验平面上。

c) 每个底边重复 a)和 b)。

d) 让被试水表恢复一段时间。

e) 检查被试水表能否正常工作。

f) 在参比流量下测量被试水表的示值误差。

g) 计算相对示值误差。

9.3.5.5 **附加要求**

a) 若流量检测元件是被试水表的组成部分，施加扰动期间应不充水。

b) 在 9.3.5.4 的 a)、b)和 c)步骤应切断被试水表的电源。

c) 除非另有规定，测量被试水表(示值)误差时应遵循第 5 章所述的安装和工作条件并使用参比条件。未标明“H”或“V”的水表，仅在水平轴向上进行试验。有两个参比温度的水表仅在下限参比温度下进行试验。

9.3.5.6 **合格判据**

施加扰动且恢复后：

——被试水表的所有功能应符合设计要求；

——在试验条件下，被试水表的示值误差应不超过“高区”的最大允许误差。

9.4 **电磁环境**

9.4.1 **静电放电**

9.4.1.1 **试验条件**

试验条件见表 7。

**表 7 扰动：静电放电**

| 电磁环境等级 | E1；E2 |
|---|---|
| 试验电压(接触放电) | 6 kV |
| 试验电压(空气放电) | 8 kV |
| 试验循环数 | 在同一次测量或模拟测量期间，每一试验点至少施加 10 次直接放电，放电间隔时间至少 1 s。<br>对于间接放电，在水平耦合平面上总计应施加 10 次放电。在垂直耦合平面上，每一位置总计施加 10 次放电 |

9.4.1.2 **试验目的**

本试验的目的是检验在施加直接和间接静电放电期间水表是否符合 GB/T 778.1—2007 的 6.7.5 的要求。

9.4.1.3 **试验准备**

试验配置应符合 GB/T 17626.2。

9.4.1.4 **简要试验程序**

a) 施加静电放电之前测量被试水表的示值误差。

b) 利用合适的直流电压源给一个 150 pF 容量的电容器充电，然后将支架的一端接地，另一端通过一个 330 Ω 的电阻接到被试水表上操作人员通常可接近的表面，使电容器通过被试水表放电。如果合适，本试验包括漆层穿透法。

c） 施加静电放电期间测量被试水表的示值误差。

d） 计算每一种试验条件下被试水表的示值误差。

e） 从施加静电放电期间测得的水表示值误差中减去施加静电放电之前测得的示值误差，计算差错。

**9.4.1.5 附加要求**

a） 测量示值误差时，被试水表应处于参比流量条件下。

b） 如果已证实某种特定结构的水表在额定工作流量条件下不受静电放电影响，计量主管部门应可随意选择零流量进行静电放电试验。

c） 除非另有规定，测量示值误差时应遵循第5章所述的安装和工作条件并使用参比条件。

**9.4.1.6 合格判据**

施加扰动后：

——被试水表的所有功能应符合设计要求。

——施加静电放电期间取得的相对示值误差与试验前在参比条件下取得的相对示值误差，两者之差应不超过“高区”最大允许误差的二分之一。

——对于在零流量条件下进行的试验，水表积算值的变化应不大于检定标度分格值。

**9.4.2 电磁敏感性**

**9.4.2.1 试验条件**

试验条件见表8。

**表8 扰动：电磁辐射**

| 电磁环境等级 | E1 | E2 |
|---|---|---|
| 频率范围 | 26 MHz～1 000 MHz | |
| 场强 | 3 V/m | 10 V/m |
| 调制 | 80%AM，1 kHz，正弦波 | |

**9.4.2.2 试验目的**

本试验的目的是检验水表受到辐射电磁场影响时是否符合GB/T 778.1—2007的6.7.5的要求。

**9.4.2.3 试验准备**

试验配置应符合IEC 61000-4-3和ENV 50204。

**9.4.2.4 简要试验程序**

a） 被试水表及其至少1.2 m长的外接电缆应置于辐射射频场下。

b） 26 MHz～200 MHz频率范围的首选发射天线是双锥形天线，200 MHz～1 000 MHz频率范围的首选发射天线是对数周期形天线。

c） 试验时用垂直天线和水平天线分别进行20次局部扫描。每次扫描的起始频率和终止频率见表9。

d） 每次扫描时，频率应以实际频率1%的增幅逐步增加，直至达到表中列出的下一频率。每个1%增幅的驻留时间必须相同。驻留时间取决于RVM测量的分辨率，但对于扫描中的载波频率，驻留时间应相等。

**表9 起始和终止载波频率**

| MHz | MHz | MHz |
|---|---|---|
| 26 | 150 | 435 |
| 40 | 160 | 500 |
| 60 | 180 | 600 |

表 9(续)

| MHz | MHz | MHz |
|---|---|---|
| 80 | 200 | 700 |
| 100 | 250 | 800 |
| 120 | 350 | 934 |
| 144 | 400 | 1 000 |

9.4.2.5 **确定基本误差**

从起始频率开始确定参比条件下的基本误差,达到表 9 中下一个频率时终止。

a) 施加电磁场前,在参比条件下测量被试水表的基本示值误差。

b) 根据要求的严酷度等级施加电磁场。

c) 开始再次测量被试水表的示值误差。

d) 逐步增大载波频率,直至达到表 9 中的下一频率。

e) 停止测量被试水表的示值误差。

f) 计算被试水表的相对示值误差。

g) 计算差错,即 a)测得的基本示值误差与 e)测得的示值误差的差值。

h) 改变天线的极化。

i) 重复 b)至 h)。

9.4.2.6 **附加程序要求**

a) 应在参比流量下测量被试水表的示值误差。

b) 除非另有规定,测量示值误差时应遵循第 5 章所述的安装和工作条件并使用参比条件。

c) 如果已证实某种特定结构的水表在额定流量工作条件下不受辐射电磁场的影响,批准机构应可自由选择零流量进行电磁敏感性试验。

9.4.2.7 **合格判据**

施加扰动后:

——被试水表的所有功能应符合设计要求。

——施加载波频率期间测得的相对示值误差与试验前在参比条件下测得的相同流量下的相对示值误差,两者之差应不超过“高区”最大允许误差的二分之一。

——在零流量条件下试验时,水表积算值的变化应不大于检定标度分格值。

9.4.3 **静磁场**

9.4.3.1 **试验条件**

试验条件见表 10。

表 10 影响因数:静磁场影响

| 磁铁类型 | 环形磁铁 |
|---|---|
| 外径 | 70 mm±2 mm |
| 内径 | 32 mm±2 mm |
| 厚度 | 15 mm |
| 材料 | 各向异性铁氧体 |
| 磁化方式 | 轴向(1 北 1 南) |
| 剩磁 | 385 mT~400 mT |
| 矫顽力 | 100 kA/m~140 kA/m |
| 距表面 1 mm 以内测得的磁场强度 | 90 kA/m~100 kA/m |
| 距表面 20 mm 处测得的磁场强度 | 20 kA/m |

9.4.3.2 试验目的

本试验的目的是检验在静磁场影响下水表是否符合 GB/T 778.1—2007 的 6.7.5 的要求。

9.4.3.3 试验准备

水表按额定工作条件工作。

9.4.3.4 简要试验程序

a) 用永磁铁接触被试水表某个部位，在该部位静磁场的作用很可能导致示值误差超出最大允许误差并影响被试水表正常工作。该部位的位置根据对被试水表类型和结构的了解和(或)以往的经验，通过反复试验加以确定。也可以试验磁铁的不同位置。

b) 试验部位确定后，将磁铁固定在该部位，然后在 $Q_3$ 流量下测量被试水表的示值误差。

c) 除非另有规定，测量被试水表示值误差时应遵循第 5 章所述的安装和工作条件并使用参比条件。未标明“H”或“V”的水表，仅在水平轴向上进行试验。有两个参比温度的水表仅在下限参比温度下进行试验。

d) 测量并记录每个试验位置上磁铁相对于被试水表的位置及其方位。

9.4.3.5 合格判据

施加试验条件期间：

——被试水表的所有功能应符合设计要求；

——水表的示值误差应不超过“高区”的最大允许误差。

9.5 电源

9.5.1 交流电源电压变化

9.5.1.1 试验条件

试验条件见表 11。

表 11 影响因数：交流主电源电压的静态偏差

| 电磁环境等级 | E1；E2 |
|---|---|
| 主电源电压 | 上限值：(1+10%)$U_{nom}$；下限值：(1−15%)$U_{nom}$ |
| 主电源频率 | 上限值：(1+2%)$f_{nom}$；下限值：(1−2%)$f_{nom}$ |

9.5.1.2 试验目的

本试验的目的是检验在交流(单相)主电源静态偏差影响下水表是否符合 GB/T 778.1—2007 的 6.7.5 的要求。

9.5.1.3 试验准备

试验配置应符合 IEC 61000-4-11。

9.5.1.4 简要试验程序

a) 被试水表在参比条件下工作时接受电源电压变化和电源频率变化的影响。

b) 在施加主电源电压上限值(1+10%)$U_{nom}$和主电源频率上限值(1+2%)$f_{nom}$时测量被试水表的示值误差。

c) 在施加主电源电压下限值(1−15%)$U_{nom}$和主电源频率下限值(1−2%)$f_{nom}$时测量被试水表的示值误差。

d) 计算每种试验条件下的相对示值误差。

e) 检查被试水表在施加每种电源变化期间是否正常工作。

9.5.1.5 附加程序要求

a) 测量示值误差期间，被试水表应处于参比流量条件下。

b) 除非另有规定，测量示值误差时应遵循第 5 章所述的安装和工作条件并使用参比条件。

#### 9.5.1.6 合格判据

施加试验条件后：

——被试水表的所有功能应符合设计要求；

——水表的示值误差应不超过“高区”的最大允许误差。

### 9.5.2 交流电压暂降和短时中断

#### 9.5.2.1 试验条件

试验条件见表12。

表12 扰动：主电源电压短时中断和降低

| 电磁环境等级 | E1；E2 |
|---|---|
| 试验严酷度 | 100%电压中断：100 ms；50%电压降低：200 ms |
| 中断 | 100%电压中断：相当于半个周期的时间 |
| 降低 | 50%电压降低：相当于一个周期的时间 |
| 试验循环数 | 至少10次中断和10次降低，间隔时间最少10 s。<br>在测量被试水表示值误差所需的时间段内应反复中断，可能需要10次以上 |

#### 9.5.2.2 试验目的

本试验的目的是检验在施加主电源电压短时中断和下降时（由主电源供电的）水表是否符合GB/T 778.1—2007的6.7.5的要求。

#### 9.5.2.3 试验准备

试验配置应符合IEC 61000-4-11。

#### 9.5.2.4 简要试验程序

a) 实施功率下降试验前测量被试水表的示值误差。

b) 在施加至少10次电压中断和10次电压降低期间测量被试水表的示值误差。

c) 根据附录A计算每一种试验条件下的相对示值误差。

d) 从施加功率降低后测得的水表的示值误差中减去施加功率降低前测得的示值误差。

#### 9.5.2.5 附加程序要求

a) 在测量被试水表示值误差的整个过程中持续施加电压中断和电压降低。

b) 电压中断：电源电压从标称值($U_{nom}$)下降到零电压，持续时间等于半个供电频率周期。

c) 施加电压中断以10次为一组。

d) 电压降低：电源电压从标称电压下降到标称电压的50%，持续时间等于一个电源频率周期。

e) 施加电压降低以10次为一组。

f) 每一次电压中断或降低都在电源电压的零相交点上开始、终止和重复。

g) 主电源电压中断和降低至少重复10次，每组中断和降低至少间隔10 s。在测量被试水表示值误差期间重复这个顺序。

h) 测量示值误差期间，被试水表应处于参比流量条件下。

i) 除非另有规定，测量示值误差时应遵循第5章所述的安装和工作条件并使用参比条件。

j) 如果被试水表的工作电源电压设计成一个范围时，电压降低和中断试验应从该电压范围的平均电压开始。

#### 9.5.2.6 合格判据

施加短时功率降低后：

——被试水表的所有功能应符合设计要求。

——施加短时功率降低期间取得的相对示值误差与试验前在参比条件下以相同流量取得的相对示值误差，两者的差值应不超过“高区”最大允许误差的二分之一。

**9.5.3 浪涌抗扰度**

**9.5.3.1 试验条件**

试验条件见表13。

对于具有直流电源输入端口用于连接AC/DC电源转换器的装置，应在制造厂规定的AC/DC电源转换器的交流电源输入上进行试验，若制造厂未作规定，应使用典型的AC/DC电源转换器进行试验。本试验适用于准备永久连接长度超过10 m电缆的直流电源输入端口。

**表13 扰动：浪涌瞬变**

| 电磁环境等级 | E1 | E2 |
|---|---|---|
| 不参与过程控制的信号线和数据总线端口 | — | 1.2 Tr/50 Th μs[a]<br>线对地±2 kV；线对线±1 kV |
| 直接参与过程和过程测量、信号传输和控制的端口 | — | 1.2 Tr/50 Th μs<br>线对地±2 kV；线对线±1 kV |
| 直流输入端口 | 1.2 Tr/50 Th μs[b]<br>线对地±0.5 kV；线对线±0.5 kV | 1.2 Tr/50 Th μs[b]<br>线对地±0.5 kV；线对线±0.5 kV |
| 交流输入端口 | 1.2 Tr/50 Th μs<br>线对地±2 kV；线对线±1 kV | 1.2 Tr/50 Th μs<br>线对地±4 kV；线对线±2 kV |

a 仅适用于根据制造厂的功能规格，连接电缆总长度可能超过10 m的端口。

b 不适用于连接电池或再充电时必须从装置上拆下的可充电电池的输入端口。

**9.5.3.2 试验目的**

本试验的目的是检验在水表连接的若干条长度超过10 m的线路上叠加浪涌瞬变时，水表是否符合GB/T 778.1—2007的6.7.5的要求。

**9.5.3.3 试验准备**

试验配置应符合IEC 61000-4-5。

**9.5.3.4 试验程序**

施加浪涌瞬变电压期间，在(实际或模拟)参比流量下测量被试水表的示值误差。

**9.5.3.5 合格判据**

施加浪涌瞬变电压后：

——被试水表的所有功能应符合设计要求。

——施加浪涌瞬变电压期间取得的相对示值误差与试验前取得的相对示值误差，两者的差值应不超过“高区”最大允许误差的二分之一。

**9.5.4 电快速瞬变/脉冲群**

**9.5.4.1 试验条件**

试验条件见表14。

对于具有直流电源输入端口用于连接AC/DC电源转换器的装置，应在制造厂规定的AC/DC电源转换器的交流电源输入上进行试验，若制造厂未作规定，应使用典型的AC/DC电源转换器进行试验。本试验适用于准备永久连接长度超过10 m电缆的直流电源输入端口。

**表14 扰动：电快速瞬变/脉冲群**

| 电磁环境等级 | E1 | E2 |
|---|---|---|
| 不参与过程控制的信号线和数据总线的端口 | ±500 V[a] | ±1 000 V |
| 直接参与过程和过程测量、信号传输和控制的端口 | ±500 V[a] | ±2 000 V |
| I/O直流电源端口 | ±500 V[b] | ±2 000 V |

表 14(续)

| | | |
|---|---|---|
| I/O 交流电源端口 | ±1 000 V | ±2 000 V |
| 功能接地端口 | ±500 V[a] | ±1 000 V |

a 仅适用于根据制造厂的功能规范,连接电缆的总长度超过 3 m 的端口。

b 不适用于连接电池或再充电时必须从装置上拆下的可充电电池的输入端口。

9.5.4.2 试验目的

本试验的目的是检验在主电源电压上叠加电脉冲群的情况下水表是否符合GB/T 778.1—2007的 6.7.5 的要求。

9.5.4.3 试验准备

试验配置应符合 GB/T 17626.4。

9.5.4.4 简要试验程序

a) 施加电脉冲群之前测量被试水表的示值误差;

b) 在施加双指数波形瞬时电压尖峰脉冲群时测量被试水表的示值误差;

c) 计算每种条件下的相对示值误差;

d) 从施加脉冲群后测得的水表示值误差中减去试验前测得的示值误差。

9.5.4.5 附加程序要求

a) 每一尖峰的(正或负)幅值应为 1 000 V,随机相位,上升时间 5 ns,二分之一幅值持续时间50 ns。

b) 脉冲群长度应为 15 ms,脉冲群周期(重复时间间隔)应为 300 ms。

c) 测量被试水表的示值误差期间,应以对称方式和非对称方式施加所有脉冲群。

d) 测量示值误差时,被试水表应处于参比流量条件下。

e) 除非另有规定,测量示值误差时应遵循第 5 章所述的被试水表安装和工作条件并使用参比条件。

9.5.4.6 合格判据

施加脉冲群后:

——被试水表的所有功能应符合设计要求。

——施加脉冲群期间取得的相对示值误差与试验前取得的相对示值误差,两者的差值应不超过“高区”最大允许误差的二分之一。

9.5.5 直流电源电压变化

9.5.5.1 试验条件

试验条件见表 15。

表 15 影响因数:直流电压静偏差

| | |
|---|---|
| 电磁环境等级 | E1; E2 |
| 外部直流电压 | 上限值:$(1+10\%)U_{nom}$;下限值:$(1-15\%)U_{nom}$ |
| 电池直流电压 | 全新电池的电压 $U_{max}$;<br>水表制造厂指明的参比条件下的电压 $U_{min}$,低于此电压时积算装置停止工作 |

9.5.5.2 试验目的

本试验的目的是检验直流电源电压静偏差期间水表是否符合 GB/T 778.1—2007 的 6.7.5 的要求。

9.5.5.3 试验准备

试验配置应符合 IEC 61000-4-11。

9.5.5.4 简要试验程序

a) 被试水表在参比条件下工作时接受电源电压变化影响。

b) 施加电压上限值(1+10%)$U_{nom}$或$U_{max}$时测量被试水表的示值误差。

c) 施加电压下限值(1−15%)$U_{nom}$或$U_{min}$时测量被试水表的示值误差。

d) 计算每种试验条件下的相对示值误差。

e) 施加每种电源变化时检查被试水表是否正常工作。

9.5.5.5 附加要求

测量示值误差时被试水表应处于参比流量条件下。

9.5.5.6 合格判据

施加试验条件时：

——被试水表的所有功能应符合设计要求；

——在试验条件下，被试水表的示值误差应不超过“高区”的最大允许误差。

9.5.6 电池电源中断

注：本试验仅适用于采用可更换电池供电的水表。

9.5.6.1 试验目的

本试验的目的是检验水表在更换供电电池时是否符合 GB/T 778.1—2007 的 6.7.5 的要求。

9.5.6.2 试验程序

a) 确保水表能够工作。

b) 卸下电池 1 h，然后再装回。

c) 检查水表的功能。

9.5.6.3 合格判据

施加试验条件后：

——被试水表的所有功能应符合设计要求；

——积算值或储存值应保持不变。

## 10 型式批准试验程序

10.1 总则

注：试验程序适用于整体水表或单独提交批准的水表可分离部件。

型式检查期间需要测试的每一种整体水表或可分离部件的数量如表 16 所示。

表 16 被试水表最低数量

| 按水表的 $Q_3$ ($m^3$/h)区分 | 被试水表最低数量[a] |
|---|---|
| $Q_3 \leqslant 160$ | 3 |
| $160 < Q_3 \leqslant 1\,600$ | 2 |
| $1\,600 < Q_3$ | 1 |

a 批准机构可能要求提供更多数量的水表。

10.2 适用于所有水表的性能试验

表 17 的水表型式批准试验大纲适用于所有水表。

表 17 水表通用试验大纲

| 序号 | 试验项目 | GB/T 778 的本部分的适用条款 |
|---|---|---|
| 1 | 静压 | 6 |
| 2 | 示值误差 | 5.8 |

表 17(续)

| 序号 | 试验项目 | GB/T 778 的本部分的适用条款 |
|---|---|---|
| 3 | 水温 | 5.9 |
| 4 | 水压 | 5.10 |
| 5 | 逆流 | 5.11 |
| 6 | 压力损失 | 7 |
| 7 | 流速场不规则性 | 5.12 |
| 8 | 断续流量耐久性[a,b] | 8.2 |
| 9 | $Q_3$ 下的连续流量耐久性[b] | 8.1 |
| a 仅适用于 $Q_3 \leqslant 16\ m^3/h$ 的水表和复式水表。<br>b 试验后重新测量示值误差。 | | |

## 10.3 电子水表、带电子装置的机械式水表及可分离部件

除了表 17 列出的试验项目外，还应对电子水表和装有电子装置的机械式水表进行表 18 列出的性能试验。

试验可按任意顺序进行。

所有试验都应在提交批准的同一台水表、测量传感器(包括流量或体积检测元件)、计算器(包括指示装置)或可分离部件样品上进行。

## 10.4 水表可分离部件的型式批准

单独提交批准的测量传感器(包括流量或体积检测元件)或计算器(包括指示装置)应符合申请者指明的最大允许误差(见 9.2.1)。

表 18 性能试验:施加影响量

| GB/T 778 的本部分的适用条款 | 试验项目 | 影响量的性质 | 各级水表的严酷度(见 OIML D11) | | |
|---|---|---|---|---|---|
| | | | B | C | I |
| 9.3.1 | 高温(无冷凝) | 影响因数 | 3 | 3 | 3 |
| 9.3.2 | 低温 | 影响因数 | 1 | 3 | 3 |
| 9.3.3 | 交变湿热 | 影响因数 | 1 | 2 | 2 |
| 9.3.4 | 振动(随机) | 扰动 | — | — | 2 |
| 9.3.5 | 机械冲击 | 扰动 | — | — | 2 |
| 9.4.1 | 静电放电 | 扰动 | 1 | 1 | 1 |
| 9.4.2 | 电磁敏感性 | 扰动 | 2,5,7 | 2,5,7 | 2,5,7 |
| 9.4.3 | 静磁场 | 影响因数 | — | — | — |
| 9.5.1,9.5.5,9.5.6 | 电源电压变化(a.c./d.c.) | 影响因数 | 1 | 1 | 1 |
| 9.5.2 | 短时功率降低 | 扰动 | 1a 和 1b | 1a 和 1b | 1a 和 1b |
| 9.5.3 | 浪涌抗扰度 | 扰动 | 2 | 2 | 2 |
| 9.5.4 | 电脉冲群 | 扰动 | 2 | 2 | 2 |

# 11 首次检定试验

## 11.1 总则

除了计量主管机构允许在使用中替换经单独批准的可分离部件外，只有经过批准的整体水表或者

由经过单独批准的兼容可分离部件组装而成的整体水表才有资格进行首次检定试验。在这种情况下，必需在型式检查阶段证实替换部件不会导致综合最大允许误差超出整体水表各个部件的最大允许误差。

同一类型和尺寸的水表可以串联起来进行试验，但管线上最后一台水表出口处的水压应大于30 kPa(0.3 bar)。水表之间不应有明显的相互影响。

### 11.2 静压试验

以1.6倍最大允许工作压力进行压力试验，持续时间1 min。

试验期间应观察不到泄漏现象。

### 11.3 示值误差测量

至少应以下列3种流量确定水表测量实际体积时的示值误差：

——$Q_1$～1.1 $Q_1$ 之间；

——$Q_2$～1.1 $Q_2$ 之间；

——0.9$Q_3$～$Q_3$ 之间。

其他流量可在型式批准证书中规定。

在上述各种流量下确定的示值误差应不超过GB/T 778.1—2007的5.2.3、5.2.4和5.2.5给出的最大允许误差。

### 11.4 试验水温

T30和T50水表的试验水温应在0.1℃～30℃之间。

其他等级水表的试验水温应为参比温度±10℃(见GB/T 778.1—2007的表5)。

型式批准证书中详细说明的有关首次检定试验的特殊要求适用于本试验。

## 12 试验报告

### 12.1 总则

#### 12.1.1 原则

试验报告应涉及试验中所做的每一项工作，准确、清楚地描述试验结果和全部相关信息。型式批准试验记录的保存期限为批准的有效期限。

注：水表型式批准试验结果和试验条件的保存期限按国家规定执行。

水表的型式批准试验报告和首次检定试验记录应包含下列内容：

a) 试验室和被试水表的准确标识；

b) 进行各项试验的具体条件，包括制造厂规定的任何特定试验条件；

c) 试验结果和试验结论。

#### 12.1.2 列入各种报告和试验记录的标识资料

a) 试验室的身份；

b) 试验室的名称和地址；

c) 被试水表的标识；

d) 制造厂厂名和地址或者所用商标；

e) 水表的额定常用流量 $Q_3$ 和流量比 $Q_3/Q_1$ 和 $Q_2/Q_1$；

f) 被试水表的制造年份及编号；

g) 特定型号(仅就某一特定型式水表的型式批准试验而言)。

### 12.2 型式批准试验报告(必备内容)

#### 12.2.1 总则

型式批准试验报告除了提及GB/T 778的本部分以外，还应包含表19、表20和表21中的内容。

表 19 试验程序和试验结果(型式批准试验报告提供的信息)

| 试验类别 | GB/T 778 的本部分的适用条款 | 型式批准试验报告提供的信息 |
|---|---|---|
| 所有试验测量误差试验(包括电子装置的检验装置) | 5 | 试验日期及每种试验流量的操作人员:<br>——流量;<br>——水压;<br>——水温;<br>——经校准参比装置的特性;<br>——水表和经校准参比装置的指示读数 |
| 压力试验 | 6 | 施加的各个试验压力值及保持时间 |
| 压力损失试验 | 7 | 每种试验流量:<br>——最高水温;<br>——流量;<br>——水表上游压力;<br>——压力损失 |
| 加速磨损试验 | 8 | 试验程序确定的每一次加速磨损试验前和试验后取得的示值误差值和误差曲线。应在同一张曲线图上绘出每一台水表在每一次加速磨损试验之前和试验后取得的误差曲线,以便能确定相对于最大允许误差的示值误差变化。曲线图纵坐标的标度至少应为 10 mm/%,横坐标的标度应为对数 |
| 连续试验 | 8.1 | 至少每 24 h,在试验分段进行的情况下,或者每一较短时段进行一次的试验的时间表:<br>——第一台水表入口处的压力;<br>——温度;<br>——流量;<br>——试验开始和结束时的水表读数 |
| 断续试验 | 8.2 | 至少每 24 h 或者每一较短时段进行一次的试验的时间表:<br>——温度;<br>——流量;<br>——断续试验循环 4 个阶段的持续时间;<br>——循环次数;<br>——试验开始和结束时的水表读数 |

表 20 检查项目(型式批准试验报告需要提供的信息)

| 检查的特性 | GB/T 778.1—2008 的适用条款 | 需要提供的信息 |
|---|---|---|
| 材料和结构 | 6.1 | 与 GB/T 778.1—2008 的一致程度 |
| 检定标志和防护装置 | 6.4 | 与 GB/T 778.1—2008 的一致程度 |
| 指示装置的设计 | 6.6 | 与 GB/T 778.1—2008 的一致程度 |
| 检定装置的设计 | 6.6.3 | 与 GB/T 778.1—2008 的一致程度 |
| 说明性标志 | 6.8 | 与 GB/T 778.1—2008 的一致程度 |

**表 21　电子水表或带电子装置水表(型式批准试验报告需要提供的信息)**

| 试验项目 | GB/T 778 的本部分的适用条款 | 需要提供的信息 |
|---|---|---|
| 高温(无冷凝) | 9.3.1 | 高温下的示值误差 |
| 低温 | 9.3.2 | 低温下的示值误差 |
| 交变湿热 | 9.3.3 | 从交变湿热循环中恢复后的示值误差 |
| 振动(随机) | 9.3.4 | 从振动试验中恢复后的示值误差 |
| 机械冲击 | 9.3.5 | 从机械冲击试验中恢复后的示值误差 |
| 静电放电 | 9.4.1 | 直接或间接静电放电时的示值误差 |
| 电磁敏感性 | 9.4.2 | 暴露在电磁场下时的示值误差 |
| 静磁场 | 9.4.3 | 暴露在静磁场下时的示值误差 |
| 电源电压变化(a.c./d.c.) | 9.5.1、9.5.5、9.5.6 | 电源电压变化时的示值误差 |
| 短时功率降低 | 9.5.2 | 电源短时中断和降低时的示值误差 |
| 浪涌抗扰度 | 9.5.3 | 施加浪涌瞬变电压时的示值误差 |
| 脉冲群 | 9.5.4 | 施加电压尖峰时的示值误差 |

**12.2.2　管理要求**

型式批准试验报告还应包括:

a)　关于试验报告仅涉及被试样品的声明;

b)　试验报告技术负责人的签名;

c)　试验报告签发日期。

**12.2.3　试验报告的补充**

试验报告签发后若要补充,只能使用标有"补充试验报告 No. ……"字样的附加文件。此文件应满足前述条款的相关要求。

**12.2.4　试验报告的发布**

试验报告签发后只能完整复制。

# 附　录　A
（规范性附录）
水表相对示值误差的计算

## A.1　总则

本附录规定了对下列水表和部件进行型式批准试验和（或）检定试验时计算示值误差的方法：

——整体式水表；

——可分离计算器；

——可分离测量传感器；

——分体式水表。

## A.2　示值误差的测量

### A.2.1　总则

当水表的测量传感器（包括流量或体积检测元件）或计算器（包括指示装置）单独提交型式批准时，仅测量这些水表可分离部件的示值误差。

对于测量传感器（包括流量或体积检测元件），采用合适的仪表测量其输出信号（脉冲、电流、电压或编码信号）。

对于计算器（包括指示装置），模拟输入信号（脉冲、电流、电压或编码信号）的特性应复制测量传感器（包括流量或体积检测元件）的特性。

被试水表示值误差的计算以试验周期内加入的实际体积的假定真值为依据，将该值与计算器（包括指示装置）模拟输入信号的等量体积或者同一试验周期内测得的测量传感器（包括流量或体积检测元件）实际输出信号的等量体积相比较。

单独进行型式批准试验的测量传感器（包括流量或体积检测元件）和兼容计算器（包括指示装置）在作首次检定或后续检定（见第11章）时，除非被计量主管机构豁免，应作为一个分体水表一起接受试验。因此其示值误差的计算方法与整体水表的计算方法相同。

应采用A.2.2至A.2.5给出的公式进行计算。

### A.2.2　整体式水表

$$E_{m(i)(i=1,2,\cdots n)} = 100 \times (V_i - V_a)/V_a \quad \cdots\cdots (A.1)$$

式中：

$E_{m(i)(i=1,2,\cdots n)}$——（$i=1,2,\cdots n$）流量下整体水表的相对示值误差。$E_m$ 可以是同一公称流量下两次或多次重复测量的平均值，%。

$V_a$——试验周期 $D_t$ 内流过的实际（或模拟）体积，单位为立方米（$m^3$）。

$V_i$——试验周期 $D_t$ 内指示装置上增加（或减去）的体积，单位为立方米（$m^3$）。

### A.2.3　分体式水表

计算示值误差时，应把分体水表当作整体水表（A.2.2）处理。

### A.2.4　计算器（包括指示装置）

#### A.2.4.1　用模拟脉冲输入信号进行试验的计算器（包括指示装置）相对示值误差的计算

$$E_{c(i)(i=1,2,\cdots n)} = 100 \times (V_i - V_a)/V_a \quad \cdots\cdots (A.2)$$

式中：

$E_{c(i)(i=1,2,\cdots n)}$——（$i=1,2,\cdots n$）流量下，计算器（包括指示装置）的相对示值误差。$E_c$ 可以是同一公称流量下两次或多次重复测量的平均值，%。

$V_a=(C_P \times T_P)$——相当于试验周期 $D_t$ 内输入指示装置的体积脉冲总数的水体积,单位为立方米($m^3$)。

$C_P$——公称水体积与每个脉冲的关系常数,单位为立方米每脉冲($m^3$/脉冲)。

$T_P$——试验周期 $D_t$ 内输入的体积脉冲总数。

$V_i$——指示装置记录的试验周期 $D_t$ 内增加的体积,单位为立方米($m^3$)。

**A.2.4.2 用模拟电流输入信号进行试验的计算器(包括指示装置)相对示值误差的计算**

$$E_{c(i)(i=1,2,\cdots n)}=100\times(V_i-V_a)/V_a \quad \cdots\cdots(A.3)$$

式中:

$E_{c(i)(i=1,2,\cdots n)}$——$(i=1,2,\cdots n)$流量下计算器(包括指示装置)的相对示值误差。$E_c$ 可以是同一公称流量下两次或多次重复测量的平均值,%。

$V_a=(C_i \times i_t \times D_t)$——相当于试验周期 $D_t$ 内输入指示装置的平均信号电流的水体积,单位为立方米($m^3$)。

$C_i$——电流电平与流量的关系常数,单位为立方米每毫安小时($m^3$/mAh)。

$D_t$——试验周期,单位为小时(h)。

$i_t$——试验周期 $D_t$ 内输入的电流信号平均值,单位为毫安(mA)。

$V_i$——指示装置记录的试验周期 $D_t$ 内增加的体积,单位为立方米($m^3$)。

**A.2.4.3 用模拟电压输入信号进行试验的计算器(包括指示装置)相对示值误差的计算**

$$E_{c(i)(i=1,2,\cdots n)}=100\times(V_i-V_a)/V_a \quad \cdots\cdots(A.4)$$

式中:

$E_{c(i)(i=1,2,\cdots n)}$——$(i=1,2,\cdots n)$流量下计算器(包括指示装置)的相对示值误差。$E_c$ 可以是同一公称流量下两次或多次重复测量的平均值,%。

$V_a=(C_v \times U_c \times D_t)$——相当于试验周期 $D_t$ 内输入指示装置的平均信号电压的水体积,单位为立方米($m^3$)。

$C_v$——电压信号与流量的关系常数,单位为立方米每伏小时($m^3$/Vh)。

$U_c$——试验周期 $D_t$ 内输入的电压信号的平均值,单位为伏(V)。

$D_t$——试验周期,单位为小时(h)。

$V_i$——指示装置记录的试验周期 $D_t$ 内增加的体积,单位为立方米($m^3$)。

**A.2.4.4 用模拟编码输入信号进行试验的计算器(包括指示装置)相对示值误差的计算**

$$E_{c(i)(i=1,2,\cdots n)}=100\times(V_i-V_a)/V_a \quad \cdots\cdots(A.5)$$

式中:

$E_{c(i)(i=1,2,\cdots n)}$——$(i=1,2,\cdots n)$流量下计算器(包括指示装置)的相对示值误差。$E_c$ 可以是同一公称流量下两次或多次重复测量的平均值,%。

$V_a$——相当于试验周期 $D_t$ 内输入指示装置的编码信号数值的水体积,单位为立方米($m^3$)。

$V_i$——指示装置记录的试验周期 $D_t$ 内增加的体积,单位为立方米($m^3$)。

**A.2.5 测量传感器(包括流量或体积检测元件)**

**A.2.5.1 脉冲输出信号测量传感器(包括流量或体积检测元件)相对示值误差的计算**

$$E_{t(i)(i=1,2,\cdots n)}=100\times(V_i-V_a)/V_a \quad \cdots\cdots(A.6)$$

式中:

$E_{t(i)(i=1,2,\cdots n)}$——$(i=1,2,\cdots n)$流量下测量传感器(包括流量或体积检测元件)的相对示值误差。$E_t$ 可以是同一公称流量下两次或多次重复测量的平均值,%。

$V_i=(C_P \times T_P)$——相当于试验周期 $D_t$ 内测量传感器发出的体积脉冲总数的水体积,单位为立方米($m^3$)。

$C_P$——公称水体积与发出的每个输出脉冲的关系常数,单位为立方米每脉冲($m^3$/脉冲)。

$T_P$——试验周期 $D_t$ 内发出的体积脉冲总数。

$V_a$——试验周期 $D_t$ 内收集到的实际水体积，单位为立方米($m^3$)。

**A.2.5.2 电流输出信号测量传感器(包括流量或体积检测元件)相对示值误差的计算**

$$E_{t(i)(i=1,2,\cdots n)}=100\times(V_i-V_a)/V_a \quad\cdots\cdots(A.7)$$

式中：

$E_{t(i)(i=1,2,\cdots n)}$——($i=1,2,\cdots n$)流量下测量传感器(包括流量或体积检测元件)的相对示值误差。$E_t$ 可以是同一公称流量下两次或多次重复测量的平均值，%。

$V_i=(C_i\times i_t\times D_t)$——相当于试验周期 $D_t$ 内测得的测量传感器(包括流量或体积检测元件)发出的平均信号电流及其持续时间的水体积，单位为立方米($m^3$)。

$C_i$——发出的输出信号电流与流量的关系常数，单位为立方米每毫安小时($m^3$/mAh)。

$i_t$——试验周期 $D_t$ 内发出的平均信号电流，单位为毫安(mA)。

$D_t$——试验周期，单位为小时(h)。

$V_a$——试验周期 $D_t$ 内收集到的实际水体积，单位为立方米($m^3$)。

**A.2.5.3 电压输出信号测量传感器(包括流量或体积检测元件)相对示值误差的计算**

$$E_{t(i)(i=1,2,\cdots n)}=100\times(V_i-V_a)/V_a \quad\cdots\cdots(A.8)$$

式中：

$E_{t(i)(i=1,2,\cdots n)}$——($i=1,2,\cdots n$)流量下测量传感器(包括流量或体积检测元件)的相对示值误差。$E_t$ 可以是同一公称流量下两次或多次重复测量的平均值，%。

$V_i=(C_v\times D_t\times U_t)$——相当于试验周期 $D_t$ 内测得的测量传感器发出的平均信号电压及其持续时间的水体积，单位为立方米($m^3$)。

$C_v$——发出的信号电压与流量的关系常数，单位为立方米每伏小时($m^3$/Vh)。

$D_t$——试验持续时间，单位为小时(h)。

$U_t$——试验周期 $D_t$ 内发出的平均信号电压，单位为伏(V)。

$V_a$——试验周期 $D_t$ 内收集到的实际水体积，单位为立方米($m^3$)。

**A.2.5.4 编码输出信号测量传感器(包括流量或体积检测元件)相对示值误差的计算**

$$E_{t(i)(i=1,2,\cdots n)}=100\times(V_i-V_a)/V_a \quad\cdots\cdots(A.9)$$

式中：

$E_{t(i)(i=1,2,\cdots n)}$——($i=1,2,\cdots n$)流量下测量传感器(包括流量或体积检测元件)的相对示值误差。$E_t$ 可以是同一公称流量下两次或多重复测量的平均值，%。

$V_i$——相当于试验周期 $D_t$ 内测量传感器(包括流量或体积检测元件)发出的编码信号数值的水体积，单位为立方米($m^3$)。

$V_a$——试验周期 $D_t$ 内收集到的实际水体积，单位为立方米($m^3$)。

# 附 录 B
（规范性附录）
流动扰动试验装置

## B.1 总则

以下各图所示为GB/T 778.1—2007的5.5所述试验使用的各种流动扰动器。

除另有说明外，图上所注尺寸单位为毫米。

除另有说明外，机械加工尺寸的公差应为±0.25 mm。

## B.2 螺纹型扰动发生器

图B.1所示为螺纹型扰动发生器的旋涡发生器单元的配置。

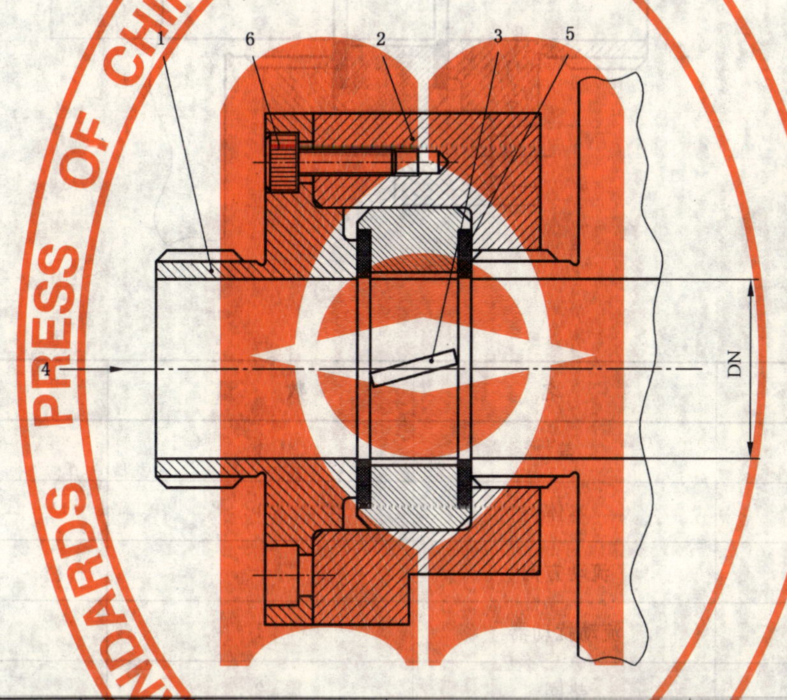


| 项目编号 | 名 称 | 数 量 | 材 料 |
|---|---|---|---|
| 1 | 盖 | 1 | 不锈钢 |
| 2 | 本体 | 1 | 不锈钢 |
| 3 | 旋涡发生器 | 1 | 不锈钢 |
| 4 | 流动方向 | — | — |
| 5 | 垫圈 | 2 | 纤维制品 |
| 6 | 内六角螺钉 | 4 | 不锈钢 |

（1型扰动器：左旋旋涡发生器；2型扰动器：右旋旋涡发生器）

图B.1 螺纹型扰动发生器（旋涡发生器单元的配置）

图 B.2 所示为螺纹型扰动发生器的速度剖面扰动单元的配置。

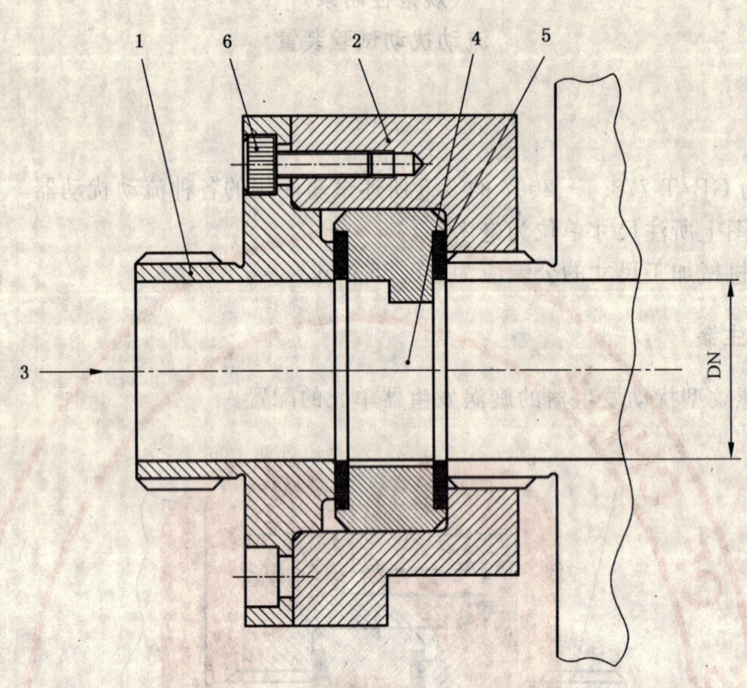


| 项目编号 | 名　称 | 数　量 | 材　料 |
|---|---|---|---|
| 1 | 盖 | 1 | 不锈钢 |
| 2 | 本体 | 1 | 不锈钢 |
| 3 | 流动方向 | — | — |
| 4 | 流动扰动器 | 1 | 不锈钢 |
| 5 | 垫圈 | 2 | 纤维制品 |
| 6 | 内六角螺钉 | 4 | 不锈钢 |

(3 型扰动器:速度剖面流动扰动器)

**图 B.2　螺纹型扰动发生器(速度剖面扰动单元的配置)**

图 B.3 所示为螺纹型扰动发生器盖,尺寸见表 B.1。

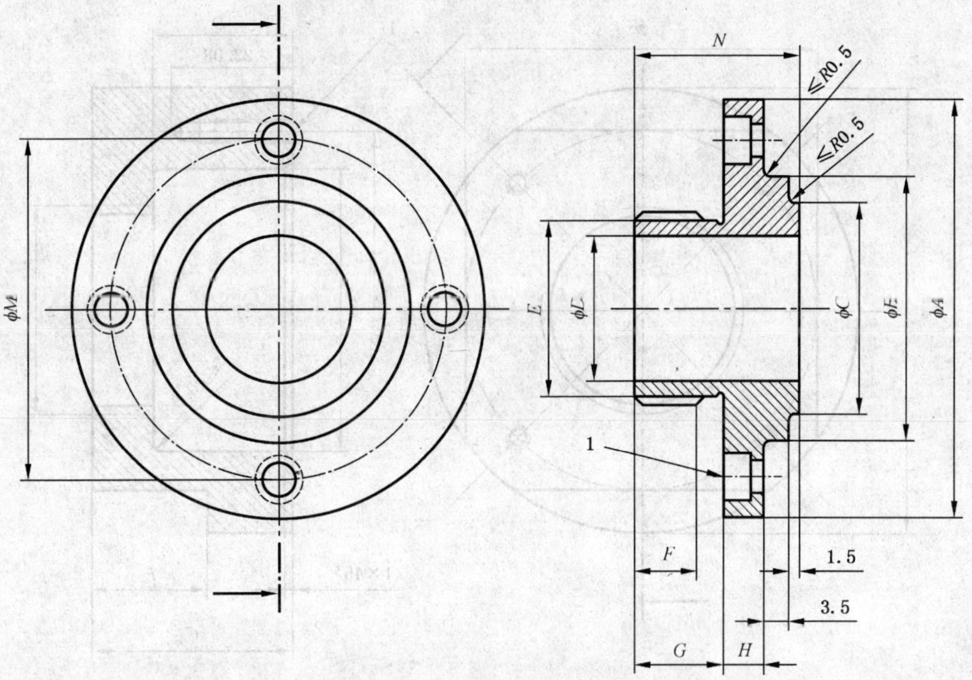

图中:

1——4 个孔 φJ,镗孔 φK×L。

注:加工面的表面粗糙度全部为 3.2 μm。

**图 B.3 螺纹型扰动发生器盖**

**表 B.1 螺纹型扰动发生器盖的尺寸**

| 螺纹型扰动发生器 第 1 项:盖 | | | | | | | | | | | | | |
|---|---|---|---|---|---|---|---|---|---|---|---|---|---|
| DN | *A* | *B*(e9[a]) | *C* | *D* | *E*[b] | *F* | *G* | *H* | *J* | *K* | *L* | *M* | *N* |
| 15 | 52 | 29.960<br>29.908 | 23 | 15 | G ¾ B | 10 | 12.5 | 5.5 | 4.5 | 7.5 | 4 | 40 | 23 |
| 20 | 58 | 35.950<br>35.888 | 29 | 20 | G 1 B | 10 | 12.5 | 5.5 | 4.5 | 7.5 | 4 | 46 | 23 |
| 25 | 63 | 41.950<br>41.888 | 36 | 25 | G 1¼″ B | 12 | 14.5 | 6.5 | 5.5 | 9.0 | 5 | 52 | 26 |
| 32 | 76 | 51.940<br>51.866 | 44 | 32 | G 1½ B | 12 | 16.5 | 6.5 | 5.5 | 9.0 | 5 | 64 | 28 |
| 40 | 82 | 59.940<br>59.866 | 50 | 40 | G 2 B | 13 | 18.5 | 6.5 | 5.5 | 9.0 | 5 | 70 | 30 |
| 50 | 102 | 69.940<br>69.866 | 62 | 50 | G 2½ B | 13 | 20.0 | 8.0 | 6.5 | 10.5 | 6 | 84 | 33 |

a 见 GB/T 1800.4。

b 见 ISO 228-1。

图 B.4 所示为螺纹型扰动发生器的本体，尺寸见表 B.2。

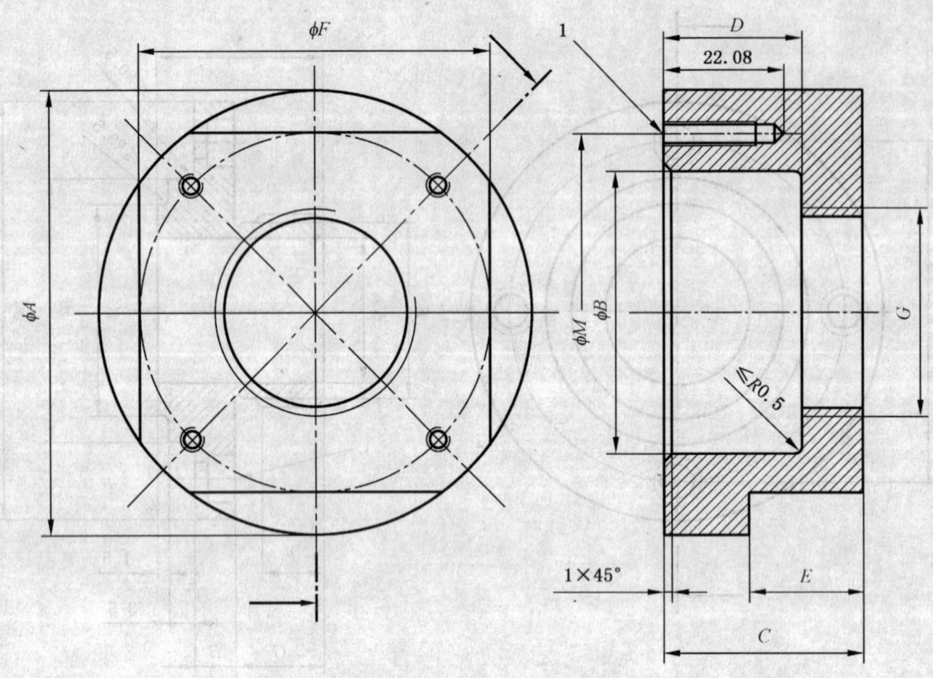


图中：

1——4 个孔 $\phi H \times J$ 深；攻螺纹 $K$，螺纹长度 $L$。

注：加工面的表面粗糙度全部为 3.2 μm。

**图 B.4 螺纹型扰动发生器本体**

**表 B.2 螺纹型扰动发生器本体的尺寸**

| 螺纹型扰动发生器　第 2 项：本体 | | | | | | | | | | | | |
|---|---|---|---|---|---|---|---|---|---|---|---|---|
| DN | *A* | *B*(H9[a]) | *C* | *D* | *E* | *F* | *G* | *H* | *J* | *K* | *L* | *M* |
| 15 | 52 | 30.052<br>30.000 | 23.5 | 15.5 | 15 | 46 | G ¾″ B | 3.3 | 16 | M4 | 12 | 40 |
| 20 | 58 | 36.062<br>36.000 | 26.0 | 18.0 | 15 | 46 | G 1 B | 3.3 | 16 | M4 | 12 | 46 |
| 25 | 63 | 42.062<br>42.000 | 30.5 | 20.5 | 20 | 55 | G 1¼″ B | 4.2 | 18 | M5 | 14 | 52 |
| 32 | 76 | 52.074<br>52.000 | 35.0 | 24.0 | 20 | 65 | G 1½″ B | 4.2 | 18 | M5 | 14 | 64 |
| 40 | 82 | 60.074<br>60.000 | 41.0 | 28.0 | 25 | 75 | G 2 B | 4.2 | 18 | M5 | 14 | 70 |
| 50 | 102 | 70.074<br>70.000 | 47.0 | 33.0 | 25 | 90 | G 2½″ B | 5.0 | 24 | M6 | 20 | 84 |
| a　见 GB/T 1800.4。 | | | | | | | | | | | | |

图 B.5 所示为螺纹型扰动发生器的旋涡发生器，尺寸见表 B.3。

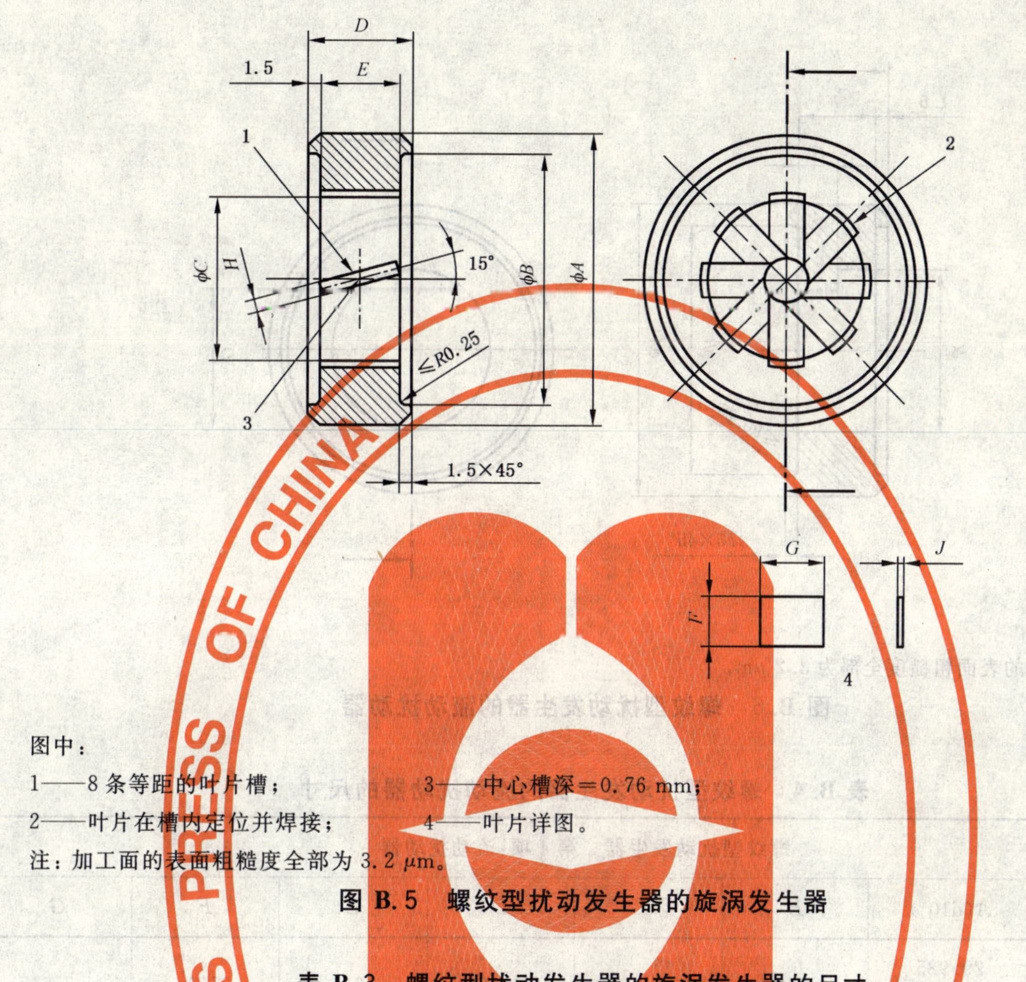


图中：

1——8 条等距的叶片槽；

2——叶片在槽内定位并焊接；

3——中心槽深＝0.76 mm；

4——叶片详图。

注：加工面的表面粗糙度全部为 3.2 μm。

图 B.5 螺纹型扰动发生器的旋涡发生器

表 B.3 螺纹型扰动发生器的旋涡发生器的尺寸

| 螺纹型扰动发生器 第 3 项：旋涡发生器 | | | | | | | | | |
|---|---|---|---|---|---|---|---|---|---|
| DN | A(d10[a]) | B | C | D | E | F | G | H | J |
| 15 | 29.935<br>29.851 | 25 | 15 | 10.5 | 7.5 | 6.05 | 7.6 | 0.57<br>0.52 | 0.50 |
| 20 | 35.920<br>35.820 | 31 | 20 | 13.0 | 10.0 | 7.72 | 10.2 | 0.57<br>0.52 | 0.50 |
| 25 | 41.920<br>41.820 | 38 | 25 | 15.5 | 12.5 | 9.38 | 12.7 | 0.82<br>0.77 | 0.75 |
| 32 | 51.900<br>51.780 | 46 | 32 | 19.0 | 16.0 | 11.72 | 16.4 | 0.82<br>0.77 | 0.75 |
| 40 | 59.900<br>59.780 | 52 | 40 | 23.0 | 20.0 | 14.38 | 20.5 | 0.82<br>0.77 | 0.75 |
| 50 | 69.900<br>69.780 | 64 | 50 | 28.0 | 25.0 | 17.72 | 25.5 | 1.57<br>1.52 | 1.50 |
| [a] 见 GB/T 1800.4。 | | | | | | | | | |

图 B.6 所示为螺纹型扰动发生器的流动扰动器，尺寸见表 B.4。

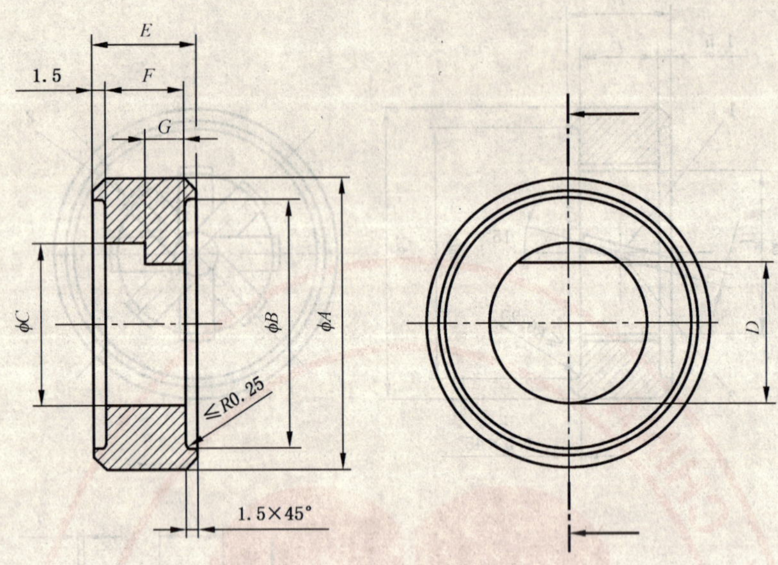


注：加工面的表面粗糙度全部为 3.2 μm。

图 B.6 螺纹型扰动发生器的流动扰动器

表 B.4 螺纹型扰动发生器的流动扰动器的尺寸

| 螺纹型扰动发生器　第 4 项：流动扰动器 | | | | | | | |
|---|---|---|---|---|---|---|---|
| DN | A(d10[a]) | B | C | D | E | F | G |
| 15 | 29.935<br>29.851 | 25 | 15 | 13.125 | 10.5 | 7.5 | 7.5 |
| 20 | 35.920<br>35.820 | 31 | 20 | 17.500 | 13.0 | 10.0 | 5.0 |
| 25 | 41.920<br>41.820 | 38 | 25 | 21.875 | 15.5 | 12.5 | 6.0 |
| 32 | 51.900<br>51.780 | 46 | 32 | 28.000 | 19.0 | 16.0 | 6.0 |
| 40 | 59.900<br>59.780 | 52 | 40 | 35.000 | 23.0 | 20.0 | 6.0 |
| 50 | 69.900<br>69.780 | 64 | 50 | 43.750 | 28.0 | 25.0 | 6.0 |

a 见 GB/T 1800.4。

图 B.7 所示为螺纹型扰动发生器的垫圈,尺寸见表 B.5。

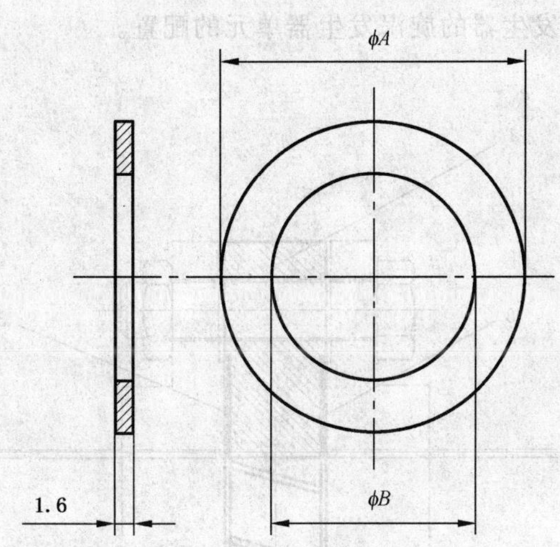


图 B.7 螺纹型扰动发生器的垫圈

表 B.5 螺纹型扰动发生器垫圈的尺寸

| 螺纹型扰动发生器 第 5 项:垫圈 | | |
|---|---|---|
| DN | *A* | *B* |
| 15 | 24.5 | 15.5 |
| 20 | 30.5 | 20.5 |
| 25 | 37.5 | 25.5 |
| 32 | 45.5 | 32.5 |
| 40 | 51.5 | 40.5 |
| 50 | 63.5 | 50.5 |

## B.3 圆片型扰动发生器

图 B.8 所示为圆片型扰动发生器的旋涡发生器单元的配置。

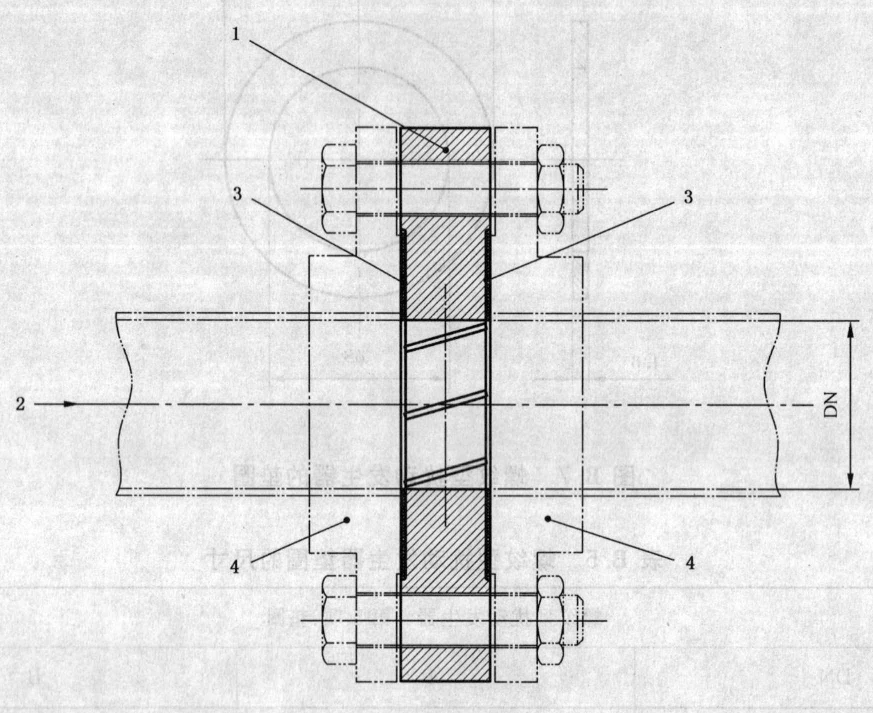


| 项目编号 | 名　　称 | 数　　量 | 材　　料 |
| --- | --- | --- | --- |
| 1 | 旋涡发生器 | 1 | 不锈钢 |
| 2 | 流动方向 | — | — |
| 3 | 垫圈 | 2 | 纤维制品 |
| 4 | 带法兰直管段<br>（见 ISO 7500-2 或 ISO 7500-3） | 4 | 不锈钢 |

（1 型扰动器：左旋旋涡发生器；2 型扰动器：右旋旋涡发生器）

图 B.8　圆片型扰动发生器（旋涡发生器单元的配置）

图 B.9 所示为圆片型扰动发生器的速度剖面扰动单元的配置。

| 项目编号 | 名　　称 | 数　　量 | 材　　料 |
|---|---|---|---|
| 1 | 流动扰动器 | 1 | 不锈钢 |
| 2 | 流动方向 | — | — |
| 3 | 垫圈 | 2 | 纤维制品 |
| 4 | 带法兰直管段<br>(见 ISO 7500-2 或 ISO 7500-3) | 2 | 不锈钢 |

(3 型扰动器:速度剖面流动扰动器)

**图 B.9　圆片型扰动发生器(速度剖面扰动单元的配置)**

图 B.10 所示为圆片型扰动发生器的旋涡发生器，尺寸见表 B.6。

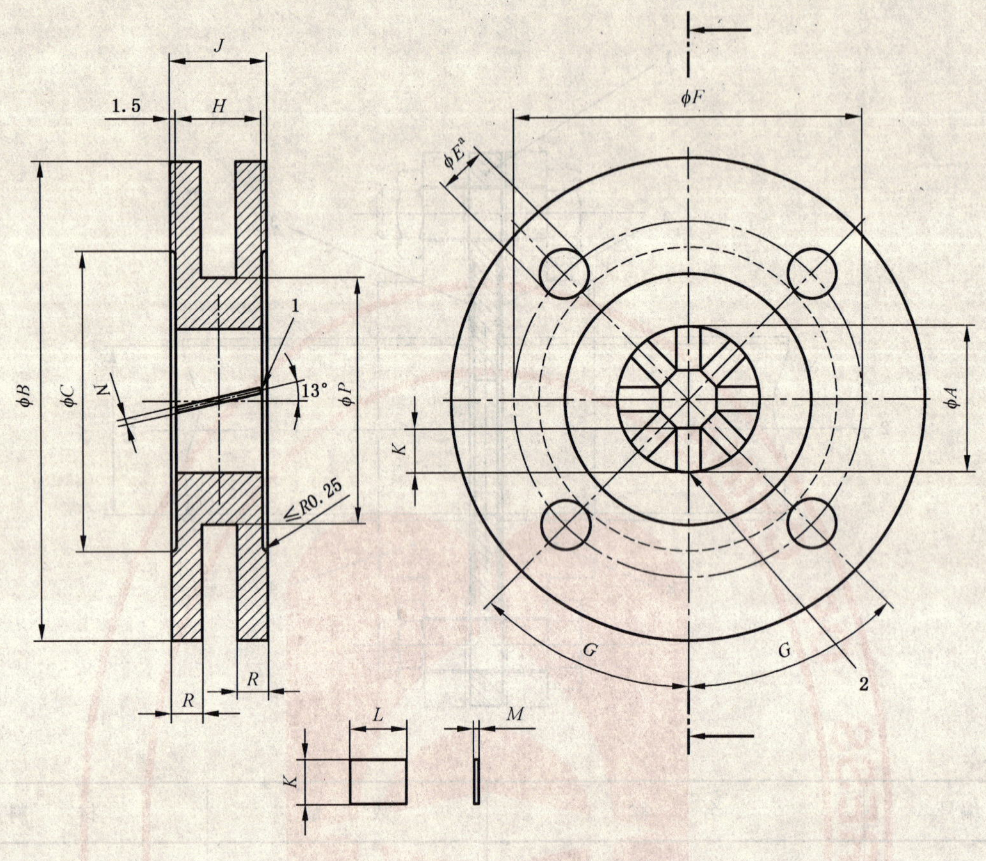


图中：

1——8 条等距的叶片槽；

2——安装叶片(焊接)。

a　D 个直径 φE 的孔。

图 B.10　圆片型扰动发生器的旋涡发生器

表 B.6　圆片型扰动发生器的旋涡发生器尺寸

| 圆片型扰动发生器　第 1 项:旋涡发生器 | | | | | | | | | | | | | | | |
|---|---|---|---|---|---|---|---|---|---|---|---|---|---|---|---|
| DN | *A* | *B* | *C* | *D* | *E* | *F* | *G* | *H* | *J* | *K* | *L* | *M* | *N* | *P* | *R* |
| 50 | 50 | 165 | 104 | 4 | 18 | 125 | 45° | 25 | 28 | 16.9 | 25.5 | 1.5 | 1.57<br>1.52 | — | — |
| 65 | 65 | 185 | 124 | 4 | 18 | 145 | 45° | 33 | 36 | 21.9 | 33.4 | 1.5 | 1.57<br>1.52 | — | — |
| 80 | 80 | 200 | 139 | 8 | 18 | 160 | 22½° | 40 | 43 | 26.9 | 40.6 | 1.5 | 1.57<br>1.52 | — | — |
| 100 | 100 | 220 | 159 | 8 | 18 | 180 | 22½° | 50 | 53 | 33.6 | 50.8 | 1.5 | 1.57<br>1.52 | — | — |
| 125 | 125 | 250 | 189 | 8 | 18 | 210 | 22½° | 63 | 66 | 41.9 | 64.1 | 1.5 | 1.57<br>1.52 | — | — |
| 150 | 150 | 285 | 214 | 8 | 22 | 240 | 22½° | 75 | 78 | 50.3 | 76.1 | 3.0 | 3.07<br>3.02 | 195 | 22 |
| 200 | 200 | 340 | 269 | 8 | 22 | 295 | 22½° | 100 | 103 | 66.9 | 101.6 | 3.0 | 3.07<br>3.02 | 245 | 24 |
| 250 | 250 | 395 | 324 | 12 | 22 | 350 | 15° | 125 | 128 | 83.6 | 127.2 | 3.0 | 3.07<br>3.02 | 295 | 26 |
| 300 | 300 | 445 | 374 | 12 | 22 | 400 | 15° | 150 | 153 | 100.3 | 152.7 | 3.0 | 3.07<br>3.02 | 345 | 28 |
| 400 | 400 | 565 | 482 | 16 | 27 | 515 | 11¼° | 200 | 203 | 133.6 | 203.8 | 3.0 | 3.07<br>3.02 | 445 | 30 |
| 500 | 500 | 670 | 587 | 20 | 27 | 620 | 9° | 250 | 253 | 166.9 | 255.0 | 3.0 | 3.07<br>3.02 | 545 | 32 |
| 600 | 600 | 780 | 687 | 20 | 30 | 725 | 9° | 300 | 303 | 200.3 | 306.1 | 3.0 | 3.07<br>3.02 | 645 | 34 |
| 800 | 800 | 1 015 | 912 | 24 | 33 | 950 | 7½° | 400 | 403 | 266.9 | 408.3 | 3.0 | 3.07<br>3.02 | 845 | 36 |

图 B.11 所示为圆片型扰动发生器的流动扰动器，尺寸见表 B.7。

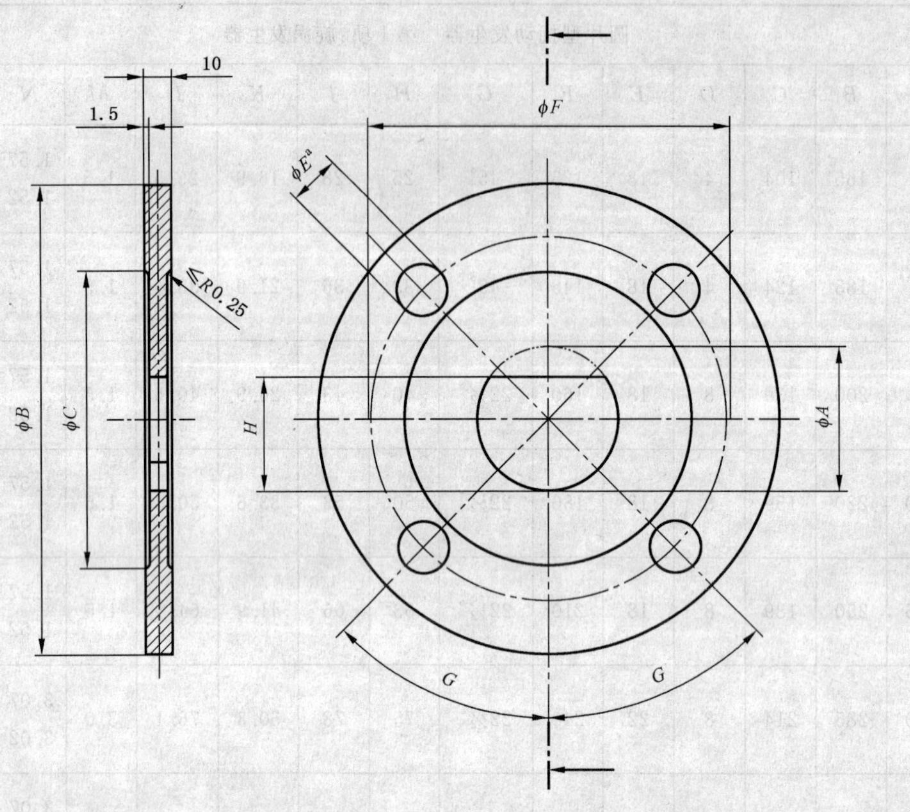


注：加工面的表面粗糙度全部为 3.2 μm。

a　D 个直径 ϕE 的孔。

**图 B.11　圆片型扰动发生器的流动扰动器**

**表 B.7　圆片型扰动发生器的流动扰动器的尺寸**

| 圆片型扰动发生器　第 2 项：流动扰动器 | | | | | | | | |
|---|---|---|---|---|---|---|---|---|
| DN | *A* | *B* | *C* | *D* | *E* | *F* | *G* | *H* |
| 50 | 50 | 165 | 104 | 4 | 18 | 125 | 45° | 43.8 |
| 65 | 65 | 185 | 124 | 4 | 18 | 145 | 45° | 56.9 |
| 80 | 80 | 200 | 139 | 8 | 18 | 160 | 22½° | 70.0 |
| 100 | 100 | 220 | 159 | 8 | 18 | 180 | 22½° | 87.5 |
| 125 | 125 | 250 | 189 | 8 | 18 | 210 | 22½° | 109.4 |
| 150 | 150 | 285 | 214 | 8 | 22 | 240 | 22½° | 131.3 |
| 200 | 200 | 340 | 269 | 8 | 22 | 295 | 22½° | 175.0 |
| 250 | 250 | 395 | 324 | 12 | 22 | 350 | 15° | 218.8 |
| 300 | 300 | 445 | 374 | 12 | 22 | 400 | 15° | 262.5 |
| 400 | 400 | 565 | 482 | 16 | 27 | 515 | 11¼° | 350.0 |
| 500 | 500 | 670 | 587 | 20 | 27 | 620 | 9° | 437.5 |
| 600 | 600 | 780 | 687 | 20 | 30 | 725 | 9° | 525.0 |
| 800 | 800 | 1 015 | 912 | 24 | 33 | 950 | 7½° | 700.0 |

图 B.12 所示为圆片型扰动发生器的垫圈，尺寸见表 B.8。

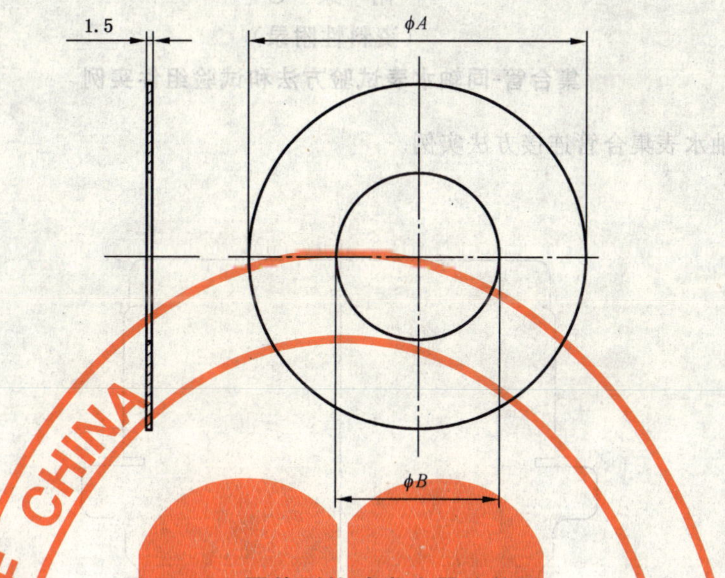


图 B.12　圆片型扰动发生器的垫圈

表 B.8　圆片型扰动发生器垫圈的尺寸

| 圆片型扰动发生器　第 3 项：垫圈 | | |
|---|---|---|
| DN | *A* | *B* |
| 50 | 103.5 | 50.5 |
| 65 | 123.5 | 65.5 |
| 80 | 138.5 | 80.5 |
| 100 | 158.5 | 100.5 |
| 125 | 188.5 | 125.5 |
| 150 | 213.5 | 150.5 |
| 200 | 268.5 | 200.5 |
| 250 | 323.5 | 250.5 |
| 300 | 373.5 | 300.5 |
| 400 | 481.5 | 400.5 |
| 500 | 586.5 | 500.5 |
| 600 | 686.5 | 600.5 |
| 800 | 911.5 | 800.5 |

# 附 录 C
（资料性附录）
## 集合管-同轴水表试验方法和试验组件实例

图 C.1 为同轴水表集合管连接方法实例。

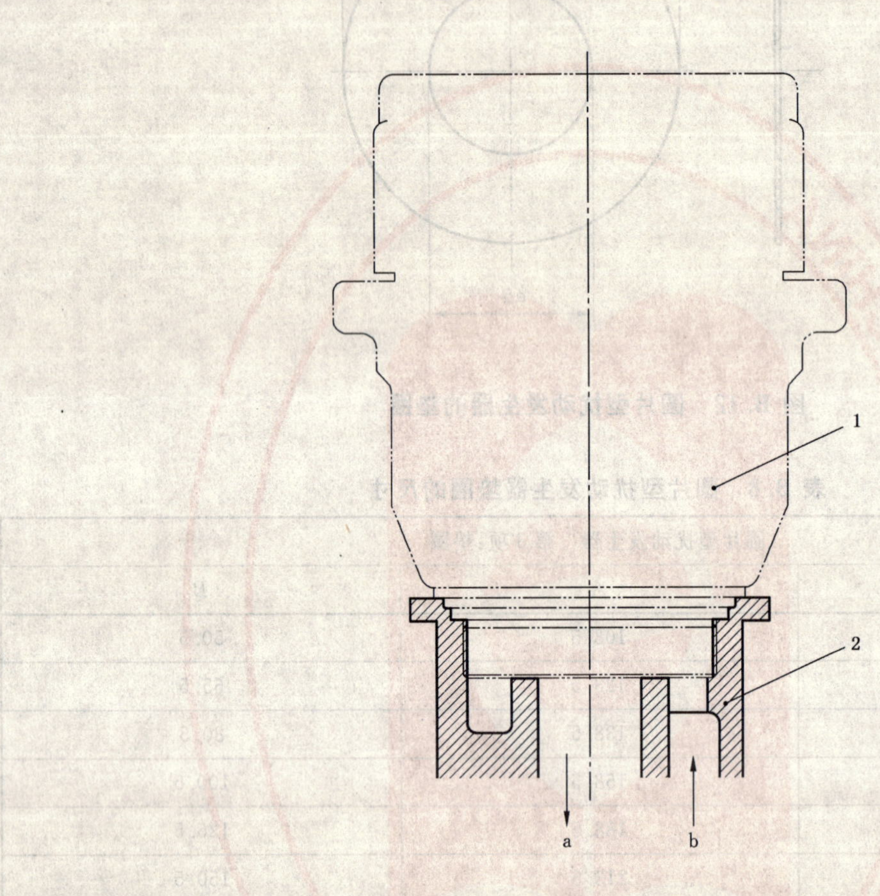


图中：
1——同轴水表；
2——同轴水表集合管（局部视图）。
a 出水口；
b 进水口。

**图 C.1 同轴水表集合管连接方法实例**

可以使用如图 C.2 所示的特殊压力试验集合管测试水表。为保证密封件在试验时处于“最坏”工作条件下，压力试验集合管密封面尺寸的制造公差宜采用符合制造厂规定设计尺寸的适当限值。

提交型式批准之前，可要求水表制造厂在水表/集合管接合面内密封件位置的上方，用适合于水表结构的方法密封水表。当同轴水表被固定在压力试验集合管上加压后，必须能够看到从压力试验集合管出口流出的泄漏水的泄漏源，辨别是由于泄漏还是密封装置安装不正确造成的。图 C.3 所示是一种适用于多种水表结构的密封塞，也可以使用其他任何适用的装置。

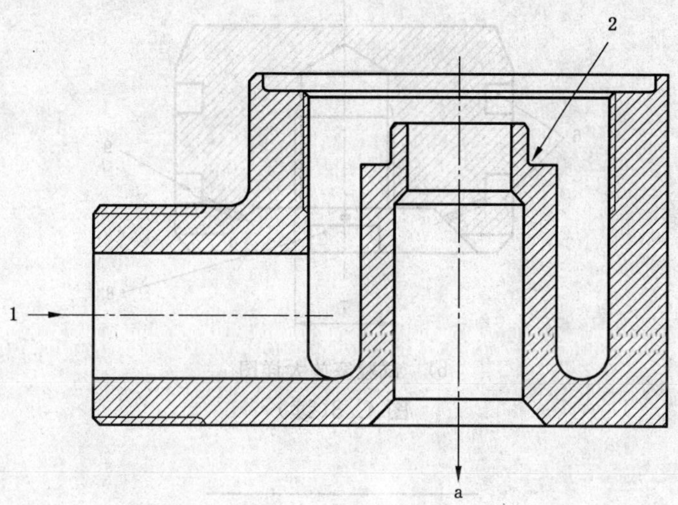


图中：

1——压力；

2——内密封件的位置。

a 泄漏水流过密封件的通道。

**图 C.2 同轴水表密封件压力试验用集合管实例**

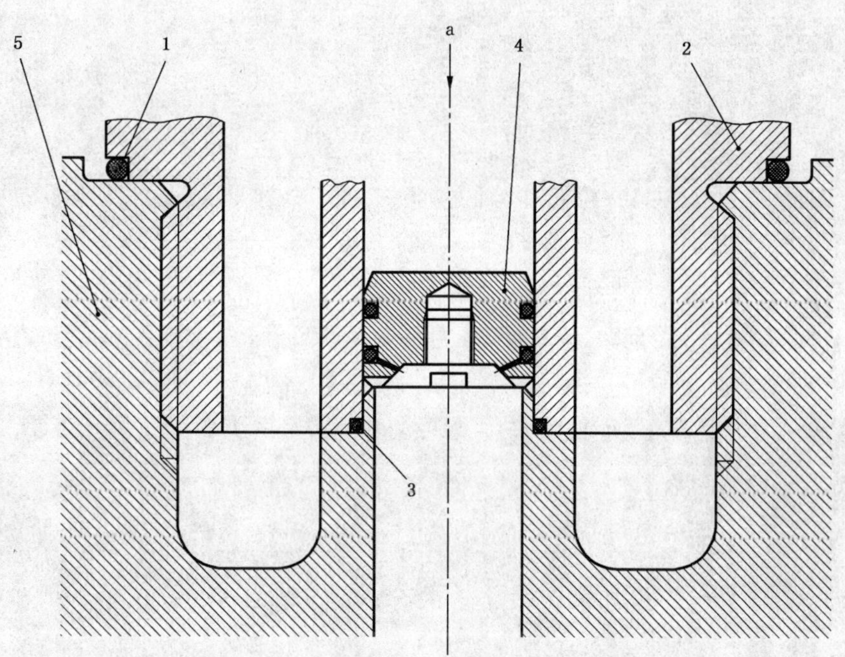


a） 表明试验塞位置的水表和集合管剖面图

图中：

1——水表外密封件；

2——水表；

3——水表内密封件；

4——试验塞；

5——集合管；

6——O型环槽；

7——拉栓开孔；

8——4～6个切口，平均分布；

9——泄漏观察孔。

a 压力。

**图 C.3 同轴水表密封件压力试验用密封塞实例**

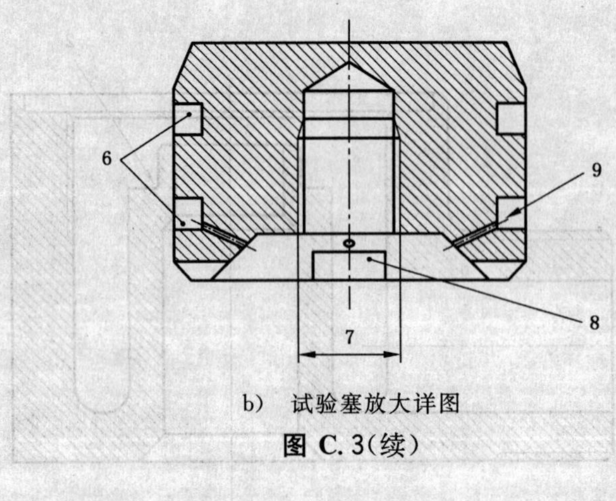


b） 试验塞放大详图

**图 C.3（续）**